Karl Manitius

Des Claudius Ptolemäus Handbuch der Astronomie

1. Band

Karl Manitius

Des Claudius Ptolemäus Handbuch der Astronomie

1. Band

ISBN/EAN: 9783965066953

Auflage: 1

Erscheinungsjahr: 2023

Erscheinungsort: Treuchtlingen, Deutschland

www.literaricon.com

Printed in Germany

Cover: Jan van Loon, Scenographia systematis mundani Ptolemaici, Abb. gemeinfrei

DES CLAUDIUS PTOLEMÄUS HANDBUCH DER ASTRONOMIE

ERSTER BAND

AUS DEM GRIECHISCHEN ÜBERSETZT UND MIT ERKLÄRENDEN ANMERKUNGEN VERSEHEN

VON

KARL MANITIUS

DRUCK UND VERLAG VON B. G. TEUBNER LEIPZIG 1912

Einleitung.

Zu den größten Geisteswerken des Altertums, die uns in tadelloser Fassung erhalten geblieben sind, gehört das Handbuch der Astronomie, welches Claudius Ptolemäus in Alexandria um die Mitte der Regierung des Kaisers Antoninus Pius (138—161 n. Chr.) unter dem Titel *Μαθηματικῆς Συντάξεως βιβλία ιγ* verfaßt hat. Die Bedeutung des verhältnismäßig spät entstandenen Werkes wird wesentlich dadurch erhöht, daß es auf den Forschungen und Beobachtungen des Hipparchus von Nizäa beruht, des „Vaters der Astronomie“, welcher von 160 bis 126 v. Chr. teils auf der Insel Rhodus, teils in Alexandria beobachtete und zahlreiche Schriften hinterließ, die dem Ptolemäus zur Verfügung standen. Da Hipparch Beobachtungen von Mondfinsternissen heranzieht, deren älteste im Jahre 721 v. Chr. angestellt worden ist, so hat das Werk des Ptolemäus einen Wert erhalten, den die moderne Astronomie wohl zu schätzen gewußt hat. Allein eigenes Verdienst darf deshalb dem Ptolemäus keinesfalls abgesprochen werden. Während er in der Epizykeltheorie, für welche schon Hipparch einen berühmten Vorgänger in dem Mathematiker Apollonius von Perga (200 v. Chr.) hatte, durchaus auf den Errungenschaften der Vorzeit fußt, auch in der Aufstellung von Sehnentafeln für trigonometrische Berechnung nur als Verbesserer der Überlieferung gelten kann, hat er mit seiner Theorie der Planeten, zu welcher Hipparch alte Beobachtungen gesammelt und eigene angestellt hatte, ohne zur Verarbeitung des Materials zu schreiten, weil er es mit scharfem Blick als noch unzureichend erkannte, eine durchaus selbständige Leistung vollbracht, die alle Anerkennung verdient.

Wegen der Kompliziertheit des entwickelten Systems wurde das Handbuch des Ptolemäus sehr bald Gegenstand weitschichtiger Kommentare. Ob sich die Erklärungen, welche der Alexandriner Pappus gegen Ende des dritten Jahrhunderts n. Chr. zur Syntaxis schrieb, auf alle 13 Bücher erstreckten, ist ungewiß. Erhalten sind nur die Scholien zum 5ten und 6ten Buch, welche der etwa ein Jahrhundert später lebende Mathematiker Theon von Alexandria seinem eigenen umfangreichen Kommentar einverleibt hat.

Zur Förderung des Studiums des Ptolemäischen Lehrbuchs wurde von den späteren alexandrinischen Gelehrten schon im dritten Jahrhundert n. Chr. eine uns erhalten gebliebene Sammlung mathematischer und astronomischer Monographien veranstaltet, deren Inhalt geeignet erschien, das Verständnis des schwierigen Werks zu erleichtern. Es sind die Schriften des sog. „Kleinen Astronomen“, über welche sich Pappus im 6ten Buch seiner „Mathematischen Sammlung“ verbreitet.[1] Die Bezeichnung „Kleiner Astronom“ ist offenbar im Gegensatz zu dem „Großen Astronomen“, wie man den Ptolemäus zu nennen pflegte, gewählt worden. Erst seit dieser Zeit hat wohl die Syntaxis das Beiwort μεγάλη erhalten, aus dessen Steigerung zu μεγίστη in Verbindung mit dem arabischen Artikel der Titel „Almagest“ hervorgegangen ist, der das Werk des Ptolemäus mit dem Nimbus eines orientalischen Zauberbuchs umgeben hat.

Die Akademie in Alexandria ging ihrem Verfall entgegen, als im 5ten Jahrhundert n. Chr. die von den nestorianischen Christen zu Antiochia und Edessa gegründeten Schulen der Sitz einer Gelehrsamkeit wurden, welche sich nicht bloß mit religiösen Streitfragen beschäftigte, sondern auch die Schätze der griechischen Literatur durch syrische Übersetzungen zugänglich machte.[2] Von der Reichskirche verfolgt, fanden die Nestorianer zuvorkommende Aufnahme im Perserreich, wo sie zur Blüte der Akademien von Nisibis und Gandisapora wesentlich beitrugen. Namentlich unter Chosru I. Nuschirwan (532 – 579), der selbst Freund der Philosophie eines Plato und Aristoteles war, entfalteten sie als Übersetzer der geschätztesten griechischen Werke in die Landessprache eine rege Tätigkeit.

Dieselbe wichtige Vermittlerrolle zu übernehmen war den syrischen Gelehrten beschieden, als die Araber sich zum

---

[1]) Die Anmerkungen befinden sich im Anhang.

herrschenden Volk im Orient aufwarfen. Das von dem Kalifen Almansur 762 n. Chr. gegründete Bagdad wurde nicht nur die politische Hauptstadt des Abbasidenreichs, sondern alsbald auch der Mittelpunkt aller wissenschaftlichen Bestrebungen. Dreihundert Gelehrte entsandte der vielgefeierte Enkel Almansurs, Harun Alraschid (786—809), nach den Schätzen griechischer Wissenschaft zu forschen, welche in den zerstörten Kulturstätten dem Untergang entronnen waren. So muß denn auf diesem Wege auch eine griechische Handschrift der Syntaxis nach Bagdad gelangt sein; denn es wird berichtet, daß das Lehrbuch des Ptolemäus auf Befehl des ebenso gelehrten wie tapferen Wesirs des Kalifen, des aus dem altpersischen Geschlechte der Barmakiden stammenden Jahja, dessen Vater Chalid den Bau von Bagdad geleitet hatte, in das Arabische übersetzt worden sei. Da aber diese Übertragung nicht den Beifall des gelehrten Auftraggebers fand, so habe er durch zwei nach Bagdad berufene hervorragende Gelehrte, Abu Hazan und Salmus, eine genaueren Anforderungen entsprechende Übersetzung veranstalten lassen.

Reiches Material zur Übertragung ins Arabische wußte der Kalif Almamun (813—833) zu beschaffen, indem er an den von ihm besiegten byzantinischen Kaiser Michael II. den Stammler 823 unter den Friedensbedingungen die Forderung stellte, ihm griechische Manuskripte zu liefern oder wenigstens die Abschrift hervorragender Werke zu gestatten. An diesen Arbeiten, mit denen ein Kollegium von syrischen Gelehrten beauftragt war, nahm er persönlich teil. Eine im Jahre 827 auf seinen Befehl von einem ungenannten Verfasser gefertigte Almagestübersetzung ist in einer arabischen Handschrift der Universitätsbibliothek zu Leyden erhalten. Aber nicht nur für Verbreitung astronomischen Wissens trug Almamun Vorsorge, er beteiligte sich auch an den Beobachtungen der Astronomen, welche er an die mit den kostbarsten Instrumenten ausgerüsteten Sternwarten zu Bagdad und Damaskus berufen hatte. Besonders bevorzugt wurde von ihm in dieser Beziehung der in Bagdad praktisch tätige Astronom Alfergani (Alfraganus), dessen *Rudimenta astronomica* betiteltes Werk[3] den Beweis liefert, wie bald die Übersetzung des Ptolemäus die Grundlage zu selbständiger literarischer Betätigung wurde.

Unter den aus dem Volke der Syrer hervorgegangenen Gelehrten, die sowohl die griechische als auch die arabische Sprache beherrschten, ist der berühmteste Honain ben Ishak aus Hira, Leibarzt des Kalifen Motawakkil (847—861). Als Vorsitzendem eines Kollegiums von syrischen Gelehrten, denen die Herstellung arabischer Übersetzungen oblag, fiel ihm, dem sprachkundigen Beurteiler, die Aufgabe zu, die auf dem Umwege über das Syrische entstandenen Übertragungen durch nochmalige Vergleichung mit den griechischen Originalen zu verbessern. Auf diese Weise erklärt sich die überaus große Zahl der ihm zugeschriebenen Übersetzungen. Er müßte eine schier übermenschliche Arbeitskraft besessen haben, sollten sie alle neben 30 von ihm verfaßten selbständigen Werken wirklich von seiner Hand herrühren. Da ihm jedoch die Fachkenntnisse in Mathematik und Astronomie abgingen, so bedurften die von ihm redigierten Übertragungen noch einer sachverständigen Revision. Diese ließ ihnen Thabet ben Korrah angedeihen, wohl erst nach dem Tode von Honain, der, seines Glaubens Christ, von dem Bischof Theodosius wegen Religionslästerung aus der Gemeinde gestoßen, im Jahre 873, wie vermutet wird, an Gift starb. 836 in Harran geboren, war Thabet erst in seiner Vaterstadt Geldwechsler, hatte sich aber dann in Bagdad so bedeutende Kenntnisse als Mathematiker und Astronom erworben, daß er am Hofe des Kalifen Almustadid (892—902) bis zu seinem Tode 901 eine besondere Vertrauensstellung einnahm.

Nur eine einzige der erhaltenen arabischen Handschriften des Almagest, ein Kodex der Pariser Nationalbibliothek, bietet in der Überschrift[4] den Namen des Übersetzers Honain ben Ishak in Verbindung mit dem Namen des sachkundigen Revisors Thabet ben Korrah. Die sonst noch bekannt gewordenen Handschriften nennen entweder überhaupt keinen Verfasser oder werden bestimmten Urhebern in nicht ganz zuverlässiger Weise zugeschrieben. Von den syrischen Übertragungen ist keine auf unsere Zeit gekommen; lediglich als Mittel zum Zweck ins Werk gesetzt, mußten sie der Vergessenheit anheimfallen, sobald der Almagest in arabischer Sprache zur Verfügung stand.

In die traurigste Zeit des Kalifats der Abbasiden, als während der langen Regierung des schwachen Muktadi (907—932) die Befehlshaber der Truppen unter dem Titel eines Emir al Umara sich immer mehr eine brutale Gewaltherrschaft anmaßten, fällt die Tätigkeit des größten Astronomen der Araber, des um 880 zu Batan in Mesopotamien geborenen Mohammed ben Geber Albatani (Albatenius). Veranlaßt durch die zahlreichen Korrektionen, die er als Beobachter auf drei Sternwarten — zuerst zu Araktea in Mesopotamien, dann zu Damaskus und zuletzt zu Antiochia — ermittelt hatte, verfaßte er seine berühmten Sonnen- und Mondtafeln, die uns noch unzugänglich sind. Die vollkommene Vertrautheit mit der griechischen Astronomie verrät sein erhaltenes Werk *De motu stellarum.*[3] Der „Ptolemäus Arabiens" genannt, entfernte er sich zwar nirgends wesentlich von seinem großen Vorgänger, prüfte jedoch dessen Theorien sorgfältig und verbesserte sie vielfach. Den größten Ruhm brachte ihm die Entdeckung der Bewegung der Apsidenlinie der Sonnenbahn, welche sich Ptolemäus infolge mangelhafter Nachprüfung des von Hipparch festgestellten Sonnenapogeums hatte entgehen lassen. Sein Tod fällt in das Jahr 928.

Im Jahre 946 bemächtigte sich der Emir al Umara Muiz aus dem persischen Geschlechte der Bujiden nach kurzem Kampfe der Hauptstadt und legte sich als erster Sultan von Bagdad den Beinamen „Addaulah" (Verherrlicher des Reichs) zu. Obgleich die Nachfolge im Geschlechte der Bujiden nicht ohne schwere Kämpfe unter Brüdern und Verwandten vor sich ging, gelangten dennoch die Wissenschaften in Bagdad zu neuer Blüte. So ließ Scheref Addaulah (983—89) im Garten seines Palastes speziell zu Planetenbeobachtungen kostbare Instrumente von ungeheuren Dimensionen aufstellen und berief zum Vorsteher der neuen Sternwarte den 939 in Buzdschan geborenen Perser Abul Wefa, der die an ihn gestellten Anforderungen bis zu seinem Tode (998) rühmlichst erfüllte. Dieser vor allem auf dem Gebiete der Mathematik überaus fruchtbare Schriftsteller wird durch sein nur in Handschriften vorliegendes Werk *Almagestum sive systema astronomicum* entschieden unter die verdientesten Astronomen dieser Periode eingereiht.

Mit ihm ist die Reihe der asiatischen Astronomen abgeschlossen. Sozusagen das Fazit der 200jährigen Entwicklung der arabischen Astronomie zog im Heimatlande des Ptolemäus Ibn Junis, nach Albatani der zweitgrößte Astronom der Araber. Die Stätte seines Wirkens war Kairo, der 972 von Muiz gegründete Herrschersitz des ägyptischen Kalifats der Fatimiden. Als Abkömmling einer edlen arabischen Familie um 950 in Ägypten geboren, zog er schon als Knabe durch außergewöhnliche Talente die Aufmerksamkeit des Sohnes des Muiz, des nachmaligen Kalifen Aziz, auf sich und widmete sich auf dessen Betreiben der Himmelskunde. Der glänzende Erfolg seiner Studien erwarb ihm alsbald die Gunst der Kalifen Aziz (975—96) und Hakem (996—1021) in so hohem Grade, daß ihm auf dem Plateau des Berges Aljoref über der sog. Elefantenmoschee mit fürstlichem Aufwand eine Sternwarte erbaut wurde.[5] Hierzu kam die Gründung einer großartigen Bibliothek, welche die altalexandrinische übertreffen sollte. Die ihm gebotenen Hilfsmittel bis zu seinem Tode (1008) unermüdlich tätig ausnutzend, gründete er auf zahlreiche eigene sowie frühere Beobachtungen das große Werk, welches er seinem Gönner zu Ehren die „Hakemitischen Tafeln" benannte. Dieses allen späteren Astronomen des Orients als unfehlbare Autorität geltende Werk ist zu Anfang des vorigen Jahrhunderts in einer arabischen Handschrift wieder aufgefunden und ins Französische übersetzt worden.[5]

Nach Europa war der arabischen Kultur der Weg gebahnt worden, als das von Parteien zerrissene Westgotenreich den unter Tarek 711 an der Südküste Spaniens landenden Arabern keinen namhaften Widerstand entgegenzusetzen vermochte. Die siebentägige Schlacht bei Xeres de la Frontera entschied das Schicksal der spanischen Halbinsel auf mehrere Jahrhunderte. Doch Aufstände und Bürgerkriege, genährt durch den Ehrgeiz einzelner Häupter, versetzten das Land in einen Zustand der Anarchie, aus welchem es erst durch das kraftvolle Auftreten des Omejjaden Abderrahman gerettet wurde, der 755 an der Küste Andalusiens landete, um die Herrschaft über Spanien als das Erbteil seines Hauses anzutreten. Aber erst nach langen Kämpfen gelang ihm die Gründung des Kalifats von Kordova, und nur die zwei letzten Jahre (786—88) seines Lebens war es ihm vergönnt, sich den Künsten des Friedens und der Pflege der Wissenschaften zu widmen.

Als das goldene Zeitalter der arabischen Poesie und Bildung wird die Regierung Abderrahmans III. (912—961) und seines Sohnes Hakam II. (961—996) gepriesen. Letzterer gründete in Kordova eine Hochschule und brachte eine 600 000 Manuskripte umfassende Bibliothek zusammen, von welcher er selbst einen 44 Bände füllenden Katalog angefertigt haben soll. Dem Beispiel Kordovas folgte alsbald Toledo, wo der fleißige Beobachter Alzerkali (Arzachel) aus Kordova, der älteste namhafte Astronom Spaniens, um 1080 ein neues Astrolabium erfand und in Gemeinschaft mit anderen Gelehrten die „Toledanischen Tafeln" berechnete. In Sevilla kam die Astronomie durch den dort geborenen, um dieselbe Zeit tätigen Geber ben Afflah zur Geltung, der unter dem Titel *De astronomia libri IX* einen auf selbständiger Forschung beruhenden Kommentar zum Almagest verfaßte.[6] Dieser scharfe Kritiker stellt sich dem Ptolemäus gegenüber freier als die älteren arabischen Astronomen und greift ihn nicht selten heftig an. Er wirft ihm vor, daß er „unklar, schwer verständlich und ohne Not weitläufig sei, daß er anderseits manches Wichtige gar nicht oder zu kurz behandle, überdies auch mehrere Unrichtigkeiten enthalte." Aufmerksame Leser der Syntaxis werden diese Vorwürfe nicht ganz ungerechtfertigt finden.

Der mit dem 11ten Jahrhundert beginnende Zerfall des Omejjadenreichs in eine Menge unabhängiger Herrschaften, die sich untereinander befehdeten, vermochte der Blüte der arabischen Hochschulen nicht wesentlich Abbruch zu tun. Vorteil zogen aus der allgemeinen Zerrüttung die spanischen Christen, die 1085 unter Alfons VI. von Kastilien (1072—1109) Toledo eroberten. Fortan wurde Toledo die Residenz von Kastilien und Sitz eines Erzbischofs. Als aber die Fortschritte der Christen immer gefahrdrohender wurden, ließ der Emir von Sevilla an Jussuf Ibn Taschfin, den mächtigen Beherrscher des Almoravidenreichs von Marokko, einen Hilferuf ergehen. Der Sieg Jussufs über Alfons bei Salaka im Jahre 1086 sicherte zwar vorläufig den spanischen Emirn den Besitz des Landes, aber 1091 kehrte Jussuf, von den Reizen Andalusiens bezaubert, ungerufen wieder und nahm nach kurzem Kampfe ganz Südspanien für sich und seine Nachkommen in Anspruch. Doch die Herrschaft der Almoraviden dauerte nur ein halbes Jahrhundert. Nachdem 1147 zuerst Marokko in die Hände Abdel Mumens, des Führers der fanatischen Sekte der Almohaden, gefallen war, öffnete ihm in dem arabischen Spanien eine Stadt nach der andern ihre Tore. Dem in zwei Jahrzehnten gegründeten Reiche, das sich vom Saum der Sahara bis an die Ufer der Guadiana erstreckte, wußte Abdel Mumen († 1163) aber auch eine so feste Organisation im Innern zu verleihen, daß unter seinen Nachfolgern Jussuf und Almansor die Hochschulen von Kordova und Sevilla blühten wie in den Tagen der Omejjaden.

Aber auch das Almoravidenreich ging nach dem Tode Almansors (1199) einem raschen Verfall entgegen. Durch den glorreichen Sieg der Christen bei Navas de Tolosa im Jahre 1212 unter Alfons dem Edlen von Kastilien († 1214) war die Macht der Afrikaner in Spanien gebrochen: 1236 eroberte Ferdinand III. der Heilige, 1230 als König von Kastilien und Leon anerkannt, die prachtvolle Kalifenstadt Kordova und verwandelte die große Moschee in eine christliche Kathedrale, 1248 erlag den vereinten Anstrengungen der spanischen Fürsten unter dem Oberbefehl Ferdinands auch die herrliche Maurenstadt Sevilla. Die Herrschaft der Araber erstreckte sich nur noch auf das Königreich Granada.

Der Sohn und Nachfolger Ferdinands III., Alfons X. der Weise (1252—82), war mehr auf die Pflege der Wissenschaften bedacht als auf die Mehrung des Reichs. Schon als Jüngling von 17 Jahren hatte er 1240 ein Kollegium von 50 arabischen, jüdischen und christlichen Gelehrten unter dem Vorsitz des Juden Isaac Aben Said, genannt Hassan, zu dem Zweck nach Toledo berufen, astronomische Schriften der Araber ins Spanische zu übersetzen und die Toledanischen Tafeln des Alzerkali zu verbessern. Als nach vierjähriger Arbeit die neuen Tafeln den Anforderungen noch nicht genügten, ließ er, trotz der enormen Kosten nicht entmutigt, alles wieder von vorn anfangen. Am Tage seiner Thronbesteigung im Jahre 1252 wurden ihm diese Tafeln, ihm zu Ehren die Alfonsinischen genannt, überreicht. Die Herstellungskosten sollen sich auf 40 000, nach anderen auf 400 000 Dukaten belaufen haben.

Dasselbe Kollegium, dem Alfons nicht nur als Förderer, sondern auch als Mitarbeiter zur Seite stand, verfaßte die *Libros del Saber de Astronomia del Rey D. Alfonso X de Castilla.* Auf Anregung der Madrider Akademie der Wissenschaften wurde das Werk 1863—67 in 5 Foliobänden zum erstenmal herausgegeben. Früher für eine einfache Übersetzung oder Bearbeitung des Almagest gehalten, bildet es vielmehr einen Kodex astronomischen Wissens, der vielfach auf selbständiger Forschung beruht.

Doch aller Ruhm, den sich Alfons als Astronom und Dichter erwarb, vermochte ihn vor Verdächtigungen und Verleumdungen nicht zu schützen. Schon die Gleichberechtigung aller Bekenntnisse bei der Wahl seiner Mitarbeiter hatte die fanatischen Mönchsorden gegen ihn aufgebracht. Schließlich setzten sie in Verbindung mit seinen politischen Gegnern eine förmliche Anklage gegen ihn in Szene. Unter anderem wurde er wegen des Ausspruchs: „Wenn Gott mich bei der Schöpfung um Rat gefragt hätte, so würde ich ihm eine größere Einfachheit anempfohlen haben“ der Gotteslästerung beschuldigt. Abgesetzt und seiner Schätze beraubt, starb er 1284 arm und verlassen in Sevilla.

Seitdem die Christenheit das gesamte Wissen der arabischen Astronomie als Vermächtnis übernommen hatte, haben die Araber auf die Wissenschaft des Abendlandes keinen Einfluß weiter gehabt. Lateinische Übersetzungen des Almagest und der Werke hervorragender Astronomen aus der Blütezeit des Islam bildeten fortan die Grundlage des astronomischen Studiums. Der Zug nach Spanien wurde für wißbegierige Jünglinge und Männer des Abendlandes stärker als zuvor, so daß sich von dort ein reicher Strom geistiger Aufklärung nach dem übrigen Europa ergoß.

Zu den fleißigsten Gelehrten, welche ihren Landsleuten durch lateinische Übersetzungen die Schätze arabischer Wissenschaft zu erschließen suchten, gehört der als Arzt und Astrolog von dem Kaiser Friedrich Barbarossa hochgeschätzte und vielfach unterstützte Gerhard von Cremona. Als er in Erfahrung brachte, daß die Araber viele griechische Schriftsteller besäßen, die man in Italien bis dahin gar nicht kannte, begab er sich nach Toledo — damals bereits Residenz von Kastilien —, lernte dort Arabisch und widmete viele Jahre seines Lebens der Tätigkeit als Übersetzer. Erst im vorgerückten Alter nach Cremona zurückgekehrt, starb er daselbst, 73 Jahre alt, im Jahre 1187. Die Zahl der von ihm übersetzten Werke, denen er aus Bescheidenheit nur selten seinen Namen beigefügt hat, beläuft sich auf nicht weniger als 71, wie sich aus einem handschriftlichen Verzeichnis derselben feststellen läßt.[7] Seine Übersetzung des Almagest liegt in dem seltenen Druck vor, der 1515 ohne Angabe des Verfassers aus der Offizin von Peter Liechtenstein in Venedig hervorgegangen ist.[8] Die Handschriften (in Toledo, Rom, Florenz, Breslau und Oxford) lassen keinen Zweifel über den Verfasser zu, da Gerhard ausnahmsweise durch seine Unterschrift kundgibt, diese Übersetzung in Toledo 1175 beendigt zu haben.

Eine zweite lateinische Übersetzung aus dem Arabischen wurde auf Befehl des Kaisers Friedrich II. um 1230 veranstaltet. Sie ist in einem elegant geschriebenen Pergamentkodex des 13ten Jahrhunderts erhalten, der sich einst im Besitz von Marquard Gude († 1689) befand, dessen ansehnliche Bibliothek 1706 in Hamburg versteigert wurde.[9] Bei dieser Gelegenheit fand die Handschrift wohl den Weg in die Herzogliche Bibliothek zu Wolfenbüttel, wo sie dem Freiherrn von Zach, der 1787—1806 der Sternwarte auf dem Seeberg bei Gotha vorstand, zu Gesicht kam.[10] Von ihm erfahren wir, daß der nicht genannte Verfasser des lateinisch geschriebenen Vorworts versichert, die Übersetzung sei auf Befehl des Kaisers Friedrich II. veranstaltet; man habe jedoch viel Mühe gehabt einen kundigen Übersetzer zu finden, der sich endlich in Eugenius, einem des Arabischen und des Griechischen gleich kundigen Manne, gefunden habe. Aus dem Lobe des Übersetzers zieht v. Zach, der geneigt ist, die Handschrift für das Original zu halten, den nicht ungerechtfertigten Schluß, daß neben dem arabischen Almagest wohl auch der griechische Urtext zu Rate gezogen sein dürfte.

Schwerfällige lateinische Übersetzungen des arabischen Almagest, von denen die am weitesten verbreitete zweifellos die des Gerhard von Cremona gewesen ist, waren neben den ins Lateinische übertragenen Kommentaren von Alfergani, Albatani und Geber die trübe Quelle, aus welcher das erste astronomische Lehrbuch des Abendlandes geschöpft wurde, der *Tractatus de sphaera* des Ioannes de Sacrobosco, eines aus Holywood (heute Halifax) stammenden Engländers, der an der Universität von Paris bis zu seinem Tode 1256 als Lehrer der Mathematik wirkte. Als eins der ersten astronomischen Werke, welches Vervielfältigung durch die Presse fand, galt es jahrhundertelang als klassisch und hat, in allen Schulen gelesen und immer wieder neu kommentiert herausgegeben, den Almagest lange Zeit in Vergessenheit gebracht. Die Urteile über den Wert dieses Büchleins gehen weit auseinander: einerseits als „ein gutes Buch für eine schlechte Zeit“ anerkannt, gilt es anderen als ein Machwerk, das „nur eine so tief gesunkene Zeit wie die damalige bewundern konnte.“

So weit war man mit Hilfe des arabischen Ptolemäus gekommen; Heil konnte nur von dem Auftauchen des griechischen Originals erwartet werden. Wiederum war es Byzanz, das aus dem unerschöpflichen Vorrat seiner handschriftlichen Schätze den echten Ptolemäus spendete, damit seine Lehre zunächst wieder durch lateinische Übersetzungen in minder entstellter Gestalt dem Abendlande übermittelt werde.

Im Jahre 1158 wurde von dem Normannenkönig Wilhelm I. (1154—66) an den byzantinischen Kaiser Manuel I. Komnenos eine Gesandtschaft abgeordnet, welche zwischen den beiden Herrschern einen Friedensschluß herbeiführte. Der Führer der Gesandtschaft, der Archidiakon von Katania Henricus Aristippus, bekannt als Übersetzer des Plato, brachte als kaiserliches Geschenk an den Normannenkönig eine griechische Handschrift der Syntaxis mit nach Palermo. Aus dieser Handschrift ist die neuerdings von Heiberg[11)] besprochene lateinische Übersetzung geflossen, die unter dem Titel *Almagesti geometria* in einer am Anfang defekten Handschrift der Biblioteca Nazionale in Florenz und vollständig in einem vatikanischen Kodex vorliegt. Das in letzterem erhaltene Vorwort gibt zunächst über die Herkunft der Vorlage Auskunft. Weiter teilt der ungenannte Verfasser mit, daß Aristippus ihm die Übertragung ins Lateinische überlassen habe, weil er selbst wegen mangelnder astronomischer Kenntnisse die Arbeit nicht zu übernehmen wagte. Er, der Übersetzer, habe in dem gelehrten Admiral Eugenius einen tüchtigen Lehrer gefunden. Die Abfassung der Übersetzung dürfte um das Jahr 1160 anzusetzen sein.

Überzeugend hat Heiberg nachgewiesen, daß die von Aristippus aus Konstantinopel mitgebrachte Handschrift identisch sei mit dem Codex Marcianus 313 saec. X. Dafür spricht nicht nur die prächtige Ausstattung des letzteren, sondern auch der Umstand, daß die Schwesterhandschrift, der 1622 durch Ankauf in die vatikanische Bibliothek gelangte Codex graecus 1594 saec. IX., laut Inschrift am Schluß des 13ten Buches — *τοῦ ἀστρονομικωτάτου Λέοντος ἡ βίβλος* —

derselben Herkunft ist; denn Leon war im 9ten Jahrhundert Rektor der Universität von Konstantinopel.

Als unter Muhammed II. die Osmanen ihrem Ziel immer näher rückten, dem byzantinischen Schattenreich ein Ende zu machen, gewährte Nikolaus V. (1447—55), einer der Edelsten, welche die Tiara getragen, den aus Konstantinopel flüchtenden griechischen Gelehrten gastliche Aufnahme. Von dem Wunsche beseelt, die gesamte griechische Literatur der lateinischen Gelehrtenwelt durch Übersetzungen zu erschließen, wußte er die günstige Gelegenheit, wertvolle Manuskripte durch Kauf an sich zu bringen, mit solcher Umsicht zu benutzen, daß er als der eigentliche Begründer der vatikanischen Bibliothek gelten kann.

Für die Übersetzung der Syntaxis glaubte er in seinem Sekretär Georgius Trapezuntius, einem in Kandia auf Kreta 1396 geborenen Griechen[12], den geeigneten Mann gefunden zu haben. Georgius, der, des schlechten Rufes der Kreter eingedenk, seinen Beinamen nach der Heimat seines Vaters gewählt hatte, war von der Insel Kreta, die damals unter der Herrschaft der Venezianer stand, einer Aufforderung des Patriziers Francesco Barbaro folgend, bereits 1420 nach Venedig gekommen und hatte dort unter ungeheurem Zulauf die griechische Sprache gelehrt. Dann in Padua und Vicenza tätig, war er 1430 nach Rom übergesiedelt. Von Eugen IV. (1431—47) in die Stellung eines apostolischen Sekretärs berufen, wurde er von Nikolaus V. in diesem Amte bestätigt.

Nur mit Widerstreben unterzog sich Trapezuntius nach seiner eigenen Versicherung der ihm sozusagen aufgedrungenen Arbeit. Indessen übersetzte er binnen neun Monaten, von März bis Dezember 1451, nicht nur die 13 Bücher der Syntaxis, sondern fügte auch einen angeblich eigenen Kommentar hinzu, „weil er für die Erklärung so wichtiger Dinge nichts recht Geeignetes vorgefunden habe.“[13] Bald nach ihrem Bekanntwerden wurde die Übersetzung als „nicht lateinisch, sondern barbarisch und vielfach fehlerhaft“ von Niccolo Perotto, dem Erzbischof von Sipontum, hart mitgenommen;

zur Erklärung sei nichts von irgendwelcher Bedeutung beigetragen, was nicht aus dem Kommentar des Theon einfach gestohlen sei.[14] Die Aufdeckung dieses literarischen Diebstahls kostete dem Übersetzer seine Stellung als apostolischer Sekretär.[15] Vom Papste mit Verbannung bestraft, suchte er mit seiner zahlreichen Familie eine Zufluchtstätte in Neapel, wo ihm nach langem Harren und Bangen[16] von König Alfons V. von Aragonien (1416—58) auf die durch Barbaro vermittelte Fürsprache des venezianischen Gesandten eine bescheidene Besoldung gewährt wurde. Ob das noch vor Ablauf des Jahres 1452 an den Papst gerichtete Entschuldigungsschreiben, welches Trapezuntius unter Vermittelung seines einflußreichen Gönners Barbaro († 1454) überreichen ließ, seine Begnadigung erwirkt hat, läßt sich nicht ermitteln. Jedenfalls finden wir ihn 1461 als Lehrer des Regiomontanus wieder in Rom, wo er 1484, nach Verlust des Gedächtnisses kindisch geworden, als stadtbekanntes Original in sehr bedrängten Verhältnissen hochbetagt starb.

Unmittelbar nach seinem Tode überreichten seine Söhne die Übersetzung der Syntaxis mit einem von Andreas, dem ältesten Sohne, verfaßten Widmungsschreiben dem Papst Sixtus IV. († den 12. Aug. 1484). Von Lucas Gauricus, einem zu Neapel lehrenden Professor der Mathematik, mit dem Vorwort des Andreas 1528 herausgegeben, wurde sie bis zur Mitte des Jahrhunderts noch zweimal wiederholt[17] In einer Separatausgabe ist außerdem (Köln 1536) mit einer Einleitung von Johannes Noviomagus (Geldenhauer aus Nymwegen) der Sternkatalog erschienen. Nur handschriftlich vorhanden[18] ist eine von Trapezuntius verfaßte Einleitung zur Syntaxis.

Deutschlands Reformatoren der Astronomie wurde die Kenntnis des griechischen Originals durch den Kardinal Johannes Bessarion (geb. zu Trapezunt 1395) vermittelt. Als einer der ersten, welche die altgriechischen Studien nach Italien verpflanzten, entwickelte er nicht nur selbst eine rege literarische Tätigkeit, sondern begünstigte auch mit fürstlicher Freigebigkeit jedes ihn ansprechende wissenschaftliche

Unternehmen. Sein lebhaftes Interesse für die Syntaxis des Ptolemäus bekunden zwei Handschriften, die durch Schenkung seiner wertvollen Bücherei an die Republik Venedig in die Bibliotheca Marciana gelangt sind: die eine (Cod. 302) ist zum größten Teil eigenhändig von ihm geschrieben, die andere (Cod. 303) mit zahlreichen Randbemerkungen von seiner Hand versehen. Auch noch eine dritte (Cod. 312) ist durch Namensinschrift als sein einstmaliges Eigentum gekennzeichnet. Auf Grund dieser Handschriften nahm er selbst die Übersetzung der Syntaxis in Angriff, nachdem er die Unzulänglichkeit der Leistung des Trapezuntius erkannt hatte, wurde aber durch die vielfachen Abhaltungen, welche seine hohe Stellung mit sich brachte, an der gedeihlichen Förderung dieser Arbeit verhindert.[20)]

Im Jahre 1460 kam Bessarion als päpstlicher Legat mit dem Auftrage, in Deutschland Stimmung für den Türkenkrieg zu machen, nach Wien, wo am 1. September ein Reichstag abgehalten werden sollte. Dort lernte er Georg Purbach kennen, der (1423 geb. zu Peurbach) seit etwa 1450 an der Wiener Universität eine Professur für Mathematik bekleidete. Auf Grund der schlechten lateinischen Übersetzungen der Syntaxis und des Kommentars von Geber mit einem Auszug aus dem Almagest beschäftigt, nahm Purbach, dem das Griechische fremd war, die Einladung Bessarions, mit ihm nach Rom zu reisen, um dort seiner Arbeit das Original zugrunde zu legen, unter der Bedingung an, seinen jungen Freund und Gehilfen Johannes Müller aus Königsberg in Franken (geb. 1436) mitnehmen zu dürfen.[19)] Dieser ungewöhnlich begabte junge Mann, nach seiner Vaterstadt Regiomontanus genannt, hatte bereits mit zwölf Jahren die Universität Leipzig bezogen und war 1452 von dort, durch den Ruf Purbachs angezogen, nach Wien übergesiedelt, um erst Schüler, dann Freund und Mitarbeiter seines berühmten Lehrers zu werden. Alles war zur Reise vorbereitet, als Purbach im April 1461, erst 38 Jahre alt, plötzlich starb. So begleitete denn Regiomontan, dem die Gunst Bessarions als ein Vermächtnis seines Lehrers zufiel, den

Kardinal nach Rom, wo er zunächst das schon in Wien begonnene Studium der griechischen Sprache unter Leitung der berufensten Lehrer, Georgius Trapezuntius und Theodorus Gaza, fortsetzte. In kurzer Zeit waren seine sprachlichen Kenntnisse so weit gediehen, daß er auf Grund der in Bessarions Besitz befindlichen Handschriften der Syntaxis und des Theonschen Kommentars den im Verein mit Purbach schon bis zum 6ten Buche bearbeiteten Auszug aus dem Almagest vollenden und seinem Gönner widmen konnte.[20] Mochte schon das bei dieser Gelegenheit geäußerte Urteil, die Übersetzung des Trapezuntius sei „so hart und abgeschmackt, daß Ptolemäus, wenn er wieder auf die Welt käme, sich nicht wiedererkennen würde“, die Beziehungen zu seinem Lehrer gelöst haben, so erregte seine „Verteidigung Theons gegen Trapezuntius“[21] die Feindschaft des heimtückischen Griechen und seiner Söhne in so hohem Grade, daß ihm durch die boshaften Umtriebe seiner Feinde der Aufenthalt in Rom verleidet wurde. Von Bessarion mit der kostbaren Handschrift des Theonschen Kommentars beschenkt, kehrte er 1468 nach Wien zurück, um die ihm dort offengehaltene Professur für Mathematik und Astronomie zu bekleiden. Aber schon im nächsten Jahre folgte er einem Ruf des Königs Matthias Corvinus von Ungarn nach Ofen als Direktor der von Corvinus durch Kauf und Kriegsbeute zusammengebrachten ansehnlichen Bibliothek. Die Hoffnung, einen ruhigen Aufenthalt für eigene wissenschaftliche Tätigkeit gefunden zu haben, verwirklichte sich jedoch nicht. Als Corvinus 1471 wieder zum Krieg gegen Wladislaus um die böhmische Königskrone auszog, begab sich Regiomontan nach Nürnberg.

Hier, wo Handel, Kunst und Wissenschaft in seltener Blüte standen, erfüllte sich sein Wunsch, Ruhe zu finden zur Verarbeitung der gesammelten handschriftlichen Schätze. Alles wetteiferte, ihn würdig zu empfangen und ihm in seinen Bestrebungen behilflich zu sein. Dies geschah vor allem von seiten des reichen Patriziers und Ratsherrn Bernhard Walter, der ihm ein treuer Freund und Mitarbeiter wurde. Mit fürstlichem Aufwand ließ er ihm auf seinem Grundstück in der Rosengasse zunächst eine Sternwarte erbauen, die erste, die Deutschland gesehen. Und als für den schwierigen Tabellensatz der astronomischen Werke die berühmte Offizin von Anton Coburger nicht mehr ausreichte, ließ er ihm auch noch eine besondere Druckerei einrichten, die zugleich mit einer mechanischen Werkstätte zur Herstellung von Himmelsgloben, Kompassen u. dgl. verbunden war.

Der erste Druck, der 1472 aus der eigenen Offizin hervorging, waren die *Theoricae planetarum novae*, ein von Regiomontan vollendetes Werk seines Lehrers Purbach, welches nach dem *Tractatus de sphaera* des Sacrobosco das zweite astronomische Lehrbuch des Abendlandes wurde. Später meist unter Beigabe von Kommentaren oft wieder herausgegeben, bildete es, solange man an dem Ptolemäischen System festhielt, fast ausschließlich die Grundlage für den astronomischen Unterricht an Universitäten.

Der dem König Matthias von Ungarn gewidmete „Almanach auf 32 Jahre“ (1475—1506) erregte so allgemeines Aufsehen, daß Regiomontan von dem Papst Sixtus IV. zum Bischof von Regensburg ernannt und durch ein eigenhändiges Schreiben aufgefordert wurde, zur Anbahnung der schon längst gewünschten Kalenderreform nach Rom zu kommen. Mit der Vorbereitung der Herausgabe der Syntaxis beschäftigt, entschloß er sich nur schwer zu dieser Reise, die er mit der Vorahnung seines Todes antrat.[22] Kaum hatte er in Rom seine Arbeiten begonnen, als er am 6. Juli 1476 im Alter von 40 Jahren an der Pest starb und im Pantheon beigesetzt wurde. Sein plötzlicher Tod ließ das Gerücht entstehen, daß er von den Söhnen des Trapezuntius vergiftet worden sei.

Der Nachlaß Regiomontans, bestehend aus wertvollen Instrumenten und 20 Handschriften griechischer Mathematiker mit neuen lateinischen Übersetzungen[23], gelangte durch Ankauf in den Besitz Bernhard Walters, der den Schatz so ängstlich hütete, daß er durch Ablehnung aller Gesuche um Darleihung von Handschriften in den Ruf eines mürrischen Sonderlings kam.[24] Nach seinem Tode (1506) geriet aber die ganze Hinterlassenschaft in die Hände von Leuten, die für den Wert eines solchen Vermächtnisses kein Verständnis hatten. Die Handschriften wurden von den Walterschen Erben, über deren liederliche Wirtschaft bittere Klage geführt wird, verständnislos verschleudert; kostbare Instrumente sollen mit dem Hammer zerschlagen worden sein, um als altes Messing verkauft zu werden. Nur weniges gelangte durch rechtzeitigen Ankauf in die Nürnberger Stadtbibliothek.

Zum Glück fand die Handschrift der Syntaxis den Weg in die Basler Druckerei von Johannes Walder (Valderus). Aus dieser Offizin ging 1538 die mit allen Mängeln eines Druckes des 16ten Jahrhunderts behaftete erste Ausgabe der Syntaxis hervor, besorgt von Simon Grynäus von Vehringen, der damals als Professor der griechischen Literatur an der Universität zu Basel wirkte. Im Anschluß daran ist der Kommentar des Theon von Joachim Camerarius nach der Handschrift herausgegeben, die als das Geschenk Bessarions an Regiomontan noch heutzutage trotz ihres bescheidenen Gewandes eine Zierde der Nürnberger Stadtbibliothek bildet, während die Handschrift der Syntaxis verschollen ist.

Es ist ein eigentümliches Geschick, daß das erste Erscheinen dieses großen Lehrbuchs der Astronomie des Altertums im Urtext in die Zeit fällt, wo das Ptolemäische System bereits ein überwundener Standpunkt war. Im Jahre 1543, dem Todesjahr des Kopernikus, wurde zu Nürnberg dessen epochemachendes, eine Lebensarbeit abschließendes Werk *De revolutionibus orbium caelestium libri VI* herausgegeben. Die Editio princeps der Syntaxis war zwar noch in die Hände des Begründers der neuen Weltanschauung gelangt; allein das in seinem Nachlaß vorgefundene Exemplar ist mit keinerlei Notizen versehen, wie er sie sonst in Bücher einzuzeichnen pflegte, die ihm zum Handgebrauch dienten[25)], Beweis, daß er das Werk seines Lebens bereits auf Grund der bis dahin üblichen Hilfsmittel abgeschlossen hatte.

Fast dreihundert Jahre blieb die Editio princeps die einzige Gesamtausgabe. Nur auf einzelne Bücher erstreckte sich das Interesse der Gelehrtenwelt. So wurde der griechische

Text des ersten Buches mit lateinischer Übersetzung und Erklärung einiger Stellen (Wittenberg 1549 und 1569) von Erasmus Rheinholt veröffentlicht. Auch der lateinischen Übersetzung desselben Buches mit Theons Kommentar dazu (Neapel 1588 und 1605) von Jo. Bapt. Porta, sowie der gleichfalls lateinischen Übersetzung des zweiten Buches (Paris 1556) von S. Gracilis (S. Legrêle) dürfte der von Grynäus gelieferte griechische Text zugrunde gelegt sein.

Daß der Sternkatalog (d. i. das siebente und achte Buch) als antike Urkunde des Sternhimmels von seiten der Astronomen besondere Beachtung gefunden hat, ist selbstverständlich. Der griechische Text[26] wurde (Oxford 1712) mit lateinischer Übersetzung von dem Astronomen Edmund Halley, mit französischer (Nancy 1786 und Straßburg 1787) von dem Abbé Montignot herausgegeben, während der Astronom Johann Elert Bode sich auf eine deutsche Übersetzung (Berlin und Stettin 1795) beschränkt hat. Sonstige Reduktionen des Sternkatalogs, wie sie z. B. von Ulugh-Beigh, Riccioli, Flamsteed u. a. veranstaltet worden sind, fallen außerhalb des Rahmens dieses Überblicks.

In den Jahren 1813 und 1816 erschien zu Paris in zwei Quartbänden die zweite Gesamtausgabe, unternommen von dem Abbé Nicolas Halma, dem als Professor der Mathematik die erforderlichen Kenntnisse und als Bibliothekar auch die Handschriften der Königlichen Bibliothek zu Gebote standen. Freilich reichten seine philologischen Kenntnisse bei weitem nicht aus, einen einwandfreien Text herzustellen; auch die französische Übersetzung läßt an allen schwierigen Stellen im Stich. Wertvoll sind für Astronomen von Fach jedenfalls die von Delambre beigegebenen Anmerkungen. Daher hat diese Ausgabe viel Anerkennung bei den eigentlichen Astronomen gefunden, ist aber dafür bei den Philologen auf um so mehr Widerspruch und Ablehnung gestoßen. Schon die typographische Unzulänglichkeit (falsche Akzente, verkehrte Interpunktion) muß auf den philologisch geschulten Leser einen höchst unerfreulichen Eindruck machen. Zu einer bibliographischen Seltenheit geworden, werden die beiden Quartbände heutzutage antiquarisch auf 200 Frs. geschätzt.

Um so freudiger war die den Anforderungen moderner Textkritik voll entsprechende Ausgabe zu begrüßen, welche in den Jahren 1898 und 1903 durch den Kopenhagener Gelehrten, Professor J. L. Heiberg, der Bibliotheca Teubneriana eingereiht worden ist. Auf der gründlichsten Durchforschung des gesamten handschriftlichen Materials beruhend, legt sie Zeugnis ab, daß der Herausgeber nicht nur in philologischer, sondern auch in sachlicher Hinsicht seiner Aufgabe gewachsen war.

Eine Übersetzung beizufügen hat Heiberg mit den Worten abgelehnt: *de ea re videant astronomi, si interpretationem desideraverint.* Hiermit wird dem Fachmann wohl etwas zuviel zugemutet, da in erster Linie zur Erfüllung dieser Aufgabe die Beherrschung der griechischen Sprache erforderlich ist, die nur bei dem Philologen als selbstverständlich vorausgesetzt werden kann. Dagegen dürfte es für den Philologen keine unerfüllbare Anforderung sein, sich soviel Kenntnisse der Himmelskunde und Mathematik anzueignen, als zum Verständnis der antiken Astronomie ausreichen. Daraufhin habe ich es gewagt an die Übersetzung zu gehen, sobald durch Heibergs Ausgabe die unentbehrliche Grundlage geschaffen war. Wenn auch der Text noch nicht durchweg so fest steht, daß dem Übersetzer die Wahl zwischen verschiedenen Lesarten erspart bliebe, so ist ihm doch dieser Teil seiner Aufgabe durch den zuverlässigen kritischen Apparat wesentlich erleichtert worden. So mußte dem von Heiberg in zweite Linie gestellten Codex D (Vaticanus 180 saec. XII) an vielen Stellen, wo er die einzig richtige Lesart bietet, der Vorzug eingeräumt werden. Hinsichtlich der Figuren, die Heiberg mit etwas zu großer Treue vielfach in ungenauer Zeichnung, ja oft in fehlerhafter Gestalt aus den Handschriften in seine Ausgabe herübergenommen hat, erschien es angezeigt, manche Abänderungen vorzunehmen. Überdies sind zur Erläuterung schwieriger Stellen, wo eine Figur besser wirkte als Worte, zahlreiche neue Figuren beigegeben worden.

Den ungeteilten Beifall der Philologen wird meine Übersetzung, weil „frei wie immer“, nicht finden; dagegen glaube ich mir durch Wiedergabe der langatmigen Beweise unter Anwendung der modernen mathematischen Zeichen und Formeln den Beifall der Mathematiker und Astronomen gesichert zu haben. Die Interpretation ist auf dreifache Weise gehandhabt worden: erstens durch Parenthesen im Text, wo wenige Worte zur Klärung des Zusammenhangs genügten, zweitens durch Fußnoten, wo einige Zeilen ausreichten, um eine das Verständnis fördernde Ergänzung anzubringen, endlich durch einen Anhang mit erläuternden Anmerkungen, in denen einzelne Punkte ausführlicher besprochen und namentlich durchgeführte Beispiele zu den Berechnungen nach den Tabellen vorgelegt werden. Ein Namenverzeichnis wird dem zweiten Bande beigegeben werden.

Es steht zu erwarten, daß durch das Studium des deutschen Almagest manche ungünstige und ungerechtfertigte Urteile, wie sie namentlich von Delambre in seiner Geschichte der Astronomie über den Verfasser der Syntaxis gefällt worden sind und weite Verbreitung gefunden haben, eine endgültige Widerlegung erfahren. War auch Ptolemäus sicherlich kein besonders guter Beobachter, so muß ihn doch die Gründlichkeit und die Gewissenhaftigkeit, mit welcher er auf den Ergebnissen der Vorzeit durchaus selbständig weiterbaut, vor dem Vorwurf schützen, daß er als bloßer Kompilator oder gar Plagiator seinen Ruhm auf die leichtfertige Ausnutzung der Arbeiten seines großen Vorgängers Hipparch gegründet habe.

Mit trefflichen Worten, die wohl verdienen der Vergessenheit entrissen zu werden, warnt der große Astronom von Mailand, Giovanni Virginio Schiaparelli[27]), vor der geringschätzenden Beurteilung der Leistungen der Alten. Die eindrucksvolle Mahnung, die jeder beherzigen mag, der angesichts der großartigen Fortschritte der modernen Astronomie mit einem gewissen Vorurteil das Werk des Ptolemäus zur Hand nimmt, lautet:

„Indem wir an die Betrachtung dieser Monumente antiken Wissens gehen, laßt uns von der Achtung und Verehrung erfüllt sein, welche denen gebührt, die vor uns eine steile Straße wandernd den Weg geöffnet und geebnet haben. Von diesen Gefühlen beseelt, können wir zwar auf mangelhafte Beobachtungen und auf die Wahrheit weit verfehlende Spekulationen stoßen, aber wir werden nie etwas Absurdes, Lächerliches oder den Regeln der gesunden Vernunft Widersprechendes finden. Wenn heutzutage wir, die späten Enkel jener berühmten Meister, aus ihren Irrtümern und ihren Entdeckungen Gewinn ziehen und zum Giebel des von ihnen gegründeten Gebäudes emporsteigend mit unserem Blick einen weiteren Horizont umfassen können, so wäre es törichter Hochmut, deshalb zu glauben, daß wir eine weitertragende und schärfere Sehkraft als sie hätten. Unser ganzes Verdienst besteht darin, daß wir später zur Welt gekommen sind."

Dresden, Weihnachten 1911.

Karl Manitius.

Inhaltsverzeichnis des ersten Bandes.

Erstes Buch.

Zweites Buch.

Drittes Buch.

Viertes Buch.

Fünftes Buch.

Sechstes Buch.

Anhang.

DES CLAUDIUS PTOLEMÄUS
HANDBUCH DER ASTRONOMIE

ERSTER BAND

BUCH I—VI

Οἶδ' ὅτι θνατὸς ἔφυν καὶ ἐπάμερος· ἀλλ' ὅταν ἄστρων
Ἰχνεύω κατὰ νοῦν ἀμφιδρόμους ἕλικας,
Οὐκέτ' ἐπιψαύω γαίης ποσίν, ἀλλὰ παρ' αὐτῷ
Ζηνὶ διοτροφέος πίμπλαμαι ἀμβροσίης.

Cod. Marc. 313, Cod. Vat. 180; Anthol. IX. 577.

Daß ich sterblich bin, weiß ich, und daß meine Tage gezählt sind; aber wenn ich im Geiste den vielfach verschlungenen Kreisbahnen der Gestirne nachspüre, dann berühre ich mit den Füßen nicht mehr die Erde: am Tische des Zeus selbst labt mich Ambrosia, die Götterspeise.

Erstes Buch.

Erstes Kapitel.

Vorwort.

Mit Fug und Recht, lieber Syrus, haben meines Erachtens Ha 1 Hei 4 die echten Philosophen den **theoretischen** Teil der Philosophie von dem **praktischen** geschieden. Denn wenn füglich auch vor dieser Scheidung Theorie und Praxis einträchtig Hand in Hand gegangen sind, so dürfte man nichtsdestoweniger zwischen beiden einen beträchtlichen Unterschied finden, nicht nur deshalb, weil manche ethische Vorzüge vielen Menschen auch ohne Unterricht eigen sein können, während es unmöglich ist, ohne Belehrung in die Wissenschaft des Weltganzen einzudringen, sondern hauptsächlich deshalb, weil dort der größte Gewinn aus fortgesetzter Kraftentfaltung in lediglich praktischer Tätigkeit, hier aus dem Fortschritt in theoretischem Wissen entspringt. Deshalb sind wir zu der An- Ha 2 sicht gelangt, daß es unsere Pflicht sei, einerseits unser Handeln Hei 5 unter dem Eindruck der reinen Vorstellungen harmonisch zu regeln, auf daß wir selbst bei den Zufälligkeiten des täglichen Lebens niemals die Rücksicht auf edlen Anstand und taktvolle Haltung vergessen, anderseits unsere ganze Kraft geistiger Beschäftigung zu widmen zum Zweck der Belehrung über theoretisches Wissen, dessen Zweige zahlreich und herrlich sind, insbesondere aber zum Zweck der Belehrung über das Gebiet, welches man speziell unter dem Namen der Mathematik begreift.

Aristoteles[a)] scheidet den theoretischen Teil sehr angemessen wieder in drei Hauptgattungen: in **Physik, Mathematik**

a) Metaphysik VI 1, 1026 a 6; vgl. Boll, Studien über Claudius Ptolemäus, S. 68. Aus der dort gebotenen freien Wiedergabe des Inhalts dieses Vorwortes sind manche treffende Ausdrücke und Wendungen entlehnt worden.

und *Theologie*. Davon ausgehend, daß die Existenz alles Seienden derart auf Materie, Form und Bewegung beruhe, daß von diesen Teilen keiner für sich, d. h. ohne die anderen, an dem Objekt *geschaut*, sondern nur *gedacht* werden könne, möchte er als die erste Ursache der ersten Bewegung des Weltganzen, rein für sich herausgehoben, einen unsichtbaren und unbewegten Gott erkennen und das Wissensgebiet, dem die Forschung nach diesem Wesen zufällt, als *Theologie* bezeichnen, wobei nur oben irgendwo in den erhabensten Höhen der Welt eine so gewaltig sich äußernde Kraft, ein für allemal geschieden von den sinnlich wahrnehmbaren Dingen, gedacht werden könne.

Die Gattung aber, welche die Erforschung der Beschaffenheit der in ewiger Bewegung begriffenen Materie zur Aufgabe hat und die Fragen, ob weiß, ob warm, ob süß, ob weich u. dgl. erörtert, möchte er *Physik* nennen, insofern der ihr zufallende Stoff größtenteils in der Welt des Vergänglichen, d. i. unter der Sphäre des Mondes, seine Wandlungen vollziehe.

Die Gattung endlich, welche die Beschaffenheit zur Anschauung zu bringen hat, die sich in den Formen und in den
Hei 6 Ortsveränderung verursachenden Bewegungen offenbart, wel-
Ha 3 cher ferner die Aufgabe zufällt, Gestalt, Quantität, Größe, Raum und Zeit und ähnliche Begriffe zu ergründen, will er als das Gebiet der *Mathematik* abgesondert sehen, insofern der ihr zukommende Stoff sozusagen in die Mitte zwischen die beiden erstgenannten Materien falle, nicht nur deshalb, weil er sowohl durch die sinnliche Wahrnehmung als auch ohne deren Hilfe erfaßt werden könne, sondern auch deshalb, weil er schlechthin allem Seienden als Eigenschaft zukomme, sowohl sterblichen wie unsterblichen Wesen, indem er bei ersteren, die sich hinsichtlich der von ihnen untrennbaren Form beständig verändern, einer Mitveränderung unterworfen sei, während er bei den ewigen Wesen, welche ätherischer Natur sind, die Unveränderlichkeit der Form unwandelbar bewahre.

Hieran haben wir folgende Erwägungen geknüpft. Während man die beiden anderen Gattungen des theoretischen Teils

mehr spekulative Betrachtung als sichere Erkenntnis nennen könnte, die Theologie wegen der absoluten Unsichtbarkeit und Unerfaßlichkeit ihres Gegenstandes, die Physik wegen der Unbeständigkeit und Unklarheit der Materie — so daß aus diesem Grunde keine Hoffnung vorhanden ist, daß die Philosophen über diese Dinge jemals einerlei Meinung werden könnten — dürfte einzig und allein die Mathematik, wenn man auf dem Wege scharfer Prüfung an sie herantritt, ihren Jüngern ein zuverlässiges und unumstößliches Wissen darbieten, weil der Beweis die keinen Zweifel zulassenden Wege einschlägt, welche Arithmetik und Geometrie an die Hand geben. Das ist auch der Grund, der uns veranlaßt hat, uns nach Kräften dieser hervorragenden Wissenschaft in ihrem ganzen Umfange zu widmen, insbesondere aber dem Zweige, der sich mit der Erkenntnis der göttlichen und himmlischen Körper befaßt, weil diese Wissenschaft allein in der Untersuchung einer ewig sich gleichbleibenden Welt aufgeht und deshalb auch ihrerseits imstande ist, erstens hinsichtlich der von Hei 7
ihr vermittelten Erkenntnis, die weder unklar noch ungesichtet ist, ewig unverändert zu bleiben — was das charakteristische Merkmal der reinen Wissenschaft ist — und zweitens den andern Wissensgebieten eine Mitarbeiterin zu sein, die nicht Ha 4
weniger leistet als diese selbst.

Und zwar könnte der Theologie diese Wissenschaft in hervorragender Weise die Wege bahnen, insofern sie allein imstande ist, mit Erfolg den Spuren der unbewegten und von der Materie geschiedenen Kraft nachzugehen, ausgehend von der naheliegenden Schlußfolgerung aus den Erscheinungen, welche sich an den sinnlich wahrnehmbaren, sowohl bewegenden als bewegten, und doch ewigen und keinen Leiden unterworfenen Wesen hinsichtlich des Verlaufs und der Regelmäßigkeit ihrer Bewegungen vollziehen.

Auch der Physik könnte sie recht wesentliche Unterstützung gewähren; denn die allgemeinen Eigenschaften der Materie kommen zum wahrnehmbaren Ausdruck durch das eigenartige Verhalten bei den Ortsveränderung verursachenden Bewegungen. So besitzt z. B. das an sich Vergängliche an der *geradlinigen* Bewegung, das Unvergängliche an der *Kreisbewegung*, ferner das Schwere oder Passive an der *zentripetalen*, das Leichte oder Aktive an der *zentrifugalen* Bewegung ein charakteristisches Merkmal.

Was nun vollends eine in Handel und Wandel sittliche Lebensführung anbelangt, so dürfte diese Wissenschaft vorzugsweise Sinn und Blick dafür schärfen. Denn nach dem Vorbilde der an den göttlichen Wesen erschauten Gleichförmigkeit, strengen Ordnung, Ebenmäßigkeit und Einfalt bringt sie ihren Jüngern die Liebe zu dieser göttlichen Schönheit bei und macht ihnen durch Gewöhnung den ähnlichen Seelenzustand sozusagen zur zweiten Natur.

Diese Liebe zu der Wissenschaft von den ewig sich gleichbleibenden Dingen wollen auch wir beständig zu steigern
Hei 8 suchen, indem wir uns nicht nur mit den Errungenschaften bekannt machen, welche auf diesem Gebiete von Männern erzielt worden sind, die mit echtem Forschergeist an dasselbe herantraten, sondern indem wir auch unserseits ein Scherflein beizutragen gedenken, insoweit die (verhältnismäßig kurze) Zeit, die seit jenen Männern bis auf unsere Tage verstrichen
Ha 5 ist, zu einem solchen Beitrag beträchtliches Material zu bieten vermag. So werden wir denn versuchen alles Wichtige, was unseres Erachtens in der Gegenwart in unseren Gesichtskreis getreten ist, in möglichster Kürze und so, daß die bereits bis zu einem gewissen Grade Vorgerückten zu folgen vermögen, in der Form eines Kommentars zur Darstellung zu bringen, wobei wir im Interesse der Vollständigkeit unseres Werkes alle Fragen, welche für die Himmelskunde von praktischem Werte sind, in der gehörigen strengen Reihenfolge erörtern werden. Um aber die Darstellung in gewissen Grenzen zu halten, werden wir die von den Alten mit voller Sicherheit gewonnenen Ergebnisse nur referierend behandeln, dagegen die überhaupt noch nicht oder wenigstens nicht praktisch genug in Angriff genommenen Probleme nach Kräften einer sorgfältig ergänzenden Behandlung unterziehen.

Zweites Kapitel.

Darlegung der Reihenfolge der theoretischen Erörterungen.

Das von uns vorgelegte Handbuch bietet zunächst einen allgemeinen Teil, welcher das Verhältnis der Erde zum Himmelsgewölbe, beide als Ganzes betrachtet, ins Auge faßt (I. Buch, Kap. 3—11). Von dem hierauf folgenden besonderen Teil behandelt der erste Abschnitt (I. Buch, Kap. 12—II. Buch) die Lage der Ekliptik, die Orte des zurzeit bewohnten Gebietes der Erde, ferner den Unterschied, welcher in ihrer Aufeinanderfolge im Verhältnis zueinander von Horizont zu Horizont infolge der Neigung (der Sphäre) eintritt.
Die theoretische Erörterung dieser Verhältnisse ebnet, wenn Hei 9
sie vorausgenommen wird, außerordentlich den Weg zur 11
Untersuchung der übrigen Probleme.

Der zweite Abschnitt (III.—VI. Buch) handelt von der Bewegung der Sonne und des Mondes, sowie von den damit zusammenhängenden Erscheinungen; denn ohne die Vorausnahme dieser Verhältnisse dürfte es unmöglich sein, auf Ha 6
die Theorie der Sternenwelt mit der nötigen Gründlichkeit einzugehen.

Der letzte Abschnitt (Band II), welcher sozusagen der Kernpunkt des Ganzen ist, enthält die Betrachtung der Sternenwelt. Auch hier dürften mit gutem Grunde voranzustellen sein die Erörterungen über die Sphäre der sogenannten Fixsterne (VII. und VIII. Buch), woran sich dann (IX.—XIII. Buch) die Theorien der sogenannten fünf Wandelsterne anschließen sollen.

Jeden der hier vorgelegten Abschnitte werden wir dem Verständnis zugänglich zu machen suchen, indem wir als Ausgangspunkte und gewissermaßen als Grundlagen für die Aufstellung der Theorien die augenfälligen Himmelserscheinungen heranziehen und ausschließlich solche Beobachtungen benutzen, die mit zweifelloser Sicherheit sowohl von den

Alten als auch zu unserer Zeit angestellt worden sind. Den inneren Zusammenhang der vorgelegten Beobachtungsreihen werden wir alsdann durch die auf geometrische Konstruktionen gegründeten Beweise darlegen.

Was nun den allgemeinen Teil anbelangt, so wird sich die Vorbesprechung auf folgende fünf Punkte erstrecken.

1. Das Himmelsgewölbe hat Kugelgestalt und dreht sich wie eine Kugel.

2. Ihrer Gestalt nach ist die Erde für die sinnliche Wahrnehmung, als Ganzes betrachtet, gleichfalls kugelförmig.

3. Ihrer Lage nach nimmt die Erde einem Zentrum vergleichbar die Mitte des ganzen Himmelsgewölbes ein.

4. Ihrer Größe und Entfernung nach steht die Erde zur Fixsternsphäre in dem Verhältnis eines Punktes.

5. Die Erde hat ihrerseits keinerlei Ortsveränderung
Hei 10 verursachende Bewegung.

Jeden dieser Punkte wollen wir, um gelegentlich wieder darauf zurückkommen zu können, einer kurzen Erörterung unterziehen.

Drittes Kapitel.

Das Himmelsgewölbe dreht sich wie eine Kugel.

Zu den ersten Gedanken über die vorstehend angedeuteten Verhältnisse sind die Alten aller Wahrscheinlichkeit nach etwa durch folgende Beobachtung angeregt worden.
Ha 7 Sie sahen die Sonne, den Mond und die übrigen Gestirne von Osten nach Westen sich stets auf Parallelkreisen bewegen. Sie sahen, wie sie anfangs von unten aus dem Tiefstande, gewissermaßen direkt von der Erde aus, sich aufwärts bewegen, nach und nach zu einem Hochstand emporsteigen, hierauf einen ihrem bisherigen Aufstieg entsprechenden absteigenden Bogen beschreiben und wieder zu einem Tiefstand gelangen, bis sie schließlich gewissermaßen auf die Erde fallen und unsichtbar werden, worauf sich, nachdem sie eine gewisse Zeit in der Unsichtbarkeit verharrt, Aufgang und Untergang wie von vorn wiederholt.

Hinsichtlich der dabei verstreichenden Zeiten sowie der Stellen des Auf- und Unterganges machte man aber die Wahrnehmung, daß sich dieselben im großen ganzen in einem genau geregelten Verhältnis gegenseitig entsprachen.

Ganz besonders aber brachte sie auf den Gedanken der Kugelgestalt der Umschwung der immersichtbaren Sterne, welcher in sichtlich zu verfolgender Kreisbahn um ein und dasselbe Zentrum als Pol sich vollzieht. Dieser Punkt mußte der Pol der Himmelskugel sein, weil die in größerer Nähe Hei 11 desselben stehenden Sterne sich in *kleineren* Kreisen drehen, während die weiter entfernten im Verhältnis zu ihrem Abstande *größere* Kreise bei der Umkreisung beschreiben, bis der Abstand allmählich zu den Sternen gelangt, die unsichtbar werden. Auch von diesen sah man die in der Nähe der immersichtbaren Gestirne stehenden *kurze* Zeit in der Unsichtbarkeit verharren, die weiter entfernten wieder verhältnismäßig *längere* Zeit. So mußte man für den ersten Anfang einzig durch derartige Wahrnehmungen auf den oben ausgesprochenen Gedanken der Kugelgestalt verfallen, nachgerade aber bei fortgesetzter Betrachtung auch die weiteren Konsequenzen aus diesen Beobachtungen ziehen. Denn schlechthin Ha 8 alle Himmelserscheinungen legen Zeugnis dafür ab, daß eine andere Auffassung unzulässig ist.

Man nehme z. B. an, was manche Philosophen wirklich getan haben, daß der Lauf der Sterne in *geradliniger Erstreckung* in den unendlichen Raum gerichtet sei. Wie sollte man sich da den Vorgang vorstellen, vermöge dessen alle Sterne von demselben Anfangspunkte aus ihren sichtbaren Lauf Tag für Tag wiederholen? Wie könnten denn die Gestirne auf ihrem Flug in den unendlichen Raum wieder kehrtmachen? Oder wie sollte es zugehen, daß diese Umkehr nicht wahrnehmbar wäre? Müßten sie nicht vielmehr unter allmählicher Abnahme ihrer Größen unsichtbar werden, während sie doch im Gegenteil, gerade wenn sie (am Horizont) nahe dem Verschwinden sind, größer erscheinen und nur nach und nach von der Oberfläche der Erde verdeckt und gewissermaßen abgeschnitten werden?

Aber wahrlich auch die Vorstellung, daß die Gestirne aus der Erde aufsteigend sich *entzünden* und dann wieder zu ihr zurückkehrend *erlöschen*, dürfte sich durchweg als höchst widersinnig erweisen.[a] Gesetzt schon, man machte das Zugeständ-
Hei 12 nis, daß trotz ihrer Größen und ihrer gewaltigen Anzahl, trotz ihrer nach Raum und Zeit verschiedenen Abstände besagter wunderlicher Vorgang sich wirklich vollziehen könnte, d. h. daß die eine ganze (östliche) Seite der Erde eine natürliche *Zündkraft*, die andere (westliche) Seite eine ebensolche *Löschkraft* entwickelte, oder besser gesagt, daß *dieselbe* Seite für einen Teil der Erdbewohner anzündend, für den anderen auslöschend wirkte, d. h. daß *dieselben* Sterne für die einen bereits angezündet oder ausgelöscht sind, während sie es für die anderen noch nicht sind, wenn man, sage ich, alle diese Zugeständnisse, so lächerlich sie sind, machen wollte, was sollten wir von den immersichtbaren Sternen halten, die weder auf- noch untergehen? Aus welchem Grunde sollten denn nicht diejenigen Sterne, welche dem Anzünden und Auslöschen unterworfen sind, überall auf- und untergehen, während andere, welche diesem Wechselzustande nicht unterworfen sind, keineswegs überall beständig über dem Horizont sind?
Ha 9 Es werden doch wohl nicht *dieselben* Sterne für einen Teil der Erdbewohner immer angezündet und wieder ausgelöscht werden, während sie für den anderen Teil niemals weder das eine noch das andere erleiden, da es ja ganz klar ist, daß es dieselben Sterne sind, die für gewisse (südliche) Orte auf- und untergehen, während sie für andere Orte (d. i. für weiter nördlich liegende) weder auf- noch untergehen.

Kurz und gut, man mag irgendwelchen anderen Verlauf der Bewegung der Himmelskörper annehmen als denjenigen, welchen die Kugelgestalt bedingt, so müßten notwendig die Entfernungen von der Erde in der Richtung nach den hoch über ihr sich bewegenden Gestirnen ungleich werden, wo und wie man die Erde selbst auch annehmen mag. Daher

---

a) Diese Vorstellung wird von Kleomedes ed. Ziegler p. 158 f. als die Auffassung des Epikur ins Lächerliche gezogen.

müßten auch die Größen und die gegenseitigen Abstände der
Sterne, weil sie bald aus größerer, bald aus geringerer Entfernung zu schätzen wären, für dieselben Erdbewohner bei Hei 13
jedem Umschwung ungleich erscheinen, was doch sichtlich
nicht der Fall ist. Daß freilich am Horizont die Größen be-
deutender erscheinen, bewirkt nicht der Umstand, daß die
Entfernung geringer wäre, sondern die Verdunstung der die
Erde umgebenden Feuchtigkeit, welche sich zwischen unserem
Auge und den (am Horizont befindlichen) Sternen entwickelt,
geradeso wie in das Wasser geworfene Gegenstände größer
erscheinen, und zwar um so größer, je tiefer sie untersinken.

Es führen aber zu dem Gedanken der Kugelgestalt auch
Erwägungen folgender Art. Erstens können bei keiner anderen Annahme als einzig bei dieser die Vorrichtungen, welche
zur Stundenmessung dienen, richtige Angaben liefern. Faßt
man zweitens die ohne Hindernis mit allergrößter Leichtig-
keit vor sich gehende Bewegung der Himmelskörper ins Auge,
so kommt die Eigenschaft der leichtesten Bewegung von den
ebenen Figuren dem Kreis, von den Körpern der Kugel zu. Ha 10
Da ferner von den verschiedenen Figuren gleichen Kreisumfanges die Vielecke, welche mehr Ecken haben, die größeren
sind, so hat von den ebenen Figuren der Kreis, von den
Körpern die Kugel, und von allen übrigen Körpern die
Himmelskugel an Größe den Vorrang.

Aber auch von gewissen physikalischen Erwägungen aus
kann man zu der von uns vertretenen Auffassung gelangen.
Von allen Körpern besteht aus den feinsten und gleichartig- Hei 14
sten Molekülen der Äther; zu den aus gleichartigen Molekülen bestehenden Gebilden gehören die Flächen, soweit sie
aus solchen Teilen bestehen; aus gleichartigen Molekülen
gebildete Flächen sind aber unter den ebenen Figuren einzig
und allein die Kreisfläche, unter den Körpern die Kugel-
fläche. Nun ist der Äther keine Ebene, sondern ein Körper;
folglich bleibt für ihn nur die Kugelgestalt übrig.

Zu dem gleichen Ergebnis führt folgende Erwägung. Die
Natur hat alle irdischen und vergänglichen Körper durchgängig aus kreisförmigen, jedoch ungleichartigen Mole-

külen geschaffen, alle im Äther sich bewegenden und göttlichen Körper dagegen aus gleichartigen Molekülen von *Kugelform*; denn wären diese Körper eben oder scheibenförmig, so würde nicht allen Beobachtern, welche von verschiedenen Punkten der Erde gleichzeitig nach ihnen schauten, die scheinbare Kreisform ersichtlich sein. Deshalb ist es eine logische Forderung, daß auch der sie umgebende Äther, welcher von der gleichartigen natürlichen Beschaffenheit ist, erstens *kugelförmig* und zweitens, infolge dieser Beschaffenheit aus gleichartigen Molekülen, mit gleichförmiger Geschwindigkeit in *kreisförmiger* Bewegung begriffen sei.

Viertes Kapitel.

Auch die Erde ist, als Ganzes betrachtet, für die sinnliche Wahrnehmung kugelförmig.

Ha 11 Zu der Erkenntnis, daß auch die Erde, als Ganzes betrachtet, für die sinnliche Wahrnehmung kugelförmig sei, dürfte man am besten auf folgendem Wege gelangen. Nicht für alle Bewohner der Erde ist Aufgang und Untergang der Sonne, des Mondes und der anderen Gestirne *gleichzeitig* zu sehen,
Hei 15 sondern *früher* stets für die nach Osten zu, *später* für die nach Westen zu wohnenden. Wir finden nämlich, daß der momentan gleichzeitig stattfindende Eintritt der Finsterniserscheinungen, und besonders der Mondfinsternisse, nicht zu denselben Stunden, d. h. zu solchen, welche gleichweit von der Mittagstunde entfernt liegen, bei allen Beobachtern aufgezeichnet wird, sondern daß jedesmal die Stunden, welche bei den weiter östlich wohnenden Beobachtern aufgezeichnet stehen, *spätere* sind als die bei den weiter westlich wohnenden.[1] Da nun auch der Zeitunterschied in entsprechendem Verhältnis zu der *räumlichen* Entfernung der Orte gefunden wird, so dürfte man mit gutem Grunde annehmen, daß die Erdoberfläche kugelförmig sei, weil eben die hinsichtlich der Krümmung (der Oberfläche) im großen ganzen

1) Diese Zahlen beziehen sich auf die Anmerkungen im Anhang.

als gleichartig[a] zu betrachtende Beschaffenheit (der Erde) die Bedeckungserscheinungen zu der Aufeinanderfolge der Beobachtungsorte stets in ein entsprechendes (Zeit-)Verhältnis setzt. Wäre die Gestalt der Erde eine andere, so würde dies nicht der Fall sein, wie man aus folgendem ersehen kann.

Wenn die Oberfläche der Erde eine Hohlfläche wäre, so würde der Aufgang der Gestirne den weiter westlich wohnenden Beobachtern eher sichtbar werden; wäre sie eine ebene Fläche, so würden die Gestirne für alle Bewohner der Erde zugleich und zu derselben Zeit auf- und untergehen; wäre Ha 12
sie von der Gestalt einer dreiseitigen Pyramide, eines Würfels oder eines Polyeders,[b] so würden sie wiederum für alle diejenigen in gleicher Weise und gleichzeitig auf- und untergehen, welche auf derselben Seitenfläche (dieser Körper) wohnten, was mit der Wirklichkeit in keiner Weise vereinbar erscheint.

Daß die Erde aber auch nicht walzenförmig sein kann, selbst nicht unter der Voraussetzung, daß die Rundfläche nach Osten und Westen gekehrt und die Seiten der ebenen Grund- Hei 16
flächen nach den Weltpolen gerichtet wären, was man wohl als das Glaubwürdigere annehmen dürfte[c], wird aus folgendem klar. Für keinen Bewohner der gekrümmten Oberfläche würde nämlich auch nur ein einziger Stern immersichtbar werden, sondern für alle Bewohner würden sämtliche Sterne sowohl auf- wie untergehen, oder es würden für alle dieselben Sterne, welche von jedem der beiden Pole den gleichen Abstand hätten, (einerseits immersichtbar, anderseits) immerunsichtbar werden.[2] Je weiter wir aber jetzt (d. i. auf der kugelförmigen Erde) nach Norden zu wandern, um so mehr

a) D. h. alle Unebenheiten der Oberfläche der Erde sind im Verhältnis zu ihrer Größe so unbedeutend, daß sie der idealen Kugelgestalt keinerlei Abbruch tun können.

b) Zum Vergleich diene die ähnliche Erörterung bei Kleomedes p. 74—82.

c) Weil die Annahme mit dem täglichen Umschwung des Fixsternhimmels von Osten nach Westen im allgemeinen im Einklang stehen würde.

werden von den südlichen Sternen unsichtbar und von den nördlichen immersichtbar, so daß es klar ist, daß auch in diesem Falle die Krümmung der Erde, welche schon (S. 11, 2) die in schräger (d. h. in der die Nord-Südlinie von Osten nach Westen kreuzenden) Richtung verlaufenden Bedeckungserscheinungen in ein entsprechendes (Zeit-)Verhältnis setzte, von allen Seiten auf die Kugelgestalt hinweist. Hiermit ist noch die Wahrnehmung zu verbinden, daß wir bei dem Heransegeln an Berge oder einzelne hochragende Punkte unter beliebigem Winkel und nach beliebiger Richtung nach und nach ihre Höhen sichtlich wachsen sehen, als ob sie direkt aus dem Meere auftauchten und vorher infolge der Krümmung der Wasserfläche untergetaucht gewesen wären.

Fünftes Kapitel.

Die Erde nimmt die Mitte des Himmelsgewölbes ein.

Ha 13 Wenn man nach dieser Erörterung (der Gestalt) der Reihenfolge nach die Lage der Erde ins Auge faßt, so dürfte
Hei 17 man zu der Erkenntnis gelangen, daß der Verlauf der Himmelserscheinungen um die Erde sich nur dann regelrecht vollziehen kann, wenn wir letztere wie das Zentrum einer Kugel in die Mitte des Weltalls setzen. Wäre dem nicht so, so sind außerdem nur drei Fälle denkbar:

1. die Erde liegt außerhalb der Achse, aber gleichweit entfernt von jedem der beiden Pole;

2. sie liegt auf der Achse, aber dem einen Pol nähergerückt;

3. sie liegt weder auf der Achse noch gleichweit von jedem der beiden Pole entfernt.

1. Gegen die erste der drei Lagen spricht folgendes.

A. Wenn man sich die Erde mit Bezug auf die Lage gewisser Orte nach oben (nach dem Zenit) oder nach unten (nach dem Nadir) verschoben denkt, so würde für diese Orte davon die Folge sein

a) bei Sphaera recta: daß niemals Tag- und Nachtgleiche eintreten kann, weil der Raum über und unter der

Erde von dem Horizont jederzeit in *ungleiche* Teile geteilt wird;

b) bei Sphaera obliqua: daß entweder wieder überhaupt
nicht Tag- und Nachtgleiche eintreten kann, oder wenigstens
nicht in der Mitte zwischen Sommer- und Winterwende, da
diese Intervalle notwendigerweise ungleich werden, weil nicht
mehr der Äquator, d. i. der größte der um die Pole des Umschwungs
verlaufenden Parallelkreise von dem Horizont halbiert
wird, sondern einer von den mit dem Äquator gleich
laufenden nördlichen oder südlichen Kreisen. Darüber ist
man aber allgemein einig, daß diese Intervalle überall gleich Hei 18
sind, weil die im Vergleich zur Tag- und Nachtgleiche ein- Ha 14
tretende Zunahme des längsten Tages zur Zeit der Sommerwende
gleich ist der Abnahme des kürzesten Tages zur
Zeit der Winterwende.

B. Wenn man aber wieder mit Bezug auf die Lage gewisser Orte eine Verschiebung in der Richtung nach Osten oder Westen annehmen wollte, dann würde für diese Orte der Fall eintreten, daß erstens die Größen und die gegenseitigen Abstände der Gestirne im östlichen Horizont scheinbar nicht die gleichen und nämlichen wie im westlichen sein würden, und daß zweitens die Zeit von Aufgang bis Kulmination nicht gleich sein würde der Zeit von Kulmination bis Untergang, was sichtlich mit den Erscheinungen durchaus in Widerspruch steht.

2. Gegen die zweite Lage, bei welcher man sich die Erde in der Richtung der Achse nach dem einen der beiden Pole hin verschoben zu denken hat, könnte man wieder einwenden, daß, wenn dem so wäre, für jede geographische Breite (d. i. bei Sphaera obliqua) die Ebene des Horizontes den über und unter der Erde befindlichen Himmelsraum je nach dem Grade der Verschiebung jedesmal ungleich machen würde, und zwar sowohl die oberen Teile im Vergleich zu den oberen, und die unteren Teile im Vergleich zu den unteren, als auch die unteren und oberen Teile im Vergleich zu einander; denn nur bei Sphaera recta kann (in diesem Falle) der Horizont

die Sphäre halbieren, während er bei Sphaera obliqua, bei welcher der nähere Pol (an d. Fig. der nördliche) zum immersichtbaren wird, den über der Erde gelegenen Teil der Sphäre stets kleiner und den unter der Erde gelegenen größer macht. Infolgedessen würde der Fall eintreten, daß auch der größte Kreis, der durch die Mitte der Tierkreisbilder geht (d. i. die Ekliptik), von der Ebene des Horizontes in ungleiche Teile geteilt würde,

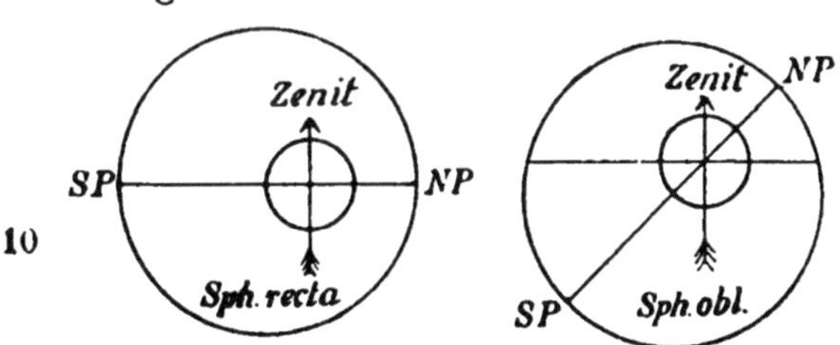

Hei 19 ein Verhältnis, welches die Beobachtung keineswegs fest-
Ha 15 stellt: denn jederzeit und überall sind sechs Zeichen über der Erde sichtbar und die übrigen sechs unsichtbar, während dann wieder letztere in ganzer Ausdehnung gleichzeitig über der Erde sichtbar sind und die übrigen alle zusammen unsichtbar. Demnach geht aus dem Umstande, daß (bei zentraler Lage der Erde) dieselben Halbkreise der Ekliptik in ihrer ganzen Ausdehnung bald über bald unter der Erde abgeschnitten werden, klar hervor, daß vom Horizont auch die Ekliptik genau halbiert wird.

Ganz allgemein würde, wenn die Erde nicht ihre (normale) Lage direkt unter dem (Himmels-) Äquator hätte, sondern nach Norden oder Süden in der Richtung nach einem der beiden Pole hin von dieser Lage abwiche, (infolge der erwähnten ungleichen Teilung der Ekliptik) der Fall eintreten, daß an den Nachtgleichentagen die bei Aufgang (der Sonne) geworfenen Schatten der Gnomonen mit den bei Untergang geworfenen auf den mit dem Horizont parallelen Ebenen nicht mehr für die sinnliche Wahrnehmung auf eine Gerade fielen, eine Begleiterscheinung (der Nachtgleichen), welche in einander genau gegenüberliegenden Punkten (des Horizontes) eintritt, wie die Beobachtung allerorts feststellt.

3. Ohne weiteres ist klar, daß auch die dritte Lage nicht zu Recht bestehen kann, da bei ihr die Einwände, welche gegen

die beiden ersten Lagen zu erheben waren, vereinigt zur Geltung kommen müssen.

Kurz und gut, der ganze regelrechte Verlauf, welcher theoretisch hinsichtlich der Ab- und Zunahme der Tage und Nächte festgestellt wird, dürfte vollständig umgestoßen werden, wenn man die Erde nicht in der Mitte annähme. Hierzu kommt, daß auch der Eintritt der Mondfinsternisse nicht an allen Stellen des Himmels in der der Sonne diametral gegenüberliegenden Stellung erfolgen könnte, da die Erde häufig nicht bei den diametral gegenüberliegenden Positionen Hei 20
(der beiden Lichtkörper) als bedeckendes Objekt zwischen 11
sie zu stehen kommen würde, sondern bei den Intervallen, die kleiner als ein Halbkreis wären.

Sechstes Kapitel.

Die Erde steht zu den Himmelskörpern in dem Verhältnis eines Punktes.

Daß die Erde zu der Entfernung bis zu der Sphäre der Ha 16
sogenannten Fixsterne für die sinnliche Wahrnehmung wirklich nur in dem Verhältnis eines Punktes steht, dafür ist ein zwingender Beweis, daß von allen ihren Teilen aus die scheinbaren Größen und gegenseitigen Abstände der Sterne zu denselben Zeiten allenthalben gleich und ähnlich sind, wie denn auch die in verschiedenen geographischen Breiten an denselben Sternen angestellten Beobachtungen auch nicht im geringsten voneinander abweichend gefunden werden. Als ganz besonders bezeichnend ist auch noch der Umstand hervorzuheben, daß die (Endpunkte der) an beliebiger Stelle der Erde aufgestellten Gnomonen sowie die Mittelpunkte der Armillarsphären dieselbe Geltung haben wie der wirkliche Mittelpunkt der Erde, d. h. daß die genannten Punkte für die Richtung der Visierlinien (nach den Himmelskörpern) und für die Herumleitung der Schattenlinien in so großer Übereinstimmung mit den zur Erklärung der Himmelserscheinungen aufgestellten Hypothesen maßgebend sind, wie wenn diese Linien direkt durch den Mittelpunkt der Erde gingen.

Ein deutliches Anzeichen dafür, daß dieses Größenverhältnis besteht, liegt auch in dem Umstand, daß die durch das Auge gelegten Ebenen, die wir Horizonte nennen, *überall* stets die ganze Himmelskugel *halbieren*, was nicht der Fall sein
Hei 21 würde, wenn die Größe der Erde im Verhältnis zur Entfernung der Himmelskörper ein merkbarer Faktor wäre. Alsdann könnte nur die durch den Punkt im Zentrum der Erde gelegte Ebene die Himmelskugel halbieren, während die durch beliebige Punkte der Erdoberfläche gelegten Ebenen
Ha 17 die unter der Erde liegenden Abschnitte größer machen würden als die über der Erde befindlichen.

Siebentes Kapitel.

Die Erde hat keinerlei Ortsveränderung verursachende Bewegung.

Nach denselben Gesichtspunkten wie bisher wird sich der Nachweis führen lassen, daß die Erde auch nicht die geringste Bewegung nach den oben (S. 12ff.) besprochenen schrägen Richtungen haben oder überhaupt jemals ihre zentrale Lage irgendwie verändern kann; denn es würden dieselben Folgen eintreten, wie wenn sie eine andere Lage zur Mitte einnähme. Deshalb dürfte man meines Erachtens überflüssiger Weise noch nach den Ursachen des freien Falls nach der Mitte forschen, nachdem ein für allemal auf dem dargelegten Wege aus den Erscheinungen selbst die Tatsache klargestellt ist, daß die Erde den Raum in der *Mitte* des Weltalls einnimmt, und daß alle schweren Körper auf *sie* fallen. Das bequemste Beweismittel zur Feststellung des Falls nach der Mitte dürfte einzig und allein in dem Umstand zu finden sein, daß, nachdem die Kugelgestalt und die Lage der Erde
Hei 22 in der Mitte des Weltalls nachgewiesen ist, auf ausnahmslos allen ihren Punkten die Richtung und der Fall der mit Schwere behafteten Körper, ich meine, ihr *freier* Fall, unter allen Umständen und überall *lotrecht* zu der durch den Einfallspunkt gelegten, neigungslosen (Tangential-) Ebene verläuft; denn aus diesem Verhalten geht klar hervor, daß

diese Körper, wenn sich ihnen in der Erdoberfläche nicht ein unüberwindliches Hemmnis entgegenstellte, durchaus bis zum Mittelpunkte selbst gelangen würden, weil die zum Mittelpunkt führende Gerade immer senkrecht zu der Tan- Ha 18
gentialebene der Kugel steht, welche durch den an der Berührungsstelle entstehenden Schnittpunkt gelegt wird.

Wer darin einen unerklärlichen Widerspruch zu erblicken vermeint, daß ein Körper von so gewaltiger Schwere wie die Erde nach keiner Seite wanke oder falle, der scheint mir den Fehler zu begehen, daß er bei dem Vergleich seinen eignen leiblichen Zustand, aber nicht die Eigenart des Weltganzen im Auge hat. Denn ich meine, ein solches Verharren im Ruhezustande würde ihm nicht mehr wunderbar vorkommen, wenn er sich zu der Vorstellung aufschwingen könnte, daß die vermeintliche Größe der Erde, verglichen mit dem ganzen sie umgebenden Körper, zu diesem nur das Verhältnis eines Punktes hat; denn alsdann wird es möglich erscheinen, daß der verhältnismäßig so kleine Körper von dem absolut größten und aus gleichartigen Molekülen bestehenden durch den von allen Seiten in gleichmäßiger Stärke und gleichförmiger Richtung geübten Gegendruck in der Gleichgewichtslage erhalten wird; denn ein „oben" oder „unten" gibt es im Welt- Hei 23
all mit Bezug auf die Erde nicht, ebensowenig wie auch bei der Kugel jemand auf einen solchen Gedanken kommen würde. Was aber die im Weltall existierenden zusammengesetzten Körper anbelangt, so streben die *leichten*, d. h. die aus feinen Molekülen bestehenden Körper, so weit es die ihnen von Natur anhaftende Neigung zum freien Fall gestattet, empor nach außen, d. i. nach der Peripherie, und folgen scheinbar dem Triebe nach dem jeweiligen „oben"; denn auch bei uns Menschen bestimmt allgemein der Punkt über dem Haupte, der gleichfalls mit „oben" bezeichnet wird, die Richtung der Normalen zu der jeweiligen Standfläche. Dagegen streben die *schweren*, d. h. die aus groben Molekülen bestehenden Körper, nach der Mitte zu, d. i. nach dem Zentrum, und fallen scheinbar nach „unten"; denn auch bei uns Menschen bestimmt wieder allgemein der Fußpunkt, gleichfalls mit

„unten“ bezeichnet, die Richtung der Normalen zum Erd- Ha 19 mittelpunkte. Das gemeinsame Streben nach der Mitte erhalten sie dabei natürlich durch den von allen Seiten gleichstark und gleichförmig aufeinander wirkenden Gegenstoß und Gegendruck.

So gelangt man denn selbstverständlich auf diesem Wege zu der Erkenntnis, daß das ganze Volumen der Erde im Verhältnis zu den auf sie fallenden Körpern von ungeheurer Größe ist, und daß sie unter dem Druck der ganz minimalen Schwerkörper, zumal da er von allen Seiten wirkt, in ihrem Ruhezustand unerschüttert verharrt und die auf sie fallenden Körper gewissermaßen auffängt. Hätte freilich auch sie eine gemeinsame Neigung zum Fallen, d. h. wäre die Richtung ihres Falls ein und dieselbe wie bei den übrigen Schwerkörpern, so würde sie natürlich infolge des kolossalen Übergewichts ihrer Größe allen Körpern bei dem Sturz in die Tiefe voraneilen, und es würden die Lebewesen und die Hei 24 losen Schwerkörper in der Luft in der Schwebe verharren, während sie für ihr Teil mit rasender Geschwindigkeit schließlich aus dem Himmelsgewölbe selbst herausstürzen müßte. Aber dergleichen Möglichkeiten erscheinen ja schon bei dem bloßen Gedanken unglaublich lächerlich.

Nun stellen sich manche Philosophen, ohne gegen die hier entwickelten Ansichten etwas einwenden zu können, ein nach ihrer Meinung glaubwürdigeres System[a] zusammen und geben sich dem Glauben hin, daß keinerlei Zeugnis wider sie sprechen werde, wenn sie z. B. das Himmelsgewölbe als unbeweglich annähmen, während sie die Erde um dieselbe Achse von Westen nach Osten täglich nahezu *eine* Umdrehung machen ließen, oder auch wenn sie *beiden* eine Bewegung von einem gewissen Betrag erteilten, nur, wie gesagt, um dieselbe Achse und im richtigen Verhältnis zur Erhaltung der auf gegenseitigem Überholen beruhenden Beziehungen.

---

a) Daß der Schöpfer dieser Idee, der große *Aristarch* von Samos, bei dieser Gelegenheit nicht namhaft gemacht wird, ist auffallend.

Wenn auch vielleicht, was die Erscheinungen in der Sternenwelt anbelangt, bei der größeren Einfachheit des Gedankens nichts hinderlich sein würde, daß dem so wäre, so ist doch diesen Männern entgangen, daß aus den uns selbst anhaftenden Eigenschaften und den eigenartigen Ha 20 atmosphärischen Verhältnissen die ganze Lächerlichkeit einer solchen Annahme ersichtlich werden muß. Gesetzt nämlich, wir machten ihnen das Zugeständnis, daß im Widerspruch mit ihrer natürlichen Beschaffenheit die aus den feinsten Molekülen bestehenden und daher leichtesten Substanzen entweder gar keine Bewegung hätten oder unterschiedslos dieselbe wie die Körper von entgegengesetzter Natur — wo doch die atmosphärischen Massen und die aus weniger feinen Molekülen gebildeten Körper so sichtlich den Trieb zu schnellerer Fortbewegung äußern als sämtliche mehr erdartigen Körper — während die aus den gröbsten Molekülen Hei 25 bestehenden und daher schwersten Körper in diesem Fall eine eigene rasend schnelle und gleichförmige Bewegung hätten — wo doch wieder die erdartigen Körper anerkanntermaßen bisweilen nicht einmal auf die von anderen Körpern ihnen aufgedrungene Bewegung in entsprechender Weise reagieren — nun, so müßten sie doch zugeben, daß die Drehung der Erde die gewaltigste von ausnahmslos allen in ihrem Bereich existierenden Bewegungen wäre, insofern sie in kurzer Zeit eine so ungeheuer schnelle Wiederkehr zum Ausgangspunkt bewerkstelligte, daß alles, was auf ihr nicht niet- und nagelfest wäre, scheinbar immer in einer einzigen Bewegung begriffen sein müßte, welche der Bewegung der Erde entgegengesetzt verliefe. So würde sich weder eine Wolke noch sonst etwas, was da fliegt oder geworfen wird, in der Richtung nach Osten ziehend bemerkbar machen, weil die Erde stets alles überholen und in der Bewegung nach Osten vorauseilen würde, so daß alle übrigen Körper scheinbar in einem Zuge nach Westen, d. i. nach der Seite, welche die Erde hinter sich läßt, wandern müßten.

Wenn die Vertreter dieser Ansicht nämlich auch behaupten wollten, daß die Atmosphäre an der Drehung der Erde in derselben Richtung mit gleicher Geschwindigkeit teilnähme, so müßten nichtsdestoweniger die in sie hineingeratenden irdischen Körper jederzeit hinter der Bewegung, welche Erde und Atmosphäre gemeinsam (ostwärts) fortrisse, scheinbar (westwärts) zurückbleiben, oder wenn sie auch, mit der Atmosphäre gewissermaßen eins geworden, mit herumgenommen würden, so würde doch an ihnen keinerlei scheinbare Bewegung mehr wahrgenommen werden, weder eine Ha 21 rechtläufige noch eine rückläufige, sondern sie würden scheinbar beständig an einem Fleck verharren und, möchten es fliegende oder geworfene Körper sein, keinerlei Abschweifung Hei 26 oder Fortschritt im Raume machen — was wir ja alles so sichtlich vor sich gehen sehen — gerade als ob von dem Nichtfeststehen der Erde für diese Körper ein Verzichten auf jede Bewegung, sei sie langsam oder schnell, die Folge sein müßte.

Achtes Kapitel.

Es gibt zwei voneinander verschiedene erste Bewegungen am Himmel.

Es wird genügen, vorstehende Hypothesen, welche zum Verständnis der Lehren des besonderen Teils und ihrer Konsequenzen vorausgenommen werden mußten, soweit in den Hauptumrissen mitgeteilt zu haben. Ihre volle Bestätigung werden sie doch schließlich erst aus der Übereinstimmung der im Anschluß daran noch weiterhin zu führenden Nachweise mit den Erscheinungen erhalten. Nur die Vorausnahme des einen allgemeinen Satzes könnte man hierüber noch für gerechtfertigt halten, der da besagt, daß es am Himmel zwei voneinander verschiedene erste Bewegungen gibt.

Die erste Bewegung ist diejenige, von welcher alle Gestirne ewig gleichmäßig und mit der gleichen Geschwindigkeit von Osten nach Westen geführt werden. Sie bewirkt die Herumführung auf Parallelkreisen, welche natürlich um die Pole dieser alle Gestirne gleichförmig herumführenden Sphäre beschrieben werden. Der größte dieser Parallelkreise heißt der Äquator (oder Gleicher), weil nur er vom Horizont, der (gleichfalls) ein größter Kreis ist, unter allen Umständen in zwei gleiche Teile geteilt wird, und weil er überall für die sinnliche Wahrnehmung Gleichheit von Tag und Nacht Ha 22 verursacht, sobald der Umschwung der Sonne auf ihm verläuft.

Die zweite Bewegung ist diejenige, vermöge welcher die Sphären der Gestirne in der zum vorherbeschriebenen Um- Hei 27 schwung entgegengesetzten Richtung gewisse Ortsveränderungen um andere Pole bewirken, nicht um dieselben, wie die der ersten Umdrehung (d. h. nicht um die Pole des Äquators). Daß es diese zweite Bewegung gibt, nehmen wir aus folgendem Grunde an. Gemäß der Tag für Tag anzustellenden Beobachtung sehen wir alle Gestirne ausnahmslos am Himmel Aufgang, Kulmination und Untergang für die sinnliche Wahrnehmung an den gleichartigen, auf Parallelkreisen zum Äquator liegenden Stellen bewerkstelligen, worin eben die Eigenart des ersten Umschwungs liegt. Dagegen behalten bei länger hintereinander fortgesetzter Beobachtung die übrigen Gestirne alle auf eine lange Zeit hinaus scheinbar sowohl die gegenseitigen Abstände bei, als auch ihre besonderen Beziehungen zu den Stellen, die dem ersten Umschwung eigen sind, während die Sonne, der Mond und die Wandelsterne gewisse komplizierte und einander ungleiche Ortsveränderungen bewerkstelligen, die aber alle im Vergleich zu der allgemeinen Bewegung nach den ostwärts gelegenen Teilen (des Himmelsgewölbes) gerichtet sind, welche hinter den (Fix-) Sternen, die ihre gegenseitigen Abstände beibehalten und gewissermaßen von einer einzigen Sphäre herumgeleitet werden, zurückbleiben.[a]

Wenn nun die letzterwähnte Ortsveränderung der Wandelsterne gleichfalls auf Parallelkreisen zum Äquator vor sich ginge, d. h. um die Pole, welche der ersten Umdrehung zugrunde liegen, so würde es ausreichend sein, für alle Gestirne ein und denselben Umschwung in der Richtung des Hei 28

a) Ὑπολείπεσθαι bezeichnet ein Zurückbleiben in östlicher Richtung hinter der täglichen Bewegung, wodurch die „rechtläufige" Bewegung zum Ausdruck kommt.

ersten anzunehmen; denn alsdann würde es glaubwürdig erscheinen, daß die an den Wandelsternen beobachtete Orts- Ha 23 veränderung nur die Folge eines verschiedenartigen *Zurückbleibens*, und nicht der Effekt einer *entgegengesetzt* verlaufenden Bewegung sei. Nun verbinden sie aber mit den ostwärts gerichteten Ortsveränderungen gleichzeitig einen sichtlich nach Norden oder Süden abweichenden Lauf, wobei sich die Größe dieser seitlichen Abweichung theoretisch nicht einmal als gleichförmig herausstellt, so daß es den Anschein hat, als ob diese charakteristische Erscheinung durch gewisse Stoßwirkungen an den Planeten hervorgerufen würde. Die *Ungleichförmigkeit* des Laufs erklärt sich allerdings, wenn man diese so wenig glaubliche Vermutung gelten lassen will, aber durchaus *geregelt* erscheint dieser Lauf unter der Annahme, daß er sich *auf einem zum Äquator schiefen Kreise* vollziehe. So gibt sich denn dieser schiefe Kreis als ein und dieselbe den Wandelsternen eigene Bahn zu erkennen; genau eingehalten und gewissermaßen beschrieben wird er freilich nur von der Bewegung der Sonne, durchlaufen aber auch von dem Monde und den Planeten, welche jederzeit in nächster Nähe dieses Kreises wandeln und durchaus nicht willkürlich die für jeden einzelnen beiderseits genau bestimmten Grenzen der seitlichen Abweichung überschreiten. Da aber auch dieser Kreis theoretisch sich als ein größter herausstellt, weil die Sonne (auf ihm) um den gleichen Betrag nördlich wie südlich des Äquators zu stehen kommt, da ferner in der Nähe ein und desselben Kreises, wie gesagt, die ostwärts gerichteten Ortsveränderungen aller Wandelsterne sich vollziehen, so war es notwendig, diese zweite Bewegung als verschieden von der allgemeinen hinzustellen, d. h. als eine solche, welche um die Pole des fest- Hei 29 gestellten schiefen Kreises in der zum ersten Umschwung entgegengesetzt verlaufenden Richtung vor sich geht.

Wenn wir uns nun den durch die Pole der beiden oben- Ha 24 genannten Kreise gezogenen größten (Kolur-) Kreis vorstellen, welcher jeden dieser beiden Kreise, d. h. den Äquator und den zu ihm geneigten (d. i. die Ekliptik), halbieren und unter rechten Winkeln schneiden muß (nach Theod. Sphaer. II. 5), so werden sich *vier Punkte* des schiefen Kreises herausstellen, zwei, die einander diametral gegenüber im Äquator liegen, die sogenannten *Nachtgleichenpunkte*[a]), von denen der eine, durch welchen der von Süden nach Norden aufsteigende Lauf geht, der *Frühlingspunkt*, der entgegengesetzte der *Herbstpunkt* heißt, und zwei, die auf dem durch die beiden Pole gezogenen (Kolur-) Kreis einander natürlich gleichfalls diametral gegenüberliegen, die sogenannten *Wendepunkte*, von denen der südlich des Äquators gelegene der *Winterwendepunkt*, der nördlich des Äquators gelegene der *Sommerwendepunkt* heißt.

Die eine Bewegung, und zwar die Bewegung des ersten Umschwungs, welche die übrigen alle in sich begreift, wird man sich beschrieben und sozusagen zwischen Grenzen abgeschlossen zu denken haben von dem durch die beiden Pole gehenden größten (Kolur-) Kreis, der durch seine Umdrehung alles übrige mit sich von Osten nach Westen um die Pole des Äquators herumführt, welche auf dem sogenannten Meridian (oder Mittagskreis) gewissermaßen im Ruhezustande verharren. Von dem erstgenannten (dem Kolur) unterscheidet Hei 30 sich dieser Kreis nur dadurch, daß er nicht jederzeit (wie ersterer) auch durch die Pole des schiefen Kreises (der Ekliptik) geht. Mittagskreis heißt er, weil er als dauernd senkrecht zum Horizont zu denken ist; diese ihm eigene Lage teilt nämlich beide Halbkugeln, sowohl die über als die unter der Erde gelegene, in zwei Hälften und macht somit die Bestimmung der Mitten von Tag und Nacht (d. i. des Mittags und der Mitternacht) möglich.

Die zweite, sich vielfach verzweigende Bewegung, welche von der ersten mit inbegriffen wird, aber ihrerseits die Sphären Ha 25 aller Wandelsterne in sich begreift, wird man sich von der

a) Es sind die Schnittpunkte des Äquators mit dem Nachtgleichenkolur, der nicht durch die Pole *beider* Kreise geht, sondern nur durch die des Äquators. Die ausdrückliche Erwähnung dieses Kolurs wird hier vermißt.

erstbeschriebenen zwar, wie gesagt, mitgenommen, aber (an sich) in entgegengesetzter Richtung um die Pole des schiefen Kreises (der Ekliptik) verlaufend zu denken haben. Diese Pole, welche ihrerseits auf dem die erste Umdrehung bewirkenden Kreise, d. h. auf dem durch beide Pole (sowohl den des Äquators als den der Ekliptik) gehenden (Kolur), ewig ihren festen Stand haben, werden natürlich mit letzterem herumbewegt und behalten dadurch bei dem (täglichen) Umschwung, der zur zweiten Bewegung entgegengesetzt verläuft, zum Äquator immer dieselbe Lage.[a]

Neuntes Kapitel.

Von den Aufgaben des besonderen Teils.

Der vorbereitende allgemeine Teil kann in der Hauptsache mit der vorstehenden Erörterung der Verhältnisse, welche vorausgesetzt werden mußten, als abgeschlossen betrachtet werden. Im Begriff zu den speziellen Beweisen überzugehen, von denen unseres Erachtens an erster Stelle derjenige zu stehen hat, durch welchen festgestellt wird, wie groß der
Hei 31 zwischen den obengenannten Polen (des Äquators und der Ekliptik) liegende Bogen des durch sie gezogenen größten (Kolur-) Kreises ist, sehen wir uns genötigt, vorher die Lehre von dem Größenbetrag der Geraden im Kreis (d. i. der Sehnen) mitzuteilen, da wir unsere Absicht durchzuführen gedenken, ein für allemal alle Lehrsätze auf Grund von geometrischen Konstruktionen zu beweisen.

Zehntes Kapitel.

Größenverhältnis zwischen Sehnen und Kreisbogen.

Ha 26 Zum bequemen Handgebrauch wollen wir nächstdem in Tabellenform die Größenbeträge zusammenstellen, welche auf die Sehnen entfallen, wenn wir den Kreisumfang in

a) Die Worte *τοῦ γραφομένου δι' αὐτῆς* (Cod. D *αὐτῶν*) *μεγίστου καὶ λοξοῦ κύκλου* halte ich für ein sinnloses Einschiebsel, mag man nun mit Heiberg *δι' αὐτῆς* lesen, was gar keinen Bezug hat, oder mit D *δι' αὐτῶν*: die Ekliptik geht doch wahrlich nicht durch ihre eigenen Pole.

360 Abschnitte (oder Grade) zerlegen. Und zwar wollen wir die Sehnen in Ansatz bringen, welche die von $^1/_2{}^0$ zu $^1/_2{}^0$ anwachsenden Bogen unterspannen, d. h. wir wollen feststellen, wie viel Teile (partes) des Durchmessers auf diese Sehnen entfallen, wenn derselbe in 120 Teile (120^p) geteilt ist; denn diese Teilung wird sich in den Zahlen bei Ausführung der Rechnungen selbst als praktisch erweisen. Vorher werden wir aber mit Hilfe von möglichst wenigen Lehrsätzen, die sich immer wiederholen, zeigen, wie wir nach einer praktischen und schnell durchführbaren Methode den auf die Größenbeträge der Sehnen entfallenden Zusatzbetrag[a)] ermitteln, damit wir nicht nur die Größen der Sehnen in fertigberechneten Beträgen (zum mechanischen Gebrauch, d. h.) ohne uns Rechenschaft zu geben, wie wir Hei 32
dazu kommen, zur Hand haben, sondern damit wir auch mit Hilfe ihrer regelrechten geometrischen Konstruktion sofort den Beweis der Richtigkeit antreten können. Im allgemeinen werden wir jedoch die Ansätze der Zahlen nach dem Sexagesimalsystem machen, weil die Anwendung der Brüche unpraktisch ist. Wir werden uns ferner an die Ergebnisse von Multiplikation und Division nur insoweit binden, als wir den N ä h e r u n g s w e r t zu ermitteln bestrebt sind, d. h. insoweit als der zu vernachlässigende Rest nur eine unbeträchtliche Differenz gegen den Wert darstellt, welcher für die sinnliche Wahrnehmung der genaue ist.

Es sei ABΓ ein Halbkreis auf dem Durchmesser AΔΓ um das Zentrum Δ. Von Δ aus ziehe man ΔB rechtwinklig zu AΓ und Ha 27
halbiere ΔΓ in Punkt E. Dann ziehe man die Verbindungslinie EB, trage ihr gleich EZ ab und verbinde Z mit B durch eine Gerade. Meine Behauptung geht dahin:

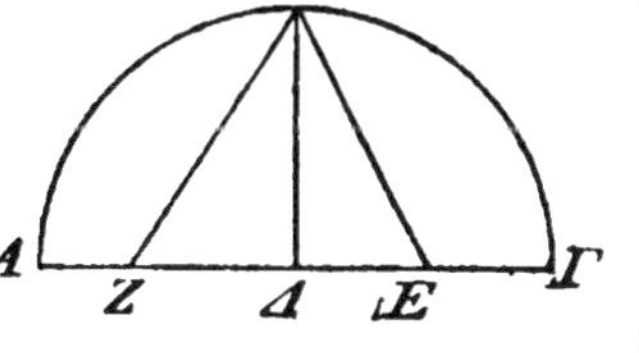

A. ZΔ ist die Seite des (eingeschriebenen) Zehnecks.

B. BZ ist die Seite des (eingeschriebenen) Fünfecks.

---

a) D. s. die in der dritten Spalte der Sehnentafeln stehenden Sechzigteile.

Beweis zu A. Da die Gerade $\Delta\Gamma$ in E halbiert ist und in ihrer Fortsetzung die Gerade ΔZ liegt, so gilt der Satz

Hei 33 $\Gamma Z \cdot Z\Delta + E\Delta^2 = EZ^2$. (Eukl. II. 6)

Nun ist $EZ = EB$, (nach Konstruktion)

folglich $\Gamma Z \cdot Z\Delta + E\Delta^2 = EB^2$.

Es ist aber $EB^2 = E\Delta^2 + \Delta B^2$, (Eukl. I. 47)

folglich $\Gamma Z \cdot Z\Delta + E\Delta^2 = E\Delta^2 + \Delta B^2$,

oder $\Gamma Z \cdot Z\Delta = \Delta B^2$, beiderseits $E\Delta^2$ abgezogen.

Nun ist $\Delta B = \Delta\Gamma$,

folglich $\Gamma Z \cdot Z\Delta = \Delta\Gamma^2$,

oder $\Gamma Z : \Delta\Gamma = \Delta\Gamma : Z\Delta$.

Mithin ist ΓZ in Punkt Δ nach äußerem und mittlerem Verhältnis (d. i. im Verhältnis des „goldenen Schnittes") geschnitten (nach Eukl. VI. Def. 3). Da nun (nach Eukl. XIII. 9) die Seite des eingeschriebenen Sechsecks und die Seite des in denselben Kreis eingeschriebenen Zehnecks, beide auf dieselbe Gerade abgetragen, nach äußerem und mittlerem Verhältnis geschnitten werden, und da ferner $\Delta\Gamma$ als Halbmesser (nach Eukl. IV. 15 Zusatz) die Seite des Sechsecks mißt, so ist folglich $Z\Delta$ gleich der Seite des Zehnecks.

Beweis zu B. Es ist (nach Eukl. XIII. 10) das Quadrat der Seite des eingeschriebenen Fünfecks gleich der Summe der Quadrate der Seiten des in denselben Kreis eingeschriebenen Sechsecks und Zehnecks. Nun ist in dem rechtwinkligen Dreieck $B\Delta Z$

Hei 34 $BZ^2 = B\Delta^2 + Z\Delta^2$. (Eukl. I. 47)

Ha 28 Es ist aber $B\Delta$ (als Halbmesser) die Seite des Sechsecks, und $Z\Delta$ (wie oben bewiesen) die Seite des Zehnecks: folglich ist (nach dem angeführten Satze) BZ die Seite des Fünfecks.

Mit Hilfe der vorstehend bewiesenen Verhältnisse gelangen wir, da wir, wie gesagt, den Durchmesser des Kreises gleich 120^p setzen, zur Bestimmung folgender Sehnen.

1. $\Delta E = \frac{1}{2} r = 30^p$, also $\Delta E^2 = 900^{p^2}$,

$\Delta B = r = 60^p$, also $\Delta B^2 = 3600^{p^2}$,

mithin $EB^2 = 4500^{p^2}$ als Summe der beiden Quadrate,
folglich $EB = 67^p\,4'\,55''$.
Da nun $EB = EZ$, (nach Konstruktion)
und $Z\Delta = EZ - \Delta E$,
so ist $Z\Delta = 67^p\,4'\,55'' - 30^p = \mathbf{37^p\,4'\,55''}$.

Mithin ist die Seite des Zehnecks, welche einen Bogen von 36^0, wie der Kreis 360^0 hat, unterspannt, gleich $37^p\,4'\,55''$ in dem Maße, in welchem der Durchmesser gleich 120^p ist.

2. $Z\Delta = 37^p\,4'\,55''$, also $Z\Delta^2 = 1375^{p^2}\,4'\,15''$,
($\Delta B = r = 60^p$, also) $\Delta B^2 = 3600^{p^2}$,
mithin $BZ^2 = 4975^{p^2}\,4'\,15''$ als Summe der beiden Quadrate,
folglich $BZ = \mathbf{70^p\,32'\,3''}$. Hei 35

Mithin ist die Seite des Fünfecks, welche einen Bogen von 72^0 unterspannt, wie der Kreis 360^0 hat, gleich $70^p\,32'\,3''$ in dem Maße, in welchem der Durchmesser gleich 120^p ist.

3. Ohne weiteres ist klar, daß die Seite des Sechsecks, welche einen Bogen von 60^0 unterspannt, da sie dem Halbmesser des Kreises gleichkommt, gleich 60^p ist.

4. Desgleichen ist die Seite des Quadrats, welche einen Bogen von 90^0 unterspannt, ins Quadrat erhoben gleich dem doppelten Quadrat des Halbmessers, d. i. gleich 7200^{p^2}, mithin an sich gleich $84^p\,51'\,10''$ in dem Maße, in welchem der Durchmesser gleich 120^p ist.

5. Desgleichen ist die Seite des gleichseitigen Dreiecks, welche einen Bogen von 120^0 unterspannt, ins Quadrat erhoben gleich dem dreifachen Quadrat des Halbmessers[3]), d. i. gleich $10\,800^{p^2}$, mithin an sich gleich $103^p\,55'\,23''$ in Ha 29 dem Maße, in welchem der Durchmesser gleich 120^p ist.

Die auf diese Weise gewonnenen Sehnen sollen nun sofort, wie sie sind, von uns in Gebrauch genommen werden.

6. Es wird ohne weiteres einleuchten, daß von den (unter 1—5) bestimmten Sehnen (s) aus leicht diejenigen (${}_{,}s$) sich bestimmen lassen, welche die zugehörigen Supplementbogen unterspannen, weil die Summe der Quadrate beider Sehnen Hei 36 gleich ist dem Quadrate des Durchmessers ($s^2 + {}_{,}s^2 = d^2$, mithin ${}_{,}s = \sqrt{d^2 - s^2}$).

Beispiel: Die Sehne (s) zum Bogen von 36^0 ($s b 36^0$) war mit $37^p 4' 55''$ nachgewiesen.

$$s^2 = 1375^{p^2} 4' 15'', \quad d^2 = 14400^{p^2},$$
$$,s^2 = d^2 - s^2 = 13024^{p^2} 55' 45'',$$
$$,s, \text{ d. i. } s b 144^0, \; = \mathbf{114^p 7' 37''}.$$

Dasselbe Verfahren wird man auch in den übrigen Fällen (2—5) einschlagen.

Auf welche Weise man von diesen Sehnen ausgehend auch die übrigen der Reihe nach bestimmen kann, werden wir im weiteren Verfolg zeigen, nachdem wir zuvor einen Lehrsatz mitgeteilt haben, welcher für die Lösung vorliegender Aufgabe mit Erfolg anzuwenden ist.

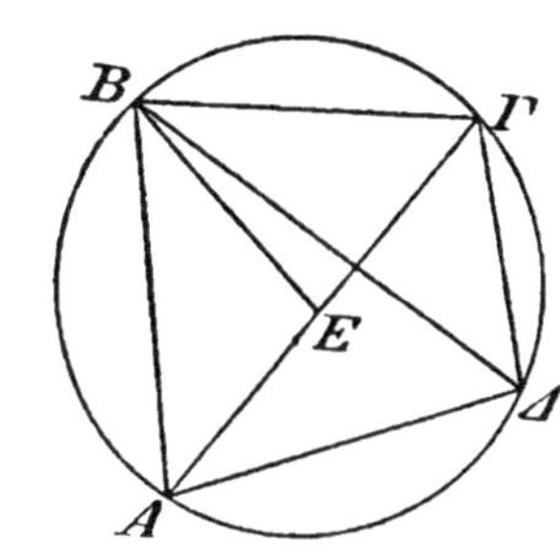

Es sei in den Kreis ein beliebiges Viereck $AB\Gamma\Delta$ eingeschrieben, in welchem man die Diagonalen $A\Gamma$ und $B\Delta$ ziehe.

Lehrsatz. Das aus den Diagonalen gebildete Rechteck ist gleich der Summe der aus den einander gegenüberliegenden Seiten gebildeten Rechtecke, d. i.

$$A\Gamma \cdot B\Delta = AB \cdot \Delta\Gamma + A\Delta \cdot B\Gamma.$$

Beweis. Man mache durch Konstruktion

$\angle \Delta B\Gamma = \angle ABE$; beiderseits $\angle EB\Delta$ addiert,

Ha 30 gibt $\angle \Delta B\Gamma + \angle EB\Delta = \angle ABE + \angle EB\Delta$

oder $\angle EB\Gamma = \angle AB\Delta$.

Hei 37 Nun ist auch $\angle B\Gamma E = \angle B\Delta A$, weil sie denselben Bogen

folglich $\triangle B\Gamma E \sim \triangle B\Delta A$, [unterspannen[a)],

mithin $B\Gamma : \Gamma E = B\Delta : \Delta A$, (Eukl. VI. 4)

oder $A\Delta \cdot B\Gamma = \Gamma E \cdot B\Delta$. (Eukl. VI. 16)

Es ist ferner zunächst wieder (wie oben)

$\angle ABE = \angle \Delta B\Gamma$;

ferner ist $\angle BAE = \angle B\Delta\Gamma$, (Eukl. III. 21)

folglich $\triangle BAE \sim \triangle B\Delta\Gamma$,

mithin $BA : AE = B\Delta : \Delta\Gamma$,

a) Es sind Peripheriewinkel auf demselben Bogen (Eukl. III. 21).

oder $AB \cdot \Delta\Gamma = AE\ B\Delta.$

Nun war $A\Delta \cdot B\Gamma = \Gamma E \cdot B\Delta$; durch Summierung

folglich $AB \cdot \Delta\Gamma + A\Delta \cdot B\Gamma = AE \cdot B\Delta + \Gamma E \cdot B\Delta$

$= (AE + \Gamma E)B\Delta$

$= A\Gamma \cdot B\Delta$, was zu beweisen war.

Dieser Lehrsatz mußte vorausgeschickt werden.

I. Es sei $AB\Gamma\Delta$ ein Halbkreis auf dem Durchmesser $A\Delta$. Von A aus ziehe man die beiden Sehnen AB und $A\Gamma$. Jede Hei 38
derselben sei der Größe nach gegeben in dem Maße, in welchem der Durchmesser mit 120^p gegeben ist. Man ziehe die Verbindungslinie $B\Gamma$. Meine Behauptung geht dahin, daß auch die Sehne $B\Gamma$ sich bestimmen läßt.

Beweis. Man ziehe die Sehnen $B\Delta$ und $\Gamma\Delta$. Gegeben sind natürlich auch diese, weil sie die Supplementbogen der gegebenen Sehnen unterspannen (Satz 6 S. 27f.). Da $AB\Gamma\Delta$ ein in den Kreis eingeschriebenes Viereck ist, so gilt (nach dem vorausgeschickten Satz)

$$AB \cdot \Gamma\Delta + A\Delta \cdot B\Gamma = A\Gamma \cdot B\Delta.$$

Gegeben ist sowohl $A\Gamma \cdot B\Delta$, als auch $AB \cdot \Gamma\Delta$, folglich Ha 31
auch die Differenz $A\Delta \cdot B\Gamma$. Nun ist $A\Delta$ der Durchmesser, mithin ist auch die Sehne $B\Gamma$ zu bestimmen.

$$\left(A\Delta \cdot B\Gamma = A\Gamma \cdot B\Delta - AB \cdot \Gamma\Delta \right.$$

$$\left. B\Gamma = \frac{A\Gamma \cdot B\Delta - AB \cdot \Gamma\Delta}{120}.\right)$$

Es lautet demnach der hieraus sich ergebende

Lehrsatz. Wenn zwei Bogen und die sie unterspannenden Sehnen gegeben sind, so wird auch die Sehne gegeben sein, welche die Differenz der beiden Bogen unterspannt.

Es leuchtet ein, daß wir mit Hilfe dieses Lehrsatzes sowohl nicht wenige andere Sehnen nach den von Fall zu Fall gegebenen Differenzen in die Tafeln eintragen werden, als Hei 39
auch insbesondere die den Bogen von 12^0 unterspannende Sehne, da wir ja sowohl die Sehne zum Bogen von 60^0 als auch die zum Bogen von 72^0 zur Verfügung haben.

II. Es sei die Aufgabe gestellt, wenn irgendeine Sehne gegeben ist, die zur **Hälfte** des unterspannenden Bogens gehörige Sehne zu finden.

Es sei ABΓ ein Halbkreis auf dem Durchmesser AΓ. Gegeben sei die Sehne BΓ, und der Bogen BΓ sei halbiert in Punkt Δ. Man ziehe die Sehnen AB, AΔ, BΔ, ΔΓ und fälle von Δ auf AΓ das Lot ΔZ. Meine Behauptung geht (zunächst) dahin, daß

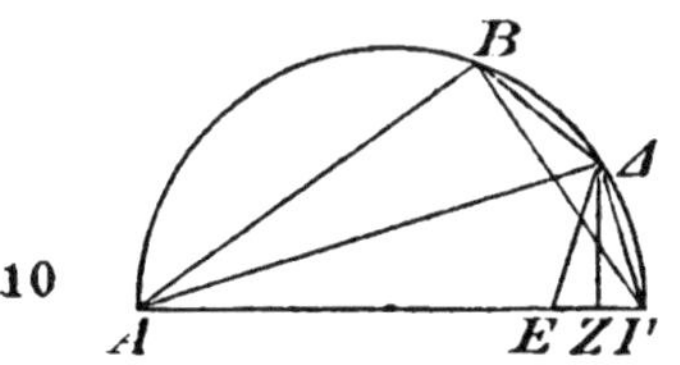

$$\Gamma Z = \tfrac{1}{2}(A\Gamma - AB).$$

Man trage AE = AB ab und ziehe die Verbindungslinie ΔE. Da AB gleich AE und AΔ gemeinsame Seite ist, so sind die zwei Seiten AB und AΔ (des △ BAΔ) gleich den zwei Seiten AE und AΔ (des △ EAΔ). Nun sind auch die (von den zwei gleichen Seiten eingeschlossenen) Winkel BAΔ und EAΔ (nach Eukl. III. 27) einander gleich; folglich sind auch (nach Eukl. I. 4) die Grundlinien BΔ und ΔE einander gleich. Nun ist BΔ = ΔΓ, folglich auch ΔE = ΔΓ. Da mithin das Dreieck
Ha 32 EΔΓ ein gleichschenkliges ist, und da das Lot ΔZ von der
Hei 40 Spitze auf die Grundlinie gefällt ist, so ist (nach Eukl. I. 26) EZ = ΓZ. Nun ist EΓ = EZ + ΓZ die *ganze* Differenz der Sehnen AB und AΓ, folglich

$$\Gamma Z = \tfrac{1}{2}(A\Gamma - AB).$$

Da ferner, wenn die den Bogen BΓ unterspannende Sehne gegeben ist, ohne weiteres auch die den Supplementbogen AB unterspannende Sehne (Satz 6 S. 27f.) gegeben ist, so wird auch ΓZ als $\tfrac{1}{2}$(AΓ — AB) gegeben sein. Da nun in dem rechtwinkligen Dreieck AΔΓ das Lot ΔZ gefällt ist, so erhält man

$$\triangle A\Delta\Gamma \sim \triangle \Delta Z\Gamma, \text{ (Eukl. VI. 8)}$$

mithin $A\Gamma : \Gamma\Delta = \Delta\Gamma : \Gamma Z$,

oder $A\Gamma \cdot \Gamma Z = \Delta\Gamma^2$.

Gegeben ist AΓ · ΓZ (und zwar AΓ als $d = 120^{p}$), folglich ist auch $\Delta\Gamma^2$ gegeben, mithin auch die Sehne ΔΓ

($=\sqrt{A\Gamma \cdot \frac{1}{2}[A\Gamma - AB]}$), welche die Hälfte des Bogens BΓ unterspannt, was zu beweisen war.

Mit Hilfe dieses Lehrsatzes werden wieder sowohl sehr viele andere Sehnen gewonnen werden, welche die Hälfte der Bogen von früher bestimmten Sehnen unterspannen, als auch insbesondere aus der den Bogen von 12^0 unterspannenden Sehne (sukzessive) die Sehnen zu den Bogen von 6^0, 3^0, $1\frac{1}{2}{}^0$ und $\frac{3}{4}{}^0$. Wir finden bei Ausführung der Rechnung in dem Maße, in welchem der Durchmesser gleich Hei 41
120^p ist:

die Sehne zu dem Bogen von $1\frac{1}{2}{}^0 = 1^p 34' 15''$,
die Sehne zu dem Bogen von $\frac{3}{4}{}^0 = 0^p 47' \; 8''$.

III. Es sei ABΓΔ ein Kreis um den Durchmesser AΔ und das Zentrum Z. Von A aus trage man zwei gegebene Bogen AB und BΓ hintereinander ab und ziehe die Sehnen AB und BΓ, welche gleichfalls gegeben seien. Meine Behauptung geht dahin, daß, wenn wir die Sehne AΓ ziehen, auch diese sich bestimmen lassen wird. Ha 33

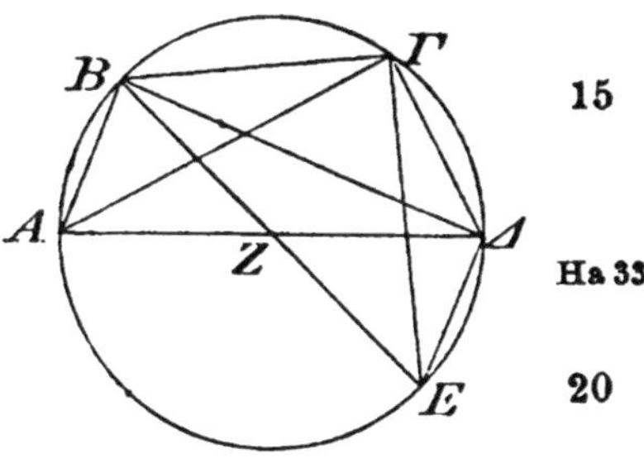

Durch Punkt B sei BZE als ein Durchmesser des Kreises gezogen. Alsdann ziehe man die Sehnen BΔ, ΓΔ, ΓE und ΔE. Ohne weiteres ist klar, daß mit der Sehne BΓ die Sehne ΓE, mit der Sehne AB die Sehne BΔ, und (mit dieser wieder) die Sehne ΔE gegeben sein wird. Nach dem oben (S. 28, 17) mitgeteilten Lehrsatz gilt, weil BΓΔE ein in den Kreis eingeschriebenes Viereck mit den Diagonalen BΔ und ΓE ist,

$$B\Delta \cdot \Gamma E = B\Gamma \cdot \Delta E + BE \cdot \Gamma\Delta.$$
$$(BE \cdot \Gamma\Delta = B\Delta \cdot \Gamma E - B\Gamma \cdot \Delta E.)$$

Da $B\Delta \cdot \Gamma E$ und $B\Gamma \cdot \Delta E$ gegeben ist, so ist folglich auch (als die Differenz) $BE \cdot \Gamma\Delta$ gegeben. Nun ist auch BE als Hei 42
Durchmesser gegeben, mithin auch als übrigbleibende (Unbekannte) die Sehne ΓΔ ($= \frac{B\Delta \cdot \Gamma E - B\Gamma \cdot \Delta E}{120}$) bestimmbar,

und hiermit auch die den Supplementbogen unterspannende Sehne ΑΓ, was zu beweisen war.

Es ergibt sich also der

Lehrsatz. Wenn zwei Bogen und die sie unterspannenden Sehnen gegeben sind, so wird auch die Sehne gegeben sein, welche die Summe der beiden Bogen unterspannt.

Wenn wir zu allen bisher bestimmten Sehnen immer die den Bogen von $1\frac{1}{2}^0$ unterspannende Sehne (S. 31, 11) hinzufügen und die aus dieser Vereinigung sukzessive sich ergebenden Sehnen berechnen, so werden wir offenbar zur Eintragung in die Tafeln einfach sämtliche Sehnen (zu den Gradzahlen) erhalten, welche mit 2 multipliziert durch 3 teilbar sein werden ($1\frac{1}{2}^0 \times 2 = 3^0$; $4\frac{1}{2}^0 \times 2 = 9^0$ usw.). Übrig werden nur noch diejenigen Sehnen bleiben, welche in die je $1\frac{1}{2}^0$ betragenden Zwischenräume ($1\frac{1}{2}^0 - 3^0 - 4\frac{1}{2}^0 - 6^0$ usw.) hineingehören, was allemal zwei sein werden (die zu 2^0 und $2\frac{1}{2}^0$, die zu $3\frac{1}{2}^0$ und 4^0 usw.), weil wir ja die Eintragung von $\frac{1}{2}^0$ zu $\frac{1}{2}^0$ durchführen wollen. Finden wir also die Sehne zu dem Bogen von $\frac{1}{2}^0$, so wird uns Ha 34 dieser Wert durch Bildung der Summen (Satz III S. 31, 13) oder Differenzen (Satz I S. 29, 7) mit den gegebenen Sehnen[a], welche die Zwischenräume begrenzen, auch zur Ausfüllung der Zwischenräume mit sämtlichen übrigen Sehnen verhelfen.

IV. Nun kann freilich, wenn z. B. die Sehne zu dem Bogen von $1\frac{1}{2}^0$ gegeben ist, die das Drittel desselben Bogens unterspannende Sehne auf dem Wege linearer Darstellung auf keinerlei Weise gefunden werden. Wäre dies möglich, dann hätten wir ja ohne weiteres auch die Sehne zu dem Bogen von $\frac{1}{2}^0$ zur Verfügung. Deshalb werden wir zu- Hei 43 vörderst die Sehne zu dem Bogen von 1^0 aus den Sehnen zu den Bogen von $1\frac{1}{2}^0$ und $\frac{3}{4}^0$ auf methodischem Wege ableiten[b]

a) Man wird die Sehne zu 2^0 erhalten aus der Addition der zu $1\frac{1}{2}^0$ und $\frac{1}{2}^0$ gegebenen Sehnen, die Sehne zu $2\frac{1}{2}^0$ aus der Subtraktion der zu 3^0 und $\frac{1}{2}^0$ gegebenen Sehnen usw.

b) Um aus dieser Sehne nach dem Satz II S. 30, 1 die Hälfte erhalten zu können.

unter Zugrundelegung eines Satzes, der zwar mit absoluter Genauigkeit die Größenbeträge nicht festzustellen vermag, aber bei so minimalen Größen doch wenigstens einen Wert liefern kann, der sich für die sinnliche Wahrnehmung von dem absolut genauen nur ganz unwesentlich unterscheidet. Es lautet dieser

Lehrsatz. Wenn in einem Kreise zwei ungleiche Sehnen gezogen werden, so ist das Verhältnis der größeren Sehne zur kleineren Sehne kleiner als das Verhältnis des Bogens auf der größeren Sehne zu dem Bogen auf der kleineren Sehne.

In dem Kreise $AB\Gamma\Delta$ ziehe man zwei ungleiche Sehnen, die größere sei ΓB, die kleinere BA. Meine Behauptung geht dahin, daß

$$s\Gamma B : sBA < b\Gamma B : bBA.$$

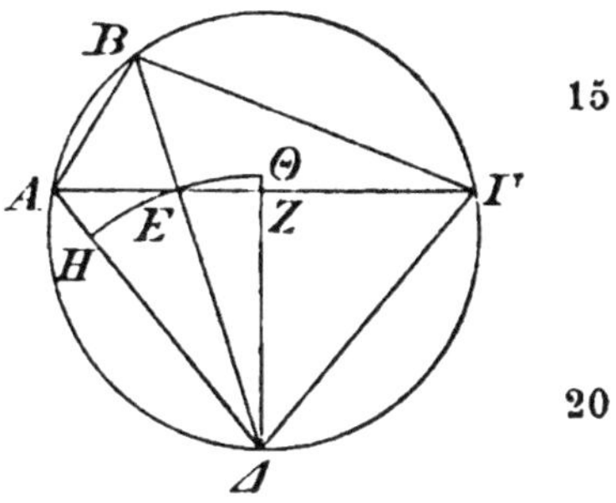

Beweis. Der Winkel $AB\Gamma$ soll durch die Sehne $B\Delta$ halbiert sein. Man ziehe die Sehnen $AE\Gamma$, $A\Delta$ und $\Gamma\Delta$. Weil der Winkel $AB\Gamma$ durch die Sehne $B\Delta$ halbiert wird, so ist

$\Gamma\Delta = A\Delta$, (Eukl. III. 26. 29)[a)] Hei 44

$\Gamma E > EA$. (Eukl. VI. 3)

Nun fälle man von Δ auf $AE\Gamma$ das Lot ΔZ. Da $A\Delta > E\Delta$ Ha 35 und $E\Delta > \Delta Z$, so wird ein um Δ als Zentrum mit dem Abstand $E\Delta$ beschriebener Kreis $A\Delta$ schneiden, aber über ΔZ hinausgehen. Man beschreibe also den Kreisbogen $HE\Theta$ und verlängere ΔZ bis Θ.

Dann ist $skt\,\Delta E\Theta > \triangle\Delta EZ$

und $\triangle\Delta EA > skt\,\Delta EH$;

folglich $\triangle\Delta EZ : \triangle\Delta EA < skt\,\Delta E\Theta : skt\,\Delta EH$.

a) Da die Bogen $A\Delta$ und $\Gamma\Delta$ gleichgroße Winkel überspannen, so sind sie einander gleich; es sind aber auch die gleichgroße Bogen unterspannenden Sehnen $\Gamma\Delta$ und $A\Delta$ einander gleich.

Nun ist $\triangle \Delta EZ : \triangle \Delta EA = ZE : EA$ (Eukl. VI. 1)
und $skt\,\Delta E\Theta : skt\,\Delta EH = \angle Z\Delta E : \angle E\Delta A$,
folglich $ZE : EA < \angle Z\Delta E : \angle E\Delta A$.

Durch Verbindung ist (nach Eukl. V. Def. 15)
($ZE + EA : EA < \angle Z\Delta E + \angle E\Delta A : \angle E\Delta A$ oder)
$ZA : EA < \angle Z\Delta A : \angle E\Delta A$.

Durch Verdoppelung der Vorderglieder ist
($2ZA : EA < 2\angle Z\Delta A : \angle E\Delta A$ oder)
Hei 45 $\Gamma A : EA < \angle \Gamma\Delta A : \angle E\Delta A$.

Durch Trennung ist (nach Eukl. V. Def. 16)
($\Gamma A - EA : EA < \angle \Gamma\Delta A - \angle E\Delta A : \angle E\Delta A$ oder)
$\Gamma E : EA < \angle \Gamma\Delta E : \angle E\Delta A$.

Nun ist $\Gamma E : EA = s\Gamma B : sBA$ (Eukl. VI. 3)
und $\angle \Gamma\Delta E : \angle E\Delta A = b\Gamma B : bBA$, (Eukl. VI. 33)
folglich $s\Gamma B : sBA < b\Gamma B : bBA$, was zu bew. war.

Unter Zugrundelegung vorstehenden Lehrsatzes gehen wir Ha 36 nun weiter. Man ziehe in dem Kreise $AB\Gamma$ die Sehnen AB und $A\Gamma$. Es sei nun

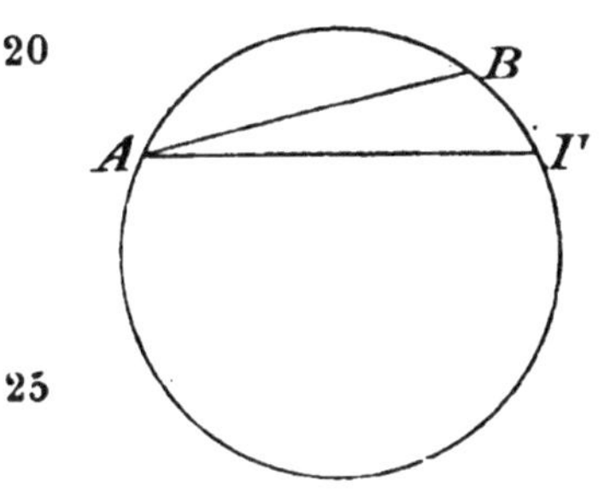

Erste Annahme: $sAB = sb\,{}^3\!/_4{}^0$, $sA\Gamma = sb\,1^0$.

Berechnung:
$sA\Gamma : sAB < bA\Gamma : bAB$
$< b\,1^0 : b\,{}^3\!/_4{}^0$.

Nun wurde (S. 31, 12) nachgewiesen, daß in dem Maße, in welchem der Durchmesser gleich 120^p ist, $sAB = 0^p 47' 8''$:

folglich $sA\Gamma : 0^p 47' 8'' < 1 : {}^3\!/_4$
oder $sA\Gamma < {}^4\!/_3 \times 0^p 47' 8''$
$< 1^p 2' 50''$.

Hei 46 Unter Beibehaltung derselben Figur sei

Zweite Annahme: $sAB = sb\,1^0$, $sA\Gamma = sb\,1\,{}^1\!/_2{}^0$.

Berechnung: $sA\Gamma : sAB < bA\Gamma : bAB$
$< b\,1\,{}^1\!/_2{}^0 : b\,1^0$.

Nun haben wir oben (S. 31, 11) nachgewiesen, daß in dem Maße, in welchem der Durchmesser gleich 120^p ist, $sA\Gamma = 1^p 34' 15''$; (mit Umstellung der Glieder ist)

$$\text{folglich} \quad sAB : 1^p 34' 15'' > 1 : {}^3/_2$$
$$\text{oder} \quad sAB > {}^2/_3 \times 1^p 34' 15''$$
$$> 1^p 2' 50''.$$

Da also die Sehne zu dem Bogen von 1^0 einmal (als die größere $sA\Gamma$) kleiner, das andere Mal (als die kleinere sAB) größer als der nämliche Betrag ($1^p 2' 50''$) nachgewiesen worden ist, so werden wir selbstverständlich diese Sehne in dem Maße, in welchem der Durchmesser gleich 120^p ist, ohne beträchtlichen Fehler mit $1^p 2' 50''$ ansetzen, und nach dem oben (S. 30, 1) mitgeteilten Satz (II) auch die Sehne zu dem Bogen von $^1/_2{}^0$ mit $0^p 31' 25''$.

Die übrigen Zwischenräume werden, wie gesagt, zur Ausfüllung gelangen, indem man z. B. im ersten Intervall durch Bildung der Summe (Satz III) der Sehnen zu den Bogen von $1^1/_2{}^0$ und $^1/_2{}^0$ die Sehne zu dem Bogen von 2^0 ge- Ha 37
winnt, und dann durch Bildung der Differenz (Satz I) der Sehnen zu den Bogen von 3^0 und $^1/_2{}^0$ die Sehne zu dem Bogen von $2^1/_2{}^0$ bestimmt, und so fort in den übrigen Zwischenräumen.

Die Aufgabe der Sehnenberechnung dürfte auf dem dargestellten Wege meines Erachtens am leichtesten gehandhabt werden. Um aber, wie gesagt, in jedem einzelnen Bedarfs- He 147
falle die Größenbeträge der Sehnen fertigberechnet sofort zur Verfügung zu haben, werden wir Tafeln zu je 45 Zeilen aufstellen, weil so die Symmetrie der Anordnung gewahrt wird.[a] Die erste Spalte dieser Tafeln enthält die Größenbeträge der Bogen unter Zunahme von $^1/_2{}^0$ zu $^1/_2{}^0$, die zweite die Größenbeträge der zu den Bogen gesetzten Sehnen unter Annahme des Durchmessers zu 120^p, endlich die

a) Die Sehnen zu 360 halben Graden füllen alsdann genau $\frac{360}{45} = 8$ Seiten der Handschrift. Im Druck ist die Zahl der Seiten auf die Hälfte reduziert worden.

dritte Spalte den 30ten Teil der jedesmal auf einen halben Grad entfallenden Zunahme der betreffenden Sehne. Steht uns nämlich hiermit der Betrag zur Verfügung, der im Mittel auf den 60ten Teil eines ganzen Grades (d. i. auf $0^{0}\,1'$) entfällt, ein Betrag, der für die sinnliche Wahrnehmung von dem genauen Werte kaum verschieden ist, so können wir auch für die Gradteile, welche zwischen den Hälften (d. i. zwischen $1'$ und $30'$ oder $30'$ und $60'$) eines Grades liegen, die auf sie entfallenden Beträge bequem berechnen.[a)]

Es ist ferner leicht zu begreifen, daß wir mit Hilfe der nämlichen Lehrsätze, die vorstehend mitgeteilt worden sind, leicht die Probe machen und die nötige Berichtigung eintreten lassen können, wenn uns ein Zweifel überkommt, ob nicht hinsichtlich einer der in den Tafeln angesetzten Sehnen ein Schreibfehler vorliege. Wir gehen hierbei entweder von der Sehne aus, welche den doppelten Bogen der zu prüfenden Sehne unterspannt (Satz II), oder von der Differenz mit irgendwelcher anderen Sehne, die gegeben ist (Satz I), oder endlich von der Sehne, welche den Supplementbogen unterspannt (Satz 6, S. 27, 31).

Elftes Kapitel.

Die Sehnentafeln

Ha 38 / Hei 48 gestalten sich folgendermaßen[b)]:

---

a) So wird man, um die Sehne zu dem Bogen von $3^{0}37'$ zu erhalten, zu der für $3\frac{1}{2}^{0}$ angesetzten Sehne noch das 7fache des auf $1'$ entfallenden Betrags der dritten Spalte addieren.

b) Die kleine Abweichung vom griechischen Original erklärt sich daraus, daß die Kapitelüberschrift nicht auf die folgende Seite gesetzt werden konnte.

Bogen	Sehnen	Sechzigstel	Bogen	Sehnen	Sechzigstel
½°	0p 31′ 25″	1′ 2″ 50‴	23°	23p 55′ 27″	1′ 1″ 33‴
1	1 2 50	1 2 50	23½	24 26 13	1 1 30
1½	1 34 15	1 2 50	24	24 56 58	1 1 26
2	2 5 40	1 2 50	24½	25 27 41	1 1 22
2½	2 37 4	1 2 48	25	25 58 22	1 1 19
3	3 8 28	1 2 48	25½	26 29 1	1 1 15
3½	3 39 52	1 2 48	26	26 59 38	1 1 11
4	4 11 16	1 2 47	26½	27 30 14	1 1 8
4½	4 42 40	1 2 47	27	28 0 48	1 1 4
5	5 14 4	1 2 46	27½	28 31 20	1 1 0
5½	5 45 27	1 2 45	28	29 1 50	1 0 56
6	6 16 49	1 2 44	28½	29 32 18	1 0 52
6½	6 48 11	1 2 43	29	30 2 44	1 0 48
7	7 19 33	1 2 42	29½	30 33 8	1 0 44
7½	7 50 54	1 2 41	30	31 3 30	1 0 40
8	8 22 15	1 2 40	30½	31 33 50	1 0 35
8½	8 53 35	1 2 39	31	32 4 8	1 0 31
9	9 24 51	1 2 38	31½	32 34 22	1 0 27
9½	9 56 13	1 2 37	32	33 4 35	1 0 22
10	10 27 32	1 2 35	32½	33 34 46	1 0 17
10½	10 58 49	1 2 33	33	34 4 55	1 0 12
11	11 30 5	1 2 32	33½	34 35 1	1 0 8
11½	12 1 21	1 2 30	34	35 5 5	1 0 3
12	12 32 36	1 2 28	34½	35 35 6	0 59 57
12½	13 3 50	1 2 27	35	36 5 5	0 59 52
13	13 35 4	1 2 25	35½	36 35 1	0 59 48
13½	14 6 16	1 2 23	36	37 4 55	0 59 43
14	14 37 27	1 2 21	36½	37 34 47	0 59 38
14½	15 8 38	1 2 19	37	38 4 36	0 59 32
15	15 39 47	1 2 17	37½	38 34 22	0 59 27
15½	16 10 56	1 2 15	38	39 4 5	0 59 22
16	16 42 3	1 2 13	38½	39 33 46	0 59 16
16½	17 13 9	1 2 10	39	40 3 25	0 59 11
17	17 44 14	1 2 7	39½	40 33 0	0 59 5
17½	18 15 17	1 2 5	40	41 2 33	0 59 0
18	18 46 19	1 2 2	40½	41 32 3	0 58 54
18½	19 17 21	1 2 0	41	42 1 30	0 58 48
19	19 48 21	1 1 57	41½	42 30 54	0 58 42
19½	20 19 19	1 1 54	42	43 0 15	0 58 36
20	20 50 16	1 1 51	42½	43 29 33	0 58 31
20½	21 21 11	1 1 48	43	43 58 49	0 58 25
21	21 52 6	1 1 45.	43½	44 28 1	0 58 18
21½	22 22 58	1 1 42	44	44 57 10	0 58 12
22	22 53 49	1 1 39	44½	45 26 16	0 58 6
22½	23 24 39	1 1 36	45	45 55 19	0 58 0

Bogen	Sehnen			Sechzigstel			Bogen	Sehnen			Sechzigstel		
45½°	46p	24'	19"	0'	57"	54'''	68°	67p	6'	12"	0'	52"	1'''
46	46	53	16	0	57	47	68½	67	32	12	0	51	52
46½	47	22	9	0	57	41	69	67	58	8	0	51	43
47	47	51	0	0	57	34	69½	68	23	59	0	51	33
47½	48	19	47	0	57	27	70	68	49	45	0	51	23
48	48	48	30	0	57	21	70½	69	15	27	0	51	14
48½	49	17	11	0	57	14	71	69	41	4	0	51	4
49	49	45	48	0	57	7	71½	70	6	36	0	50	55
49½	50	14	21	0	57	0	72	70	32	3	0	50	45
50	50	42	51	0	56	53	72½	70	57	26	0	50	35
50½	51	11	18	0	56	46	73	71	22	44	0	50	26
51	51	39	42	0	56	39	73½	71	47	56	0	50	16
51½	52	8	0	0	56	32	74	72	13	4	0	50	6
52	52	36	16	0	56	25	74½	72	38	7	0	49	56
52½	53	4	29	0	56	28	75	73	3	5	0	49	46
53	53	32	38	0	56	10	75½	73	27	58	0	49	36
53½	54	0	43	0	56	3	76	73	52	46	0	49	26
54	54	28	44	0	55	55	76½	74	17	29	0	49	16
54½	54	56	42	0	55	48	77	74	42	7	0	49	6
55	55	24	36	0	55	40	77½	75	6	39	0	48	55
55½	55	52	26	0	55	33	78	75	31	7	0	48	45
56	56	20	12	0	55	25	78½	75	55	29	0	48	34
56½	56	47	54	0	55	17	79	76	19	46	0	48	24
57	57	15	33	0	55	9	79½	76	43	58	0	48	13
57½	57	43	7	0	55	1	80	77	8	5	0	48	3
58	58	10	38	0	54	53	80½	77	32	6	0	47	52
58½	58	38	5	0	54	45	81	77	56	2	0	47	41
59	59	5	27	0	54	37	81½	78	19	52	0	47	31
59½	59	32	45	0	54	29	82	78	43	38	0	47	20
60	60	0	0	0	54	21	82½	79	7	18	0	47	9
60½	60	27	11	0	54	12	83	79	30	52	0	46	58
61	60	54	17	0	54	4	83½	79	54	21	0	46	47
61½	61	21	19	0	53	56	84	80	17	45	0	46	36
62	61	48	17	0	53	47	84½	80	41	3	0	46	25
62½	62	15	10	0	53	39	85	81	4	15	0	46	14
63	62	42	0	0	53	30	85½	81	27	22	0	46	3
63½	63	8	45	0	53	22	86	81	50	24	0	45	52
64	63	35	25	0	53	13	86½	82	13	19	0	45	40
64½	64	2	2	0	53	4	87	82	36	9	0	45	29
65	64	28	34	0	52	55	87½	82	58	54	0	45	18
65½	64	55	1	0	52	46	88	83	21	33	0	45	6
66	65	21	24	0	52	37	88½	83	41	4	0	44	55
66½	65	47	43	0	52	28	89	84	6	32	0	44	43
67	66	13	57	0	52	19	89½	84	28	54	0	44	31
67½	66	40	7	0	52	10	90	84	51	10	0	44	20

Bogen	Sehnen	Sechzigstel	Bogen	Sehnen	Sechzigstel
90½°	85^p 13′ 20″	0′ 44″ 8‴	113°	100^p 3′ 59″	0′ 34″ 34‴
91	85 35 24	0 43 57	113½	100 21 16	0 34 20
91½	85 57 23	0 43 45	114	100 38 26	0 34 6
92	86 19 15	0 43 33	114½	100 55 28	0 33 52
92½	86 41 2	0 43 21	115	101 12 25	0 33 39
93	87 2 42	0 43 9	115½	101 29 15	0 33 25
93½	87 24 17	0 42 57	116	101 45 57	0 33 11
94	87 45 45	0 42 45	116½	102 2 33	0 32 57
94½	88 7 7	0 42 33	117	102 19 1	0 32 43
95	88 28 24	0 42 21	117½	102 35 22	0 32 29
95½	88 49 34	0 42 9	118	102 51 37	0 32 15
96	89 10 39	0 41 57	118½	103 7 41	0 32 0
96½	89 31 37	0 41 45	119	103 23 44	0 31 46
97	89 52 27	0 41 33	119½	103 39 37	0 31 32
97½	90 13 15	0 41 21	120	103 55 23	0 31 18
98	90 33 55	0 41 8	120½	104 11 2	0 31 4
98½	90 54 29	0 40 55	121	104 26 34	0 30 49
99	91 14 56	0 40 42	121½	104 41 59	0 30 35
99½	91 35 17	0 40 30	122	104 57 16	0 30 21
100	91 55 32	0 40 17	122½	105 12 26	0 30 7
100½	92 15 40	0 40 4	123	105 27 30	0 29 52
101	92 35 42	0 39 52	123½	105 42 26	0 29 37
101½	92 55 38	0 39 39	124	105 57 14	0 29 23
102	93 15 27	0 39 26	124½	106 11 55	0 29 8
102½	93 35 11	0 39 13	125	106 26 29	0 28 54
103	93 54 47	0 39 0	125½	106 40 56	0 28 39
103½	94 14 17	0 38 47	126	106 55 15	0 28 24
104	94 33 41	0 38 34	126½	107 9 27	0 28 10
104½	94 52 58	0 38 21	127	107 23 32	0 27 56
105	95 12 9	0 38 8	127½	107 37 30	0 27 40
105½	95 31 13	0 37 55	128	107 51 20	0 27 25
106	95 50 11	0 37 42	128½	108 5 2	0 27 10
106½	96 9 2	0 37 29	129	108 18 37	0 26 56
107	96 27 47	0 37 16	129½	108 32 5	0 26 41
107½	96 46 24	0 37 3	130	108 45 25	0 26 26
108	97 4 56	0 36 50	130½	108 58 38	0 26 11
108½	97 23 20	0 36 36	131	109 11 44	0 25 56
109	97 41 38	0 36 23	131½	109 24 42	0 25 41
109½	97 59 49	0 36 9	132	109 37 32	0 25 26
110	98 17 54	0 35 56	132½	109 50 15	0 25 11
110½	98 35 52	0 35 42	133	110 2 50	0 24 56
111	98 53 43	0 35 29	133½	110 15 18	0 24 41
111½	99 11 27	0 35 15	134	110 27 39	0 24 26
112	99 29 5	0 35 1	134½	110 39 52	0 24 10
112½	99 46 35	0 34 48	135	110 51 57	0 23 55

Bogen	Sehnen	Sechzigstel	Bogen	Sehnen	Sechzigstel
135½°	111ᵖ 3′ 54″	0′ 23″ 40‴	158°	117ᵖ 47′ 43″	0′ 11″ 51‴
136	111 15 44	0 23 25	158½	117 53 39	0 11 35
136½	111 27 26	0 23 9	159	117 59 27	0 11 19
137	111 39 1	0 22 54	159½	118 5 7	0 11 3
137½	111 50 28	0 22 39	160	118 10 37	0 10 47
138	112 1 47	0 22 24	160½	118 16 1	0 10 31
138½	112 12 59	0 22 8	161	118 21 16	0 10 14
139	112 24 3	0 21 53	161½	118 26 23	0 9 58
139½	112 35 0	0 21 37	162	118 31 22	0 9 42
140	112 45 48	0 21 22	162½	118 36 13	0 9 25
140½	112 56 29	0 21 7	163	118 40 55	0 9 9
141	113 7 2	0 20 51	163½	118 45 30	0 8 53
141½	113 17 25	0 20 36	164	118 49 56	0 8 37
142	113 27 44	0 20 20	164½	118 54 15	0 8 20
142½	113 37 54	0 20 4	165	118 58 25	0 8 4
143	113 47 26	0 19 49	165½	119 2 26	0 7 48
143½	113 57 50	0 19 33	166	119 6 20	0 7 31
144	114 7 37	0 19 17	166½	119 10 6	0 7 15
144½	114 17 15	0 19 2	167	119 13 44	0 6 59
145	114 26 46	0 18 46	167½	119 17 13	0 6 42
145½	114 36 9	0 18 30	168	119 20 34	0 6 26
146	114 45 24	0 18 14	168½	119 23 47	0 6 10
146½	114 54 31	0 17 59	169	119 26 52	0 5 53
147	115 3 30	0 17 43	169½	119 29 49	0 5 37
147½	115 12 22	0 17 27	170	119 32 37	0 5 20
148	115 21 6	0 17 11	170½	119 35 17	0 5 4
148½	115 29 41	0 16 55	171	119 37 49	0 4 48
149	115 38 9	0 16 40	171½	119 40 13	0 4 31
149½	115 46 29	0 16 24	172	119 42 28	0 4 14
150	115 54 40	0 16 8	172½	119 44 35	0 3 58
150½	116 2 44	0 15 52	173	119 46 35	0 3 42
151	116 10 40	0 15 36	173½	119 48 26	0 3 26
151½	116 18 28	0 15 20	174	119 50 8	0 3 9
152	116 26 8	0 15 4	174½	119 51 43	0 2 53
152½	116 33 40	0 14 48	175	119 53 10	0 2 36
153	116 41 4	0 14 32	175½	119 54 27	0 2 20
153½	116 48 20	0 14 16	176	119 55 38	0 2 3
154	116 55 28	0 14 0	176½	119 56 39	0 1 47
154½	117 2 28	0 13 44	177	119 57 32	0 1 30
155	117 9 20	0 13 28	177½	119 58 18	0 1 14
155½	117 16 4	0 13 12	178	119 58 55	0 0 57
156	117 22 40	0 12 56	178½	119 59 24	0 0 41
156½	117 29 8	9 12 40	179	119 59 44	0 0 25
157	117 35 28	0 12 24	179½	119 59 56	0 0 9
157½	117 41 40	0 12 7	180	120 0 0	0 0 0

Zwölftes Kapitel.

Der zwischen den Wendepunkten liegende Bogen.

Nachdem der Größenbetrag der Sehnen festgestellt ist, dürfte {Ha 46 Hei 64} es, wie (S. 24, 16) gesagt, die erste Aufgabe sein nachzuweisen, wie groß die Neigung des schiefen Kreises der Ekliptik gegen den Äquator ist, d. h. das Verhältnis zu bestimmen, in welchem der durch die beiden betreffenden Pole gehende größte (Kolur-) Kreis zu dem zwischen diesen Polen liegenden Bogen ebendieses Kreises steht. Selbstverständlich ist dieser Bogen gleich dem Abstand, welchen der im Äquator liegende Punkt (des Kolurkreises) von jedem der beiden Wendepunkte hat.[4] Ohne weiteres lösen wir diese Aufgabe auf instrumentalem Wege mit Hilfe folgender einfachen Vorrichtung.[a]

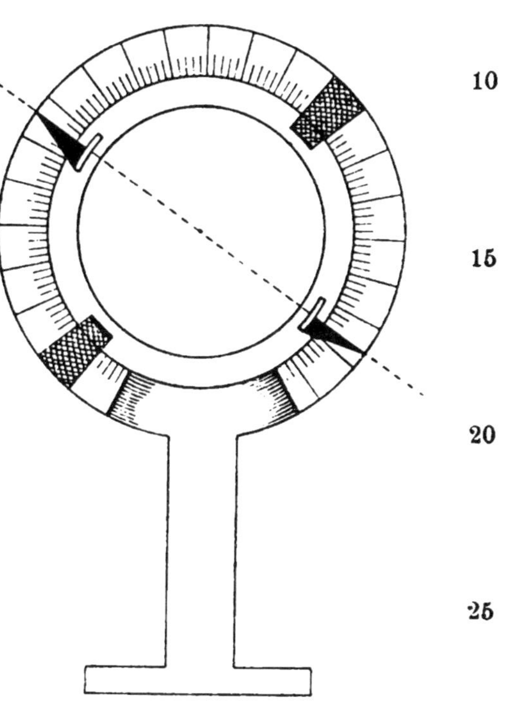

Wir werden einen metallenen Ring von angemessener Größe herstellen, der an seiner Oberfläche genau vierkantig abgeschärft ist (so daß der Querschnitt ein Quadrat darstellt). Nachdem wir ihn in die üblichen 360 Grade des größten Kreises und jeden derselben in so viel Unterabteilungen geteilt haben, als angängig

a) Die beigegebene Figur ist meiner Ausgabe der Hypotyposis des Proklus, Leipzig, Teubner 1909 S. 42, entnommen.

ist, soll uns dieser Ring als Meridiankreis dienen. Wir fügen hierauf einen zweiten schmaleren kleinen Ring derartig unter den erstgenannten ein, daß ihre Seitenflächen immer in einer Ebene bleiben, während der kleinere Ring unter dem größeren in derselben Ebene nach Norden und nach Süden ungehindert in Umdrehung versetzt werden kann. An irgend zwei diametral gegenüberliegenden Stellen bringen wir auf der einen Seitenfläche des kleineren Ringes zwei kleine gleichgroße Platten
Ha 47 Hei 65 an, welche sowohl mit Bezug aufeinander als auf den Mittelpunkt der Ringe genau die Richtung der Normalen einhalten.[5] Auf die Mitte ihrer Breitseite sind dünne Zeiger aufgesetzt, welche an der Seitenfläche des größeren eingeteilten Ringes unter leichter Berührung entlanggleiten. Letzteren bringen wir nun im Bedarfsfalle jedesmal in feste Verbindung mit einer Säule von entsprechender Größe und stellen den Fuß der Säule auf einer Bodenfläche, welche zur Ebene des Horizonts keinerlei Neigung hat, unter freiem Himmel auf. Nun richten wir unsere Aufmerksamkeit darauf, daß die Ebene der Ringe vertikal zur Ebene des Horizonts und parallel zur Ebene des Meridians verläuft. Ersteres ermittelt man mit Hilfe eines Bleilotes, welches von dem Punkte herabhängt, der die Stelle des Zenits vertreten soll. Die Beobachtung des Lotes wird so lange fortgesetzt, bis es (am Meridiankreis) infolge der Korrektion der Unterlagen die Richtung der Normalen nach dem diametral gegenüberliegenden Punkte angenommen hat. Die zweite Forderung wird dadurch erfüllt, daß man zunächst auf der unter der Säule liegenden Ebene nach sicheren Punkten eine Mittagslinie bestimmt und dann die Ringe so lange nach links oder rechts derselben verschiebt, bis durch (seitliche) Anvisierung der parallele Verlauf der Ringebene mit dieser Linie erzielt ist.

Nachdem die Aufstellung in der beschriebenen Weise bewerkstelligt war, richteten wir unser Augenmerk auf die nördliche oder südliche Deklination der Sonne, indem wir zur Zeit der Mittagstunden den inneren kleinen Ring verschoben, bis die untere Platte von der oberen vollständig
Hei 66 beschattet wurde. Wenn dieser Moment eintrat, gaben uns

die Spitzen der Zeiger genau an, wieviel Grade der Zenitabstand des Zentrums der Sonne im Meridian beträgt.[a]

Noch praktischer haben wir die erforderliche Beobachtung auf folgende Weise angestellt.[b] Anstatt der Ringe stellten wir eine quadratische Platte von Stein oder Holz ohne Ha 48 jede Verziehung her, deren eine Seitenfläche gleichmäßig eben und genau (quadratisch) zugeschnitten sein muß. Auf dieser Seite nahmen wir in einer von den Ecken einen Punkt (A) als Zentrum an und beschrieben von da aus einen Quadranten (BC). Nun zogen wir von dem Punkte im Zentrum bis an die beschriebene Kreislinie die Geraden (AB, AC), welche den rechten Winkel des Quadranten bilden, und teilten wieder die Kreislinie (des Quadranten) in die (auf sie entfallenden) 90 Grade und deren Unterabteilungen. Hierauf brachten wir auf der einen Geraden (AC), welche vertikal zur Ebene des Horizonts werden und die Lage nach Süden erhalten sollte, zwei senkrecht stehende ganz gleichgroße Stifte an, denen durch genau entsprechende Abdrechselung die Gestalt kleiner Zylinder gegeben war, den einen gerade auf dem Punkt (A) im Zentrum genau in der Mitte, den anderen am unteren Ende (C) der Geraden. Hierauf stellten wir Hei 67 diese mit der Figur versehene Seite der Platte längs der auf der darunter gelegenen Ebene gezogenen Mittagslinie auf, so daß sie gleichfalls (wie die Mittagslinie) die parallele Lage zur Ebene des Meridians erhielt, und kontrollierten durch ein Bleilot an den zylindrischen Stiften, ob die durch letztere gehende Gerade (AC) ohne Neigung, d. i. vertikal zur Ebene des Horizonts stand, wobei wieder

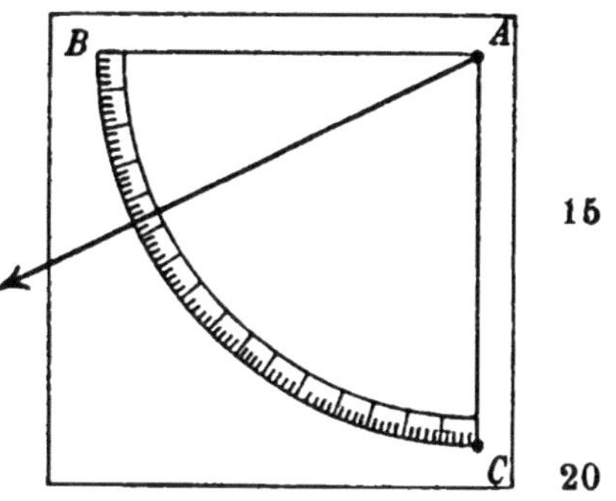

a) Die Berechnung der Schiefe wird S 44, 12 fortgesetzt.
b) Die Figur ist ähnlich schon von Halma beigegeben.

einige dünne Unterlagen die nötige Korrektion vermittelten. Nun beobachteten wir ebenfalls wieder zur Zeit der Mittagstunden den Schatten, welcher von dem im Zentrum befindlichen Stift ausgeht, indem wir dicht an die gezogene Kreislinie (des Quadranten) irgend einen (flachen) Gegenstand hielten, um die Schattenstelle deutlicher sichtbar werden zu lassen. Dadurch, daß wir die Mitte dieses Ha 49 Schattens durch einen Punkt markierten, erhielten wir den an dieser Stelle befindlichen Grad der Kreislinie des Quadranten, welcher, wie leicht zu begreifen, genau den Ort in Breite[a] kennzeichnet, den die Sonne im Meridian einnimmt.

Aus den Beobachtungen dieser Art, und namentlich aus denjenigen, welche gerade um die Zeit der Wenden bei einer Mehrzahl von Umläufen von uns mit aller Schärfe angestellt wurden, haben wir, weil die Markierung der Punkte sowohl bei den Sommerwenden wie bei den Winterwenden, vom Zenit ab gerechnet, im großen ganzen auf die gleichen und nämlichen Grade des Meridians traf, das Ergebnis gewonnen, daß der vom nördlichsten bis zum südlichsten Grenzpunkt sich erstreckende Bogen, was der zwischen den Hei 68 Graden der Wenden liegende Bogen ist, allemal zwischen die Grenzen 47°40′ und 47°45′ fällt. Hieraus ergibt sich ungefähr dasselbe Verhältnis, welches **Eratosthenes** gefunden und auch **Hipparch** zur Anwendung gebracht hat: der Bogen zwischen den Wendepunkten beträgt nämlich ohne wesentlichen Fehler 11 solche Teile, wie der Meridian 83 enthält.[b]

---

a) Zunächst wird aus dem gemessenen Zenitabstand die Höhe der Sonne über dem Horizont gewonnen, dann weiter, weil die Äquatorhöhe gleich dem Zenitabstand des gegebenen Pols ist, die südliche oder nördliche Deklination der Sonne: Sonnenhöhe — Äquatorhöhe = n. D., Äquatorhöhe — Sonnenhöhe = s. D.

b) Diese $\frac{11}{83}$ entsprechen nach dem Verhältnis $11 : 83 = x : 360°$ einem Bogen von 47°42′40″. Danach beträgt die Schiefe der Ekliptik nach Eratosthenes 23°51′20″, auf welchen Wert Ptolemaeus in der Tabelle der Schiefe zukommt, während sein eigenes Mittel zwischen 47°45′ und 47°40′ nur 47°42′30″, mithin die Schiefe nur 23°51′15″ beträgt.

Leicht zu bestimmen ist ohne weiteres aus dem vorliegenden Beobachtungsergebnis die geographische Breite der Wohnorte, in denen wir die Beobachtungen anstellen: erstens wird der im Äquator liegende Punkt in der Mitte zwischen den beiden Grenzpunkten (d. i. die Äquatorhöhe) gewonnen, zweitens der zwischen diesem Punkt und dem Zenit sich erstreckende Bogen, welcher bekanntlich der Polhöhe gleich ist.[6)]

Dreizehntes Kapitel.

Einige den sphärischen Demonstrationen vorauszuschickende Lehrsätze.

Da es unsere nächste Aufgabe ist, auch die von Grad zu Ha 50
Grad anwachsenden Größenbeträge der Bogen nachzuweisen, welche auf den größten durch die Pole des Äquators gezogenen (Deklinations-) Kreisen zwischen Äquator nnd Ekliptik liegen, so werden wir einige kurze nnd brauchbare Lehrsätze vorausschicken, mit deren Hilfe wir so ziemlich die Mehrzahl aller Beweise von theoretischen Sätzen, welche sich auf die Kugel beziehen, in einer möglichst einfachen und methodischen Form erledigen werden.

I. In zwei Gerade AB und AΓ ziehe man zwei sich kreuzende Gerade BE und ΓΔ hinein, welche sich in Punkt Z Hei 69
schneiden sollen. Meine Behauptung geht dahin, daß

$$\text{A.}\ \left(\frac{\Gamma E + EA}{AE} = \frac{\Gamma Z + Z\Delta}{\Delta Z} \cdot \frac{ZB}{BZ + ZE} \text{ nach Eukl. V. Def. 15}\right)$$

$$\frac{\Gamma A}{AE} = \frac{\Gamma\Delta}{\Delta Z} \cdot \frac{ZB}{BE}.$$

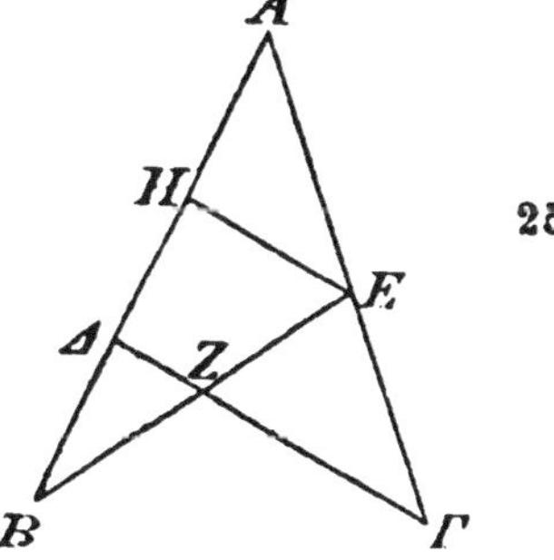

Beweis. Man ziehe durch E zu ΓΔ die Parallele EH. Weil diese Linien parallel sind, so ist (nach Eukl. VI. 4)

$$\frac{\Gamma A}{AE} = \frac{\Gamma\Delta}{EH};$$

führt man ΔZ als Hilfsfaktor ein,

so wird $\dfrac{\Gamma\Delta}{EH} = \dfrac{\Gamma\Delta}{\Delta Z} \cdot \dfrac{\Delta Z}{EH}$, folglich auch $\frac{\Gamma A}{AE} = \frac{\Gamma\Delta}{\Delta Z} \cdot \frac{\Delta Z}{EH}$.

Nun ist $\frac{\Delta Z}{EH} = \frac{ZB}{BE}$, weil $EH \parallel \Delta Z$. (Eukl. VI. 4)

Ha 51 Folglich ist $\frac{\Gamma A}{AE} = \frac{\Gamma\Delta}{\Delta Z} \cdot \frac{ZB}{BE}$, was zu beweisen war.

Es gilt auch bei Trennung (nach Eukl. V. Def. 16)

B. $\left(\frac{\Gamma A - AE}{EA} = \frac{\Gamma\Delta - \Delta Z}{Z\Delta} \cdot \frac{BA - A\Delta}{BA}\right.$ oder$\left.\right)$

$$\frac{\Gamma E}{EA} = \frac{\Gamma Z}{Z\Delta} \cdot \frac{\Delta B}{BA}.$$

Hei 70

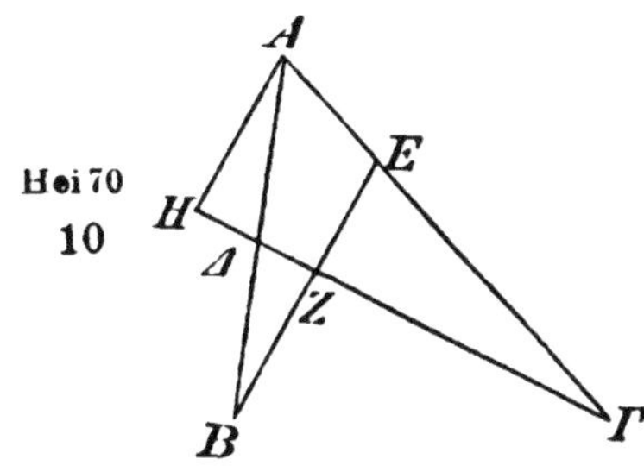

Beweis. Man ziehe durch A eine Parallele zu EB und verlängere $\Gamma\Delta$ bis zum Schnittpunkt H. Weil AH parallel ist zu EZ, so ist (nach Eukl. VI. 2)

$\frac{\Gamma E}{EA} = \frac{\Gamma Z}{ZH}$; führt man ΔZ als Hilfsfaktor ein,

so wird $\frac{\Gamma Z}{ZH} = \frac{\Gamma Z}{Z\Delta} \cdot \frac{\Delta Z}{ZH}$.

Nun ist $\frac{\Delta Z}{ZH} = \frac{\Delta B}{BA}$, weil BA, ZH in $AH \parallel ZB$ über [Kreuz gezogen.

Folglich ist $\frac{\Gamma Z}{ZH} = \frac{\Gamma Z}{Z\Delta} \cdot \frac{\Delta B}{BA}$.

Nun war $\frac{\Gamma E}{EA} = \frac{\Gamma Z}{ZH}$, (siehe oben Z. 12)

mithin auch $\frac{\Gamma E}{EA} = \frac{\Gamma Z}{Z\Delta} \cdot \frac{\Delta B}{BA}$, was zu beweisen war.

II. Es sei $AB\Gamma$ ein Kreis, dessen Zentrum Δ ist. Auf der Peripherie desselben nehme man drei beliebige Punkte A, B, Γ an, jedoch so, daß jeder der beiden Bogen AB und $B\Gamma$ kleiner als ein Halbkreis sei; auch bei den weiterhin noch anzunehmenden Bogen sei das gleiche Verhältnis vorausgesetzt. Nun ziehe man die Verbindungslinien AΓ und ΔEB. Meine Behauptung geht dahin, daß Hei 71

$$\frac{s\,2b\,\mathrm{AB}}{s\,2b\,\mathrm{B\Gamma}} = \frac{\mathrm{AE}}{\mathrm{E\Gamma}}.\text{ a)}$$ Ha 52

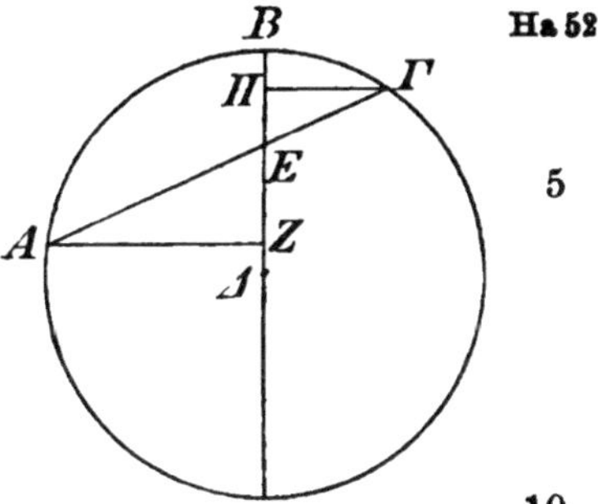

Beweis. Man fälle von den Punkten A und Γ auf ΔB die Lote AZ und ΓH. Da AZ parallel zu ΓH ist, und die Gerade AEΓ in diese Linien hinein durchgezogen ist, so ist (nach Eukl. VI. 4)

$$\frac{\mathrm{AZ}}{\mathrm{\Gamma H}} = \frac{\mathrm{AE}}{\mathrm{E\Gamma}}.$$

Nun ist $\mathrm{AZ} = \tfrac{1}{2}\, s\,2b\,\mathrm{AB},$
und $\mathrm{\Gamma H} = \tfrac{1}{2}\, s\,2b\,\mathrm{B\Gamma};$ (Eukl. III. 3)

folglich $\dfrac{\mathrm{AZ}}{\mathrm{\Gamma H}} = \dfrac{s\,2b\,\mathrm{AB}}{s\,2b\,\mathrm{B\Gamma}},$

mithin auch $\dfrac{s\,2b\,\mathrm{AB}}{s\,2b\,\mathrm{B\Gamma}} = \dfrac{\mathrm{AE}}{\mathrm{E\Gamma}},$ was zu beweisen war.

Ohne weiteres ergibt sich hieraus der

Lehrsatz: Wenn der ganze Bogen AΓ gegeben ist und dazu das Verhältnis $\dfrac{s\,2b\,\mathrm{AB}}{s\,2b\,\mathrm{B\Gamma}}$, so werden sich auch die beiden Bogen AB und BΓ bestimmen lassen.

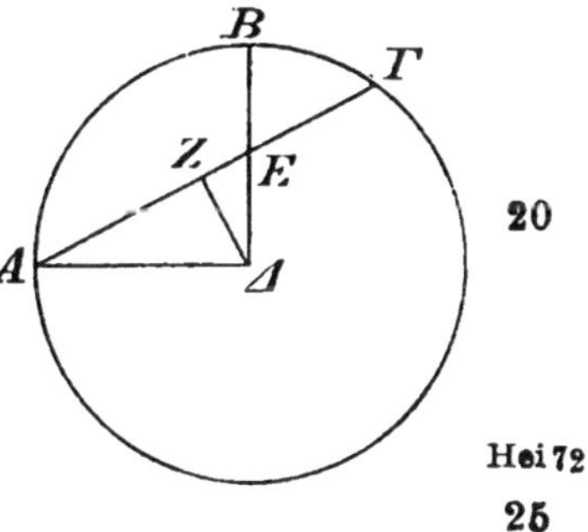

Beweis. Es sei dieselbe Figur vorgelegt. Man ziehe die Verbindungslinie AΔ und fälle von Δ auf AEΓ das Lot ΔZ. Da der Bogen AΓ gegeben ist, so wird offenbar auch der den Hei 72 halben Bogen unterspannende Winkel AΔZ gegeben sein, und damit auch das ganze rechtwinklige Dreieck AZΔ. Da ferner die ganze Sehne AΓ gegeben ist,

a) Mit $s\,2b$ wird fortan die den doppelten Bogen unterspannende Sehne bezeichnet; mithin heißt $\tfrac{1}{2}\, s\,2b$ „die Hälfte der den doppelten Bogen unterspannenden Sehne.“

und das (Teilungs-) Verhältnis mit $\frac{s\,2b\,\mathsf{AB}}{s\,2b\,\mathsf{B\Gamma}}$ als Annahme zugrunde liegt, so wird (nach Eukl. Dat. 7) sowohl AE gegeben sein, sowie als Differenz (AE—$\frac{1}{2}s$AΓ) auch ZE. Deshalb und weil ΔZ (als Kathete des △AZΔ) gegeben ist, wird auch der Winkel EΔZ des rechtwinkligen Dreiecks EZΔ gegeben sein, und als Summe (∠EΔZ + ∠AΔZ)
Ha 53 der Winkel AΔB. Mit diesem wird auch der Bogen AB gegeben sein, und als Differenz (bAΓ—bAB) auch der Bogen BΓ, was zu beweisen war.

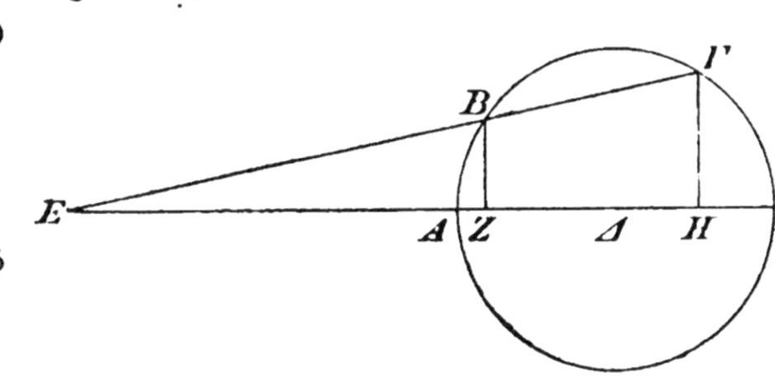

III. Es sei ABΓ ein Kreis um das Zentrum Δ. Auf der Peripherie desselben nehme man drei Punkte A, B, Γ so an, daß jeder der beiden Bogen AB und ΓA kleiner als ein Halbkreis sei; auch bei den noch weiterhin anzunehmenden Bogen sei das gleiche Verhältnis vorausgesetzt. Nun ziehe man die Verbindungslinien ΔA und ΓB und verlängere
Hei 73 sie, bis sie sich in Punkt E schneiden. Meine Behauptung geht dahin, daß

$$\frac{s\,2b\,\Gamma\mathsf{A}}{s\,2b\,\mathsf{AB}} = \frac{\Gamma\mathsf{E}}{\mathsf{EB}}.$$

Beweis. Man fälle von B und Γ auf ΔA die Lote BZ und ΓH. Weil diese Linien parallel sind, so ist (nach Eukl. VI. 4) ähnlich wie bei dem vorigen Satz (vgl. S. 47, 10)

$$\frac{\Gamma\mathsf{H}}{\mathsf{BZ}} = \frac{\Gamma\mathsf{E}}{\mathsf{EB}}.$$

(Nun ist $\frac{\Gamma\mathsf{H}}{\mathsf{BZ}} = \frac{s\,2b\,\Gamma\mathsf{A}}{s\,2b\,\mathsf{AB}}$ nach Satz II S. 47, 13)

folglich auch $\frac{s\,2b\,\Gamma\mathsf{A}}{s\,2b\,\mathsf{AB}} = \frac{\Gamma\mathsf{E}}{\mathsf{EB}}$, was zu beweisen war.

Auch hier ergibt sich ohne weiteres der

Lehrsatz. Wenn einzig der Bogen ΓB gegeben ist, und dazu das Verhältnis $\frac{s\,2b\,\Gamma A}{s\,2b\,AB}$, so wird auch der Bogen AB sich bestimmen lassen.

Beweis. Man ziehe an derselben Figur die Verbindungslinie ΔB und fälle auf BΓ das Lot ΔZ. Dann wird gegeben sein der die Hälfte des Bogens ΓB unterspannende {Ha 54 Hei 74} Winkel BΔZ, und folglich auch das ganze rechtwinklige Dreieck BZΔ. Da ferner auch das Verhältnis $\frac{\Gamma E}{EB}$ gegeben ist[a]) und dazu die Sehne ΓB, so wird (nach Eukl. Dat. 7) sowohl EB gegeben sein, sowie als Summe (EB + $\frac{1}{2}$ sΓB) auch EBZ. Da auch ΔZ (als Kathete des △ BZΔ) gegeben ist, so wird auch der Winkel EΔZ desselben rechtwinkligen Dreiecks (nämlich EZΔ) gegeben sein, und als Differenz (∠ EΔZ − ∠ BΔZ) auch der Winkel EΔB. Folglich wird (hiermit) auch der Bogen AB gegeben sein.

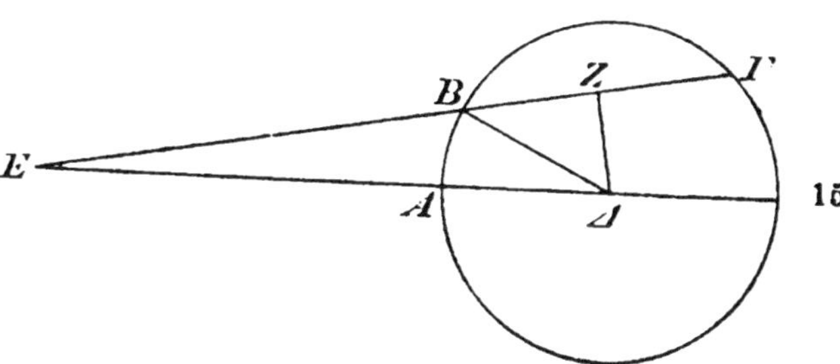

Diese Lehrsätze mußten vorausgeschickt werden.

Man ziehe auf der Oberfläche einer Kugel derart Bogen größter Kreise, daß in die zwei Bogen AB und AΓ hineingezogen, die zwei Bogen BE und ΓΔ einander in Punkt Z schneiden. Es sollen aber diese Bogen alle kleiner als ein Halbkreis sein; dasselbe Verhältnis sei bei sämtlichen Figuren vorausgesetzt. Meine Behauptung geht nun dahin, daß

$$\text{A.}\quad \frac{s\,2b\,\Gamma E}{s\,2b\,EA} = \frac{s\,2b\,\Gamma Z}{s\,2b\,Z\Delta} \cdot \frac{s\,2b\,\Delta B}{s\,2b\,BA}.$$

---

a) Das geg. Verhältnis $\frac{s\,2b\,\Gamma A}{s\,2b\,AB}$ ist eben nach S. 48, 25 gleich $\frac{\Gamma E}{EB}$.

Beweis. Man bestimme das Zentrum der Kugel: dasselbe sei H. Von H aus ziehe man nach den Kreisschnittpunkten B, Z, E die Geraden HB, HZ, HE; ferner ziehe man die Verbindungslinie AΔ und verlängere sie, bis sie die Verlängerung von HB in Θ schneidet. Desgleichen sollen die Verbindungslinien ΔΓ und AΓ die Geraden HZ und HE in den Punkten K und Λ schneiden. Somit kommen die Punkte Θ, K, Λ auf eine Gerade zu liegen, weil sie in zwei Ebenen zugleich

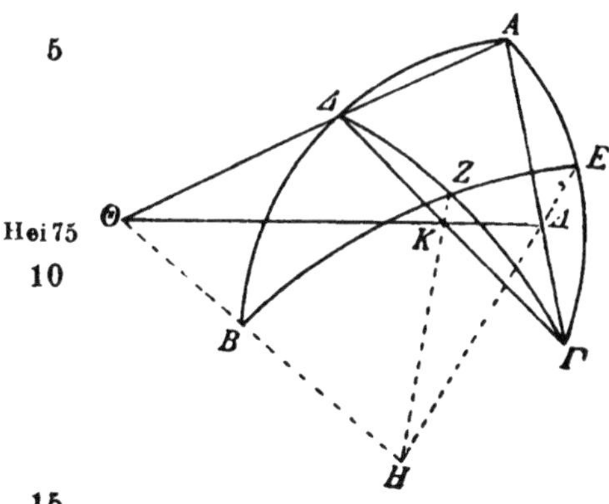

Hei 75

Ha 55 liegen, nämlich in der Ebene des Dreiecks AΓΔ und in der Ebene des Kreises BZE. Die Gerade, welche diese Punkte verbindet, bewirkt folgende Figur: in die Geraden ΘA und ΓA sind die sich kreuzenden Geraden ΘΛ und ΓΔ hineingezogen, die sich in Punkt K schneiden. Folglich erhalten wir

$$\frac{\Gamma\Lambda}{\Lambda A} = \frac{\Gamma K}{K\Delta} \cdot \frac{\Delta\Theta}{\Theta A}. \quad \text{(Satz IB S. 46, 6)}$$

$$\left.\begin{aligned} \text{Nun ist} \quad \frac{\Gamma\Lambda}{\Lambda A} &= \frac{s\,2b\,\Gamma E}{s\,2b\,EA}, \\ \text{ferner} \quad \frac{\Gamma K}{K\Delta} &= \frac{s\,2b\,\Gamma Z}{s\,2b\,Z\Delta}, \end{aligned}\right\} \quad \text{(Satz II S. 47, 13)}$$

$$\text{endlich} \quad \frac{\Delta\Theta}{\Theta A} = \frac{s\,2b\,\Delta B}{s\,2b\,BA}; \quad \text{(Satz III S. 48, 25)}^{a)}$$

Hei 76 folglich $$\frac{s\,2b\,\Gamma E}{s\,2b\,EA} = \frac{s\,2b\,\Gamma Z}{s\,2b\,Z\Delta} \cdot \frac{s\,2b\,\Delta B}{s\,2b\,BA}.$$

26 Ganz auf demselben Wege und genau wie an der geradlinigen ebenen Figur (Satz IA S. 45, 22) wird der Beweis geführt für

---

a) Mit dem Unterschied, daß im zitierten Satze die größere Gerade im Zähler und die kleinere im Nenner steht, während hier das umgekehrte Verhältnis stattfindet.

$$\text{B.}\quad \frac{s\,2b\,\Gamma\mathrm{A}}{s\,2b\,\mathrm{AE}} = \frac{s\,2b\,\Gamma\Delta}{s\,2b\,\Delta\mathrm{Z}} \cdot \frac{s\,2b\,\mathrm{ZB}}{s\,2b\,\mathrm{BE}}.$$

Hiermit sind die Beweise, deren Darlegung wir uns vorgenommen hatten, erledigt.

Vierzehntes Kapitel.

Die zwischen dem Äquator und der Ekliptik liegenden Bogen (von Deklinationskreisen).

Mit Hilfe des zuletzt mitgeteilten Lehrsatzes werden wir Ha 56
zunächst den Nachweis der vorstehend genannten Bogen auf folgende Weise liefern.

Es sei ΑΒΓΔ der durch beide Pole, sowohl den des Äquators als den der Ekliptik, gehende (Kolur-) Kreis, ΑΕΓ der Halbkreis des Äquators und ΒΕΔ der der Ekliptik. Punkt Ε sei der Schnittpunkt beider an der Stelle, wo die Herbstnachtgleiche eintritt, so daß Β der Winterwendepunkt und Δ der Sommerwendepunkt ist. Auf dem Bogen ΑΒΓ bestimme man den Pol des Äquators ΑΕΓ: derselbe sei Ζ.[a] In der Hei 77
Ekliptik trage man von Ε aus den Bogen ΕΗ ab.

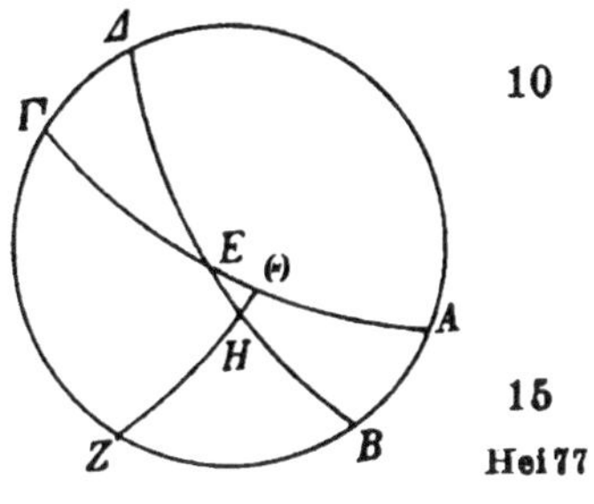

1. Dieser Bogen sei zu 30^0 angenommen, wie der größte Kreis 360^0 hat. Man ziehe durch die Punkte Ζ und Η den Bogen ΖΗΘ eines größten Kreises. Unsere Aufgabe soll demnach sein, den Bogen ΘΗ zu finden.

Um nicht bei jeder ähnlichen Beweisführung immer dasselbe wiederholen zu müssen, sei an dieser Stelle ein für allemal folgendes bemerkt. Wenn wir die Größenbeträge

a) Es ist nach der Lage der Figur der Südpol, wie auch an der Figur des nächsten Kapitels. Für beide Fälle steht im griechischen Text dieselbe Figur. Da es sich im vorliegenden Fall nicht lediglich um Sphaera recta handelt, so mußte an der neuen Figur in Ε der Herbstpunkt angenommen werden.

von Bogen in Graden oder die von Sehnen in Teilen angeben, so meinen wir bei den Bogen solche Grade, wie der Kreis 360, und bei den Sehnen solche Teile, wie der Durchmesser des Kreises 120 hat.

Ha 57 Da an der Figur in die zwei Bogen größter Kreise AZ
6 und AE zwei in Punkt H sich schneidende Bogen ebensolcher Kreise ZΘ und EB hineingezogen sind, so gilt (Satz B S. 51, 1)

$$\frac{s\,2b\,\mathrm{ZA}}{s\,2b\,\mathrm{AB}} = \frac{s\,2b\,\mathrm{Z\Theta}}{s\,2b\,\mathrm{\Theta H}} \cdot \frac{s\,2b\,\mathrm{HE}}{s\,2b\,\mathrm{EB}}.$$

Nun ist $2b\,\mathrm{ZA} = 180^\circ$, also $s\,2b\,\mathrm{ZA} = 120^p$,

$2b\,\mathrm{AB} = 47^\circ\,42'\,40''$,[a)] also $s\,2b\,\mathrm{AB} = 48^p\,31'\,55''$,

Hei 78 $2b\,\mathrm{HE} = 60^\circ$, also $s\,2b\,\mathrm{HE} = 60^p$,

$2b\,\mathrm{EB} = 180^\circ$, also $s\,2b\,\mathrm{EB} = 120^p$.

(Hieraus ergibt sich zunächst $\frac{s\,2b\,\mathrm{Z\Theta}}{s\,2b\,\mathrm{\Theta H}} \cdot \frac{60^p}{120^p} = \frac{120^p}{48^p\,31'\,55''}$.)

Bringen wir $\frac{60^p}{120^p}$ $(=\tfrac{1}{2})$ auf die andere Seite der Gleichung[b)], so erhalten wir

$$\frac{s\,2b\,\mathrm{Z\Theta}}{s\,2b\,\mathrm{\Theta H}} = \frac{120^p}{24^p\,15'\,57''} \left(\text{aus } \frac{120^p \cdot 2}{48^p\,31'\,55''}\right).$$

Nun ist $s\,2b\,\mathrm{Z\Theta} = 120^p$, weil $2b\,\mathrm{Z\Theta} = 180^\circ$,

folglich $s\,2b\,\mathrm{\Theta H} = 24^p\,15'\,57''$, also $2b\,\mathrm{\Theta H} = 23^\circ\,19'\,59''$.

Demnach ist der Bogen ΘH mit $11^\circ\,40'$ gefunden.

2. Der Bogen HE sei zu 60° angenommen. Während die anderen Werte unverändert bleiben, wird

Ha 58 $2b\,\mathrm{HE} = 120^\circ$, also $s\,2b\,\mathrm{HE} = 103^p\,55'\,23''$.

Bringen wir wieder $\frac{103^p\,55'\,23''}{120^p}$ auf die andere Seite der Gleichung, so erhalten wir

---

a) Das ist der S. 44, 22 ermittelte Wert des Bogens zwischen den Wendepunkten.

b) Die griechische Formel ἐὰν . . . ἀφέλωμεν . . . ., καταλείπεται habe ich nicht einfacher wiederzugeben vermocht.

$$\frac{s\,2b\,\mathsf{Z\Theta}}{s\,2b\,\mathsf{\Theta H}} = \frac{120^p}{42^p\;1'\;48''}\left(\text{aus }\frac{120^p\cdot 120^p}{48^p\;31'\;55''\cdot 103^p\;55'\;23''}\right).$$

Nun ist $s\,2b\,\mathsf{Z\Theta} = 120^p$,
folglich $s\,2b\,\mathsf{\Theta H} = 42^p\;1'\;48''$, also $2b\,\mathsf{\Theta H} = 41^0\;0'\;18''$.

Mithin beträgt der Bogen ΘH 20⁰ 30′ 9″, was nachzuweisen war.

Auf dieselbe Weise haben wir die Beträge für die auf- Hei79 einanderfolgenden Bogen von Grad zu Grad berechnet und werden für die 90 Grade des Quadranten (der Ekliptik) eine Tabelle aufstellen, welche die Beträge der entsprechenden Bogen, wie wir sie hier nachgewiesen haben, dazugesetzt enthalten soll.

Fünfzehntes Kapitel.

Die Tabelle der Schiefe (der Ekliptik)

gestaltet sich folgendermaßen. {Ha 59 Hei80

(Siehe S. 54.)

Sechzehntes Kapitel.

Die Aufgänge bei Sphaera recta.

Unsere nächste Aufgabe ist, die Größenbeträge der Äquator- {Ha 60 Hei82 bogen (wie EΘ) mit nachzuweisen, welche von den (Deklinations-) Kreisen (wie ZΘ) abgeschnitten werden, die durch die Pole des Äquators und die von Fall zu Fall gegebenen Abschnitte (wie EH) der Ekliptik gezogen werden. Auf diese Weise werden wir nämlich als Ergebnis erhalten, in wieviel Zeitgraden (d. h. Äquatorgraden zu vier Zeitminuten) die betreffenden Ekliptikstücke erstens überall den Meridian passieren, und zweitens bei Sphaera recta durch den Horizont gehen; denn nur in diesem Falle geht auch der Horizont durch die Pole des Äquators (wird somit zu einem Deklinationskreis).

Ekliptik-grade	Meridian-Bogen			Ekliptik-grade	Meridian-Bogen		
1°	0°	24′	16″	46°	16°	54′	47″
2	0	48	31	47	17	12	16
3	1	12	46	48	17	29	27
4	1	37	0	49	17	46	20
5	2	1	12	50	18	2	53
6	2	25	22	51	18	19	15
7	2	49	30	52	18	35	5
8	3	13	35	53	18	50	41
9	3	37	37	54	19	5	57
10	4	1	38	55	19	20	56
11	4	25	32	56	19	35	28
12	4	49	24	57	19	49	42
13	5	13	11	58	20	3	31
14	5	36	53	59	20	17	4
15	6	0	31	60	20	30	9
16	6	24	1	61	20	42	58
17	6	47	26	62	20	55	24
18	7	10	45	63	21	7	21
19	7	33	57	64	21	18	58
20	7	57	3	65	21	30	11
21	8	20	0	66	21	41	0
22	8	42	50	67	21	51	25
23	9	5	32	68	22	1	25
24	9	28	5	69	22	11	11
25	9	50	29	70	22	20	11
26	10	12	46	71	22	28	57
27	10	34	57	72	22	37	17
28	10	56	44	73	22	45	11
29	11	18	25	74	22	52	39
30	11	39	59	75	22	59	41
31	12	1	20		23	6	17
32	12	22	30	77	23	12	27
33	12	43	28	78	23	18	11
34	13	4	14	79	23	23	28
35	13	24	47	80	23	28	16
36	13	45	6	81	23	32	30
37	14	5	11	82	23	36	35
38	14	25	2	83	23	40	2
39	14	44	39	84	23	43	2
40	15	4	4	85	23	45	34
41	15	23	10	86	23	47	39
42	15	42	2	87	23	49	16
43	16	0	38	88	23	50	25
44	16	18	58	89	23	51	6
45	16	37	20	90	23	51	20

1. Es sei wieder die oben (S. 51, 7) erklärte Figur (hier in der Lage für Sphaera recta) vorgelegt. Gegeben soll sein der Ekliptikbogen EH, und zwar zunächst wieder mit 30^0, gefunden werden soll der Äquatorbogen EΘ.

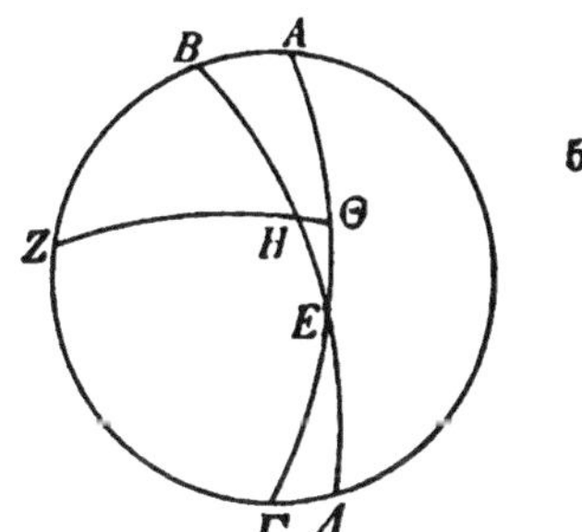

Wie oben, gehen wir aus von (Satz A, S. 49, 31)

$$\frac{s\,2b\,\mathsf{ZB}}{s\,2b\,\mathsf{BA}}=\frac{s\,2b\,\mathsf{ZH}}{s\,2b\,\mathsf{H\Theta}}\cdot\frac{s\,2b\,\mathsf{\Theta E}}{s\,2b\,\mathsf{EA}}.$$

Nun ist $2b\,\mathsf{ZB}=132^\circ\,17'\,20''$,[a] also $s\,2b\,\mathsf{ZB}=109^p\,44'\,53''$,
$2b\,\mathsf{BA}=47^\circ\,42'\,40''$, also $s\,2b\,\mathsf{BA}=48^p\,31'\,55''$, Hei 83
$2b\,\mathsf{ZH}=156^\circ\,40'\,2''$,[b] also $s\,2b\,\mathsf{ZH}=117^p\,31'\,15''$,
$2b\,\mathsf{H\Theta}=23^\circ\,19'\,59''$,[c] also $s\,2b\,\mathsf{H\Theta}=24^p\,15'\,57''$. Ha 61

Bringen wir also $\dfrac{117^p\,31'\,15''}{24^p\,15'\,57''}$ auf die andere Seite der Gleichung, so erhalten wir

$$\frac{s\,2b\,\mathsf{\Theta E}}{s\,2b\,\mathsf{EA}}=\frac{54^p\,52'\,26''}{117^p\,31'\,15''}\left(\text{aus }\frac{109^p\,44'\,53''\cdot 24^p\,15'\,57''}{48^p\,31'\,55''\;\;117^p\,31'\,15''}\right)$$

oder $\dfrac{s\,2b\,\mathsf{\Theta E}}{s\,2b\,\mathsf{EA}}=\dfrac{56^p\,1'\,25''}{120^p}$.

Nun ist $s\,2b\,\mathsf{EA}=120^p$, weil $2b\,\mathsf{EA}=180^\circ$.
folglich $s\,2b\,\mathsf{\Theta E}=56^p\,1'\,25''$, also $2b\,\mathsf{\Theta E}=55^\circ\,40'$.
Mithin beträgt der Bogen EΘ $27^0\,50'$.

2. Der Bogen EH sei zu 60^0 angenommen. Während alle anderen Werte unverändert bleiben, wird

$2b\,\mathsf{ZH}=138^\circ\,59'\,42''$,[d] also $s\,2b\,\mathsf{ZH}=112^p\,23'\,56''$,
$2b\,\mathsf{H\Theta}=41^\circ\,0'\,18''$,[e] also $s\,2b\,\mathsf{H\Theta}=42^p\,1'\,48''$.

---

a) D. i. 2 $(90^\circ-23^\circ 51'20'')$.
b) D. i. 2 $(90^\circ-11^\circ 39'59'')$.
c) Wie S. 52, 19 nachgewiesen.
d) D. i. 2 $(90^\circ-20^\circ 30'9'')$.
e) Wie S. 53, 3 nachgewiesen.

Bringen wir also $\frac{112^p\,23'\,56''}{42^p\,1'\,48''}$ auf die andere Seite der Gleichung, so erhalten wir

Hei 84

$$\frac{s\,2b\,\Theta\mathrm{E}}{s\,2b\,\mathrm{EA}} = \frac{95^p\,2'\,40''}{112^p\,23'\,56''}, \left(\text{aus } \frac{109^p\,44'\,53''\cdot 42^p\,1'\,48''}{48^p\,31'\,55''\cdot 112^p\,23'\,56''}\right)$$

oder $\frac{s\,2b\,\Theta\mathrm{E}}{s\,2b\,\mathrm{EA}} = \frac{101^p\,28'\,20''}{120^p}$.

Nun ist $s\,2b\,\mathrm{EA} = 120^p$,
folglich $s\,2b\,\Theta\mathrm{E} = 101^p\,28'\,20''$, also $2b\,\Theta\mathrm{E} = 115^0\,28'$.
Mithin beträgt der Bogen $\mathrm{E}\Theta$ $57^0\,44'$.

Ha 62 Es ist somit der Beweis erbracht, daß das erste vom Nachtgleichenpunkt ab gerechnete Zeichen der Ekliptik (zu seinem Aufgang bei Sphaera recta) dieselbe Zeit braucht wie der oben (S. 55, 20) nachgewiesene Äquatorbogen von $27^0 50'$, und das zweite, da beide (d. s. 60^0) zusammen mit $57^0 44'$ nachgewiesen wurden, dieselbe Zeit wie ein Äquatorbogen von ($57^0 44' - 27^0 50' =$) $29^0 54'$. Das dritte Zeichen wird selbstverständlich dieselbe Zeit brauchen wie der Äquatorbogen von $32^0 16'$, der zum Quadranten noch fehlt; denn der ganze Quadrant der Ekliptik geht (bei Sphaera recta) genau in derselben Zeit auf wie der ganze Quadrant des Äquators, insofern (bei der Zerlegung beider Kreise in Quadranten) die durch die Pole des Äquators gehenden (Kolur-) Kreise in Betracht kommen.[a)]

Auf dieselbe Weise haben wir unter Befolgung vorstehend entwickelter Beweismethode die mit Ekliptikabschnitten von je 10^0 gleichzeitig aufgehenden Äquatorbogen berechnet; denn die noch weniger als 10^0 betragenden (Ekliptik-) Bogen unterscheiden sich (in Wirklichkeit) nur ganz unbeträchtlich von den Überschüssen (an Aufgangszeit), welche

---

a) Wenn ein Quadrant der Ekliptik voll aufgegangen ist, fallen bei Sphaera recta die beiden Kolurkreise, der eine mit dem Meridian, der andere mit dem Horizont zusammen. Es sind somit die Deklinationskreise, welche sowohl den Äquator wie die Ekliptik in vier Quadranten zerlegen.

(tatsächlich) im Vergleich zum gleichmäßigen Anwachsen (der Aufgangszeit) eintreten.[7]

Wir werden nun auch diese Bogen in Ansatz bringen, um bequem feststellen zu können, in wieviel Zeitgraden (d. h. Äquatorgraden zu je vier Minuten Durchgangszeit) jeder dieser Bogen den Meridian, wie (S. 53, 19) gesagt, Hei 85
überall passiert und bei Sphaera recta auch durch den Horizont geht. Als Ausgangspunkt nehmen wir den Anfang des Zeichendrittels, welches am Nachtgleichenpunkt liegt.

Auf das erste Zeichendrittel entfallen an Zeitgraden		9° 10′,
„ „ zweite „ „ „ „		9° 15′,
„ „ dritte „ „ „ „		9° 25′.
	Mithin auf das erste Zeichen in Summa	27° 50′.
Auf das vierte Zeichendrittel entfallen an Zeitgraden		9° 40′,
„ „ fünfte „ „ „ „		9° 58′,
„ „ sechste „ „ „ „		10° 16′.
	Mithin auf das zweite Zeichen in Summa	29° 54′.
Auf das siebente Zeichendrittel entfallen an Zeitgraden		10° 34′. Ha 63
„ „ achte „ „ „ „		10° 47′,
„ „ neunte „ „ „ „		10° 55′.
	Mithin auf das dritte Zeichen in Summa	32° 16′.

Es ist dasjenige Zeichen, welches an dem Wendepunkt liegt.

Auf den ganzen Quadranten (der Ekliptik) entfällt somit die ihm zukommende Summe von 90 Zeitgraden.

Es bedarf keiner weiteren Erklärung, daß auch für die übrigen Quadranten die Zahlenreihe genau dieselbe[a] ist; denn alle Verhältnisse bleiben für jeden Quadranten dieselben, weil wir die Sphaera recta zugrunde gelegt haben, d. h. weil der Äquator keine Neigung zum Horizont hat (d. i. vertikal zu ihm steht).

---

a) Nur in umgekehrter Folge der Zahlen in dem zweiten Quadranten des von Nachtgleichenpunkt zu Nachtgleichenpunkt gerechneten Halbkreises der Ekliptik.

Zweites Buch.

Erstes Kapitel.

Die allgemeine Lage des zurzeit bewohnten Gebietes der Erde.

Ha 65 Hei 87 Nachdem wir im ersten Buche unseres Handbuchs erstens die auf den Bau des Weltalls bezüglichen Fragen erörtert haben, welche in aller Kürze vorausgenommen werden mußten, zweitens die Verhältnisse bei Sphaera recta besprochen haben, soweit man sie zur theoretischen Behandlung der vorliegenden Aufgaben für förderlich halten könnte, wollen wir im Anschluß daran nun auch wieder die Darlegung der bei *Sphaera obliqua* besonders charakteristischen Verhältnisse, soweit es irgend möglich ist, nach einer leicht zu handhabenden Methode in die Wege leiten.

Was auch hier im allgemeinen vorausgenommen werden Hei 88 muß, ist folgendes. Die Erde wird durch den Erdäquator und einen durch seine Pole gezogenen (Meridian-) Kreis Ha 66 in vier Viertel geteilt. Auf das eine von den beiden *nördlichen* Vierteln beschränkt sich nahezu die Ausdehnung des zurzeit bewohnten Gebietes der Erde. Dies geht besonders deutlich aus folgenden Wahrnehmungen hervor.

1. Faßt man die *Breite* ins Auge, d. h. die Erstreckung von Süden nach Norden, so sind die Schatten, welche die Gnomonen zur Mittagstunde an den Tag- und Nachtgleichen werfen, überall stets nach *Norden* gerichtet, niemals nach Süden.

2. Faßt man die *Länge* ins Auge, d. h. die Erstreckung von Osten nach Westen, so treten dieselben Finsternisse, besonders aber die des Mondes, welche sowohl für die Be-

wohner des äußersten Ostens des heutzutage bewohnten Gebietes der Erde, als auch für die des äußersten Westens der Theorie nach zu demselben Zeitpunkte sichtbar sind, höchstens zwölf Äquinoktialstunden früher oder später ein, Beweis dafür, daß das Viertel an sich nur ein Intervall von zwölf Äquinoktialstunden umfaßt, weil es ja eben von einem Halbkreis des Äquators begrenzt wird.

Von den Fragen, welche im einzelnen eine theoretische Erörterung verdienen, fallen, wie man wohl erwarten dürfte, in den Rahmen des vorliegenden praktischen Handbuchs ganz besonders diejenigen, welche auf die Eigenschaften hinauslaufen, die je nach der Lage eines jeden der nördlich des Äquators verlaufenden Parallelkreise sowohl diesem Kreise selbst als den unter ihm liegenden bewohnten Orten nach besonders charakteristischen Kennzeichen zukommen (6. Kap.). Es sind dies folgende Fragen:

1. (3. Kap. I) Wie weit sind die Pole des ersten Um- Hei 89
schwungs vom Horizont entfernt? Oder (was dasselbe ist) wieviel beträgt, im Meridian gemessen, der Zenitabstand des Äquators?

2. (4. Kap.) Wo kommt die Sonne in den Zenit? wann und wie oft tritt dieser Fall ein?

3. (5. Kap.) In welchem Verhältnis stehen die an den Nachtgleichen und Wenden zur Mittagstunde beobachteten Schatten zu den Gnomonen? Ha 67

4. (3. Kap. II) Wie groß ist der Unterschied des längsten oder kürzesten Tages vom Nachtgleichentage?

Hierzu kommen noch die theoretischen Erörterungen, welche folgende Punkte betreffen:

5. (3. Kap. IV) Die allmähliche Ab- und Zunahme der Tage und Nächte.

6. (7. Kap.) Die gleichzeitigen Auf- und Untergänge (von Teilen) des Äquators und der Ekliptik. Endlich

7. (10.—12. Kap.) Die charakteristischen Eigenschaften und Größen der Winkel, welche von den wichtigsten größten Kreisen gebildet werden.

Zweites Kapitel.

Wie sich die zwischen Äquator und Ekliptik liegenden Horizontbogen[a] bestimmen lassen, wenn die Dauer des längsten Tages gegeben ist.

Für die Beispiele soll allgemein als gegeben angenommen werden der durch Rhodus parallel zum Äquator gezogene Hei 90 Kreis, wo die Polhöhe 36^0 und der längste Tag $14^1/_2$ Äquinoktialstunden beträgt.

Es sei ΑΒΓΔ der Meridiankreis, ΒΕΔ der östliche Halbkreis des Horizonts und ΑΕΓ der entsprechende Halbkreis des Äquators; der südliche Pol des letzteren sei Ζ. Angenommen sei, daß der Winterwendepunkt der Ekliptik durch Punkt Η aufgehe. Durch Ζ und Η ziehe man den Quadranten ΖΗΘ eines größten (Deklinations-)Kreises.

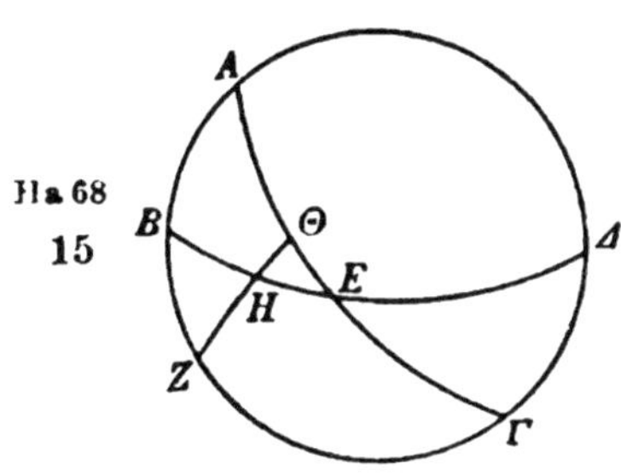

Gegeben sei zunächst die Dauer des längsten Tages, gefunden werden soll der Horizontbogen ΕΗ.

Ha 68 Da sich die Drehung der Sphäre um die Pole des Äquators vollzieht, so ist klar, daß die Punkte Η und Θ gleichzeitig in den Meridian ΑΒΓΔ gelangen werden[b], ferner, daß die vom Aufgang des Punktes Η bis zu seiner oberen Kulmination verstreichende Zeit durch den Äquator- Hei 91 bogen ΘΑ, und die von seiner unteren Kulmination bis zum Aufgang verstreichende Zeit durch den Äquatorbogen ΓΘ dargestellt wird.[c] Folglich beträgt die Dauer des Tages das Doppelte

---

a) Die moderne Astronomie nennt diese Bogen, je nachdem sie im östlichen oder westlichen Horizont liegen, Morgen- oder Abendweiten der Sonne.

b) Weil sie auf demselben Deklinationskreis liegen.

c) Indem die beiden Bogen in Summa 12 Äquinoktialstunden darstellen, welche zur Frühlingsnachtgleiche in Punkt Ε in $6+6$, und zur Winterwende in Punkt Θ in $4^3/_4+7^1/_4$ Äquinoktialstunden geteilt werden.

der durch den Bogen ΘA, die Dauer der Nacht das Doppelte der durch den Bogen ΓΘ dargestellten Zeit; denn sowohl die über als die unter dem Horizont befindlichen Stücke sämtlicher mit dem Äquator gleichlaufenden Kreise werden von dem Meridian in je zwei gleiche Teile geschieden.

Deshalb beträgt der Bogen EΘ für den zugrunde gelegten Parallelkreis $1\frac{1}{4}$ Stunde oder $18^0 45'$ (sog. Zeitgrade), weil er die Hälfte des Unterschieds des längsten oder kürzesten Tages vom Nachtgleichentage[a] darstellt; mithin ist der Bogen ΘA als das zum Quadranten fehlende Stück gleich $71^0 15'$. Da nun geradeso wie bei den früher geführten Beweisen in die zwei Bogen größter Kreise AE und AZ die einander in Punkt H schneidenden Bogen EB und ZΘ hineingezogen sind, so gilt (Satz B S. 51,1)

$$\frac{s2b\Theta A}{s2bAE} = \frac{s2b\Theta Z}{s2bZH} \cdot \frac{s2bHB}{s2bBE}.$$

Nun ist $2b\Theta A = 142^0 30'$[b], also $s2b\Theta A = 113^p 37' 54''$, Ha 69
$2bAE = 180^0$, also $s2bAE = 120^p$, Hei 92
$2b\Theta Z = 180^0$, also $s2b\Theta Z = 120^p$,
$2bZH = 132^0 17' 20''$[c], also $s2bZH = 109^p 44' 53''$.

Bringen wir also $\frac{120^p}{109^p 44' 53''}$ auf die andere Seite der Gleichung, so erhalten wir

$$\frac{s2bHB}{s2bBE} = \frac{103^p 53' 23''}{120^p} \left(\text{aus } \frac{113^p 37' 54'' \cdot 109^p 44' 53''}{120^p \cdot 120^p}\right).$$

Nun ist $s2bBE = 120^p$, weil $bBE = 90^0$;
folglich $s2bHB = 103^p 53' 23''$,
also $2bHB = 120^0$ und $bHB = 60^0$.

---

a) D. i. $\frac{1}{2}(14\frac{1}{2}^h - 12^h)$ oder $\frac{1}{2}(12^h - 9\frac{1}{2}^h)$, in halben Tagbogen ausgedrückt ΘΓ − EΓ oder AE − AΘ; denn AE ist der halbe Tag-, EΓ der halbe Nachtbogen des Nachtgleichentages, wie AΘ der halbe Tag-, ΘΓ der halbe Nachtbogen des kürzesten Tages.

b) D. i. $2(90^0 - 18^0 45')$.

c) D. i. $2(90^0 - 23^0 51' 20'')$, weil $bH\Theta$ die Schiefe der Ekliptik mißt.

Mithin ist der Bogen EH als Differenz der Bogen BE und HB gleich 30^0, wie der Horizont gleich 360^0 ist, was zu beweisen war.

Drittes Kapitel.

Wie sich aus der Dauer des längsten Tages die Polhöhe bestimmen läßt, und umgekehrt.

I. Gegeben sei die Dauer des längsten Tages (d. h. die S. 61, 6, 10 u. oben Z. 1 bestimmten Bogen EΘ, ΘA und EH), gefunden werden soll die Polhöhe, d. i. der Meridianbogen BZ.[a)]

Es gilt wieder an derselben Figur (Satz A S. 49, 31)

Ha 70, Hei 93

$$\frac{s2b\,\mathrm{E\Theta}}{s2b\,\mathrm{\Theta A}} = \frac{s2b\,\mathrm{EH}}{s2b\,\mathrm{HB}} \cdot \frac{s2b\,\mathrm{BZ}}{s2b\,\mathrm{ZA}}.$$

Nun ist $2b\,\mathrm{E\Theta} = 37^\circ 30'$, also $s2b\,\mathrm{E\Theta} = 38^p\,34'\,22''$,
$2b\,\mathrm{\Theta A} = 142^\circ 30'$, also $s2b\,\mathrm{\Theta A} = 113^p\,37'\,54''$,
$2b\,\mathrm{EH} = 60^\circ$, also $s2b\,\mathrm{EH} = 60^p$,
$2b\,\mathrm{HB} = 120^\circ$, also $s2b\,\mathrm{HB} = 103^p\,55'\,23''$.

Bringen wir also $\frac{60^p}{103^p\,55'\,23''}$ auf die andere Seite der Gleichung, so erhalten wir

$$\frac{s2b\,\mathrm{BZ}}{s2b\,\mathrm{ZA}} = \frac{70^p\,33'}{120^p} \left(\text{aus } \frac{38^p\,34'\,22'' \cdot 103^p\,55'\,23''}{113^p\,37'\,54'' \cdot 60^p}\right).$$

Nun ist $s2b\,\mathrm{ZA} = 120^p$,
folglich $s2b\,\mathrm{BZ} = 70^p\,33'$, also $2b\,\mathrm{BZ} = 72^\circ 1'$.
Mithin beträgt der Bogen BZ 36^0.

II. Umgekehrt sei an derselben Figur der Bogen BZ der
Hei 94 Polhöhe mit 36^0 durch die Beobachtung gegeben, und es sei die Aufgabe gestellt, den Unterschied des kürzesten oder längsten Tages vom Nachtgleichentage, d. h. das Doppelte des Bogens EΘ (s. S. 61, 6) zu finden.

---

a) Der südliche Pol liegt gleichweit unter dem Horizont, wie der nördliche diametral gegenüber über dem Horizont steht.

Es ist wieder auszugehen von (Satz A S. 49, 31)

$$\frac{s2b\,\mathsf{ZB}}{s2b\,\mathsf{BA}} = \frac{s2b\,\mathsf{ZH}}{s2b\,\mathsf{H\Theta}} \cdot \frac{s2b\,\mathsf{\Theta E}}{s2b\,\mathsf{EA}}.$$ Ha 71

Nun ist $2b\,\mathsf{ZB} = 72^\circ$, also $s2b\,\mathsf{ZB} = 70^p\,32'\,3''$,
$2b\,\mathsf{BA} = 108^\circ$ [a], also $s2b\,\mathsf{BA} = 97^p\,4'56''$,
$2b\,\mathsf{ZH} = 132^\circ 17'20''$ [b], also $s2b\,\mathsf{ZH} = 109^p\,44'53''$,
$2b\,\mathsf{H\Theta} = 47^\circ 42'40''$ [c], also $s2b\,\mathsf{H\Theta} = 48^p\,31'55''$.

Bringen wir also $\frac{109^p\,44'53''}{48^p\,31'55''}$ auf die andere Seite der Gleichung, so erhalten wir

$$\frac{s2b\,\mathsf{\Theta E}}{s2b\,\mathsf{EA}} = \frac{31^p\,11'23''}{97^p\,4'56''} \quad \left(\text{aus } \frac{70^p\,32'3'' \cdot 48^p\,31'55''}{97^p\,4'56'' \cdot 109^p\,44'53''}\right),$$

oder $$\frac{s2b\,\mathsf{\Theta E}}{s2b\,\mathsf{EA}} = \frac{38^p\,34'}{120^p}.$$

Nun ist $s2b\,\mathsf{EA} = 120^p$, Hei 95
folglich $s2b\,\mathsf{\Theta E} = 38^p\,34'$, also $2b\,\mathsf{\Theta E} = 37^\circ 30'$.

Mithin beträgt das Doppelte des Bogens $\mathsf{E\Theta}$ $2\frac{1}{2}$ Äquinoktialstunden, was zu beweisen war.

III. Auf demselben Wege läßt sich auch (vgl. S. 60, 13) der Horizontbogen EH bestimmen, weil (Satz B, S. 51, 1)

$$\frac{s2b\,\mathsf{ZA}}{s2b\,\mathsf{AB}} = \frac{s2b\,\mathsf{Z\Theta}}{s2b\,\mathsf{\Theta H}} \cdot \frac{s2b\,\mathsf{HE}}{s2b\,\mathsf{EB}}.$$

Gegeben sind die beiden voranstehenden Verhältnisse[d]. Da nun auch von dem dritten der Bogen EB ($= 90^\circ$) gegeben ist, so bleibt also nur die Größe des Bogens EH Ha 72 (als die zu bestimmende Unbekannte) übrig.

IV. Es leuchtet ein, daß, wenn wir anstatt des Winterwendepunktes in H jeden beliebigen anderen Grad der Ekliptik

---

a) D. i. $2(90^\circ - 36^\circ)$. b) D. i. $2(90^\circ - 23^\circ 51'20'')$.
c) D. i. die doppelte Schiefe der Ekliptik.
d) $b\,\mathsf{ZA} = 90^\circ$, $b\,\mathsf{AB} = 36^\circ$; über das zweite Verhältnis gibt S. 61, 19 Anm. c) Aufschluß.

annehmen, jeder beliebige Bogen ΕΘ (II) und ΕΗ (III) sich wieder auf demselben Wege bestimmen lassen wird, da wir in der Tabelle der Schiefe (I. Buch, Kap. 15) alle zwischen Ekliptik und Äquator von Ekliptikgrad zu Ekliptikgrad liegenden Meridianbogen, d. h. alle ΗΘ entsprechenden Bogen, im voraus bekannt gegeben haben. Es ergibt sich demnach
Hei 96 ohne weiteres folgender

1. *Lehrsatz.* Die von *denselben* Parallelen geschnittenen Ekliptikgrade, d. h. diejenigen, welche von demselben *Wendepunkt* gleichweit entfernt liegen, bewirken ihre Schnittpunkte mit dem Horizont an denselben Stellen und auf derselben Seite des Äquators[a] und verursachen dadurch die *gleiche Dauer von Tag und Nacht* in der Weise, daß die von demselben Wendepunkt gleichweit entfernt liegenden Tage einander gleich sind und gleich den von dem anderen Wendepunkt gleichweit entfernt liegenden Nächten, wie auch die von demselben Wendepunkt gleichweit entfernt liegenden Nächte einander gleich sind und gleich den von dem anderen Wendepunkt gleichweit entfernt liegenden Tagen.

Gleichzeitig liefern wir den Beweis für folgenden

2. *Lehrsatz.* Die von den *gleichgroßen* Parallelen geschnittenen Ekliptikgrade, d. h. diejenigen, welche von demselben *Nachtgleichenpunkt* gleichweit entfernt liegen, bewirken der eine diesseits, der andere jenseits des Äquators gleichgroße Horizontbogen[b] und verursachen dadurch die gleiche Dauer von Tag und Nacht in der Weise, daß der Tag einerseits (des Äquators) gleich ist der Nacht anderseits, und umgekehrt.[c]

Beweis. Wenn wir an der bereits (S. 60, 5) erklärten Figur noch den Punkt Κ annehmen, in welchem der Halb-

a) D. h. sie bewirken beiderseits des Sommerwendepunktes gleichgroße *nördliche* Morgen- und Abendweiten, beiderseits des Winterwendepunktes gleichgroße *südliche*.

b) D. h. beiderseits des Äquators gleichgroße Morgenweiten, diesseits nördliche, jenseits südliche.

c) D. h. der Tag, welcher mit der gleichgroßen nördlichen Morgenweite beginnt, ist gleich der Nacht, welche mit der gleichgroßen südlichen Morgenweite endigt.

kreis BEΔ des Horizonts von dem Parallelkreis geschnitten wird, der mit dem durch Punkt H gehenden von gleicher Größe ist, wenn wir ferner die Abschnitte HΛ und KM dieser Parallelen, die in wechselseitiger Entsprechung (jenseits und diesseits des Äquators) natürlich einander gleich sind, (bis Λ und M, d. i. bis an den oberen und unteren Meridian) ausziehen, und wenn wir endlich noch durch K und den nördlichen Pol den Quadranten NKΞ legen, so ist

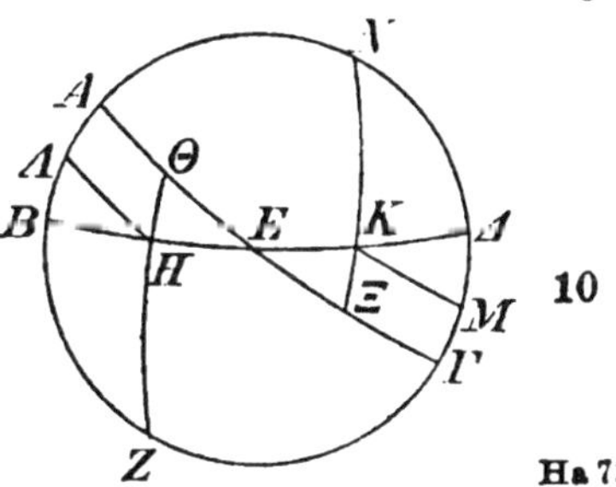

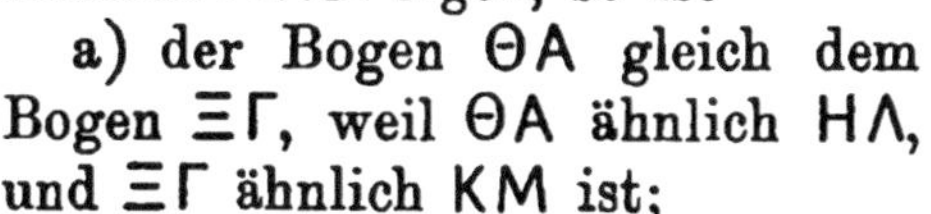

a) der Bogen ΘA gleich dem Bogen ΞΓ, weil ΘA ähnlich HΛ, und ΞΓ ähnlich KM ist; Ha 73

b) der Bogen EΘ gleich dem Bogen EΞ als Differenzen (von Quadranten weniger den vorstehend als gleich bezeichneten Bogen);

c) der Bogen HΘ gleich dem Bogen KΞ (nach der Tabelle Hei 97
der Schiefe).

Da ferner die Winkel bei Θ und Ξ als Rechte einander gleich sind, so sind die sphärischen Dreiecke EΘH und EΞK kongruent (weil sie je zwei Seiten und den eingeschlossenen Winkel gleich haben). Folglich sind auch die Grundlinien EH und EK einander gleich (d. h. die südliche Morgenweite EH ist gleich der nördlichen Morgenweite EK).

Viertes Kapitel.

Wie sich berechnen läßt, wo, wann und wie oft die Sonne in den Zenit kommt.

Wenn die vorstehend besprochenen Größen gegeben sind, so ist es ein leichtes zu berechnen, wo, wann und wie oft die Sonne in den Zenit kommt.

Keiner weiteren Erklärung bedürfen folgende zwei Fälle.

1. Für die Orte unter den Parallelkreisen, welche von dem Äquator weiter entfernt sind, als die ganze Deklination des

Sommerwendepunktes beträgt, d. i. weiter als 23°51′20″, kommt die Sonne überhaupt nicht in den Zenit.

2. Für die Orte unter den Parallelkreisen, deren Entfernung genau diesen Betrag ausmacht, kommt sie einmal in den Zenit, und zwar gerade zur Sommerwende.

Hieraus ergibt sich weiter:

3. Für die Orte unter den Parallelkreisen, deren Entfernung weniger beträgt, als die genannten Grade, kommt die Sonne zweimal in den Zenit.

Wann dies geschieht, darüber gibt die Anordnung der Tabelle der Schiefe (I. Buch, 15. Kap.) Auskunft. Gehen wir nämlich mit der Zahl der Grade, welche der in Frage stehende Parallelkreis, der selbstverständlich noch innerhalb des Wendekreises liegen muß, vom Äquator Abstand hat,
Ha 74, Hei 98 in die zweite Spalte ein, so geben die in der ersten Spalte dabeistehenden Grade des Quadranten (der Ekliptik) an die Hand, in welcher Entfernung von jedem der beiden Nachtgleichenpunkte aus nach dem Sommerwendepunkte zu die Sonne für die Orte unter dem betreffenden Parallelkreis in den Zenit kommt.[8)]

Fünftes Kapitel.

Wie aus den gegebenen Größen das Verhältnis der Gnomonen zu den an den Nachtgleichen und Wenden zur Mittagstunde beobachteten Schatten bestimmt wird.

Daß sich das in Frage stehende Verhältnis der Schatten zu den Gnomonen auf eine ziemlich einfache Weise bestimmen läßt, wenn ein für allemal erstens der Bogen zwischen den Wendekreisen und zweitens der Bogen zwischen dem Horizont und dem betreffenden Pol (d. i. die Polhöhe) gegeben ist, dürfte auf folgende Weise klar werden.

Es sei der Kreis ΑΒΓΔ um das Zentrum Ε der Meridian. Durch den als Zenit angenommenen Punkt Α ziehe man den Durchmesser ΑΕΓ und zu diesem rechtwinklig in der Ebene des Meridians die Gerade ΓΚΖΝ, welche natürlich mit der gemeinsamen Schnittlinie (der Ebenen) des Horizonts und des Meridians parallel verläuft.[a] Da die ganze Erde zur Sphäre der Sonne für die sinnliche Wahrnehmung das Verhältnis eines Punktes und Zentrums hat, so kann die Spitze des Gnomon in Punkt E ohne wesentlichen Unterschied als (Erd-)Mittelpunkt angenommen werden (S. 15, 24).

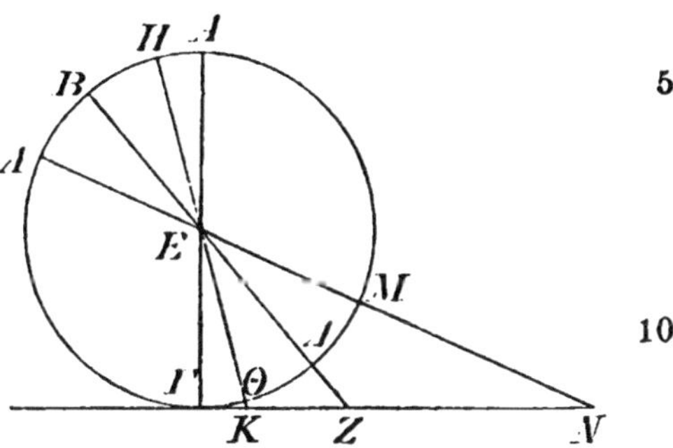

Man denke sich also ΓE als Gnomon und ΓKZN als die (Mittags-)Linie, auf welche zur Mittagstunde die Endpunkte der Schatten fallen. Durch E ziehe man Hei 99
den Mittagstrahl zur Nachtgleiche und die Mittagstrahlen zu den Wenden. Es sei BEΔZ der Nachtgleichenstrahl, HEΘK Ha 75
der Sommerwendstrahl, ΛEMN der Winterwendstrahl. Folglich wird ΓK der Sommerwendschatten, ΓZ der Nachtgleichenschatten, ΓN der Winterwendschatten.

Für die zugrunde gelegte geographische Breite beträgt nun der Bogen ΓΔ, weil der ihm gleiche Bogen (AB als Zenitabstand des Äquators BEΔ) der Erhebung des nördlichen Pols über dem Horizont gleich ist[6], 36° in dem Maße, in welchem der Meridian gleich 360° ist; ferner ist jeder der beiden Bogen ΘΔ und ΔM gleich 23°51′20″ in demselben Maße. Hieraus ergibt sich offenbar weiter

$$b\,\Gamma\Theta = b\,\Gamma\Delta - b\,\Delta\Theta = 12^\circ\ 8'40'',$$
$$b\,\Gamma M = b\,\Gamma\Delta + b\,\Delta M = 59^\circ 51' 20''.$$

Folglich ist $\left\{\begin{array}{l} \angle KE\Gamma = \ \ 12^\circ\ 8'40'' \\ \angle ZE\Gamma = \ \ 36^\circ \\ \angle NE\Gamma = \ \ 59^\circ 51' 20'' \end{array}\right\}$ wie $4R = 360^\circ$,

oder $\left\{\begin{array}{l} \angle KE\Gamma = \ \ 24^\circ 17' 20'' \\ \angle ZE\Gamma = \ \ 72^\circ \\ \angle NE\Gamma = 119^\circ 42' 40'' \end{array}\right\}$ wie $2R = 360^\circ$.[9]

a) Insofern die genannte Schnittlinie auf der Mittagslinie durch Punkt E verlaufen muß, weil nur die eine Hälfte des Meridiankreises über dem Horizont liegen kann.

Hei 100 Mithin ist $\left\{\begin{array}{l} b\,\Gamma K = 24^\circ 17' 20'' \\ {,b}\,\Gamma E = 155^\circ 42' 40'' \end{array}\right\}$ wie $\ominus K\Gamma E = 360^\circ$,[a]

ferner $\left\{\begin{array}{l} b\,\Gamma Z = 72^\circ \\ {,b}\,\Gamma E = 108^\circ \end{array}\right\}$ wie $\ominus Z\Gamma E = 360^\circ$,

endlich $\left\{\begin{array}{l} b\,\Gamma N = 119^\circ 42' 40'' \\ {,b}\,\Gamma E = 60^\circ 17' 20'' \end{array}\right\}$ wie $\ominus N\Gamma E = 360^\circ$.

Folglich ist $s\,\Gamma E$ $\left\{\begin{array}{l} 117^p\,18' 51'' \text{ wie } s\,\Gamma K = 25^p\,14' 43'', \text{ (im } \triangle K\Gamma E) \\ 97^p\,4' 56'' \text{ wie } s\,\Gamma Z = 70^p\,32'\,3'', \text{ (im } \triangle Z\Gamma E) \\ 60^p\,15' 42'' \text{ wie } s\,\Gamma N = 103^p\,46' 16''. \text{ (im } \triangle N\Gamma E) \end{array}\right.$

Setzt man nun den Gnomon $\Gamma E = 60^p$, so wird

Ha 76 der Sommerwendschatten $\Gamma K = 12^p\,55'$,

der Nachtgleichenschatten $\Gamma Z = 43^p\,36'$,

der Winterwendschatten $\Gamma N = 103^p\,20'$.

Ohne weiteres leuchtet ein, daß umgekehrt, wenn von den vorliegenden drei Verhältnissen des Gnomon zu den Schattenlängen nur je zwei nach Belieben gegeben sind, sich daraus sowohl die Polhöhe ($b\,\Gamma\Delta$) bestimmen läßt, als auch der Bogen (ΘM) zwischen den Wendepunkten. Sind nämlich nach Belieben auch nur je zwei von den Winkeln an Punkt E gegeben, so ist auch der dritte gegeben, weil die Bogen $\Theta\Delta$ und ΔM einander gleich sind

Hei 101 Was nun freilich die Genauigkeit anbelangt, welche durch die unmittelbare Beobachtung erreichbar ist, so können die zwei letzterwähnten Punkte (Polhöhe und Ekliptikschiefe) auf dem von uns (S. 44) mitgeteilten Wege mit zweifelloser Sicherheit bestimmt werden, während die Verhältnisse der hier mitgeteilten Schattenlängen zu den Gnomonen (durch die Beobachtung) nicht mit gleicher Schärfe zu gewinnen sind, weil einerseits bei den Nachtgleichenschatten der Zeitpunkt an sich nicht mit voller Sicherheit festzustellen ist, anderseits bei den Winterwendschatten die äußersten Endpunkte nicht mit genügender Schärfe ermittelt werden können.[10)]

---

a) Mit ,*b* wird der Supplementbogen zu dem erstgenannten Bogen (*b*) bezeichnet, mit $\ominus$ der um das dabeistehend benannte rechtwinklige Dreieck gezogene Kreis. Es heißt sonach $\ominus K\Gamma E$: der um das rechtwinklige $\triangle K\Gamma E$ gezogene Kreis.

Sechstes Kapitel.

Feststellung der von Parallel zu Parallel eintretenden charakteristischen Kennzeichen.

In derselben Weise wie bisher (für den Parallel von Rhodus) wollen wir nun auch für die anderen Parallelkreise die hauptsächlichsten der bestehenden Kennzeichen feststellen, wobei wir den Unterschied der Neigung (der Sphäre), weil dies genügt, um je eine Viertelstunde (der Tageslänge) zunehmen lassen. Ehe wir aber zu der Feststellung der Besonderheiten im einzelnen schreiten, wollen wir eine mehr allgemein gehaltene Erörterung der in Betracht kommenden Kennzeichen vorausschicken.

1. Wir beginnen mit dem direkt unter dem Äquator verlaufenden Parallel, der so ziemlich die südliche Grenze des ganzen Kugelviertels bildet, auf welches sich das zurzeit bewohnte Gebiet der Erde erstreckt. Nur auf diesem Parallel [Ha 77] sind die Tage und die Nächte alle einander gleich, weil nur in diesem Falle sämtliche an der Sphäre mit dem Äquator gleichlaufenden Kreise von dem Horizont halbiert werden, so daß ihre über dem Horizont liegenden Abschnitte einander ähnlich[a)] und bei jedem einzelnen gleichgroß sind wie die unter dem Horizont verlaufenden, eine Begleiterscheinung, die bei Sphaera obliqua nirgends eintritt; denn nur der Äquator wird überall von dem Horizont halbiert und macht infolgedessen die auf ihm verlaufenden [Hei 10] Tage den Nächten für die sinnliche Wahrnehmung gleich, weil er zu den größten Kreisen gehört, während die übrigen Kreise in ungleiche Abschnitte geteilt werden. Und zwar haben die südlich des Äquators verlaufenden Parallelkreise je nach der geographischen Breite in dem zurzeit bewohnten Gebiete der Erde kleinere Abschnitte über als unter dem Horizont und machen infolgedessen die Tage kürzer als die Nächte, wogegen die nördlich des

a) Weil alle diese Abschnitte Halbkreise sind.

Äquators verlaufenden Kreise umgekehrt größere Abschnitte über dem Horizont haben und infolgedessen die Dauer der Tage verlängern.

Dieser Parallel ist zweischattig. Zweimal kommt die Sonne für die unter ihm liegenden Orte in den Schnittpunkten der Ekliptik mit dem Äquator in den Zenit, so daß nur zu diesen Zeitpunkten die Gnomonen zur Mittagstunde schattenlos werden. Während aber die Sonne den nördlichen Halbkreis der Ekliptik durchwandert, zeigen die Schatten der Gnomonen die Richtung nach Süden, durchwandert sie den südlichen Halbkreis, die Richtung nach Norden. Dort ist sowohl der Sommer- wie der Winterwendschatten gleich $26\frac{1}{2}^{p}$ in dem Maße, in welchem der Gnomon 60^{p} beträgt.

Ha 78 Wenn wir von Schatten sprechen, so meinen wir allgemein diejenigen, welche zur Mittagstunde eintreten. Der wahre Eintritt der Nachtgleichen und Wenden muß sich zwar durchaus nicht gerade zur Mittagstunde vollziehen, aber die Differenzen der Schattenlängen sind ganz unbeträchtlich (wenn er zu anderer Zeit erfolgt).

Für die Orte unter dem Äquator kommen alle diejenigen
Hei 103 Sterne in den Zenit, welche ihren Umschwung auf dem Äquator selbst vollziehen. Alle Sterne sieht man auf- und untergehen, weil die Pole der Sphäre direkt im Horizont liegen. Deshalb machen sie auch keinen Parallel zum immersichtbaren oder immerunsichtbaren Kreis, und keinen Meridian zum Kolur.[11] Daß es bewohnte Orte unter dem Äquator geben könne, hält man für möglich, weil dort eine sehr gemäßigte Jahrestemperatur herrschen muß. Denn die Sonne verweilt weder lange Zeit im Zenit, weil in der Nähe der Nachtgleichenpunkte die Veränderung der Deklination sehr rasch vor sich geht, weshalb der Sommer mild sein dürfte, noch hat sie bei den Wenden einen großen Zenitabstand, so daß sie auch keinen strengen Winter verursachen kann. Welches aber die Orte sind, die bewohnt werden, das können wir erfahrungsgemäß nicht sagen; denn unbetreten sind sie bis zum heutigen Tage von

den Menschen des zurzeit bewohnten Gebietes der Erde, und was von ihnen erzählt wird, das möchte man wohl mehr für Dichtung als für Wahrheit halten. Hiermit dürften die Besonderheiten des Parallels unter dem Äquator in aller Kürze dargelegt sein.

Was die übrigen Parallelkreise anbelangt, von denen ab, wie manche Gewährsmänner annehmen, die Besitzergreifung der bewohnbaren Orte stattgefunden hat, so wollen wir hier noch drei Punkte in mehr gemeinsamer Fassung hinzufügen, um nicht für jeden einzelnen Kreis immer dasselbe wiederholen zu müssen.

a. Für jeden Parallelkreis, d. h. von Parallel zu Parallel, kommen alle diejenigen Sterne in den Zenit, welche auf Ha 79
dem durch die Pole des Äquators gehenden (Deklinations-) Hei 10
Kreis vom Äquator den gleichgroßen Bogen Abstand haben, wie der betreffende Parallelkreis selbst.[a)]

b. Immersichtbarer Kreis wird (überall) derjenige Parallel, welcher mit dem Abstand der Polhöhe um den nördlichen Pol als Zentrum gezogen wird. Die innerhalb dieses Kreises liegenden Sterne sind immersichtbar.

c. Immerunsichtbarer Kreis wird derjenige Parallel, welcher mit dem nämlichen Abstand um den südlichen Pol als Zentrum gezogen wird. Die innerhalb dieses Kreises liegenden Sterne sind immerunsichtbar.

2. Der zweite Parallel ist derjenige, auf welchem der längste Tag $12^1/_4$ Äquinoktialstunden hat. Er hat vom Äquator $4^1/_4{}^0$ Abstand und geht durch die Insel Taprobane. Auch er gehört zu den zweischattigen, weil die Sonne wieder zweimal für die unter ihm liegenden Orte in den Zenit kommt und bei ihrer Kulmination die Gnomonen schattenlos macht, wenn sie beiderseits $79^1/_2{}^0$ vom Sommerwendepunkt entfernt ist.[8)] Infolgedessen zeigen die Schatten der Gnomonen, während die Sonne diese ($2 \times 79^1/_2{}^0 =$) 159^0 durchwandert, die Richtung nach Süden, und während sie

a) Weil jeder himmlische Parallelkreis, unter dem ein Ort liegt, durch den Zenit dieses Ortes verläuft.

die übrigen 201^0 durchwandert, die Richtung nach Norden. Dort ist der Nachtgleichenschatten gleich $4^p\,25'$, der Sommerwendschatten gleich $21^p\,20'$, der Winterwendschatten gleich 32^p in dem Maße, in welchem der Gnomon 60^p beträgt.

Hei 105 3. Der dritte Parallel ist derjenige, auf welchem der längste Tag $12^1/_2$ Äquinoktialstunden hat. Er hat vom
Ha 80 Äquator $8^0\,25'$ Abstand und geht durch den Aualitischen Meerbusen. Auch er gehört zu den zweischattigen, weil die Sonne zweimal für die unter ihm liegenden Orte in den Zenit kommt und bei ihrer Kulmination die Gnomonen schattenlos macht, wenn sie beiderseits 69^0 vom Sommerwendepunkt entfernt ist. Infolgedessen zeigen die Schatten der Gnomonen, während die Sonne diese 138^0 durchwandert, die Richtung nach Süden, und während sie die übrigen 222^0 durchwandert, die Richtung nach Norden. Dort ist der Nachtgleichenschatten gleich $8^p\,50'$, der Sommerwendschatten gleich $16^p\,50'$, der Winterwendschatten gleich $37^p\,55'$ in dem Maße, in welchem der Gnomon 60^p beträgt.

4. Der vierte Parallel ist derjenige, auf welchem der längste Tag $12^3/_4$ Äquinoktialstunden hat. Er hat vom Äquator $12^1/_2{}^0$ Abstand und geht durch den Adulitischen Meerbusen. Auch er gehört zu den zweischattigen, weil die Sonne wieder zweimal für die unter ihm liegenden Orte in den Zenit kommt und bei ihrer Kulmination die Gnomonen schattenlos macht, wenn sie beiderseits $57^0\,40'$
Hei 106 vom Sommerwendepunkt entfernt ist. Infolgedessen zeigen die Schatten der Gnomonen, während die Sonne diese $115^0\,20'$ durchwandert, die Richtung nach Süden, und während sie die übrigen $244^0\,40'$ durchwandert, die Richtung nach Norden. Dort ist der Nachtgleichenschatten gleich $13^1/_3{}^p$, der Sommerwendschatten gleich 12^p, der Winterwendschatten gleich $44^1/_6{}^p$ in dem Maße, in welchem der Gnomon 60^p beträgt.

5. Der fünfte Parallel ist derjenige, auf welchem der längste Tag 13 Äquinoktialstunden hat. Er hat vom

Äquator $16^0 27'$ Abstand und geht durch die Insel Meroë. Auch er gehört zu den zweischattigen, weil die Sonne zwei- Ha 81
mal für die unter ihm liegenden Orte in den Zenit kommt und bei ihrer Kulmination die Gnomonen schattenlos macht, wenn sie beiderseits 45^0 vom Sommerwendepunkt entfernt ist. Infolgedessen zeigen die Schatten der Gnomonen, wenn die Sonne diese 90^0 durchwandert, die Richtung nach Süden, und während sie die übrigen 270^0 durchwandert, die Richtung nach Norden. Dort ist der Nachtgleichenschatten gleich $17\,^3/_4{}^p$, der Sommerwendschatten gleich $7\,^3/_4{}^p$, der Winterwendschatten gleich 51^p in dem Maße, in welchem der Gnomon 60^p beträgt.

6. Der sechste Parallel ist derjenige, auf welchem der längste Tag $13\,^1/_4$ Äquinoktialstunden hat. Er hat vom Äquator $20^0 14'$ Abstand und geht durch Napata. Auch er gehört zu den zweischattigen, weil die Sonne für die Hei 107
unter ihm gelegenen Orte zweimal in den Zenit kommt und bei ihrer Kulmination die Gnomonen schattenlos macht, wenn sie beiderseits 31^0 vom Sommerwendepunkt entfernt ist. Infolgedessen zeigen die Schatten der Gnomonen, während die Sonne diese 62^0 durchwandert, die Richtung nach Süden, und während sie die übrigen 298^0 durchwandert, die Richtung nach Norden. Dort ist der Nachtgleichenschatten gleich $22\,^1/_6{}^p$, der Sommerwendschatten gleich $3\,^3/_4{}^p$, der Winterwendschatten gleich $58\,^1/_6{}^p$ in dem Maße, in welchem der Gnomon 60^p beträgt.

7. Der siebente Parallel ist derjenige, auf welchem der längste Tag $13\,^1/_2$ Äquinoktialstunden hat. Er hat vom Äquator $23^0 51'$ Abstand und geht durch Soëne. Er ist der erste von den sogenannten einschattigen Parallelen; denn niemals zeigen in den unter ihm liegenden Orten die Schatten der Gnomonen zur Mittagstunde nach Süden. Nur einmal gerade zur Sommerwende kommt für sie die Sonne Ha 82
in den Zenit, wo dann die Gnomonen der Theorie nach schattenlos sind; denn diese Orte haben genau denselben Abstand vom Äquator wie der Sommerwendepunkt. Sonst zeigen jederzeit die Schatten der Gnomonen die Richtung

nach Norden. Dort ist in dem Maße, in welchem der Gnomon 60^{p} beträgt, der Nachtgleichenschatten gleich $26\frac{1}{2}^{p}$ und der Winterwendschatten gleich $65^{p}50'$; der Sommerwendschatten aber ist gleich Null.

Hei 108 Alle Parallelkreise, welche nördlicher als dieser liegen, bis zu demjenigen, welcher die (nördliche) Grenze des zurzeit bewohnten Gebietes der Erde bildet, sind einschattig; denn niemals werden die Gnomonen unter ihnen zur Mittagstunde schattenlos, auch werfen sie die Schatten nie nach Süden, sondern stets nach Norden, weil die Sonne für diese Orte niemals in den Zenit kommt.

8. Der achte Parallel ist derjenige, auf welchem der längste Tag $13\frac{3}{4}$ Äquinoktialstunden hat. Er hat vom Äquator $27^{0}12'$ Abstand und geht durch Ptolemaïs in Thebaïs, das sogenannte Hermeion. Dort ist in dem Maße, in welchem der Gnomon 60^{p} beträgt, der Sommerwendschatten gleich $3\frac{1}{2}^{p}$, der Nachtgleichenschatten gleich $36^{p}50'$, der Winterwendschatten gleich $74^{p}10'$.

9. Der neunte Parallel ist derjenige, auf welchem der längste Tag 14 Äquinoktialstunden hat. Er hat vom Äquator $30^{0}22'$ Abstand und geht durch das Unterland von Ägypten. Dort ist in dem Maße, in welchem der Gnomon 60^{p} beträgt, der Sommerwendschatten gleich $6^{p}50'$, der Nachtgleichenschatten gleich $35^{p}5'$, der Winterwendschatten gleich $83^{p}5'$.

10. Der zehnte Parallel ist derjenige, auf welchem der
Ha 83 längste Tag $14\frac{1}{4}$ Äquinoktialstunden hat. Er hat vom
Hei 109 Äquator $33^{0}18'$ Abstand und geht mitten durch Phönizien. Dort ist in dem Maße, in welchem der Gnomon 60^{p} beträgt, der Sommerwendschatten gleich 10^{p}, der Nachtgleichenschatten gleich $39\frac{1}{2}^{p}$, der Winterwendschatten gleich $93^{p}5'$.

11. Der elfte Parallel ist derjenige, auf welchem der längste Tag $14\frac{1}{2}$ Äquinoktialstunden hat. Er hat vom Äquator 36^{0} Abstand und geht durch Rhodus. Dort ist in dem Maße, in welchem der Gnomon 60^{p} beträgt, der Sommerwendschatten gleich $12^{p}55'$, der Nachtgleichen-

schatten gleich $43^p 36'$,[a] der Winterwendschatten gleich $103^p 20'$.

12. Der zwölfte Parallel ist derjenige, auf welchem der längste Tag $14^3/_4$ Äquinoktialstunden hat. Er hat vom Äquator $38^0 35'$ Abstand und geht durch Smyrna. Dort ist in dem Maße, in welchem der Gnomon 60^p beträgt, der Sommerwendschatten gleich $15^p 40'$, der Nachtgleichenschatten gleich $47^p 50'$, der Winterwendschatten gleich $114^p 55'$.

13. Der dreizehnte Parallel ist derjenige, auf welchem der längste Tag 15 Äquinoktialstunden hat. Er hat vom Äquator $40^0 56'$ Abstand und geht durch den Hellespont. Dort ist in dem Maße, in welchem der Gnomon 60^p beträgt, der Sommerwendschatten gleich $18^1/_2{}^p$, der Nachtgleichenschatten gleich $52^p 10'$, der Winterwendschatten gleich $127^p 50'$.

14. Der vierzehnte Parallel ist derjenige, auf welchem Hei 110
der längste Tag $15^1/_4$ Äquinoktialstunden hat. Er hat vom Äquator $43^0 4'$ Abstand und geht durch Massalia. Dort ist in dem Maße, in welchem der Gnomon 60^p beträgt, der Sommerwendschatten gleich $20^p 50'$, der Nachtgleichenschatten gleich $55^p 55'$, der Winterwendschatten gleich 144^p.

15. Der fünfzehnte Parallel ist derjenige, auf welchem Ha 84
der längste Tag $15^1/_2$ Äquinoktialstunden hat. Er hat vom Äquator $45^0 1'$ Abstand und geht mitten durch den Pontus. Dort ist in dem Maße, in welchem der Gnomon 60^p beträgt, der Sommerwendschatten gleich $23^1/_4{}^p$, der Nachtgleichenschatten gleich 60^p, der Winterwendschatten gleich $155^p 5'$.

16. Der sechzehnte Parallel ist derjenige, auf welchem der längste Tag $15^3/_4$ Äquinoktialstunden hat. Er hat vom Äquator $46^0 51'$ Abstand und geht durch die Quellen

a) Er berechnet sich (vgl. S. 68, 8) nach dem Verhältnis $97^p 4' 56'' : 60^p = 70^p 32' 3'' : x$ mit $43^p 35' 25''$. Folglich ist der S. 68, 12 angegebene Wert $43^p 36'$ richtig, nicht $43^p 50'$ ($\mu\gamma$ ∠′ γ'), wie hier im griechischen Text steht.

des Ister. Dort ist in dem Maße, in welchem der Gnomon 60^p beträgt, der Sommerwendschatten gleich $25^p30'$, der Nachtgleichenschatten gleich $63^p55'$, der Winterwendschatten gleich $171^p10'$.

17. Der siebzehnte Parallel ist derjenige, auf welchem der längste Tag 16 Äquinoktialstunden hat. Er hat vom Hei 111 Äquator $48^0 32'$ Abstand und geht durch die Mündungen des Borysthenes. Dort ist in dem Maße, in welchem der Gnomon 60^p beträgt, der Sommerwendschatten gleich $27^p30'$, der Nachtgleichenschatten gleich $67^p50'$, der Winterwendschatten gleich $188^p35'$.

18. Der achtzehnte Parallel ist derjenige, auf welchem der längste Tag $16\frac{1}{4}$ Äquinoktialstunden hat. Er hat vom Äquator $50^0 4'$ Abstand und geht mitten durch den Mäotischen See. Dort ist in dem Maße, in welchem der Gnomon 60^p beträgt, der Sommerwendschatten gleich $29^p55'$, der Nachtgleichenschatten gleich $71^p40'$, der Winterwendschatten gleich $208^p20'$.

19. Der neunzehnte Parallel ist derjenige, auf welchem der längste Tag $16\frac{1}{2}$ Äquinoktialstunden hat. Er hat vom Äquator $51^0 30'$ Abstand[a] und geht durch die süd- Ha 85 lichsten Teile von Brettania. Dort ist in dem Maße, in welchem der Gnomon 60^p beträgt, der Sommerwendschatten gleich $31^p25'$, der Nachtgleichenschatten gleich $75^p25'$, der Winterwendschatten gleich $229^p20'$.

20. Der zwanzigste Parallel ist derjenige, auf welchem der längste Tag $16\frac{3}{4}$ Äquinoktialstunden hat. Er hat vom Äquator $52^0 50'$ Abstand und geht durch die Mündungen des Rhenus. Dort ist in dem Maße, in welchem der Gnomon 60^p beträgt, der Sommerwendschatten gleich $33^p20'$, der Nachtgleichenschatten gleich $79^p5'$, der Winterwendschatten gleich $253^p10'$.

Hei 112 21. Der einundzwanzigste Parallel ist derjenige, auf welchem der längste Tag 17 Äquinoktialstunden hat. Er

a) Die Zahl να ∟' ς' kommt mir bedenklich vor, zumal da Cod. D statt ς' καὶ schreibt.

hat vom Äquator $54^0 1'$ Abstand[a)] und geht durch die Mündungen des Tanaïs. Dort ist in dem Maße, in welchem der Gnomon 60^p beträgt, der Sommerwendschatten gleich $34^p 55'$, der Nachtgleichenschatten gleich $82^p 35'$, der Winterwendschatten gleich $278^p 45'$.

22. Der zweiundzwanzigste Parallel ist derjenige, auf welchem der längste Tag $17^1/_4$ Äquinoktialstunden hat. Er hat vom Äquator 55^0 Abstand und geht durch Brigantium in Großbrettania. Dort ist in dem Maße, in welchem der Gnomon 60^p beträgt, der Sommerwendschatten gleich $36^p 15'$, der Nachtgleichenschatten gleich $85^p 40'$, der Winterwendschatten gleich $304^p 30'$.

23. Der dreiundzwanzigste Parallel ist derjenige, auf welchem der längste Tag $17^1/_2$ Äquinoktialstunden hat. Er hat vom Äquator 56^0 Abstand und geht mitten durch Großbrettania. Dort ist in dem Maße, in welchem der Gnomon 60^p beträgt, der Sommerwendschatten gleich $37^p 40'$, der Nachtgleichenschatten gleich $88^p 50'$, der Winterwendschatten gleich $335^p 15'$.

24. Der vierundzwanzigste Parallel ist derjenige, auf welchem der längste Tag $17^3/_4$ Äquinoktialstunden hat. {Ha 86 Hei 113}
Er hat vom Äquator 57^0 Abstand und geht durch Katuraktonium in Brettania. Dort ist in dem Maße, in welchem der Gnomon 60^p beträgt, der Sommerwendschatten gleich $39^p 20'$, der Nachtgleichenschatten gleich $92^p 25'$, der Winterwendschatten gleich $372^p 5'$.

25. Der fünfundzwanzigste Parallel ist derjenige, auf welchem der längste Tag 18 Äquinoktialstunden hat. Er hat vom Äquator 58^0 Abstand und geht durch die südlichen Teile von Kleinbrettania. Dort ist in dem Maße, in welchem der Gnomon 60^p beträgt, der Sommerwendschatten gleich $40^p 40'$, der Nachtgleichenschatten gleich 96^p, der Winterwendschatten gleich $419^p 5'$.

a) Der griechische Text hat *νδ λ*; ich gebe der Lesart *νδ α* den Vorzug, zumal da auch Cod. D diese hat. Man beachte nur die von hier ab regelmäßig 1^0 zunehmenden Abstände.

26. Der sechsundzwanzigste Parallel ist derjenige, auf welchem der längste Tag $18^1/_2$ Äquinoktialstunden hat. Er hat vom Äquator 59°30′ Abstand und geht durch die Mitte von Kleinbrettania. Von der Zunahme um eine Viertelstunde haben wir hier abgesehen erstens, weil die Parallelkreise bereits sehr nahe aneinander heranrücken und der Unterschied der Polhöhen keinen ganzen Grad mehr ausmacht; zweitens, weil wir bei den noch weiter nördlich liegenden Parallelen eine gleichsorgfältige Behandlung nicht für angezeigt halten. Deshalb haben wir es auch für überflüssig gehalten, die Verhältnisse der Schattenlängen zu den Gnomonen wie bei örtlicher Begrenzung weiter anzugeben.

Hei 114 27. Wo der längste Tag 19 Äquinoktialstunden hat, dort hat der Parallel vom Äquator 61° Abstand und geht durch die nördlichen Teile von Kleinbrettania.

Ha 87 28. Wo der längste Tag $19^1/_2$ Äquinoktialstunden hat, dort hat der Parallel vom Äquator 62° Abstand und geht durch die sogenannten Ebudischen Inseln.

29. Wo der längste Tag 20 Äquinoktialstunden hat, dort hat der Parallel vom Äquator 63° Abstand und geht durch die Insel Thule.

30. Wo der längste Tag 21 Äquinoktialstunden hat, dort hat der Parallel vom Äquator 64°30′ Abstand und geht durch unbekannte skythische Völkerschaften.

31. Wo der längste Tag 22 Äquinoktialstunden hat, dort hat der Parallel vom Äquator 65°30′ Abstand.

32. Wo der längste Tag 23 Äquinoktialstunden hat, dort hat der Parallel vom Äquator 66° Abstand.

33. Wo der längste Tag 24 Äquinoktialstunden hat, dort hat der Parallel vom Äquator 66°8′40″ Abstand.[a] Er ist der erste von den ringsschattigen Parallelen. Da nämlich dort zur Zeit der Sommerwende die Sonne nicht untergeht, so schlagen die Schatten der Gnomonen, allerdings nur zu Hei 115 dieser Zeit, die Richtungen nach allen Seiten des Horizonts

a) D. i. 90°−23°51′20″. Es ist demnach der heutzutage sog. „nördliche Polarkreis“.

ein. Dort ist der Sommerwendekreis der immersichtbare, und der Winterwendekreis der immerunsichtbare Parallelkreis, weil beide auf entgegengesetzten Seiten, der eine von oben, der andere von unten, den Horizont in einem Punkte berühren. Der schiefe Kreis der Ekliptik fällt mit dem Horizont zusammen, wenn der Frühlingsnachtgleichenpunkt aufgeht.

Wenn man sonst noch aus rein theoretischen Gründen auch für die noch nördlicheren Breiten einige besonders Ha 88
charakteristische Eigenschaften in Betracht ziehen möchte, so dürfte man zu folgenden Ergebnissen gelangen.

34. Wo die Polhöhe etwa 67° beträgt, dort kommen beiderseits der Sommerwende 15° der Ekliptik überhaupt nicht zum Untergang. Infolgedessen wird der längste Tag ungefähr gleich einem Monat[a], und ebensolange dauert der Umlauf der nach allen Seiten des Horizonts fallenden Schatten. Diese Verhältnisse wird man sich leicht vergegenwärtigen mit Hilfe der (I. Buch, Kap. 15) mitgeteilten Tabelle der Schiefe.[12] Genau soviel Grade (hier 23), als wir nämlich den Parallelkreis, der im vorliegenden Falle zu beiden Seiten des Wendepunktes 15° abschneidet, vom Äquator entfernt finden, wird selbstverständlich die Erhebung des nördlichen Pols unter 90° bleiben. Der betreffende Parallelkreis wird alsdann mit Einschluß des (beiderseits des Sommerwendepunktes) abgeschnittenen Ekliptikstückes der immersichtbare Kreis, während immerunsichtbarer Kreis der entsprechende (südliche Parallel mit Einschluß des beiderseits des Winterwendepunktes abgeschnittenen gleichgroßen Ekliptikstückes) wird.[13]

35. Wo die Erhebung des Pols 69° 30′ beträgt, dort Hei 116
wird man finden, daß beiderseits der Sommerwende 30° über- 31
haupt nicht zum Untergang gelangen. Infolgedessen wird der längste Tag ungefähr gleich 2 Monaten[b], und ebensolange bleiben die Gnomonen ringsschattig.

---

a) So lange braucht die Sonne, um die 2×15° zu durchlaufen.
b) So lange braucht die Sonne, um die 2×30° zu durchlaufen.

36. Wo die Erhebung des Pols 73°20′ beträgt, dort wird man finden, daß beiderseits der Sommerwende 45° nicht zum Untergang gelangen. Infolgedessen erstreckt sich die Dauer des längsten Tages und die Ringsschattigkeit der Gnomonen auf ungefähr 3 Monate.

37. Wo die Erhebung des Pols 78°20′ beträgt, dort wird man finden, daß beiderseits derselben Wende 60° nicht zum
Ha 89 Untergang gelangen. Infolgedessen wird der längste Tag ungefähr gleich 4 Monaten, und ebensolange dauert der Umlauf der (nach allen Richtungen fallenden) Schatten.

38. Wo die Erhebung des Pols 84° beträgt, dort wird man finden, daß beiderseits der Sommerwende 75° nicht zum Untergang gelangen. Infolgedessen wird der längste Tag ungefähr gleich 5 Monaten, und die gleiche Zeit bleiben die Gnomonen ringsschattig.

39. Wo die Erhebung des Pols die vollen 90° des Quadranten beträgt, dort gelangt der nördlich des Äquators liegende Halbkreis der Ekliptik in seiner ganzen Ausdehnung niemals unter den Horizont, und der südlich des Äquators gelegene in seiner ganzen Ausdehnung niemals über den
Hei 117 Horizont. Infolgedessen gibt es Jahr für Jahr nur einen Tag und eine Nacht, beide von etwa 6monatiger Dauer, und die ganze Zeit sind die Gnomonen ringsschattig. Weitere Besonderheiten dieser höchsten Breite sind, daß erstens der nördliche Pol in den Zenit kommt, zweitens der Äquator die Stelle sowohl des immersichtbaren als auch des immerunsichtbaren Kreises einnimmt und außerdem auch noch die Stelle des Horizonts vertritt, wovon die Folge ist, daß die nördlich des Äquators liegende Halbkugel beständig über und die südlich gelegene beständig unter dem Horizont bleibt.

Siebentes Kapitel.

Gleichzeitige Aufgänge (von Teilen) der Ekliptik und des Äquators bei Sphaera obliqua.

Ha 90 Nach Erörterung der allgemeinen Verhältnisse, welche die Zunahme der Neigung (der Sphäre) der Theorie nach mit sich bringt, dürfte es unsere nächste Aufgabe sein zu zeigen, wie für jede Breite die mit den Bogen der Ekliptik gleichzeitig aufgehenden Zeitgrade des Äquators gewonnen werden können; denn hiernach werden sich alle übrigen speziellen Aufgaben auf methodischem Wege von uns folgerichtig erledigen lassen.

Wir werden die Namen der Tierkreisbilder auch für die Zwölftel (d. i. Zeichen) der Ekliptik selbst anwenden, und zwar unter der Annahme, daß ihre Anfänge von den Wenden und Nachtgleichenpunkten ab gerechnet werden.[14] Demnach nennen wir das von der Frühlingsnachtgleiche gegen die Hei 118
Richtung des Umschwungs des Weltganzen verlaufende erste Zwölftel den Widder, das zweite den Stier, usw. in der uns überlieferten Reihenfolge der zwölf Tierkreisbilder.

Wir werden zunächst folgende zwei Sätze beweisen.

I. Lehrsatz. Die beiderseits desselben Nachtgleichenpunktes sich gleichweit erstreckenden Ekliptikbogen gehen stets gleichzeitig mit den gleichgroßen Äquatorbogen auf.

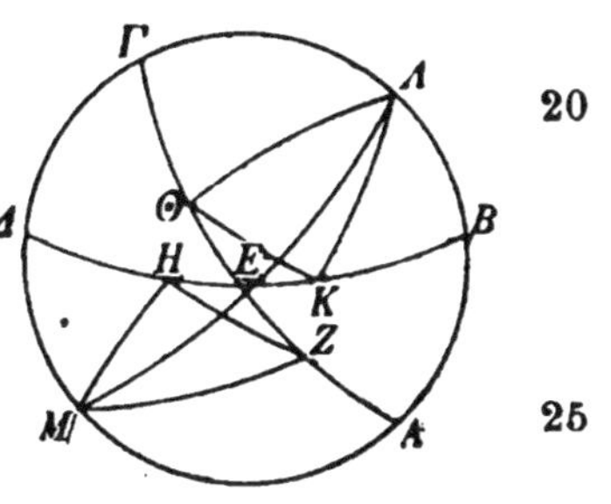

Es sei der Kreis ABΓΔ der Meridian, BEΔ ein Halbkreis des Horizonts und AEΓ ein solcher des Äquators. Die Bogen ZH und ΘK seien zwei Abschnitte der Ekliptik in der Lage, daß die beiden Punkte Z und Θ jedesmal als der (durch Punkt E erst noch aufgehende oder schon aufgegangene) Frühlingsnachtgleichenpunkt ange- Ha 91
nommen seien, und daß ZH und ΘK als beiderseits des Frühlingspunktes abgetragene gleichgroße Bogen (der Ekliptik), ersterer durch Punkt H und letzterer durch Punkt K, ihren Aufgang bewerkstelligen. Meine Behauptung geht dahin, daß die mit jedem der beiden Bogen gleichzeitig aufgehenden Äquatorbogen gleichgroß sind, d. h. daß die Bogen ZE und ΘE einander gleich sind.

Beweis. Man setze als die Pole des Äquators die Punkte Λ und M an und ziehe durch sie als Stücke größter Kreise Hei 119 die Bogen ΛEM und ΛΘ, und außerdem noch die Bogen ΛK, ZM und MH. Da nun die Bogen ZH und ΘK (nach Annahme) gleichgroß sind, und da die durch K und H gehenden Parallelkreise vom Äquator gleichen Abstand haben[a)], so daß auch einerseits die Bogen ΛK und MH, anderseits die (Horizont-) Bogen EK und EH (s. S. 65,23) einander gleich sind, so erhalten wir je zwei (kongruente) sphärische Dreiecke mit gleichen Seiten, einerseits △ ΛKΘ und △ MHZ, anderseits △ ΛEK und △ MEH.[b)] Infolgedessen sind einander gleich (in letzteren Dreiecken) die Winkel KΛE und HME, und (in ersteren) die ganzen Winkel KΛΘ und HMZ. Folglich sind auch die Differenzen dieser Winkel (KΛΘ — KΛE und HMZ — HME) einander gleich, d. s. die (von je zwei gleichen Seiten eingeschlossenen) Winkel EΛΘ und EMZ (der Dreiecke EΛΘ und EMZ). Folglich sind auch die Grundlinien (dieser Dreiecke), d. s. die Bogen ZE und ΘE, einander gleich, was zu beweisen war.

II. Lehrsatz. Die Äquatorbogen, welche mit den gleichgroßen, d. h. beiderseits desselben Wendepunktes sich gleichweit erstreckenden Ekliptikbogen gleichzeitig aufgehen, sind zusammen gleich der Summe der Aufgänge dieser Äquatorbogen bei Sphaera recta.

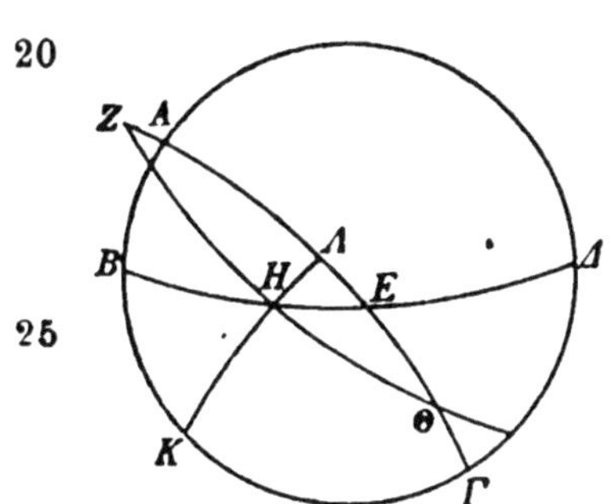

Beweis. Gegeben sei der Meridiankreis ABΓΔ und von den Halbkreisen der des Horizonts BEΔ und der des Äquators AEΓ. Nun ziehe man zwei gleichgroße, d. h. vom Winterwendepunkt
Hei 120 (H) gleichweit sich erstreckende Ekliptikbogen, einerseits den

a) Weil in gleichgroßer Entfernung beiderseits des Frühlingspunktes zwischen Äquator und Ekliptik gleichgroße Meridianbogen liegen.

b) Die dritten Seiten ΛΘ und MZ der Dreiecke ΛKΘ und MHZ, sowie die dritten Seiten ΛE und ME der Dreiecke ΛEK und MEH werden als Quadranten stillschweigend als gleich angenommen.

Bogen ZH, wobei Z als der Herbstnachtgleichenpunkt an- Ha
genommen sei, anderseits den Bogen ΘH, wobei Θ als der Frühlingsnachtgleichenpunkt angenommen sei.[a] Mithin ist H der gemeinsame Punkt ihres Aufgangs[b] und des Horizonts, weil die Bogen ZH und ΘH innerhalb desselben Parallelkreises (durch H) zum Äquator liegen, und deshalb selbstverständlich der (Äquator-) Bogen ΘE gleichzeitig mit dem (Ekliptik-) Bogen ΘH, und der (Äquator-) Bogen ZE gleichzeitig mit dem (Ekliptik-) Bogen ZH aufgeht.[15] Es ist nun ohne weiteres klar, daß auch der ganze Bogen ΘEZ gleich ist den Aufgängen der Bogen ZH und ΘH bei Sphaera recta. Denn wenn wir den Punkt K als den südlichen Pol des Äquators annehmen und durch ihn und H den Quadranten KHΛ eines größten Kreises ziehen, welcher bei Sphaera recta mit dem Horizont gleichbedeutend ist, so wird bei Sphaera recta ΘΛ der mit dem (Ekliptik-) Bogen ΘH gleichzeitig aufgehende (Äquator-) Bogen sein, und ΛZ der entsprechend mit dem (Ekliptik-) Bogen ZH aufgehende. Folglich ist die Summe der Bogen ΘΛ und ΛZ gleich der Summe der Bogen ΘE und EZ und bildet einen und denselben Bogen ΘZ, was zu beweisen war.

Mit Hilfe dieser Lehrsätze haben wir die Einsicht gewonnen, daß, wenn wir für einen einzigen Quadranten bei gegebener geographischer Breite die Einzelwerte der gleichzeitigen Aufgänge berechnet haben, wir diese Aufgabe auch schon für die Aufgänge der drei übrigen Quadranten mit- Hei
gelöst haben werden.

Es sei unter Festhaltung der dargelegten Verhältnisse wieder der Parallel von Rhodus zugrunde gelegt, wo der längste Tag $14^1/_2$ Äquinoktialstunden hat, und die Polhöhe 36^0 beträgt.

---

a) Die falsche Figur des griechischen Textes ist von mir dahin abgeändert worden, daß die Punkte Z und Θ jenseits des oberen und unteren Meridians liegen. S. Anm. 15.

b) Insofern der in E beginnende Aufgang des Bogens ZH in diesem Punkte endigt, und der in E endigende Aufgang des Bogens HΘ in diesem Punkte beginnt.

Ha 93 Es sei der Kreis ΑΒΓΔ der Meridian, ΒΕΔ ein Halbkreis des Horizonts und ΑΕΓ ein solcher des Äquators. Der Ekliptikhalbkreis ΖΗΘ soll sich in der Lage befinden, daß Η als der Frühlingspunkt angenommen sei. Nachdem der nördliche Pol des Äquators in Punkt Κ festgelegt ist, ziehe man durch ihn und den Schnittpunkt Λ der Ekliptik und des Horizonts den Quadranten ΚΛΜ eines größten Kreises.

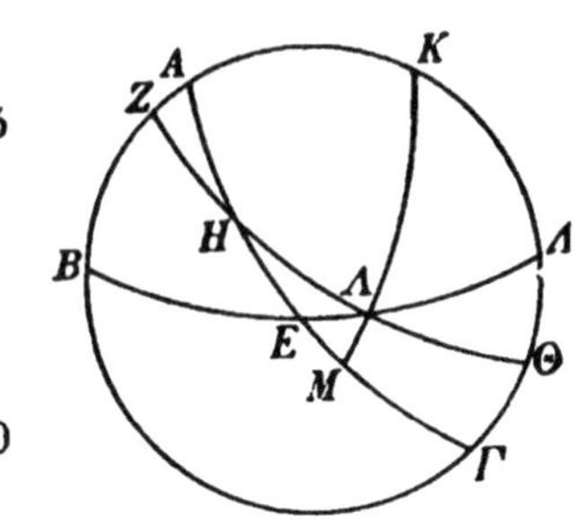

Es sei die Aufgabe gestellt, wenn der Bogen ΗΛ gegeben ist, den gleichzeitig mit ihm aufgehenden Äquatorbogen, d. i. den Bogen ΕΗ zu finden.

1. Der Bogen ΗΛ sei das Zeichen des Widders.

Es liegt wieder eine nur von größten Kreisen gebildete Figur vor, an welcher in die zwei Bogen ΕΓ und ΓΚ die in Punkt Λ einander schneidenden Bogen ΕΔ und ΚΜ hineingezogen sind. Es gilt demnach (Satz A S. 49, 31)

Hei 122

$$\frac{s2b\,\mathrm{K}\Delta}{s2b\,\Delta\Gamma} = \frac{s2b\,\mathrm{K}\Lambda}{s2b\,\Lambda\mathrm{M}} \cdot \frac{s2b\,\mathrm{ME}}{s2b\,\mathrm{E}\Gamma}.$$

Nun ist $2b\,\mathrm{K}\Delta = 72^\circ$, also $s2b\,\mathrm{K}\Delta = 70^p\,32'\,3''$,
$2b\,\Delta\Gamma = 108^\circ$ a), also $s2b\,\Delta\Gamma = 97^p\,4'\,56''$,
$2b\,\mathrm{K}\Lambda = 156^\circ 40'\,1''$, also $s2b\,\mathrm{K}\Lambda = 117^p\,31'\,15''$,
$2b\,\Lambda\mathrm{M} = 23^\circ 19'\,59''$ b), also $s2b\,\Lambda\mathrm{M} = 24^p 15'\,57''$.

Bringen wir also $\frac{117^p\,31'\,15''}{24^p\,15'\,57''}$ auf die andere Seite der Gleichung, so erhalten wir

Ha 94

$$\frac{s2b\,\mathrm{ME}}{s2b\,\mathrm{E}\Gamma} = \frac{18^p\,0'\,5''}{120^p} \left(\text{aus } \frac{70^p\,32'\,3'' \cdot 24^p\,15'\,57''}{97^p\,4'\,56'' \cdot 117^p\,31'\,15''}\right).$$

a) Der einfache Bogen ΔΓ ist Komplementbogen zur Polhöhe ΚΔ.

b) Der einfache Bogen $\Lambda\mathrm{M} = 11^\circ 39'\,59''$ ist der Meridianbogen zwischen Ekliptik und Äquator am 30. Grade der Ekliptik, der einfache Bogen ΚΛ Komplementbogen dazu.

Nun ist $s2b\,\mathsf{E\Gamma} = 120^{p}$,
folglich $s2b\,\mathsf{ME} = 18^{p}0'5''$,
also $2b\,\mathsf{ME} = 17^{\circ}16'$ und $b\,\mathsf{ME} = 8^{\circ}38'$.

Da nun der ganze Bogen HM bei Sphaera recta gleichzeitig mit dem Bogen HΛ aufgeht, so ist, wie schon früher (S. 55, 20) nachgewiesen, der Bogen HM gleich $27^{\circ}50'$; folglich ergibt sich als Differenz (der Bogen HM und ME) der Bogen EH mit $19^{\circ}12'$.

Gleichzeitig ist hiermit der Beweis für folgende zwei Hei 12[illegible]
Punkte geliefert.

a) Auch das Zeichen der Fische geht mit $19^{\circ}12'$ auf.

b) Die Zeichen der Jungfrau und der Scheren gehen mit je $36^{\circ}28'$ auf, d. h. mit den Zeitgraden, welche übrig bleiben, wenn man $19^{\circ}12'$ von dem doppelten Aufgangsbogen bei Sphaera recta abzieht.[16)]

Hiermit ist der erste Teil der Aufgabe gelöst.

2. Der Bogen HΛ betrage die 60° der beiden Zeichen des Widders und des Stiers zusammen.

Während die übrigen Größen unverändert bleiben, wird infolge der neuen Annahme

$$2b\,\mathsf{K\Lambda} = 138^{\circ}59'42'', \quad \text{also } s2b\,\mathsf{K\Lambda} = 112^{p}23'56'',$$
$$2b\,\mathsf{\Lambda M} = 41^{\circ}\,0'18''^{\text{a)}}, \quad \text{also } s2b\,\mathsf{\Lambda M} = 42^{p}\,1'48''.$$

Bringen wir also $\dfrac{112^{p}23'56''}{42^{p}\,1'48''}$ auf die andere Seite der Gleichung, so erhalten wir

$$\frac{s2b\,\mathsf{ME}}{s2b\,\mathsf{E\Gamma}} = \frac{32^{p}36'4''}{120^{p}}\left(\text{aus } \frac{70^{p}32'\,3''\cdot 42^{p}\,1'48''}{97^{p}\,4'56''\cdot 112^{p}23'56''}\right).$$

Nun ist $s2b\,\mathsf{E\Gamma} = 120^{p}$,
folglich $s2b\,\mathsf{ME} = 32^{p}36'4''$,
also $2b\,\mathsf{ME} = 31^{\circ}32'$ und $b\,\mathsf{ME} = 15^{\circ}46'$. Ha 95

---

a) Der einfache Bogen $\mathsf{\Lambda M} = 20^{\circ}30'9''$ ist der Meridianbogen zwischen Ekliptik und Äquator am 60. Grade der Ekliptik, der einfache Bogen KΛ Komplementbogen hierzu. Im griechischen Text ist $\mu\alpha\ \vartheta\ \iota\eta$ hiernach richtigzustellen.

Nun ist gleichfalls früher (S. 56,7) bereits nachgewiesen, daß der ganze Bogen HM $57^\circ 44'$ beträgt; folglich ergibt sich als Differenz (der Bogen HM und ME) der Bogen EH mit $41^\circ 58'$. Der Widder und der Stier gehen demnach zusammen mit $41^\circ 58'$ auf, wovon auf den Widder nachgewiesenermaßen Hei 124 $19^\circ 12'$ entfallen; folglich geht das Zeichen des Stiers allein mit $22^\circ 46'$ auf.

Wie oben ergeben sich gleichzeitig wieder folgende zwei Punkte:

a) Auch das Zeichen des Wassermanns geht mit $22^\circ 46'$ auf.

b) Die Zeichen des Löwen und des Skorpions gehen mit je $37^\circ 2'$ auf, d. h. mit den Zeitgraden, welche übrig bleiben, wenn man $22^\circ 46'$ von dem doppelten Aufgangsbogen bei Sphaera recta abzieht.[16]

3. Da der längste Tag $14^1/_2$ Äquinoktialstunden hat, und der kürzeste $9^1/_2$, so ist klar, daß der Halbkreis vom Krebs bis zum Schützen mit $217^\circ 30'$ (d. i. $15^\circ \times 14^1/_2$), und der Halbkreis vom Steinbock bis zu den Zwillingen mit $142^\circ 30'$ (d. i. $15^\circ \times 9^1/_2$) aufgehen wird. Folglich werden die beiderseits des Frühlingspunktes gelegenen Quadranten mit je $71^\circ 15'$, und die beiderseits des Herbstpunktes gelegenen mit je $108^\circ 45'$ aufgehen. Es werden demnach die (von jedem Ekliptikquadranten) noch übrigen Zeichen aufgehen:

a) Die Zeichen der Zwillinge und des Steinbocks mit je $29^\circ 17'$, d. i. mit den Zeitgraden, welche an den $71^\circ 15'$, die auf jeden (der beiderseits des Frühlingspunktes liegenden) Quadranten entfallen, noch fehlen (das ist also mit $71^\circ 15' - [19^\circ 12' + 22^\circ 46'] = 29^\circ 17'$).

b) Die Zeichen des Krebses und des Schützen mit je $35^\circ 15'$, d. i. mit den Zeitgraden, welche an den $108^\circ 45'$, die auf jeden (der beiderseits des Herbstpunktes liegenden) Quadranten entfallen, noch fehlen (das ist demnach mit $108^\circ 45' - [36^\circ 28' + 37^\circ 2'] = 35^\circ 15'$).

Es leuchtet ein, daß wir auf dieselbe Weise wie für die ganzen Hei 125 Ha 96 Zeichen auch die gleichzeitigen Aufgänge für die kleineren Ekliptikstücke bestimmen könnten. Nach einer noch praktischeren Methode lassen sich jedoch letztere auch auf folgende Weise berechnen.

Es sei zunächst der Kreis ΑΒΓΔ der Meridian, ΒΕΔ ein Halbkreis des Horizonts, ΑΕΓ ein solcher des Äquators und ΖΕΗ ein solcher der Ekliptik, wobei der Schnittpunkt Ε im Frühlingspunkt angenommen sei. Auf dem letztgenannten Halbkreis trage man den beliebiggroßen Bogen ΕΘ ab und ziehe das Stück ΘΚ des durch Θ zum Äquator parallel laufenden Kreises. Nachdem man den (südlichen) Pol Λ des Äquators festgelegt hat, ziehe man durch

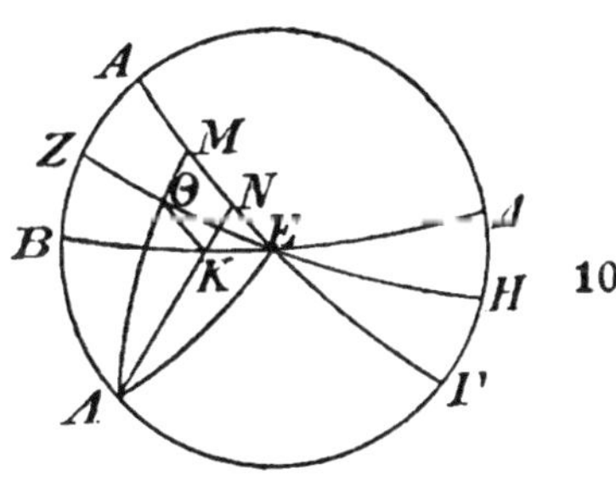

denselben als Bogen größter Kreise die Quadranten ΛΘΜ, ΛΚΝ und ΛΕ.

Es leuchtet ohne weiteres ein, daß das Ekliptikstück ΕΘ bei Sphaera recta gleichzeitig mit dem Äquatorbogen ΕΜ aufgeht[a)], bei Sphaera obliqua aber mit dem ΜΝ gleichen Bogen. Denn der Parallelkreisbogen ΚΘ, mit welchem das Ekliptikstück ΕΘ (bei Sphaera obliqua) gleichzeitig aufgeht, ist diesem Äquatorbogen ΜΝ ähnlich, und die ähnlichen Bogen der Parallelkreise gehen überall in gleichen Zeiten auf; folglich ist der Aufgang des Stückes ΕΘ bei Sphaera Hei 126 obliqua um den Bogen ΕΝ kleiner als der Aufgang (ΕΜ) bei Sphaera recta, womit der Nachweis geführt ist, daß allgemein, wenn solche Bogen größter Kreise wie ΛΚΝ gezogen werden, der Bogen ΕΝ die Differenz darstellt zwischen den Aufgängen bei Sphaera recta und bei Sphaera obliqua Ha 97 von Ekliptikbogen, welche zwischen Ε und dem Schnittpunkt (Θ) des durch Κ gezogenen Parallelkreises liegen. Das sollte bewiesen werden.

Nach Erledigung dieser theoretischen Vorbemerkung sei nachstehende Figur vorgelegt, welche nur aus dem Meridian

a) Weil der Deklinationskreis ΛΘΜ bei Sphaera recta mit dem Horizont gleichbedeutend ist. S. S. 83,14.

und den Halbkreisen von Horizont und Äquator besteht. Durch den südlichen Pol Z des Äquators ziehe man als Bogen größter Kreise die beiden Quadranten ZHΘ und ZKΛ. Als der gemeinsame Punkt des durch den Winterwendepunkt gehenden Parallels und des Horizonts sei H angenommen, K als der gemeinsame Punkt (des Horizonts und) des durch
Hei 127 den Anfang z. B. der Fische gezogenen Parallels; es kann aber auch irgendwelcher andere Abschnitt des betr. (Ekliptik-) Quadranten (♑ bis ♈) gegeben sein. Nun sind wieder in zwei Bogen ZΘ und EΘ größter Kreise zwei in K einander schneidende Bogen ZKΛ und EKH hineingezogen. Es gilt demnach (Satz A S. 49, 31)

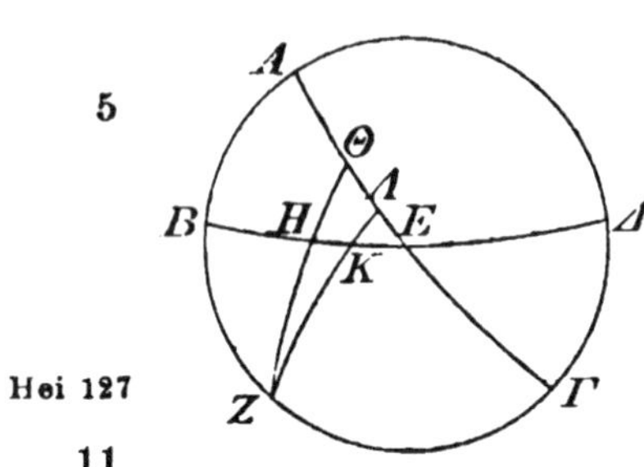

$$\frac{s2b\,\Theta H}{s2b\,HZ} = \frac{s2b\,\Theta E}{s2b\,E\Lambda} \cdot \frac{s2b\,\Lambda K}{s2b\,KZ}.$$

Nun sind in dieser Gleichung für alle geographischen Breiten folgende Größen von vornherein gegegeben:

$2b$ ΘH ist der Bogen zwischen den Wendepunkten;

$2b$ HZ ist der Supplementbogen dazu;

$2b$ ΛK ist der doppelte Meridianbogen, dessen einfachen
Ha 98 Wert für jeden Ekliptikgrad die Tabelle der Schiefe liefert;

$2b$ KZ ist wieder der Supplementbogen dazu.

Folglich bleibt das Verhältnis $\frac{s2b\,\Theta E}{s2b\,E\Lambda}$ in allen geographischen Breiten für dieselben Abschnitte des (Ekliptik-) Quadranten dasselbe.

Wenn wir demnach unter diesen Umständen den Unterschied des (Meridian-) Bogens ΛK in dem Quadranten vom Frühlingspunkt bis zum Winterwendepunkt immer von 10 zu 10 (Ekliptik-) Graden zunehmen lassen — denn die bis zu Bogen dieser Größe gehende Zerlegung (der Ekliptik) wird für den praktischen Bedarf ausreichend sein — so werden wir als durchgehends unveränderliche Größen erhalten:

$2b\,\Theta H = 47^\circ 42'40''$, also $s2b\,\Theta H = 48^p 31'55''$, Hei 128
$2b\,HZ = 132^\circ 17'20''$, also $s2b\,HZ = 109^p 44'53''$.

Desgleichen erhalten wir ein für allemal:

1. Für den Ekliptikbogen bei 10^0 Entfernung vom Frühlingspunkt ab nach dem Winterwendepunkt zu:

$2b\,\Lambda K = 8^\circ\ 3'16''$, also $s2b\,\Lambda K = 8^p 25'39''$,
$2b\,KZ = 171^\circ 56'44''$, also $s2b\,KZ = 119^p 42'14''$;

2. bei 20^0 Entfernung:

$2b\,\Lambda K = 15^\circ 54'\ 6''$, also $s2b\,\Lambda K = 16^p 35'56''$,
$2b\,KZ = 164^\circ\ 5'54''$, also $s2b\,KZ = 118^p 50'47''$;

3. bei 30^0 Entfernung:

$2b\,\Lambda K = 23^\circ 19'58''$, also $s2b\,\Lambda K = 24^p 15'56''$,
$2b\,KZ = 156^\circ 40'\ 2''$, also $s2b\,KZ = 117^p 31'15''$; Ha 99

4. bei 40^0 Entfernung:

$2b\,\Lambda K = 30^\circ\ 8'\ 8''$, also $s2b\,\Lambda K = 31^p 11'43''$, Hei 129
$2b\,KZ = 149^\circ 51'52''$, also $s2b\,KZ = 115^p 52'19''$;

5. bei 50^0 Entfernung:

$2b\,\Lambda K = 36^\circ\ 5'46''$, also $s2b\,\Lambda K = 37^p 10'39''$,
$2b\,KZ = 143^\circ 54'14''$, also $s2b\,KZ = 114^p\ 5'44''$;

6. bei 60^0 Entfernung:

$2b\,\Lambda K = 41^\circ\ 0'18''$, also $s2b\,\Lambda K = 42^p\ 1'48''$,
$2b\,KZ = 138^\circ 59'42''$, also $s2b\,KZ = 112^p 23'57''$;

7. bei 70^0 Entfernung:

$2b\,\Lambda K = 44^\circ 40'22''$, also $s2b\,\Lambda K = 45^p 36'18''$,
$2b\,KZ = 135^\circ 19'38''$, also $s2b\,KZ = 110^p 59'47''$;

8. bei 80^0 Entfernung:

$2b\,\Lambda K = 46^\circ 56'32''$, also $s2b\,\Lambda K = 47^p 47'40''$,
$2b\,KZ = 133^\circ\ 3'28''$, also $s2b\,KZ = 110^p\ 4'16''$.

Wenn wir in der oben (S. 88, 17) gewonnenen Gleichung[a] für $\frac{s2b\,\Theta H}{s2b\,HZ}$ den (oben Z. 1. 2) gefundenen Wert $\frac{48^p\,31'}{109^p\,44'}$ ein-

a) An die Stelle der Übersetzung habe ich zur Erleichterung des Verständnisses die freie Wiedergabe treten lassen.

Ha 100 Hei 130 setzen und $\frac{s2b\,\Lambda K}{s2b\,KZ}$ auf dieselbe (linke) Seite der Gleichung bringen, so erhalten wir eine für alle geographischen Breiten geltende Formel zunächst in der Gestalt

$$\frac{48^{p}\,31' \cdot s2b\,KZ}{109^{p}\,44' \cdot s2b\,\Lambda K} = \frac{s2b\,\Theta E}{s2b\,E\Lambda}.$$

Setzen wir nun für $s2b\,KZ$ und $s2b\,\Lambda K$ die von Fall zu Fall ermittelten Werte ein, so vereinfacht sich, z. B. für den ersten Fall (S. 89, 6. 7), diese Formel zu

$$\frac{s2b\,\Theta E}{s2b\,E\Lambda} = \frac{48^{p}\,31' \cdot 119^{p}\,42'}{109^{p}\,44' \cdot \;\; 8^{p}\,25'} \text{ d. i. } \frac{60^{p}}{9^{p}\,33'}.$$

Verfährt man auch übrigens derart, daß man jedenfalls einen Bruch mit dem Zähler 60^{p} herbeiführt, so wird sich je nach der zugrunde gelegten Entfernung das Verhältnis von $s2b\,\Theta E$ zu $s2b\,E\Lambda$ folgendermaßen gestalten.

1. Bei 10^{0} Entfernung ist $s2b\,\Theta E : s2b\,E\Lambda = 60^{p} : \;\; 9^{p}\,33'$
2. „ 20^{0} „ „ „ „ $= 60^{p} : 18^{p}\,57'$
3. „ 30^{0} „ „ „ „ $= 60^{p} : 28^{p}\;\;1'$
4. „ 40^{0} „ „ „ „ $= 60^{p} : 36^{p}\,33'$
5. „ 50^{0} „ „ „ „ $= 60^{p} : 44^{p}\,12'$
6. „ 60^{0} „ „ „ „ $= 60^{p} : 50^{p}\,44'$
7. „ 70^{0} „ „ „ „ $= 60^{p} : 55^{p}\,45'$
8. „ 80^{0} „ „ „ „ $= 60^{p} : 58^{p}\,55'$.

Ohne weiteres ist ersichtlich, daß wir $2b\,\Theta E$ für jede Breite als gegeben zu betrachten haben: es ist der in ebensoviel Raumgraden statt in Zeitgraden ausgedrückte Unterschied zwischen dem Nachtgleichentag und dem kürzesten Tag (der betr. Breite, vgl. S. 61,6). Da also auch die zu diesem Bogen gehörige Sehne ($s2b\,\Theta E$) gegeben ist, und da wir das Verhältnis dieser Sehne zu $s2b\,E\Lambda$ kennen, so wird sich auch (nach S. 49,2) $s2b\,E\Lambda$ und somit $2b\,E\Lambda$ bestimmen lassen, wovon die Hälfte, d. i. $b\,E\Lambda$, die oben (S. 87,20 mit EN) bezeichnete (Aufgangs-) Differenz ausdrückt. Wir brauchen also nur diesen Bogen von den Aufgängen abzuziehen, welche bei Sphaera recta für den betr.

Ekliptikbogen gelten, um den Aufgang des nämlichen Bogens für die jeweilig angenommene Breite zu erhalten.

Es soll beispielshalber wieder die Neigung des durch Rhodus gehenden Parallels gegeben sein, für welchen

$$2b\,\Theta\mathrm{E} = 37^{0}30', \text{ also } s2b\,\Theta\mathrm{E} = 38^{p}34'.$$

Setzt man diesen Wert[a] in die (S. 90,8) gefundene Formel ein, so erhält man

$$\frac{38^{p}\,34'}{s2b\,\mathrm{E}\Lambda} = \frac{60^{p}}{9^{p}\,33'} \text{ oder } \frac{60^{p}}{38^{p}\,34'} = \frac{9^{p}\,33'}{6^{p}\,8'}.$$

D. h.: Wird $s2b\,\Theta\mathrm{E}$, statt wie oben (S. 90,8) mit 60^{p}, mit $38^{p}34'$ angesetzt, so ändert sich der für $s2b\,\mathrm{E}\Lambda$ dort mit $9^{p}33'$ ermittelte Wert zu $6^{p}8'$. In demselben Verhältnis reduziert sich demnach für die einzelnen Entfernungen der Wert von $s2b\,\mathrm{E}\Lambda$ folgendermaßen.

1. $\frac{60^{p}}{38^{p}\,34'} = \frac{9^{p}\,33'}{6^{p}\,8'}$, folglich $s2b\,\mathrm{E}\Lambda = 6^{p}\,8'$, also $b\,\mathrm{E}\Lambda = 2^{0}56'$,[b)]
2. „ $= \frac{18^{p}\,57'}{12^{p}\,11'}$, $= 12^{p}\,11'$, „ „ $= 5^{0}50'$,
3. „ $= \frac{28^{p}\,1'}{18^{p}\,0'}$, $= 18^{p}\,0'$, „ „ $= 8^{0}38'$, Ha 101
4. „ $= \frac{36^{p}\,33'}{23^{p}\,29'}$, „ $= 23^{p}\,29'$, „ „ $= 11^{0}17'$,
5. „ $= \frac{44^{p}\,12'}{28^{p}\,25'}$, $= 28^{p}\,25'$, „ „ $= 13^{0}42'$,
6. „ $= \frac{50^{p}\,44'}{32^{p}\,37'}$, $= 32^{p}\,37'$, „ „ $= 15^{0}46'$,
7. „ $= \frac{55^{p}\,45'}{35^{p}\,52'}$, „ $= 35^{p}\,52'$, „ „ $= 17^{0}24'$,
8. „ $= \frac{58^{p}\,55'}{37^{p}\,52'}$, $= 37^{p}\,52'$, „ „ $= 18^{0}24'$.

a) An die Stelle der Übersetzung habe ich hier wieder die freie Wiedergabe treten lassen.

b) Der einfache Bogen mit Überspringung des zur Sehne $6^{p}8'$ gehörigen doppelten Bogens $5^{0}52'$.

Auf den Quadranten entfällt natürlich der volle Betrag von 18°45′ (d. i. die Hälfte des Unterschieds zwischen Nachtgleichentag und kürzestem Tage, vgl. S. 61, 7).

Da nun bei Sphaera recta für die von 10° zu 10° zunehmenden Bogen (d. s. Zeichendrittel) der in Zeitgraden ausgedrückte gleichzeitige Aufgang gegeben ist (durch sukzessives Addieren der S. 57 für jedes Zeichendrittel an sich
Hei 132 gewonnenen Werte), so ist ersichtlich, daß wir von jedem der für Sphaera recta sich ergebenden Aufgänge den entsprechenden Betrag der durch *b* E Λ ausgedrückten Differenz nur zu subtrahieren brauchen, um die Aufgänge derselben Stücke in der zugrunde gelegten geographischen Breite (von Rhodus) zu erhalten. Das letzte Ergebnis ist schließlich der Betrag für den Aufgang eines jeden Zeichendrittels an sich.

Es geht demnach (für den Parallel von Rhodus) auf:

1 der Ekl.bogen v. 10° mit 9°10′ — 2°56′ = 6°14′; das Drittel an sich mit 6°14.
2. „ „ „ 20° „ 18°25′ — 5°50′ = 12°35′; „ „ „ „ „ 6°21′.[a)]
3. „ „ „ 30° „ 27°50′ — 8°38′ = 19°12′; „ „ „ „ „ 6°37′.
4. „ „ „ 40° „ 37°30′ — 11°17′ = 26°13′; „ „ „ „ „ 7° 1′.
Ha 102 5. „ „ „ 50° „ 47°28′ — 13°42′ = 33°46′; „ „ „ „ „ 7°33′.
6. „ „ „ 60° „ 57°44′ — 15°46′ = 41°58′; „ „ „ „ „ 8°12′.
7 „ „ „ 70° „ 68°18′ — 17°24′ = 50°54′; „ „ „ „ „ 8°56′.
8. „ „ „ 80° „ 79° 5′ — 18°24′ — 60°41′; „ „ „ „ „ 9°47′.
9 „ „ „ 90° „ 90° 0′ — 18°45′ = 71°15′; „ „ „ „ „ 10°34′.

Somit entfallen auf den ganzen Quadranten die (S. 61, 11) aus der halben Dauer des (kürzesten) Tages sich ergebenden 71°15′.

Hei 133 Nachdem diese Ergebnisse gewonnen sind, werden ohne weiteres wieder aus den oben (S. 83, 22) erörterten theoretischen Gründen zugleich auch die entsprechenden Aufgänge der übrigen Quadranten nachgewiesen sein.

Nachdem wir auf dieselbe Weise die auf jedes Zeichendrittel entfallenden Aufgangswerte auch für alle diejenigen übrigen Parallelkreise berechnet haben, welche gelegentlich in der Praxis in Betracht kommen können, werden wir dieselben zu angemessener Benutzung für künftige Zwecke in

---

a) D. i. der Überschuß der Aufgangszeit über das vorangehende Drittel: 12°35′ — 6°14′ = 6°21′.

Tabellenform bieten. Wir beginnen mit dem Parallel unter dem Äquator und gehen bis zu demjenigen, welcher die Dauer des längsten Tages auf 17 Stunden erhöht. Die Zunahme der Tage lassen wir um den Betrag einer halben Stunde vor sich gehen, weil der Unterschied von Beträgen, welche kleiner als eine halbe Stunde sind, im Vergleich zu den gleichgroßen nach gleichförmigen Sonnentagen gerechneten Beträgen ganz unbeträchtlich ist. Unter Voranstellung der 36 Abschnitte des Kreises von je 10^0 werden wir zu jedem nicht nur die Zeitgrade des ihm der geographischen Breite nach zukommenden Aufgangs setzen, sondern auch die von Zeile zu Zeile sich ergebenden Summen dieser Zeitgrade.

Achtes Kapitel.

Die Tafeln der Aufgänge nach Zeichendritteln

gestalten sich folgendermaßen (s. S. 94—97). {Ha 103 Hei 134

Neuntes Kapitel.

Einige spezielle Aufgaben, deren Lösung mit den Aufgängen zusammenhängt.

Daß bei Darbietung der Aufgangszeiten in der vorliegen- Ha 109 Hei 142
den praktischen Fassung alle übrigen Aufgaben, welche mit diesem Kapitel in Zusammenhang stehen, leicht zu lösen sind, und daß wir zu denselben weder geometrische Beweisführungen noch überflüssiges Tabellenmaterial brauchen, wird aus der Behandlung selbst, die wir hier folgen lassen, ersichtlich werden.[17]

1. Es soll die Länge eines gegebenen Tages oder einer gegebenen Nacht bestimmt werden. Die Länge des Tages erhält man dadurch, daß man in der Tafel der betr. geographischen Breite die Zeitgrade von dem Grad an, in welchem die Sonne steht, bis zu dem diametral gegenüberliegenden Grad in der Richtung der Zeichenfolge abzählt, die Länge der Nacht dadurch, daß man die Zeitgrade von dem der Sonne diametral gegenüberliegenden Grad an bis

Zeichen	Drittel	Sphaera recta Polhöhe 0° 0′ Gr. Min.	Längster Tag 12h Gradsummen	Aualitischer Meerbusen Polhöhe 8° 25′ Gr. Min.	Längster Tag 12½h Gradsummen	Meroë Polhöhe 16° 27′ Gr. Min.	Längster Tag 13h Gradsummen
Widder	10°	9° 10′	9° 10′	8° 35′	8° 35′	7° 58′	7° 58′
	20	9 15	18 25	8 39	17 14	8 5	16 3
	30	9 25	27 50	8 52	26 6	8 17	24 20
Stier	10	9 40	37 30	9 8	35 14	8 36	32 56
	20	9 58	47 28	9 29	44 43	9 1	41 57
	30	10 16	57 44	9 51	54 34	9 27	51 24
Zwillinge	10	10 34	68 18	10 15	64 49	9 56	61 20
	20	10 47	79 5	10 35	75 24	10 23	71 43
	30	10 55	90 0	10 51	86 15	10 47	82 30
Krebs	10	10 55	100 55	10 59	97 14	11 3	93 33
	20	10 47	111 42	10 59	108 13	11 11	104 44
	30	10 34	122 16	10 53	119 6	11 12	115 56
Löwe	10	10 16	132 32	10 41	129 47	11 5	127 1
	20	9 58	142 30	10 27	140 14	10 55	137 56
	30	9 40	152 10	10 12	150 26	10 44	148 40
Jungfrau	10	9 25	161 35	9 58	160 24	10 33	159 13
	20	9 15	170 50	9 51	170 15	10 25	169 38
	30	9 10	180 0	9 45	180 0	10 22	180 0
Wage	10	9 10	189 10	9 45	189 45	10 22	190 22
	20	9 15	198 25	9 51	199 36	10 25	200 47
	30	9 25	207 50	9 58	209 34	10 33	211 20
Skorpion	10	9 40	217 30	10 12	219 46	10 44	222 4
	20	9 58	227 28	10 27	230 13	10 55	232 59
	30	10 16	237 44	10 41	240 54	11 5	244 4
Schütze	10	10 34	248 18	10 53	251 47	11 12	255 16
	20	10 47	259 5	10 59	262 46	11 11	266 27
	30	10 55	270 0	10 59	273 45	11 3	277 30
Steinbock	10	10 55	280 55	10 51	284 36	10 47	288 17
	20	10 47	291 42	10 35	295 11	10 23	298 40
	30	10 34	302 16	10 15	305 26	9 56	308 36
Wassermann	10	10 16	312 32	9 51	315 17	9 27	318 3
	20	9 58	322 30	9 29	324 46	9 1	327 4
	30	9 40	332 10	9 8	333 54	8 36	335 40
Fische	10	9 25	341 35	8 52	342 46	8 17	343 57
	20	9 15	350 50	8 39	351 25	8 5	352 2
	30	9 10	360 0	8 35	360 0	7 58	360 0

Zeichen	Drittel	Soëne Polhöhe 23° 51′ Gr. Min.	Soëne Längster Tag $13^1/_2{}^h$ Gradsummen	Unter-Aegypten Polhöhe 30° 22′ Gr. Min.	Unter-Aegypten Längster Tag 14h Gradsummen	Rhodus Polhöhe 36° Gr. Min.	Rhodus Längster Tag $14^1/_2{}^h$ Gradsummen
Widder	10°	7° 23′	7° 23′	6° 48′	6° 48′	6° 14′	6° 14′
	20	7 29	14 52	6 55	13 43	6 21	12 35
	30	7 45	22 37	7 10	20 53	6 37	19 12
Stier	10	8 4	30 41	7 33	28 26	7 1	26 13
	20	8 31	39 12	8 2	36 28	7 33	33 46
	30	9 3	48 15	8 37	45 5	8 12	41 58
Zwillinge	10	9 36	57 51	9 17	54 22	8 56	50 54
	20	10 11	68 2	10 0	64 22	9 47	60 41
	30	10 43	78 45	10 38	75 0	10 34	71 15
Krebs	10	11 7	89 52	11 12	86 12	11 16	82 31
	20	11 23	101 15	11 34	97 46	11 47	94 18
	30	11 32	112 47	11 51	109 37	12 12	106 30
Löwe	10	11 29	124 16	11 55	121 32	12 20	118 50
	20	11 25	135 41	11 54	133 26	12 23	131 13
	30	11 16	146 57	11 47	145 13	12 19	143 32
Jungfrau	10	11 5	158 2	11 40	156 53	12 13	155 45
	20	11 1	169 3	11 35	168 28	12 9	167 54
	30	10 57	180 0	11 32	180 0	12 6	180 0
Wage	10	10 57	190 57	11 32	191 32	12 6	192 6
	20	11 1	201 58	11 35	203 7	12 9	204 15
	30	11 5	213 3	11 40	214 47	12 13	216 28
Skorpion	10	11 16	224 19	11 47	226 34	12 19	228 47
	20	11 25	235 44	11 54	238 28	12 23	241 10
	30	11 29	247 13	11 55	250 23	12 20	253 30
Schütze	10	11 32	258 45	11 51	262 14	12 12	265 42
	20	11 23	270 8	11 34	273 48	11 47	277 29
	30	11 7	281 15	11 12	285 0	11 16	288 45
Steinbock	10	10 43	291 58	10 38	295 38	10 34	299 19
	20	10 11	302 9	10 0	305 38	9 47	309 6
	30	9 36	311 45	9 17	314 55	8 56	318 2
Wassermann	10	9 3	320 48	8 37	323 32	8 12	326 14
	20	8 31	329 19	8 2	331 34	7 33	333 47
	30	8 4	337 23	7 33	339 7	7 1	340 48
Fische	10	7 45	345 8	7 10	346 17	6 37	347 25
	20	7 29	352 37	6 55	353 12	6 21	353 46
	30	7 23	360 0	6 48	360 0	6 14	360 0

Zeichen	Drittel	Hellespont Polhöhe 40°56′ Gr. Min.	Hellespont Längster Tag 15 h Gradsummen	Mitte Pontus Polhöhe 45°1′ Gr. Min.	Mitte Pontus Längster Tag 15½ h Gradsummen	Münd. des Borysthenes Polhöhe 48° Gr. Min.	Münd. des Borysthenes Längster Tag 16 h Gradsummen
Widder	10°	5° 40′	5° 40′	5° 8′	5° 8′	4° 36′	4° 36′
	20	5 47	11 27	5 14	10 22	4 43	9 19
	30	6 5	17 32	5 33	15 55	5 1	14 20
Stier	10	6 29	24 1	5 58	21 53	5 26	19 46
	20	7 4	31 5	6 34	28 27	6 5	25 51
	30	7 46	38 51	7 20	35 47	6 52	32 43
Zwillinge	10	8 38	47 29	8 15	44 2	7 53	40 36
	20	9 32	57 1	9 19	53 21	9 5	49 41
	30	10 29	67 30	10 24	63 45	10 19	60 0
Krebs	10	11 21	78 51	11 26	75 11	11 31	71 31
	20	12 2	90 53	12 15	87 26	12 29	84 0
	30	12 30	103 23	12 53	100 19	13 15	97 15
Löwe	10	12 46	116 9	13 12	113 31	13 40	110 55
	20	12 52	129 1	13 22	126 53	13 51	124 46
	30	12 51	141 52	13 22	140 15	13 54	138 40
Jungfrau	10	12 45	154 37	13 17	153 32	13 49	152 29
	20	12 43	167 20	13 16	166 48	13 47	166 16
	30	12 40	180 0	13 12	180 0	13 44	180 0
Wage	10	12 40	192 40	13 12	193 12	13 44	193 44
	20	12 43	205 23	13 16	206 28	13 47	207 31
	30	12 45	218 8	13 17	219 45	13 49	221 20
Skorpion	10	12 51	230 59	13 22	233 7	13 54	235 14
	20	12 52	243 51	13 22	246 29	13 51	249 5
	30	12 46	256 37	13 12	259 41	13 40	262 45
Schütze	10	12 30	269 7	12 53	272 34	13 15	276 0
	20	12 2	281 9	12 15	284 49	12 29	288 29
	30	11 21	292 30	11 26	296 15	11 31	300 0
Steinbock	10	10 29	302 59	10 24	306 39	10 19	310 19
	20	9 32	312 31	9 19	315 58	9 5	319 24
	30	8 38	321 9	8 15	324 13	7 53	327 17
Wassermann	10	7 46	328 55	7 20	331 33	6 52	334 9
	20	7 4	335 59	6 34	338 7	6 5	340 14
	30	6 29	342 28	5 58	344 5	5 26	345 40
Fische	10	6 5	348 33	5 33	349 38	5 1	350 41
	20	5 47	354 20	5 14	354 52	4 43	355 24
	30	5 40	360 0	5 8	360 0	4 36	360 0

Zeichen	Drittel	Süd-Brettania Polhöhe 51° 30′ Gr. Min.		Süd-Brettania Längster Tag 16½ h Gradsummen		Münd. des Tanaïs Polhöhe 54° 1′ Gr. Min.		Münd. des Tanaïs Längster Tag 17 h Gradsummen	
Widder	10°	4°	5′	4°	5′	3°	36′	3°	36′
	20	4	12	8	17	3	43	7	19
	30	4	31	12	48	4	0	11	19
Stier	10	4	56	17	44	4	26	15	45
	20	5	34	23	18	5	4	20	49
	30	6	25	29	43	5	56	26	45
Zwillinge	10	7	29	37	12	7	5	33	50
	20	8	49	46	1	8	33	42	23
	30	10	14	56	15	10	7	52	30
Krebs	10	11	36	67	51	11	43	64	13
	20	12	45	80	36	13	1	77	14
	30	13	39	94	15	14	3	91	17
Löwe	10	14	7	108	22	14	36	105	53
	20	14	22	122	44	14	52	120	45
	30	14	24	137	8	14	54	135	39
Jungfrau	10	14	19	151	27	14	50	150	29
	20	14	18	165	45	14	47	165	16
	30	14	15	180	0	14	44	180	0
Wage	10	14	15	194	15	14	44	194	44
	20	14	18	208	33	14	47	209	31
	30	14	19	222	52	14	50	224	21
Skorpion	10	14	24	237	16	14	54	239	15
	20	14	22	251	38	14	52	254	7
	30	14	7	265	45	14	36	268	43
Schütze	10	13	39	279	24	14	3	282	46
	20	12	45	292	9	13	1	295	47
	30	11	36	303	45	11	43	307	30
Steinbock	10	10	14	313	59	10	7	317	37
	20	8	49	322	48	8	33	326	10
	30	7	29	330	17	7	5	333	15
Wassermann	10	6	25	336	42	5	56	339	11
	20	5	34	342	16	5	4	344	15
	30	4	56	347	12	4	26	348	41
Fische	10	4	31	351	43	4	0	352	41
	20	4	12	355	55	3	43	356	24
	30	4	5	360	0	3	36	360	0

zu demjenigen abzählt, in welchem die Sonne steht. Nimmt man von der gefundenen Summe der Zeitgrade den fünfzehnten Teil, so erhält man die *Äquinoktialstunden* des in Frage stehenden Intervalls; nimmt man aber den zwölften Teil, so erhält man die Zeitgrade, welche auf die *bürgerliche Stunde* des nämlichen Intervalls entfallen.

2. Bequemer wird die Länge der bürgerlichen Stunde folgendermaßen gefunden. Aus den vorstehenden Tafeln der Aufgänge entnimmt man sowohl für den Parallel unter dem Äquator als auch für den der in Frage stehenden geographischen Breite, wenn es sich um den Tag handelt, die bei dem Grad der Sonne angesetzte Aufgangssumme, wenn um die Nacht, die bei dem diametral gegenüberliegenden Grad
Hei 143, Ha 110 stehende, und bildet die Differenz beider. Von der so gefundenen Differenz nimmt man den sechsten Teil. Liegt der Grad, mit dem man in die Tafel eingegangen war, auf dem nördlichen Halbkreis (d. i. nach dem Frühlingspunkt), so *addiert* man dieses Sechstel zu den 15 Zeitgraden der Äquinoktialstunde, liegt er aber auf dem südlichen Halbkreis (d. i. nach dem Herbstpunkt), so *subtrahiert* man dasselbe von ebendiesen 15 Zeitgraden[a] und erhält auf diese Weise die Zahl der Zeitgrade der in Frage stehenden bürgerlichen Stunde.

3. Sind bürgerliche Stunden gegeben, so verwandelt man dieselben in Äquinoktialstunden dadurch, daß man mit ihnen (d. i. mit ihrer Anzahl), wenn es Tagstunden sind, die Zeitgrade multipliziert, welche in der betr. geographischen Breite auf die bürgerliche Stunde dieses Tages entfallen, sind es Nachtstunden, die auf die Nachtstunde entfallenden Zeitgrade. Nimmt man von dem Produkt den fünfzehnten Teil, so erhält man die Anzahl der Äquinoktialstunden.

Umgekehrt verwandelt man gegebene Äquinoktialstunden in bürgerliche dadurch, daß man sie (d. i. ihre Anzahl) mit 15 multipliziert und das Produkt durch die gegebenen Zeit-

a) Weil nach der Frühlingsgleiche die bürgerlichen Stunden länger, nach der Herbstgleiche kürzer als die Äquinoktialstunden werden.

grade, welche auf die bürgerliche Stunde des betr. Intervalls entfallen, dividiert.

4. Wenn die Länge irgendeiner beliebigen bürgerlichen Stunde gegeben ist, so läßt sich bestimmen

a) der zurzeit aufgehende Grad der Ekliptik. Man multipliziert die auf die gegebene Stunde entfallenden Zeitgrade, wenn es Tagstunden sind, mit der Zahl der seit Sonnenaufgang verflossenen bürgerlichen Stunden, sind es Nachtstunden, mit der Zahl der seit Sonnenuntergang verflossenen. Die erhaltene Zahl zählt man, wenn es sich Hei 144 um den Tag handelt, von dem Grad der Sonne an, wenn um die Nacht, von dem diametral gegenüberliegenden Grad an nach Maßgabe der Aufgänge der zugrunde gelegten geographischen Breite in der Richtung der Zeichenfolge ab[a)] und sagt, daß der Grad, auf welchen die Zahl ausgeht, zur- Ha 111 zeit aufgehe.

b) der über dem Horizont kulminierende Grad. Man multipliziert die auf die gegebene bürgerliche Stunde entfallenden Zeitgrade mit der Zahl der bürgerlichen Stunden, welche jedesmal seit dem verflossenen Mittag bis zu der gegebenen Stunde vergangen sind. Die herauskommende Zahl zählt man von dem Grad der Sonne an nach Maßgabe der Aufgänge bei Sphaera recta in der Richtung der Zeichenfolge ab, dann wird der Grad, auf welchen die Zahl ausgeht, zurzeit über dem Horizont kulminieren.

5. Gleicherweise wird man den über dem Horizont kulminierenden Grad von dem aufgehenden aus erhalten, wenn man zunächst nach der Zahl der Aufgangssumme sieht, welche in der Tafel der betr. geographischen Breite bei dem aufgehenden Grad steht. Dann zieht man von dieser Summe jedesmal die 90 Zeitgrade des Quadranten ab und wird aus der Durchgangssumme[b)] der Spalte bei Sphaera recta den

---

a) D. h. man addiert sie zu den Graden, welche die Sonne vom Frühlingspunkt ab hinter sich hat.

b) Da es sich um einen kulminierenden Grad handelt, so ist die in der dritten Spalte stehende Summe bei Sphaera recta als Durchsgangssumme zu bezeichnen.

bei der (erhaltenen) Zahl stehenden Grad als denjenigen finden, welcher zurzeit über dem Horizont kulminiert.

Umgekehrt läßt sich aus dem über dem Horizont kulminierenden Grad der aufgehende folgendermaßen bestimmen. Man sieht zunächst wieder nach der bei dem kulminierenden Grad stehenden Zahl der Durchgangssumme in der Spalte bei Sphaera recta. Dann addiert man dazu jedes-
Hei 145 mal wieder die (vorhin abgezogenen) 90 Zeitgrade und ersieht aus der (so erhaltenen) Aufgangssumme der zugrunde gelegten geographischen Breite den Grad, welcher bei der (erhaltenen) Zahl steht, und mit diesem wird der zurzeit aufgehende Grad gefunden sein.

6. Keiner besonderen Erläuterung bedürfen folgende zwei Punkte.

a) Für die unter demselben Meridian liegenden Orte beträgt der (jeweilige) Abstand der Sonne von dem Mittag oder der Mitternacht die gleichen Äquinoktialstunden.

b) Für die nicht unter demselben Meridian liegenden Orte wird der Unterschied (der Ortszeit) ebensoviele Zeitgrade ausmachen, als der räumliche Abstand von Meridian zu Meridian Raumgrade beträgt.[1]

Zehntes Kapitel.

Die von der Ekliptik und dem Meridian gebildeten Winkel.

Es bleibt für die vorliegende theoretische Erörterung noch die Rücksichtnahme auf die Winkel übrig, ich meine, auf die Winkel, welche mit der Ekliptik gebildet werden. Da müssen wir folgende Erklärung vorausschicken.

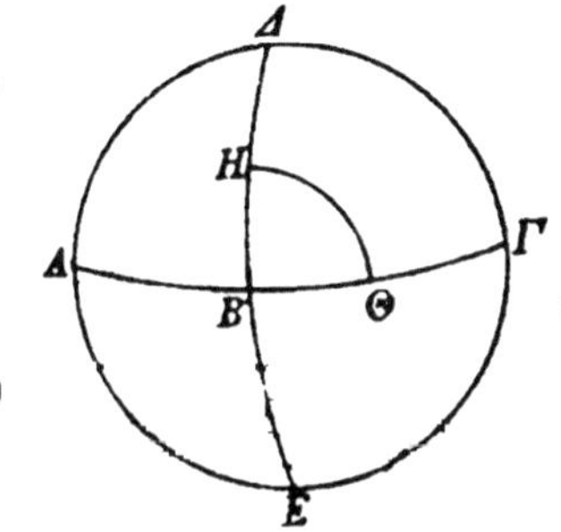

Von größten Kreisen wird ein (sphärischer) rechter Winkel ($\sphericalangle$ HBΘ) gebildet, wenn man um den gemeinsamen Schnittpunkt (B) der Kreise als Pol mit beliebigem Abstand (BH)

einen Kreis ziehen kann, so daß der Bogen (ΗΘ) desselben, welcher von den den (sphärischen) Winkel bildenden Kreisabschnitten (ΒΗ und ΒΘ) begrenzt wird, einen Quadranten (ΗΘ) des beschriebenen Kreises ausmacht. Hei 146

In allgemeiner Fassung lautet diese Erklärung: in demselben Verhältnis, in welchem der abgetrennte Bogen zu dem nach Vorschrift beschriebenen Kreise steht, steht auch der von der Neigung der Ebenen (der sich schneidenden größten Kreise) gebildete Winkel zu vier Rechten. Da wir nun die Einteilung des Kreisumfanges in 360 Teile annehmen, so wird folglich der den abgetrennten Bogen unterspannende Winkel ebensoviele solche Teile enthalten, deren 90 auf einen Rechten gehen, wieviele auf den abgetrennten Bogen von den 360 Teilen des Kreises entfallen.

Von den mit der Ekliptik gebildeten Winkeln sind für Ha 113
die vorliegende theoretische Erörterung ganz besonders brauchbar folgende in jeder einzelnen Lage (der Ekliptik):

1. die um den Schnittpunkt der Ekliptik mit dem Meridian herumliegenden Winkel;

2. die um den Schnittpunkt der Ekliptik mit dem Horizont herumliegenden;

3. die um den Schnittpunkt der Ekliptik mit dem durch die Pole des Horizonts gezogenen größten (Höhen-) Kreis herumliegenden. Mit den Winkeln letzterer Art werden zugleich auch die Bogen mit nachgewiesen[a)], welche auf diesem (Höhen-) Kreis zwischen dem Schnittpunkt der Ekliptik und dem Pol des Horizonts, d. i. dem Zenit, liegen.

Sämtliche Nachweise vorstehend bezeichneter Größen haben schon für die Theorie an sich eine ganz außerordentliche Bedeutung, die allerwertvollste Beihilfe aber gewähren sie für die Untersuchung der Parallaxen des Mondes, da die Bestimmung derselben ohne die Vorbesprechung dieser Verhältnisse überhaupt gar nicht gelingen kann.

Da es stets vier Winkel sind, welche um den Schnittpunkt der beiden Kreise, d. i. der Ekliptik und der mit Hei 147

a) Vgl. den Anfang von Kap. 12 S. 112, 6.

ihr sich kreuzenden Kreise, herumliegen, unsere Untersuchung sich aber nur mit einem dieser Winkel beschäftigen wird, für den seine gleichbleibende Lage das charakteristische Merkmal liefert, so muß für die Definition dieses Winkels vorausbemerkt werden, daß von den zwei Winkeln, welche beiderseits des östlich vom gemeinsamen Schnittpunkt verlaufenden Ekliptikbogens gebildet werden, allgemein der nördliche als der maßgebende zu betrachten ist. Die Eigenschaften und Größenbeträge, welche wir im Begriff stehen nachzuweisen, gelten ausschließlich für die dieser Definition entsprechenden Winkel.

Weil der Nachweis der Winkel, welche die Ekliptik der Theorie nach mit dem Meridian bildet, der einfachere ist, so wollen wir mit diesen Winkeln den Anfang machen.

Zunächst sind folgende zwei Sätze zu beweisen.

Ha 114 A. Die oben definierten Winkel, welche in den von demselben Nachtgleichenpunkt gleichweit entfernten Punkten der Ekliptik gebildet werden, sind einander gleich.

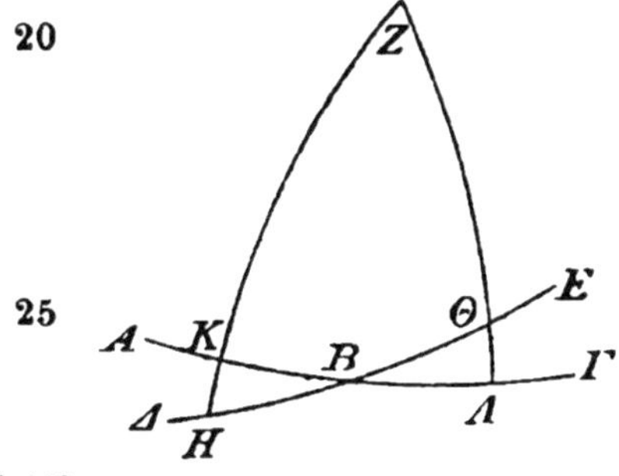

Es sei ΑΒΓ ein Bogen des Äquators und ΔΒΕ ein solcher der Ekliptik. Pol des Äquators sei Ζ. Zu beiden Seiten des Nachtgleichenpunktes Β trage man die beiden gleichgroßen Bogen ΒΗ und ΒΘ ab und ziehe durch den Pol Ζ und die Punkte Η, Θ die Meridianbogen ΖΚΗ und ΖΘΛ. Meine
Hei 148 Behauptung geht dahin, daß

$$\sphericalangle \mathrm{KHB} = \sphericalangle \mathrm{Z\Theta E}.$$

Beweis. Das ist ohne weiteres klar. Das sphärische Dreieck ΒΚΗ ist nämlich gleichwinklig mit dem sphärischen Dreieck ΒΛΘ, weil in jedem die drei einander entsprechenden Seiten gleich sind. Denn einander gleich sind die Bogen ΒΗ und ΒΘ (nach Konstruktion), ferner die Bogen ΗΚ und ΘΛ (nach der Tabelle der Schiefe I. Buch, 15. Kap.), endlich die Bogen BK und BΛ (nach Lehrs. I S. 81, 16). Dies alles ist ja schon früher nachgewiesen. Folglich ist

∢ KHB = ∢ BΘΛ.

Nun ist ∢ BΘΛ = ∢ ZΘE, (als Scheitelwinkel)
folglich auch ∢ KHB = ∢ ZΘE, was nachzuweisen war.

B. Die Summe der beiden Winkel, welche in den von demselben Wendepunkt gleichweit entfernten Punkten der Ekliptik mit dem Meridian gebildet werden, ist gleich zwei Rechten.

Es sei ABΓ ein Bogen der Ekliptik, wobei B als Wendepunkt angenommen sei. Zu beiden Seiten desselben trage man die beiden gleichgroßen Bogen BΔ und BE ab und Ha 1
ziehe durch die Punkte Δ, E und den Pol Z des Äquators die Meridianbogen ZΔ und ZE.

Meine Behauptung geht dahin, daß Hei 1

∢ ZΔB + ∢ ZEΓ = 2*R*.

Beweis. Auch dies ist ohne weiteres klar. Da die Punkte Δ und E gleichweit von demselben Wendepunkt entfernt sind, so ist

b ΔZ = *b* ZE,[a)]
also ∢ ZΔB = ∢ ZEB.[b)]

Nun ist ∢ ZEB + ∢ ZEΓ = 2*R*, (als Nebenwinkel)
folgl. auch ∢ ZΔB + ∢ ZEΓ = 2*R*,
was zu beweisen war.

Diese beiden theoretischen Sätze mußten der weiteren Erörterung vorausgeschickt werden.

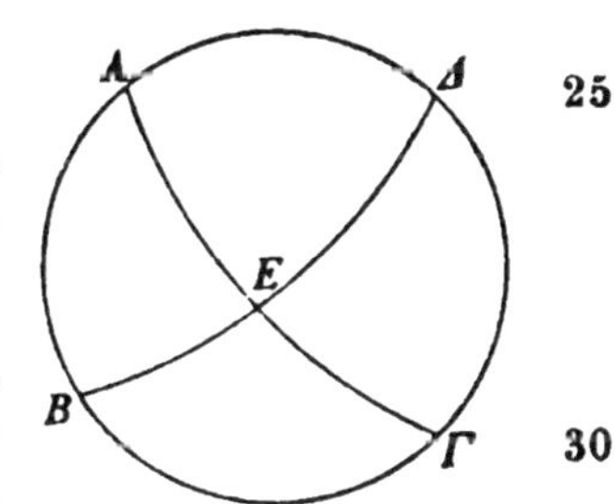

I. Es sei ABΓΔ der Meridian und AEΓ ein Halbkreis der Ekliptik, wobei Punkt A als der Winterwende-

a) Als die Komplementbogen von zwischen Äquator und Ekliptik liegenden gleichgroßen Meridianbogen.

b) Als die Winkel an der Basis des gleichschenkligen sphärischen Dreiecks ΔZE.

punkt angenommen sei.[a]) Um den Punkt A als Pol ziehe man mit der Seite des (eingeschriebenen) Quadrats (vgl. S. 27, 19) als Abstand den Halbkreis ΒΕΔ. Da nun der Meridian ΑΒΓΔ sowohl durch die Pole von ΑΕΓ, als auch durch die von ΒΕΔ geht, so ist der Bogen ΕΔ gleich einem Quadranten (nach Theod. I. 9), und folglich ∢ΔΑΕ ein Rechter. Nach dem oben bewiesenen Satz (A S. 102, 16) ist aber auch der am Sommerwendepunkt (Γ) gebildete (östliche) Winkel ein Rechter, was nachzuweisen war.

Hei 150 II. Es sei ΑΒΓΔ der Meridian und ΑΕΓ ein Halbkreis
11 des Äquators. Der Halbkreis ΑΖΓ der Ekliptik sei so gezogen, daß A der Herbstnachtgleichenpunkt sei. Um den

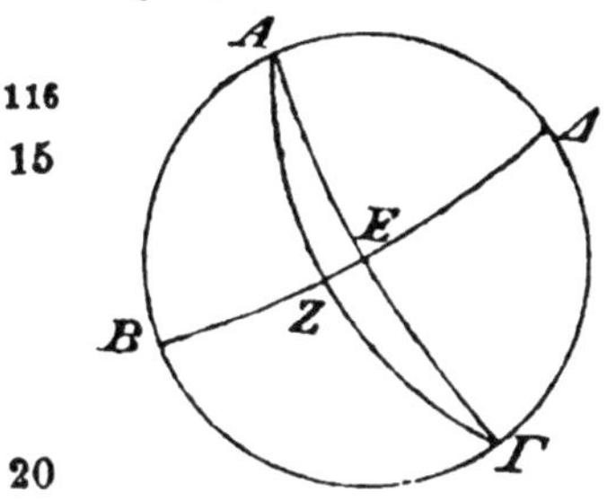

Punkt A als Pol ziehe man mit der
Ha 116 Seite des Quadrats als Abstand den Halbkreis ΒΖΕΔ.[b]) Wie oben sind, weil ΑΒΓΔ sowohl durch die Pole von ΑΕΓ, als auch durch die von ΒΕΔ geht, die Bogen ΑΖ und ΕΔ Quadranten. Folglich ist Z der Winterwendepunkt und daher

b ΖΕ = 23° 51′, wie (S. 44, 22) nachgewiesen ist.

Folglich ist b ΖΕΔ = 23° 51′ + 90° = 113° 51′,
mithin ∢ΔΑΖ = 113° 51′ wie $1R = 90°$.

Nach dem oben (S. 103, 6) bewiesenen Satz (B, weil gleichweit vom Winterwendepunkt entfernt) ist aber der am Frühlingsnachtgleichenpunkt (Γ) gebildete (östliche) Winkel der Supplementwinkel des ∢ΔΑΖ, d. i. gleich 66° 9′.

III. Es sei ΑΒΓΔ der Meridian, ΑΕΓ ein Halbkreis des Äquators und ΒΖΔ ein solcher der Ekliptik, so daß Punkt Z als der Herbstpunkt angenommen sei.

Hei 151 1. Der Bogen ΒΖ sei das Zeichen der Jungfrau und B selbstverständlich der Anfang der Jungfrau. Nun ziehe

---

a) Demnach fällt der Meridian mit dem Kolur der Wenden zusammen, so daß E Frühlingspunkt ist. S. erl. Anm. 15.

b) ΑΒΓΔ ist der Kolur der Nachtgleichen, ΒΖΕΔ ein Halbkreis des Kolurs der Wenden.

man wieder um B als Pol mit der Seite des Quadrats als Abstand den Halbkreis HΘEK. Es sei die Aufgabe gestellt den ∢KBΘ zu finden.

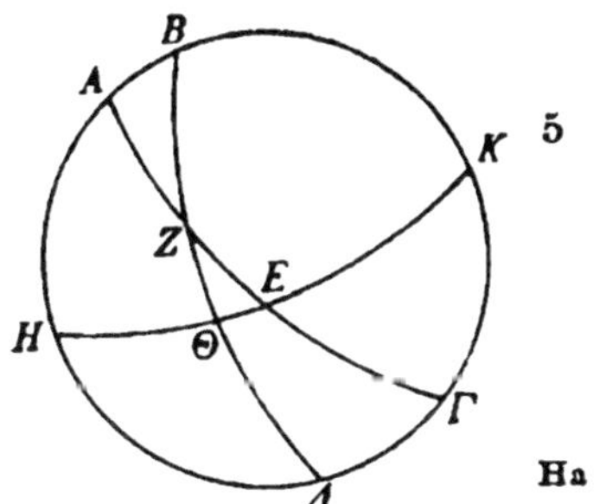

Da der Meridian ABΓΔ sowohl durch die Pole von AEΓ, als auch durch die von HEK geht, so ist jeder der Bogen BH, BΘ und EH gleich einem Quadranten. Wie die Figur zeigt, gilt (Satz A S. 49, 31)

$$\frac{s2b\,\mathrm{BA}}{s2b\,\mathrm{AH}} = \frac{s2b\,\mathrm{BZ}}{s2b\,\mathrm{Z\Theta}} \cdot \frac{s2b\,\Theta\mathrm{E}}{s2b\,\mathrm{EH}}.$$ Ha 117

Wie früher nachgewiesen (s. Tabelle der Schiefe zu 30°), ist

$2b\,\mathrm{BA} = 23°20'$, also $s2b\,\mathrm{BA} = 24^p16'$,
$2b\,\mathrm{AH} = 156°40'$, also $s2b\,\mathrm{AH} = 117^p31'$,
$2b\,\mathrm{BZ} = 60°$, also $s2b\,\mathrm{BZ} = 60^p$,
$2b\,\mathrm{Z\Theta} = 120°$, also $s2b\,\mathrm{Z\Theta} = 103^p55'23''$. Hei 152

Bringen wir also wieder $\dfrac{60^p}{103^p\,55'\,23''}$ auf die andere Seite der Gleichung, so erhalten wir

$$\frac{s2b\,\Theta\mathrm{E}}{s2b\,\mathrm{EH}} = \frac{42^p58'}{120^p}\left(\text{aus } \frac{24^p16' \cdot 103^p55'23''}{117^p31' \cdot 60^p}\right).$$

Nun ist $s2b\,\mathrm{EH} = 120^p$,
folglich $s2b\,\Theta\mathrm{E} = 42^p58'$, also $2b\,\Theta\mathrm{E} = 42°$ und $b\,\Theta\mathrm{E} = 21°$.

Mithin ist der ganze Bogen ΘEK gleich $21° + 90°$, d. i. $∢\mathrm{KB\Theta} = 111°$.

Nach den vorher bewiesenen Sätzen ergibt sich:

a) Der Winkel am Anfang des Skorpions beträgt gleichfalls 111°.

b) Der Winkel am Anfang des Stiers und am Anfang der Fische ist gleich dem Supplementwinkel, d. i. gleich 69°, was zu beweisen war.[a)]

---

a) Gleichweit von dem Herbstpunkt entfernt (Satz A S. 102, 16) liegen Jungfrau und Skorpion, gleichweit vom Sommerwendepunkt (Satz B S. 103, 6) Stier und Jungfrau, gleichweit vom Winterwendepunkt Skorpion und Fische.

2. Es sei an derselben Figur der Bogen BZ gleich dem Bogen z w e i e r Zeichen angenommen, so daß Punkt B der Anfang des L ö w e n sei. Unter den gleichen Voraussetzungen wie oben ist

Ha 118 $2b\,\mathsf{BA} = 41^0,$[a] also $s2b\,\mathsf{BA} = 42^p\,2'$,

6 $2b\,\mathsf{AH} = 139^0$, also $s2b\,\mathsf{AH} = 112^p\,24'$,

Hei 153 $2b\,\mathsf{BZ} = 120^0$, also $s2b\,\mathsf{BZ} = 103^p\,55'\,23''$,

$2b\,\mathsf{Z\Theta} = 60^0$, also $s2b\,\mathsf{Z\Theta} = 60^p$.

Bringen wir also wieder $\dfrac{103^p\,55'\,23''}{60^p}$ auf die andere Seite der Gleichung, so erhalten wir

$$\frac{s2b\,\mathsf{\Theta E}}{s2b\,\mathsf{EH}} = \frac{25^p\,53'}{120^p}\left(\text{aus } \frac{42^p\,2' \cdot 60^p}{112^p\,24' \cdot 103^p\,55'\,23''}\right).$$

Nun ist $s2b\,\mathsf{EH} = 120^p$,
folglich $s2b\,\mathsf{\Theta E} = 25^p\,53'$, also $2b\,\mathsf{\Theta E} = 25^0$ und $b\,\mathsf{\Theta E} = 12^0\,30'$.

Mithin ist der ganze Bogen $\mathsf{\Theta EK}$ gleich $12^0\,30' + 90^0$, d. i. $\sphericalangle\,\mathsf{KB\Theta} = 102^0\,30'$.

Ferner ergibt sich aus denselben Gründen wie oben:

a) Der Winkel am Anfang des S c h ü t z e n beträgt gleichfalls $102^0\,30'$.

b) Der Winkel am Anfang der Z w i l l i n g e und am Anfang des W a s s e r m a n n s ist gleich dem Supplementwinkel, d. i. gleich $77^0\,30'$.[b]

Wir sind hiermit am Ende unserer Nachweise angelangt. Ganz so wie bisher würde sich auch der Gang der Beweisführung bei den Ekliptikabschnitten von geringerer Gradzahl gestalten. Indessen genügt schon zur praktischen Anwendung der vorgetragenen Lehre der Ansatz von Zeichen zu Zeichen.

---

a) Der einfache Bogen $= 20^0\,30'$ als Meridianbogen zwischen Ekliptik und Äquator zu 60^0 der Ekliptik.

b) Gleichweit von dem Herbstpunkt entfernt (Satz A S. 102, 16) liegen Löwe und Schütze, gleichweit vom Sommerwendepunkt (Satz B S. 103, 6) Löwe und Zwillinge, gleichweit vom Winterwendepunkt Schütze und Wassermann.

Elftes Kapitel.

Die von der Ekliptik und dem Horizont gebildeten Winkel.

Weiter werden wir zeigen, wie wir bei gegebener geo- Hei 15 graphischer Breite auch die Winkel bestimmen können, welche von der Ekliptik mit dem Horizont gebildet werden, Ha 11 da auch diese vermittels eines einfacheren Verfahrens zu finden sind, als die übrigen.

Daß bei Sphaera recta die mit dem Horizont gebildeten Winkel dieselben sind, wie die mit dem Meridian gebildeten, bedarf nicht der Erläuterung (s. S. 53, 19). Was aber die Gewinnung der bei Sphaera obliqua gebildeten Winkel anbelangt, so müssen zunächst wieder folgende Sätze bewiesen werden.

A. Die Winkel, welche in den von demselben Nachtgleichenpunkt gleichweit entfernten Punkten der Ekliptik mit dem Horizont gebildet werden, sind einander gleich.

Es sei ΑΒΓΔ der Meridian, ΑΕΓ ein Halbkreis des Äquators und ΒΕΔ ein solcher des Horizonts. Man ziehe die zwei Ekliptikbogen ΖΗΘ und ΚΛΜ in der Lage, daß jeder der beiden Punkte Κ und Ζ (einmal vor und einmal nach Aufgang) als der Herbstnachtgleichenpunkt angenommen sei, und der Bogen ΖΗ gleich sei dem Bogen ΚΛ.[a)] Meine Behauptung geht dahin, daß

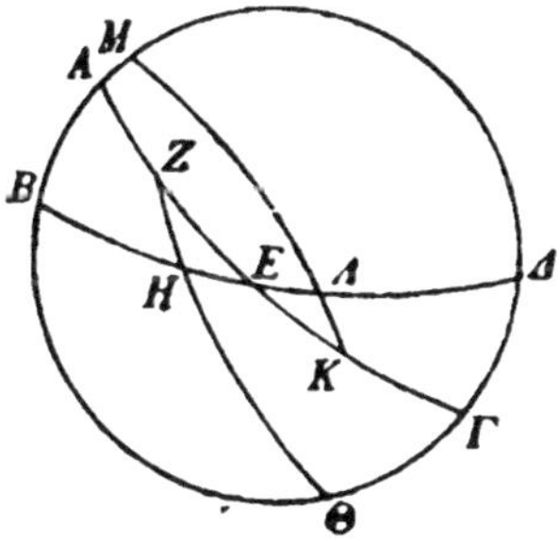

$$\sphericalangle E H \Theta = \sphericalangle \Delta \Lambda K.$$ Hei 15

Beweis. Dies ist ohne weiteres klar. Das sphärische Dreieck ΕΖΗ ist nämlich gleichwinklig mit dem sphärischen Dreieck ΕΚΛ, weil in jedem

a) Zur Erklärung der Figur diene: Η ist der Anfang des Zeichens des Skorpions, Λ der Anfang des Zeichens der Jungfrau. Diese beiden Zeichen haben demnach denselben Aufgangswinkel.

die drei einander entsprechenden Seiten nach den früher geführten Beweisen gleich sind. Es ist

Bogen ZH = Bogen KΛ, (nach Annahme)
Horizontabschnitt HE = Horizontabschnitt EΛ, (nach S. 82, 6)
Aufgangsbogen EZ = Aufgangsbogen EK, (nach Satz I [S. 81, 16)
folglich ∢EHZ = ∢EΛK,

mithin auch ∢EHΘ = ∢ΔΛK als die zugehörigen Nebenwinkel, was zu beweisen war.

B. In diametral gegenübergelegenen Punkten ist der Aufgangswinkel des einen Punktes
Ha 120 und der Untergangswinkel des anderen Punktes in Summa gleich zwei Rechten.

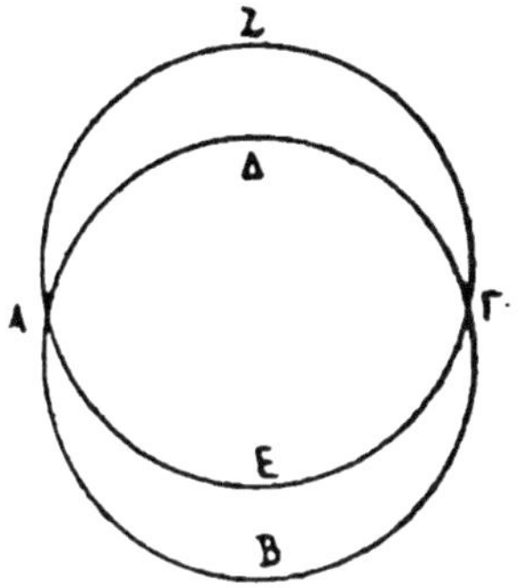

(D. i. ∢ZΓΔ + ∢ΔAE = $2R$.)

Beweis. Wenn wir den Kreis ABΓΔ als Horizont und den Kreis AEΓZ als Ekliptik ziehen, welche einander in den Punkten A und Γ schneiden,[a] so ist

∢ZAΔ + ∢ΔAE = $2R$. (als Nebenwinkel)
Hei 156 Nun ist ∢ZAΔ = ∢ZΓΔ; (als Neigungswinkel der [beiden Kreise)
folglich auch ∢ZΓΔ + ∢ΔAE = $2R$,

was zu beweisen war.

Als Folge vorstehenden Satzes ergibt sich, nachdem (Satz A) nachgewiesen worden ist, daß die Winkel, welche der Theorie nach in den von demselben Nachtgleichenpunkt gleichweit entfernten Punkten mit demselben Horizont gebildet werden, einander gleich sind, der Satz

C. In den von demselben Wendepunkt gleichweit entfernten Punkten (der Ekliptik) ist der Aufgangswinkel des

---

a) Zur Erklärung der Figur diene: der Winterwendepunkt E kulminiert über, der Sommerwendepunkt Z unter dem Horizont, in Γ geht der Widder auf, in A die Wage unter: der Untergangswinkel ΔAE der letzteren liegt über, der Aufgangswinkel ZΓΔ des Widders unter dem Horizont.

einen Punktes und der Untergangswinkel des anderen Punktes in Summa gleich zwei Rechten.

Haben wir daher die Aufgangswinkel von dem Widder bis zu den Scheren gefunden, so werden auch die Aufgangswinkel des anderen Halbkreises (als die Supplementwinkel) zugleich mit nachgewiesen sein, und außerdem auch die Untergangswinkel beider Halbkreise.

Auf welche Weise dieser Nachweis (des Größenbetrags) geliefert wird, wollen wir in Kürze mitteilen, wobei wir uns für das Beispiel wieder desselben Parallels bedienen, d. i. des Parallels, für welchen die Polhöhe 36° beträgt.

I. Was zunächst die in den Nachtgleichenpunkten der Ekliptik mit dem Horizont gebildeten Winkel anbelangt, so können diese auf eine bequeme Weise bestimmt werden.

Wir beschreiben den Kreis ΑΒΓΔ als Meridian, ΑΕΔ als den östlichen Halbkreis des zugrunde gelegten Horizonts, Ha 121
und den Bogen ΕΖ als einen Quadranten des Äquators. Hei 157
Alsdann ziehen wir die zwei Quadranten ΕΒ und ΕΓ der Ekliptik in der Lage, daß Ε mit Bezug auf den Quadranten ΕΒ als Herbstpunkt, mit Bezug auf den Quadranten ΕΓ aber als Frühlingspunkt angenommen sei, mithin Β Winterwendepunkt und Γ Sommerwendepunkt werde. Die sich hieran knüpfende Berechnung ist folgende:

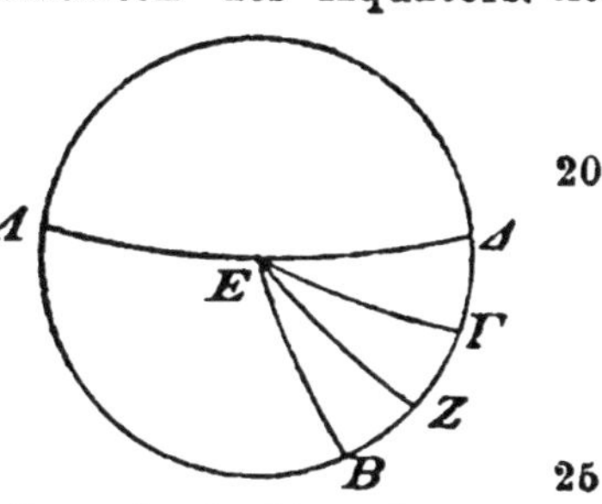

$$\Delta Z = 54^\circ \text{ nach Annahme, (d. i. } 90^\circ - 36^\circ)$$
$$BZ = Z\Gamma = 23^\circ 51'. \text{ (als Schiefe der Ekliptik)}$$
Mithin ist $\Gamma\Delta = \Delta Z - Z\Gamma = 30^\circ 9'$,
und $B\Delta = \Delta Z + BZ = 77^\circ 51'$.

Weil nun Ε der Pol des Meridians ist,[a] so ist

$\sphericalangle\, \Delta E \Gamma$, d. i. der Winkel am Anfang des Widders, $= 30^\circ 9'$ wie $1R = 90^\circ$,

---

a) Es handelt sich mithin um Winkel, welche von größten Kreisen gebildet werden.

$\sphericalangle$ ΔEB, d. i. der Winkel am Anfang der Scheren, $= 77^{0} 51'$ wie $1R = 90^{0}$.

II. Damit auch das Verfahren, durch welches man die übrigen Winkel gewinnt, verständlich werde, so sei die Aufgabe gestellt, den Aufgangswinkel zu finden, welcher beispielshalber am Anfang des **Stiers** mit dem Horizont gebildet wird.

Es sei der Kreis ABΓΔ der Meridian und BEΔ der östliche Halbkreis des zugrunde gelegten Horizonts. Der
Hei 158 Halbkreis AEΓ der Ekliptik sei so gezogen, daß Punkt E
11 der Anfang des Stiers sei.[a)] Wenn bei der angenommenen geographischen Breite der Anfang des Stiers aufgeht, so kulminiert unter dem Horizont (der Punkt Γ, d. i.) ♋ 17°41′. Wir haben ja (S. 99, 3) gezeigt, wie der-
Ha 122 artige Aufgaben mit Hilfe der von uns mitgeteilten Aufgänge bequem gelöst werden. Folglich ist der Bogen EΓ kleiner als ein Quadrant.[b)]

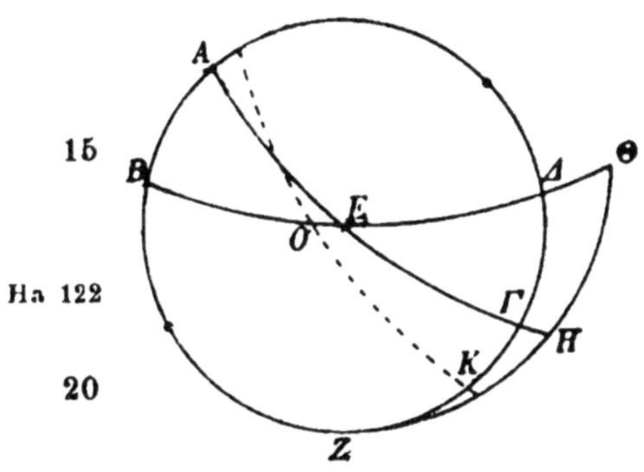

Nun beschreibe man um E als Pol mit der Seite des Quadrats (S. 27, 19) als Abstand den Bogen ZHΘ eines größten Kreises und ziehe die Quadranten EΓH und EΔΘ voll aus. Auch die beiden Bogen ΔΓZ und ZHΘ haben die Größe eines Quadranten, weil der Horizont BEΘ sowohl durch die Pole des Meridians ZΓΔ, als auch durch die des größten Kreises ZHΘ geht. Ferner hat der

a) Durch Einzeichnung des Äquators und die Andeutung seiner Pole habe ich die Anschaulichkeit der Figur erhöht. Auch die Bezeichnung des Zwischenpunktes K und des im Ostpunkt liegenden Pols O des Meridians erschien mir angezeigt.

b) Weil er sich über den Stier, die Zwillinge und 17°41′ des Krebses erstreckt und somit nur $60^{0} + 17^{0}41'$ beträgt, so daß auf den Bogen ΓH, der am Ende des Krebses ausgeht, 12°19′ entfallen.

Punkt (Γ, d. i.) ♋ 17°41′ vom Äquator auf dem durch dessen Pole gehenden größten Kreise eine nördliche Deklination von 22°40′ — auch diese Verhältnisse sind von uns mitgeteilt[a)] — während der Äquator vom Pol Z des Horizonts auf demselben Bogen ΖΓΔ einen Abstand von 36° hat.[b)] Hieraus ergibt sich der Bogen ΖΓ mit 58°40′ (d. i. 36° + 22°40′). Sind diese Größen gegeben, so gilt schließlich, wie die Figur zeigt, (Satz B. S. 51, 1)

$$\frac{s2b\,\Gamma\Delta}{s2b\,\Delta Z} = \frac{s2b\,\Gamma E}{s2b\,EH} \cdot \frac{s2b\,H\Theta}{s2b\,\Theta Z}.$$ Hei 159

Nun ist nach den oben ermittelten Größen

$2b\,\Gamma\Delta = 62°40′$,[c)] also $s2b\,\Gamma\Delta = 62^p 24′$,
$2b\,\Delta Z = 180°$, also $s2b\,\Delta Z = 120^p$,
$2b\,\Gamma E = 155°22′$,[d)] also $s2b\,\Gamma E = 117^p 14′$,
$2b\,EH = 180°$, also $s2b\,EH = 120^p$. Ha 123

Bringen wir also $\frac{117^p 14′}{120^p}$ auf die andere Seite der Gleichung, so erhalten wir

$$\frac{s2b\,H\Theta}{s2b\,\Theta Z} = \frac{63^p 52′}{120^p} \left(\text{aus } \frac{62^p 24′ \cdot 120^p}{120^p \cdot 117^p 14′}\right).$$

Nun ist $s2b\,\Theta Z = 120^p$,
folglich $s2b\,H\Theta = 63^p 52′$, also $2b\,H\Theta = 64°20′$ u. $b\,H\Theta = 32°10′$.

Mithin ist $\sphericalangle H E \Theta = 32°10′$, was zu beweisen war.

Um nicht dem Kommentar unseres Handbuchs durch Wiederholung derselben Berechnung für jeden einzelnen Fall eine endlose Ausdehnung zu verleihen, sei gesagt, daß auch bei den übrigen Zeichen und Breiten genau dasselbe Verfahren von uns wahrgenommen werden wird.

a) 22°40′ beträgt nach der Tabelle der Schiefe zu 72°20′ (d. i. 90° − 17°40′) der Meridianbogen zwischen dem Äquator und der Ekliptik.

b) Der Zenitabstand ZK des Äquators ist gleich der Polhöhe. S. erläut. Anm. 6.

c) D. i. 2 (90° − 58°40′).

d) D. i. 2 (90° − 12°19′). Vgl. Anm. b) S. 110.

Zwölftes Kapitel.

Die Winkel und Bogen, welche die Ekliptik mit demselben durch die Pole des Horizonts gehenden (Höhen-) Kreis bildet.

Hei 160 Es bleibt schließlich das Verfahren noch mitzuteilen übrig, nach welchem wir auch die Winkel bestimmen können, welche von der Ekliptik mit dem durch die Pole des Horizonts gehenden größten (Höhen-) Kreis je nach der geographischen Breite und je nach der Lage (dieses Kreises) gebildet werden. Hierbei wird in jedem einzelnen Falle, wie (S. 101, 24) gesagt, gleichzeitig mit nachgewiesen der Bogen des durch die Pole des Horizonts gehenden (Höhen-) Kreises, welcher zwischen dem Zenit und dem Schnittpunkt dieses Kreises mit der Ekliptik liegt.[a] Wir werden wieder die für diesen Teil unserer Aufgabe erforderlichen Sätze
Ha 124 vorausschicken und zunächst den Beweis für folgenden Lehrsatz erbringen.

A. Wenn zwei von demselben Wendepunkt gleichweit entfernte Punkte der Ekliptik auf beiden Seiten des Meridians gleichviel Zeitgrade abgrenzen, der eine östlich, der andere westlich, so sind

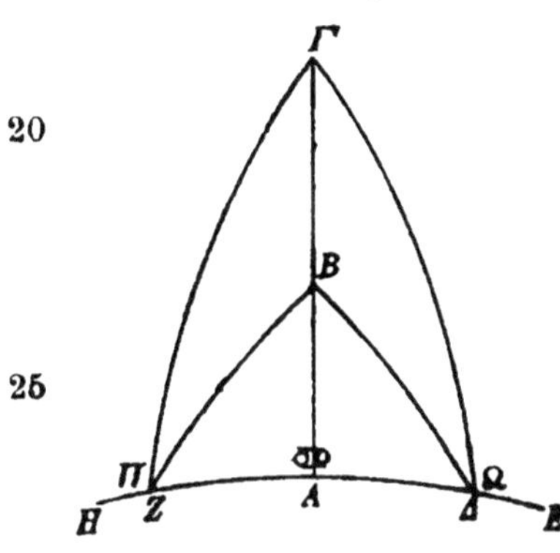

1. die vom Zenit bis zu diesen Punkten reichenden Bogen der größten Kreise einander gleich, und ist

2. die Summe der an diesen Punkten gebildeten Winkel, deren Definition wir (S. 102, 4) mitgeteilt haben, gleich 2 Rechten.

Es sei ABΓ ein Stück des Meridians, auf welchem B als der Zenit und Γ als der Pol

a) D. i. der Zenitabstand des Schnittpunktes als Ergänzung seiner Höhe zu 90°.

des Äquators angenommen sei. Nun ziehe man die beiden Ekliptikstücke $A\Delta E$ und AZH in der Lage, daß die Hei 161 Punkte Δ und Z von demselben Wendepunkt gleichweit entfernt sind und gleichgroße Bogen des durch sie gehenden Parallelkreises beiderseits des Meridians abgrenzen. Als Bogen größter Kreise ziehe man ferner durch Δ und Z vom Pol Γ des Äquators aus die Bogen $\Gamma\Delta$ und ΓZ, und vom Zenit B aus die Bogen $B\Delta$ und BZ. Meine Behauptung geht dahin, daß

$$1.\quad b\,B\Delta = b\,BZ;$$
$$2.\quad \sphericalangle B\Delta E + \sphericalangle BZA = 2R.$$

Beweis der ersten Behauptung. Weil die Punkte Δ und Z gleichgroße Bogen des durch sie gehenden Parallelkreises von dem Meridian $AB\Gamma$ entfernt sind, so ist $\sphericalangle B\Gamma\Delta$ gleich $\sphericalangle B\Gamma Z$.[a] Es haben also die beiden sphärischen Dreiecke $B\Gamma\Delta$ und $B\Gamma Z$ zwei einander entsprechende Seiten Ha 125 gleich — $\Gamma\Delta = \Gamma Z$ (nach Annahme) und $B\Gamma$ ist gemeinsam — sowie den von den gleichen Seiten eingeschlossenen Winkel — $\sphericalangle B\Gamma\Delta = \sphericalangle B\Gamma Z$ — folglich werden sie auch die Grundlinien $B\Delta$ und BZ gleich haben, sowie die Winkel $BZ\Gamma$ und $B\Delta\Gamma$.

Beweis der zweiten Behauptung. Kurz vorher (Satz B Hei 162 S. 103,6) wurde nachgewiesen, daß die Summe der beiden Winkel, welche in den von demselben Wendepunkt gleichweit entfernten Punkten (der Ekliptik) mit dem durch die Pole des Äquators gehenden (Meridian-) Kreis gebildet werden, gleich zwei Rechten ist. Demnach ist

$$\sphericalangle \Gamma\Delta E + \sphericalangle \Gamma ZA = 2R$$
$$(\sphericalangle \Gamma\Delta E = \sphericalangle B\Delta E - \sphericalangle B\Delta\Gamma$$
$$\sphericalangle \Gamma ZA = \sphericalangle BZA + \sphericalangle BZ\Gamma)$$
$$\sphericalangle B\Delta\Gamma = \sphericalangle BZ\Gamma, \text{ wie (Z. 21)}$$
$$(\sphericalangle \Gamma\Delta E + \sphericalangle \Gamma ZA = \sphericalangle B\Delta E + \sphericalangle BZA) \text{ [bewiesen.}$$

Folgl. auch $\sphericalangle B\Delta E + \sphericalangle BZA = 2R$, (s. oben Z. 28) was zu beweisen war.

a) In dem gleichschenkligen sphärischen Dreieck $Z\Gamma\Delta$ wird der Winkel an der Spitze durch den Meridian ΓA halbiert.

B. Wenn dieselben Punkte der Ekliptik beiderseits vom Meridian gleichviel Zeitgrade entfernt sind, so sind

1. die vom Zenit nach diesen Punkten gezogenen Bogen größter Kreise einander gleich, und

2. die von diesen Bogen gebildeten Winkel, d. h. der östlich und der westlich (des Meridians) liegende, in Summa gleich den beiden Winkeln, welche in denselben Punkten von dem Meridian gebildet werden.

Erste Annahme. Die den Meridian passierenden Punkte (der Ekliptik) sollen in jeder der beiden Lagen (d. i. östlich wie westlich des Meridians) entweder beide nördlich, oder beide südlich des Zenits liegen.

a) Beide Punkte sollen südlich des Zenits liegen.

Es sei ΑΒΓΔ ein Stück des Meridians; auf demselben
Hei 163 sei Γ der Zenit und Δ der Pol des Äquators. Nun ziehe
Ha 126 man die beiden Ekliptikstücke ΑΕΖ und ΒΗΘ in der Lage, daß die als identisch angenommenen Punkte Ε und Η beiderseits vom Meridian ΑΒΓΔ den gleichgroßen Bogen des durch sie gehenden Parallelkreises entfernt sind. Ferner ziehe man durch diese Punkte als Bogen größter Kreise von Γ aus die Bogen ΓΕ, ΓΗ, und von Δ aus die Bogen ΔΕ, ΔΗ. (Meine erste Behauptung ist: $b\,ΓΕ = b\,ΓΗ$.)

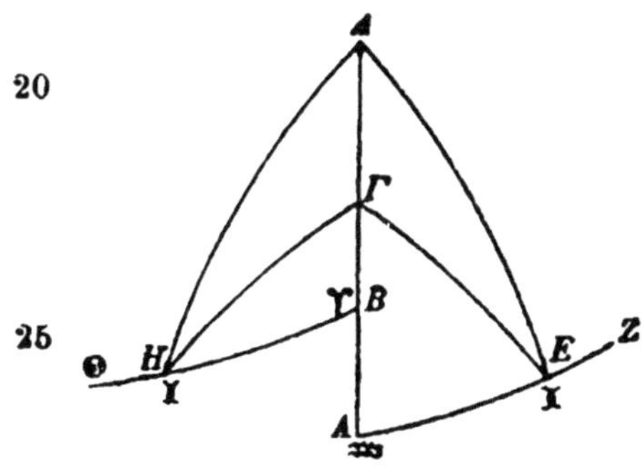

Beweis. Aus denselben Gründen wie oben (S. 113,12), weil die Punkte Ε und Η denselben Parallelkreis beschreibend, beiderseits des Meridians gleichgroße Bogen dieses Parallels verursachen, ist das sphärische Dreieck ΓΔΕ gleichseitig und gleichwinklig mit dem sphärischen Dreieck ΓΔΗ; folglich sind auch die Grundlinien ΓΕ und ΓΗ gleich.

Meine (zweite) Behauptung geht dahin, daß

$$\sphericalangle ΓΕΖ + \angle ΓΗΒ = 2 \sphericalangle ΔΕΖ \text{ oder } 2 \sphericalangle ΔΗΒ.$$

Beweis. Es ist zunächst als derselbe Winkel

$\sphericalangle \Delta EZ = \sphericalangle \Delta HB$
$(\sphericalangle \Delta HB = \sphericalangle \Gamma HB + \sphericalangle \Delta H\Gamma)$
$\sphericalangle \Gamma E\Delta = \sphericalangle \Delta H\Gamma$ (in kongr. Dreiecken)

$\sphericalangle \Delta EZ = \sphericalangle \Gamma HB + \sphericalangle \Gamma E\Delta$ Hei 16,
$(\sphericalangle \Gamma HB = \sphericalangle \Delta EZ - \sphericalangle \Gamma E\Delta$ 6
$\sphericalangle \Gamma EZ = \sphericalangle \Delta EZ + \sphericalangle \Gamma E\Delta)$

$$\sphericalangle \Gamma EZ + \sphericalangle \Gamma HB = \begin{cases} 2 \sphericalangle \Delta EZ \\ 2 \sphericalangle \Delta HB \end{cases}$$ (s. oben Z. 2)

was zu beweisen war.

b) Man ziehe wieder dieselben Stücke der betreffenden Kreise, jedoch so, daß A und B **nördlich** von Γ zu liegen kommen. Meine Behauptung geht dahin, daß auch in dieser Lage derselbe Fall eintreten wird, d. h. daß $\sphericalangle KEZ + \sphericalangle \Lambda HB = 2 \sphericalangle \Delta EZ$.

Beweis. Es ist als derselbe Winkel wieder Ha 127

$\sphericalangle \Delta HB = \sphericalangle \Delta EZ$
$\sphericalangle \Delta H\Lambda = \sphericalangle \Delta EK$ (als Nebenw. gleicher Winkel)

$(\sphericalangle \Delta HB + \sphericalangle \Delta H\Lambda = \sphericalangle \Delta EZ + \sphericalangle \Delta EK)$
$\sphericalangle \Lambda HB = \sphericalangle \Delta EZ + \sphericalangle \Delta EK$
$(\sphericalangle KEZ = \sphericalangle \Delta EZ - \sphericalangle \Delta EK)$

$\sphericalangle KEZ + \sphericalangle \Lambda HB = 2 \sphericalangle \Delta EZ$, was zu beweisen war.

Zweite Annahme. (Es soll der eine Punkt südlich, der andere nördlich des Zenits zu liegen kommen.)

a) Es sei wieder die ähnliche Figur gegeben, jedoch so, daß der kulminierende Punkt des östlichen Stückes, d. i. A, südlich des Zenits Γ, und

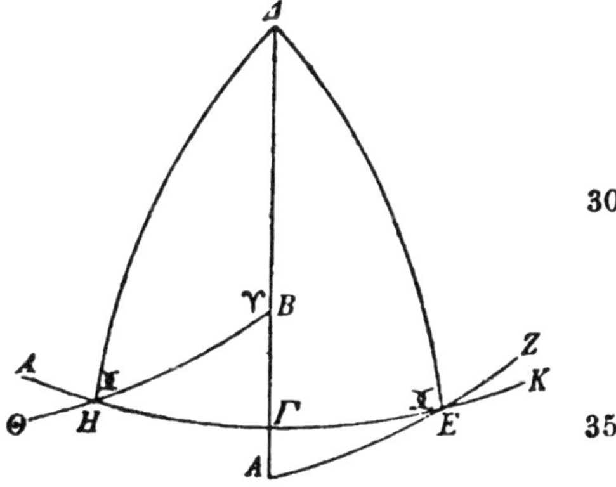

Hei 165 der kulminierende Punkt des w e s t l i c h e n Stückes, d. i. B, n ö r d l i c h desselben liege. Meine Behauptung lautet:

$$\sphericalangle \Gamma EZ + \sphericalangle \Lambda HB = 2 \sphericalangle \Delta EZ + 2R.$$

Beweis.

$$\sphericalangle \Delta H\Gamma + \sphericalangle \Delta H\Lambda = 2R$$

$$\sphericalangle \Delta H\Gamma = \sphericalangle \Delta E\Gamma \quad \text{(S. 103,22)}$$

$$\sphericalangle \Delta E\Gamma + \sphericalangle \Delta H\Lambda = 2R$$

$$\sphericalangle \Delta EZ + \sphericalangle \Delta HB = 2 \sphericalangle \Delta EZ \quad \text{(s. S. 115,20)}$$

$$(\sphericalangle \Delta E\Gamma + \sphericalangle \Delta EZ + \sphericalangle \Delta H\Lambda + \sphericalangle \Delta HB = 2R + 2 \sphericalangle \Delta EZ)$$

$$\sphericalangle \Gamma EZ \quad + \quad \sphericalangle \Lambda HB \quad = 2 \sphericalangle \Delta EZ + 2R,$$

was zu beweisen war.

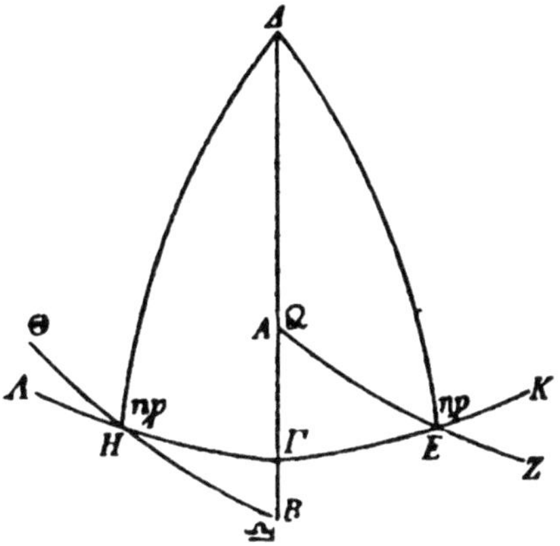

b) Es bleibt noch der letzte Fall übrig, daß an der ähnlichen Figur der kulminierende Punkt des
Ha 128
ö s t l i c h e n Stückes, d. i. A,
Hei 166
n ö r d l i c h von Γ liege, und der kulminierende Punkt des w e s t l i c h e n Stückes, d. i. B, s ü d l i c h davon. Meine Behauptung geht dahin, daß

$$\sphericalangle KEZ + \sphericalangle \Gamma HB = 2 \sphericalangle \Delta EZ - 2R.$$

Beweis.

$$(\sphericalangle KEZ = \sphericalangle \Delta EZ - \sphericalangle \Delta EK$$

$$\sphericalangle \Gamma HB = \sphericalangle \Delta HB - \sphericalangle \Delta H\Gamma)$$

$$\sphericalangle KEZ + \sphericalangle \Gamma HB = \sphericalangle \Delta EZ + \sphericalangle \Delta HB - [\sphericalangle \Delta EK + \Delta H\Gamma]$$

$$\sphericalangle \Delta EK + \sphericalangle \Delta E\Gamma = 2R$$

$$\sphericalangle \Delta E\Gamma = \sphericalangle \Delta H\Gamma$$

$$\sphericalangle \Delta EK + \sphericalangle \Delta H\Gamma = 2R$$

$$\sphericalangle \Delta EZ + \sphericalangle \Delta HB = 2 \sphericalangle \Delta EZ \quad \text{(S. 115,20)}$$

$$(\sphericalangle \Delta EZ + \sphericalangle \Delta HB - [\sphericalangle \Delta EK + \sphericalangle \Delta H\Gamma] = 2 \sphericalangle \Delta EZ - 2R)$$

Folgl. (s. Z. 25) auch $\sphericalangle KEZ + \sphericalangle \Gamma HB = 2 \sphericalangle \Delta EZ - 2R,$

was zu beweisen war.

Daß von den Winkeln und Bogen, welche von der Ekliptik mit dem durch den Zenit gehenden größten (Höhen-) Kreis in der von uns (S. 112, 4) bezeichneten Weise gebildet werden, sowohl die im Meridian als auch die im Horizont gebildeten bequem bestimmt werden können, dürfte auf folgendem Wege ohne weiteres klar werden.

Wir beschreiben den Kreis ΑΒΓΔ als Meridian, ΒΕΔ als einen Halbkreis des Horizonts und ΖΕΗ als einen Hei 16 solchen der Ekliptik in irgendeiner beliebigen Lage.

1. Denken wir uns zunächst durch den kulminierenden Punkt Ζ der Ekliptik den durch den Zenit Α gehenden größten (Höhen-) Kreis, so wird derselbe mit dem Meridian ΑΒΓΔ zusammenfallen, und ohne weiteres wird uns ge- Ha 12 geben sein

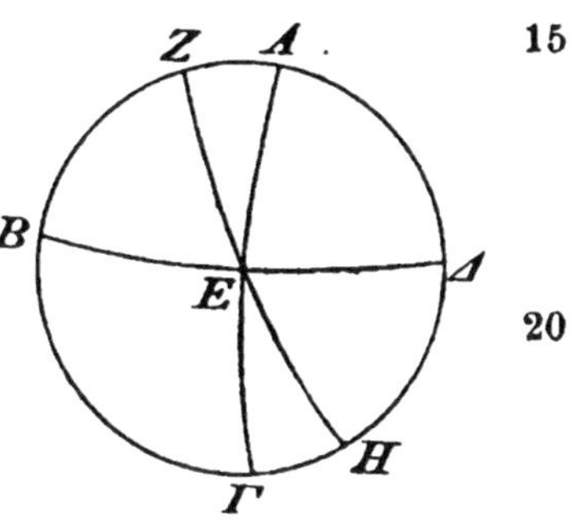

a) ∢ ΔΖΕ, weil Punkt Ζ und der im Meridian in diesem Punkte gebildete Winkel (S. 104, 23) bestimmt werden kann;

b) Bogen ΑΖ, weil wir (aus der Tabelle der Schiefe) wissen, wieviel Grade Ζ auf dem Meridian vom Äquator, und (aus der Polhöhe) wieviel Grade der Äquator vom Zenit Α Abstand hat.[a)]

2. Denken wir uns ferner durch den aufgehenden Punkt Ε des Halbkreises der Ekliptik den durch Α gehenden größten (Höhen-) Kreis ΑΕΓ, so ist auch hier ohne weiteres klar:

a) Bogen ΑΕ wird immer gleich einem Quadranten sein, weil Α Pol des Horizonts ist;

b) ∢ ΑΕΗ wird, weil aus dem eben angegebenen Grunde ∢ ΑΕΔ stets ein Rechter und ∢ ΔΕΗ als der von der Ekliptik mit dem Horizont gebildete Winkel (vgl. S. 109, 33)

a) Bogen ΑΖ ist gleich dem Zenitabstand des Äquators (d. i. gleich der Polhöhe) plus oder minus der Deklination des kulminierenden Ekliptikgrades, je nachdem Ζ südlich oder nördlich des Äquators liegt. Vgl. S. 44 Anm. a).

gegeben ist, mit der Summe von $\sphericalangle\,\mathrm{AE\Delta} + \sphericalangle\,\mathrm{\Delta EH}$ gegeben sein, was nachzuweisen war.

Hei 168 Es leuchtet daher ein, daß wir unter diesen Umständen, wenn wir für jede geographische Breite nur die *vor* (d. i. östlich von) dem Meridian liegenden Winkel und Bogen, und zwar nur die der Zeichen vom Anfang des Krebses bis zum Anfang des Steinbocks berechnet haben, gleichzeitig mit nachgewiesen haben erstens (als die Supplementwinkel) die *jenseits* (d. i. westlich) des Meridians liegenden Winkel und Bogen *dieser* Zeichen (Satz A S. 112, 14), und außerdem zweitens (Satz B S. 114, 1) die Winkel und Bogen der *übrigen* Zeichen, und zwar sowohl die *vor* dem Meridian als auch die *jenseits* liegenden.

Damit auch bei diesen Winkeln und Bogen das für jede Lage einzuschlagende Verfahren verständlich werde, wollen wir als Beispiel wieder den Beweis, der als allgemeingültig angesehen werden soll, für *einen* theoretischen Fall durchführen.

Wir setzen hierbei für die wiederholt zugrunde gelegte

Ha 130 geographische Breite, für welche die Polhöhe 36° beträgt, den Fall, daß der Anfang des Krebses beispielshalber *eine* Äquinoktialstunde vom Meridian *östlich* entfernt sei. Für diesen Stand kulminiert (S. 99, 17) auf dem angenommenen Parallel der Punkt ♊ 16°12′, während im Aufgang begriffen ist (S. 99, 5) der Punkt ♍ 17°37′.

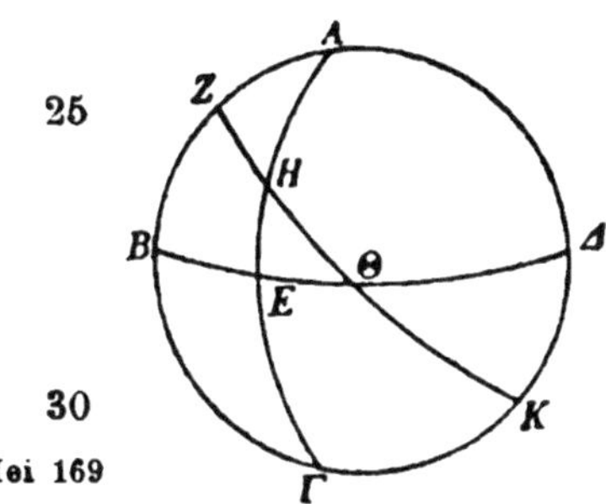

Es sei der Kreis ΑΒΓΔ der Meridian, ΒΕΔ ein Halbkreis des Horizonts und ΖΗΘ ein solcher der Ekliptik in der Lage, daß Punkt Η der Anfang des Krebses

Hei 169 ist, Ζ den Punkt ♊ 16°12′ einnimmt und Θ den Punkt ♍ 17°37′. Nun ziehe man durch den Zenit Α und durch Η, den Anfang des Krebses, den Bogen ΑΗΕΓ eines größten (Höhen-) Kreises.

1. Es sei die Aufgabe gestellt, den Bogen ΑΗ zu finden. Es leuchtet ein, daß folgende Größen gegeben sind:

$b\,\mathsf{Z\Theta} = 91^\circ 25'$; (d. i. $13^\circ 48'$ ♊ + ♋ + ♌ + $17^\circ 37'$ ♍)
$b\,\mathsf{H\Theta} = 77^\circ 37'$; (d. i. ♋ + ♌ + $17^\circ 37'$ ♍)
$b\,\mathsf{AZ} = 12^\circ 53'$ (d. i. $36^\circ - 23^\circ 7'$), weil die Deklination von ♊ $16^\circ 12'$ $23^\circ 7'$[a] und der Zenitabstand des Äquators 36° beträgt;
$b\,\mathsf{ZB} = 77^\circ 7'$ als Komplementbogen dazu.

Wenn diese Größen gegeben sind, so gilt wieder, wie die Figur zeigt, (Satz B S. 51, 1)

$$\frac{s2b\,\mathsf{ZB}}{s2b\,\mathsf{BA}} = \frac{s2b\,\mathsf{Z\Theta}}{s2b\,\mathsf{\Theta H}} \cdot \frac{s2b\,\mathsf{HE}}{s2b\,\mathsf{EA}}.$$ Ha 131

Nun ist $2b\,\mathsf{ZB} = 154^\circ 14'$, also $s2b\,\mathsf{ZB} = 116^p 59'$;
$2b\,\mathsf{BA} = 180^\circ$, also $s2b\,\mathsf{BA} = 120^p$; Hei 170
$2b\,\mathsf{Z\Theta} = 182^\circ 50'$, also $s2b\,\mathsf{Z\Theta} = 119^p 58'$;
$2b\,\mathsf{\Theta H} = 155^\circ 14'$, also $s2b\,\mathsf{\Theta H} = 117^p 12'$.

Bringen wir also $\dfrac{119^p 58'}{117^p 12'}$ auf die andere Seite der Gleichung, so erhalten wir

$$\frac{s2b\,\mathsf{HE}}{s2b\,\mathsf{EA}} = \frac{114^p 16'}{120^p} \left(\text{aus } \frac{116^p 59' \cdot 117^p 12'}{120^p \cdot 119^p 58'}\right).$$

Nun ist $s2b\,\mathsf{EA} = 120^p$, (also $2b\,\mathsf{EA} = 180^\circ$)
folglich $s2b\,\mathsf{HE} = 114^p 16'$, also $2b\,\mathsf{HE} = 144^\circ 26'$ u. $b\,\mathsf{HE} = 72^\circ 13'$.

Mithin beträgt der Bogen AH als Differenz der Bogen EA und HE ($90^\circ - 72^\circ 13' =$) $17^\circ 47'$, was nachzuweisen war.

2. Den ∢ $\mathsf{AH\Theta}$ werden wir auf folgendem Wege finden.

Vorgelegt sei die schon beschriebene Figur. Um H als Pol beschreiben wir mit der Seite des Quadrats als Abstand den Bogen $\mathsf{K\Lambda M}$ eines größten Kreises. Infolgedessen wird, weil der (Höhen-) Kreis AHE sowohl durch die Pole von $\mathsf{E\Theta M}$, als

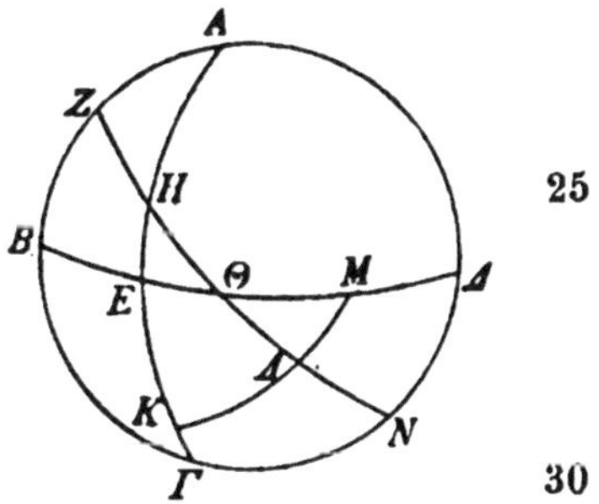

a) S. die Tabelle der Schiefe zum 76. Grad der Ekliptik.

auch durch die von KΛM geht, jeder der beiden Bogen (vgl. S. 104, 3) EM und KM gleich einem Quadranten. Es gilt
Hei 171 wieder, wie die Figur zeigt, (Satz A S. 49, 31)

Ha 132
$$\frac{s\,2b\,\mathrm{HE}}{s\,2b\,\mathrm{EK}} = \frac{s\,2b\,\mathrm{H\Theta}}{s\,2b\,\Theta\Lambda} \cdot \frac{s\,2b\,\Lambda\mathrm{M}}{s\,2b\,\mathrm{MK}}.$$

Nun ist $2b\,\mathrm{HE} = 144^\circ 26'$,[a] also $s\,2b\,\mathrm{HE} = 114^p\,16'$;
$2b\,\mathrm{EK} = 35^\circ 34'$, also $s\,2b\,\mathrm{EK} = 36^p\,38'$;
$2b\,\mathrm{H\Theta} = 155^\circ 14'$,[b] also $s\,2b\,\mathrm{H\Theta} = 117^p\,12'$;
$2b\,\Theta\Lambda = 24^\circ 46'$, also $s\,2b\,\Theta\Lambda = 25^p\,44'$.

Bringen wir also $\frac{117^p 12'}{25^p 44'}$ auf die andere Seite der Gleichung, so erhalten wir

$$\frac{s\,2b\,\Lambda\mathrm{M}}{s\,2b\,\mathrm{MK}} = \frac{82^p\,11'}{120^p}\ \left(\text{aus } \frac{114^p\,16' \cdot 25^p\,44'}{36^p\,38' \cdot 117^p\,12'}\right).$$

Nun ist $s\,2b\,\mathrm{MK} = 120^p$, (also $2b\,\mathrm{MK} = 180^0$)
folglich $s\,2b\,\Lambda\mathrm{M} = 82^p 11'$, also $2b\,\Lambda\mathrm{M} = 86^\circ 28'$ u. $b\,\Lambda\mathrm{M} = 43^\circ 14'$.

Mithin ist der Bogen ΛK (als Differenz des Quadranten MK und des Bogens ΛM gleich $90^0 - 43^0 14'$) und somit auch ∢ ΛHK gleich $46^0 46'$; folglich beträgt der ∢ AHΘ als Nebenwinkel dazu $133^0 14'$, was nachzuweisen war.

Hei 172 Das Verfahren, durch welches wir vorstehende Ergebnisse gefunden haben, bleibt auch für die übrigen Fälle ganz dasselbe. Um nun auch die anderen Winkel und Bogen, soweit wir sie bei unseren Spezialuntersuchungen voraussichtlich notwendig brauchen werden, bequem zur Hand zu haben, sind auch diese auf dem Wege linearer Konstruktion berechnet worden. Den Anfang haben wir mit dem Parallel
Ha 133 durch Meroë gemacht, auf welchem der längste Tag 13 Äquinoktialstunden hat, und sind gegangen bis zu dem Parallel, der jenseits des Pontus durch die Mündungen des Borysthenes

a) D. i. 2. $72^\circ 13'$ (s. b HE S. 119, 18).
b) D. i 2. $77^\circ 37'$ (s. b HΘ S. 119, 2).

geht, wo der längste Tag 16 Äquinoktialstunden hat. Wie schon bei den Aufgängen, haben wir bei Bestimmung der geographischen Breite von Parallel zu Parallel wieder die Zunahme um je eine halbe Stunde zur Anwendung gebracht, bei Ansetzung der Ekliptikbogen die Zunahme von Zeichen zu Zeichen, endlich bei Angabe der Lagen östlich oder westlich des Meridians die Zunahme um je eine Äquinoktialstunde.

Auch die Mitteilung dieser Größenbeträge werden wir für jede geographische Breite und jedes Zeichen in Tabellenform bieten. In die erste Spalte (jeder Einzeltabelle) setzen wir zur Angabe der Abstände beiderseits des Meridians die Zahl der Äquinoktialstunden, welche *nach* (oder *vor*) dem Stande im Meridian selbst[a] verflossen sind, in die zweite Spalte die Größenbeträge der, wie (S. 112, 18) gesagt, vom Zenit bis zum Anfang des betreffenden Zeichens reichenden *Bogen*, in die dritte und vierte die Größenbeträge der *Winkel*, welche an dem eben bezeichneten Schnittpunkt in der von Hei 173 uns (S. 112, 3) definierten Weise gebildet werden, und zwar stehen in der dritten Spalte die Winkel der Lagen *östlich*, in der vierten die Winkel der Lagen *westlich* des Meridians.

Erinnert sei an die eingangs (S. 102, 4) gegebene Definition, daß wir von den zwei mit dem *östlichen* Ekliptikbogen gebildeten Winkeln stets den *nördlich* ebendieses Bogens gelegenen herangezogen und seinen Größenbetrag in solchen Graden angesetzt haben, wie 90 auf einen Rechten kommen.

Dreizehntes Kapitel.

Die Tabellen der Winkel und Bogen von Parallel zu Parallel

gestalten sich folgendermaßen. Ha 134 Hei 174

(S. 112—128.)

a) Derselbe ist in den Tabellen mit 0^h bezeichnet.

I. Meroë.

Längster Tag: 13h. Polhöhe: 16° 27′.

Stunde	Bogen	Östl. Winkel	Westl. Winkel
Krebs			
0h	7° 24′	90° 0′	
1	15 55	25 16	154° 44′
2	29 3	9 15	170 45
3	42 42	1 38	178 22
4	56 25	175 7	4 53
5	70 2	170 18	9 42
6	83 27	164 41	15 19
6h 30m	90 0	161 57	18 3
Skorpion			
0h	28° 7′	111° 0′	
1	31 46	139 0	83° 0′
2	40 52	157 59	64 1
3	52 30	169 23	52 37
4	65 40	176 41	45 19
5	79 18	1 41	40 19
5h 46m	90 0	4 9	37 51
Fische			
0h	28° 7′	69° 0′	
1	31 46	97 0	41° 0′
2	40 52	115 59	22 1
3	52 30	127 23	10 37
4	65 40	134 41	3 19
5	79 18	139 41	178 19
5h 46m	90 0	142 9	175 51
Löwe			
0h	4° 3′	102° 30′	
1	14 20	26 3	178° 57′
2	28 42	15 28	9 32
3	42 43	10 5	14 55
4	56 49	6 19	18 41
5	70 38	2 33	22 27
6	84 17	177 0	28 0
6h 25m	90 0	174 51	30 9
Schütze			
0h	36° 57′	102° 30′	
1	39 46	125 12	79° 48′
2	47 15	143 5	61 55
3	57 33	156 3	48 57
4	69 30	164 48	40 12
5	82 18	171 43	33 17
5h 35m	90 0	174 51	30 9
Widder			
0h	16° 27′	66° 9′	
1	22 8	107 11	25° 7′
2	33 50	125 35	6 43
3	47 20	133 41	178 37
4	61 22	137 26	174 52
5	75 39	139 27	172 51
6	90 0	139 42	172 36
Jungfrau			
0h	4° 47′	111° 0′	
1	15 20	0 0	42° 0′
2	29 28	8 0	34 0
3	43 40	9 15	32 45
4	58 13	8 39	33 21
5	72 36	6 53	35 7
6	86 41	5 37	36 23
6h 14m	90 0	4 9	37 51
Steinbock			
0h	40° 18′	90° 0′	
1	42 54	111 24	68° 36′
2	49 58	128 51	51 9
3	59 35	141 49	38 11
4	71 4	151 25	28 35
5	83 31	158 48	21 12
5h 30m	90 0	161 57	18 3
Stier			
0h	4° 47′	69° 0′	
1	15 20	138 0	180° 0′
2	29 28	146 0	172 0
3	43 40	147 15	170 45
4	58 13	146 39	171 21
5	72 36	144 53	173 7
6	86 41	143 37	174 23
6h 14m	90 0	142 9	175 51
Wage			
0h	16° 27′	113° 51′	
1	22 8	154 53	72° 49′
2	33 50	173 17	54 25
3	47 20	1 23	46 19
4	61 22	5 8	42 34
5	75 39	7 9	40 33
6	90 0	7 24	40 18
Wassermann			
0h	36° 57′	77° 30′	
1	39 46	100 12	54° 48′
2	47 15	118 5	36 55
3	57 33	131 3	23 57
4	69 30	139 48	15 12
5	82 18	146 43	8 17
5h 35m	90 0	149 51	5 9
Zwillinge			
0h	4° 3′	77° 30′	
1	14 20	1 3	153° 57′
2	28 42	170 28	164 32
3	42 43	165 5	169 55
4	56 49	161 19	173 41
5	70 38	157 33	177 27
6	84 17	152 0	3 0
6h 25m	90 0	149 51	5 9

II. Soëne.

Längster Tag: $13\frac{1}{2}^h$. Polhöhe: 23°51'.

Krebs

Stunde	Bogen	Östl. Winkel	Westl. Winkel
0h	0° 0'	90° 0'	
1	13 43	176 15	3°45'
2	27 23	173 51	6 9
3	41 20	168 15	11 45
4	54 27	166 51	13 9
5	67 42	162 42	17 18
6	80 36	157 59	22 1
6h 45m	90 0	153 46	26 14

Löwe

Stunde	Bogen	Östl. Winkel	Westl. Winkel
0h	3° 21'	102° 30'	
1	14 18	176 4	28°56'
2	27 56	180 0	25 0
3	41 44	179 3	25 57
4	55 14	177 18	27 42
5	68 43	173 40	31 20
6	81 52	168 56	36 4
6h 38m	90 0	166 53	38 7

Jungfrau

Stunde	Bogen	Östl. Winkel	Westl. Winkel
0h	12° 11'	111° 0'	
1	18 42	158 40	63°20'
2	30 57	173 44	48 16
3	44 22	178 3	43 57
4	58 1	180 0	42 0
5	71 43	179 15	42 45
6	85 20	177 39	44 21
6h 21m	90 0	176 41	45 19

Wage

Stunde	Bogen	Östl. Winkel	Westl. Winkel
0h	23° 51'	113° 51'	
1	27 56	144 10	83°32'
2	37 36	162 13	65 29
3	49 42	171 45	55 57
4	62 47	176 59	50 43
5	76 20	179 3	48 39
6	90 0	180 0	47 42

Skorpion

Stunde	Bogen	Östl. Winkel	Westl. Winkel
0h	35° 31'	111° 0'	
1	38 25	133 15	88°45'
2	46 2	150 18	71 42
3	56 30	161 41	60 19
4	68 31	169 5	52 55
5	81 22	174 30	47 30
5h 39m	90 0	176 41	45 19

Schütze

Stunde	Bogen	Östl. Winkel	Westl. Winkel
0h	44° 21'	102° 30'	
1	46 40	121 30	83°30'
2	53 4	137 16	67 44
3	62 18	149 25	55 35
4	73 20	157 58	47 2
5	85 23	164 46	40 14
5h 22m	90 0	166 53	38 7

Steinbock

Stunde	Bogen	Östl. Winkel	Westl. Winkel
0h	47° 42'	90° 0'	
1	49 52	108 3	71°57'
2	55 52	123 31	56 29
3	64 37	135 37	44 23
4	75 12	144 57	35 3
5	86 54	152 0	28 0
5h 15m	90 0	153 46	26 14

Wassermann

Stunde	Bogen	Östl. Winkel	Westl. Winkel
0h	44° 21'	77° 30'	
1	46 40	96 30	58°30'
2	53 4	112 16	42 44
3	62 18	124 25	30 35
4	73 20	132 58	22 2
5	85 23	139 46	15 14
5h 22m	90 0	141 53	13 7

Fische

Stunde	Bogen	Östl. Winkel	Westl. Winkel
0h	35° 31'	69° 0'	
1	38 25	91 15	46°45'
2	46 2	108 18	29 42
3	56 30	119 41	18 19
4	68 31	127 5	10 55
5	81 22	132 30	5 30
5h 39m	90 0	134 41	3 19

Widder

Stunde	Bogen	Östl. Winkel	Westl. Winkel
0h	23° 51'	66° 9'	
1	27 56	96 28	35°50'
2	37 36	114 31	17 47
3	49 42	124 3	8 15
4	62 47	129 17	3 1
5	76 20	131 21	0 57
6	90 0	132 18	0 0

Stier

Stunde	Bogen	Östl. Winkel	Westl. Winkel
0h	12° 11'	69° 0'	
1	18 42	116 40	21°20'
2	30 57	131 44	6 16
3	44 22	136 3	1 57
4	58 1	138 0	0 0
5	71 43	137 15	0 45
6	85 20	135 39	2 21
6h 21m	90 0	134 41	3 19

Zwillinge

Stunde	Bogen	Östl. Winkel	Westl. Winkel
0h	3° 21'	77° 30'	
1	14 18	151 4	3°56'
2	27 56	155 0	0 0
3	41 44	154 3	0 57
4	55 14	152 18	2 42
5	68 43	148 40	6 20
6	81 52	143 56	11 4
6h 38m	90 0	141 53	13 7

III. Unter-Ägypten.

Längster Tag: 14h. Polhöhe: 30°22′.

Krebs

Stunde	Bogen	Östl. Winkel	Westl. Winkel
0h	6° 31′	90° 0′	
1	14 56	150 0	30° 0′
2	27 23	159 38	20 22
3	40 19	160 30	19 30
4	53 14	158 51	21 9
5	65 55	156 0	24 0
6	78 15	151 49	28 11
7	90 0	146 28	33 32

Skorpion

Stunde	Bogen	Östl. Winkel	Westl. Winkel
0h	42° 2′	111° 0′	
1	44 26	129 32	92° 28′
2	50 58	144 38	77 22
3	60 19	155 33	66 27
4	71 20	162 56	59 4
5	83 19	167 54	54 6
5h 32m	90 0	169 55	52 5

Fische

Stunde	Bogen	Östl. Winkel	Westl. Winkel
0h	42° 2′	69° 0′	
1	44 26	87 32	50° 2
2	50 58	102 38	35 2
3	60 19	113 33	24 2
4	71 20	120 56	17
5	83 19	125 54	12
5h 32m	90 0	127 55	10

Löwe

Stunde	Bogen	Östl. Winkel	Westl. Winkel
0h	9° 52′	102° 30′	
1	16 45	153 13	51° 47′
2	28 44	166 22	38 38
3	41 31	169 26	35 34
4	54 27	169 8	35 52
5	67 17	167 1	37 59
6	79 48	163 46	41 14
6h 51m	90 0	159 49	45 11

Schütze

Stunde	Bogen	Östl. Winkel	Westl. Winkel
0h	50° 52′	102° 30′	
1	52 53	118 39	86° 21′
2	58 27	132 51	72 9
3	66 44	144 1	60 59
4	76 51	152 37	52 23
5	88 9	158 43	46 17
5h 9m	90 0	159 49	45 11

Widder

Stunde	Bogen	Östl. Winkel	Westl. Winkel
0h	30° 22′	66° 9′	
1	33 35	89 50	42° 2
2	41 39	106 37	25 4
3	52 25	116 28	15 5
4	64 28	122 5	10 1
5	77 6	124 39	7 3
6	90 0	125 47	6 3

Jungfrau

Stunde	Bogen	Östl. Winkel	Westl. Winkel
0h	18° 42′	111° 0′	
1	23 18	145 18	76° 42′
2	33 30	162 25	59 35
3	45 36	169 34	52 26
4	58 21	172 10	49 50
5	71 15	172 28	49 32
6	84 7	171 5	50 55
6h 28m	90 0	169 55	52 5

Steinbock

Stunde	Bogen	Östl. Winkel	Westl. Winkel
0h	54° 13′	90° 0′	
1	56 6	105 34	74° 26′
2	61 22	119 23	60 37
3	69 17	130 46	49 14
4	78 59	139 30	40 30
5	90 0	146 28	33 32

Stier

Stunde	Bogen	Östl. Winkel	Westl. Winkel
0h	18° 42′	69° 0′	
1	23 18	103 18	34° 4
2	33 30	120 25	17 3
3	45 36	127 34	10 2
4	58 21	130 10	7 5
5	71 15	130 28	7 3
6	84 7	129 5	8 5
6h 28m	90 0	127 55	10

Wage

Stunde	Bogen	Östl. Winkel	Westl. Winkel
0h	30° 22′	113° 51′	
1	33 35	137 32	90° 10′
2	41 39	154 19	73 23
3	52 25	164 10	63 32
4	64 28	169 47	57 55
5	77 6	172 21	55 21
6	90 0	173 29	54 13

Wassermann

Stunde	Bogen	Östl. Winkel	Westl. Winkel
0h	50° 52′	77° 30′	
1	52 53	93 39	61° 21′
2	58 27	107 51	47 9
3	66 44	119 1	35 59
4	76 51	127 37	27 23
5	88 9	133 43	21 17
5h 9m	90 0	134 49	20 11

Zwillinge

Stunde	Bogen	Östl. Winkel	Westl. Winkel
0h	9° 52′	77° 30′	
1	16 45	128 13	26° 4
2	28 44	141 22	13 3
3	41 31	144 26	10 3
4	54 27	144 8	10 5
5	67 17	142 1	12 5
6	79 48	138 46	16 1
6h 51m	90 0	134 49	20 1

IV. Rhodus.

Längster Tag: $14\frac{1}{2}^h$. Polhöhe: 36^0.

Krebs

Stunde	Bogen	Östl. Winkel	Westl. Winkel
0h	12° 9′	90° 0′	
1	17 47	133 14	46° 46′
2	26 22	147 45	32 15
3	40 27	151 46	28 14
4	52 36	151 52	28 8
5	64 36	149 54	30 6
6	76 16	146 25	33 35
7	87 23	141 30	38 30
7h 15m	90 0	140 1	39 59

Löwe

Stunde	Bogen	Östl. Winkel	Westl. Winkel
0h	15° 30′	102° 30′	
1	20 20	139 32	65° 28′
2	30 28	155 19	49 41
3	42 6	160 37	44 23
4	54 12	162 11	42 49
5	66 17	161 5	43 55
6	78 7	158 10	46 50
7	89 27	153 39	51 21
7h 4m	90 0	153 36	51 24

Jungfrau

Stunde	Bogen	Östl. Winkel	Westl. Winkel
0h	24° 20′	111° 0′	
1	27 51	137 38	84° 22′
2	36 24	153 59	68 1
3	47 14	162 10	59 50
4	59 0	165 40	56 20
5	71 5	166 34	55 26
6	83 9	165 30	56 30
6h 35m	90 0	164 7	57 53

Wage

Stunde	Bogen	Östl. Winkel	Westl. Winkel
0h	36° 0′	113° 51′	
1	38 37	133 23	94° 19′
2	45 31	148 23	79 19
3	55 6	158 9	69 33
4	66 9	163 58	63 44
5	77 56	166 36	61 6
6	90 0	167 51	59 51

Skorpion

Stunde	Bogen	Östl. Winkel	Westl. Winkel
0h	47° 40′	111° 0′	
1	49 42	126 50	95° 10′
2	55 26	140 20	81 40
3	63 48	150 34	71 26
4	73 55	157 51	64 9
5	85 5	162 28	59 32
5h 25m	90 0	164 7	57 53

Schütze

Stunde	Bogen	Östl. Winkel	Westl. Winkel
0h	56° 30′	102° 30′	
1	58 14	116 39	88° 21′
2	63 13	129 23	75 37
3	70 41	139 47	65 13
4	80 2	147 47	57 13
4h 56m	90 0	153 36	51 24

Steinbock

Stunde	Bogen	Östl. Winkel	Westl. Winkel
0h	59° 51′	90° 0′	
1	61 30	103 45	76° 15′
2	66 12	116 10	63 50
3	73 22	126 36	53 24
4	82 24	134 56	45 4
4h 45m	90 0	140 1	39 59

Wassermann

Stunde	Bogen	Östl. Winkel	Westl. Winkel
0h	56° 30′	77° 30′	
1	58 14	91 39	63° 21′
2	63 13	104 23	50 37
3	70 41	114 47	40 13
4	80 2	122 47	32 13
4h 56m	90 0	128 36	26 24

Fische

Stunde	Bogen	Östl. Winkel	Westl. Winkel
0h	47° 40′	69° 0′	
1	49 42	84 50	53° 10′
2	55 26	98 20	39 40
3	63 48	108 34	29 26
4	73 55	115 51	22 9
5	85 5	120 28	17 32
5h 25m	90 0	122 7	15 53

Widder

Stunde	Bogen	Östl. Winkel	Westl. Winkel
0h	36° 0′	66° 9′	
1	38 37	85 41	46° 37′
2	45 31	100 41	31 37
3	55 6	110 27	21 51
4	66 9	116 16	16 2
5	77 56	118 54	13 24
6	90 0	120 9	12 9

Stier

Stunde	Bogen	Östl. Winkel	Westl. Winkel
0h	24° 20′	69° 0′	
1	27 51	95 38	42° 22′
2	36 24	111 59	26 1
3	47 14	120 10	17 50
4	59 0	123 40	14 20
5	71 5	124 34	13 26
6	83 9	123 30	14 30
6h 35m	90 0	122 7	15 53

Zwillinge

Stunde	Bogen	Östl. Winkel	Westl. Winkel
0h	15° 30′	77° 30′	
1	20 20	114 32	40° 28′
2	30 28	130 19	24 41
3	42 6	135 37	19 23
4	54 12	137 11	17 49
5	66 17	136 5	18 55
6	78 7	133 10	21 50
7	89 27	128 39	26 21
7h 4m	90 0	128 36	26 24

V. Hellespont.

Längster Tag: 15 . Polhöhe: 40°56'.

Stunde	Bogen	Östl. Winkel	Westl. Winkel
Krebs			
0h	17° 5'	90° 0'	
1	21 18	122 32	57°28'
2	30 17	138 29	41 31
3	41 37	144 18	35 42
4	52 25	145 38	34 22
5	63 47	144 28	35 32
6	74 48	141 30	38 30
7	85 9	137 5	42 55
7h 30m	90 0	134 16	45 44
Löwe			
0h	20° 26'	102° 30'	
1	24 5	131 6	73°54'
2	32 37	147 0	58 0
3	43 8	153 50	51 10
4	54 19	156 5	48 55
5	65 36	155 8	49 52
6	76 46	153 24	51 36
7	87 24	149 6	55 54
7h 16m	90 0	148 6	56 54
Jungfrau			
0h	29° 16'	111° 0'	
1	32 5	132 30	89°30'
2	39 22	147 30	74 30
3	49 3	156 0	66 0
4	59 50	160 7	61 53
5	71 5	161 24	60 36
6	82 22	160 40	61 20
6h 42m	90 0	158 59	63 1
Wage			
0h	40° 56'	113°51'	
1	43 8	129 57	97°45'
2	49 7	143 38	84 4
3	57 42	153 8	74 34
4	67 50	158 47	68 55
5	78 45	161 59	65 43
6	90 0	162 55	64 47

Stunde	Bogen	Östl. Winkel	Westl. Winkel
Skorpion			
0h	52° 36'	111° 0'	
1	54 23	124 46	97°14'
2	59 25	136 55	85 5
3	66 58	146 24	75 36
4	76 15	153 10	68 50
5	86 38	157 45	64 15
5h 18m	90 0	158 59	63 1
Schütze			
0h	61° 26'	102° 30'	
1	63 0	115 5	89°55'
2	67 24	126 29	78 31
3	74 13	136 10	68 50
4	82 48	143 45	61 15
4h 44m	90 0	148 6	56 54
Steinbock			
0h	64° 47'	90° 0'	
1	66 15	102 27	77°33'
2	70 30	113 35	66 25
3	77 4	122 55	57 5
4	85 18	130 58	49 2
4h 30m	90 0	134 16	45 44
Wassermann			
0h	61° 26'	77°30'	
1	63 0	90 5	64°55'
2	67 24	101 29	53 31
3	74 13	111 10	43 50
4	82 48	118 45	36 15
4h 44m	90 0	123 6	31 54

Stunde	Bogen	Östl. Winkel	Westl. Winkel
Fische			
0h	52° 36'	69° 0'	
1	54 23	82 46	55°14
2	59 25	94 55	43 5
3	66 58	104 24	33 36
4	76 15	111 10	26 50
5	86 38	115 45	22 15
5h 18m	90 0	116 59	21 1
Widder			
0h	40° 56'	66° 9'	
1	43 8	82 15	50° 3
2	49 7	95 56	36 22
3	57 42	105 26	26 52
4	67 50	111 5	21 13
5	78 45	114 17	18 1
6	90 0	115 43	17 5
Stier			
0h	29° 16'	69° 0'	
1	32 5	90 30	47°30
2	39 22	105 30	32 30
3	49 3	114 0	24 0
4	59 50	118 7	19 53
5	71 5	119 24	18 36
6	82 22	118 40	19 20
6h 42m	90 0	116 59	21 1
Zwillinge			
0h	20° 26'	77°30'	
1	24 5	106 6	48°54
2	32 37	122 0	33 0
3	43 8	128 50	26 10
4	54 19	131 5	23 55
5	65 36	130 8	24 52
6	76 46	128 24	26 36
7	87 24	124 6	30 54
7h 16m	90 0	123 6	31 54

VI. Mitte Pontus.

Längster Tag: $15\frac{1}{2}^h$. Polhöhe: 45° 1′.

Stunde	Bogen	Östl. Winkel	Westl. Winkel
Krebs			
0h	21° 10′	90° 0′	
1	24 32	116 5	63° 55′
2	32 12	131 30	48 30
3	42 1	138 17	41 43
4	52 29	140 31	39 29
5	63 4	140 2	39 58
6	73 24	137 32	42 28
7	83 17	133 26	46 34
7h 45m	90 0	129 21	50 39
Löwe			
0h	24° 31′	102° 30′	
1	27 29	124 49	80° 11′
2	34 48	140 47	64 13
3	44 20	148 5	56 55
4	54 37	151 5	53 55
5	65 15	151 7	53 53
6	75 39	149 20	55 40
7	85 39	145 39	59 21
7h 28m	90 0	143 25	61 35
Jungfrau			
0h	33° 21′	111° 0′	
1	35 43	129 15	92° 45′
2	42 4	142 50	79 10
3	50 46	151 9	70 51
4	60 44	155 31	66 29
5	71 12	157 3	64 57
6	81 46	156 31	65 29
6h 48m	90 0	154 43	67 17
Wage			
0h	45° 1′	113° 51′	
1	46 55	128 19	99° 23′
2	52 17	140 26	87 16
3	60 1	149 4	78 38
4	69 19	154 48	72 54
5	79 28	157 55	69 47
6	90 0	158 50	68 52

Stunde	Bogen	Östl. Winkel	Westl. Winkel
Skorpion			
0h	56° 41′	111° 0′	
1	58 19	123 31	98° 29′
2	62 49	134 16	87 44
3	69 42	143 12	78 48
4	78 16	149 31	72 29
5	87 56	154 6	67 54
5h 12m	90 0	154 43	67 17
Schütze			
0h	65° 31′	102° 30′	
1	66 55	113 50	91° 10′
2	70 58	124 21	80 39
3	77 14	133 19	71 41
4	85 10	140 20	64 40
4h 32m	90 0	143 25	61 35
Steinbock			
0h	68° 52′	90° 0′	
1	70 14	101 11	78° 49′
2	74 5	111 30	68 30
3	80 6	120 29	59 31
4	87 42	128 13	51 47
4h 15m	90 0	129 21	50 39
Wassermann			
0h	65° 31′	77° 30′	
1	66 55	88 50	66° 10′
2	70 58	99 21	55 39
3	77 14	108 19	46 41
4	85 10	115 20	39 40
4h 32m	90 0	118 25	36 35

Stunde	Bogen	Östl. Winkel	Westl. Winkel
Fische			
0h	56° 41′	69° 0′	
1	58 19	81 31	56° 29′
2	62 49	92 16	45 44
3	69 42	101 12	36 48
4	78 16	107 31	30 29
5	87 56	112 6	25 54
5h 12m	90 0	112 43	25 17
Widder			
0h	45° 1′	66° 9′	
1	46 55	80 37	51° 41′
2	52 17	92 44	39 34
3	60 1	101 22	30 56
4	69 19	107 6	25 12
5	79 28	110 13	22 5
6	90 0	111 8	21 10
Stier			
0h	33° 21′	69° 0′	
1	35 43	87 15	50° 45′
2	42 4	100 50	37 10
3	50 46	109 9	28 51
4	60 44	113 31	24 29
5	71 12	115 3	22 57
6	81 46	114 31	23 29
6h 48m	90 0	112 43	25 17
Zwillinge			
0h	24° 31′	77° 30′	
1	27 29	99 40	55° 11′
2	34 48	115 47	39 13
3	44 20	123 5	31 55
4	54 37	126 5	28 55
5	65 15	126 7	28 53
6	75 39	124 20	30 40
7	85 39	120 39	34 21
7h 28m	90 0	118 25	36 35

VII. Borysthenes.

Längster Tag: 16h. Polhöhe: 48° 32′.											
Stunde	Bogen	Östl. Winkel	Westl. Winkel	Stunde	Bogen	Östl. Winkel	Westl. Winkel	Stunde	Bogen	Östl. Winkel	Westl. Winkel
	Krebs				**Skorpion**				**Fische**		
0h	24° 41′	90° 0′		0h	60° 12′	111° 0′		0h	60° 12′	69° 0′	
1	27 30	111 44	68° 16′	1	61 38	122 5	99° 55′	1	61 38	80 5	57° 55
2	34 9	126 7	53 53	2	65 36	132 10	89 50	2	65 36	90 10	47 50
3	43 2	133 18	46 42	3	72 5	140 26	81 34	3	72 5	98 26	39 24
4	52 44	136 6	43 54	4	80 3	146 28	75 32	4	80 3	104 28	33 32
5	62 40	136 4	43 56	5	89 3	151 2	70 58	5	89 3	109 2	28 58
6	72 24	134 0	46 0	5h 6m	90 0	151 22	70 38	5h 6m	90 0	109 22	28 38
7	81 38	130 16	49 44								
8	90 0	124 58	55 2								
	Löwe				**Schütze**				**Widder**		
0h	28° 2′	102° 30′		0h	69° 2′	102° 30′		0h	48° 32′	66° 9′	
1	30 32	122 9	82° 51′	1	70 20	112 49	92° 11′	1	50 21	78 48	53° 30
2	36 55	135 54	69 6	2	74 2	122 31	82 29	2	54 59	89 58	42 20
3	45 30	143 28	61 32	3	79 48	130 49	74 11	3	62 5	98 4	34 14
4	55 3	146 50	58 10	4	87 14	137 25	67 35	4	70 41	103 36	28 42
5	64 59	147 19	57 41	4h 20m	90 0	139 20	65 40	5	80 8	106 41	25 37
6	74 47	145 46	59 14					6	90 0	107 37	24 41
7	84 10	142 27	62 33								
7h 40m	90 0	139 20	65 40								
	Jungfrau				**Steinbock**				**Stier**		
0h	36° 52′	111° 0′		0h	72° 23′	90° 0′		0h	36° 52′	69° 0′	
1	38 56	126 45	95° 15′	1	73 38	100 15	79° 45′	1	38 56	84 45	53° 15
2	44 31	139 7	82 53	2	77 10	109 47	70 13	2	44 31	97 7	40 53
3	52 25	147 9	74 51	3	82 44	118 3	61 57	3	52 25	105 9	32 51
4	61 35	151 36	70 24	4	90 0	124 58	55 2	4	61 35	109 36	28 24
5	71 22	153 23	68 37					5	71 22	111 23	26 37
6	81 17	152 58	69 2					6	81 17	110 58	27 2
6h 54m	90 0	151 22	70 38					6h 54m	90 0	109 22	28 38
	Wage				**Wassermann**				**Zwillinge**		
0h	48° 32′	113° 51′		0h	69° 2′	77° 30′		0h	28° 2′	77° 30′	
1	50 21	126 30	101° 12′	1	70 20	87 49	67° 11′	1	30 32	97 9	57° 51
2	54 59	137 40	90 2	2	74 2	97 31	57 29	2	36 55	110 54	44 6
3	62 5	145 46	81 56	3	79 48	105 49	49 11	3	45 30	118 28	36 32
4	70 41	151 18	86 24	4	87 14	112 25	42 35	4	55 3	121 50	33 10
5	80 8	154 23	73 19	4h 20m	90 0	114 20	40 40	5	64 59	122 19	32 41
6	90 0	155 19	72 23					6	74 47	120 46	34 14
								7	84 10	117 27	37 33
								7h 40m	90 0	114 20	40 40

Nachdem nun auch die Abhandlung von den Winkeln Ha 14 Hei 18 zum Abschluß gebracht ist, fehlt an den nötigen Unterlagen nur noch die Feststellung der geographischen Lage der namhaftesten Städte jeder Provinz nach Länge und Breite zur Berechnung der für ihren Horizont eintretenden Himmelserscheinungen. Die Tabelle mit den hierauf bezüglichen Angaben werden wir aber erst als Anhang eines besonderen geographischen Werkes veröffentlichen, und zwar im engen Anschluß an die Forschungen der Männer, die sich ganz besonders durch wissenschaftliche Leistungen um dieses Gebiet verdient gemacht haben. Dieses Verzeichnis soll die nötigen Angaben enthalten, wieviel Grade jede Stadt auf dem durch sie gehenden Meridian Abstand vom Äquator hat, und wieviel Grade dieser Meridian von dem durch Alexandria gezogenen nach Osten oder Westen auf dem Äquator entfernt ist. Denn nach dem Meridian von Alexandria stellen wir[a] die Zeiträume fest, welche seit den Epochen[b] verflossen sind.

Jetzt halten wir unter der Voraussetzung, daß die Lagen gegeben sind, nur noch folgenden kurzen Zusatz für angezeigt. Wenn wir von der für einen zugrunde gelegten Ort genau festgesetzten Stunde[c] aus feststellen wollen, welche Stunde zu demselben Zeitpunkt an einem anderen in die Untersuchung einbezogenen Orte war, so müssen wir, wenn die durch die betreffenden Orte gehenden Meridiane verschieden sind, feststellen, wieviel Raumgrade beide Orte, auf dem Äquator gemessen, voneinander entfernt sind, und welcher von beiden östlicher oder westlicher gelegen ist. Um ebensoviel Zeit- Hei 189
grade müssen wir dann die für den zugrunde gelegten Ort

---

a) Bei allen nach den Tafeln zu berechnenden Sonnen- und Mondörtern.

b) D. s. die mittleren Örter von Sonne und Mond am Mittag des 1. Thoth des ersten Jahres der Regierung des Nabonassar. S. Buch III, Kap. 7; Buch IV, Kap. 8.

c) Daß Äquinoktialstunden vor und nach Mittag oder Mitternacht gemeint sind, geht daraus hervor, daß es sich um Vergleichung von Ortszeit handelt. S. erl. Anm. 1.

geltende Stunde vermehren oder vermindern, um die Stunde zu erhalten, welche der Theorie nach zu demselben Zeitpunkt für den in die Untersuchung einbezogenen Ort gilt. Hierbei findet Addition statt, wenn der in die Untersuchung einbezogene Ort östlicher liegt, Subtraktion, wenn [d]er [zugrunde gelegte Ort] westlicher liegt.[18)]

Drittes Buch.

Vorwort.

Ha 149 Hei 190 Nachdem wir in den vorhergehenden Büchern unseres
Handbuchs die mathematischen Vorkenntnisse erörtert haben,
Hei 191 welche für die Erd- und Himmelskunde unbedingt erforder-
lich sind, nachdem wir ferner die Neigung der durch die
Mitte des Tierkreisgürtels gehenden Ekliptik und die besonderen Erscheinungen besprochen haben, welche an diesem Kreise bei Sphaera recta und bei Sphaera obliqua je nach der geographischen Breite zum Ausdruck kommen, halten wir es der richtigen Folge nach für geboten, im Anschluß an diese Vorstudien die Theorie der Sonne und des Mondes zu behandeln und die hinsichtlich ihrer Bewegungen sich zeigenden Begleiterscheinungen zu besprechen, da für keine der an den Planeten wahrzunehmenden Erscheinungen ohne die vorhergehende Behandlung dieser Verhältnisse eine gründliche Erklärung gefunden werden kann. Den Vorrang unter diesen nächsten Aufgaben beansprucht aber unseres Erachtens die Darstellung der Sonnenbewegung, ohne
Ha 150 welche wieder auch die Theorie des Mondes in ihrem Zusammenhange unmöglich zu verstehen ist.

Erstes Kapitel.

Die Länge des Jahres.

Unter allen Aufgaben, welche die Theorie der Sonne uns stellt, ist die erste, die Länge des Jahres zu finden. Die Meinungsverschiedenheit und Unsicherheit, welche bei den Alten über diesen Punkt herrscht, können wir aus ihren

Schriften ersehen, und besonders aus denen des keine Mühe scheuenden und wahrheitsliebenden Forschers Hipparch. Denn auch ihm verursacht in hohem Grade Unsicherheit über den fraglichen Punkt der Umstand, daß bei der an die Wenden und Nachtgleichen geknüpften scheinbaren Wiederkehr die Länge des Jahres kürzer befunden wird als der Zusatz Hei 192
eines Vierteltags über volle 365 Tage, länger dagegen bei der auf die Fixsterne theoretisch bezogenen Wiederkehr. Daher kommt er auf die Vermutung, daß auch der Fixsternsphäre ein Fortschritt von langer Zeit eigen sei, und zwar eine Bewegung, die sich, wie die der Wandelsterne, gegen die Richtung des Umschwungs vollziehe, der die erste (d. i. tägliche) Umdrehung in Beziehung zu dem durch die Pole des Äquators und der Ekliptik gehenden (Kolur-) Kreis bewirkt.[a] Daß dieser Fortschritt tatsächlich vorhanden ist und wie er vor sich geht, werden wir erst in dem Abschnitt von der Fixsternwelt (Buch VII, Kap. 2 und 3) darlegen. Denn auch die Theorie der Fixsterne kann ohne die vorausgeschickte Belehrung über Sonne und Mond unmöglich einer gründlichen Behandlung unterzogen werden.

Was indes die vorliegende Aufgabe anbelangt, so sind wir Ha 151
der Meinung, daß man zur Beurteilung der Länge des Sonnenjahres keinen anderen Punkt ins Auge fassen dürfe, als die Wiederkehr der Sonne zu sich selbst, d. h. die Wiederkehr mit Bezug auf den von ihr beschriebenen schiefen Kreis. Damit wollen wir sagen, daß die Länge des Jahres zu definieren sei als die Zeit, in welcher die Sonne, von einem bestimmten unbeweglichen Punkte dieses Kreises ausgehend, Grad für Grad weiterschreitend bis wieder zu demselben Punkt gelangt, wobei man als die einzigen eigenartigen Anfangspunkte einer solchen Wiederkehr die durch die Wende- und Nachtgleichenpunkte genau festgelegten Punkte besagten Kreises anzunehmen hat. Wenn wir nämlich mit Betonung des rein mathematischen Standpunktes

a) Der Zusammenhang des Kolurkreises mit der täglichen Umdrehung wird S. 23,14 erörtert.

an die Frage herantreten, so werden wir erstens keine eigen-
Hei 193 artigere Wiederkehr finden als diejenige, welche die Sonne räumlich sowohl wie zeitlich wieder in dieselbe Stellung bringt, mag man theoretisch diesen charakteristischen Punkt zum Horizont oder zum Meridian oder auch zu der Länge von Tag und Nacht in Beziehung setzen, zweitens werden wir keine anderen Anfangspunkte auf dem durch die Mitte des Tierkreisgürtels gehenden Kreise finden, als allein diejenigen, welche genau so, wie es dem tatsächlichen Verhältnis entspricht, durch die Wende- und Nachtgleichenpunkte festgelegt werden. Aber auch wenn man die Eigenartigkeit (der Wiederkehr) mehr von einem Gesichtspunkt aus ins Auge faßt, den die Naturbetrachtung an die Hand gibt, so wird man erstens keine vernunftgemäßere Wiederkehr finden als diejenige, welche die Sonne von dem gleichen Temperaturzustande der Luft bis wieder zu dem gleichen bringt, d. h. von derselben Jahreszeit bis wieder zu derselben, zweitens wird man keine anderen Anfangspunkte als allein diejenigen finden, an denen sich die Scheidung der Jahreszeiten besonders deutlich bemerkbar macht. Hierzu kommt noch die Erwägung, daß die theoretisch auf die Fixsterne bezogene Wiederkehr sowohl aus anderen Gründen unhaltbar erscheint, als auch besonders deshalb, weil die Theorie auch an der Fixsternsphäre einen streng geregelten Fortschritt nach den
Ha 152 östlichen Teilen des Himmelsgewölbes feststellt. Unter diesen Umständen könnte man ja ebensogut sagen, das Sonnenjahr sei die Zeit, in welcher die Sonne z. B. den Saturn oder irgendeinen anderen Planeten wieder einholt. Das würde zu einer ansehnlichen Zahl von grundverschiedenen Jahreslängen führen.

Hiermit sind die Gründe erschöpft, aus denen wir es für angezeigt halten, nur in demjenigen Zeitraum die Länge des Sonnenjahres zu erblicken, welcher mit Hilfe von zeitlich möglichst weit auseinanderliegenden Beobachtungen als die Zwischenzeit gefunden wird (in welcher die Sonne) von
Hei 194 einem Wende- oder Nachtgleichenpunkt bis wieder zu demselben Wende- oder Nachtgleichenpunkt (gelangt).

Gewisse Bedenken verursacht indessen dem Hipparch die Ungleichheit, welche man selbst an der in diesem Sinne verstandenen Wiederkehr bei Benutzung von zusammenhängenden Beobachtungsreihen wahrzunehmen vermeint. Wir werden jedoch in aller Kürze darzulegen versuchen, daß diese vermeintliche Wahrnehmung keinerlei störende Bedenken zu erregen braucht. Überzeugendes Beweismaterial dafür, daß diese Zeiten nicht ungleich sind, haben wir einerseits aus denjenigen Wenden und Nachtgleichen gewonnen, welche wir selbst mit den Instrumenten in zusammenhängender Folge beobachtet haben — wir finden nämlich keinen wesentlichen Unterschied hinsichtlich des Vierteltags, der sich als Überschuß einstellt, sondern nur in einzelnen Fällen eine Differenz von einem Betrage, wie er sich als Fehler infolge mangelhafter Konstruktion und Aufstellung der Instrumente leicht einstellen kann — anderseits aber ziehen wir gerade aus den Berechnungen, welche Hipparch anstellt, den naheliegenden Schluß, daß der Fehler, der die angebliche Ungleichheit verursacht, mehr auf Rechnung der Beobachtungen zu setzen sei.

Nachdem er nämlich in der Schrift „Von der Veränderung der Wende- und Nachtgleichenpunkte" zunächst die seines Erachtens genau und hintereinander beobachteten Sommer- und Winterwenden mitgeteilt hat, gibt er selbst zu, daß diesem Ha 153
Material kein so auffälliger Mangel an Übereinstimmung anhafte, daß man um seinetwillen eine gewisse[a] Ungleichheit der Länge des Jahres konstatieren müßte. Er schließt nämlich diese Mitteilung mit den Worten: „Aus diesen Beobachtungen geht deutlich hervor, daß der Unterschied der Jahreslänge nur ganz geringfügig ist. Was freilich die Wenden Hei 195
anbelangt, so kann ich das Bedenken nicht unterdrücken, 31
daß wir nicht minder wie Archimedes sowohl bei deren Beobachtung als auch bei der an die Beobachtung geknüpften Berechnung einen Fehler machen, der bis zum vierten Teile

a) Das unbedingt notwendige τινὰ bei Halma ist von Heiberg ohne Begründung weggelassen worden.

eines Tages gehen dürfte. Genau kann die Ungleichförmigkeit der Jahreslänge aus den Beobachtungen erkannt werden, welche an dem in Alexandria in der sogenannten quadratischen Halle angebrachten Metallring angestellt worden sind; derselbe läßt scheinbar genau als den Nachtgleichentag denjenigen erkennen, an welchem er an seiner konkaven Fläche erstmalig von der anderen Seite belichtet wird."[19]

Seine weiteren Mitteilungen erstrecken sich auf

A. Daten möglichst genau beobachteter H e r b s t n a c h t g l e i c h e n. Die Beobachtungen wurden angestellt:

1. Im 17ten Jahre der dritten Kallippischen Periode[20] am 30. Mesore bei Sonnenuntergang (27. Sept. 162 v. Chr.).

2. Drei Jahre später im 20ten Jahre am ersten Zusatztage (27. Sept. 159 v. Chr.) in der Morgenstunde[a], obgleich der Eintritt in der Mittagstunde hätte erfolgen sollen, so daß sich ein Fehlbetrag von einem Vierteltag herausstellte.

3. Ein Jahr darauf (also wieder am ersten Zusatztage) im 21ten Jahre (27. Sept. 158 v. Chr.) in der sechsten Stunde (d. i. Mittags), was mit der vorhergehenden Beobachtung in Einklang stand.

4. Elf Jahre später im 32ten Jahre zur Mitternachtstunde vom dritten auf den vierten Zusatztag (26/27. Sept. 147 v. Chr.), obgleich der Eintritt in der Morgenstunde (6^h früh am vierten) hätte erfolgen sollen, so daß sich wieder ein Fehlbetrag von einem Vierteltag ergab.

Hei 196 5. Ein Jahr darauf im 33ten Jahre am vierten Zusatztag (27. Sept. 146 v. Chr.) in der Morgenstunde (6^h früh), was mit der vorhergehenden Beobachtung in Einklang stand.

6. Drei Jahre später im 36ten Jahre am vierten Zusatz-
Ha 154 tag (26. Sept. 143 v. Chr.) abends (6^h), obgleich der Eintritt zur Mitternachtstunde hätte erfolgen sollen, so daß der Fehlbetrag wieder nur den einen Vierteltag ausmachte.

B. Daten gleicherweise genau beobachteter F r ü h l i n g s n a c h t g l e i c h e n. Die Beobachtungen wurden angestellt:

---

a) Nur 12st später als 3 Jahre vorher, statt 18st. Hieraus geht hervor, daß unter πρωίας 6 Uhr früh (Beginn des Nachtgleichenlichttages) zu verstehen ist.

1. Im 32ten Jahre der dritten Kallippischen Periode[20] am 27. Mechir (24. März 146 v. Chr.) in der Morgenstunde (6^h früh). Der Ring in Alexandria, versichert Hipparch, zeigte aber auch um die fünfte Stunde (d. i. 11^h vorm.) einen auf beiden Seiten gleichbreiten Lichtstreifen, so daß schließlich dieselbe Gleiche, verschieden beobachtet, um etwa fünf Stunden differierte.[21] Die folgenden Gleichen bis zum 37ten Jahre hätten allerdings, wie er versichert, hinsichtlich des den Vierteltag betragenden Überschusses Übereinstimmung gezeigt.

2. Elf Jahre später im 43ten Jahre am 29. Mechir (23. März 135 v. Chr.) sei die Frühlingsnachtgleiche, sagt er, (unmittelbar) nach der Mitternacht auf den 30ten eingetreten, was mit der Beobachtung im 32ten Jahre in Einklang gewesen sei und auch wieder, so versichert er, mit den in den folgenden Jahren bis zum 50ten Jahre angestellten Beobachtungen übereinstimme.

3. Im 50ten Jahre trat nämlich die Gleiche am 1. Phamenoth (23. März 128 v. Chr.) bei Sonnenuntergang (6^h abends) etwa $1^3/_4$ Tag später ein als im 43ten Jahre, ein Überschuß, der sich auf die sieben dazwischen liegenden Jahre entsprechend verteilt.

Auch bei diesen Beobachtungen hat sich also keine beträchtliche Differenz herausgestellt, obgleich es nicht nur bei Hei 197
den Beobachtungen der Wenden, sondern auch bei denen der Nachtgleichen wohl möglich wäre, daß sich im Widerspruch mit den Beobachtungen ein Fehler sogar bis zum Betrage eines Vierteltags bemerkbar machte. Denn wenn die Aufstellung oder auch die Gradteilung des Instruments nur um den 3600ten Teil (d. i. um 6 Bogenminuten) des durch die Pole des Äquators gehenden (Deklinations-) Kreises von der genauen Lage oder Teilung abweicht, so gleicht die Ha 155
Sonne eine fehlerhafte Deklination von diesem Betrage in den Schnittpunkten mit dem Äquator durch eine Fortbewegung von $^1/_4{}^0$ in Länge auf dem schiefen Kreise aus, so daß die mangelnde Übereinstimmung bis zu einer Differenz von einem Vierteltag gehen kann.[22] Noch viel größer kann der Fehle-

werden bei den Instrumenten, welche nicht für einmaligen Gebrauch aufgestellt und nicht immer wieder genau im Vergleich zu den Beobachtungen geprüft werden, sondern wer weiß wie lange schon mit den darunter befindlichen Fundamenten zu dem Zweck, ihre Lage auf lange Zeit dauernd zu behalten, festverbunden sind, wenn mit der Zeit an ihnen eine unbemerkt gebliebene seitliche Verschiebung eingetreten ist, wie man an den bei uns in der Palästra angebrachten Metallringen beobachten kann, welche scheinbar ihre Lage in der Ebene des Äquators einhalten. Denn so bedeutend stellt sich uns bei Beobachtungen die Veränderung ihrer Lage heraus, besonders je größer und älter ein solcher Ring ist, daß ihre konkaven Flächen bisweilen zweimal hintereinander bei derselben Gleiche den (signifikanten) Wechsel der Belichtung zeigen.[21]

Hei 198 Aber freilich von derartigen Fehlerquellen will auch Hipparch keine als zutreffend gelten lassen, wo es sich um die Vermutung der Ungleichheit der Jahreslänge handelt. Vielmehr will er aus gewissen Mondfinsternissen durch Berechnung das Ergebnis ableiten, daß die Ungleichheit der Jahreslänge im theoretischen Mittel genommen keine größere Differenz als $^3/_4$ Tag aufweise. Das ist ein Betrag, der wohl schon eine Prüfung verdiente, wenn er wirklich so bedeutend wäre
Ha 156 und nicht an der Hand desselben Beweismaterials, aus welchem er abgeleitet wird, auf theoretischem Wege als ein gründlicher Irrtum nachgewiesen werden könnte. Hipparch berechnet nämlich mit Hilfe gewisser Mondfinsternisse, welche in unmittelbarer Nähe von Fixsternen beobachtet worden sind[a], wie weit westlich vom Herbstpunkt bei jeder Finsternis die sogenannte Spika stehe, und meint auf diesem Wege

a) Bei zentralen Mondfinsternissen, bei denen das Mondzentrum der Sonne diametral gegenüber in der Ekliptik steht, ist aus dem Sonnenorte sein scheinbarer Ort, d. i. der von der Parallaxe beeinflußte, mit zweifelloser Sicherheit bestimmbar. Nur dann gibt der Mondort für die Ortsbestimmung nahestehender Fixsterne einen durchaus zuverlässigen Ausgangspunkt ab. Vgl. Buch IV, Kap. 1 am Ende.

zu finden, daß sie zu seiner Zeit bald ein Maximum des Abstandes von $6\frac{1}{2}^{0}$, bald ein Minimum von $5\frac{1}{4}^{0}$ zeige. Daraus zieht er den Schluß, da es ja nicht gut möglich sei, daß die Spika in so kurzer Zeit eine so bedeutende Ortsveränderung erlitten habe, daß mutmaßlich die Sonne, von deren Ort aus Hipparch die Örter der Fixsterne[a)] bestimmt, ihre Wiederkehr nicht in gleichlanger Zeit bewerkstellige. Nun kann aber die Berechnung zu gar keinem richtigen Ergebnis führen, ohne daß der Ort, den die Sonne zum Zeitpunkt der Finsternis inne hat, als sicher gegeben angenommen wird. Indem nun Hipparch für diesen Zweck bei jeder Finsternis die in jenen Jahren von ihm selbst genau beobachteten Wenden und Nachtgleichen heranzieht, liefert er, Hei 199 ohne es zu wollen und zu merken, gerade hiermit den klaren Beweis, daß bei der Vergleichung der Jahreslängen hinsichtlich des vierteltägigen Überschusses keinerlei Differenz herauskommt.

Diese Behauptung soll durch ein Beispiel erhärtet werden. Aus der im 32ten Jahre der dritten Kallippischen Periode (146 v. Chr.) angestellten Finsternisbeobachtung, die er zum Vergleich vorlegt, glaubt er zu finden, daß die Spika $6\frac{1}{2}^{0}$ westlich des Herbstpunktes stehe, während er mit Hilfe der im 43ten Jahre derselben Periode (135 v. Chr.) angestellten Beobachtung[b)] diesen Abstand nur zu $5\frac{1}{4}^{0}$ findet. Indem er nun auch zu den vorliegenden Berechnungen die in den betreffenden Jahren genau beobachteten Frühlingsnachtgleichen (S. 135, l. 11) heranzieht, um mit deren Hilfe die Örter Ha 157

---

a) Natürlich nicht unmittelbar, sondern durch Vermittelung des Mondes, dessen scheinbare Elongation von dem genauen Ort der Sonne erst durch Rechnung festgestellt werden muß.

b) Diese beiden Finsternisse, beide total, haben nach dem Finsterniskanon von Oppolzer (Naturw. Kl. d. Kais. Akad. d. Wiss. Band 85, 2. Abt.) am 21. April 146 v. Chr. und am 21. März 135 v. Chr. stattgefunden. Da bei der letzteren die Sonne etwa in ♓ 27° stand, so befand sich der Mond diametral gegenüber in ♍ 27° in großer Nähe östlich der Spika, deren Ort zu Hipparchs Zeit (Comm. p. 196,8) 2° südlich unter ♍ 24° war. Die Entfernung bei der ersten betrug dagegen etwa 32° östlich.

der Sonne zur Zeit der Finsternismitten, von diesen aus weiter die des Mondes, und von denen des Mondes aus die der Sterne zu erhalten, gibt er an, daß die eine Gleiche im 32ten Jahre am 27. Mechir (24. März 146 v. Chr.) in der Morgenstunde (6^h früh) stattgefunden habe, die andere im 43ten Jahre am 29. Mechir (unmittelbar) nach der Mitternacht auf den 30. Mechir (23/24. März 135 v. Chr.) etwa $2^3/_4$ Tage[a] später als die im 32ten Jahre, somit genau so viele Tage später, als lediglich der vierteltägige Überschuß mit sich bringt, der auf jedes der 11 Zwischenjahre entfällt. Wenn nun einerseits die Sonne ihre nach den zugrunde gelegten Nachtgleichen bemessene Wiederkehr weder in längerer noch in kürzerer Zeit vollzogen hat, als der infolge des Vierteltags eintretende Überschuß beträgt, und wenn anderseits die Spika sich in
Hei 200 so wenigen Jahren unmöglich $1^1/_4{}^0$ bewegt haben kann, wie sollte es da nicht eine ganz törichte Übereilung sein, das auf den zugrunde gelegten Argumenten fußende (zweifelhafte) Rechnungsergebnis zur Anfechtung ebendieser Argumente heranzuziehen, welche zu dem Ergebnis verholfen haben, und die Ursache einer so ganz unmöglichen Bewegung der Spika keinem anderen Umstande zuzuschreiben als einzig und allein den zugrunde gelegten Nachtgleichen, wo es doch mehr als eine Ursache gibt, die einen so starken Fehler im Gefolge haben könnte? Heißt das nicht, jene Nachtgleichen seien (an und für sich) genau und doch wieder (für den vorliegenden Zweck) nicht genau beobachtet gewesen? Viel näher dürfte doch wohl die Möglichkeit liegen, daß entweder die direkt bei den Finsternissen festgestellten Abstände des Mondes von den in nächster Nähe stehenden Sternen etwas oberflächlich abgeschätzt worden seien, oder daß die Berechnungen, sei es der Parallaxen des Mondes zur Bestimmung seiner scheinbaren Örter, sei es der zwischen Gleiche und Finsternismitte vor sich gegangenen Sonnenbewegung, entweder nicht richtig oder wenigstens nicht genau ausgeführt worden seien.

a) So viele Schalttage entfallen auf 11 Jahre der christlichen Zeitrechnung.

Freilich meine ich, daß schon Hipparch selbst zu der gleichen Erkenntnis gelangt sei, daß in derartigen Ergeb- Ha nissen kein stichhaltiger Grund erblickt werden könne, der Sonne noch eine zweite Anomalie zuzuschreiben, vielmehr glaube ich, daß er lediglich aus Wahrheitsliebe einen von den Umständen nicht habe verschweigen wollen, die manchen Beobachter möglicherweise zu einem Bedenken führen konnten. Jedenfalls hat auch er die Hypothesen der Sonne und des Mondes unter der Voraussetzung gehandhabt, daß es an der Sonne nur eine einzige Anomalie gibt, welche ihre Wiederkehr im Einklange mit der nach den Wenden und Nachtgleichen bemessenen Jahreslänge vollzieht. Auch machen Hei wir mit der Annahme, daß die so bemessenen Umläufe der Sonne gleichlang seien, nirgends in der Theorie die Erfahrung, daß die Finsterniserscheinungen von den auf die betreffenden Hypothesen gegründeten Berechnungen namhaft differieren. Und doch müßte dies in sehr bemerkbarer Weise der Fall sein, wenn die Korrektion hinsichtlich der (etwaigen) Ungleichheit der Jahreslänge nicht mit in Betracht gezogen würde. Und wenn die Ungleichheit auch nur einen Grad ausmachte, so würde dies bereits zu einer Differenz (mit der Finsternisberechnung) von ungefähr zwei Äquinoktialstunden[a] führen.

Aus all dem Mitgeteilten, sowie aus den Erfahrungen, die wir selbst bei fortgesetzten eigenen Beobachtungen des Sonnenlaufs hinsichtlich der Zeiten der Wiederkehren machen, ergeben sich für uns zwei Tatsachen, erstens: die Jahreslänge ist nicht ungleich, wenn sie auf einen Punkt, und nicht bald auf die Wende- und Nachtgleichenpunkte, bald auf die Fixsterne theoretisch bezogen wird; zweitens: es gibt keine andere eigenartigere Wiederkehr als diejenige, welche die Sonne von einem Wende- oder Nachtgleichenpunkt oder auch von irgendeinem anderen Punkte

a) Weil der Mond in Länge stündlich 32′56″ zurücklegt, mithin etwa zwei Stunden brauchen würde, um den einen Grad bis zur Sonne zurückzulegen, oder auch schon so weit über die Sonne hinaus sein könnte.

der Ekliptik wieder zu demselben Punkte zurückbringt. Überhaupt sind wir der Ansicht, daß es das richtige sei,
Ha 159 die Erscheinungen mit Hilfe möglichst einfacher Hypothesen zu erklären, insoweit nicht aus den Beobachtungen ein namhafter Widerspruch gegen ein solches Vorhaben sich geltend macht.

Daß nun die theoretisch nach den Wenden und Nachtgleichen bemessene Jahreslänge kürzer ist als der einen
Hei 202 Vierteltag betragende Zusatz zu vollen 365 Tagen, ist uns bereits aus den von Hipparch geführten Nachweisen ersichtlich geworden. Um wie viel sie aber kürzer ist, das dürfte mit absoluter Sicherheit zu bestimmen unmöglich sein; denn der Mehrbetrag des Vierteltags bleibt wegen des minimalen Betrags der Differenz auf eine Reihe von Jahren für die sinnliche Wahrnehmung gänzlich unverändert, und es kann deshalb bei der auf längerer Zwischenzeit beruhenden Vergleichung der gefundene Überschuß an Tagen, welcher auf die einzelnen Jahre der Zwischenzeit verteilt werden muß, mag es sich um mehr oder weniger Jahre handeln, theoretisch als derselbe betrachtet werden.[a] Aber wenigstens ohne beträchtlichen Fehler genau läßt sich die also bemessene Wiederkehr bestimmen, je länger der Zeitraum gefunden wird, welcher zwischen den zu vergleichenden Beobachtungen liegt. Dieses Verfahren ist nicht nur im vorliegenden Falle, sondern überhaupt bei allen periodischen Wiederkehren mit Erfolg angewendet worden. Denn der kleine Fehler, welcher sich infolge der Unzulänglichkeit der Beobachtungen an sich selbst bei peinlich genauer Handhabung einstellt, der, mögen sich die Erscheinungen in langen oder kurzen Pausen wiederholen, für die auf sie gerichtete sinnliche Wahrnehmung immer wieder nahezu derselbe ist, dieser Fehler macht den Jahresirrtum und somit den aus diesem je nach der Länge der Zeit sich summierenden Fehler, auf w e n i g e r Jahre verteilt, g r ö ß e r, dagegen auf m e h r Jahre verteilt, k l e i n e r.

---

a) D. h. auf jedes Jahr entfällt bei der Verteilung der überschießenden Tage r u n d ein Vierteltag über 365 Tage.

Daher darf man es für eine ausreichende Leistung ansehen, wenn wir unserseits nur *den* Beitrag zu liefern Ha 160 versuchen, welchen die (verhältnismäßig kurze) Zeit, die zwischen uns und den uns erhaltenen *alten* und zugleich Hei 203 *genauen* Beobachtungen liegt, zum annähernd gültigen Nachweis der zur Bestimmung der Umläufe aufgestellten Hypothesen zu bieten vermag, und wenn wir die gewissenhafte Prüfung des gebotenen Materials nicht gegen besseres Wissen und Können nachlässig betreiben, vielmehr uns zu der Meinung bekennen, daß prahlerische Versicherungen, die „für alle Ewigkeit“ gegeben werden und mit „schier unermeßlichen die Beobachtungen umspannenden Zeiträumen“ prunken, mit Forschungseifer und Wahrheitssinn nichts gemein haben.

Was zunächst das Alter (der Beobachtungen) anbelangt, so müßten eigentlich die von der Schule des *Meton* und des *Euktemon*, sowie die nach ihnen von der Schule des *Aristarch* beobachteten *Sommerwenden* zum Vergleich mit den zu unserer Zeit eingetretenen Wenden herangezogen werden. Weil aber allgemein die Beobachtungen der Wenden ihrem Werte nach schwer zu beurteilen und überdies die von den genannten Beobachtern überlieferten Aufzeichnungen recht oberflächlich gehalten sind, wie es schon dem Hipparch den Eindruck zu machen scheint, so haben wir dieselben beiseite gelassen. Benutzt haben wir dagegen zur Vergleichung in der vorliegenden Frage die Beobachtungen der *Nachtgleichen*, und zwar von diesen wegen ihrer unbedingten Genauigkeit erstens diejenigen, welche von Hipparch ausdrücklich als von ihm mit möglichster Sorgfalt angestellt bezeichnet werden, zweitens diejenigen, welche von uns selbst mit Hilfe der im Eingange unseres Handbuchs (S. 41—44) für solche Zwecke erklärten Instrumente unter ganz besonderer Gewähr der Sicherheit angestellt worden sind.

Aus diesem Material ergibt sich, daß in nahezu 300 Jahren die Wenden und Nachtgleichen *einen Tag eher* eintreten, als es der Rechnung mit dem Überschuß eines Vierteltags Hei 204 über volle 365 Tage entspricht. Im 32ten Jahre der dritten Ha 161 Kallippischen Periode (147/146 v. Chr.) hat nämlich Hipparch gerade die Herbstnachtgleiche (S. 134, 21) als möglichst genau beobachtet bezeichnet und versichert, durch Berechnung festgestellt zu haben, daß sie am dritten Zusatztage zu der auf den vierten führenden Mitternachtstunde (26/27. Sept. 147 v. Chr.) eingetreten sei. Es ist das 178te Jahr nach dem Tode Alexanders.[a)] 285 (d. s. 146 + 139) Jahre später, im dritten Jahre Antonins (139/140 n. Chr.), welches das (323 + 140 =) 463te Jahr nach dem Tode Alexanders ist, haben wir mit größter Zuverlässigkeit wieder die Herbstnachtgleiche beobachtet: sie fand statt am 9. Athyr (26. Sept. 139 n. Chr. 7^h früh) etwa eine Stunde nach Sonnenaufgang. Als Überschuß über 285 ganze ägyptische Jahre — das sind solche zu 365 Tagen — hat demnach die Wiederkehr nur 70 volle Tage und $^1/_4 + ^1/_{20}$ Tag als Überschuß erhalten anstatt $71^1/_4$ Tage,[b)] welche nach der Rechnung mit dem Überschuß des Vierteltags auf die vorliegenden Jahre entfallen würden. Folglich ist die Wiederkehr $^{19}/_{20}$ Tag eher eingetreten, als es der Rechnung mit dem Überschuß des Vierteltags entspricht.

Ebenso behauptet Hipparch wieder, daß im obengenannten 32ten Jahre der dritten Kallippischen Periode die Frühlingsnachtgleiche (S. 135, 1) nach sehr genauer Beobachtung am 27. Mechir (24. März 146 v. Chr.) in der Morgenstunde (d. i. 6^h früh) eingetreten sei. Es ist das 178te Jahr nach dem Tode Alexanders. Demgegenüber haben wir gefunden, daß

---

a) Ära des Philippus Arrhidäus, des Stiefbruders und sog. Nachfolgers Alexanders. Der Beginn der Ära ist der 1. Thoth = 12. Nov. 324 v. Chr. In diesem ersten Jahre der Ära fällt der Tod Alexanders des Großen auf den 11. Juni 323 v. Chr.

b) Die Zwischenzeit von der Mitternacht des dritten Zusatztages bis eine Stunde nach Sonnenaufgang am 9. Athyr beträgt über $70^1/_4$ Tage $(2^d + 60^d + 8^d + 6^h)$ noch die eine Stunde (genau ist $^1/_{20}{}^d = 1^1/_5{}^h$) mehr, um welche die letzte Gleiche nach 6^h früh eintrat, während auf 285 julianische Jahre 71 Schalttage und $^1/_4$ Tag entfallen. Es ergibt sich also ein Fehlbetrag von $71^1/_4{}^d - [70^1/_4{}^d + {}^1/_{20}{}^d] = {}^{19}/_{20}$ Tag.

die (145 + 140 =) 285 Jahre später, also wieder (323 + Hei 205
140 =) 463 Jahre nach dem Tode Alexanders, eingetretene
Frühlingsnachtgleiche am 7. Pachon (22. März 140 n. Chr.)
etwa eine Stunde nach Mittag stattfand, so daß auch diese
Periode die gleichen $70\frac{1}{4} + \frac{1}{20}$ Tage aufweist[a)] anstatt Ha 162
der nach der Rechnung mit dem Vierteltag auf 285 Jahre
(als Schalttage) entfallenden $71\frac{1}{4}$ Tage. Es ist also auch in diesem Falle die Wiederkehr der Frühlingsnachtgleiche $\frac{19}{20}$ Tag eher eingetreten, als es der Rechnung mit dem Überschuß des Vierteltags entpricht. Da sich nun 300 zu 285 Jahren verhalten wie 1 Tag zu $\frac{19}{20}$,[b)] so folgt hieraus, daß in 300 Jahren die Wiederkehr der Sonne zum Frühlingspunkt ungefähr *einen* Tag früher erfolgt, als es der Rechnung mit dem Überschuß des Vierteltags entspricht.

Ganz dasselbe Ergebnis werden wir erhalten, wenn wir mit Rücksicht auf das Alter die von der Schule des Meton und des Euktemon beobachtete, aber recht oberflächlich aufgezeichnete Sommerwende[c)] mit der von uns möglichst genau *berechneten* in Vergleich stellen. Erstere hat nämlich der Aufzeichnung nach stattgefunden unter dem athenischen Archonten Apseudes am 21. ägyptischen Phamenoth (27. Juni 432 v. Chr.) in der Morgenstunde. Demgegenüber haben wir auf Grund genauer Berechnung festgestellt,
daß in dem obengenannten 463ten Jahre nach dem Tode Hei 206

---

a) Vom Morgen (6^h früh) des 27. Mechir bis zur nämlichen Stunde des 7. Pachon sind $4^d + 60^d + 6^d$, hierzu 6^h bis zum Mittag des 7. Pachon und 1 (reichliche) Stunde darüber: Summa $70^d + \frac{1}{4}^d + \frac{1}{20}^d$.

b) $71\frac{5}{20} - 70\frac{6}{20} = \frac{19}{20}$; $300 : 285 = x : \frac{19}{20}$; $x = \frac{300 \cdot 19}{285 \cdot 20} = 1^d$.

c) Nach der Berechnung von Wislicenus (Astron. Chron. S. 81) stand die Sonne im Jahre 432 v. Chr. den 28. Juni mittags 12^h bürgerlicher Zeit von Athen noch $\frac{1}{9}^0$ vor dem Wendepunkt. Die Wende trat demnach etwa um 3^h, nach Ideler (Chron. I. S. 326) sogar erst um 4^h nachm., also fast $1\frac{1}{2}$ Tag später ein. Auf den 28. Juni $10^h 1^m 53^s$ vorm. fällt sie nach Pariser Zeit, d. i. für Athen $11^h 27^m 27^s$ vorm., nach der Berechnung, welche Böckh (Sonnenkr. d. Alten, S. 43,1) nach den Sonnentafeln von Largeteau angestellt hat.

Alexanders die Wende am 11. Mesore (24. Juni) ungefähr 2 Stunden nach der Mitternacht auf den 12. Mesore (d. i. am 25. Juni 140 n. Chr. 2^h nachts) eingetreten ist. Nun sind es von der unter Apseudes aufgezeichneten bis zu der von der Schule des Aristarch im 50ten Jahre (und zwar nach S. 145,3 am Ende dieses Jahres) der ersten Kallippischen Periode (281 280 v. Chr.) beobachteten Sommerwende, wie auch Hipparch angibt, $(432 - 280 =)$ 152 Jahre; dann weiter von dem genannten 50ten Jahre, welches Ha 163 mit dem 44ten Jahre nach dem Tode Alexanders zusammen- 11 fiel, bis zu dem 463ten Jahre (140 n. Chr.), in das unsere Beobachtung fällt, $(279 + 140 =)$ 419 Jahre. In den $(152 + 419 =)$ 571 Jahren der ganzen Zwischenzeit sind demnach, wenn die von der Schule des Euktemon beobachtete Sommerwende zu Beginn[a] des 21. Phamenoth stattgefunden hat, zu ganzen ägyptischen Jahren hinzugekommen $140\frac{1}{2} + \frac{1}{3}$ Tage anstatt der $142\frac{3}{4}$, welche (als Schalttage) nach der Rechnung mit dem Überschuß des Vierteltags auf 571 Jahre entfallen würden. Mithin ist die in Frage stehende Wiederkehr $(142\frac{9}{12} - 140\frac{10}{12} = 1\frac{11}{12}$ d. i.) 2 Tage weniger $\frac{1}{12}$ Tag früher eingetreten, als es der Rechnung mit dem Überschuß des Vierteltags entspricht. Folglich hat sich auch auf diesem Wege das Ergebnis herausgestellt, daß in vollen 600 Jahren die Jahreslänge mit dem Überschuß des (vollen) Vierteltags nahezu zwei ganze Tage zu viel einbringt.

Auch mit Hilfe einer Mehrzahl von anderen Beobachtungen finden wir genau dasselbe Ergebnis und sehen den Hipparch

a) Vom Beginn (= πρωίας) des 21. Phamenoth bis 6^h nachm. am 11. Mesore sind $(10^d + 120^d + 10^d + \frac{1}{2}^d =)$ $140\frac{1}{2}$ Tage; hierzu kommen 8 Stunden, d. i. $\frac{1}{3}^d$, von 6^h nachm. am 11ten bis 2^h nach der auf den 12ten führenden Mitternacht. Nur wenn περὶ τὴν ἀρχήν, „zu Beginn" (oben Z. 15), und πρωίας, „in der Morgenstunde" (S. 143,22), durchgängig, d. i. ohne Rücksicht auf die Jahreszeit, von 6^h früh verstanden wird (vgl. Böckh, Sonnenkr. d. Alten, S. 304, unten), stimmt die Angabe des halben Tages von „früh" bis 6^h nachm. Vgl. S. 134 Anm.

mehrfach mit demselben in Übereinstimmung. So drückt er sich in der Schrift „Von der Länge des Jahres“ bei Vergleichung der von Aristarch am Ende des 50ten Jahres Hei 207 der ersten Kallippischen Periode (280 v. Chr.) beobachteten Sommerwende mit der von ihm selbst wieder genau festgestellten am Ende des 43ten Jahres der dritten Kallippischen Periode (136/135 v. Chr.) folgendermaßen aus: „Somit ist klar, daß nach (der Zwischenzeit von 280 — 135 =) 145 Jahren die Wende um die Hälfte der Zeit, welche die Summe von Tag und Nacht ausmacht,[a] früher eingetreten ist, als der Rechnung mit dem Überschuß des (vollen) Vierteltags entspricht.“ Ferner fügt er in der Schrift „Von Schaltmonaten und Schalttagen“, nachdem er vorher bemerkt hat, daß nach der Schule des Meton und des Euktemon die Jahreslänge 365 $^1/_4 + ^1/_{76}$ Tage, nach Kallippus aber 365$^1/_4$ Tage betrage, wörtlich folgendes Ha 164 hinzu: „Wir finden in 19 Jahren ebensoviele Monate[b] enthalten wie jene Männer, das Jahr dagegen finden wir mit einem Zusatz behaftet, welcher mindestens $^1/_{300}$ Tag kürzer ist als der Vierteltag (vgl. S. 146 Anm.), so daß es in 300 Jahren gegen Meton fünf Tage[c] und gegen Kallippus einen Tag zurückbleibt.“ Indem er schließlich seine Ansicht unter Zitierung seiner eigenen Schriften kurz rekapituliert, sagt er also: „Ich habe auch über die Jahreslänge eine Abhandlung in einem Buche verfaßt, in welcher ich nachweise, was das Sonnenjahr ist: es ist die Zeit, in welcher die Sonne von einer Wende bis wieder zu derselben gelangt, oder von einer Nachtgleiche bis wieder zu derselben; es umfaßt 365 Tage und einen Vierteltag weniger ungefähr $^1/_{300}$ eines Tages und einer Nacht; die Meinung der Mathe- Hei 208

---

a) D. i. einen halben Tag früher, mithin in 290 Jahren einen Tag, annähernd wie oben S. 143, 13.

b) Nach Geminus (Isag. S. 120, 9) 235 Monate mit Einschluß der Schaltmonate.

c) Nur $4^{72}/_{76}{}^d$; denn $^1/_{76} \times 300 = 3^{72}/_{76}$, wozu $4^m\ 48^s \times 300 = 1^d$ kommt als der sich summierende Fehlbetrag des Vierteltags (S. 146 Anm.). An 5^d fehlen also $^4/_{76} = {^1/_{19}}^d$ oder $1^h\ 16^m$.

matiker, daß ein (voller) Vierteltag zu der genannten Zahl von Tagen hinzukomme, ist nicht richtig.“

Daß also die bis auf den heutigen Tag sich darbietenden Erscheinungen hinsichtlich der Jahreslänge mit dem für die Wiederkehr zu den Wende- und Nachtgleichenpunkten obengenannten Betrag in vollem Einklang stehen, ist aus der Übereinstimmung der neuerdings gemachten Wahrnehmungen mit den früheren meines Erachtens deutlich hervorgegangen. Wenn wir daher den einen Tag[a)] auf die 300 Jahre verteilen, so kommen auf jedes Jahr als
Ha 165 Bruchteil eines Tages 12 Sekunden; wenn wir diese von $365^d 15'$, was der Rechnung mit dem Überschuß des (vollen) Vierteltags entspricht, abziehen, so werden wir die gesuchte Jahreslänge mit $365^d 14' 48''$ erhalten. Auf diesen Betrag dürfte sich demnach die Zahl der Tage belaufen, welche von uns nach Möglichkeit aus dem gebotenen Material gewonnen worden ist.

Was aber die für die Sonne und die anderen Gestirne erforderliche Bestimmung ihres jeweiligen Laufs anbelangt, für welche das Handbuch in Form spezieller Tabellen handliche und sozusagen zum Gebrauch fertige Unterlagen zu bieten hat, so sind wir zwar der Meinung, daß für den Mathematiker das Endziel seiner Aufgabe in dem Nachweis bestehen muß, daß die Erscheinungen am Himmel sich alle infolge gleichförmiger und auf Kreisen vor sich gehender Bewegungen vollziehen, indessen gehört unseres Erachtens zu diesem schwierigen Vorhaben als notwendige Beigabe unbedingt die Aufstellung von Tafeln, welche zunächst die Teilbeträge der gleichförmigen Bewegung (Kap. 2) getrennt zeigen von der scheinbaren Anomalie (Kap. 6), die bei der Annahme von Kreisen eintritt, und dann wieder aus der Mischung und Vereinigung dieser

a) Der Tag zu 60 Sechzigteilen oder Minuten gerechnet, gibt 3600 Sekunden; $\frac{3600''}{300} = 12''$. Da $\frac{1^d}{300} = \frac{1440^m}{300} = 4^m\,48^s$, so beträgt das tropische Jahr um so viel weniger als $365\frac{1}{4}$, d. i. $365^d\,5^h\,55^m\,12^s$. Der heutzutage geltende Wert ist $365^d\,5^h\,48^m\,46^s$.

beiden Bewegungen (Kap. 8) den Nachweis des **scheinbaren Laufs der Gestirne** ermöglichen. Damit uns nun auch dieser Abschnitt unserer Darstellung in recht praktischer Form erstehe und bei den Beweisen selbst zur Hand sei, so werden wir von hier ab die Aufstellung der Teilbeträge der **gleichförmigen** Sonnenbewegung in folgender Weise durchführen.

Nachdem **eine** Wiederkehr mit $365^d\,14'\,48''$ nachgewiesen Hei ist, werden wir, wenn wir mit dieser Zahl in die 360 Grade eines Kreises dividieren, den Betrag der **täglichen** mittleren Bewegung der Sonne mit $0^0 59' 8'' 17''' 13^{IV} 12^{V} 31^{VI}$ er- Ha halten; bis zu so vielen Sechzigteilen die Division durchzuführen, wird nämlich ausreichen.

Nehmen wir dann wieder von der täglichen Bewegung den 24ten Teil, so werden wir den **stündlichen** Betrag erhalten mit $0^0 2' 27'' 50''' 43^{IV} 3^{V} 1^{VI}$.

Indem wir ferner den täglichen Betrag mit der Zahl der 30 Tage eines Monats multiplizieren, werden wir mit $29^0 34' 8'' 36''' 36^{IV} 15^{V} 30^{VI}$ die mittlere **monatliche** Bewegung und durch Multiplikation mit der Zahl der 365 Tage eines ägyptischen Jahres die mittlere **jährliche** Bewegung mit $359^0 45' 24'' 45''' 21^{IV} 8^{V} 35^{VI}$ erhalten.

Indem wir dann wieder den jährlichen Betrag mit der Zahl von 18 Jahren multiplizieren, weil hierdurch in der Abfassung der Tafeln das symmetrische Verhältnis zum Ausdruck kommen wird,[a] und von dem Produkt ganze Kreise abziehen, werden wir als den Überschuß der **18-jährigen Periode** erhalten $355^0 37' 25'' 36''' 20^{IV} 34^{V} 30^{VI}$.

Wir werden also drei Tafeln der gleichförmigen Sonnenbewegung aufstellen, jede wieder zu 45 Zeilen (vgl. S. 35, 27), und zwar in 2 Teilen. Die erste Tafel wird die Beträge der mittleren Bewegung für die 18jährigen Perioden enthalten, die zweite an erster Stelle die Beträge für die (einzelnen) Jahre, darunter die Beträge für die Stunden,

a) Insofern durch Annahme der Zahl 18 die Summe 18 + 24 der Jahre und der Stunden in der zweiten Tafel gleichkommt der Zahl 12 + 30 der Monate und der Tage in der dritten Tafel.

die dritte an erster Stelle die Beträge für die Monate, darunter die Beträge für die Tage. In dem ersten Teile jeder Tafel stehen die Argumentzahlen der betreffenden *Zeitabschnitte*, in dem zweiten die Ansätze der *Gradzahlen*, von Zeile zu Zeile aus sukzessivem Addieren der (in der ersten Zeile stehenden) Grundzahl hervorgehend.

Die Tafeln erhalten demnach folgende Form.

Zweites Kapitel.

Tafeln der gleichförmigen Bewegung der Sonne.

Ha 167 Hei 210 Epoche: 1. Thoth des 1. Jahres Nabonassars.

Mittlerer Ort: ♓ 0° 45′.

Entfernung vom Apogeum ♊ 5° 30′: 265° 15′.

(S. 149—151.)

Drittes Kapitel.

Die Hypothesen zur Erklärung der gleichförmigen Bewegung auf Kreisen.

Ha 170 Hei 216 Da die nächste Aufgabe ist, die scheinbare Anomalie der Sonne nachzuweisen, so muß die allgemeine Bemerkung vorausgeschickt werden, daß auch die nach den östlichen Teilen des Himmels vor sich gehende Ortsveränderung der Planeten, genau so wie auch der nach Westen zu erfolgende Umschwung des Weltganzen, durchaus *gleichförmig* ist und naturgemäß auf *Kreisen* vor sich geht, d. h. daß die idealen Leitlinien, welche die Gestirne oder auch deren Kreise (um ein Zentrum) herumführen, bei ausnahmslos allen Gestirnen in gleichen Zeiten gleiche Winkel am Zentrum der betreffenden (durch den Umlauf beschriebenen) Kreislinie bilden. Die scheinbaren Anomalien, welche an den Umlaufsbewegungen wahrgenommen werden, treten lediglich ein als Folge der (wechselnden) Lagen und Stellungen der an den Sphären der Gestirne verlaufenden Kreise, auf denen sie ihre Bewegungen vollziehen. Keine Äußerung ihres Wesens, die mit ihrer ewigen Dauer

I. Tafel für Perioden zu 18 Jahron.

18	355^0	37′	25″	36‴	20^{IV}	34^{V}	30^{VI}
36	351	14	51	12	41	9	0
54	346	52	16	49	1	43	30
72	342	29	42	25	22	18	0
90	338	7	8	1	42	52	30
108	333	44	33	38	3	27	0
126	329	21	59	14	24	1	30
144	324	59	24	50	44	36	0
162	320	36	50	27	5	10	30
180	316	14	16	3	25	45	0
198	311	51	41	39	46	19	30
216	307	29	7	16	6	54	0
234	303	6	32	52	27	28	30
252	298	43	58	28	48	3	0
270	294	21	24	5	8	37	30
288	289	58	49	41	29	12	0
306	285	36	15	17	49	46	30
324	281	13	40	54	10	21	0
342	276	51	6	30	51	55	30
360	272	28	32	6	12	30	0
378	268	5	57	43	30	4	30
396	263	43	23	19	32	39	0
414	259	20	48	55	53	13	30
432	254	58	14	32	13	48	0
450	250	35	40	8	34	22	30
468	246	13	5	44	54	57	0
486	241	50	31	21	15	31	30
504	237	27	56	57	36	6	0
522	233	5	22	33	56	40	30
540	228	42	48	10	17	15	0
558	224	20	13	46	37	49	30
576	219	57	39	22	58	24	0
594	215	35	4	59	18	58	30
612	211	12	30	35	39	33	0
630	206	49	56	12	0	7	30
648	202	27	21	48	20	42	0
666	198	4	47	24	41	16	30
684	193	42	13	1	1	51	0
702	189	19	38	37	22	25	30
720	184	57	4	13	43	0	0
738	180	34	29	50	3	34	30
756	176	11	55	26	24	9	0
774	171	49	21	2	44	43	30
792	167	26	46	39	5	18	0
810	163	4	12	15	25	52	30

II^a. Tafel für Jahre.

1	359^0	45′	24″	45‴	21^{IV}	8^{V}	35^{VI}
2	359	30	49	30	42	17	10
3	359	16	14	16	3	25	45
4	359	1	39	1	24	34	20
5	358	47	3	46	45	42	55
6	358	32	28	32	6	51	30
7	358	17	53	17	28	0	5
8	358	3	18	2	49	8	40
9	357	48	42	48	10	17	15
10	357	34	7	33	31	25	50
11	357	19	32	18	52	34	25
12	357	4	57	4	13	43	0
13	356	50	21	49	34	51	35
14	356	35	46	34	56	0	10
15	356	21	11	20	17	8	45
16	356	6	36	5	38	17	20
17	355	52	0	50	59	25	55
18	355	37	25	36	20	34	30

II^b. Tafel für Stunden.

1	0^0	2′	27″	50‴	43^{IV}	3^{V}	1^{VI}
2	0	4	55	41	26	6	2
3	0	7	23	32	9	9	3
4	0	9	51	22	52	12	5
5	0	12	19	13	35	15	6
6	0	14	47	4	18	18	7
7	0	17	14	55	1	21	9
8	0	19	42	45	44	24	10
9	0	22	10	36	27	27	11
10	0	24	38	27	10	30	12
11	0	27	6	17	53	33	14
12	0	29	34	8	36	36	15
13	0	32	1	59	19	39	16
14	0	34	29	50	2	42	18
15	0	36	57	40	45	45	19
16	0	39	25	31	28	48	20
17	0	41	53	22	11	51	21
18	0	44	21	12	54	54	23
19	0	46	49	3	37	57	24
20	0	49	16	54	21	0	25
21	0	51	44	45	4	3	27
22	0	54	12	35	47	6	28
23	0	56	40	26	30	9	29
24	0	59	8	17	13	12	31
Zusatz des Apogeumabstandes der Sonne von ♊ 5° 30′ bis ♓ 0° 45′:							
			265° 15′				

III^a. Tafel für Monate

30	29^0	34′	8″	36‴	36^{IV}	15^{V}	30^{VI}
60	59	8	17	13	12	31	0
90	88	42	25	49	48	46	30
120	118	16	34	26	25	2	0
150	147	50	43	3	1	17	30
180	177	24	51	39	37	33	0
210	206	59	0	16	13	48	30
240	236	33	8	52	50	4	0
270	266	7	17	29	26	19	30
300	295	41	26	6	2	35	0
330	325	15	34	42	38	50	30
360	354	49	43	19	15	6	0

III^b. Tafel für Tage

1	0^0	59′	8″	17‴	13^{IV}	12^{V}	31^{VI}
2	1	58	16	34	26	25	2
3	2	57	24	51	39	37	33
4	3	56	33	8	52	50	4
5	4	55	41	26	6	2	35
6	5	54	49	43	19	15	6
7	6	53	58	0	32	27	37
8	7	53	6	17	45	40	8
9	8	52	14	34	58	52	39
10	9	51	22	52	12	5	10
11	10	50	31	9	25	17	41
12	11	49	39	26	38	30	12
13	12	48	47	43	51	42	43
14	13	47	56	1	4	55	14
15	14	47	4	18	18	7	45
16	15	46	12	35	31	20	16
17	16	45	20	52	44	32	47
18	17	44	29	9	57	45	18
19	18	43	37	27	10	57	49
20	19	42	45	44	24	10	20
21	20	41	54	1	37	22	51
22	21	41	2	18	50	35	22
23	22	40	10	35	3	47	53
24	23	39	18	53	17	0	24
25	24	38	27	10	30	12	55
26	25	37	35	27	43	25	26
27	26	36	43	44	56	37	57
28	27	35	52	2	9	50	28
29	28	35	0	19	23	2	59
30	29	34	8	36	36	15	30

unvereinbar wäre, kann bei der nur in der Vorstellung existierenden Regellosigkeit der Erscheinungen in Wirklichkeit zutage treten.

Die Hervorrufung des Scheines einer ungleichförmigen Bewegung kann vornehmlich nach zwei Hypothesen, welche wir als die ersten und einfachsten bezeichnen, eintreten. Wird nämlich die Bewegung der Gestirne theoretisch auf den mit dem Weltall konzentrischen und in der Ebene der Ekliptik gedachten Kreis (der Ekliptik) bezogen, mit dessen Zentrum demnach unser Auge zusammenfällt, so sind zwei Annahmen möglich: entweder vollziehen die Gestirne ihre Bewegungen auf Kreisen, die mit dem Weltall nicht konzentrisch sind, oder auf Kreisen, die mit dem Weltall kon-
Ha 171 zentrisch sind, dann aber nicht schlechthin auf letzteren
Hei 217 selbst, sondern auf anderen von diesen getragenen Kreisen, den sogenannten Epizyklen. Nach jeder dieser beiden Hypothesen wird sich die Möglichkeit herausstellen, daß die Planeten in gleichen Zeiten für unser Auge ungleiche Bogen der mit dem Weltall konzentrischen Ekliptik durchlaufen.

A. Denken wir uns zunächst nach der exzentrischen Hypothese als den Exzenter, auf welchem das Gestirn sich gleichförmig bewegt, den Kreis ΑΒΓΔ um das Zentrum Ε und den Durchmesser ΑΕΔ, ferner auf letzterem den Punkt Ζ als unser Auge, so daß Α der erdfernste, und Δ der erdnächste Punkt (des Exzenters) wird. Ziehen wir alsdann nach Abtragung der gleichgroßen Bogen ΑΒ und ΔΓ die Verbindungslinien ΒΕ, ΒΖ, ΓΕ, ΓΖ, so wird ohne weiteres klar sein, daß das Gestirn,

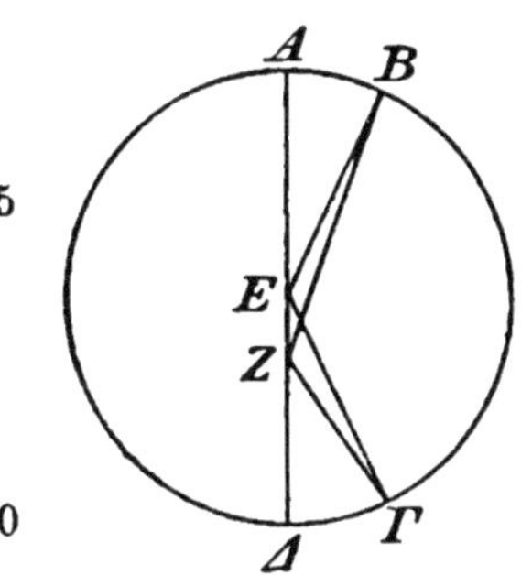

nachdem es jeden der beiden Bogen in gleicher Zeit zurückgelegt hat, auf dem um Ζ beschriebenen Kreise (d. i. in der Ekliptik) scheinbar ungleiche Bogen durchlaufen haben wird; denn ∠ ΒΖΑ wird kleiner, ∠ ΓΖΔ dagegen größer sein (nach Eukl. I. 16) als jeder der als gleich angenommenen Winkel ΒΕΑ und ΓΕΔ.

B. Denken wir uns nach der epizyklischen Hypothese ΑΒΓΔ als den mit der Ekliptik konzentrischen Kreis um Hei 218 das Zentrum Ε und den Durchmesser ΑΕΓ, und als den auf ihm laufenden Epizykel, auf welchem sich das Gestirn bewegt, den Kreis ΖΗΘΚ um den Ha 172 Mittelpunkt Α, so wird auch hier ohne weiteres folgendes einleuchten. Wenn der Epizykel den Kreis ΑΒΓΔ z. B. in der Richtung von Α nach Β mit gleichförmiger Geschwindigkeit durchläuft, und ebenso das Gestirn den Epizykel, so wird das Gestirn, wenn es in den Punkten Ζ und Θ steht, mit dem Mittelpunkt Α des Epizykels scheinbar zusammenfallen; steht es dagegen in anderen Punkten, so wird dies nicht mehr der Fall sein. So wird es z. B. in Punkt Η angelangt, scheinbar eine um den Bogen ΑΗ größere Bewegung als die gleichförmige ausgeführt haben, dagegen in Punkt Κ angelangt, ganz entsprechend eine um den Bogen ΑΚ kleinere.

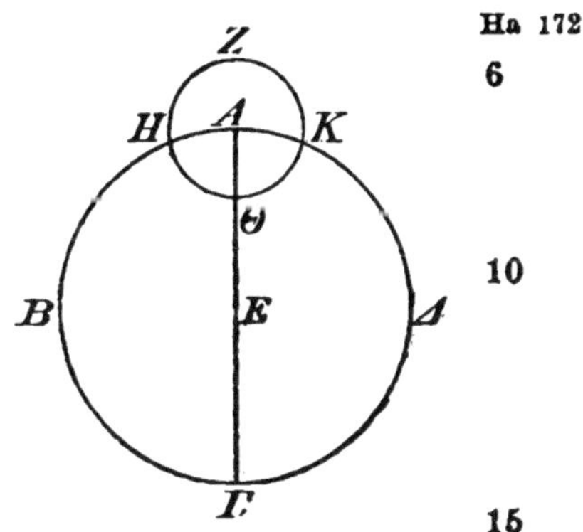

Bei der exzentrischen Hypothese, wie wir sie oben beschrieben haben, tritt nun die Begleiterscheinung ein, daß die kleinste Bewegung stets im erdfernsten, und die größte Bewegung stets im erdnächsten Punkte vor sich geht, weil ∠ΑΖΒ in allen Fällen[a] kleiner ist als ∠ΔΖΓ. Dagegen können bei der epizyklischen Hypothese beide Möglichkeiten eintreten. Wenn nämlich das Gestirn auf dem Epizykel, während der Epizykel nach den östlichen Teilen des Himmels, wie z. B. in der Richtung von Α nach Hei 219 Β, fortschreitet, seine Bewegung so ausführt, daß der Fortschritt vom Apogeum weg sich ebenfalls nach Osten zu vollzieht, d. i. von Ζ nach Η, so wird die Folge davon sein, daß im Apogeum der größte Lauf stattfindet, weil sich alsdann Epizykel und Gestirn nach derselben Richtung

a) Natürlich gleichgroße Bogen des Exzenters unterspannend.

bewegen. Wenn dagegen der Fortschritt des Gestirns vom Apogeum weg in der Richtung vor sich geht, aus welcher
Ha 173 der Epizykel herkommt, d. i. von Z nach K, dann wird umgekehrt im Apogeum der kleinste Lauf zustande kommen, weil alsdann das Gestirn seine Ortsveränderung in der dem Fortschritt des Epizykels entgegengesetzten Richtung bewirkt.

Nach Darlegung dieser Verhältnisse müssen weiter noch folgende Punkte im voraus besprochen werden. Bei denjenigen Planeten, welche eine doppelte Anomalie zeigen, können diese beiden Hypothesen kombiniert zur Anwendung gelangen, wie wir gehörigen Ortes (Buch IX, Kap. 5 u. 6) darlegen werden, während bei denjenigen, welche nur eine einzige Anomalie haben, schon eine der mitgeteilten Hypothesen genügen wird. Ferner ist hervorzuheben, daß nach jeder dieser beiden Hypothesen alle Erscheinungen unterschiedslos gleichen Verlauf zeigen werden, wenn für beide dieselben Verhältnisse eingehalten werden. Dies ist der Fall, wenn folgende Bedingungen erfüllt sind.

Erstens muß bei der exzentrischen Hypothese die Gerade zwischen den Mittelpunkten, d. h. zwischen Auge und Zentrum des Exzenters, zum Halbmesser des Exzenters in demselben Verhältnis stehen, in welchem bei der epizyklischen Hypothese der Halbmesser des Epizykels zum Halbmesser des den Epizykel tragenden Kreises steht (: an Figur A ist EZ : EA = ZA : EA an Figur B).

Hei 220 Zweitens muß (bei der exzentrischen Hypothese) das Gestirn, seine Bewegung in der Richtung der Zeichenfolge (d. i. ostwärts) ausführend, den Exzenter, der seine Lage unverändert beibehält, in derselben Zeit durchwandern, in welcher (bei der epizyklischen Hypothese) der Epizykel, ebenfalls in der Richtung der Zeichenfolge sich weiter bewegend, den mit dem Auge konzentrischen Kreis durchläuft, während das Gestirn mit der gleichgroßen Geschwindigkeit (wie der Epizykel auf dem Konzenter) einen (vollen) Umlauf auf dem Epizykel machen muß, jedoch so, daß sein Fortschritt auf dem erdfernen Bogen (des Epizykels) *gegen* die Richtung der Zeichenfolge (d. i. westwärts) vor sich geht.

Daß bei Einhaltung dieser Verhältnisse nach jeder der beiden Hypothesen alle Erscheinungen denselben Verlauf zeigen werden, wollen wir in aller Kürze dem Verständnis zugänglich machen, und zwar zunächst an der Hand der Ha 174 Verhältnisse an sich, später (am Schluß des 4. Kap.) auch mit Hilfe der Zahlen, welche sich unter Annahme dieser Verhältnisse bei der Anomalie der Sonne ermitteln lassen.

Meine Behauptung geht also dahin:

1. Nach jeder der beiden Hypothesen tritt zwischen der gleichförmigen und der scheinbar ungleichförmigen Bewegung das Maximum der Differenz, welches auch für die Vorstellung von dem *mittleren* Lauf der Gestirne maßgebend ist,[a)] an der Stelle ein, wo der scheinbare (d. i. in der Ekliptik gemessene) Abstand vom Apogeum einen Quadranten ausmacht.

2. Die Zeit vom Apogeum bis zu dem bezeichneten mittleren Lauf ist größer als die Zeit von dem mittleren Lauf bis zum Perigeum. Daher tritt nach der exzentrischen Hypothese stets, nach der epizyklischen aber nur dann, wenn der Fortschritt der Gestirne vom Apogeum weg *gegen* die Richtung der Zeichenfolge (d. i. westwärts) vor sich geht, der Fall ein, daß die Zeit von der kleinsten Bewegung bis zur mittleren größer wird als die Zeit von der mittleren Hei 221 bis zur größten, weil dann nach jeder der beiden Hypothesen der kleinste Lauf im Apogeum vor sich geht. Dagegen wird nach der Hypothese (Buch IX, Kap. 5), welche die Herumleitung der Planeten vom Apogeum weg in der Richtung der Epizykel, d. i. *gleichfalls ostwärts* erfolgen läßt, umgekehrt die Zeit von der größten Bewegung bis zur mittleren größer als die Zeit von der mittleren Be-

a) Einen mittleren Lauf der Gestirne gibt es in Wirklichkeit nicht, er existiert nur in der Vorstellung als das theoretische Mittel zwischen dem kleinsten und größten Lauf, verläuft daher scheinbar in der Mitte zwischen Apogeum und Perigeum, wo das Maximum der Differenz eintritt.

wegung bis zur kleinsten, weil in diesem Falle im Apogeum der größte Lauf vor sich geht.

A. Beweis nach der exzentrischen Hypothese. Exzenter des Gestirns sei der Kreis ΑΒΓΔ um das Zentrum Ε und den Durchmesser ΑΕΓ, auf welchem der
175 Mittelpunkt der Ekliptik, d. i. der Punkt, wo sich das Auge

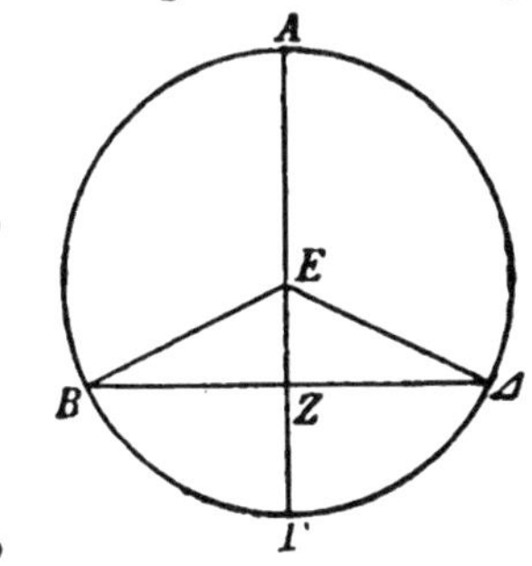

befindet, bestimmt werden muß; derselbe sei Punkt Ζ. Nachdem man durch Ζ unter rechten Winkeln zu ΑΕΓ die Gerade ΒΖΔ gezogen, nehme man das Gestirn in den Punkten Β und Δ an, damit eben die scheinbare (d. i. von Ζ aus in der Ekliptik gemessene) Entfernung vom Apogeum Α beiderseits einen Quadranten betrage.

1. Es ist zu beweisen, daß in den Punkten Β und Δ das Maximum der Differenz zwischen der gleichförmigen und der ungleichförmigen Bewegung eintritt.

Man ziehe die Verbindungslinien ΕΒ und ΕΔ. Daß der
222 (gesuchte den ∠ ΕΒΖ überspannende) Bogen der Anomalie-
21 differenz zu dem ganzen Kreise in demselben Verhältnis steht, wie ∠ ΕΒΖ zu 4 Rechten, ist ohne weiteres klar.[a]) Es ist nämlich ∠ ΑΕΒ der Winkel, welcher (auf dem Exzenter) den Bogen der gleichförmigen Bewegung unterspannt, während ∠ ΑΖΒ den Bogen der scheinbar ungleichförmigen Bewegung (in der Ekliptik) unterspannt. Also ist ∠ ΕΒΖ (nach Eukl. I. 32) gleich der Differenz dieser beiden Winkel (und sein Scheitelwinkel mißt in der Ekliptik den Bogen der Anomaliedifferenz).

Meine Behauptung läuft also darauf hinaus, daß an der Peripherie des Kreises ΑΒΓΔ auf der Geraden ΕΖ

a) Weil S. 101, 5 schon erklärt worden ist, daß ein Kreisbogen ebensoviel Grade beträgt, deren der Kreis 360 hat, als der ihn unterspannende Zentriwinkel Grade hat, deren 360 auf 4 *R* kommen. Demnach kann der gesuchte Bogen, der zunächst, weil von ∠ ΕΒΖ unterspannt, ein Bogen des um Β gezogenen Kreises ist, zu den Zentriwinkeln jedes anderen Kreises in Beziehung gesetzt werden.

kein anderer Winkel konstruiert werden kann, welcher größer wäre als $\angle EBZ$ oder $\angle E\Delta Z$.

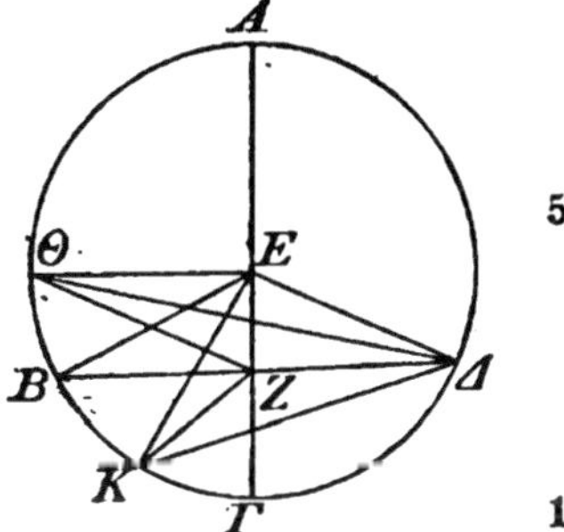

Man konstruiere in den Punkten Θ und K die Winkel EΘZ und EKZ und ziehe die Verbindungslinien ΘΔ, KΔ. Da nun in jedem Dreieck (hier ΔΘΔZ) der größeren Seite (ΘZ) der größere Winkel (nach Eukl. I. 18) gegenüberliegt, so ist

einerseits

$\angle \Theta\Delta Z > \angle \Delta\Theta Z$, weil $\Theta Z > Z\Delta$ (Eukl. III. 7)

$\angle E\Delta\Theta = \angle E\Theta\Delta$, weil $E\Delta = E\Theta$ (Eukl. I. 5)

$(\angle \Theta\Delta Z + \angle E\Delta\Theta > \angle \Delta\Theta Z + \angle E\Theta\Delta)$[a)]

$\angle E\Delta Z > \angle E\Theta Z$

$\angle E\Delta Z = \angle EBZ$

$\angle EBZ > \angle E\Theta Z.$

Anderseits ist

$\angle ZK\Delta > \angle Z\Delta K$, weil $\Delta Z > KZ$ Ha 176

$\angle E\Delta K = \angle EK\Delta$, weil $E\Delta = EK$

$(\angle E\Delta K - \angle Z\Delta K > \angle EK\Delta - \angle ZK\Delta)$[b)]

$\angle E\Delta Z > \angle EKZ$

$\angle E\Delta Z = \angle EBZ$

$\angle EBZ > \angle EKZ.$

Es ist mithin nicht möglich, andere Winkel in der an- Hei 223 gegebenen Weise zu konstruieren, welche größer wären, als die Winkel in den Punkten B und Δ.

2. Gleichzeitig wird der Beweis dafür miterbracht, daß der Bogen AB, welcher die Zeit von der kleinsten Bewegung bis zur mittleren darstellt, um den doppelten Betrag des Bogens, welcher die Anomaliedifferenz mißt, größer ist als

a) Werden zwei Winkel, von denen der erste größer ist als der zweite, um dieselbe Größe vermehrt, so bleibt der vergrößerte erste Winkel größer als der vergrößerte zweite.

b) Wird von zwei gleichgroßen Winkeln der erste um die kleinere Größe vermindert als der zweite, so wird der verminderte erste Winkel größer als der verminderte zweite.

der Bogen ΒΓ, welcher die Zeit von der mittleren Bewegung bis zur größten darstellt. (Man ziehe durch E zu BZ die Parallele EH.) Es ist nämlich ∠AEB um ∠EBZ (= ∠HEB nach Eukl. I. 29) größer als ein Rechter, d. i. größer als (∠AEH oder) ∠AZB, während ∠BEΓ um ebendenselben (∠HEB oder) ∠EBZ kleiner ist als ein Rechter (d. i. kleiner als ∠HEΓ oder ∠AZB).[a)]

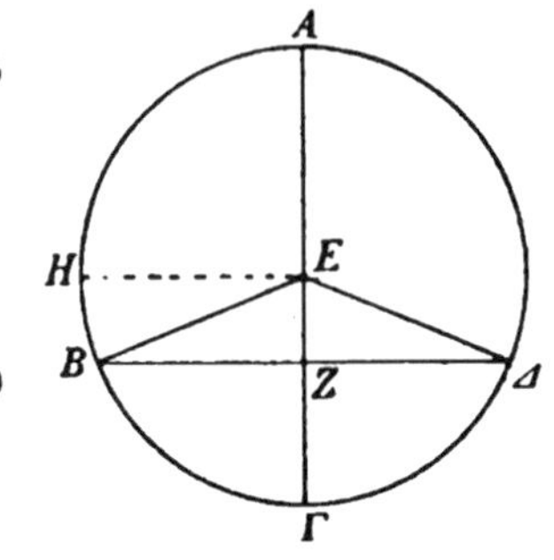

B. Beweis nach der epizyklischen Hypothese. Der mit dem Weltall konzentrische Kreis sei ABΓ um das Zentrum Δ und den Durchmesser AΔB, und der in derselben Ebene auf diesem Konzenter umlaufende Epizykel sei EZH um den Mittelpunkt A. Das Gestirn nehme man in Punkt H an zu der Zeit, wo es vom Apogeum (E′ beim Stande des Epizykels in A′)[b)] eine scheinbare (d. i. von Δ aus in der Ekliptik gemessene) Entfernung von einem Quadranten (∠A′ΔΓ = ∠AHΔ) hat. Man ziehe die Verbindungslinien AH und ΔHΓ.

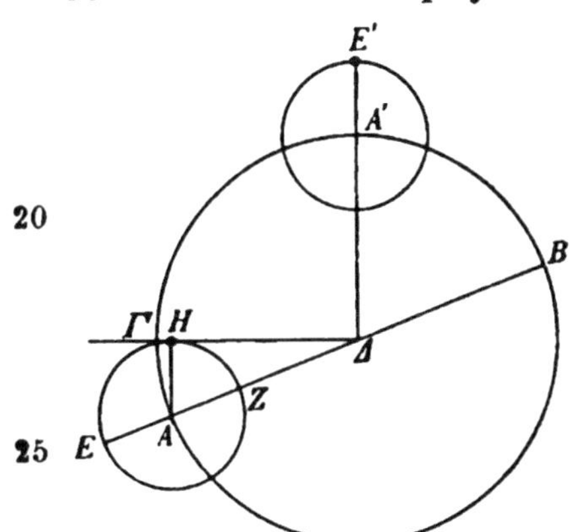

1. Meine Behauptung läuft darauf hinaus, daß ΔHΓ die Tangente an den Epizykel ist; denn das ist eben der Fall,
Ha 177 in welchem das Maximum der Differenz zwischen der gleich-
Hei 224 förmigen und der ungleichförmigen Bewegung eintritt. Da
nämlich die gleichförmige vom Apogeum (E bezw. E′) sich

a) Somit ist ∠AEB, d. i. *b* AB, um den doppelten Betrag des ∠EBZ, welcher den Bogen der Anomaliedifferenz mißt, größer als ∠BEΓ, d. i. *b* BΓ, was nachzuweisen war.

b) An der Figur habe ich den Stand des Epizykels und des Gestirns im Apogeum hinzugefügt, damit ersichtlich werde, daß der Epizykelmittelpunkt mehr als einen Quadranten zurückgelegt hat.

entfernende Bewegung durch den ∠ EAH (= ∠ AΔA′) gemessen wird — denn das Gestirn durchläuft den Epizykel mit der gleichgroßen Geschwindigkeit wie der Epizykel den Kreis ABΓ (so daß *b* EH ∼ *b* A′A) — die Differenz zwischen der gleichförmigen und der scheinbaren Bewegung aber durch den ∠ AΔH (d. i. eben die sog. Anomaliedifferenz), so leuchtet ein, daß ∠ AHΔ (= ∠ A′ΔΓ) als Differenz dieser beiden Winkel EAH und AΔH (nach Eukl. I. 32) die scheinbare (von Δ aus in der Ekliptik gemessene) Entfernung des Gestirns vom Apogeum (E bezw. E′) mißt. Da nun diese Entfernung nach der Annahme (S. 158, 22) einen Quadranten (A′ΔΓ) beträgt, so wird auch ∠ AHΔ ein Rechter sein und deshalb (nach Eukl. III. 16. Zusatz) ΔHΓ die Tangente an den Epizykel EZH. Folglich mißt der zwischen dem Mittelpunkt A und der Tangente verlaufende Bogen AΓ das Maximum der Anomaliedifferenz.[a)]

2. Auf demselben Wege ergibt sich der Beweis dafür, daß der Bogen EH, welcher nach der hier zugrunde gelegten Annahme des (westwärts erfolgenden) Fortschrittes auf dem Epizykel die Zeit von der kleinsten Bewegung bis zur mittleren mißt, um den doppelten Betrag des Bogens AΓ größer ist als der Bogen HZ, welcher die Zeit von der mittleren Bewegung bis zur größten mißt. Verlängern wir nämlich ΔH bis Θ, Hei 235
und ziehen wir senkrecht zu EZ die Linie AKΘ, so wird

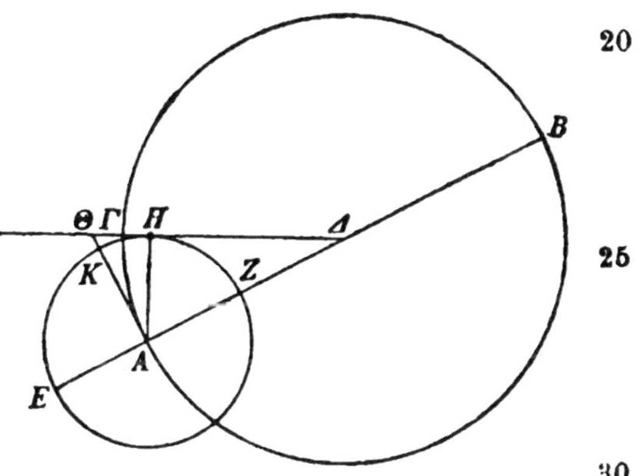

a) Weil die von einem Punkte (Δ) außerhalb eines Kreises (EZH) nach diesem gezogenen Geraden, welche die Peripherie desselben schneiden, mit der durch den Mittelpunkt gehenden Geraden (ΔE) kleinere Winkel als die Tangente bilden.

$$\angle \mathrm{KAH} = \angle \mathrm{A\Delta\Gamma} \text{ (Eukl. VI. 8)}$$
$$b\,\mathrm{KH} \sim b\,\mathrm{A\Gamma}^{a)}$$
$$b\,\mathrm{EH} = 90^\circ + b\,\mathrm{KH}$$
$$b\,\mathrm{HZ} = 90^\circ - b\,\mathrm{KH}$$

$(b\,\mathrm{EH} - b\,\mathrm{HZ} = 2b\,\mathrm{KH}$ oder $2b\,\mathrm{A\Gamma})$, was zu beweisen war.

Ha 178 Daß aber auch bei der **Bewegung auf Teilstrecken** nach jeder der beiden Hypothesen alle Erscheinungen hinsichtlich der gleichförmigen und der scheinbaren Bewegung sowie ihrer Differenz, d. h. hinsichtlich der Anomaliedifferenz, in gleichen Zeiten ganz denselben Verlauf zeigen, davon kann man sich am besten aus folgender Darlegung überzeugen.

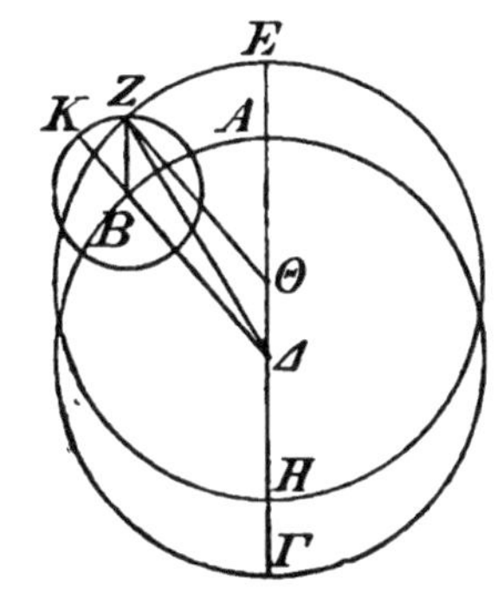

Es sei ΑΒΓ der mit der Ekliptik konzentrische Kreis um das Zentrum Δ, der Exzenter, von gleicher Größe mit dem Konzenter ΑΒΓ, sei ΕΖΗ um das Zentrum Θ; der gemeinsame Durchmesser beider durch die Mittelpunkte Δ, Θ und das Apogeum Ε sei ΕΑΘΔ. Nachdem man auf dem Konzenter den beliebigen Bogen ΑΒ abgetragen, beschreibe man um Β als Mittelpunkt mit dem Abstand ΔΘ den Epizykel ΚΖ und ziehe die Verbindungslinie ΚΒΔ.

Hei 226 Meine Behauptung geht dahin, daß das Gestirn infolge jeder der beiden Bewegungen durchaus in der gleichen Zeit bis zu dem Schnittpunkt Ζ des Exzenters und des Epizykels gelangen wird, d. h. daß die drei Bogen, ΕΖ des Exzenters, ΑΒ des Konzenters und ΚΖ des Epizykels, einander ähnlich sein werden, und daß die Differenz zwischen der gleichförmigen und der ungleichförmigen Bewegung, und somit der scheinbare Lauf des Gestirns, nach beiden Hypothesen sich als ähnlich und gleich herausstellen wird.

Man ziehe die Verbindungslinien ΖΘ, ΒΖ, ΔΖ. Da in dem Viereck ΒΔΘΖ die gegenüberliegenden Seiten einander

a) Es sind die den Winkel der Anomaliedifferenz überspannenden, daher ähnlichen Bogen.

gleich sind,[a] d. h. ZΘ = BΔ, und BZ = ΔΘ, so wird das Viereck BΔΘZ ein Parallelogramm sein. Folglich sind die drei Winkel EΘZ, AΔB und ZBK (nach Eukl. I. 29) Ha 179 einander gleich. Da alle drei Zentriwinkel sind, so sind auch die von ihnen unterspannten Bogen, EZ des Exzenters, AB des Konzenters und KZ des Epizykels, einander ähnlich. Nach beiden Bewegungen wird also das Gestirn in der gleichen Zeit zu dem Punkte Z gelangen und scheinbar denselben Ekliptikbogen AB vom Apogeum ab durchlaufen haben. Dementsprechend wird auch die Anomaliedifferenz nach Hei 227 beiden Hypothesen dieselbe (d. i. ∠ΔZΘ = ∠BΔZ) sein. Denn wir haben nachgewiesen, daß die betreffende Differenz bei der exzentrischen Hypothese (S. 156, 27) durch den ∠ΔZΘ (dort ∠EBZ), und bei der epizyklischen (S. 159, 6) durch den ∠BΔZ (dort ∠AΔH) dargestellt wird; nun sind auch diese Winkel einander gleich als innere Wechselwinkel, weil ZΘ als parellel zu BΔ nachgewiesen ist.

Es ist klar, daß überhaupt bei **allen** Entfernungen (vom Apogeum) dieselben Erscheinungen sich als Folge ergeben werden, weil das Viereck BΔΘZ unter allen Umständen ein Parallelogramm wird und der exzentrische Kreis direkt von der fortschreitenden Bewegung des Gestirns auf dem Epizykel beschrieben wird, wenn nach beiden Hypothesen die ähnlichen und gleichen Verhältnisse (S. 154, 20) eingehalten werden.

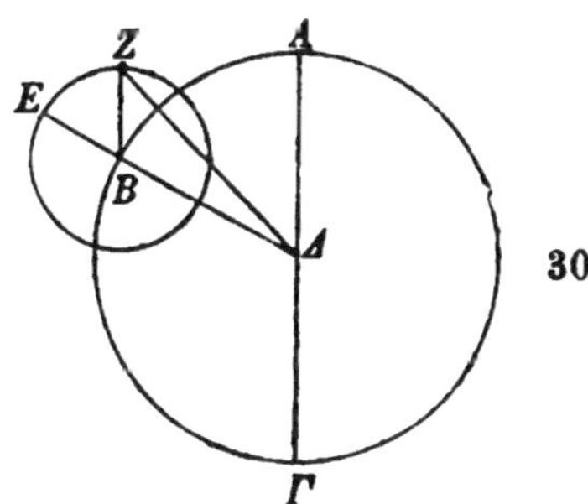

Daß aber auch, wenn die Verhältnisse nur ähnlich, der Größe nach aber ungleich sind, wieder dieselben Erscheinungen eintreten, wird aus folgender Darlegung ersichtlich werden. Es sei wieder ABΓ der mit dem Weltall konzentrische Kreis um das Zentrum Δ und den Durchmesser AΔΓ, an

a) Weil die S. 154, 20 geforderten Verhältnisse hier eingehalten werden sollen.

dessen Enden das Gestirn einerseits in die größte Erdferne, Ha 160 anderseits in die größte Erdnähe gelangt.[a] Der um den Punkt B beschriebene Epizykel sei von dem Apogeum A den beliebig großen Bogen AB entfernt, und das Gestirn habe sich den Bogen EZ bewegt, der selbstverständlich dem Hei 228 Bogen AB ähnlich ist, weil die Wiederkehren (zu den Ausgangspunkten) auf den Kreisen von gleicher Zeitdauer sind. Dann ziehe man noch die Verbindungslinien ΔBE, BZ, ΔZ.

A. Daß in allen Fällen die Winkel AΔE und ZBE einander gleich sein werden und somit das Gestirn scheinbar auf der Geraden ΔZ stehen wird, ist nach dieser (d. i. der epizyklischen) Hypothese ohne weiteres klar.

B. Meine Behauptung geht aber dahin, daß auch nach der exzentrischen Hypothese, mag der Exzenter größer oder kleiner sein als der Konzenter ABΓ, wenn lediglich die Ähnlichkeit der Verhältnisse und die gleiche Zeitdauer der Wiederkehren als Voraussetzung eingehalten wird, das Gestirn scheinbar wieder auf derselben Geraden ΔZ stehen wird.

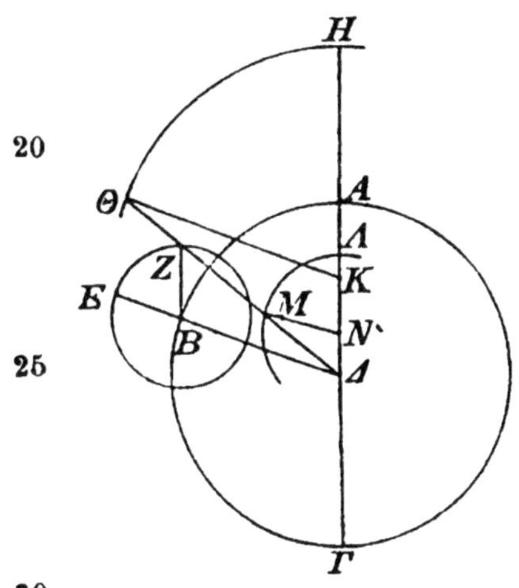

Man beschreibe also, wie gesagt, einen größeren Exzenter HΘ um das auf AΓ liegende Zentrum K, und einen kleineren ΛM um das gleichfalls auf AΓ liegende Zentrum N. Nachdem man die Geraden ΔMZΘ und ΔΛAH gezogen, ziehe man die Verbindungslinien ΘK und MN.

Beweis. $\Delta B : BZ = \Theta K : K\Delta = MN : N\Delta$ (S. 154, 26)

He 22 $\angle BZ\Delta = \angle \Theta\Delta K = \angle M\Delta N$, weil $\Delta A \parallel BZ$

$$\triangle \Delta BZ \sim \triangle \Theta K\Delta \sim \triangle MN\Delta$$ [b]

a) Insofern das Gestirn in Punkt A im Apogeum und in Punkt Γ im Perigeum des Epizykels stehen wird.

b) Weil sie nach Eukl. VI. 7 alle drei Winkel gleich haben.

Weil entsprechenden Seiten gegenübergelegen, ist
ferner ∠ BΔZ = ∠ ΔΘK = ∠ ΔMN,
folglich BΔ ∥ ΘK ∥ MN; (Eukl. I. 28)
mithin ∠ AΔB = ∠ AKΘ = ∠ ANM, (Eukl. I. 29) Ha 18
also *b* AB ∼ *b* HΘ ∼ *b* ΛM auf gleichen Zentriwinkeln, d. h. es hat in der gleichen Zeit nicht nur der Epizykel den Bogen AB und das Gestirn den Bogen EZ durchlaufen, sondern auch auf den Exzentern wird das Gestirn die Bogen HΘ und ΛM zurückgelegt haben und deshalb in allen Fällen der Theorie nach auf derselben Geraden ΔMZΘ erschaut werden, mag es auf dem Epizykel in Punkt Z angelangt sein, oder auf dem größeren Exzenter in Punkt Θ, oder auf dem kleineren in Punkt M, und so ähnlich in allen Stellungen.

Hierbei ist noch folgende Begleiterscheinung hervorzuheben. Wenn das Gestirn einen gleichgroßen Bogen von dem Apogeum wie von dem Perigeum aus zurückgelegt hat, wird in jeder der beiden Stellungen auch die Anomaliedifferenz gleichgroß sein.

A. Beweis nach der exzentrischen Hypothese. Beschreiben wir den Exzenter ABΓΔ um das Zentrum E und den Durchmesser AΓ, welcher durch das Apogeum A geht, während Hei 23
das Auge auf diesem Durchmesser in Punkt Z angenommen wird, und ziehen wir, nachdem durch Z die beliebige Gerade ΔZB gezogen ist, die Verbindungslinien EB und EΔ, so werden sowohl die Strecken des scheinbaren Laufs (in der Ekliptik) einander diametral gegenüberliegen und gleichgroß sein, d. h. ∠ AZB, der den (scheinbaren) Lauf vom

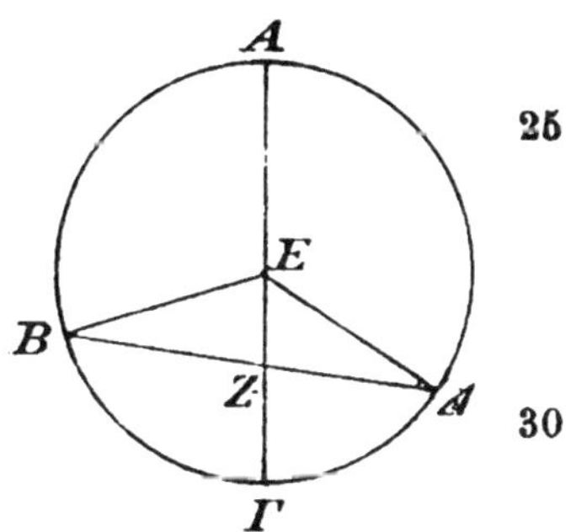

Apogeum ab (in der Ekliptik) unterspannende Winkel, wird gleich sein dem ∠ ΓZΔ, dem den (scheinbaren) Lauf vom Perigeum ab (in der Ekliptik) unterspannenden Winkel, als auch wird die Anomaliedifferenz dieselbe sein, weil BE = EΔ

und daher (nach Eukl. I. 5) $\angle EBZ = \angle E\Delta Z$.[a)] Folglich wird der (von dem Exzenterwinkel AEB unterspannte)
Ha 182 Bogen der gleichförmigen Bewegung vom Apogeum A ab um dieselbe Differenz (d. i. um $\angle EBZ$) **größer** als der von dem (Ekliptik-) Winkel AZB unterspannte Bogen der scheinbaren Bewegung, während der (von dem Exzenterwinkel $\Gamma E\Delta$ unterspannte) Bogen der gleichförmigen Bewegung vom Perigeum ab um dieselbe Differenz (d. i. um $\angle E\Delta Z$) **kleiner** wird als der von dem (Ekliptik-) Winkel $\Gamma Z\Delta$ unterspannte Bogen der scheinbaren Bewegung. Denn (nach Eukl. I. 16) ist $\angle AEB$ größer als $\angle AZB$ (und zwar nach I. 32 um den $\angle EBZ$), und $\angle \Gamma E\Delta$ kleiner als $\angle \Gamma Z\Delta$ (und zwar um den gleichgroßen $\angle E\Delta Z$).[b)]

B. Beweis nach der epizyklischen Hypothese. Beschreiben wir um das Zentrum Δ und den Durchmesser $A\Delta\Gamma$ den Konzenter $AB\Gamma$, und den Epizykel EZH um den Mittelpunkt A, und ziehen wir, nachdem die beliebige Gerade ΔHBZ durchgezogen ist, die Verbindungslinien AZ und
Hei 231 AH, so wird der Bogen AB der Anomaliedifferenz (d. i. der den $\angle A\Delta Z$ überspannende Bogen), wie die Annahme lautet, in beiden Stellungen, d. h. mag das Gestirn in Punkt Z oder in Punkt H stehen, wieder derselbe sein, und die scheinbare (in der Ekliptik von $b\,\Omega B$ gemessene) Entfernung des Gestirns von dem Punkte (Ω), welcher in der Ekliptik dem Apogeum entspricht, wenn es in Punkt Z steht, wird gleichgroß

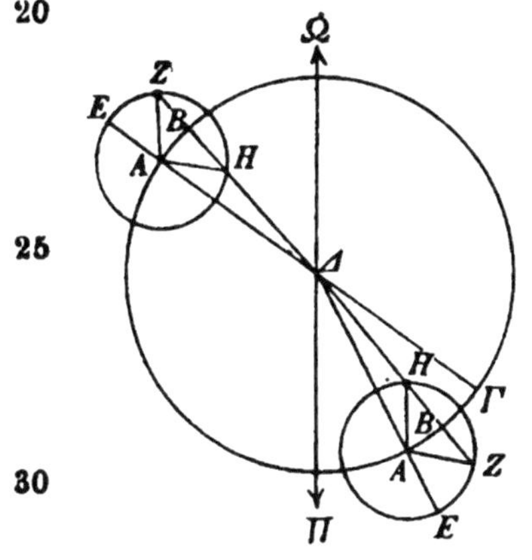

a) Das sind nach S. 156, 27 die Winkel, deren Scheitelwinkel die Anomaliedifferenz, d. i. den Unterschied zwischen der gleichförmigen und der scheinbaren Bewegung in der Ekliptik messen.

b) Somit ist, wie S. 157, 27 bewiesen wurde, $\angle AEB$ um den **doppelten** Betrag des $\angle EBZ$ größer als $\angle \Gamma Z\Delta$.

sein wie die (scheinbare in der Ekliptik von $b\,\Pi B$ gemessene) Entfernung von dem Punkte (Π), welcher (in der Ekliptik) dem Perigeum entspricht, wenn das Gestirn in Punkt H steht.[a)]

Es wird nämlich der scheinbare Bogen vom Apogeum ab durch den $\angle \Delta ZA$ ($= \angle \Omega\Delta B$) gemessen — dieser Winkel wurde ja (S. 159, 7) als die Differenz[b)] zwischen der gleichförmigen Bewegung und der Anomaliedifferenz nachgewiesen — wogegen der scheinbare Bogen vom Perigeum ab durch den $\angle ZHA$ ($= \angle \Pi\Delta B$) gemessen wird; Ha. 1
denn er ist seinerseits gleich der Summe[c)] der gleichförmigen Bewegung und der Anomaliedifferenz. Nun sind aber die beiden Winkel ΔZA und ZHA (nach Eukl. I. 5) einander gleich, weil $AZ = AH$. Folglich auch hier wieder dasselbe Ergebnis: die mittlere (d. i. die gleichförmige) Bewegung im Apogeum ($b\,\Omega A$) ist um denselben Differenzbetrag ($\angle A\Delta Z = b\,AB$) größer als die scheinbare Bewegung ($b\,\Omega B$), während die mittlere Bewegung im Perigeum ($b\,\Pi A$) um denselben Betrag ($\angle A\Delta Z = b\,AB$) kleiner ist als die gleichgroße scheinbare Bewegung ($b\,\Pi B$), was zu Hei 2
beweisen war.[d)]

---

a) Die Figur habe ich dahin abgeändert, daß ich auf den Konzenter zwei Epizykel in der dem Stande des Gestirns auf dem Epizykel entsprechenden Entfernung sowohl vom Apogeum wie vom Perigeum aufgesetzt habe. Da die Epizykelhalbmesser AZ und AH infolge der Gleichzeitigkeit der Umläufe stets parallel zum Durchmesser $\Omega\Pi$ sind, so wird durch diese Figur die Gleichheit des gleichförmigen Laufs auf Epizykel und Konzenter anschaulich, nämlich daß einerseits $\angle EAZ = \angle \Omega\Delta A$ und anderseits $\angle \Delta AH = \angle \Pi\Delta A$.

b) $\angle \Delta ZA = \angle EAZ - \angle A\Delta Z$ oder $b\,\Omega B = b\,\Omega A - b\,AB$.

c) $\angle ZHA = \angle \Delta AH + \angle A\Delta Z$ oder $b\,\Pi B = b\,\Pi A + b\,AB$.

d) Da $b\,\Omega B = b\,\Omega A - b\,AB$ und $b\,\Pi B = b\,\Pi A + b\,AB$, so ist einerseits (im Apogeum) $b\,\Omega A = b\,\Omega B + b\,AB$, anderseits (im Perigeum) $b\,\Pi A = b\,\Pi B - b\,AB$.

Viertes Kapitel.

Die scheinbare Anomalie der Sonne.

Nach Erledigung dieser Vorbetrachtungen muß noch die Bemerkung vorausgeschickt werden, daß auch die an der Sonne wahrzunehmende scheinbare Anomalie, weil sie eine einzige ist und die Zeit von der kleinsten Bewegung bis zur mittleren stets größer macht als die Zeit von der mittleren bis zur größten — und diese Voraussetzung finden wir ja mit den Erscheinungen in Einklang — sehr wohl mit Hilfe jeder der beiden besprochenen Hypothesen zum Ausdruck gebracht werden kann, allerdings mit Hilfe der epizyklischen nur unter der Voraussetzung (S. 155, 29), daß der Fortschritt der Sonne auf dem erdfernen Bogen des Epizykels gegen die Richtung der Zeichenfolge (d. i. westwärts) vor sich gehe. Indessen dürfte es doch logisch richtiger sein, sich an die exzentrische Hypothese zu halten, Ha 184 weil sie einfacher ist, insofern sie mit einer Bewegung, und nicht mit zweien, zum Ziel gelangt.

Voran steht die Aufgabe, das Verhältnis der Exzentrizität des Sonnenkreises zu finden, d. h. zu ermitteln, erstens, in welchem Verhältnis die das Zentrum des Exzenters und den dem Auge entsprechenden Mittelpunkt der Ekliptik verbindende Gerade zu dem Halbmesser des Exzenters steht; zweitens, in welchem Grade der Ekliptik der erdfernste Punkt des Exzenters liegt.

Hei 233 Schon von Hipparch sind diese Verhältnisse mit erfolgreichem Bemühen nachgewiesen worden. Unter Zugrundelegung der Tatsache, daß die Zeit von der Frühlingsnachtgleiche bis zur Sommerwende $94^1/_2$ Tage, und die von der Sommerwende bis zur Herbstnachtgleiche $92^1/_2$ Tage beträgt, weist er einzig und allein mit Hilfe dieser durch die Erscheinungen gebotenen Tatsachen nach, daß die zwischen den obenbezeichneten Mittelpunkten liegende Gerade ohne wesentlichen Fehler $^1/_{24}$ des Halbmessers des Exzenters betrage, und daß das Apogeum des Exzenters $24\frac{1}{2}$ solche Grade, wie die Ekliptik 360 enthält, vor der Sommerwende liege.

Auch wir gelangen zu dem Ergebnis, daß noch heutzutage die Zeiten der obenbezeichneten Quadranten und die angegebenen Verhältnisse nahezu dieselben sind, woraus uns ersichtlich wird, daß der Exzenter der Sonne zu den Wende- und Nachtgleichenpunkten ewig dieselbe Lage bewahrt.[23]

Um jedoch über einen so wichtigen Punkt nicht leicht hinweggegangen zu sein, sondern um auch mit Hilfe der von uns ermittelten Zahlen den theoretischen Satz als richtig hinzustellen, werden auch wir den Nachweis vorgenannter Punkte am exzentrischen Kreise unter Benutzung derselben Ha 11
Erscheinungen führen, d. h., wie gesagt, unter Zugrundelegung der Tatsache, daß die Zeit von der Frühlingsnachtgleiche bis zur Sommerwende $94\frac{1}{2}$ Tage, und die von der Sommerwende bis zur Herbstnachtgleiche $92\frac{1}{2}$ Tage beträgt.

Wir finden nämlich mit Hilfe der im 463ten Jahre nach dem Tode Alexanders (139/140 n. Chr.) von uns sehr ge- Hei 2
nau beobachteten Nachtgleichen und der ebensogenau berechneten Sommerwende[23] die übereinstimmende Zahl von Tagen der Zwischenzeiten. Es fand nämlich, wie (S. 142, 12) schon mitgeteilt, die Herbstnachtgleiche am 9. Athyr (26. Sept. 139 n. Chr. etwa eine Stunde) nach Sonnenaufgang und die Frühlingsnachtgleiche (S. 143, 3) am 7. Pachon (22. März 140 n. Chr. etwa eine Stunde) nach Mittag statt, so daß die Zwischenzeit in Summa $178\frac{1}{4}$ Tage beträgt.[a] Die Sommerwende fand statt (S. 144, 1) am 11. Mesore (24. Juni ungefähr zwei Stunden) nach der Mitternacht auf den 12. Mesore (25. Juni 140 n. Chr. 2^h nachts), so daß diese Zwischenzeit, d. h. die von der Frühlingsnachtgleiche

a) Von dem Mittag des 9. Athyr bis zu dem Mittag des 7. Pachon sind $180^d - 2^d = 178^d$, hierüber von 7^h früh bis Mittag des 9ten 5st und 1st über den Mittag des 7ten, d. i. $\frac{1}{4}^d$.

bis zur Sommerwende, $94^1/_2$ Tage ausmacht.[a] Es bleiben demnach für die Zwischenzeit von der Sommerwende bis zur nächsten Herbstnachtgleiche die an der Jahreslänge noch fehlenden $92^1/_2$ Tage übrig.

Beweis. Es sei also ΑΒΓΔ der Kreis der Ekliptik um das Zentrum E. In demselben ziehe man durch die Wendepunkte und die Nachtgleichenpunkte zwei einander unter rechten Winkeln schneidende Durchmesser ΑΓ und ΒΔ. Dabei sei A als Frühlingspunkt, B als Sommerwendepunkt usw. angenommen.

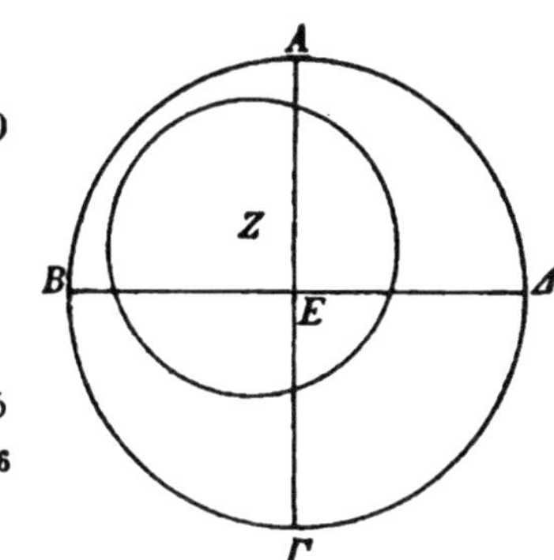

Daß der Mittelpunkt (Z) des Exzenters zwischen die Geraden EA und EB fallen wird, ist dar-
Ha 186
aus ersichtlich, daß der Halbkreis ΑΒΓ eine längere Zeit (187 Tage) umfaßt als die Hälfte der Jahreslänge; infolgedessen muß er von dem Exzenter ein Stück abtrennen, das größer ist als ein Halbkreis. Ferner umfaßt auch der Quadrant AB (mit $94^1/_2$ Tagen) wieder eine längere
Hei 235
Zeit als der Quadrant ΒΓ (mit $92^1/_2$ Tagen) und trennt deshalb von dem Exzenter einen größeren Bogen ab als

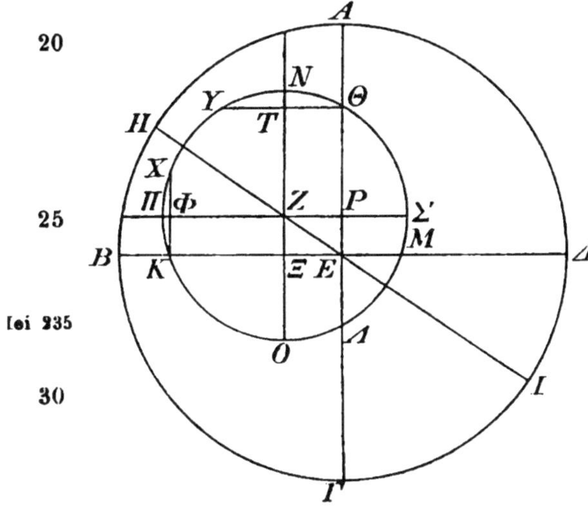

a) Von dem Mittag des 7. Pachon bis zu dem Mittag des 11. Mesore sind 94^d, hierüber 14st bis 2^h nach Mitternacht auf den 12ten weniger 1st nach dem Mittag des 7. Pachon, d. s. 13st, mithin 1st über $^1/_2{}^d$. Vgl. erl. Anm. 23 Ende.

letzterer. Unter Berücksichtigung dieser Verhältnisse sei Punkt Z als Zentrum des Exzenters angenommen. Man ziehe den durch beide Mittelpunkte und das Apogeum gehenden Durchmesser EZH[a] und beschreibe um Z als Zentrum mit beliebigem Abstand als den Exzenter der Sonne den Kreis ΘΚΛΜ. Ferner ziehe man durch Z zu ΑΓ die Parallele ΝΞΟ, zu ΒΔ die Parallele ΠΡΣ, und endlich von Θ unter rechten Winkeln durch ΝΞΟ die Sehne ΘΤΥ, von K unter rechten Winkeln durch ΠΡΣ die Sehne ΚΦΧ.

Da also die Sonne den Kreis ΘΚΛΜ mit gleichförmiger Geschwindigkeit durchläuft, so durchwandert sie den Bogen ΘΚ in $94^1/_2$ Tagen und den Bogen ΚΛ in $92^1/_2$ Tagen. Nun beträgt (nach den Tafeln der gleichförmigen Sonnenbewegung) ihre gleichförmige Bewegung in $94^1/_2$ Tagen von den 360 Graden des Kreises $93^{0}9'$, und in $92^1/_2$ Tagen $91^{0}11'$,[b] so daß auf den Kreisbogen ΘΚΛ $184^{0}20'$ kommen. Hieraus ergibt sich zunächst folgendes.

1. a) Die Summe der beiderseits über den Halbkreis ΝΠΟ hinausgehenden Bogen ΝΘ und ΟΛ beträgt (die über 180^{0} überschießenden) $4^{0}20'$. Hei 236

Nun ist *b* ΘΝΥ = *2b* ΝΘ, (Eukl. III. 3)
mithin *b* ΘΝΥ = $4^{0}20'$ in demselben Maße,
also *s* ΘΥ = $4^{p}32'$ wie *exdm* = 120^{p},
folglich $^1/_2$ *s* ΘΥ d. i. ΘΤ = ΕΞ = $2^{p}16'$. Ha 18

b) Der Bogen ΘΝΠΚ beträgt im ganzen $93^{0}9'$, wovon auf den Quadranten ΝΠ 90^{0} und auf den Bogen ΝΘ $2^{0}10'$ entfallen; es verbleibt demnach als Rest

b ΠΚ = ($93^{0}9' - 92^{0}10'$ =) $0^{0}59'$.
Nun ist *b* ΚΠΧ = *2b* ΠΚ, (Eukl. III. 3)
mithin *b* ΚΠΧ = $1^{0}58'$,
also *s* ΚΦΧ = $2^{p}4'$ wie *exdm* = 120^{p},
folglich $^1/_2$ *s* ΚΦΧ d. i. ΚΦ = ΖΞ = $1^{p}2'$.

---

a) Durchmesser werden wiederholt nur mit den Buchstaben des Halbmessers bezeichnet.

b) Nach den Sonnentafeln berechnet: $90^{d} + 4^{d} + {}^1/_2{}^{d} = 93^{0}\,8'32''$; $90^{d} + 2^{d} + {}^1/_2{}^{d} = 91^{0}10'15''$.

c) Es wurde also nachgewiesen

$$\mathsf{E\Xi} = 2^p 16' \text{ und } \mathsf{Z\Xi} = 1^p 2'.$$

Nun ist $\mathsf{Z\Xi}^2 + \mathsf{E\Xi}^2 = \mathsf{EZ}^2$,

mithin $\mathsf{EZ} = 2^p 29' 30''$ wie $exhm = 60^p$.

Folglich beträgt der Halbmesser des Exzenters ohne wesentlichen Fehler das 24fache der die Mittelpunkte des Exzenters und der Ekliptik verbindenden Geraden (EZ).

ei 237 2. Vorstehendem Nachweis zufolge ist

$$\mathsf{Z\Xi} = 1^p 2' \text{ wie } \mathsf{EZ} = 2^p 29' 30''.$$

Setzt man $\mathsf{EZ} = 120^p$ als Hypotenuse,

so wird $\mathsf{Z\Xi} = 49^p 46'$;

also $b\ \mathsf{Z\Xi} = 49^0$ wie $\ominus\ \mathsf{Z\Xi E} = 360^0$,

folglich $\angle\ \mathsf{ZE\Xi} = 49^0$ wie $2R = 360^0$,

$= 24^0 30'$ wie $4R = 360^0$.[9)]

Da $\angle\ \mathsf{ZE\Xi}$ ein Zentriwinkel der Ekliptik ist, so beträgt der Bogen BH $24^0 30'$. Das ist der Bogen, um welchen das Apogeum H gegen die Richtung der Zeichen (d. i. westlich) vor dem Sommerwendepunkt B (also in Π $5^0 30'$) liegt.

Ha 188 3. a) Da der Quadrant $\mathsf{O\Sigma}$ 90^0 beträgt, wovon auf den Bogen $\mathsf{O\Lambda}$ $2^0 10'$ und auf den Bogen $\mathsf{M\Sigma}$ ($= \mathsf{\Pi K}$) $0^0 59'$ entfallen, so verbleibt als Rest

$$b\ \mathsf{\Lambda M} = (90^0 - 3^0 9' =)\ 86^0 51'.$$

b) Da der Quadrant $\mathsf{\Sigma N}$ 90^0 beträgt, so wird, wenn man den Bogen $\mathsf{N\Theta}$ mit $2^0 10'$ abzieht und den Bogen $\mathsf{M\Sigma}$ mit $0^0 59'$ dazusetzt,

$$b\ \mathsf{M\Theta} = (90^0 - 2^0 10' + 0^0 59' =)\ 88^0 49'.$$

Nun durchläuft die Sonne mit gleichförmiger Geschwindigkeit $86^0 51'$ in $88^1/_8$ Tagen,[a)] und $88^0 49'$ ohne wesentlichen Fehler in $90^1/_8$ Tagen.[b)] Folglich wird sie in $88^1/_8$ Tagen scheinbar den Bogen $\mathsf{\Gamma\Delta}$ durchlaufen, welcher von der Herbstnachtgleiche bis zur Winterwende reicht, und ohne

---

a) Die Division $86^0 51' : 59' 8''$ (tägl. Bew. der Sonne) ergibt $88^d 7' 22''$; es fehlen $8''$ an $^1/_8{}^d$.

b) Die Division $88^0 49' : 59' 8''$ ergibt $90^d 7' 6''$; es fehlen $24''$ an $^1/_8{}^d$.

wesentlichen Fehler in $90^1/_8$ Tagen den Bogen ΔA, welcher von der Winterwende bis zur Frühlingsnachtgleiche reicht.

Somit sind die vorstehenden Ergebnisse in Übereinstimmung mit den Darlegungen Hipparchs von uns gewonnen worden.

Mit Zugrundelegung dieser Größenbeträge wollen wir jetzt zunächst feststellen, wie groß das Maximum der Differenz zwischen der gleichförmigen und der ungleichförmigen Bewegung ist, und an welchen Punkten es eintreten wird.

A. Nach der exzentrischen Hypothese. Es sei ABΓ der Exzenter um das Zentrum Δ und den durch das Apogeum A gehenden Durchmesser AΔΓ, auf welchem der Mittelpunkt der Ekliptik Punkt E sei. Rechtwinklig zu AΓ ziehe man die Gerade EB und verbinde Δ mit B. Nach dem (oben festgestellten) Verhältnis von 1 : 24 beträgt die zwischen den Mittelpunkten liegende Strecke

$\Delta E = 2^p 30'$ wie *exhm* $B\Delta = 60^p$.

Setzt man $B\Delta = 120^p$ als Hypotenuse,

so wird $\Delta E = 5^p$,

also $b\ \Delta E = 4^\circ 46'$ wie ⊖ $\Delta EB = 360^\circ$,

folglich $\angle\ \Delta BE = 4^\circ 46'$ wie $2R = 360^\circ$,

$= 2^\circ 23'$ wie $4R = 360^\circ$.

Mit diesem Winkel ist die Anomaliedifferenz gefunden. In demselben Maße ist $\angle\ BE\Delta = 90^0$, und als Summe dieser beiden Winkel natürlich $\angle\ B\Delta A = 92^0 23'$. Nun ist $\angle\ B\Delta A$ ein Zentriwinkel des Exzenters (mißt also die gleichförmige Bewegung), während $\angle\ BE\Delta$ ein Zentriwinkel der Ekliptik ist (also die ungleichförmige Bewegung darstellt); folglich werden wir das Maximum der Anomaliedifferenz mit $2^0 23'$ erhalten, und von den Bogen, an deren Enden dieses

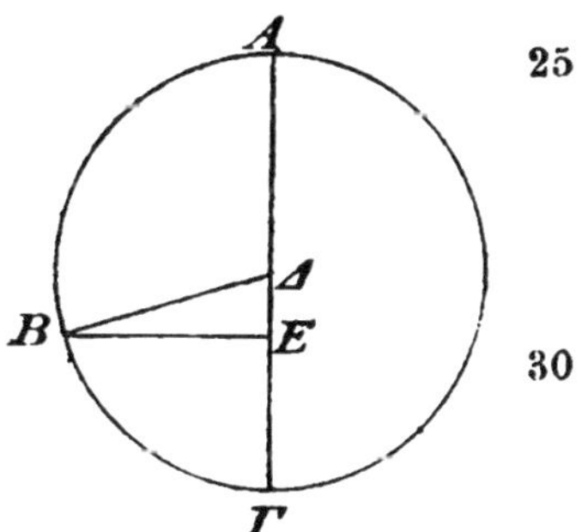

Maximum eintritt, den des Exzenters, d. i. den gleichförmigen, mit $92^0 23'$ vom Apogeum ab, und den der Ekliptik, d. i. den scheinbar ungleichförmigen, mit den 90^0 des Quadranten, wie wir schon früher (S. 155, 11) dargelegt haben. Daß auf dem diametral gegenübergelegenen Kreisabschnitt der scheinbare mittlere Lauf und (damit) das Maximum der Anomaliedifferenz bei 270⁰ liegen wird, während der gleichförmige Lauf, d. i. der auf dem Exzenter vor sich gehende, erst bei 267⁰37′ angelangt ist, geht aus dem früher (S. 157, 27) geführten Beweis deutlich hervor.

B. Es ist mit Hilfe der gefundenen Zahlen, wie wir es (S. 155, 7) angekündigt haben, noch nachzuweisen, daß auch nach der epizyklischen Hypothese dieselben Beträge als Ergebnis herauskommen, wenn dieselben Verhältnisse, wie wir sie bisher (S. 154, 20) angenommen haben, weiter gelten.

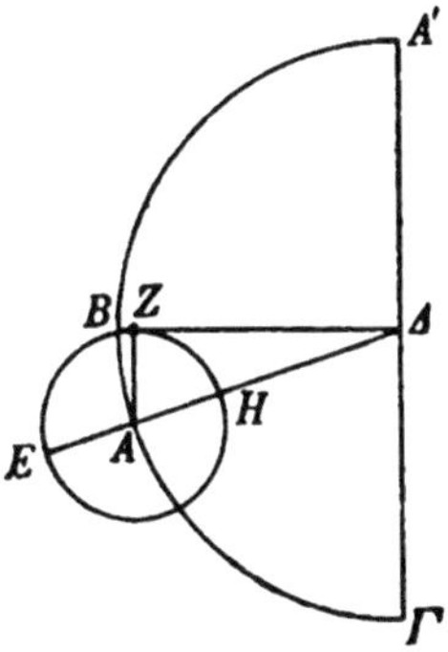

Es sei Α′ΒΓ der mit der Ekliptik konzentrische Kreis um das Zentrum Δ und den Durchmesser Α′ΔΓ, ΕΖΗ sei der Epizykel um den Mittelpunkt Α. Man ziehe von Δ an den Epizykel die Tangente ΔΖΒ und verbinde Α mit Ζ durch eine Gerade. Es wird demnach in entsprechender Weise in dem rechtwinkligen Dreieck ΑΖΔ

Ha 190 Hel 240

ΑΖ = $^1/_{24}$ ΑΔ (d. i. 2ᵖ30′).
Setzt man ΑΔ = 120ᵖ als Hypotenuse,
so wird *s* ΑΖ = 5ᵖ,
also *b* ΑΖ = 4⁰46′ wie ⊖ ΑΖΔ = 360⁰;
folglich ∠ ΑΔΖ = 4⁰46′ wie 2*R* = 360⁰,
= 2⁰23′ wie 4*R* = 360⁰.

Somit ist auch auf diesem Wege das Maximum der Anomaliedifferenz, d. i. der Bogen ΑΒ, in übereinstimmender Weise mit 2⁰23′ gefunden, der ungleichförmige (d. i. scheinbare) Bogen (Α′Β), da er von einem rechten Winkel, d. i. ∠ΑΖΔ (nach S. 159, 7 = ∠Α′ΔΒ), gemessen wird, mit 90⁰, und der gleichförmige Bogen (ΕΖ ∼ Α′Α), der von ∠ΕΑΖ (= ∠Α′ΔΑ = 90⁰ + 2⁰23′) gemessen wird, mit 92⁰23′.

Fünftes Kapitel.

Feststellung der Einzelabschnitte der Anomalie.

Um auch die Einzelabschnitte der ungleichförmigen Bewegung von Fall zu Fall durch Rechnung bestimmen zu können, werden wir wieder nach jeder der beiden Hypothesen nachweisen, wie wir, wenn einer der in Frage kommenden Bogen gegeben ist, auch die beiden anderen erhalten werden.

I. Im Apogeum.

A. Nach der exzentrischen Hypothese.

Es sei ΑΒΓ der mit der Ekliptik konzentrische Kreis Hei 241 um den Mittelpunkt Δ, EZH der Exzenter um das Zen- Ha 191 trum Θ. Der durch beide Mittelpunkte und das Apogeum E gehende Durchmesser sei EAΘΔH. Nachdem man den Bogen EZ abgetragen, ziehe man die Verbindungslinien ZΔ und ZΘ.

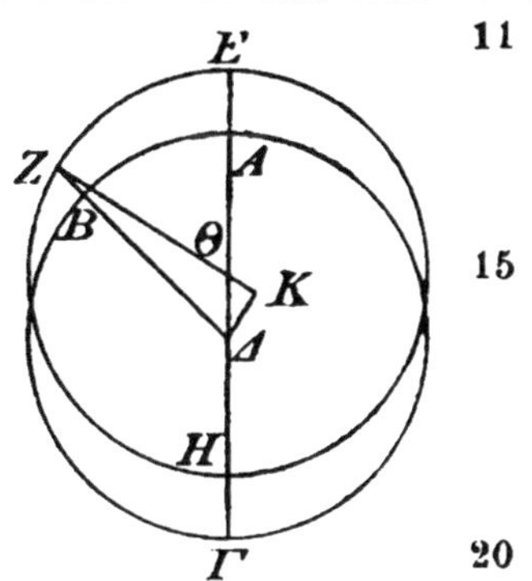

Gegeben sei zunächst der Bogen EZ beispielshalber mit 30°. Nachdem man ZΘ (über Θ) verlängert, fälle man auf diese Gerade von Δ aus das Lot ΔK. Es ist also

$$b\,\mathrm{EZ} = 30^0 \text{ nach Annahme,}$$

$$\text{folglich } \angle\,\mathrm{E\Theta Z} = 30^0 \text{ wie } 4R = 360^0,$$

$$= 60^0 \text{ wie } 2R = 360^0.$$

$$\text{Nun ist } \angle\,\Delta\Theta\mathrm{K} = \angle\,\mathrm{E\Theta Z} \text{ (als Scheitelwinkel),}$$

$$\text{folglich auch } \angle\,\Delta\Theta\mathrm{K} = 60^0 \text{ wie } 2R = 360^0;$$

$$\text{mithin } \begin{cases} b\,\Delta\mathrm{K} = 60^0 \text{ wie } \ominus\,\Delta\mathrm{K}\Theta = 360^0, \\ ,b\,\mathrm{K}\Theta = 120^0 \text{ als Supplementbogen}^{a)}; \end{cases}$$

$$\text{also } \left\{ \begin{matrix} s\,\Delta\mathrm{K} = 60^p \\ ,s\,\mathrm{K}\Theta = 103^p 55' \end{matrix} \right\} \text{ wie } h\,\Delta\Theta = 120^p.^{9)}$$

a) Mit ,*b* und ,*s* soll auch weiterhin der Supplementbogen und die ihn unterspannende Sehne bezeichnet werden, mit *h* die Hypotenuse, mit *hm* und *dm* Halb- und Durchmesser.

Setzt man $h\,\Delta\Theta = 2^p 30'$ wie $hm\,Z\Theta = 60^p$,
so wird $\Delta K = 1^p 15'$ und $K\Theta = 2^p 10'$,
Hei 242 mithin $KZ = Z\Theta + K\Theta = 62^p 10'$.
Nun ist $KZ^2 + \Delta K^2 = Z\Delta^2$, (Eukl. I. 47)
mithin $Z\Delta = 62^p 11'$ wie $\Delta K = 1^p 15'$.
Setzt man $h\,Z\Delta = 120^p$,
so wird $\Delta K = 2^p 25'$,
also $b\,\Delta K = 2^0 18'$ wie $\ominus\,\Delta K Z = 360^0$
Ha 192 mithin $\angle\,\Delta Z K = 2^0 18'$ wie $2R = 360^0$,
$= 1^0\ 9'$ wie $4R = 360^0$.[9)]

Hiermit ist also im vorliegenden Fall der Betrag der Anomaliedifferenz gefunden. Da in demselben Maße $\angle\,E\Theta Z = 30^0$ war, so wird der $\angle\,A\Delta B$, d. i. der Bogen AB der Ekliptik, als Differenz dieser beiden Winkel $28^0 51'$ betragen.

Auch wenn ein anderer Winkel (als $\angle\,E\Theta Z$) gegeben ist, werden sich die beiden anderen gleichfalls bestimmen lassen. Dies wird ohne weiteres einleuchten, wenn man an derselben Figur von Θ auf $Z\Delta$ das Lot $\Theta\Lambda$ fällt.

a) Nehmen wir zunächst den Bogen AB der Ekliptik, d. i. den $\angle\,\Theta\Delta\Lambda$ als gegeben an, so wird damit auch das Verhältnis $\frac{\Delta\Theta}{\Theta\Lambda}$ (nach den Sehnentafeln) gegeben sein. Da nun auch das Verhältnis $\frac{\Theta\Delta}{\Theta Z}$ (mit $2^1/_2 : 60$) gegeben ist, so wird auch das Verhältnis $\frac{\Theta Z}{\Theta\Lambda}$ (nach Eukl. Data 8) gegeben sein, und damit werden wir als gegeben erhalten sowohl den $\angle\,\Theta Z\Lambda$ (nach den Sehnentafeln), d. i. die Anomaliedifferenz, als auch (als Summe der beiden
Hei 243 Winkel) den $\angle\,E\Theta Z$, d. i. den Bogen EZ des Exzenters.

b) Nehmen wir schließlich die Anomaliedifferenz, d. i. den $\angle\,\Theta Z\Delta$ als gegeben an, so werden sich dieselben Ergebnisse in umgekehrter Reihenfolge einstellen. Ist hierdurch das Verhältnis $\frac{\Theta Z}{\Theta \Lambda}$ (nach den Sehnentafeln) gegeben, und von vornherein auch (mit $60:2^1/_2$) das Verhältnis $\frac{\Theta Z}{\Theta \Delta}$, so ist auch das Verhältnis $\frac{\Delta \Theta}{\Theta \Lambda}$ (nach Eukl. Data 8) gegeben, und damit (nach den Sehnentafeln) sowohl $\angle\,\Theta\Delta\Lambda$, d. i. der Bogen AB der Ekliptik, als auch (als Summe Ha 193 der beiden Winkel) $\angle\,E\Theta Z$, d. i. der Bogen EZ des Exzenters.

B. Nach der epizyklischen Hypothese.

Es sei ABΓ der mit der Ekliptik konzentrische Kreis[a)] um das Zentrum Δ und den Durchmesser AΔΓ, der in dem vorgeschriebenen Verhältnis (S. 154, 26) zu ihm stehende Epyzikel sei EZHΘ um den Mittelpunkt A. Nachdem man den Bogen EZ abgetragen, ziehe man die Verbindungslinien ZBΔ und ZA.

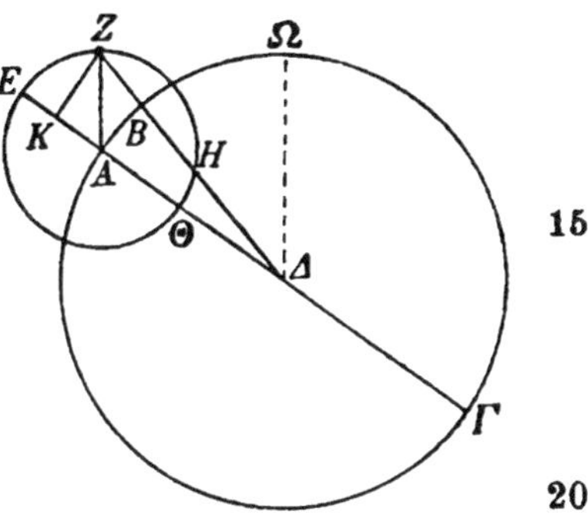

Der Bogen EZ sei wieder mit 30^0 als gegeben angenommen. Man fälle von Z auf AE das Lot ZK. Es ist

$$b\,EZ = 30^\circ \text{ nach Annahme,}$$

folglich $\angle\,EAZ = 30^\circ$ wie $4R = 360^\circ$,

$= 60^\circ$ wie $2R = 360^\circ$;

mithin $\left\{\begin{array}{l} b\,ZK = 60^\circ \\ b\,KA = 120^\circ \end{array}\right\}$ wie $\ominus\,ZKA = 360^\circ$, Hei 244

also $\left\{\begin{array}{l} s\,ZK = 60^p \\ s\,KA = 103^p\,55' \end{array}\right\}$ wie $dm\,AZ = 120^p$.

Setzt man $h\,AZ = 2^p\,30'$ wie $hm\,A\Delta = 60^p$,

so wird $ZK = 1^p\,15'$ und $KA = 2^p\,10'$,

mithin $K\Delta = KA + A\Delta = 62^p\,10'$.

---

a) Die Bezeichnung der Apogeumstelle durch Ω ist an der Figur hinzugefügt, um den scheinbaren Bogen ΩB der Ekliptik kenntlich zu machen.

Nun ist $ZK^2 + K\Delta^2 = Z\Delta^2$,
mithin $Z\Delta = 62^p\,11'$ wie $ZK = 1^p\,15'$.
Setzt man $h\,Z\Delta = 120^p$,
so wird $s\,ZK = 2^p\,25'$,
Ha 194 also $b\,ZK = 2^0\,18'$ wie $\ominus\,ZK\Delta = 360^0$,
6 mithin $\angle\,Z\Delta K = 2^0\,18'$ wie $2\,R = 360^0$,
$= 1^0\;9'$ wie $4\,R = 360^0$.

Hiermit wird also wieder der Betrag der Anomaliedifferenz, d. i. des Bogens AB, gefunden sein. Da in demselben Maße
Hei 245 auch $\angle\,EAZ = 30^0$ war, so wird $\angle\,AZ\Delta$ ($= \angle\,\Omega\Delta Z$), d. i.
11 der scheinbare Bogen (ΩB) der Ekliptik, als Differenz dieser beiden Winkel ($\angle\,EAZ - \angle\,Z\Delta K$) übereinstimmend mit den nach der exzentrischen Hypothese nachgewiesenen Beträgen gleich $28^0\,51'$ sein.

15 Auch hier werden sich wieder, wenn ein anderer Winkel gegeben ist, die übrigen gleichfalls bestimmen lassen. Man fälle an derselben Figur von A auf ΔZ das Lot $A\Lambda$.

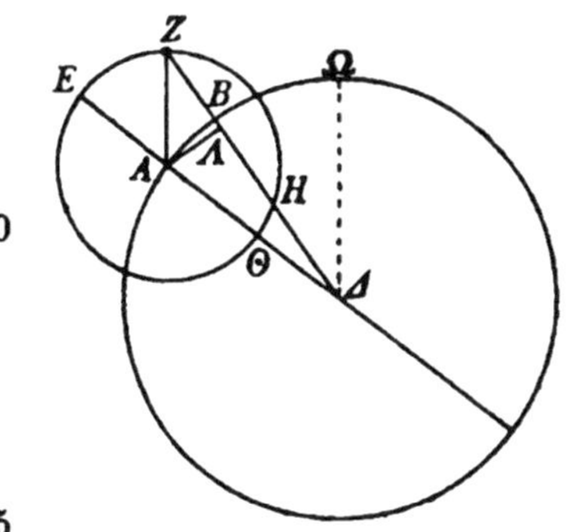

20 a) Lassen wir zunächst wieder den scheinbaren Bogen der Ekliptik (ΩB), d. i. den $\angle\,AZ\Delta$ ($= \angle\,\Omega\Delta Z$) gegeben sein, so wird damit auch (nach den Sehnen-
25 tafeln) das Verhältnis $\frac{ZA}{A\Lambda}$ gegeben sein. Da ferner von vornherein (mit $2^1/_2 : 60$) das Verhältnis $\frac{ZA}{A\Delta}$ gegeben ist, so wird auch das Verhältnis $\frac{\Delta A}{A\Lambda}$ (nach Eukl. Data 8) gegeben sein. Damit wird aber auch (nach den Sehnentafeln) der $\angle\,A\Delta B$, d. i. der Bogen AB der
30 Anomaliedifferenz, sowie (als Summe der beiden Winkel)
Ha 195 der $\angle\,EAZ$, d. i. der Bogen EZ des Epizykels, gegeben sein.

b) Nehmen wir schließlich die Anomaliedifferenz, d. i. den $\angle\,A\Delta B$ als gegeben an, so wird wieder in umgekehrter
35 Reihenfolge damit zunächst (nach den Sehnentafeln) das

Verhältnis $\frac{\Delta A}{A\Lambda}$ gegeben sein. Da ferner von vornherein (mit $60 : 2^1/_2$) das Verhältnis $\frac{\Delta A}{AZ}$ gegeben ist, so wird auch das Verhältnis $\frac{ZA}{A\Lambda}$ (nach Eukl. Data 8) gegeben sein. Damit Hei 24 wird aber auch (nach den Sehnentafeln) der $\angle AZ\Delta$, d. i. der scheinbare Bogen (ΩB) der Ekliptik, sowie (als Summe der beiden Winkel) der $\angle EAZ$, d. i. der Bogen EZ des Epizykels, gegeben sein.

II. Im Perigeum.

A. Nach der exzentrischen Hypothese.

Man trage an der oben (S. 173, 9) beschriebenen Figur des Exzenters vom Perigeum H des Exzenters den ebenfalls wieder mit 30^0 als gegeben angenommenen Bogen HZ ab, ziehe die Verbindungslinien ΔZB und $Z\Theta$, und fälle von Δ auf ΘZ das Lot ΔK. Es ist

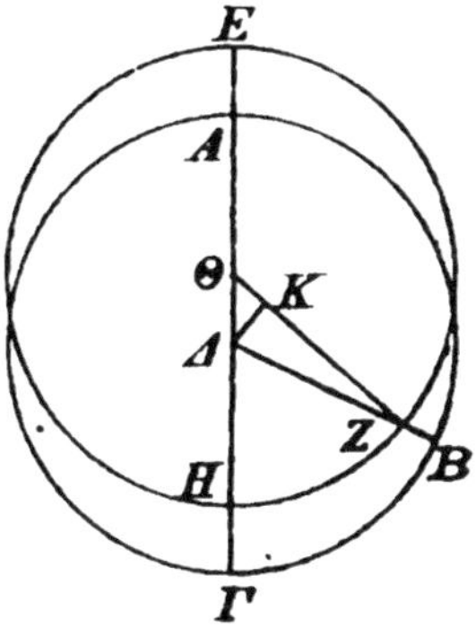

$$b\,ZH = 30^0 \text{ nach Annahme,}$$

folglich $\angle Z\Theta H = 30^0$ wie $4R = 360^0$,
$= 60^0$ wie $2R = 360^0$,

$$\text{mithin} \left\{ \begin{array}{l} b\,\Delta K = 60^0 \\ b\,K\Theta = 120^0 \end{array} \right\} \text{wie } \ominus\, \Delta K\Theta = 360^0,$$

$$\text{also} \left\{ \begin{array}{l} s\,\Delta K = 60^P \\ s\,K\Theta = 103^P\,55' \end{array} \right\} \text{wie } dm\,\Delta\Theta = 120^P.$$

Setzt man $h\,\Delta\Theta = 2^P\,30'$ wie $hm\,\Theta Z = 60^P$,
so wird $\Delta K = 1^P\,15'$ und $K\Theta = 2^P\,10'$, (Ha 11 Hei 24
mithin $KZ = \Theta Z - K\Theta = 57^P\,50'$.

Nun ist $\Delta K^2 + KZ^2 = \Delta Z^2$,
mithin $\Delta Z = 57^P\,51'$ wie $\Delta K = 1^P\,15'$.

Setzt man $h\,\Delta Z = 120^P$,
so wird $s\,\Delta K = 2^P\,34'$,
also $b\,\Delta K = 2^0\,27'$ wie $\ominus\,\Delta KZ = 360^0$;

mithin $\angle \Delta Z K = 2^\circ 27'$ wie $2R = 360^\circ$,
$= 1^\circ 14'$ wie $4R = 360^\circ$.

Hiermit ist also die Anomaliedifferenz gefunden. Da in demselben Maße auch $\angle Z\Theta H$ mit 30° als gegeben angenommen ist, so wird $\angle B\Delta\Gamma$, d. i. der Bogen ΓB der Ekliptik, als Summe dieser beiden Winkel $31^\circ 14'$ betragen.

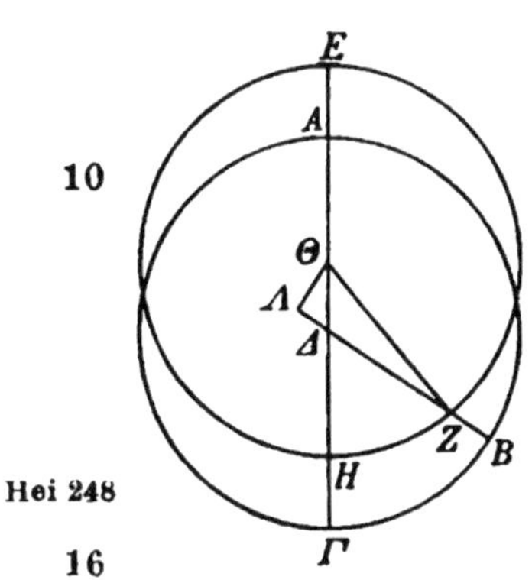

Wie oben, verlängere man auch in diesem Falle $B\Delta$ (über Δ) und fälle auf die Verlängerung das Lot $\Theta\Lambda$.

a) Lassen wir zunächst den Bogen ΓB der Ekliptik, d. i. den $\angle \Theta\Delta\Lambda$ (als Scheitelwinkel $= \angle B\Delta\Gamma$) gegeben sein, so wird damit auch (nach den Sehnentafeln) das Verhältnis $\frac{\Delta\Theta}{\Theta\Lambda}$ gegeben sein.

Hei 248 Da ferner von vornherein (mit $2^1/_2 : 60$) das Verhältnis $\frac{\Delta\Theta}{\Theta Z}$ gegeben ist, so wird auch das Verhältnis $\frac{Z\Theta}{\Theta\Lambda}$ (nach Eukl. Data 8) gegeben sein. Damit werden wir aber als gegeben erhalten sowohl $\angle \Theta Z\Delta$, d. i. die Anomaliedifferenz (nach den Sehnentafeln), als auch (als Differenz der beiden Winkel $B\Delta\Gamma - \Theta Z\Delta$) den $\angle Z\Theta\Delta$, d. i. den Bogen HZ des Exzenters.

Ha 197 b) Lassen wir schließlich die Anomaliedifferenz, d. i. den $\angle \Theta Z\Delta$ gegeben sein, so wird in umgekehrter Reihenfolge damit zunächst (nach den Sehnentafeln) das Verhältnis $\frac{Z\Theta}{\Theta\Lambda}$ gegeben sein. Da ferner von vornherein (mit $60 : 2^1/_2$) das Verhältnis $\frac{Z\Theta}{\Theta\Delta}$ gegeben ist, so wird auch das Verhältnis $\frac{\Delta\Theta}{\Theta\Lambda}$ (nach Eukl. Data 8) gegeben sein. Damit werden wir aber als gegeben erhalten sowohl den $\angle \Theta\Delta\Lambda$ ($= \angle B\Delta\Gamma$), d. i. den Bogen ΓB der Ekliptik (nach den Sehnentafeln), als auch (als Differenz der beiden Winkel $B\Delta\Gamma - \Theta Z\Delta$) den $\angle Z\Theta H$, d. i. den Bogen HZ des Exzenters.

B. Nach der epizyklischen Hypothese.

Man trage an der oben (S. 175, 9) beschriebenen Figur[a)] des Konzenters mit dem Epizykel von dem Perigeum Θ den Bogen ΘH ebenfalls gleich 30⁰ ab, ziehe die Verbindungslinien AH und ΔHB und fälle von H auf AΔ das Lot HK. Es ist

$b\,\Theta H = 30^\circ$ nach Annahme,
folglich $\angle \Theta AH = 30^\circ$ wie $4R = 360^\circ$, Hei 249
$= 60^\circ$ wie $2R = 360^\circ$;

mithin $\left\{\begin{array}{l} b\,HK = 60^\circ \\ b\,KA = 120^\circ \end{array}\right\}$ wie $\ominus HKA = 360^\circ$,

also $\left\{\begin{array}{l} s\,HK = 60^p \\ s\,KA = 103^p\,55' \end{array}\right\}$ wie $h\,AH = 120^p$.

Setzt man $h\,AH = 2^p\,30'$ wie $hm\,A\Delta = 120^p$,
so wird $HK = 1^p\,15'$ und $KA = 2^p\,10'$,
mithin $K\Delta = A\Delta - KA = 57^p\,50'$.

Nun ist $HK^2 + K\Delta^2 = \Delta H^2$,
mithin $\Delta H = 57^p\,51'$ wie $HK = 1^p\,15'$. Ha 198

Setzt man $h\,\Delta H = 120^p$,
so wird $s\,HK = 2^p\,34'$,
also $b\,HK = 2^\circ 27'$ wie $\ominus HK\Delta = 360^\circ$,
mithin $\angle H\Delta K = 2^\circ 27'$ wie $2R = 360^\circ$,
$= 1^\circ 14'$ wie $4R = 360^\circ$. Hei 250

Damit ist also die Anomaliedifferenz, d. i. der Bogen AB, auch in diesem Falle gefunden. Da in demselben Maße auch ∠KAH mit 30⁰ als gegeben angenommen ist, so wird ∠BHA (= ∠BΔΠ), welcher den scheinbaren Bogen (ΠB) der Ekliptik mißt, als Summe der beiden Winkel übereinstimmend

a) Die Figur habe ich unter Bezeichnung des in der Ekliptik liegenden Perigeums Π im Unterschied zu der Figur S. 175 in der entsprechenden diametralen Stellung vorgelegt.

mit den bei dem Exzenter gefundenen Beträgen gleich $31^{0}14'$ sein.

Wie oben, fälle man auch in diesem Falle auf ΔB das Lot $A\Lambda$.

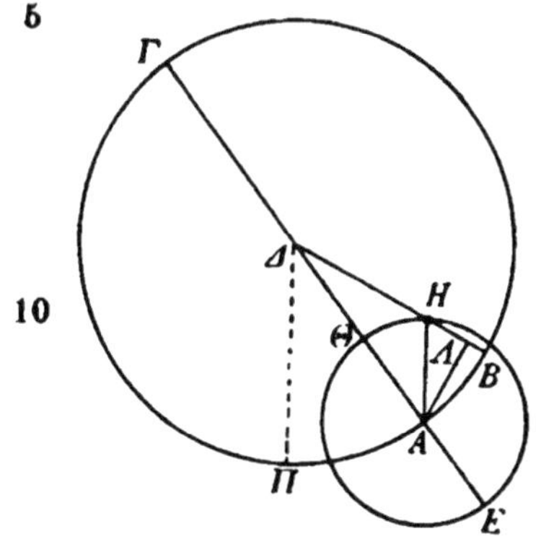

a) Lassen wir zunächst den Bogen (ΠB) der Ekliptik, d. i. den $\angle A H \Lambda$ ($= \angle \Pi \Delta B$) gegeben sein, so wird damit das Verhältnis $\frac{HA}{A\Lambda}$ (nach den Sehnentafeln) gegeben sein. Da ferner von vornherein (mit $2^{1}/_{2} : 60$) das Verhältnis $\frac{HA}{A\Delta}$ gegeben ist, so wird auch (nach Eukl. Data 8) das Verhältnis $\frac{\Delta A}{A\Lambda}$ gegeben sein. Damit werden wir aber als gegeben erhalten sowohl den $\angle A\Delta B$, d. i. den Bogen AB der Anomaliedifferenz (nach den Sehnentafeln), als auch (als Differenz der beiden Winkel) den
Ha. 199 $\angle \Theta A H$, d. i. den Bogen ΘH des Epizykels.

b) Lassen wir schließlich den Bogen AB der Anomalie-
Hei. 251 differenz, d. i den $\angle A\Delta B$ gegeben sein, so wird damit wieder in umgekehrter Reihenfolge (nach den Sehnentafeln) das Verhältnis $\frac{\Delta A}{A\Lambda}$ gegeben sein. Da ferner von vornherein (mit $60 : 2^{1}/_{2}$) das Verhältnis $\frac{\Delta A}{AH}$ gegeben ist, so wird auch (nach Eukl. Data 8) das Verhältnis $\frac{HA}{A\Lambda}$ gegeben sein. Damit werden wir aber als gegeben erhalten sowohl den $\angle AH\Lambda$ ($= \angle \Pi\Delta B$), d. i. den Bogen (ΠB) der Ekliptik (nach den Sehnentafeln), als auch (als Differenz der beiden Winkel) den $\angle \Theta A H$, d. i. den Bogen ΘH des Epizykels.

Hiermit sind die Nachweise geliefert, welche wir uns (in diesem Kapitel) zur Aufgabe gestellt hatten.

Will man die Größenbeträge der von Fall zu Fall erforderlichen Korrektionen (des Laufs) zum Gebrauch fertig bei der Hand haben, so ist durch die vorstehenden theoretischen Sätze, wie man sieht, für die Tabellarisierung der Gradabschnitte, welche das rechnerische Material zur Gewinnung des scheinbaren Laufs aus der Anomalie bilden, die Möglichkeit einer sehr mannigfaltigen Form geboten. Wir geben jedenfalls derjenigen Fassung den Vorzug, welche die Anomaliedifferenzen neben den gleichförmigen Bogen bietet, erstens, weil diese Anordnung sich nach den Hypothesen selbst als die logisch richtige ergibt[a)], und zweitens, weil die Berechnung nach der Tabelle in jedem Bedarfsfalle[b)] ebenso einfach als leicht ausführbar ist.

Daher haben wir uns die an erster Stelle (S. 175 und 179) zahlengemäß durchgeführten Sätze zur Norm genommen und für die einzelnen Gradabschnitte auf dem Wege geometrischer Konstruktion, ganz wie bei den mitgeteilten Beispielen (für 30°), die Anomaliedifferenzen berechnet, welche auf jeden gleichförmigen Bogen entfallen. Allgemein haben wir aber sowohl bei der Sonne wie bei den anderen Planeten Hei 25:
die zu beiden Seiten der Apogeen liegenden Quadranten in je 15 Abschnitte zerlegt, so daß bei ihnen der Ansatz der Beträge von 6 zu 6 Grad fortschreitet. Dagegen haben wir Ha 20(
die zu beiden Seiten der Perigeen liegenden Quadranten in je 30 Abschnitte zerlegt, so daß bei ihnen der Ansatz von 3 zu 3 Grad fortschreitet, weil in den Perigeen hinsichtlich des Überschusses der auf die gleichgroßen Abschnitte entfallenden Anomaliedifferenzen größere Unterschiede eintreten als in den Apogeen.

Wir werden demnach die Tabelle der Anomalie der Sonne wieder in 45 (d. i. 3×15) Zeilen und 3 Spalten aufstellen. Die ersten zwei Spalten enthalten als Argumentzahlen die 360 Grade der gleichförmigen Bewegung, indem die ersten

a) Die von vornherein gemachte Voraussetzung ist die Gleichförmigkeit der Bewegung; es ist also logisch richtiger, aus der gleichförmigen Bewegung durch Anbringung der Anomalie die ungleichförmige zu gewinnen, als umgekehrt von der ungleichförmigen ausgehend die gleichförmige.

b) D. h. auch in dem Falle, wenn man aus dem gegebenen scheinbaren oder ungleichförmigen Lauf den gleichförmigen feststellen will.

15 Zeilen die beiden Quadranten am Apogeum umfassen, die übrigen 30 Zeilen die beiden Quadranten am Perigeum. Die dritten Spalten bieten die auf jede Argumentzahl der gleichförmigen Bewegung entfallenden Grade der Prosthaphäresis (d. i. des vom Apogeum bis zum Perigeum negativen, vom Perigeum bis zum Apogeum positiven Betrags) der Anomaliedifferenz.[24)]

Die Tabelle gestaltet sich folgendermaßen.

Sechstes Kapitel.

Ha 201 Hei 253

Tabelle der Anomalie der Sonne.

Gemeinsame Argumentzahlen		Prosthaphäresis	Gemeinsame Argumentzahlen		Prosthaphäresis	Gemeinsame Argumentzahlen		Prosthaphäresis
6°	354°	0° 14′	93°	267°	2° 23′	138°	222°	1° 39′
12	348	0° 28′	96	264	2° 23′	141	219	1° 33′
18	342	0° 42′	99	261	2° 22′	144	216	1° 27′
24	336	0° 56′	102	258	2° 21′	147	213	1° 21′
30	330	1° 9′	105	255	2° 20′	150	210	1° 14′
36	324	1° 21′	108	252	2° 18′	153	207	1° 7′
42	318	1° 32′	111	249	2° 16′	156	204	1° 0′
48	312	1° 43′	114	246	2° 13′	159	201	0° 53′
54	306	1° 53′	117	243	2° 10′	162	198	0° 46′
60	300	2° 1′	120	240	2° 6′	165	195	0° 39′
66	294	2° 8′	123	237	2° 2′	168	192	0° 32′
72	288	2° 14′	126	234	1° 58′	171	189	0° 24′
78	282	2° 18′	129	231	1° 54′	174	186	0° 16′
84	276	2° 21′	132	228	1° 49′	177	183	0° 8′
90	270	2° 23′	135	225	1° 44′	180	180	0° 0′

Siebentes Kapitel.

Die Epoche des mittleren Laufs der Sonne.

Ha 202 Hei 254 Es bleibt noch übrig, die Epoche[a)] der gleichförmigen Bewegung der Sonne festzustellen, die zur Berechnung ihrer von Fall zu Fall gebotenen Positionen erforderlich ist. Auch diese Aufgabe haben wir gelöst, indem wir uns allgemein

a) Unter Epoche ist der in Ekliptikgraden ausgedrückte Ort (τόπος) zu verstehen, welchen die Sonne zu einem bestimmten Zeitpunkt, der als Ausgangspunkt ihrer gleichförmigen Bewegung gilt, innehat (ἐπέχει) oder innegehabt hat.

wieder bei der Sonne sowohl wie bei den anderen Planeten an die von uns selbst auf das genaueste beobachteten Positionen hielten. Von diesen aus zurückrechnend, haben wir mit Hilfe der nachgewiesenen mittleren Bewegungen die Epochen (aller Planeten) an den Anfang der Regierung Nabonassars (26. Februar 747 v. Chr.) geknüpft, von welcher Zeit ab uns auch die alten Beobachtungen im großen ganzen bis auf den heutigen Tag erhalten geblieben sind.

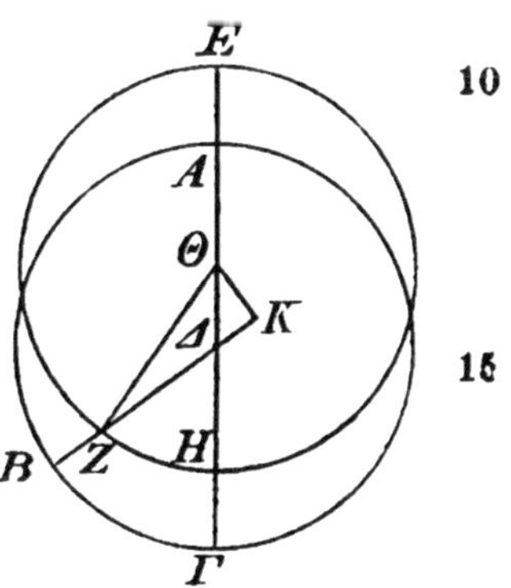

Es sei ΑΒΓ der mit der Ekliptik konzentrische Kreis um das Zentrum Δ, ΕΖΗ der Exzenter der Sonne um das Zentrum Θ. Der durch beide Mittelpunkte und das Apogeum Ε gehende Durchmesser sei ΕΑΗΓ. Endlich sei als der Herbstpunkt der Ekliptik der Punkt Β angenommen. Man ziehe die Verbindungslinien ΒΖΔ und ΖΘ, und fälle von Θ auf die Verlängerung von ΖΔ das Lot ΘΚ.

Da der Herbstpunkt Β im Anfang der Scheren liegt und Hei
das Perigeum Γ in $5^0 30'$ des Schützen, so ist

b ΒΓ $= 65^0 30'$,
folglich ∠ ΒΔΓ $= 65^0 30'$ wie $4R = 360^0$, Ha
$= 131^0$ wie $2R = 360^0$.
Nun ist ∠ ΒΔΓ = ∠ ΘΔΚ, (als Scheitelwinkel)
folglich auch ∠ ΘΔΚ $= 131^0$ wie $2R = 360^0$;
mithin b ΘΚ $= 131^0$ wie ⊖ ΘΚΔ $= 360^0$,
also s ΘΚ $= 109^p\,12'$ wie dm ΔΘ $= 120^p$.
Setzt man ΔΘ $= 5^p$ wie h ΖΘ $= 120^p$,[a)]
so wird s ΘΚ $= 4^p\,33'$,
also b ΘΚ $= 4^0 20'$ wie ⊖ ΘΚΖ $= 360^0$,
folglich ∠ ΘΖΚ $= 4^0 20'$ wie $2R = 360^0$,
$= 2^0 10'$ wie $4R = 360^0$.
Nun war ∠ ΒΔΓ $= 65^0 30'$ wie $4R = 360^0$, (s. Z. 23)
mithin ∠ ΖΘΗ $= 63^0 20'$ als Differenz beider,
folglich b ΖΗ $= 63^0 20'$.

a) Nach dem Verhältnis ΔΘ : ΖΘ $= 2^1/_2 : 60$.

Wenn demnach die Sonne im Herbstnachtgleichenpunkt steht, so ist sie von dem Perigeum, d. i von ♐ 5°30′, in mittlerer Bewegung 63°20′ gegen die Richtung der Zeichen (d. i. westwärts) entfernt, während sie von dem Apogeum,
Hei 256 d. i. von ♊ 5°30′, im Mittel (180° — 63°20′ =) 116°40′ in der Richtung der Zeichen (d. i. ostwärts) entfernt steht.

Nach dieser theoretischen Erörterung wird folgendes verständlich werden. Unter den Beobachtungen von Nachtgleichen, welche die ersten waren, die von uns angestellt worden sind, befindet sich auch eine mit der größten Genauigkeit festgestellte Herbstnachtgleiche. Dieselbe ist im
Ha 204 17ten Jahre Hadrians am 7. ägyptischen Athyr (25. September 132 n. Chr.) ohne wesentlichen Fehler zwei Äquinoktialstunden nach Mittag eingetreten. Zu diesem Zeitpunkt hat demnach die Sonne in mittlerer Bewegung auf dem Exzenter in der Richtung der Zeichen von dem Apogeum (d. i. von ♊ 5°30′) 116°40′ entfernt gestanden. Nun beträgt die Zahl der Jahre von der Regierung Nabonassars (747 v. Chr.) bis zum Tode Alexanders (11. Juni 323 v. Chr.) nach dem ägyptischen Kalender 424, vom Tode Alexanders (Epoche 1. Thoth = 12. Nov. 324 v. Chr.) bis zur Regierung des Augustus 294, und vom ersten Jahre (30 v. Chr.) der Regierung des Augustus vom Mittag des 1. ägyptischen Thoth — weil wir die Epochen an die Mittagstunde knüpfen — bis zum 17ten Jahre Hadrians zwei Äquinoktialstunden nach dem Mittag des 7. Athyr (25. Sept. 132 n. Chr.) weitere 161 Jahre, 66 Tage und 2 Äquinoktialstunden. Folglich ergeben sich vom ersten Jahre Nabonassars vom Mittag des 1. ägyptischen Thoth bis zu der Zeit der oben genannten Herbstnachtgleiche in Summa (424 + 294 + 161 =) 879 ägyptische Jahre, 66 Tage und 2 Äquinoktialstunden. In einem Zeitraum von dieser Länge legt die Sonne in mittlerer
Hei 257 Bewegung nach Abzug ganzer Kreise 211°25′ zurück.[25)] Wenn wir also zu den 116°40′, welche die Entfernung von dem Apogeum des Exzenters zur Zeit der genannten Herbstnachtgleiche maßen, die 360 Grade eines Kreises addieren und von der Summe die 211°25′ des auf die Zwischenzeit

entfallenden Überschusses abziehen[a]), so werden wir für die
Epoche der mittleren Bewegung am Mittag des 1. ägyptischen Thoth des ersten Jahres Nabonassars (26. Februar
747 v. Chr.) als Entfernung der Sonne von dem Apogeum
(♊ 5°30′) bei gleichförmiger Bewegung 265°15′ in der Ha 205
Richtung der Zeichen erhalten. Daraus ergibt sich als
mittlerer Ort der Sonne ♓ 0°45′.[b])

Achtes Kapitel.
Berechnung der Länge der Sonne nach den Tafeln.

Wenn wir den Ort der Sonne für den betreffenden Zeitpunkt, dem die Untersuchung gilt, feststellen wollen[c]), so gehen wir mit der Summe der Zeit, welche von der Epoche bis zu dem nach der Ortszeit von Alexandria gegebenen Zeitpunkt verflossen ist, in die Tafeln der gleichförmigen Bewegung der Sonne ein, addieren zu den bei den betreffenden Argumentzahlen stehenden Graden die 265°15′ betragende Entfernung von dem Apogeum und ziehen von dieser Summe ganze Kreise ab. Die übrigbleibenden Grade zählen wir von (dem Apogeum) ♊ 5°30′ ab in der Richtung der Zeichen weiter und werden dort, wo die Zahl ausgeht, den mittleren Ort der Sonne finden. Darauf gehen wir mit derselben Zahl, d. h. mit der Gradzahl, welche die Entfernung Hei 258
vom Apogeum bis zu dem mittleren Ort angibt, in die Tabelle der Anomalie ein. Fällt die Zahl in die ersten Spalten, d. h. ist sie kleiner als 180°, so ziehen wir die bei ihr in der dritten Spalte stehenden Grade von der Epoche für den mittleren Ort ab; steht die Zahl aber in den zweiten Spalten, d. h. ist sie größer als 180°, so werden wir die be- Ha 206
treffenden Grade zu dem mittleren Ort addieren und so den genauen, d. i. scheinbaren Ort der Sonne finden.[24])

a) D. h. auf dem Sonnenkreise rückwärts zählen: 476°40′ − 211°25′ = 265°15′.

b) Insofern 265°15′ = 24°30′ der Zwillinge + 240° (d. s. 8 Zeichen zu 30°) + 0°45′ der Fische.

c) Durchgeführte Beispiele der Berechnung bietet Anm. 29.

Neuntes Kapitel.
Die Ungleichheit der Sonnentage.

Hiermit sind wir am Ende der Theorie angelangt, welche sich mit der Sonne allein beschäftigt. Es dürfte jedoch am Platze sein, hier noch in aller Kürze die Ungleichheit der Sonnentage[a] zu besprechen, eine Erörterung, die vorausgeschickt werden muß, weil wir die schlechthin im Mittel angesetzten Bewegungen alle unter gleichgroßen Überschüssen anwachsen lassen[b], als ob auch die Sonnentage alle von gleicher Dauer wären, was sich, wie die theoretische Betrachtung lehrt, nicht so verhält.

Die Drehung des Weltalls vollzieht sich in gleichförmiger Bewegung um die Pole des Äquators, wobei die Wiederkehr dieser Drehung, um sie besser auf den Punkt genau bestimmen zu können, entweder auf den Horizont oder auf den Meridian bezogen wird. Mithin ist eine Umdrehung des Weltalls offenbar die Wiederkehr ein und desselben Punktes des Äquators von einem Abschnitt des Horizonts oder des Meridians bis wieder zu demselben Abschnitt, während
Hei 259 ein Sonnentag schlechthin die Wiederkehr der Sonne von einem Abschnitt des Horizonts oder des Meridians bis wieder
Ha 207 zu demselben Abschnitt ist. Deshalb ist also ein gleichförmiger Sonnentag der Zeitraum, welcher den Durchgang der 360 Zeitgrade eines Umschwungs des Äquators und hierüber noch den Durchgang von rund 59 Sechzigteilen eines Zeitgrades umfaßt, welche die Sonne im Verlauf eines solchen Umschwungs des Äquators infolge ihrer (eigenen) Bewegung (nach der entgegengesetzten Richtung) in mittlerer Geschwindigkeit zusetzt. Ein ungleichförmiger

---

a) D. i. der aus Tag und Nacht bestehenden Zeiträume von einem Sonnenaufgang bis zum nächsten.

b) D. h. durch sukzessives Addieren derselben Grundzahl der täglichen, monatlichen und jährlichen mittleren Bewegung. Vgl. S. 148, 5.

Sonnentag ist dagegen der Zeitraum, welcher den Durchgang der 360 Zeitgrade eines Umschwungs des Äquators und hierüber noch den Durchgang derjenigen Sechzigteile umfaßt, die gleichzeitig mit der Zusatzstrecke, welche die Sonne infolge ihrer ungleichförmigen Bewegung erzielt, entweder aufgehen oder den Meridian passieren.

Dieser Abschnitt des Äquators, welcher über die 360 Zeitgrade (d. i. über 24 Äquinoktialstunden) hinzu seinen Durchgang bewerkstelligt, muß notwendig ungleich groß werden, erstens wegen der scheinbaren Anomalie der Sonne, und zweitens, weil gleichgroße Abschnitte der Ekliptik weder den Horizont noch den Meridian in gleichen Zeiten passieren. Jede dieser beiden Ursachen bewirkt allerdings bei einem Sonnentage einen kaum bemerkbaren Unterschied der gleichförmigen Wiederkehr gegen die ungleichförmige, aber wenn sich dieser Unterschied bei einer größeren Zahl von Sonnentagen summiert, kann er sogar recht bemerklich werden.[a)]

Infolge der Anomalie der Sonne entsteht das Maximum des Unterschieds bei den Intervallen von der einen mittleren Bewegung der Sonne bis zur anderen[b)]; denn die Summe Hei 260
der Sonnentage eines solchen Intervalls wird sich von der Summe der gleichförmigen Sonnentage (desselben Intervalls) um ungefähr $4^{3}/_{4}$ Zeitgrade (d. i. um das Doppelte der Anomaliedifferenz) unterscheiden, von der Summe der gleichförmigen Sonnentage des anderen Intervalls aber um den doppelten Betrag (d. i. um $9^{1}/_{2}$ Zeitgrade), weil der scheinbare Lauf der Sonne (in der Ekliptik) gegen den gleichförmigen auf dem am Apogeum liegenden (erdfernen) Halb-

---

a) Die moderne Astronomie unterscheidet mittlere, d. s. gleichförmige Sonnentage, deren Dauer schlechthin 24 Äquinoktialstunden beträgt, von wahren, d. s. ungleichförmigen Sonnentagen, welche sich von einer Kulmination der Sonne bis zur nächsten erstrecken. Die längste Dauer eines solchen wahren Sonnentags beträgt 24 Stunden 32 Sekunden, die kürzeste 23 Stunden 59 Minuten 39 Sekunden.

b) D. i. in dem Intervall, welches sich mit 92°23′ beiderseits des Apogeums, und in dem Intervall, welches sich mit 87°37′ beiderseits des Perigeums erstreckt.

kreis (der Sonnenbahn) $4^3/_4{}^0$ (d. i. beiderseits $2^0 23'$) zurückbleibt, während er auf dem am Perigeum liegenden (erdnahen) Halbkreis ebensoviele Grade zusetzt.[a)]

Ha 208 Infolge der Ungleichförmigkeit der (mit Zeitgraden) gleichzeitigen Auf- oder Untergänge (der Ekliptik) tritt dagegen das Maximum des Unterschieds auf den von den Wendepunkten begrenzten Halbkreisen ein; denn hier werden die gleichzeitigen Aufgänge eines jeden dieser beiden Halbkreise von den theoretisch als gleichförmig geltenden 180 Zeitgraden (= 12 Stunden) um den Unterschied des längsten oder des kürzesten Tages vom Nachtgleichentage (z. B. $15^{st} - 12^{st} = 3^{st}$) differieren, voneinander aber um den Unterschied des längsten Tages vom kürzesten oder der längsten Nacht von der kürzesten (z. B. $15^{st} - 9^{st} = 6^{st}$).

Infolge der Ungleichheit der (mit Zeitgraden) gleichzeitigen Meridiandurchgänge endlich entsteht wieder das Maximum des Unterschieds bei den Intervallen, welche gerade die beiden Zwölfteile in sich schließen, die entweder beiderseits der Wendepunkte oder beiderseits der Nachtgleichenpunkte liegen; denn die beiden an den Wendepunkten liegenden Zwölfteile werden zusammen (mit $64^0 32'$) von den theoretisch als gleichförmig geltenden (60) Zeitgraden um ungefähr $4^1/_2$ solche Grade differieren, von der Summe ($55^0 40'$) der an den Nachtgleichenpunkten liegenden Zwölfteile aber wieder um 9 Zeitgrade, weil letztere hinter dem Mittel (von 60^0 um $4^0 20'$) zurückbleiben, während erstere ungefähr den
Hei 261 gleichen Betrag (genau $4^0 32'$) zusetzen.[b)]

---

a) Indem der scheinbare Bogen, welchen die Sonne während ihres gleichförmigen Laufs auf dem erdfernen Halbkreis ihrer Bahn in der Ekliptik zurücklegt, beiderseits um $2^0 23'$, demnach in Summa um $4^3/_4{}^0$ kleiner als ein Halbkreis ist, wogegen der scheinbare Bogen, welchen sie während ihres Laufs auf dem erdnahen Halbkreis in der Ekliptik zurücklegt, um denselben Betrag größer als ein Halbkreis ist. Vgl. die Figur zu Anm. 24 u. S. 157, 27.

b) Die Zeit des Meridiandurchgangs von ♊ + ♋ oder ♐ + ♑ beträgt nach der Tafel für Sphaera recta $64^0 32'$, die des Meridiandurchgangs von ♓ + ♈ oder ♍ + ♎ genau $55^0 40'$.

Aus diesen Verhältnissen erklärt es sich, daß wir die bei den Epochen in Betracht kommenden Anfänge der Sonnentage an die Meridiandurchgänge, nicht an die Auf- oder Untergänge der Sonne knüpfen. Denn der theoretisch auf den Horizont bezogene Unterschied kann bis zu vielen Stunden gehen (s. S. 188, 14); auch ist er nicht überall derselbe, sondern ändert sich mit dem je nach der Neigung der Sphäre eintretenden Unterschied der längsten oder der kürzesten Tage. Dagegen ist der auf den Meridian bezogene Unterschied für alle Wohnorte derselbe und überschreitet auch nicht die infolge der Anomalie der Sonne sich (bis zu $2 \cdot 2^0 23'$) summierenden Zeitgrade der Differenz.

Nun setzt sich aber aus der Vermischung dieser beiden Unterschiede, d. i. der Differenz infolge der Anomalie der Sonne und des Unterschieds infolge der (mit Zeitgraden) Ha 209 gleichzeitigen Meridiandurchgänge, der Unterschied bei denjenigen Intervallen zusammen, welche für beide genannte Differenzen gleichzeitig entweder dem Zusatz oder dem Abzug unterliegen. Dem Abzug unterliegt in beiden Beziehungen am stärksten der (erdferne) Abschnitt von der Mitte des Wassermanns bis zu den Scheren, dem Zusatz der (erdnahe) Abschnitt vom Skorpion bis zur Mitte des Wassermanns. Diese beiden Abschnitte weisen nämlich als Maximum, der eine des Zusatzes, der andere des Abzugs, infolge der Anomalie der Sonne $3^2/_3{}^0$,[a] und infolge der (mit Zeitgraden) gleichzeitigen Meridiandurchgänge $4^2/_3{}^0$ auf,[b] so daß sich für jeden der beiden genannten Abschnitte als Maximum

a) Bei ♒ 15° beträgt in 249°30′ Entfernung vom Apogeum ♊ 5°30′ die Anomaliedifferenz + 2°16′, bei ♏ 0° in 144°30′ Entfernung − 1°26′. Indem also die scheinbare erdferne Laufstrecke in der Ekliptik erst bei ♒ 17°16′ beginnt und schon bei ♎ 28°34′ aufhört, beträgt sie zwischen diesen Grenzen 3°42′ weniger als die Strecke, welche zwischen den mittleren Örtern liegt, während der scheinbare erdnahe Lauf von ♎ 28°34′ bis ♒ 17°16′ 3°42′ mehr beträgt.

b) Die 255 Grade von ♒ 15° bis ♏ 0° gehen mit 250°18′ des Äquators durch den Meridian, was − 4°42′ gibt, die 105 Grade von ♏ 0° bis ♒ 15° mit 109°42′, was + 4°42′ gibt.

Hei 262 des Unterschieds der Sonnentage im Vergleich zu den gleichförmigen ein Betrag von $8^1/_3$ Zeitgraden, d. i. von $33^1/_3$ Zeitminuten, im Vergleich von Abschnitt zu Abschnitt aber der doppelte Betrag von $16^2/_3$ Zeitgraden, d. i. von einer Äquinoktialstunde und $6^2/_3$ Minuten, herausstellt. Ein Unterschied von diesem Betrage würde bei der Sonne und den anderen Planeten, wenn er unbeachtet bliebe, der Feststellung der an ihnen wahrgenommenen Erscheinungen vielleicht keinen merklichen Eintrag tun, dagegen würde er bei dem Monde wegen der Geschwindigkeit seiner Bewegung (in Länge) bereits eine beträchtliche Differenz bis zu $0^0 36'$ (d. s. $0^0 32' 56''$ + $0^0 3' 17''$ in $1^1/_{10}$ Stunde) verursachen.

Um nun die für irgendein beliebiges Intervall gegebenen (bürgerlichen) Sonnentage, ich meine die von Mittag oder Mitternacht bis wieder zu Mittag oder Mitternacht (nach Ortszeit) gerechneten, ein für allemal in gleichförmige umzurechnen, werden wir sowohl für die erste wie für die letzte Epoche des gegebenen Intervalls der (bürgerlichen) Sonnen-
Ha 210 tage feststellen, in welchem Grade der Ekliptik die Sonne sowohl nach der gleichförmigen wie nach der ungleichförmigen (d. i. mit der Anomaliedifferenz versehenen) Bewegung steht. Alsdann gehen wir mit dem Intervall der mit dem Zusatz (der Anomalie) versehenen Grade, d. i. mit dem Intervall von dem ungleichförmigen oder scheinbaren Sonnenort bis wieder zu dem scheinbaren, in die Tafel der Aufgänge bei Sphaera recta[a] ein und sehen nach, mit
Hei 263 wieviel Zeitgraden gleichzeitig die bezeichneten Grade des ungleichförmigen Intervalls den Meridian passieren. Hierauf bilden wir die Differenz zwischen den gefundenen Zeitgraden und den Graden des gleichförmigen Intervalls und berechnen (durch Multiplikation mit 4) den Betrag der Äquinoktialstunde, welcher durch die Zeitgrade dieser Differenz ausgedrückt wird. Wird die Zahl der Zeit-

a) Weil die Durchgänge durch den Horizont bei Sphaera recta gleichzeitig als Durchgänge durch den Meridian anzusehen sind. Vgl. S. 53, 19.

grade[a] größer als das gleichförmige Intervall gefunden, so werden wir die Differenz zu der gegebenen Zahl der Sonnentage addieren, wird sie kleiner gefunden, so werden wir sie davon abziehen. In dem Ergebnis werden wir den auf die gleichförmigen Sonnentage entfallenden Zeitbetrag erhalten, von dem wir vorzugsweise dort Gebrauch machen werden, wo es sich um die Summierung der mittleren Bewegungen des Mondes handelt, wie unsere Tafeln sie bieten.[26]

Es ist selbstverständlich, daß man aus dem gegebenen Bestand der gleichförmigen Sonnentage die bürgerlichen, d. i. die theoretisch schlechthin genommenen Tage erhält, indem man die oben erklärte Addition oder Subtraktion der Zeitgrade in umgekehrter Reihenfolge vornimmt.

Zu der von uns festgestellten Epoche, d. i. im ersten Jahre Nabonassars am Mittag des 1. ägyptischen Thoth, stand die Sonne bei gleichförmiger Bewegung, wie oben (S. 185, 7) nachgewiesen, in ♓ 0°45′, bei ungleichförmiger Bewegung (d. i. unter Hinzufügung des Maximums der Anomaliedifferenz) in ♓ 3°8′.[b]

Viertes Buch.

Erstes Kapitel.

Art der Beobachtungen, auf welche sich die Theorie des Mondes zu stützen hat.

Nachdem wir in dem vorhergehenden Buche eine zusammen- {Ha 211 Hei 265} fassende Darstellung der Erscheinungen geboten haben, welche hinsichtlich der Bewegung der Sonne wahrzunehmen sind, beginnen wir nunmehr in der logisch gebotenen Folge die

a) D. i. die Zahl der gleichzeitig mit den Graden des ungleichförmigen Intervalls durch den Meridian gegangenen Äquatorgrade. Ist sie größer, so ist die wahre Sonne vorangeeilt, ist sie kleiner, so ist die wahre Sonne zurückgeblieben.

b) Auf 265°15′ Abstand von dem Apogeum ♊ 5°30′ entfallen nach der Anomalietabelle + 2°23′ Anomaliedifferenz. Vgl. S. 185, 26 hinsichtlich des positiven Werts.

Theorie des Mondes. Da halten wir es zunächst für angezeigt, nicht einfach auf gut Glück an die Benutzung der für diesen Zweck sich darbietenden Beobachtungen heranzutreten, sondern zur Feststellung der allgemeinen Begriffe unsere Aufmerksamkeit ganz besonders jenem Beweismaterial zuzuwenden, welches nicht nur den Vorzug des höheren Alters hat, sondern direkt aus den bei *Mondfinsternissen* angestellten Beobachtungen gewonnen wird. Denn nur durch diese können die Örter des Mondes *genau* gefunden werden, da alle anderen Beobachtungen, mögen sie durch Beziehung der Örter des Mondes auf die Fixsterne, oder mit Hilfe der
Ha 212 Instrumente, oder durch Vermittelung der Sonnenfinsternisse nach theoretischen Grundsätzen angestellt werden, infolge der Parallaxen des Mondes mit starken Täuschungen verbunden sein können. Nur für die besonderen Begleiterscheinungen können wir nachgerade auch von den anderen Beobachtungen für unsere Untersuchung Gebrauch machen

Hei 266 Da die Entfernung, in welcher sich die Sphäre des Mondes von dem Mittelpunkte der Erde befindet, nicht, wie die zur Ekliptik, so bedeutend ist, daß die Größe der Erde zu ihr das Verhältnis eines Punktes hätte, so ist davon die notwendige Folge, daß die von dem Mittelpunkte der Erde, d. i. von dem Zentrum der Ekliptik durch das Zentrum des Mondes nach den Teilen der Ekliptik gezogene Gerade[a], welche für die Vorstellung von dem *genauen* (d. i. ungleichförmigen) Lauf aller Planeten maßgebend ist, durchaus nicht mehr in allen Fällen für die sinnliche Wahrnehmung mit der Geraden zusammenfällt, die von irgendeinem Punkte der Erdoberfläche, d. i. von dem (Standpunkt oder) Auge des *Beobachters* nach dem Zentrum des Mondes gezogen wird, nach welcher die Theorie den *scheinbaren* Lauf des Mondes feststellt. Nur dann, wenn der Mond im Zenit des Beobachters steht, fällt diese Linie genau mit der Geraden zusammen, welche von dem Mittelpunkte der Erde nach dem

---

a) Der griechische Text enthält eine Lücke, welche unbedingt nach Maßgabe des Codex D auszufüllen war.

Zentrum des Mondes und dem Tierkreis gezogen wird. Sobald aber der Mond den geringsten Abstand vom Zenit gewonnen hat, weichen die Richtungen der bezeichneten Geraden voneinander ab. Deshalb fällt der *scheinbare* Lauf nicht mit dem *genauen* zusammen; denn das Auge läßt sich von einer (scheinbaren) Stellung zur anderen leiten, während die durch den Mittelpunkt der Erde gehenden Geraden scharfe Grenzlinien abgeben, die genau der Größe der Winkel ent- Ha sprechen, welche von der Neigung (dieser Geraden zum Horizont) gebildet werden.

Hieraus erklärt sich ein wesentlicher Unterschied hinsichtlich des Eintritts von Sonnen- und Mondfinsternissen. Da die Sonnenfinsternisse dadurch entstehen, daß der Mond Hei unter der Sonne vorübergeht und hierdurch eine Bedeckung verursacht, welche, insoweit sie in den von unserem Auge nach der Sonne gerichteten Kegel fällt, die bis zum Ende des Vorüberganges dauernde Verfinsterung bewirkt, so können dieselben Finsternisse weder nach Größe noch Dauer überall in derselben Weise verlaufen, weil der Mond aus den oben genannten Gründen weder für alle Beobachter gleichmäßig als bedeckendes Objekt wirkt, noch scheinbar mit denselben Teilen der Sonne zusammenfällt. Bei den Mondfinsternissen ergibt sich dagegen als Folge der Parallaxen durchaus kein derartiger Unterschied, weil der am Monde sich vollziehende Akt der Verfinsterung den Standpunkt des Beobachters zur Begründung der Erscheinung gar nicht in Betracht kommen läßt. Weil nämlich der Mond jederzeit sein Licht infolge der Bestrahlung durch die Sonne erhält, so erscheint er uns, wenn er die der Sonne diametral gegenübergelegene Stellung einnimmt, zu jeder anderen Zeit stets voll beleuchtet, weil er alsdann seine ganze beleuchtete Halbkugel zugleich auch uns ganz zuwendet; kommt er aber der Sonne in *der* Stellung diametral gegenüber zu stehen, daß er in den Kegel des Erdschattens eintritt, der gerade wie die Sonne, aber immer auf der entgegengesetzten Seite (des Himmels) seinen Umlauf macht, dann verliert er sein Licht je nach dem Größenbetrag seines Eintritts (in den

Kegel), weil die Erde als schattenwerfendes Objekt die Bestrahlung durch die Sonne verhindert. Daher ist die Finster-
Hei 268 nis sowohl der Größe als auch der Dauer der Phasen nach für alle Teile der Erde in gleicher Weise sichtbar.

Ha 214 Da also die genauen (d. h. die geozentrischen), nicht die scheinbaren (durch die Parallaxe bewirkten) Örter des Mondes in Betracht gezogen werden sollen, weil die Annahme des Geregelten und Gleichmäßigen vor der Annahme des Ungeregelten und Ungleichmäßigen durchaus den Vorzug haben muß, so meinen wir zur Feststellung der allgemeinen Begriffe die übrigen Beobachtungen, weil für die Bestimmung der bei ihnen in Betracht kommenden Örter der Standpunkt des Beobachters maßgebend ist, nicht mit zur Benutzung heranziehen zu dürfen, sondern ausschließlich die Beobachtungen von Mondfinsternissen, weil bei ihnen zur Bestimmung der Örter der Standpunkt des Beobachters nicht mit in Frage kommt. Denn der Grad, den das Zentrum des Mondes gerade zur Mitte der Finsternis einnehmen wird, liegt selbstverständlich demjenigen Grade der Ekliptik so genau wie nur möglich diametral gegenüber, in welchem die Sonne zur Mitte der Finsternis gefunden wird, wo das Zentrum des Mondes dem Zentrum der Sonne in Länge genau diametral gegenübersteht.

Zweites Kapitel.

Die periodischen Zeiten des Mondes.

Die nur in allgemeinen Umrissen gehaltene Vorbemerkung über die Art der Beobachtungen, auf welche sich die Theorie des Mondes im allgemeinen zu stützen hat, sei hiermit ab-
Hei 269 geschlossen. Wir werden nunmehr versuchen zu erläutern, wie die Alten ihr Beweismaterial handhabten, und wie wir die rechnerische Seite der in Übereinstimmung mit den Erscheinungen aufgestellten Hypothesen praktischer gestalten könnten.

Ha 215 Der Mond bewegt sich in Länge und Breite scheinbar ungleichförmig, d. h. er durchläuft weder die Ekliptik in

gleichen Zeiten, noch bewerkstelligt er die Wiederkehr seines Laufs in Breite in gleichen Zeiten. Ohne die Auffindung der Zeit, in welcher seine Anomalie (d. i. sein ungleichförmiger Lauf) zur Wiederkehr gelangt, dürfte es aber nicht gut möglich sein, die Perioden der anderen (Umläufe) in der erforderlichen Weise zu bestimmen. Nun führen die von Fall zu Fall angestellten Beobachtungen zu dem Ergebnis, daß er die Strecken seiner mittleren, größten und kleinsten Bewegung scheinbar in allen Teilen des Tierkreises zurücklegt und in allen Teilen das Maximum nördlicher und südlicher Breite erreicht, sowie in die Ekliptik selbst gelangt. Deshalb haben die alten Mathematiker mit Recht einen Zeitraum festzustellen gesucht, nach dessen Verlauf der Mond jedesmal wieder die gleichgroße Strecke in Länge zurückgelegt haben würde, in der Annahme, daß einzig und allein dieser Zeitraum für die Wiederkehr der Anomalie maßgebend sein könne. Indem sie also aus den oben besprochenen Gründen die Beobachtungen von Mondfinsternissen miteinander verglichen, prüften sie, welches Intervall mit einer bestimmten Zahl von Lunationen jedesmal wieder die gleiche Zeitdauer hätte, wie die Intervalle mit gleicher Zahl der Lunationen, und dabei gleichviel Kreise in Länge enthielte, seien es nun ganze Kreise oder solche mit dem Zusatz gewisser gleichgroßer Bogen. Nach etwas oberflächlicher Hei 27
Schätzung nahmen nun die noch älteren Beobachter diesen Zeitraum zu $6585 \frac{1}{3}$ Tagen (d. s. 18 Sonnenjahre und $10 \frac{5}{6}$ Tage) an. Im Verlauf dieser Zeit sahen sie nämlich ohne merklichen Fehler sich vollenden 223 Lunationen, 239 Wiederkehren der Anomalie, 242 Wiederkehren der Breite, 241 Umläufe der Länge und $10 \frac{2}{3}$ Grade darüber[a]), welche Ha 21
die Sonne in der genannten Zeit zu 18 Kreisen zusetzt, wo- 31
mit man die Wiederkehr von Sonne und Mond mit Bezug auf die Fixsterne theoretisch bestimmt zu haben meinte. Sie nannten diesen Zeitraum einen periodischen, weil er die

a) Genau 10°44′12″, welche sich nach den Sonnentafeln als Überschuß über ganze Kreise in 18 ägyptischen Jahren und $15 \frac{1}{3}$ Tagen ergeben.

Bewegungen verschiedener Art erstmalig annähernd zu einer Wiederkehr führe. Um ihn auf ganze Tage zu bringen, multiplizierten sie die $6585\frac{1}{3}$ Tage mit 3; dadurch erhielten sie als Zahl der Tage 19 756 und nannten die Periode einen Exeligmos.[a] Dadurch daß sie auch im übrigen die Multiplikation mit 3 durchführten, erhielten sie 669 Lunationen, 717 Wiederkehren der Anomalie, 726 Wiederkehren der Breite, 723 Umläufe der Länge und darüber 32 Grade (genau $32^{0}12'36''$), welche die Sonne (in 54 ägyptischen Jahren und 46 Tagen) zu 54 Kreisen zusetzt.

Schon Hipparch hat indessen nachgewiesen, indem er seine Berechnungen sowohl an die chaldäischen als auch an die zu seiner Zeit angestellten Beobachtungen knüpfte, daß diese Periode nicht genau sei. Er zeigt nämlich an der Hand des von ihm mitgeteilten Beobachtungsmaterials, daß die erst-
Hei 271 malig sich erfüllende Zahl von Tagen, in denen die Finsternisperiode bei gleichviel Lunationen und gleichgroßen Bewegungsstrecken sich jedesmal wieder zu demselben Zyklus gestalte, 126 007 Tage und 1 Äquinoktialstunde betrage. In dieser Zeit (d. i. in 345 ägyptischen Jahren, 82 Tagen und 1 Stunde) findet er vollendet 4267 Lunationen, ferner 4573 ganze Wiederkehren der Anomalie und 4612 Ekliptikkreise weniger $7\frac{1}{2}$ Grade[b], welche der Sonne an 345 Kreisen fehlen, womit er die Wiederkehr von Sonne und Mond mit Bezug auf die Fixsterne wieder theoretisch bestimmt zu haben meint. Daraus findet er die mittlere Zeit einer Lunation,
Ha 217 indem er mit 4267, d. i. mit der Zahl der Lunationen, in die

---

a) Vgl. Geminus, Isagoge S. 200 ff.

b) Nach den Ptolemäischen Sonnentafeln beträgt in $345^{a}\,82^{d}\,1^{h}$ der mittlere Lauf der Sonne nach Abzug ganzer Kreise $356^{0}59'$, so daß an 345 Kreisen nur $3^{0}1'$ fehlen. Ich vermag diese große Differenz nicht zu erklären, da die Hipparchischen Sonnentafeln doch auf demselben Werte der mittleren täglichen Bewegung der Sonne beruhen mußten. Auf 345 Sonnenjahre würden $86\frac{1}{4}$ Schalttage entfallen; da aber in 345 Sonnenjahren nach Hipparch (S. 145, 17) $1\frac{3}{20}{}^{d} = 1^{d}\,3\frac{3}{5}{}^{h}$ ausfallen, so fehlen nicht $(86\frac{1}{4}{}^{d} - 82^{d}\,1^{h} =)\ 4^{d}\,5^{h}$, sondern nur $3^{d}\,1\frac{2}{5}{}^{h}$ an 345 vollen Ekliptikkreisen oder $3^{0}0'50''$.

obengenannte Zahl von Tagen dividiert, zu $29^d 31' 50'' 8''' 20^{IV}$.

Im Verlauf der Zeit von der angegebenen Länge weist er also die gleichgroße Zahl der von Mondfinsternis zu Mondfinsternis schlechthin sich gegenseitig entsprechenden Intervalle nach. Daß somit die Anomalie zur Wiederkehr gelangt, geht klar daraus hervor, daß nach Verlauf der Zeit von dieser Länge jedesmal wieder gleichviel Lunationen vorliegen und zu der gleichen Zahl von 4611 (Ekliptikkreisen oder) Umläufen in Länge stets wieder ($360^0 - 7\frac{1}{2}^0 =$) $352\frac{1}{2}$ Grade als Überschuß treten, wie es die Syzygien mit der Sonne erfordern.

Wenn man nicht gerade die von Mondfinsternis zu Mondfinsternis gerechnete Zahl der Lunationen zu finden bestrebt wäre, sondern nur die von Konjunktion oder Vollmond bis wieder zu der gleichen Syzygie, so würde man Hei 272
die Zahl, welche die Wiederkehr der Anomalie und der Lunationen umfaßt, noch kleiner finden. Dividiert man nämlich mit dem einzig gemeinsamen Faktor, d. i. mit der Zahl 17, so erhält man 251 Lunationen und 269 Wiederkehren der Anomalie.

Nicht gefunden wurde in der obengenannten Periode eine in ihr ohne Rest aufgehende Zahl für die Wiederkehr in Breite; denn die gegenseitige Entsprechung der Finsternisse erfüllte zwar scheinbar die Forderung der Gleichheit hinsichtlich der Intervalle der Zeit und der Umläufe in Länge, nicht aber auch die Forderung der Gleichheit hinsichtlich der Größe und des ähnlichen Verlaufs der Verfinsterungen, was für die Bestimmung der Breite maßgebend ist. Indessen nachdem nun vorerst die Zeit der Wiederkehr der Anomalie gewonnen war, verglich Hipparch von neuem Intervalle von Lunationen miteinander, bei welchen die ersten und die letzten Finsternisse sowohl der Dauer als der Größe der Verfinsterung nach vollkommen gleich waren, in denen aber Ha 218
auch keinerlei Differenz hinsichtlich der Anomalie eintrat, so daß in diesem Falle offenbar auch der Lauf in Breite zur Wiederkehr gelangte. So weist er denn an der Hand

des gebotenen Materials nach, daß die betreffende Periode 5458 Lunationen bei 5923 Umläufen in Breite ohne Rest enthalte.

Hiermit ist das Verfahren, welches unsere Vorgänger zur Bestimmung der Wiederkehren einschlugen, beschrieben. Daß es nicht einfach ist, auch nicht auf leicht zu beschaffendem Material beruht, sondern vielfacher und peinlichster Prüfung bedarf, dürften wir aus folgender Erwägung erkennen. Zu-
Hei 273 gegeben, daß die Zeiten der (beiden verglichenen) Intervalle genau einander gleich gefunden werden, so ist in erster Linie eine solche Gleichheit gar nichts wert, wenn nicht gleichzeitig die Sonne in einem Intervall wie in dem anderen entweder gar keine Anomaliedifferenz bewirkt oder wenigstens dieselbe. Denn wenn dies nicht der Fall ist, sondern, wie gesagt, eine Differenz infolge ihrer Anomalie sich zeigt, so wird, ebensowenig wie die Sonne, natürlich auch der Mond in den gleichen Zeiten gleiche Umläufe gemacht haben. Wenn nämlich beispielshalber jedes der beiden verglichenen Intervalle nach Abzug ganzer Kreise, d. h. gleichgroßer Jahreslängen (von $365\frac{1}{4}^{d}$), als Überschuß eine halbe Jahreslänge zeigte, und in dieser Zeit die Sonne ihre Zusatzstrecke im ersten Intervall von ihrem mittleren Lauf im Zeichen der Fische ab gewonnen hätte, im zweiten Intervall aber von ihrem mittleren Lauf im Zeichen der Jungfrau ab, so würde sie im ersten Intervall einen Zusatz erlangt haben, der um $4\frac{3}{4}^{\circ}$ (d. i. um das Doppelte der Anomaliedifferenz) kleiner wäre als ein Halbkreis, im zweiten Intervall einen solchen, der um ebensoviel größer wäre als ein Halbkreis.[a] Demnach
Ha 219 hätte auch der Mond[b] in den gleichen Zeiten nach Abzug

---

a) Um dieselben Intervalle handelt es sich S. 187, 18. In 92°23′ Entfernung vom Apogeum ♊ 5°30′ liegt ♍ 7°53′ einerseits, anderseits ♓ 3°7′. Demnach beträgt der scheinbare erdferne Lauf von ♓ 3°7′ über das Apogeum bis ♍ 7°53′ 184°46′, während der scheinbare erdnahe Lauf von ♍ 7°53′ über das Perigeum bis ♓ 3°7′ nur 175°14′ beträgt.

b) Weil der Mond nach Abzug ganzer Kreise von Finsternisort zu Finsternisort dieselbe Strecke zurückgelegt haben muß wie die Sonne.

ganzer Kreise im ersten Intervall einen Zusatz von $175^1/_4{}^0$, im zweiten dagegen einen solchen von $184^3/_4{}^0$ gewonnen. Wir halten demnach *in erster Linie*, was die *Sonne* betrifft, für notwendig, daß die Intervalle in einem der folgenden Punkte Übereinstimmung zeigen:

1. Entweder muß die Sonne *ganze* Kreise umfassen, oder

2. sie muß in dem einen Intervall den Halbkreis vom Apogeum ab, in dem anderen den Halbkreis vom Perigeum ab zusetzen, oder

3. in beiden Intervallen von demselben Grad ausgehen, oder

4. bei der ersten Finsternis des einen Intervalls sowohl Hei 27 wie bei der zweiten Finsternis des anderen beiderseits entweder von dem Apogeum oder von dem Perigeum den gleichgroßen Abstand haben.

Nur in diesen Fällen dürfte in beiden Intervallen entweder gar keine oder höchstens dieselbe Differenz infolge der Anomalie der Sonne eintreten, so daß auch die als Zusatz gewonnenen (Ekliptik-) Bogen entweder einander gleich oder sowohl einander als auch den gleichförmigen Bogen (des Exzenters) gleich werden.

In zweiter Linie glauben wir auch hinsichtlich des *Mondlaufs*[a] (auf dem Epizykel) die entsprechende Erwägung anstellen zu müssen. Wenn nämlich dieser Punkt ungesichtet bleibt, so wird es wieder möglich sein, daß auch der Mond oft scheinbar gleichgroße Bogen als Zusatz gewinnen kann, *ohne daß durchaus auch seine Anomalie zur Wiederkehr gelangte*. Dieser Fall wird eintreten,

1. wenn der Mond in jedem der beiden Intervalle von demselben mit dem Zusatz oder von demselben mit dem Abzug behafteten Lauf ausgeht und nicht wieder mit demselben aufhört;

---

a) Daß unter δρόμος der Lauf des Mondes auf dem Epizykel zu verstehen ist, geht aus der Stelle Heib. S. 363, 18 hervor.

2. wenn er in dem einen Intervall mit dem größten Lauf anfängt und mit dem kleinsten aufhört[a], während er in dem
Ha 220 anderen Intervall mit dem kleinsten anfängt und mit dem größten aufhört;

3. wenn sowohl der Anfangslauf des einen Intervalls wie der Endlauf des anderen beiderseits von demselben kleinsten oder demselben größten Lauf gleichweit entfernt ist.[b]

Wenn eine von diesen Übereinstimmungen vorliegt, wird sie entweder wieder gar keine oder höchstens dieselbe
Hei 275 Differenz infolge der Anomalie des Mondes bewirken und infolgedessen den Zusatz in Länge gleichmachen, aber die Wiederkehr der Anomalie durchaus nicht herbeiführen.

Es dürfen demnach die zum Vergleich heranzuziehenden Intervalle durchaus keine der hier aufgezählten Eigenschaften an sich haben, wenn sie ohne weiteres die Zeit der Wiederkehr der Anomalie gewährleisten sollen. Wir müssen im Gegenteil diejenigen Intervalle aussuchen, welche, wenn nicht ganze Wiederkehren der Anomalie geboten werden, die Ungleichheit ganz besonders deutlich zum Ausdruck bringen können, d. h. sie sollen nicht nur mit verschiedenen Läufen anfangen, sondern sogar mit recht auffallend verschiedenen, sei dies nun der Größe oder der Geltung nach.

Was zunächst die Größe anbelangt, so soll z. B. in dem einen Intervall der Mond mit dem kleinsten Lauf beginnen und nicht mit dem größten aufhören, während er in dem anderen Intervall mit dem größten Lauf anfängt und nicht mit dem kleinsten aufhört. Werden nämlich auf diese Weise nicht ganze Kreise der Anomalie ohne Rest geboten, so wird

---

a) D. h. wenn er von dem Perigeum des Epizykels bis zum Apogeum läuft.

b) Unter „demselben" größten Lauf ist dasselbe genaue Apogeum des Epizykels zu verstehen, d. h. das von dem mittleren Apogeum wieder um dieselbe Differenz verschiedene genaue Apogeum. Es wird demnach die von dem mittleren Apogeum gerechnete Anomaliezahl des Mondes, auf das zur Zeit der einen Finsternis geltende genaue Apogeum reduziert, wieder gleich sein der auf das genaue Apogeum bei der anderen Finsternis reduzierten Anomaliezahl. Vgl. Buch V, Kap. 5 Anf.

ein Maximum der Differenz des Zusatzes in Länge eintreten, sobald möglichst ein Quadrant oder auch drei Quadranten eines Umlaufs in Anomalie als Zusatz gewonnen werden. Denn in diesem Falle werden die Intervalle um das Doppelte der Anomaliedifferenz ungleich sein.[a]

Was zweitens die Geltung anbelangt, so soll z. B. in beiden Intervallen der Mond mit dem mittleren Lauf be- Ha 221 ginnen, aber nicht mit demselben mittleren, sondern in dem einen Intervall soll es der mittlere (zwischen Apogeum und Perigeum) sein, den man durch Zusatz (zum kleinsten Lauf) erhält, in dem anderen Intervall der mittlere (zwischen Perigeum und Apogeum), den man durch Abzug (vom größten Lauf) erhält. Denn auch in diesem Falle werden die Zusätze in Länge das Maximum der Differenz aufweisen, weil Hei 276 die Anomalie von dem Punkte der Wiederkehr am weitesten entfernt ist, indem ein oder auch wieder drei Quadranten eines Umlaufs in Anomalie einen Zusatz von dem doppelten Betrag der Anomaliedifferenz eintreten lassen, ein Halbkreis einen Zusatz von dem vierfachen Betrag.[b]

So sehen wir denn auch, daß Hipparch bei der Auswahl der für vorliegenden Zweck verglichenen Intervalle, wie er es für unbedingt erforderlich hielt, eine außerordentliche Sorgfalt als Beobachter hat walten lassen. Erstens hat er den Fall (S. 200, 23) zur Verwendung herangezogen, daß

a) Weil die beiden Mondörter nicht mehr auf dem Epizykel sich gegenüberliegen, sondern beide in diejenige Hälfte des Epizykels zu liegen kommen, in welcher die Anomaliedifferenz für beide Örter positiv oder für beide negativ ist, sich also nicht mehr aufhebt, sondern summiert.

b) Hat der Mond von der Stelle des mittleren Laufs mit dem größten Abzug (zwischen Perigeum und Apogeum) auf dem erdfernen Teil seiner Bahn (über das Apogeum) die Stelle des mittleren Laufs mit dem größten Zusatz erreicht, so fehlt am Halbkreis die Summe von Zusatz und Abzug (d. i. $5^0 + 5^0$). Hat er aber von der Stelle mit dem größten Zusatz über das Perigeum die Stelle mit dem größten Abzug erreicht, so hat er die Summe von Abzug und Zusatz über den Halbkreis zurückgelegt. Die Differenz der Bahnstrecken beträgt demnach $190^0 - 170^0 = 4 \times 5^0$. Vgl. S. 188 Anm. a) und erl. Anm. 32.

der Mond in dem einen Intervall mit dem größten Lauf den Anfang gemacht und nicht mit dem kleinsten aufgehört hat, während er in dem anderen Intervall mit dem kleinsten Lauf den Anfang gemacht und nicht mit dem größten aufgehört hat. Zweitens hat er auch, so gering sie war, die Korrektion der Differenz, welche infolge der Anomalie der Sonne eintreten mußte, im Auge behalten, insofern zur Wiederkehr der Sonne in beiden Intervallen an ganzen Kreisen nur das Viertel eines Zeichens fehlt[a)], und zwar weder desselben Zeichens, noch desjenigen, welches die gleichgroße Anomaliedifferenz verursacht.

Vorstehende Erklärungen haben wir nicht abgegeben, um die mitgeteilte Inangriffnahme der Feststellung der periodischen Wiederkehren zu verdächtigen, sondern um
Ha 222 nahezulegen, daß dieselbe, mit der gehörigen scharfen Prüfung und dem regelrechten rechnerischen Verfahren ins Werk gesetzt, wohl geeignet ist, die vorliegende Aufgabe glücklich zu lösen, daß man aber, wenn man diese oder jene der erklärten charakteristischen Eigenschaften außer acht
Hei 277 läßt, ein ganz falsches Ergebnis der angestellten Untersuchung erhalten wird. Gleichzeitig wollten wir auch darauf hinweisen, daß bei allem Scharfblick, mit dem man die Auswahl der geeigneten Beobachtungen zu treffen bemüht ist, die peinlich genaue gegenseitige Entsprechung in allen charakteristischen Punkten, welche dem Beobachtungsmaterial eigen sein sollen, ungemein schwer zu beschaffen ist.

Von den besprochenen periodischen Wiederkehren stellt sich jedenfalls nach den von Hipparch durchgeführten Rechnungen die Wiederkehr der Lunationen als so sachverständig berechnet heraus, wie es nur möglich war, so daß sie von der Wirklichkeit um keinen namhaften Fehlbetrag abweicht. Dagegen sind die Wiederkehren der Anomalie und der Breite mit einem beträchtlichen Fehler behaftet, der uns daher auch bei der einfacheren

---

a) Hieraus ist zu ersehen, daß diese anerkennenden Worte sich auf die S. 196, 19 mitgeteilte Periode beziehen.

und größere Gewähr bietenden Methode, welche wir zu der einschlägigen Berechnung angewendet haben, leicht wahrnehmbar geworden ist. Dieses Verfahren werden wir bei dem Nachweis des Größenbetrags der Anomalie des Mondes alsbald (6. Kap.) mitteilen. Zunächst müssen wir jedoch, weil es uns für die weiteren Untersuchungen sehr zu statten kommen wird, die Feststellung der auf die Teilstrecken entfallenden Beträge der mittleren Bewegung in Länge, Anomalie und Breite (3. Kap.) vorausschicken, wie sie den oben (S. 197, 20; 198, 2) mitgeteilten Wiederkehrzeiten der periodischen Bewegungen entsprechen, und gleichzeitig (S. 204, 24. 26) die Zusatzbeträge zu den Werten (für Anomalie und Breite), welche aus einem Korrektionsverfahren hervorgehen, das (Kap. 7 und 9) noch näher erklärt werden wird.

Drittes Kapitel.

Die Teilbeträge der gleichförmigen Bewegungen des Mondes.

Wenn wir den (S. 147, 11) mit größter Annäherung Hei 278
nachgewiesenen Betrag der mittleren täglichen Bewegung der Sonne von $0^0 59' 8'' 17''' 13^{IV} 12^{V} 31^{VI}$ multiplizieren Ha 223
mit der Zahl der Tage eines synodischen Monats[a)], d. i. mit $29^d 31' 50'' 8''' 20^{IV}$, und zu dem Ergebnis die 360 Grade eines Kreises addieren, so erhalten wir die Grade, welche der Mond in einem synodischen Monat in mittlerer Bewegung zurücklegt, mit $389^0 6' 23'' 1''' 24^{IV} 2^{V} 30^{VI} 57^{VII}$. Dividieren wir in diese Zahl mit den oben angegebenen Tagen des synodischen Monats, so erhalten wir die tägliche mittlere Bewegung in Länge mit $13^0 10' 34'' 58''' 33^{IV} 30^{V} 30^{VI}$.

Wenn wir ferner die 269 Kreise der Anomalie (s. S. 197, 20) mit den 360 Graden eines Kreises multiplizieren, so er-

---

a) So wird von hier ab μήν wiedergegeben werden, anstatt wie bisher mit „Lunation".

halten wir als Produkt 96840^0. Dividieren wir in diese Zahl mit der Summe der Tage von 251 synodischen Monaten, d. i. mit $7412^d\,10'\,44''\,51'''\,40^{IV}$, so erhalten wir die tägliche mittlere Bewegung in Anomalie mit $13^0\,3'\,53''\,56'''\,29^{IV}\,38^V\,38^{VI}$.

Desgleichen erhalten wir durch Multiplikation der 5923 Wiederkehren in Breite (s. S. 198, 2) mit den 360 Graden
Hei 279 eines Kreises als Produkt 2132280^0. Dividieren wir in diese Zahl mit der Summe der Tage von 5458 synodischen Monaten, d. i. mit $161177^d\,58'\,58''\,3'''\,20^{IV}$, so erhalten wir die tägliche mittlere Bewegung in Breite mit $13^0\,13'\,45''\,39'''\,40^{IV}\,17^V\,19^{VI}$.

Nachdem wir ferner von der täglichen Bewegung des Mondes in Länge die mittlere tägliche Bewegung der Sonne abgezogen haben, erhalten wir die mittlere tägliche Bewegung in Elongation mit $12^0\,11'\,26''\,41'''\,20^{IV}\,17^V\,59^{VI}$.

Wir werden indessen mit Hilfe der (S. 203, 13) bereits angekündigten Methode, welche wir weiterhin (Kap. 7 und 9)
Ha 224 zu der einschlägigen Prüfung anwenden werden, die tägliche Bewegung in Länge so gut wie vollkommen übereinstimmend mit der vorstehend mitgeteilten finden, und selbstverständlich ebenso die Bewegung in Elongation, wogegen die tägliche Bewegung in Anomalie infolge eines geringeren Betrags von $0^0\,0'\,0''\,0'''\,11^{IV}\,46^V\,39^{VI}$ sich vermindert zu $13^0\,3'\,53''\,56'''\,17^{IV}\,51^V\,59^{VI}$, während die in Breite sich infolge eines Mehrbetrags von $0^0\,0'\,0''\,0'''\,8^{IV}\,39^V\,18^{VI}$ auf $13^0\,13'\,45''\,39'''\,48^{IV}\,56^V\,37^{VI}$ erhöht.

Wenn wir nun von diesen täglichen Beträgen je den 24ten Teil nehmen, so erhalten wir die stündliche mittlere Bewegung

in Länge $= 0^0\,32'\,56''\,27'''\,26^{IV}\,23^V\,46^{VI}\,15^{VII}\,0^{VIII}$
in Anomalie $= 0^0\,32'\,39''\,44'''\,50^{IV}\,44^V\,39^{VI}\,57^{VII}\,30^{VIII}$
in Breite $= 0^0\,33'\,4''\,24'''\,9^{IV}\,32^V\,21^{VI}\,32^{VII}\,30^{VIII}$
Hei 280 in Elongation $= 0^0\,30'\,28''\,36'''\,43^{IV}\,20^V\,44^{VI}\,57^{VII}\,30^{VIII}$.

Multiplizieren wir ferner die täglichen Beträge mit 30 und ziehen von dem Produkt ganze Kreise ab, so erhalten wir den monatlichen mittleren Überschuß

in Länge $= 35^{\circ}17'29''16'''45^{IV}15^{V}\,0^{VI}$
in Anomalie $= 31^{\circ}56'58''\,8'''55^{IV}59^{V}30^{VI}$
in Breite $= 36^{\circ}52'49''54'''28^{IV}18^{V}30^{VI}$
in Elongation $= 5^{\circ}43'20''40'''\,8^{IV}59^{V}30^{VI}$.

Multiplizieren wir weiter die täglichen Beträge mit den 365 Tagen des ägyptischen Jahres und ziehen von dem Produkt ganze Kreise ab, so erhalten wir den jährlichen mittleren Überschuß

in Länge $= 129^{\circ}22'46''13'''50^{IV}32^{V}30^{VI}$
in Anomalie $= 88^{\circ}43'\,7''28'''41^{IV}13^{V}55^{VI}$ Ha 225
in Breite $= 148^{\circ}42'47''12'''44^{IV}25^{V}\,5^{VI}$ 11
in Elongation $= 129^{\circ}37'21''28'''29^{IV}23^{V}55^{VI}$.

Wenn wir endlich die jährlichen Beträge, weil es der praktischen Anlegung der Tafeln, wie wir schon (S. 147, 23) ausgesprochen haben, am besten entspricht, mit 18 multiplizieren und von dem Produkt ganze Kreise abziehen, so erhalten wir den mittleren Überschuß der achtzehnjährigen Periode

in Länge $= 168^{\circ}49'52''\,9'''\,9^{IV}45^{V}\,0^{VI}$
in Anomalie $= 156^{\circ}56'14''36'''22^{IV}10^{V}30^{VI}$
in Breite $= 156^{\circ}50'\,9''49'''19^{IV}31^{V}30^{VI}$
in Elongation $= 173^{\circ}12'26''32'''49^{IV}10^{V}30^{VI}$.

Wir werden also nun, wie schon bei der Sonne, drei Tafeln aufstellen, jede wieder zu 45 Zeilen in 3 Spalten. Und zwar Hei 281
wird die erste Spalte (jeder Tafel) die betreffenden Zeitabschnitte enthalten, d. h. die Spalte der ersten Tafel die achtzehnjährigen Perioden, die der zweiten die Jahre und darunter wieder die Stunden, die der dritten die Monate und darunter wieder die Tage. Die weiteren 4 Spalten werden die zugehörigen Ansätze der Gradzahlen bieten, und zwar die zweite Spalte die Beträge der Länge, die dritte die der Anomalie, die vierte die der Breite, die fünfte die der Elongation.[a)]

Die Aufstellung der Tafeln gestaltet sich demnach folgendermaßen.

a) Die Wiederholung der ersten Spalte vor der vierten und fünften zählt nicht mit.

18jähr. Perioden	Länge Mittlerer Ort ♉ 11° 22′							Anomalie Mittlerer Ort 268° 49′						
18	168°	49′	52″	9‴	9^{IV}	45^{V}	0^{VI}	156°	56′	14″	36‴	22^{IV}	10^{V}	30^{VI}
36	337	39	44	18	19	30	0	313	52	29	12	44	21	0
54	146	29	36	27	29	15	0	110	48	43	49	6	31	30
72	315	19	28	36	39	0	0	267	44	58	25	28	42	0
90	124	9	20	45	48	45	0	64	41	13	1	50	52	30
108	292	59	12	54	58	30	0	221	37	27	38	13	3	0
126	101	49	5	4	8	15	0	18	33	42	14	35	13	30
144	270	38	57	13	18	0	0	175	29	56	50	57	24	0
162	79	28	49	22	27	45	0	332	26	11	27	19	34	30
180	248	18	41	31	37	30	0	129	22	26	3	41	45	0
198	57	8	33	40	47	15	0	286	18	40	40	3	55	30
216	225	58	25	49	57	0	0	83	14	55	16	26	6	0
234	34	48	17	59	6	45	0	240	11	9	52	48	16	30
252	203	38	10	8	16	30	0	37	7	24	29	10	27	0
270	12	28	2	17	26	15	0	194	3	39	5	32	37	30
288	181	17	54	26	36	0	0	350	59	53	41	54	48	0
306	350	7	46	35	45	45	0	147	56	8	18	16	58	30
324	158	57	38	44	55	30	0	304	52	22	54	39	9	0
342	327	47	30	54	5	15	0	101	48	37	31	1	19	30
360	136	37	23	3	15	0	0	258	44	52	7	23	30	0
378	305	27	15	12	24	45	0	55	41	6	43	45	40	30
396	114	17	7	21	34	30	0	212	37	21	20	7	51	0
414	283	6	59	30	44	15	0	9	33	35	56	30	1	30
432	91	56	51	39	54	0	0	166	29	50	32	52	12	0
450	260	46	43	49	3	45	0	323	26	5	9	14	22	30
468	69	36	35	58	13	30	0	120	22	19	45	36	33	0
486	238	26	28	7	23	15	0	277	18	34	21	58	43	30
504	47	16	20	16	33	0	0	74	14	48	58	20	54	0
522	216	6	12	25	42	45	0	231	11	3	34	43	4	30
540	24	56	4	34	52	30	0	28	7	18	11	5	15	0
558	193	45	56	44	2	15	0	185	3	32	47	27	25	30
576	2	35	48	53	12	0	0	341	59	47	23	49	36	0
594	171	25	41	2	21	45	0	138	56	2	0	11	46	30
612	340	15	33	11	31	30	0	295	52	16	36	33	57	0
630	149	5	25	20	41	15	0	92	48	31	12	56	7	30
648	317	55	17	29	51	0	0	249	44	45	49	18	18	0
666	126	45	9	39	0	45	0	46	41	0	25	40	28	30
684	295	35	1	48	10	30	0	203	37	15	2	2	39	0
702	104	24	53	57	20	15	0	0	33	29	38	24	49	30
720	273	14	46	6	30	0	0	157	29	44	14	47	0	0
738	82	4	38	15	39	45	0	314	25	58	51	9	10	30
756	250	54	30	24	49	30	0	111	22	13	27	31	21	0
774	59	44	22	33	59	15	0	268	18	28	3	53	31	30
792	228	34	14	48	9	0	0	65	14	42	40	15	42	0
810	37	24	6	52	18	45	0	222	10	57	16	37	52	30

18jähr. Perioden	Breite Mittlerer Ort 354°15′							Elongation 70°37′ mittlerer Länge						
18	156°	50′	9″	49‴	19^{IV}	31^{V}	30^{VI}	173°	12′	26″	32‴	49^{IV}	10^{V}	30^{VI}
36	313	40	19	38	39	3	0	346	24	53	5	38	21	0
54	110	30	29	27	58	34	30	159	37	19	38	27	31	30
72	267	20	39	17	18	6	0	332	49	46	11	16	42	0
90	64	10	49	6	37	37	30	146	2	12	44	5	52	30
108	221	0	58	55	57	9	0	319	14	39	16	55	3	0
126	17	51	8	45	16	40	30	132	27	5	49	44	13	30
144	174	41	18	34	36	12	0	305	39	32	24	33	24	0
162	331	31	28	23	55	43	30	118	51	58	55	22	34	30
180	128	21	38	13	15	15	0	292	4	25	28	11	45	0
198	285	11	48	2	34	46	30	105	16	52	1	0	55	30
216	82	1	57	51	54	18	0	278	29	18	33	50	6	0
234	238	52	7	41	13	49	30	91	41	45	6	39	16	30
252	35	42	17	30	33	21	0	264	54	11	39	28	27	0
270	192	32	27	19	52	52	30	78	6	38	12	17	37	30
288	349	22	37	9	12	24	0	251	19	4	45	6	48	0
306	146	12	46	58	31	55	30	64	31	31	17	55	58	30
324	303	2	56	47	51	27	0	237	43	57	50	45	9	0
342	99	53	6	37	10	58	30	50	56	24	23	34	19	30
360	256	43	16	26	30	30	0	224	8	50	56	23	30	0
378	53	33	26	15	50	1	30	37	21	17	29	12	40	30
396	210	23	36	5	9	33	0	210	33	44	2	1	51	0
414	7	13	45	54	29	4	30	23	46	10	34	51	1	30
432	164	3	55	43	48	36	0	196	58	37	7	40	12	0
450	320	54	5	33	8	7	30	10	11	3	40	29	22	30
468	117	44	15	22	27	39	0	183	23	30	13	18	33	0
486	274	34	25	11	47	10	30	356	35	56	46	7	43	30
504	71	24	35	1	6	42	0	169	48	23	18	56	54	0
522	228	14	44	50	26	13	30	343	0	49	51	46	4	30
540	25	4	54	39	45	45	0	156	13	16	24	35	15	0
558	181	55	4	29	5	16	30	329	25	42	57	24	25	30
576	338	45	14	18	24	48	0	142	38	9	30	13	36	0
594	135	35	24	7	44	19	30	315	50	36	3	2	46	30
612	292	25	33	57	3	51	0	129	3	2	35	51	57	0
630	89	15	43	46	23	22	30	302	15	29	8	41	7	30
648	246	5	53	35	42	54	0	115	27	55	41	30	18	0
666	42	56	3	25	2	25	30	288	40	22	14	19	28	30
684	199	46	13	14	21	57	0	101	52	48	47	8	39	0
702	356	36	23	3	41	28	30	275	5	15	19	57	49	30
720	153	26	32	53	1	0	0	88	17	41	52	47	0	0
738	310	16	42	42	20	31	30	261	30	8	25	36	10	30
756	107	6	52	31	40	3	0	74	42	34	58	25	21	0
774	263	57	2	20	59	34	30	247	55	1	31	14	31	30
792	60	47	12	10	19	6	0	61	7	28	4	3	42	0
810	217	37	21	59	38	37	30	234	19	54	36	52	52	30

Einzelne Jahre	Länge							Anomalie						
1	129°	22′	46″	13‴	50IV	32V	30VI	88°	43′	7″	28‴	41IV	13V	55VI
2	258	45	32	27	41	5	0	177	26	14	57	22	27	50
3	28	8	18	41	31	37	30	266	9	22	26	3	41	45
4	157	31	4	55	22	10	0	354	52	29	54	44	55	40
5	286	53	51	9	12	42	30	83	35	37	23	26	9	35
6	56	16	37	23	3	15	0	172	18	44	52	7	23	30
7	185	39	23	36	53	47	30	261	1	52	20	48	37	25
8	315	2	9	50	44	20	0	349	44	59	49	29	51	20
9	84	24	56	4	34	52	30	78	28	7	18	11	5	15
10	213	47	42	18	25	25	0	167	11	14	46	52	19	10
11	343	10	28	32	15	57	30	255	54	22	15	33	33	5
12	112	33	14	46	6	30	0	344	37	29	44	14	47	0
13	241	56	0	59	57	2	30	73	20	37	12	56	0	55
14	11	18	47	13	47	35	0	162	3	44	41	37	14	50
15	140	41	33	27	38	7	30	250	46	52	10	18	28	45
16	270	4	19	41	28	40	0	339	29	59	38	59	42	40
17	39	27	5	55	19	12	30	68	13	7	7	40	56	35
18	168	49	52	9	9	45	0	156	56	14	26	22	10	30

Stunden	Länge							Anomalie						
1	0°	32′	56″	27‴	26IV	23V	46VI	0°	32′	39″	44‴	50IV	44V	40VI
2	1	5	52	54	52	47	32	1	5	19	29	41	29	20
3	1	38	49	22	19	11	18	1	37	59	14	32	14	0
4	2	11	45	49	45	35	5	2	10	38	59	22	58	40
5	2	44	42	17	11	58	51	2	43	18	44	13	43	20
6	3	17	38	44	38	22	37	3	15	58	29	4	28	0
7	3	50	35	12	4	46	23	3	48	38	13	55	12	40
8	4	23	31	39	31	10	10	4	21	17	58	45	57	20
9	4	56	28	6	57	33	56	4	53	57	43	36	42	0
10	5	29	24	34	23	57	42	5	26	37	28	27	26	40
11	6	2	21	1	50	21	28	5	59	17	13	18	11	20
12	6	35	17	29	16	45	15	6	31	56	58	8	56	0
13	7	8	13	56	43	9	1	7	4	36	42	59	40	39
14	7	41	10	24	9	32	47	7	37	16	27	50	25	19
15	8	14	6	51	35	56	33	8	9	56	12	41	9	59
16	8	47	3	19	2	20	20	8	42	35	57	31	54	39
17	9	19	59	46	28	44	6	9	15	15	42	22	39	19
18	9	52	56	13	55	7	52	9	47	55	27	13	23	59
19	10	25	52	41	21	31	38	10	20	35	12	4	8	39
20	10	58	49	8	47	55	25	10	53	14	56	54	53	19
21	11	31	45	36	14	19	11	11	25	54	41	45	37	59
22	12	4	42	3	40	42	57	11	58	34	26	36	22	39
23	12	37	38	31	7	6	43	12	31	14	11	27	7	19
24	13	10	34	58	33	30	30	13	3	53	56	17	51	59

Einzelne Jahre	Breite							Elongation						
1	148°	42′	47″	12‴	44^{IV}	25^{V}	5^{VI}	129°	37′	21″	28‴	29^{IV}	23^{V}	55^{VI}
2	297	25	34	25	28	50	10	259	14	42	56	58	47	50
3	86	8	21	38	13	15	15	28	52	4	25	28	11	45
4	234	51	8	50	57	40	20	158	29	25	53	57	35	40
5	23	33	56	3	42	5	25	288	6	47	22	26	59	35
6	172	16	43	16	26	30	30	57	44	8	50	56	23	30
7	320	59	30	29	10	55	35	187	21	30	19	25	47	25
8	109	42	17	41	55	20	40	316	58	51	47	55	11	20
9	258	25	4	54	39	45	45	86	36	13	16	24	35	15
10	47	7	52	7	24	10	50	216	13	34	44	53	59	10
11	195	50	39	20	8	35	55	345	50	56	13	23	23	5
12	344	33	26	32	53	1	0	115	28	17	41	52	47	0
13	133	16	13	45	37	26	5	245	5	39	10	22	10	55
14	281	59	0	58	21	51	10	14	43	0	38	51	34	50
15	70	41	48	11	6	16	15	144	20	22	7	20	58	45
16	219	24	35	23	50	41	20	273	57	43	35	50	22	40
17	8	7	22	36	35	6	25	43	35	5	4	19	46	35
18	156	50	9	49	19	31	30	173	12	26	32	49	10	30

Stunden	Breite							Elongation						
1	0°	33′	4″	24‴	9^{IV}	32^{V}	22^{VI}	0°	30′	28″	36‴	43^{IV}	20^{V}	45^{VI}
2	1	6	8	48	19	4	43	1	0	57	13	26	41	30
3	1	39	13	12	28	37	5	1	31	25	50	10	2	15
4	2	12	17	36	38	9	26	2	1	54	26	53	23	0
5	2	45	22	0	47	41	48	2	32	23	3	36	43	45
6	3	18	26	24	57	14	9	3	2	51	40	20	4	30
7	3	51	30	49	6	46	31	3	33	20	17	3	25	15
8	4	24	35	13	16	18	52	4	3	48	53	46	46	0
9	4	57	39	37	25	51	14	4	34	17	30	30	6	45
10	5	30	44	1	35	23	35	5	4	46	7	13	27	30
11	6	3	48	25	44	55	57	5	35	14	43	56	48	15
12	6	36	52	49	54	28	19	6	5	43	20	40	9	0
13	7	9	57	14	4	0	40	6	36	11	57	23	29	44
14	7	43	1	38	13	33	2	7	6	40	34	6	50	29
15	8	16	6	2	23	5	23	7	37	9	10	50	11	14
16	8	49	10	26	32	37	45	8	7	37	47	33	31	59
17	9	22	14	50	42	10	6	8	38	6	24	16	52	44
18	9	55	19	14	51	42	28	9	8	35	1	0	13	29
19	10	28	23	39	1	14	49	9	39	3	37	43	34	14
20	11	1	28	3	10	47	11	10	9	32	14	26	54	59
21	11	34	32	27	20	19	32	10	40	0	51	10	15	44
22	12	7	36	51	29	51	54	11	10	29	27	53	36	29
23	12	40	41	15	39	24	15	11	40	58	4	36	57	14
24	13	13	45	39	48	56	37	12	11	26	41	20	17	59

Monate	Länge							Anomalie						
30	35°	17′	29″	16‴	45IV	15V	0VI	31°	56′	58″	8‴	55IV	59V	30VI
60	70	34	58	33	30	30	0	63	53	56	17	51	59	0
90	105	52	27	50	15	45	0	95	50	54	26	47	58	30
120	141	9	57	7	1	0	0	127	47	52	35	43	58	0
150	176	27	26	23	46	15	0	159	44	50	44	39	57	30
180	211	44	55	40	31	30	0	191	41	48	53	35	57	0
210	247	2	24	57	16	45	0	223	38	47	2	31	56	30
240	282	19	54	14	2	0	0	255	35	45	11	27	56	0
270	317	37	23	30	47	15	0	287	32	43	20	23	55	30
300	352	54	52	47	32	30	0	319	29	41	29	19	55	0
330	28	12	22	4	17	45	0	351	26	39	38	15	54	30
360	63	29	51	21	3	0	0	23	23	37	47	11	54	0

Tage	Länge							Anomalie						
1	13°	10′	34″	58‴	33IV	30V	30VI	13°	3′	53″	56‴	17IV	51V	59VI
2	26	21	9	57	7	1	0	26	7	47	52	35	43	58
3	39	31	44	55	40	31	30	39	11	41	48	53	35	57
4	52	42	19	54	14	2	0	52	15	35	45	11	27	56
5	65	52	54	52	47	32	30	65	19	29	41	29	19	55
6	79	3	29	51	21	3	0	78	23	23	37	47	11	54
7	92	14	4	49	54	33	30	91	27	17	34	5	3	53
8	105	24	39	48	28	4	0	104	31	11	30	22	55	52
9	118	35	14	47	1	34	30	117	35	5	26	40	47	51
10	131	45	49	45	35	5	0	130	38	59	22	58	39	50
11	144	56	24	44	8	35	30	143	42	53	19	16	31	49
12	158	6	59	42	42	6	0	156	46	47	15	34	23	48
13	171	17	34	41	15	36	30	169	50	41	11	52	15	47
14	184	28	9	39	49	7	0	182	54	35	8	10	7	46
15	197	38	44	38	22	37	30	195	58	29	4	27	59	45
16	210	49	19	36	56	8	0	209	2	23	0	45	51	44
17	223	59	54	35	29	38	30	222	6	16	57	3	43	43
18	237	10	29	34	3	9	0	235	10	10	53	21	35	42
19	250	21	4	32	36	39	30	248	14	4	49	39	27	41
20	263	31	39	31	10	10	0	261	17	58	45	57	19	40
21	276	42	14	29	43	40	30	274	21	52	42	15	11	39
22	289	52	49	28	17	11	0	287	25	46	38	33	3	38
23	303	3	24	26	50	41	30	300	29	40	34	50	55	37
24	316	13	59	25	24	12	0	313	33	34	31	8	47	36
25	329	24	34	23	57	42	30	326	37	28	27	26	39	35
26	342	35	9	22	31	13	0	339	41	22	23	44	31	34
27	355	45	44	21	4	43	30	352	45	16	20	2	23	33
28	8	56	19	19	32	14	0	5	49	10	16	20	15	32
29	22	6	54	18	11	44	30	18	53	4	12	38	7	31
30	35	17	29	16	45	15	0	31	56	58	8	55	59	30

Monate	Breite							Elongation						
30	36°	52′	49″	54‴	28IV	18V	30VI	5°	43′	20″	40‴	8IV	59V	30VI
60	73	45	39	48	56	37	0	11	26	41	20	17	59	0
90	110	38	29	43	24	55	30	17	10	2	0	26	58	30
120	147	31	19	37	53	14	0	22	53	22	40	35	58	0
150	184	24	9	32	21	32	30	28	36	43	20	44	57	30
180	221	16	59	26	49	51	0	34	20	4	0	53	57	0
210	258	9	49	21	18	9	30	40	3	24	41	2	56	30
240	295	2	39	15	46	28	0	45	46	45	21	11	56	0
270	331	55	29	10	14	46	30	51	30	6	1	20	55	30
300	8	48	19	4	43	5	0	57	13	26	41	29	55	0
330	45	41	8	59	11	23	30	62	56	47	21	38	54	30
360	82	33	58	53	39	42	0	68	40	8	1	47	54	0

Tage	Breite							Elongation						
1	13°	13′	45″	39‴	48IV	56V	37VI	12°	11′	26″	41‴	20IV	17V	59VI
2	26	27	31	19	37	53	14	24	22	53	22	40	35	58
3	39	41	16	59	26	49	51	36	34	20	4	0	53	57
4	52	55	2	39	15	46	28	48	45	46	45	21	11	56
5	66	8	48	19	4	43	5	60	57	13	26	41	29	55
6	79	22	33	58	53	39	42	73	8	40	8	1	47	54
7	92	36	19	38	42	36	19	85	20	6	49	22	5	53
8	105	50	5	18	31	32	56	97	31	33	30	42	23	52
9	119	3	50	58	20	29	33	109	43	0	12	2	41	51
10	132	17	36	38	9	26	10	121	54	26	53	22	59	50
11	145	31	22	17	58	22	47	134	5	53	34	43	17	49
12	158	45	7	57	47	19	24	146	17	20	16	3	35	48
13	171	58	53	37	36	16	1	158	28	46	57	23	53	47
14	185	12	39	17	25	12	38	170	40	13	38	44	11	46
15	198	26	24	57	14	9	15	182	51	40	20	4	29	45
16	211	40	10	37	3	5	52	195	3	7	1	24	47	44
17	224	53	56	16	52	2	29	207	14	33	42	45	5	43
18	238	7	41	56	40	59	6	219	26	0	24	5	23	42
19	251	21	27	36	29	55	43	231	37	27	5	25	41	41
20	264	35	13	16	18	52	20	243	48	53	46	45	59	40
21	277	48	58	56	7	48	57	256	0	20	28	6	17	39
22	291	2	44	35	56	45	34	268	11	47	9	26	35	38
23	304	16	30	15	45	42	11	280	23	13	50	46	53	37
24	317	30	15	55	34	38	48	292	34	40	32	7	11	36
25	330	44	1	35	23	35	25	304	46	7	13	27	29	35
26	343	57	47	15	12	32	2	316	57	33	54	47	47	34
27	357	11	32	55	1	28	39	329	9	0	36	8	5	33
28	10	25	18	34	50	25	16	341	20	27	17	28	23	32
29	23	39	4	14	39	21	53	353	31	53	58	48	41	31
30	36	52	49	54	28	18	30	5	43	20	40	8	59	30

Fünftes Kapitel.

Nachweis, daß auch bei der einfachen Mondhypothese die exzentrische wie die epizyklische Hypothese dieselben Erscheinungen bewirkt.

Ha 238 Hei 294 Da unsere weitere Aufgabe in dem Nachweis der Art und des Größenbetrags der Anomalie des Mondes besteht, so werden wir jetzt diesen Gegenstand zunächst unter der Voraussetzung behandeln, daß diese Anomalie identisch sei mit derjenigen, welcher wohl alle unsere Vorgänger schon ihre Aufmerksamkeit unter der Annahme zugewendet haben, daß sie die einzig vorhandene sei. Ich verstehe darunter diejenige Anomalie, welche sich genau in der festgestellten Zeit[a] der Wiederkehr vollzieht. Später werden wir jedoch zeigen, daß der Mond im Verhältnis zu seiner Elongation von der Sonne noch eine zweite Anomalie bewirkt, welche in den beiden Quadraturen ihr Maximum erreicht und zweimal in der Zeit des synodischen Monats zur Wiederkehr gelangt (d. h. gleich Null wird), nämlich gerade bei den Konjunktionen und den Vollmonden.

Die hier angedeutete Aufeinanderfolge des Nachweises werden wir deshalb einhalten, weil letztere Anomalie ohne die erste, welche mit ihr jederzeit eng verflochten ist, auf keine Weise gefunden werden kann, wohl aber jene erste ohne die zweite, weil sie eben aus den Mondfinsternissen abgeleitet wird, bei denen sich infolge der (zweiten) Anomalie, welche im Verhältnis zur Sonne eintritt, keinerlei Differenz bemerkbar machen kann.

Bei dem zunächst vorzunehmenden Nachweis werden wir der theoretischen Methode folgen, welche wir schon von
Hei 295 Hipparch angewendet sehen. Auch wir werden nämlich an drei ausgewählten Mondfinsternissen erstens das Maximum

a) In einem anomalistischen Monat, d. h. in der Zeit, in welcher der Mond einen Umlauf auf dem Epizykel von dem Apogeum desselben bis wieder zu demselben macht.

der Differenz gegen die mittlere Bewegung, und zweitens Ha 239
die an den Punkt der größten Erdferne (d. i. an das Apogeum des Epizykels) geknüpfte Epoche (dieser ersten Anomalie) nachweisen, von der Voraussetzung ausgehend, daß diese Art der Anomalie theoretisch für sich zu betrachten ist und mit Hilfe der *epizyklischen* Hypothese zum Ausdruck gebracht wird. Es werden zwar auch bei Zugrundelegung der *exzentrischen* Hypothese die Erscheinungen wieder dieselben sein, allein diese letztere wird bei der Vermischung der beiden Anomalien eine geeignetere Verwendung zur Darstellung der zweiten Anomalie finden, die im Verhältnis zur Sonne eintritt.

Wenn auch die Zeiten der beiden Wiederkehren, nämlich der Wiederkehr in Anomalie (auf dem Epizykel) und der theoretisch auf die Ekliptik bezogenen Wiederkehr (in Länge), nicht, wie wir dies (S. 154, 27) bei der Sonne gezeigt haben, gleichgroß sind, sondern, wie eben bei dem Monde, ungleich[a]), so sind doch auch hier wieder nach beiden Hypothesen die Erscheinungen dieselben, wenn nur dieselben Verhältnisse (vgl. S. 154, 26) wieder eingehalten werden. Zu dieser Erkenntnis gelangen wir auf folgendem Wege, wobei wir unsere Betrachtung auf die in Frage stehende *einfache* Anomalie des Mondes beschränken.

Da der Mond die auf die Ekliptik bezogene Wiederkehr (in Länge) schneller bewerkstelligt als die Wiederkehr hinsichtlich der in Frage kommenden Anomalie, so wird nach der *epizyklischen Hypothese* selbstverständlich der Epizykel auf dem mit der Ekliptik konzentrischen Kreise — anders als bei der Entsprechung (der beiden Wiederkehren) — in den gleichen Zeiten stets einen größeren Bogen
(in Länge) zurücklegen, als derjenige ist, welcher von dem Hei 29[illegible]
Monde (in Anomalie) auf dem Epizykel beschrieben wird.

---

a) Insofern bei der Sonne die Wiederkehr der Anomalie an das *feste* Apogeum des Exzenters geknüpft war, bei dem Monde dagegen an das *bewegliche* Apogeum des Epizykels geknüpft wird.

Nach der exzentrischen Hypothese wird dagegen der Mond auf dem Exzenter in den gleichen Zeiten den ähnlichen Bogen wie auf dem Epizykel (*b* ZΘ ∼ *b* ZE) Ha 240 zurücklegen, während der Exzenter nach derselben Seite wie der Mond um den Mittelpunkt (Δ) der Ekliptik einen Bogen (AB = AΓ — ΓB) zurücklegen wird, welcher dem Überschuß des Laufs (AΓ) in Länge über den Lauf (EZ ∼ ΓB) in Anomalie gleichkommt, was (bei der epizyklischen Hypothese) die Differenz (AΓ — EZ) zwischen dem Konzenterbogen und dem Epizykelbogen ist. Auf diese Weise dürfte nämlich nicht nur die (S. 154, 26 geforderte) Ähnlichkeit der Verhältnisse (ZH : HΔ = ΔΓ : ΓZ), sondern auch die Ähnlichkeit der Zeiten (*b* ZΘ ∼ *b* EZ) beider Bewegungen in beiden Hypothesen in allen Fällen gewahrt bleiben.

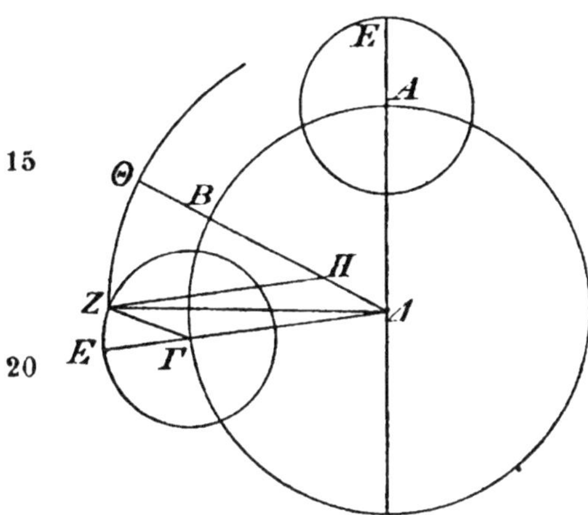

Unter Voraussetzung dieser logisch ohne weiteres notwendigen Verhältnisse sei ABΓ der mit der Ekliptik konzentrische Kreis um das Zentrum Δ und den Durchmesser AΔ,[a] und EZ um den Mittelpunkt Γ der Epizykel. Angenommen sei, daß der Mond, als der Epizykel in Punkt A war, in dem Apogeum E des Epizykels gestanden hat, daß ferner in der gleichen Zeit der Epizykel den (längeren) Bogen AΓ, und der Mond den (kürzeren) Bogen EZ durchlaufen hat. Nun ziehe man die Verbindungslinien EΓΔ und ΓZ. Da der Bogen AΓ — anders als bei der Entsprechung (der beiden Wiederkehren) — größer ist als der Bogen EZ, so trage man den Bogen ΓB als ähn-

a) Die Bezeichnung des Durchmessers mit den Buchstaben des Halbmessers wiederholt sich öfter. Allerdings ist hier Δ aus einer Korrektur im Cod. D hervorgegangen.

lich dem Bogen EZ ab[a] und ziehe die Verbindungslinie ΔB. Es leuchtet ein, daß in der gleichen Zeit auch der Exzenter den ∠ AΔB, d. i. die Differenz der beiden Lauf- Hei 297
strecken (AΓ — ΓB ∼ EZ) zurückgelegt hat, und daß sein Zentrum und sein Apogeum auf die Gerade ΔB (bzw. ihre Verlängerung) zu liegen gekommen ist. In dieser Lage des Exzenters setze man ΔH gleich ΓZ und ziehe die Verbindungslinie ZH. Ferner werde um H als Zentrum mit dem Abstand HZ der Exzenter ZΘ gezogen.

Meine Behauptung geht also dahin:

1. Es verhält sich ZH : HΔ wie ΔΓ : ΓZ.

2. Der Mond wird auch nach dieser (d. i. der exzentrischen) Hypothese in Punkt Z stehen, d. h. *b* ZΘ ∼ *b* EZ. Ha 241

Beweis der ersten Behauptung.

Da ∠ ΓΔB = ∠ EΓZ, (weil *b* ΓB ∼ *b* EZ)
so ist ΓZ ∥ ΔH. (Eukl. I. 28)
Nun ist ΓZ = ΔH, (nach Annahme Z. 7)
folglich ZH # ΓΔ, (Eukl. I. 33)
mithin ZH : HΔ = ΔΓ : ΓZ. (im Parallelogramm)

Beweis der zweiten Behauptung.

Da ΓΔ ∥ ZH, (wie eben bewiesen) Hei 298
so ist ∠ ΓΔB = ∠ ZHΘ. (Eukl. I. 29)
Nun war ∠ ΓΔB = ∠ EΓZ nach Annahme,
folglich *b* ZΘ ∼ *b* EZ.

Mithin ist nach beiden Hypothesen in der gleichen Zeit der Mond in Punkt Z angelangt, weil er ja für sein Teil sowohl den Epizykelbogen EZ, als auch den Exzenterbogen ZΘ, die als ähnlich nachgewiesen worden sind, beschrieben hat, während der Mittelpunkt des Epizykels den Bogen AΓ, und das Zentrum des Exzenters den Bogen AB,

a) Dies geschieht durch Konstruktion dadurch, daß man durch Δ eine Parallele zu ZΓ zieht, welche den Konzenter in Punkt B schneidet: da ∠ ΓΔB = ∠ EΓZ, so ist *b* ΓB ∼ *b* EZ. Hier wird umgekehrt aus der vorausgesetzten Ähnlichkeit der Bogen der parallele Verlauf der Geraden ΓZ und ΔH (Z. 16) erschlossen.

d. i. die Differenz zwischen den Bogen ΑΓ und ΕΖ (S. 215, 4), zurückgelegt hat, was zu beweisen war.

Daß aber dasselbe Ergebnis wieder eintritt, auch wenn die Verhältnisse nur ähnlich sind, d. h. wenn sie selbst nicht gleich, und auch der Exzenter nicht gleich dem Konzenter ist, wird uns auf folgendem Wege klar werden.

Die Figur sei für jede der beiden Hypothesen getrennt gezeichnet. Einerseits sei ΑΒΓ der mit der Ekliptik konzentrische Kreis um das Zentrum Δ und den Durchmesser ΑΔ, und ΕΖ um den Mittelpunkt Γ der Epizykel. Der

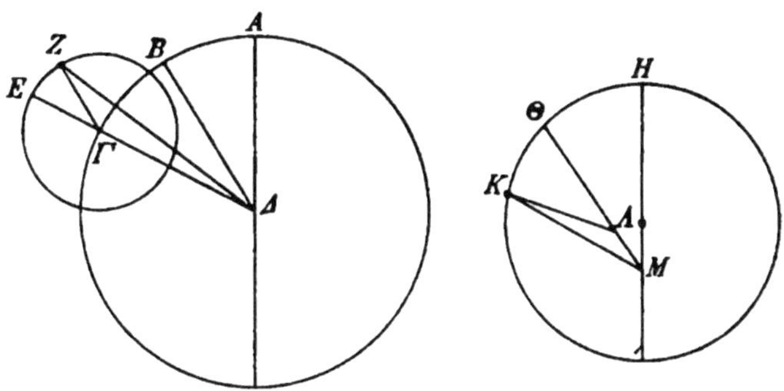

Mond sei Punkt Ζ. Anderseits sei ΗΘΚ der Exzenter um
Ha 242 Hei 299 das Zentrum Λ und den Durchmesser ΘΛ[a]), Mittelpunkt der Ekliptik sei auf letzterem der Punkt Μ. Der Mond sei Punkt Κ. Nun ziehe man dort die Verbindungslinien ΔΓΕ, ΓΖ, ΔΖ, hier ΗΜ, ΚΜ, ΚΛ.

Als Annahme sei zugrunde gelegt das Verhältnis ΔΓ : ΓΕ = ΘΛ : ΛΜ. Ferner soll in derselben Zeit einerseits der Epizykel den ∠ ΑΔΓ, und der Mond wieder den ∠ ΕΓΖ zurückgelegt haben, anderseits der Exzenter den ∠ ΗΜΘ, und der Mond wieder den ∠ ΘΛΚ. Demnach ist wegen der zugrunde gelegten Verhältnisse der Bewegungen (vgl. die Figur S. 214)

a) Auch vorher wurde der Durchmesser nur mit den Buchstaben des Halbmessers bezeichnet, was später sich oft wiederholen wird. Daher ist der Lesart ΘΛ des Cod. D vor der Vulgata ΘΛΜ, welche Heiberg beibehält, der Vorzug zu geben.

$\angle E\Gamma Z = \angle \Theta\Lambda K$, (oben: $\angle E\Gamma Z = \angle \Theta HZ$)
$\angle A\Delta\Gamma = \angle HM\Theta + \angle \Theta\Lambda K$. (oben: $\angle A\Delta\Gamma = \angle A\Delta B + \angle \Theta HZ$)

Unter dieser Voraussetzung geht meine Behauptung dahin, daß wieder nach beiden Hypothesen der Mond in der gleichen Zeit scheinbar den gleichgroßen Bogen durchlaufen haben wird, d. h. daß die Winkel ΑΔΖ und ΗΜΚ einander gleich sind. Denn hatte der Mond, als er im Anfangspunkte seiner Entfernungsstrecke in den Apogeen stand, seinen scheinbaren Ort in der Richtung der Geraden ΔΑ und ΜΗ, so liegt dieser scheinbare Ort nun, wo der Mond im Endpunkte seiner Entfernungsstrecke in den Punkten Ζ und Κ steht, in der Richtung der Geraden ΔΖ und ΜΚ.

Beweis. Die Bogen ΒΓ, ΘΚ und ΕΖ sollen wieder einan- Hei 300
der ähnlich sein. Nun ziehe man noch die Verbindungslinie ΔΒ.[a] Da das Verhältnis $\Delta\Gamma : \Gamma Z = K\Lambda : \Lambda M$ (in der Annahme S. 216, 16 teilweise durch andere Halbmesser ausgedrückt) gegeben ist, und die Winkel ΔΓΖ und ΚΛΜ (als Nebenwinkel gleicher Winkel) einander gleich sind, so sind (nach Eukl. VI. 6) die Dreiecke ΔΓΖ und ΚΛΜ gleichwinklig und die den entsprechenden Seiten gegenüberliegenden Winkel einander gleich. Folglich ist

$$\angle \Gamma Z\Delta = \angle \Lambda MK.$$

Nun ist aber $\angle \Gamma Z\Delta$ auch gleich dem $\angle B\Delta Z$ (nach Eukl. I. 29), weil bei der Annahme, daß die Winkel ΕΓΖ Ha 243
und ΒΔΓ einander gleich seien, die Geraden ΓΖ und ΒΔ (nach Eukl. I. 27) parallel sind. Folglich ist auch

$$\angle B\Delta Z = \angle \Lambda MK.$$

Nun ist nach Annahme (S. 215, 3) die Differenz der Bewegungen gleich dem Lauf des Exzenters, also

$$\angle A\Delta B = \angle HM\Theta,$$

folglich $\angle A\Delta B + \angle B\Delta Z = \angle HM\Theta + \angle \Lambda MK$,

d. i. $\angle A\Delta Z = \angle HMK$,

was zu beweisen war.

a) Zu dieser Geraden vergleiche man S. 215, 2.

Sechstes Kapitel.

Nachweis der ersten oder einfachen Anomalie des Mondes.

Hiermit sollen unsere theoretischen Vorbetrachtungen abgeschlossen sein. Wir werden nunmehr den Nachweis der
in Frage stehenden Anomalie des Mondes liefern, und zwar
Hei 301 aus dem (S. 213, 6) angegebenen Grunde nach der epizyklischen Hypothese. Zur Benutzung herangezogen haben
wir an erster Stelle von den ältesten uns zu Gebote stehenden Finsternissen drei, welche den Eindruck ganz besonders
sorgfältiger Aufzeichnung machen, an zweiter Stelle aber
auch von den Beobachtungen neueren Datums drei, welche
von uns selbst mit größter Genauigkeit angestellt worden
sind. Diese (doppelte) Beweisführung bietet uns erstens den
Vorteil, daß die Prüfung sich auf eine möglichst lange
Zwischenzeit stützt, zweitens wird ersichtlich werden, daß
sich aus dem Beweismaterial beiderlei Art nahezu dieselbe
Anomaliedifferenz herausstellt; drittens wird der Überschuß
der mittleren Bewegungen (in Anomalie und Breite) stets
übereinstimmend mit dem Zusatzbetrag gefunden werden,
welcher sich (S. 204, 24. 26) nach den angegebenen periodischen
Zeiten bei dem von uns angestellten Korrektionsverfahren
ergeben hat.

Zum Nachweis der ersten theoretisch für sich betrachteten
Anomalie soll nunmehr die epizyklische Hypothese,
Ha 244 wie gesagt, folgende Fassung erhalten. Man denke sich in
der Sphäre des Mondes einen mit der Ekliptik konzentrischen
Kreis, der auch in derselben Ebene mit ihr liegt. Ein zweiter Konzenter sei gegen diesen ersten dem Größenbetrag
des Mondlaufs in Breite entsprechend geneigt und rücke
bei seinem gleichförmigen Umlauf um den Mittelpunkt der
Ekliptik gegen die Richtung der Zeichen nur so weit vor,
als der Überschuß der Bewegung in Breite über die Bewegung in Länge beträgt. Auf diesen schiefen Kreis verlegt
nun unsere Hypothese den Lauf des sogenannten Epizykels,

der sich ebenfalls gleichförmig, und zwar nach den *östlichen* Teilen des Weltalls (d. i. in der Richtung der Zeichen) der Wiederkehr in *Breite* entsprechend vollzieht. Wird diese Wiederkehr theoretisch direkt auf die Ekliptik bezogen, Hei 302 so bringt sie selbstverständlich die Bewegung in *Länge* zum Ausdruck.[a] Auf dem Epizykel selbst endlich bewirkt der Mond auf dem erdfernen Bogen seinen Fortschritt nach den *westlichen* Teilen des Weltalls (d. i. gegen die Richtung der Zeichen), und zwar der Wiederkehr der *Anomalie* entsprechend. Eine kleine Erleichterung verschaffen wir uns für den vorliegenden Nachweis dadurch, daß wir weder die mit der Breite zusammenhängende rückläufige Bewegung (der Knoten), noch die Schiefe des Mondkreises in Betracht ziehen[b], da bei einem so geringen Betrag der Neigung dem Lauf in Länge keine nennenswerte Differenz erwächst.

I. Von den drei alten Finsternissen, welche wir aus den einst in Babylon beobachteten ausgewählt haben, hat die erste nach dem Wortlaut der erhaltenen Aufzeichnung im ersten Jahre des Mardokempad am 29/30. ägyptischen Thoth[27] (19. März 721 v. Chr.) stattgefunden. Die Finsternis begann, heißt es, als reichlich eine Stunde nach dem Aufgang[c] verflossen war, und war total. Da nun die Sonne im letzten Ha 245 Drittel der Fische stand, somit die Nacht ziemlich genau 12 Äquinoktialstunden hatte, so fiel selbstverständlich der Anfang der Finsternis $4^1/_2$ Äquinoktialstunden vor Mitternacht ($7^h\,30^m$), die Mitte, weil die Finsternis zentral war[28], $2^1/_2$ Stunden vor Mitternacht ($9^h\,30^m$). Da wir die nach (Äquinoktial-) Stunden angegebenen Epochen auf den Meridian von Alexandria reduzieren, und dieser etwa $^5/_6$ Äquinoktial- Hei 303 stunde (d. s. 50^m) westlich des Meridians von Babylon liegt[18],

a) Projiziert man den nördlichen Grenzpunkt der Breite, was der Wiederkehrpunkt der Breite ist, auf die Ekliptik, so fällt das Lot auf den Anfang des Grades in Länge, welcher gleichfalls von den Knoten beiderseits 90° entfernt ist.

b) D. h. der schiefe Kreis wird in der Ebene der Ekliptik als unverrückbar festliegend betrachtet.

c) D. i. $1^1/_2$ Stunde nach dem Aufgang um 6^h nachm., wie sich Z. 26 herausstellt.

so hat in Alexandria die Mitte der vorliegenden Finsternis $3^{1}/_{3}$ Äquinoktialstunden vor Mitternacht ($8^{h}\ 40^{m}$) stattgefunden, für welche Stunde nach dem von uns mitgeteilten Rechnungsverfahren (d. i. nach den Sonnentafeln) der genaue Ort der Sonne ♓ $24^{0}30'$ war.[29]

Die zweite Finsternis hat nach der Aufzeichnung im zweiten Jahre desselben Mardokempad am 18/19. ägyptischen Thoth (8. März 720 v. Chr.) stattgefunden. Die Verfinsterung betrug, heißt es, gerade um Mitternacht 3 Zoll von Süden. Da demnach die Mitte in Babylon scheinbar genau zur Mitternachtstunde stattgefunden hat, so muß sie in Alexandria $^{5}/_{6}$ Stunde (d. s. 50^{m}) vor Mitternacht ($11^{h}10^{m}$) eingetreten sein, für welche Stunde der genaue Ort der Sonne ♓ $13^{0}45'$ war.[29]

Die dritte Finsternis hat nach der Aufzeichnung in demselben Jahre des Mardokempad am 15/16. ägyptischen Phamenoth (1. September 720 v. Chr.) stattgefunden. Sie begann, heißt es, nach Aufgang und betrug über die Hälfte von Norden.
Ha 246 Da nun die Sonne im Anfang der Jungfrau stand, so betrug die Länge der Nacht in Babylon ungefähr 11 Äquinoktial-
Hei 304 stunden, die halbe Nacht also $5^{1}/_{2}$ Stunden. Der Anfang hat demnach, weil er „nach Aufgang" gewesen ist, höchstens 5 Äquinoktialstunden vor Mitternacht (7^{h}) stattgefunden, und die Mitte $3^{1}/_{2}$ Stunden vor Mitternacht ($8^{h}30^{m}$), weil der ganze Verlauf bei einer so bedeutenden Größe der Verfinsterung nahezu 3 Stunden gedauert haben muß.[28] In Alexandria trat demnach wieder die Mitte der Finsternis $4^{1}/_{3}$ Äquinoktialstunden vor Mitternacht ($7^{h}40^{m}$) ein, für welche Stunde der genaue Ort der Sonne ♍ $3^{0}15'$ war.[29]

Es leuchtet also ein, daß von der Mitte der ersten Finsternis bis zur Mitte der zweiten die Sonne, und somit nach Abzug ganzer Kreise auch der Mond (von ♍ $24^{0}30'$ bis ♍ $13^{0}45'$, d. i. einen ganzen Kreis weniger $10^{0}45' =$) $349^{0}15'$ zurückgelegt hat, und von der Mitte der zweiten Finsternis bis zur Mitte der dritten (von ♍ $13^{0}45'$ bis ♓ $3^{0}15'$) $169^{0}30'$. Nun beträgt die Zwischenzeit von der ersten Mitte bis zur zweiten 354 Tage und $2^{1}/_{2}$ Äquinoktialstunden, wenn man theoretisch (mit bürgerlichen Sonnentagen) schlechthin rechnet, aber $2^1/_2$ Stunden und 4 Minuten nach der Rechnung mit gleichförmigen Sonnentagen[a)], ferner die Zwischenzeit von der zweiten Mitte bis zur dritten 176 Tage und $20^1/_2$ Äquinoktialstunden schlechthin, nach genauer Rechnung $20^1/_5$ Stunden.

Der Mond legt in gleichförmiger Bewegung — für einen so kurzen Zeitraum wird es nämlich keinen wahrnehmbaren Unterschied machen, wenn man sich an die Umläufe hält, welche den genauen nur nahe kommen[b)] — nach Abzug Hei 306
ganzer Kreise zurück:

in $354^d\ 2^h 34^m$ $\begin{cases} 306^\circ 25' \text{ in Anomalie,} \\ 345^\circ 51' \text{ in Länge;} \end{cases}$ Ha 247

in $176^d 20^h 12^m$ $\begin{cases} 150^\circ 26' \text{ in Anomalie,} \\ 170^\circ\ 7' \text{ in Länge.} \end{cases}$

Es ist klar, daß die im ersten Intervall auf dem Epizykel zurückgelegten $306^\circ 25'$ der mittleren Bewegung des Mondes (in Länge) einen Mehrbetrag von $3^\circ 24'$[c)], dagegen die $150^\circ 26'$ des zweiten Intervalls der mittleren Bewegung einen Fehlbetrag von $0^\circ 37'$[d)] eingebracht haben.

Die vorstehend ermittelten Werte sollen als gegeben angenommen werden. Es sei ΑΒΓ der Epizykel des Mondes, und zwar soll Α der Punkt sein, in welchem der Mond zur Mitte der ersten Finsternis stand, Β der Punkt, in welchem er zur Mitte der zweiten stand, und Γ der Punkt,

---

a) D. h. $2^1/_2{}^{st}$ nach bürgerlicher Zeit, aber 4^m mehr nach der wahren Sonnenzeit. Vgl. erl. Anm. 26.

b) Die Bemerkung bezieht sich darauf, daß Ptolemäus die Umlaufszahlen anstatt genau, d. i. bis zu den Sexten berechnet, nur bis zu den Minuten eines Grades angibt. Berechnet sind sie, wie die Nachprüfung zeigt, mit Berücksichtigung der Sekunden. Die Mondtafeln liefern die Werte: $306^\circ 24' 2''$, $345^\circ 50' 53''$; $150^\circ 25' 58''$, $170^\circ 7' 59''$. Die Sekunden sind nur im letzten Fall zur Erhöhung der Minutenzahl sehr auffallenderweise unbeachtet geblieben.

c) Weil die S. 220, 33 festgestellte mittlere Bewegung in Länge $349^\circ 15'$ beträgt, d. i. $345^\circ 51' + 3^\circ 24'$.

d) Weil die S. 220, 35 festgestellte mittlere Bewegung in Länge $169^\circ 30'$ beträgt, d. i. $170^\circ 7' - 0^\circ 37'$.

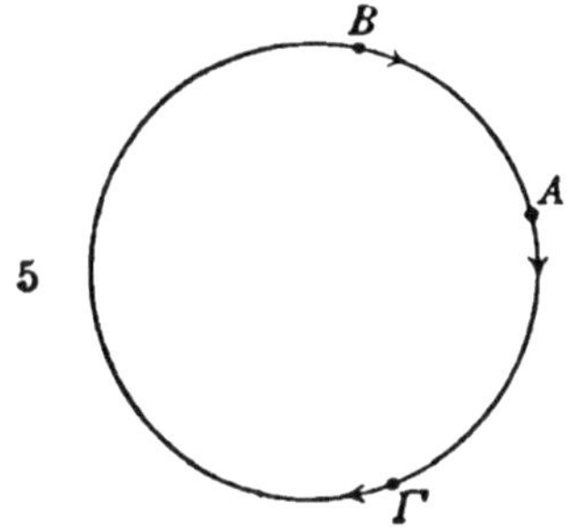

in welchem er zur Mitte der dritten stand. Man hat sich aber das Fortschreiten des Mondes auf dem Epizykel in der Richtung von B nach A und von A nach Γ vor sich gehend zu denken.

Es bringt also (wie S. 221, 15 erklärt) der Bogen AΓB im Betrage von 306° 25′, welchen der Mond von der ersten Finsternis bis zur zweiten seiner Bewegung (als Überschuß zu ganzen Kreisen) zugesetzt hat, der mittleren Bewegung Hei 306 einen Mehrbetrag von 3° 24′ ein, während der Bogen BAΓ im Betrage von 150° 26′, welchen er von der zweiten Finsternis bis zur dritten zugesetzt hat, der mittleren Bewegung einen Fehlbetrag von 0° 37′ verursacht. Deshalb muß aber auch der Lauf von B nach A (d. i. *b* BA) im Betrage von 53° 35′ (360° — *b* AΓB) der mittleren Bewegung (weil er einen Umlauf in Anomalie abschließt) einen gleichgroßen Fehlbetrag von 3° 24′ verursachen, während der Lauf von A nach Γ (*b* AΓ) im Betrage von 96° 51′ (*b* BAΓ — *b* BA) der mittleren Bewegung einen Mehrbetrag von 2° 47′ einbringen muß.[a)]

Ha 248 A. Daß das Perigeum unmöglich auf dem Bogen BAΓ liegen kann, geht daraus hervor, daß dieser Bogen erstens mit dem Fehlbetrag behaftet ist, und zweitens kleiner als ein Halbkreis ist, während doch der Hypothese nach im Perigeum die größte Bewegung (also Mehrbetrag) vorausgesetzt wird. Da es aber jedenfalls auf dem Bogen BEΓ liegt, so sei der Mittelpunkt der Ekliptik, der zugleich Zentrum des den Epizykel tragenden Kreises ist, als gegeben angenommen. Dasselbe soll der Punkt Δ sein. Nun ziehe man von diesem aus nach den Punkten der drei Finsternisse die Verbindungslinien ΔA, ΔEB, ΔΓ.

a) Da auf *b* BA ein Fehlbetrag von — 3° 24′ entfällt, so muß *b* AΓ einen Mehrbetrag von + 2° 47′ einbringen, damit der Fehlbetrag des ganzen *b* BAΓ sich auf — 3° 24′ + 2° 47′ = — 0° 37′ stelle, wie S. 221, 19 dargelegt wurde.

Um die Übertragung des theoretischen Verfahrens auf die ähnlichen Beweise (für die Planeten) leicht durchführbar zu machen, sei es, daß wir sie, wie jetzt, nach der epizyklischen Hypothese führen, oder nach der exzentrischen, wo dann der Mittelpunkt Δ innerhalb angenommen werden muß, sei folgende allgemeingültige Vorschrift gegeben. Eine der drei Verbindungslinien werde bis zur gegenüberliegenden Peripherie gezogen — in dem hier gewählten Falle haben wir die Gerade ΔEB ohne wei- Hei 307
teres durchgezogen, bzw. von Punkt B der zweiten Finsternis bis Punkt E (die Gerade BΔE). Die beiden anderen Punkte der Finsternisse verbinden wir durch eine Gerade — hier durch AΓ —, ziehen von dem durch die verlängerte Gerade (BΔ) gebildeten Schnittpunkt — hier von E aus — Verbindungslinien nach den anderen zwei Punkten — hier EA und EΓ — und fällen Lote auf die von diesen zwei anderen Punkten nach dem Mittel- Ha 249
punkte der Ekliptik gezogenen Geraden — hier EZ auf AΔ und EH auf ΓΔ. Nun fällt man auch noch von dem einen der letztgenannten beiden Punkte — in dem gewählten Falle von Γ aus — ein Lot auf die Gerade, welche den anderen dieser Punkte — hier A — mit dem von der durchgezogenen Geraden gebildeten überzähligen Schnittpunkt — hier E — verbindet — hier das Lot ΓΘ auf AE.

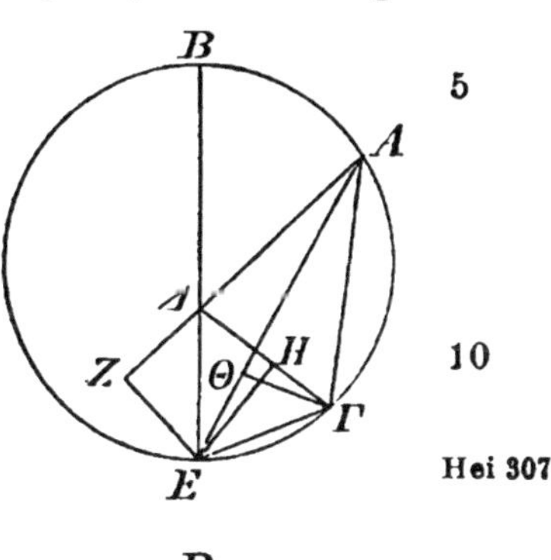

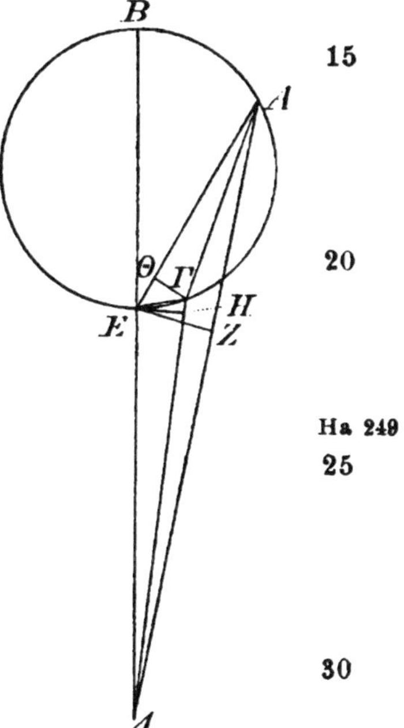

Von welchem Punkte aus (ob von B oder A oder Γ) wir auch den Entwurf der Figur durchführen mögen, wir werden finden, daß bei Einsetzung der Zahlen, auf welche sich der

Nachweis stützt, dieselben Verhältnisse herauskommen. Die Wahl (des Ausgangspunktes) bleibt lediglich dem praktischen Bedürfnis überlassen.

1. Da (S. 222, 19) nachgewiesen wurde, daß der Bogen BA in der Ekliptik $3^0 24'$ unterspannt, so ist als Zentriwinkel der Ekliptik

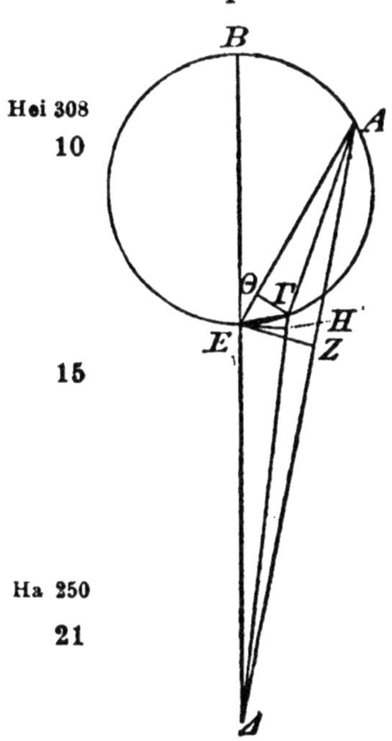

$\angle$ BΔA $= 3^0 24'$ wie $4R = 360^0$,
$= 6^0 48'$ wie $2R = 360^0$,

Hei 308 mithin b EZ $= 6^0 48'$ wie ⊖ EZΔ $= 360^0$,
also s EZ $= 7^p\ 7'$ wie h ΔE $= 120^p$.

Da ferner der Bogen BA (S. 222, 17) $53^0 35'$ beträgt, so ist als Peripheriewinkel

$\angle$ BEA $= 53^0 35'$ wie $2R = 360^0$.
Nun war $\angle$ BΔA $= 6^0 48'$ wie $2R = 360^0$,
folglich $\angle$ EAZ $= 46^0 47'$ wie $2R = 360^0$ [als Differenz beider;
mithin b EZ $= 46^0 47'$ wie ⊖ EZA $= 360^0$,
also s EZ $= 47^p 38' 30''$ wie h AE $= 120^p$.

Ha 250 Setzt man EZ $= 7^p 7'$ wie h ΔE $= 120^p$,
so wird AE $= 17^p 55' 32''$.

2. Da der Bogen BAΓ (S. 222, 15) in der Ekliptik $0^0 37'$ unterspannt, so ist als Zentriwinkel der Ekliptik

$\angle$ BΔΓ $= 0^0 37'$ wie $4R = 360^0$,
$= 1^0 14'$ wie $2R = 360^0$,
folglich b EH $= 1^0 14'$ wie ⊖ EHΔ $= 360^0$,
Hei 309 also s EH $= 1^p 17' 30''$ wie h ΔE $= 120^p$.

Da ferner der Bogen BAΓ (S. 222, 13) $150^0 26'$ beträgt, so ist als Peripheriewinkel

$\angle$ BEΓ $= 150^0 26'$ wie $2R = 360^0$.
Nun war $\angle$ BΔΓ $= 1^0 14'$ wie $2R = 360^0$,
folglich $\angle$ EΓΔ $= 149^0 12'$ wie $2R = 360^0$ als Differenz beider,

$$
\begin{array}{lll}
\text{mithin} & b\,\mathrm{EH} = 149^\circ 12' & \text{wie } \ominus\, \mathrm{EH\Gamma} = 360^\circ, \\
\text{also} & s\,\mathrm{EH} = 115^p 41' 21'' & \text{wie } h\,\Gamma\mathrm{E} = 120^p. \\
\text{Setzt man} & \mathrm{EH} = 1^p 17' 30'' & \text{wie } h\,\Delta\mathrm{E} = 120^p, \\
\text{so wird} & \Gamma\mathrm{E} = 1^p 20' 23'' & \text{wie } \mathrm{AE} = 17^p 55' 32''.^{a)}
\end{array}
$$

3. Da der Bogen $\mathrm{A}\Gamma$ (S. 222, 20) mit $96^\circ 51'$ nachgewiesen wurde, so ist als Peripheriewinkel

Ha 251

$$
\begin{array}{lll}
 & \angle\, \mathrm{AE}\Gamma = 96^\circ 51' & \text{wie } 2R = 360^\circ, \\
\text{mithin} & \left.\begin{cases} b\,\Gamma\Theta = 96^\circ 51' \\ b\,\mathrm{E}\Theta = 83^\circ\ 9' \end{cases}\right\} & \text{wie } \ominus\, \Gamma\Theta\mathrm{E} = 360^\circ; \\
\text{also} & \left.\begin{cases} s\,\Gamma\Theta = 89^p 46' 14'' \\ s\,\mathrm{E}\Theta = 79^p 37' 55'' \end{cases}\right\} & \text{wie } h\,\Gamma\mathrm{E} = 120^p. \\
\text{Setzt man} & \Gamma\mathrm{E} = 1^p 20' 23'', & \text{(s. Z 4)} \\
\text{so wird} & \left.\begin{cases} \Gamma\Theta = 1^p\ 0'\ 8'' \\ \mathrm{E}\Theta = 0^p 53' 21'' \end{cases}\right\} & \text{wie } \mathrm{AE} = 17^p 55' 32'', \\
\text{folglich} & \mathrm{A}\Theta = \mathrm{AE} - \mathrm{E}\Theta = 17^p 2' 11'' & \text{wie } \Gamma\Theta = 1^p 0' 8''. \\
\text{Ferner ist} & \mathrm{A}\Theta^2 = 290^{p^2} 14' 19'' & \text{und } \Gamma\Theta^2 = 1^{p^2} 0' 17''. \\
\text{Da nun} & \mathrm{A}\Theta^2 + \Gamma\Theta^2 = \mathrm{A}\Gamma^2, & \\
\text{so ist} & \mathrm{A}\Gamma^2 = 291^{p^2} 14' 36'', & \\
\text{folglich} & \mathrm{A}\Gamma = 17^p\ 3' 57'' & \text{wie } \begin{cases} \Gamma\mathrm{E} = 1^p 20' 23'' \\ \Delta\mathrm{E} = 120^p. \end{cases}
\end{array}
$$

Hei 310

4. Nun ist aber $\mathrm{A}\Gamma$ in dem Maße, in welchem der Durchmesser des Epizykels gleich 120^p ist, als Sehne, die den Bogen $\mathrm{A}\Gamma$ im Betrage von $96^\circ 51'$ unterspannt, gleich $89^p 46' 14''$.

$$
\begin{array}{lll}
\text{Setzt man also} & \mathrm{A}\Gamma = 89^p 46' 14'', & \\
\text{so wird} & \left.\begin{cases} \Delta\mathrm{E} = 631^p 13' 48'' \\ \Gamma\mathrm{E} = 7^p\ 2' 50'' \end{cases}\right\} & \text{wie } epdm = 120^p; \\
\text{also} & b\,\Gamma\mathrm{E} = 6^\circ 44'\ 1'' & \text{wie } ep = 360^\circ. \\
\text{Nun ist} & b\,\mathrm{BA}\Gamma = 150^\circ 26' & \text{gegeben (S. 222, 13);} \\
\text{folglich} & b\,\mathrm{B}\Gamma\mathrm{E} = 157^\circ 10'\ 1'' & \text{als Summe beider,} \\
\text{also} & s\,\mathrm{BE} = 117^p 37' 32''. &
\end{array}
$$

Ha 252

Hei 311

Hiermit ist die Sehne BE in dem Maße gefunden, in welchem der Durchmesser des Epizykels 120^p beträgt und die Gerade $\Delta\mathrm{E}$ gleich $631^p 13' 48''$ ist.

---

a) Weil AE S. 224, 20 ebenfalls in dem Maße von $h\,\Delta\mathrm{E} = 120^p$ gefunden worden ist.

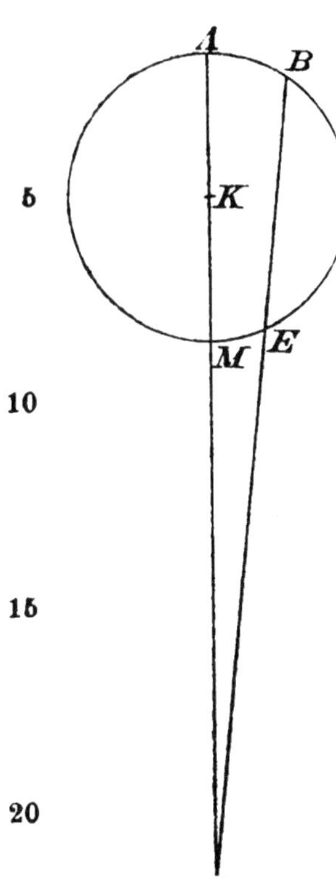

B. Wäre die Sehne ΒΕ gleichgroß wie der Durchmesser des Epizykels gefunden worden, so würde auf ihr natürlich der Mittelpunkt desselben liegen, und das Verhältnis der Durchmesser (von Epizykel und Konzenter) würde alsdann ohne weiteres ersichtlich sein. Da ΒΕ aber kleiner ist als der Durchmesser, und somit auch der Bogen ΒΓΕ kleiner als ein Halbkreis, so ist klar, daß der Mittelpunkt des Epizykels außerhalb des Segments ΒΑΓΕ fallen wird.

Es sei demnach als Mittelpunkt (des Epizykels) der Punkt Κ angenommen. Man ziehe von dem Mittelpunkt Δ der Ekliptik durch Κ die Gerade ΔΜΚΛ, so daß Punkt Λ das Apogeum und Punkt Μ das Perigeum des Epizykels wird.

Nun ist (nach Analogie von Eukl. III. 36) das aus den Geraden ΒΔ und ΔΕ gebildete Rechteck gleich dem Rechteck, welches aus den Geraden ΛΔ und ΔΜ gebildet wird. Ferner ist von uns (soeben) der Nachweis geliefert worden, daß

$$\left.\begin{aligned} \mathrm{BE} &= 117^p\,37'\,32'' \\ \Delta\mathrm{E} &= 631^p\,13'\,48'' \end{aligned}\right\}\text{ wie } epdm\ \mathrm{K}\Lambda\mathrm{M} = 120^p,$$

Hei 313 mithin $\mathrm{B}\Delta = 748^p\,51'\,20''$ als Summe beider.

Folglich ist $\left.\begin{aligned} \mathrm{B}\Delta \cdot \Delta\mathrm{E} \\ \Lambda\Delta \cdot \Delta\mathrm{M} \end{aligned}\right\} = 472\,700^{p^2}\,5'\,32''.$

Ha 253 sowie auch

Ferner ist $\Lambda\Delta \cdot \Delta\mathrm{M} + \mathrm{KM}^2 = \Delta\mathrm{K}^2$. (Eukl. II. 6)

Da nun $\mathrm{KM}^2 = 3600^{p^2}$, weil als $ephm$ $\mathrm{KM} = 60^p$,

so ist $\Delta\mathrm{K}^2 = 476\,300^{p^2}\,5'\,32''$,

folglich $\Delta\mathrm{K} = 690^p\,8'\,42''$.

So viel beträgt also der Halbmesser ΔΚ des mit der Ekliptik konzentrischen Kreises, welcher den Epizykel trägt, in dem Maße, in welchem der Halbmesser ΚΜ des Epizykels gleich 60^p ist. Setzt man nun den Halbmesser des den Epizykel tragenden Kreises, der konzentrisch ist mit dem Auge, gleich 60^p, so wird in diesem Maße der Halbmesser des Epizykels ohne merklichen Fehler $5^p 13'$ betragen. Hei 313

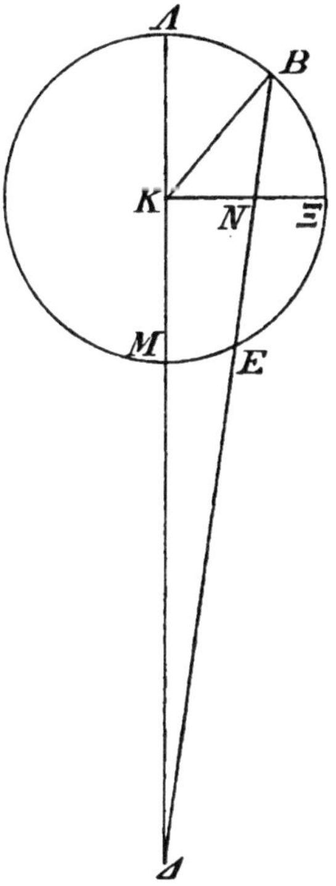

C. Man ziehe nun an derselben Figur von dem Mittelpunkt K unter rechten Winkeln durch die Sehne BE den Halbmesser KNΞ und verbinde B mit K. Es war nachgewiesen worden, daß

$$\left.\begin{array}{l}\Delta E = 631^p 13' 48'' \\ (BE = 117^p 37' 22'')\end{array}\right\} \text{wie } \Delta K = 690^p 8' 42''.$$

Nun ist $EN = 58^p 48' 46''$ als $\frac{1}{2}$ BE;
folglich $\Delta N = \Delta E + EN = 690^p 2' 34''$.
Setzt man $h\,\Delta K = 120^p$,
so wird $\Delta N = 119^p 58' 57''$,
also $b\,\Delta N = 178^\circ\ 2'$ wie ⊖ ΔNK [$= 360^\circ$,
mithin $\angle\,\Delta KN = 178^\circ\ 2'$ wie $2R = 360^\circ$,
$= 89^\circ\ 1'$ wie $4R = 360^\circ$, Ha 254

$$\text{folglich}\left\{\begin{array}{l} b\,\Xi EM = 89^\circ\ 1' \\ b\,\Lambda B\Xi = 90^\circ 59' \end{array}\right\} \text{als } epb.$$

Nun war $b\,B\Xi E = 157^\circ 10'$, (S. 225, 29) Hei 314
mithin $b\,\Xi B = 78^\circ 35'$ als die Hälfte,
endlich $b\,\Lambda B = b\,\Lambda B\Xi - b\,\Xi B = 12^\circ 24'$.

Hiermit ist der Epizykelbogen gefunden, welchen der Mond zu der mitgeteilten Zeit der Mitte der zweiten Finsternis von dem Apogeum (des Epizykels) entfernt war. Da ferner gefunden war, daß $\angle\,\Delta KN = 89^\circ 1'$ wie $4R = 360^\circ$, so ergibt sich als Ergänzung zu 90° $\angle\,K\Delta N$ mit $0^\circ 59'$. Das ist der den (Ekliptik-) Bogen unterspannende Winkel, welcher dem (gesuchten) mittleren Ort in Länge abgeht[a])

a) Der mittlere Ort Λ, d. i. der in der Ekliptik von dem Epizykelmittelpunkt K eingenommene Ort, liegt dem gegebenen genauen Ort B um den Betrag $0^\circ 59'$ in der Ekliptik voraus; folglich muß man zu dem genauen Ort B $0^\circ 59'$ addieren, um den mittleren Ort Λ zu erhalten. Vgl. Anm. 32.

infolge der durch den Lauf auf dem Epizykelbogen ΛB eintretenden Anomalie.

Folglich war der mittlere Ort des Mondes in Länge zur Zeit der Mitte der zweiten Finsternis ♍ 14°44′, da ja der genaue Ort ♍ 13°45′ war, während (S. 220, 13) die Sonne in ♓ 13°45′ stand.

II. Von den drei Finsternissen, welche wir aus der Zahl derjenigen entnommen haben, die von uns selbst in Alexandria auf das sorgfältigste beobachtet worden sind, hat die erste im 17ten Jahre Hadrians[30] am 20/21. ägyptischen Payni
Ha 255 (6. Mai 133 n. Chr.) stattgefunden. Die Mitte derselben ist nach unserer genauen Berechnung $^3/_4$ Äquinoktialstunde vor Mitternacht ($11^{\text{h}}15^{\text{m}}$) eingetreten. Die Finsternis war total. Für diese Stunde war der genaue Ort der Sonne ♉ 13°15′.[31]

Die zweite Finsternis hat im 19ten Jahre Hadrians am
Hei 315 2/3. ägyptischen Choiak (20. Okt. 134 n. Chr.) stattgefunden. Die Mitte ist nach unserer Berechnung eine Äquinoktialstunde vor Mitternacht (11^{h}) eingetreten. Verfinstert waren von Norden $^5/_6$ des Durchmessers. Für diese Stunde war der genaue Ort der Sonne ♎ 25°10′.[31]

Die dritte Finsternis hat im 20ten Jahre Hadrians am 19/20. ägyptischen Pharmuthi (6. März 136 n. Chr.) stattgefunden. Die Mitte ist nach unserer Berechnung 4 Äquinoktialstunden nach Mitternacht (4^{h} früh) eingetreten. Verfinstert war von Norden die Hälfte des Durchmessers. Der genaue Ort der Sonne war für diese Stunde ♓ 14°5′.[31]

Es leuchtet ein, daß auch hier der Mond nach Abzug ganzer Kreise von der Mitte der ersten Finsternis bis zur Mitte der zweiten sich ebensoviele Grade wie die Sonne, d. s. (von ♏ 13°15′ bis ♈ 25°10′) 161°55′, und von der Mitte der zweiten bis zur Mitte der dritten (von ♈ 25°10′ bis ♍ 14°5′) 138°55′ bewegt hat. Nun beträgt die Zwischenzeit des ersten Intervalls 1 ägyptisches Jahr, 166 Tage und $23^3/_4$ Äquinoktialstunden schlechthin, nach genauer Rechnung
Ha 256 $23^5/_8$, die des zweiten Intervalls 1 ägyptisches Jahr, 137 Tage
Hei 316 und 5 Äquinoktialstunden schlechthin, nach genauer Rechnung $5^1/_2$.[26]

Die mittlere Bewegung des Mondes beträgt

in $1^{a}166^{d}23\,{}^{5}/_{8}{}^{h}$ $\begin{cases} 110^{\circ}21' \text{ in Anomalie,} \\ 169^{\circ}37' \text{ in Länge;} \end{cases}$

in $1^{a}137^{d}\ 5\,{}^{1}/_{2}{}^{h}$ $\begin{cases} 81^{\circ}36' \text{ in Anomalie,} \\ 137^{\circ}34' \text{ in Länge.}^{a)} \end{cases}$

Es ist klar, daß die 110°21′ des Epizykels des ersten Intervalls dem mittleren Lauf in Länge einen Fehlbetrag von (169°37′ — 161°55′ =) 7°42′, und die 81°36′ des zweiten Intervalls dem mittleren Lauf in Länge einen Mehrbetrag von (138°55′ — 137°34′ =) 1°21′ eingebracht haben.

Diese Werte sollen als gegeben angenommen werden. Der Epizykel des Mondes sei wieder ABΓ, und zwar sei A als der Punkt angenommen, in welchem der Mond zur Mitte der ersten Finsternis stand, B als der Punkt der zweiten, und Γ als der Punkt der dritten Finsternis. Wie oben, denke man sich den Fortschritt des Mondes als von A nach B, und dann nach Γ vor sich gehend, so daß der Bogen AB im Betrage von 110°21′ dem mittleren Lauf in Länge, wie gesagt, einen Fehlbetrag von 7°42′, und der Bogen BΓ im Betrage von 81°36′ der Länge einen Mehrbetrag von 1°21′ einbringt, während der noch übrige Bogen ΓA im Betrage von 168°3′ der Länge die übrigen 6°21′ (zur Aufhebung des Fehlbetrags) zusetzt.

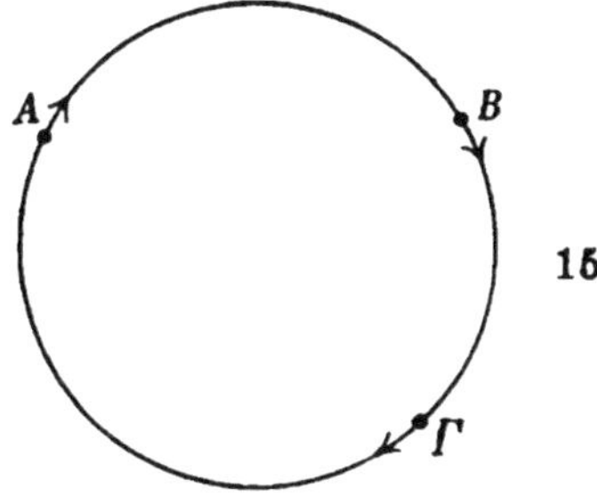

A. Daß auf dem Bogen AB das Apogeum liegen muß, Ha 257
geht deutlich daraus hervor, daß es weder auf dem Bogen Hei 317
BΓ, noch auf dem Bogen ΓA liegen kann, weil jeder derselben mit dem Mehrbetrag[b)] behaftet und kleiner als ein

a) Die Nachrechnung nach den Mondtafeln ergibt folgende Werte: 110°21′59″, 169°37′44″; 81°36′53″, 137°33′46″. Überschießende Sekunden sind mithin nur im letzten Fall zur Erhöhung der Minutenzahl beachtet worden. Vgl. S. 221, Anm. b)

b) Derselbe kommt dem erdnahen Bogen des Epizykels zu.

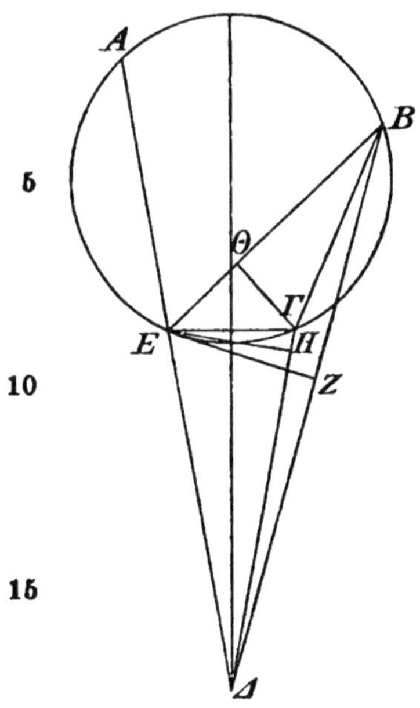

Halbkreis ist. Es werde aber gleichwohl, obgleich dieser Punkt nicht gegeben ist, das Zentrum der Ekliptik sowie des Kreises, auf dem der Epizykel sich bewegt, festgesetzt. Es sei der Punkt Δ. Von diesem ziehe man nach den Punkten der drei Finsternisse die Verbindungslinien ΔEA, ΔB, ΔΓ. Nachdem man dann noch die Verbindungslinie BΓ, und von dem Punkte E aus nach B und Γ die Geraden EB und EΓ gezogen hat, fälle man auf die Geraden BΔ und ΔΓ die Lote EZ, EH, und endlich noch von Γ auf BE das Lot ΓΘ.

1. Da der Bogen AB in der Ekliptik 7° 42′ unterspannt, so ist als Zentriwinkel der Ekliptik

$\angle A\Delta B = 7^\circ 42'$ wie $4R = 360^\circ$,
$= 15^\circ 24'$ wie $2R = 360^\circ$;
folglich $b\,EZ = 15^\circ 24'$ wie $\ominus EZ\Delta = 360^\circ$,
Hei 318 also $s\,EZ = 16^p\ 4'42''$ wie $h\,\Delta E = 120^p$.

Da ferner der Bogen AB 110° 21′ beträgt, so ist als Peripheriewinkel

$\angle AEB = 110^\circ 21'$ wie $2R = 360^\circ$.
Nun war $\angle A\Delta B = 15^\circ 24'$ wie $2R = 360^\circ$,
folglich $\angle EB\Delta = 94^\circ 57'$ wie $2R = 360^\circ$ als Differenz beider,
mithin $b\,EZ = 94^\circ 57'$ wie $\ominus EZB = 360^\circ$,
Ha 258 also $s\,EZ = 88^p 26' 17''$ wie $h\,BE = 120^p$.
Hei 318 Setzt man $EZ = 16^p\ 4'42''$ wie $h\,\Delta E = 120^p$,
so wird $BE = 21^p 48' 59''$.

2. Da ferner nachgewiesen wurde, daß der Bogen ΓEA in der Ekliptik 6° 21′ unterspannt, so ist als Zentriwinkel der Ekliptik

$$
\begin{array}{rll}
 & \mathsf{A\Delta\Gamma} = \ \ 6^{\circ}21' & \text{wie } 4R = 360^{\circ}; \\
 & \quad\ = 12^{\circ}42' & \text{wie } 2R = 360^{\circ}; \\
\text{folglich} & b\,\mathsf{EH} = 12^{\circ}42' & \text{wie } \ominus\mathsf{EH\Delta} = 360^{\circ}, \\
\text{also} & s\,\mathsf{EH} = 13^{p}16'19'' & \text{wie } h\,\mathsf{\Delta E} = 120^{p}.
\end{array}
$$

Da der Bogen $\mathsf{AB\Gamma}$ in Summa $191^{0}57'$ beträgt, so ist als Peripheriewinkel

$$
\begin{array}{rll}
 & \angle\,\mathsf{AE\Gamma} = 191^{\circ}57' & \text{wie } 2R = 360^{\circ}. \\
\text{Nun war} & \angle\,\mathsf{A\Delta\Gamma} = \ \ 12^{\circ}42' & \text{wie } 2R = 360^{\circ}, \\
\text{folglich} & \angle\,\mathsf{E\Gamma\Delta} = 179^{\circ}15' & \text{wie } 2R = 360^{\circ} \text{ als Differenz beider,} \\
\text{mithin} & b\,\mathsf{EH} = 179^{\circ}15' & \text{wie } \ominus\mathsf{EH\Gamma} = 360^{\circ}, \\
\text{also} & s\,\mathsf{EH} = 119^{p}59'50'' & \text{wie } h\,\mathsf{\Gamma E} = 120^{p}. \\
\text{Setzt man} & \mathsf{EH} = \ \ 13^{p}16'19'' & \text{wie } h\,\mathsf{\Delta E} = 120^{p}, \\
\text{so wird} & \mathsf{\Gamma E} = \ \ 13^{p}16'20'' & \text{wie } \mathsf{BE} = 21^{p}48'59''.^{\text{a)}}
\end{array}
$$

Hei 319

3. Da ferner der Bogen $\mathsf{B\Gamma}$ $81^{0}36'$ beträgt, so ist als Peripheriewinkel

$$
\begin{array}{rll}
 & \angle\,\mathsf{BE\Gamma} = 81^{\circ}36' & \text{wie } 2R = 360^{\circ}, \\
\text{folglich} & \left\{\begin{array}{l} b\,\mathsf{\Gamma\Theta} = 81^{\circ}36' \\ ,b\,\mathsf{E\Theta} = 98^{\circ}24' \end{array}\right\} & \text{wie } \ominus\mathsf{\Gamma\Theta E} = 360^{\circ}, \\
\text{also} & \left\{\begin{array}{l} s\,\mathsf{\Gamma\Theta} = 78^{p}24'37'' \\ ,s\,\mathsf{E\Theta} = 90^{p}50'22'' \end{array}\right\} & \text{wie } h\,\mathsf{\Gamma E} = 120^{p}. \\
\text{Setzt man} & \mathsf{\Gamma E} = 13^{p}16'20'', & \text{(s. Z 14)} \\
\text{so wird} & \left\{\begin{array}{l} \mathsf{\Gamma\Theta} = \ \ 8^{p}40'20'' \\ \mathsf{E\Theta} = 10^{p}12'49'' \end{array}\right\} & \text{wie } \mathsf{BE} = 21^{p}48'59'', \\
\text{folglich} & \mathsf{\Theta B} = \mathsf{BE} - \mathsf{E\Theta} = 11^{p}46'10'' & \text{wie } \mathsf{\Gamma\Theta} = 8^{p}40'20''. \\
\text{Ferner ist} & \mathsf{\Theta B}^{2} = 138^{p^2}31'11'' & \text{und } \mathsf{\Gamma\Theta}^{2} = 75^{p^2}12'27''. \\
\text{Nun ist} & \mathsf{\Theta B}^{2} + \mathsf{\Gamma\Theta}^{2} = \mathsf{B\Gamma}^{2}, & \\
\text{folglich} & \mathsf{B\Gamma}^{2} = 213^{p^2}43'38'', & \\
\text{mithin} & \mathsf{B\Gamma} = \ \ 14^{p}37'10'' & \text{wie} \left\{\begin{array}{l} \mathsf{\Delta E} = 120^{p} \\ \mathsf{\Gamma E} = \ \ 13^{p}16'20''. \end{array}\right.
\end{array}
$$

Ha 259

Hei 320

4. Nun ist aber $\mathsf{B\Gamma}$ auch in dem Maße, wie der Durchmesser des Epizykels gleich 120^{p} ist, als Sehne, die den Bogen $\mathsf{B\Gamma}$ im Betrage von $81^{0}\,36'$ unterspannt, gleich $78^{p}24'37''$.

---

a) Weil BE S. 230, 33 ebenfalls in dem Maße von $h\,\mathsf{\Delta E} = 120^{p}$ gefunden worden ist.

$$\begin{array}{rl}
\text{Setzt man also} & \mathrm{B\Gamma} = 78^{p}\,24'\,37'', \\
\text{so wird} & \left.\begin{array}{l}\mathrm{\Delta E} = 643^{p}\,36'\,39'' \\ \mathrm{\Gamma E} = 71^{p}\,11'\,4''\end{array}\right\}\text{wie } epdm = 120^{p}; \\
\text{also} & b\,\mathrm{\Gamma E} = 72^{\circ}\,46'\,10'' \text{ wie } ep = 360^{\circ}.
\end{array}$$

$$\begin{array}{rll}
\text{Nun ist} & b\,\mathrm{\Gamma EA} = 168^{\circ}\,3' & \text{gegeben, (S. 229, 26)} \\
\text{folglich} & b\,\mathrm{AE} = 95^{\circ}\,16'\,50'' & \text{als Differenz beider,} \\
\text{also} & s\,\mathrm{AE} = 88^{p}\,40'\,17''. &
\end{array}$$

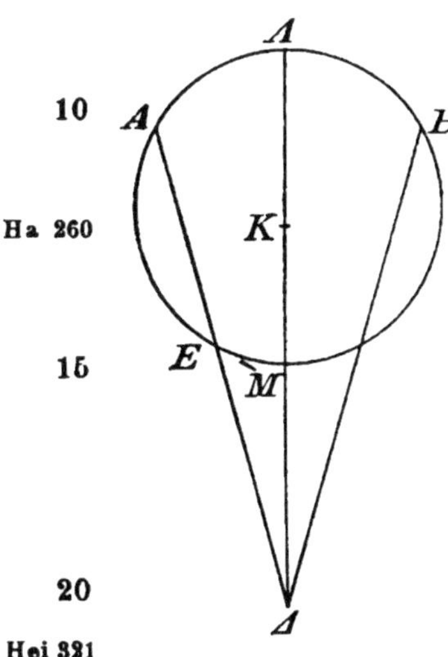

Hiermit ist die Sehne AE in dem Maße gefunden, in welchem der Durchmesser des Epizykels 120^{p} beträgt und die Gerade ΔE gleich $643^{p}\,36'\,39''$ ist.

Ha 260 B. Da hiermit nachgewiesen ist, daß der Bogen AE kleiner ist als ein Halbkreis, so ist klar, daß der Mittelpunkt des Epizykels außerhalb des Segments AE fallen wird. Er sei demnach mit Punkt K festgesetzt. Man ziehe die Verbindungslinie ΔMKΛ, so daß Λ das Apogeum und M das Perigeum wird. Dann ist

Hei 321

$$\mathrm{A\Delta \cdot \Delta E} = \mathrm{\Lambda\Delta \cdot \Delta M}. \quad \text{(Eukl. III. 36)}$$

$$\begin{array}{rl}
\text{Nachgewiesen wurde} & \left.\begin{array}{l}\mathrm{AE} = 88^{p}\,40'\,17'' \\ \mathrm{\Delta E} = 643^{p}\,36'\,39''\end{array}\right\}\text{wie } epdm\ \mathrm{\Lambda KM} = 120^{p}, \\
\text{mithin ist} & \mathrm{A\Delta} = 732^{p}\,16'\,56'' \text{ als Summe beider.} \\
\begin{array}{r}\text{Folglich ist} \\ \text{sowie auch}\end{array} & \left.\begin{array}{l}\mathrm{A\Delta \cdot \Delta E} \\ \mathrm{\Lambda\Delta \cdot \Delta M}\end{array}\right\} = 471\,304^{p^2}\,46'\,17''. \\
\text{Ferner ist} & \mathrm{\Lambda\Delta \cdot \Delta M} + \mathrm{KM}^2 = \mathrm{\Delta K}^2. \quad \text{(Eukl. II. 6)} \\
\text{Da nun} & \mathrm{KM}^2 = 3600^{p^2}, \text{ weil als } ephm\ \mathrm{KM} = 60^{p}, \\
\text{so ist} & \mathrm{\Delta K}^2 = 474\,904^{p^2}\,46'\,17'', \\
\text{folglich} & \mathrm{\Delta K} = 689^{p}\,8'.
\end{array}$$

Hei 322

31 So viel beträgt also der Halbmesser ΔK des mit der Ekliptik konzentrischen Kreises, welcher den Epizykel trägt, in dem Maße, in welchem der Halbmesser KM gleich 60^{p} ist. Setzt man nun die Gerade zwischen den Mittelpunkten

der Ekliptik und des Epizykels[a]) gleich 60^p, so wird in diesem Maße der Halbmesser des Epizykels $5^p 14'$ betragen. Das ist ohne merklichen Unterschied dasselbe Verhältnis, welches oben (S. 227, 4) mit Hilfe der älteren Finsternisse nachgewiesen worden ist. Ha 261

C. Man ziehe nun wieder an derselben Figur von dem Mittelpunkt K unter rechten Winkeln durch die Gerade ΔEA den Halbmesser KNΞ und verbinde A mit K. Es war nachgewiesen worden, daß

$$\left.\begin{array}{l} \Delta E = 643^p 36' 39'' \\ (A E = \ \ 88^p 40' 17'') \end{array}\right\} \text{ wie } \ \Delta K = 689^p 8'.$$

Nun ist	$EN = 44^p 20' 8''$ als $\frac{1}{2}$ AE; (Eukl. III. 3)
folglich	$\Delta N = \Delta E + EN = 687^p 56' 47''$.
Setzt man	$h\,\Delta K = 120^p$,
so wird	$\Delta N = 119^p 47' 36''$,
folglich	$b\,\Delta N = 173^0 17'$ wie ⊖ $\Delta NK = 360^0$,
mithin	$\angle\,\Delta KN = 173^0 17'$ wie $2R = 360^0$,
	$= \ 86^0 38' 30''$ wie $4R = 360^0$,
folglich	$\left\{\begin{array}{l} b\,\Xi EM = \ 86^0 38' 30'' \\ b\,\Lambda A\Xi = \ 93^0 21' 30'' \end{array}\right\}$ als *epb*. Hei 323
Nun ist	$b\,A\Xi = \ 47^0 38' 30''$ als $\frac{1}{2}\,b$ AE, (S. 232,6)
mithin	$b\,\Lambda A = b\,\Lambda A\Xi - b\,A\Xi = 45^0 43'$.
Ferner war	$b\,AB = 110^0 21'$ nach Annahme, (S. 229,22)
mithin	$b\,\Lambda B = b\,AB - b\,\Lambda A = 64^0 38'$.

Hiermit ist der Epizykelbogen gefunden, welchen der Mond zu der mitgeteilten Zeit der Mitte der zweiten Finsternis von dem Apogeum (des Epizykels) entfernt war. Da

a) D. i. den ebengenannten Halbmesser ΔK des Konzenters. Der Ausdruck des griechischen Textes weicht hier auffallend ab von der Parallelstelle S. 227, 1.

ferner nachgewiesen worden ist, daß $\angle \Delta KN = 86^0 38'$ wie $4R = 360^0$, so ergibt sich als Ergänzung zu 90^0 $\angle K\Delta N$ Ha 262 mit $3^0 22'$. Da nun nach der Annahme (S. 229, 23) der ganze Winkel $A\Delta B$ in demselben Maße mit $7^0 42'$ gegeben war, so bleibt für $\angle \Lambda\Delta B$ als Differenz $4^0 20'$. Das ist der Winkel, welcher den Ekliptikbogen unterspannt, der dem (gesuchten) mittleren Ort in Länge abgeht[a] infolge der durch den Lauf auf dem Epizykelbogen ΛB eintretenden Anomalie.

Folglich war der mittlere Ort des Mondes in Länge Hei 324 zur Zeit der Mitte der zweiten Finsternis ♈ $29^0 30'$, da ja der genaue Ort ♈ $25^0 10'$ war, während (S. 228, 20) die Sonne in ♎ $25^0 10'$ stand.

Siebentes Kapitel.

Korrektion des mittleren Laufs des Mondes in Länge und Anomalie.

Bei der zweiten von den alten Finsternissen stand der Mond, wie wir (S. 228, 4) nachgewiesen haben, zur Zeit der Mitte bei gleichförmiger Bewegung in Länge in ♍ $14^0 44'$, in Anomalie (S. 227, 24) vom Apogeum des Epizykels $12^0 24'$ entfernt, während er bei der zweiten der zu unserer Zeit beobachteten drei Finsternisse, wie (oben Z. 10) nachgewiesen wurde, gleichfalls bei (gleichförmiger oder) mittlerer Bewegung in Länge in ♈ $29^0 30'$, in Anomalie vom Apogeum $64^0 38'$ entfernt stand. Daraus ist ersichtlich, daß der Mond in der zwischen den beiden ebengenannten Finsternissen verstrichenen Zeit in mittlerer Bewegung nach Abzug Ha 263 ganzer Kreise in Länge (von ♍ $14^0 44'$ bis ♈ $29^0 30'$) $224^0 46'$, in Anomalie ($64^0 38' - 12^0 24' =$) $52^0 14'$ als Überschuß zugesetzt hat. Nun beträgt die Zwischenzeit zwischen dem zweiten Jahre des Mardokempad von dem 18/19. Thoth

a) Der gesuchte mittlere Ort Λ ist dem gegebenen genauen Ort B in der Ekliptik $4^0 20'$ voraus; folglich muß man zu dem gegebenen genauen Ort B $4^0 20'$ addieren, um den mittleren Ort Λ zu erhalten. Vgl. Anm. 32.

$^5/_6$ Äquinoktialstunde vor Mitternacht (8. März 720 v. Chr. $11^h 10^m$ abends) und dem 19ten Jahre Hadrians von dem 2/3. Choiak 1 Äquinoktialstunde vor Mitternacht (20. Oktober 134 n. Chr. 11^h abends) 854 ägyptische Jahre, 73 Tage und $23^5/_6$ Äquinoktialstunden schlechthin, nach genauer Rechnung mit gleichförmigen Sonnentagen[a] $23^1/_3$, d. s. Hei 325
311 783 volle Tage und $23^1/_3$ Äquinoktialstunden. Aus den früher mitgeteilten Beträgen der täglichen Bewegung finden wir nach den Grundwerten (S. 203, 26; 204, 4), die wir vor der Korrektion (S. 204, 24) ermittelt hatten, daß auf diese Zahl von Tagen nach Abzug ganzer Kreise als Überschuß in Länge $224^0 46'$, als Überschuß in Anomalie $52^0 31'$ entfallen. Folglich ist der Überschuß in Länge, wie schon (S. 204, 20) bemerkt, vollkommen übereinstimmend gefunden mit dem Ergebnis, welches von uns an der Hand der mitgeteilten Beobachtungen erzielt worden ist, während der Überschuß in Anomalie einen Mehrbetrag von $(52^0 31' - 52^0 14' =) 0^0 17'$ aufweist.

Deshalb haben wir vor der Aufstellung der Tafeln, um die Korrektion der Werte des täglichen Laufs zu ermöglichen, diese 17 Minuten eines Grades auf die vorliegende Zahl von Tagen verteilt und den auf den einzelnen Tag entfallenden Quotienten im Betrage von $0^0 0' 0'' 0''' 11^{IV} 46^{V} 39^{VI}$ von dem vor der Korrektion gewonnenen Werte der täglichen mittleren Bewegung in Anomalie abgezogen.[b] Auf diese Weise haben wir den berichtigten Wert zu $13^0 3' 53'' 56''' 17^{IV} 51^{V} 59^{VI}$ gefunden und dementsprechend auch die weiteren für die Tafeln bestimmten sukzessiven Summierungen vorgenommen.

---

a) Der ausführlichere griechische Wortlaut der Stelle Hei 304,19 ist sowohl hier als auch in späteren Stellen der Übersetzung zugrunde gelegt worden. Vgl S. 221, 2.

b) Die Multiplikation mit der alten Anomaliezahl hat ein zu großes Ergebnis erbracht, folglich war die alte Zahl zu groß.

Achtes Kapitel.

Die Epoche der gleichförmigen Bewegungen des Mondes in Länge und Anomalie.

Ha 264 Um auch die Epoche dieser Bewegungen an dasselbe erste Jahr Nabonassars, und zwar an die Mittagstunde des 1. ägyptischen Thoth (26. Februar 747 v. Chr.) zu knüpfen, haben wir die Zwischenzeit von da bis zur Mitte der zweiten
Hei 326 von den drei ersten diesem Datum näher liegenden Finster-
6 nissen gewählt. Diese Finsternis hat, wie (S. 220, 6) gesagt, stattgefunden im zweiten Jahre des Mardokempad am 18/19. ägyptischen Thoth $^5/_6$ Äquinoktialstunde vor Mitternacht (8. März 720 v. Chr. $11^h 10^m$ abends). Die Zwischenzeit beträgt 27 ägyptische Jahre, 17 Tage und $11^1/_6$ Stunden sowohl schlechthin wie nach der genauen Rechnung. Für diese Zeit bieten die Tafeln nach Abzug ganzer Kreise als Überschuß in Länge 123°22′, und als Überschuß in Anomalie 103°35′.[a] Wenn wir diese Beträge von den zur Mitte der zweiten Finsternis (S. 227 f.) festgestellten Epochen des Mondes (♍ 14°44′ L. und 12°24′ i. A.) in Abzug bringen, d. h. jeden Betrag von dem ihm entsprechenden, so werden wir für die Mittagstunde des 1. ägyptischen Thoth des ersten Jahres Nabonassars finden

1. als mittleren Ort in Länge[b)] ♉ 11°22′,
2. als Entfernung vom Apogeum des Epizykels in Anomalie[c)] 268°49′,
3. als Elongation[d)] 70°37′.

Letztere ergibt sich mit Rücksicht darauf, daß als Epoche der Sonne zur nämlichen Stunde (S. 185, 7) ♓ 0°45′ nachgewiesen wurde.

---

a) Die Nachprüfung ergibt 123°22′32″ und 103°35′20″.

b) 164°44′ Länge vom Frühlingspunkt ab gezählt, fallen auf ♍ 14°44′, von da 123°22′ rückwärts gezählt, d. i. abgezogen, führen auf 41°22′, d. i. ♉ 11°22′.

c) 360° + 12°24′ − 103°35′ = 268°49′.

d) 29°15′ der Fische, 30° des Widders und 11°22′ des Stiers geben in Summa 70°37′.

Neuntes Kapitel.
Korrektion der mittleren Bewegung des Mondes in Breite und Epoche derselben.

Die periodischen Bewegungen in Länge und in Ano- Ha 265
malie, sowie die Epochen derselben haben wir auf dem
vorstehend beschriebenen methodischen Wege festgestellt.
Für die Bewegung in Breite haben wir dagegen früher
fehlerhafte Beträge erzielt, solange auch wir von der Voraussetzung Hipparchs ausgingen, daß der Mond ohne merklichen Hei 327
Fehler 650 mal den von ihm durchlaufenen Kreis und
$2\frac{1}{2}$ mal den Kreis des (Erd-) Schattens in seiner mittleren
Entfernung bei den Syzygien messe.[a] Denn nur wenn diese
Verhältnisse und der Betrag der Neigung des schiefen Kreises des Mondes gegeben sind, lassen sich die beiderseits des Knotens liegenden Grenzen seiner partialen Finsternisse bestimmen. Wir nahmen damals Finsternisintervalle vor, berechneten aus der Größe der Verfinsterungen zur Zeit ihrer Mitten die genauen Örter in Breite auf dem schiefen Kreise von irgendeinem der Knoten aus, gewannen durch Anbringung der nachgewiesenen Anomaliedifferenz aus dem genauen Ort den periodischen und fanden so die für die Mitte jeder Finsternis geltenden Epochen der periodischen Breite und nach Abzug ganzer Kreise den in der Zwischenzeit gewonnenen Überschuß.

Neuerdings haben wir aber bei Anwendung gefälligerer
Methoden, welche zur Erlangung der angestrebten Ergeb- Ha 266
nisse von den früher gemachten Voraussetzungen unabhängig sind, den mit Hilfe jener ersten Grundlagen berechneten Ort in Breite fehlerhaft gefunden und haben nach dem jetzt unabhängig davon festgestellten Ort die Hypothesen selbst, die sich mit den Größen und den Entfernungen befassen, berichtigt, nachdem wir den Beweis ihrer Haltlosigkeit geführt

a) D. h. daß der Durchmesser des vom Monde bei mittlerer Entfernung durchmessenen Schattenkreises $2\frac{1}{2}$ Monddurchmesser betrage.

hatten. Das entsprechende Verfahren haben wir (Buch XIII, Hei 328 Kap. 1) bei den Hypothesen des Saturn und des Merkur angewendet unter Beseitigung einiger früheren Ergebnisse, die nicht mit genügender Genauigkeit erzielt waren, weil wir später in den Besitz von besser fundierten Beobachtungen gelangt waren. Denn wer mit wirklichem Wahrheitssinn und unermüdlicher Gründlichkeit an die theoretische Behandlung dieser Verhältnisse herantritt, der soll sich nicht allein zur Berichtigung der alten Hypothesen die von der Neuzeit gebotenen Mittel und Wege, die sicherer zum Ziele führen, zunutze machen, sondern auch zur Berichtigung der eigenen Hypothesen, wenn sie besserungsbedürftig sind, und soll es bei der Größe und Göttlichkeit der Lehre, zu deren Verkündiger er sich berufen fühlt, für keine Schande halten, wenn ihm die zu größerer Genauigkeit führende Berichtigung auch von anderer Seite zu Teil wird, und nicht nur aus eigener Erkenntnis.

Auf welche Weise wir den Beweis für die hier angedeuteten Einzelheiten liefern, werden wir in den weiteren Büchern (Buch VI, Kap. 5) unseres Handbuchs an den geeigneten Stellen darlegen. Vorläufig werden wir uns, wie es die logische Reihenfolge verlangt, dem Nachweis des Laufs in Breite zuwenden, dessen Gang folgender ist.

I. Zunächst haben wir zur Korrektion des mittleren Laufs an sich aus der Zahl der zuverlässig aufgezeichneten Mondfinsternisse solche von möglichst langer Zwischenzeit aus-
Ha 267 gesucht, bei denen erstens die Größen der Verfinsterungen gleich waren, die zweitens in der Nähe desselben Knotens stattfanden, die drittens entweder beide von Norden oder beide von Süden eintraten, und bei denen viertens der Mond in der gleichen Entfernung stand. Wenn
Hei 329 diese Umstände zusammenwirken, muß unbedingt das Zentrum des Mondes bei jeder der beiden Finsternisse die gleichgroße Entfernung nach derselben Seite von demselben Knoten haben, d. h. der genaue Lauf des Mondes muß in der zwischen den Beobachtungen liegenden Zeit ganze Kreise der Breite umfassen.

Als erste Finsternis haben wir diejenige genommen, welche unter Darius I. in Babylon im 31ten Jahre seiner Regierung am 3/4. ägyptischen Tybi in der Mitte der 6ten (Nacht-) Stunde (25. April 491 v. Chr. $11^{\text{h}}30^{\text{m}}$ abends) beobachtet worden ist. Bei derselben wurde der Mond, wie die genaue Angabe lautet, 2 Zoll (d. i. den sechsten Teil seines Durchmessers) von Süden verfinstert.

Als zweite haben wir diejenige gewählt, welche in Alexandria im 9ten Jahre Hadrians am 17/18. ägyptischen Pachon $3^3/_5$ Äquinoktialstunden vor Mitternacht (5. April 125 n. Chr. $8^{\text{h}}24^{\text{m}}$ abends) beobachtet worden ist. Bei derselben wurde der Mond gleichfalls den sechsten Teil seines Durchmessers von Süden verfinstert.

Bei jeder der beiden Finsternisse lag der Ort des Mondes in Breite in der Nähe des niedersteigenden Knotens. Dieser Umstand läßt sich nämlich schon aus Unterlagen, die noch allgemeiner gehalten sind, abnehmen.[a] Die Entfernung des Mondes war nahezu die gleiche und ein wenig erdnäher als die mittlere. Auch dieser Umstand ergibt sich ja klar aus den früher geführten Nachweisen, welche die
Anomalie betreffen.[b] Da nun, wenn der Mond von Süden Hei 330
verfinstert wird, sein Zentrum nördlich der Ekliptik liegt, so leuchtet ein, daß bei jeder der beiden Finsternisse das
Zentrum des Mondes um den gleichen Betrag vor (d. i. Ha 268
westlich von) dem niedersteigenden Knoten stand.

Nun hatte der Mond bei der ersten Finsternis von dem Apogeum des Epizykels eine Entfernung von $100^0 19'$. Es fand nämlich die Mitte in Babylon $^1/_2$ Stunde vor Mitternacht statt, in Alexandria $1^1/_3$ Äquinoktialstunde[c] vor Mitternacht. Somit beträgt die Zeit von der Nabonassarischen Epoche (1. Thoth 747 v. Chr.) ab gerechnet 256 Jahre,

a) Insofern Verfinsterung von Süden vor dem niedersteigenden, Verfinsterung von Norden vor dem aufsteigenden Knoten eintreten muß.

b) Insofern der Stand des Mondes auf dem Epizykel, d. i. seine Entfernung vom Apogeum desselben, maßgebend ist für die größere oder geringere Entfernung von der Erde.

c) d. i. 50^{m} früher, vgl. S. 219, 30.

122 Tage und $10^2/_3$ Äquinoktialstunden schlechthin, nach der Rechnung mit gleichförmigen Sonnentagen $10^1/_4$. Folglich war der genaue Lauf 5^0 kleiner als der periodische.[a)]

Bei der zweiten Finsternis hatte der Mond von dem Apogeum des Epizykels eine Entfernung von $251^0 53'$. In diesem Fall beträgt nämlich die Zeit von Beginn der Epoche bis zur Mitte der Finsternis 871 Jahre, 256 Tage und $8^2/_5$ Äquinoktialstunden schlechthin, $8^1/_{12}$ nach genauer Rechnung. Folglich war der genaue Lauf $4^0 53'$ größer als der mittlere.[b)]

In der zwischen den beiden Finsternissen liegenden Zeit Hei 331 von 615 ägyptischen Jahren, 133 Tagen und $21^5/_6$ Äquinoktialstunden umfaßt demnach der genaue Lauf des Mondes in Breite (nach S. 238, 35) ganze Kreise, während dem periodischen an ganzen Kreisen die aus beiden Anomaliebeträgen sich summierenden $9^0 53'$ fehlen. Führt man die Rechnung mit dem früher (S. 204, 11) mitgeteilten Wert für den mittleren (täglichen) Lauf (in Breite) aus, welcher auf den von Hipparch angenommenen Grundlagen beruht, so fehlen in der obengenannten Zeit an ganzen Wiederkehren $10^0 2'$. Folglich ist (nach unserer Rechnung) der mittlere Lauf in Breite im Widerspruch mit den (von Hipparch angenommenen) Grundlagen $0^0 9'$ größer geworden.[c)]

Diese 9 Minuten eines Grades haben wir nun auf die Ha 269 rund 224 609 Tage, welche in der obengenannten Zeit enthalten sind, verteilt und den aus der Division erhaltenen Quotienten von $0^0 0' 0'' 0''' 8^{IV} 39^{V} 18^{VI}$ addiert[d)] zu dem

a) Die Nachprüfung ergibt nach den Tafeln der Anomalie für diese Zwischenzeit $100^0 19' 19''$, wozu die Tabelle der einfachen Anomalie die Anomaliedifferenz -5^0 liefert.

b) Die Nachprüfung ergibt $251^0 52' 30''$ mit der Anomaliedifferenz $+4^0 53'$.

c) Der Hipparchische Fehlbetrag an ganzen Kreisen von $10^0 2'$ macht den mittleren Lauf zu klein; durch den Ptolemäischen Fehlbetrag von $9^0 53'$ wird er um die Differenz beider Beträge größer gemacht.

d) Weil der Hipparchische Wert für den mittleren Lauf in Breite durch Multiplikation zu einem zu großen Unterschied gegen den genauen Lauf in Breite führte, mithin zu klein war.

früher mitgeteilten Betrage der mittleren täglichen Bewegung in Breite, der auf den Grundlagen Hipparchs beruht. So fanden wir (S. 204, 27) den berichtigten Wert zu $13^{0}13'45''$ $39'''48^{\mathrm{IV}}56^{\mathrm{V}}37^{\mathrm{VI}}$. Dementsprechend haben wir dann auch wieder die weiteren für die Tafeln bestimmten sukzessiven Summierungen vorgenommen.

II. Nachdem auf diese Weise ein für allemal die periodische Bewegung in Breite nachgewiesen war, suchten wir weiter auch zur Feststellung ihrer Epochen wieder das Intervall von zwei zuverlässig beobachteten Finsternissen, bei denen Hei 332
die übrigen Verhältnisse dieselben waren wie im vorigen Fall, d. h. wir suchten Finsternisse, bei denen die Entfernung des Mondes nahezu die gleiche war, die Verfinsterungen von gleicher Größe waren und entweder beide nördlich oder beide südlich eintraten, bei denen aber der Knoten nicht mehr derselbe war, sondern der gegenüberliegende.

Die erste von diesen Finsternissen haben wir (S. 220, 6) bereits zum Nachweis der Anomalie benutzt: sie fand statt im zweiten Jahre des Mardokempad am 18/19. ägyptischen Thoth (8. März 720 v. Chr.), in Babylon zur Mitternachtstunde, in Alexandria $^{5}/_{6}$ Äquinoktialstunde vor Mitternacht ($11^{\mathrm{h}}10^{\mathrm{m}}$). Bei derselben war laut ausdrücklicher Angabe der Mond 3 Zoll von Süden verfinstert.

Die zweite, welche auch Hipparch benutzt hat, fand statt im 20ten Jahre des Darius, des Nachfolgers des Kambyses, am 28/29. ägyptischen Epiphi (19. November 502 v. Chr.), als die Nacht $6^{1}/_{3}$ Äquinoktialstunden[a)] vorgeschritten war. Bei derselben war der Mond gleichfalls (drei Zoll, d. i.) den Ha 370
vierten Teil seines Durchmessers von Süden verfinstert. Da die halbe Nacht damals $6^{3}/_{4}$ Äquinoktialstunden betrug, so war die Mitte in Babylon $^{2}/_{5}$ Äquinoktialstunde vor Mitternacht ($11^{\mathrm{h}}\ 36^{\mathrm{m}}$), in Alexandria $1^{1}/_{4}$ Äquinoktialstunde vor Mitternacht ($10^{\mathrm{h}}45^{\mathrm{m}}$).

---

a) Da die halbe Nacht $6^{\mathrm{st}}45^{\mathrm{m}}$ beträgt, so entfallen auf den halben Tag von Mittag bis Sonnenuntergang $5^{\mathrm{st}}15^{\mathrm{m}}$; folglich fällt die Mitte der Finsternis $6^{\mathrm{st}}20^{\mathrm{m}}$ nach dem Sonnenuntergang auf $11^{\mathrm{h}}35^{\mathrm{m}}$.

Hei 333 Jede von diesen beiden Finsternissen fand statt, als der Mond in der größten Entfernung stand[a)], aber die erste im aufsteigenden, die zweite im niedersteigenden Knoten, so daß auch in diesem Fall das Zentrum des Mondes bei ihnen (nach S. 239, 21) um den gleichen Betrag nördlich der Ekliptik lag.

Es sei ABΓ der schiefe Kreis des Mondes um den Durchmesser AΓ. Punkt A sei als der aufsteigende Knoten angenommen, Punkt Γ als der niedersteigende und Punkt B als der nördlichste Grenzpunkt. Von den beiden Knoten A und Γ trage man nach B zu zwei gleichgroße Bogen AΔ und ΓE ab, d. h.: bei der ersten Finsternis stand das Zentrum des Mondes in Δ, bei der zweiten in E.

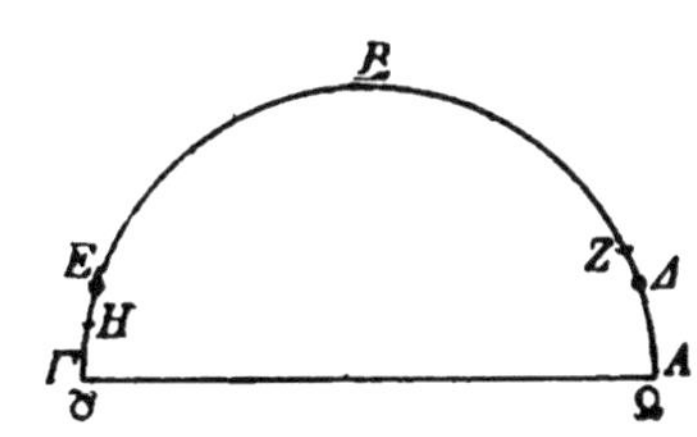

Nun beträgt bis zur ersten Finsternis die Zeit vom Beginn der Epoche 27 ägyptische Jahre, 17 Tage und $11\,^1/_6$ Äquinoktialstunden sowohl schlechthin wie nach genauer Rechnung. Daher war der Mond von dem Apogeum des Epizykels $12^0 24'$ entfernt, und der periodische Lauf war $0^0 59'$ größer als der genaue (vgl. S. 227, 24. 29). Desgleichen beträgt
Ha 271 die Zeit bis zur zweiten Finsternis 245 ägyptische Jahre, 327 Tage und $10\,^3/_4$ Äquinoktialstunden schlechthin, $10\,^1/_4$
Hei 334 nach genauer Rechnung. Daher war der Mond von dem Apogeum des Epizykels $2^0 44'$ entfernt, und der periodische Lauf war $0^0 13'$ größer als der genaue.[b)] Endlich umfaßt die zwischen den Beobachtungen verstrichene Zeit 218 ägyptische Jahre, 309 Tage und $23\,^1/_{12}$ Äquinoktialstunden und bringt nach der Rechnung mit der (S. 241, 3) nach-

---

a) Wie aus den weiterhin angegebenen Entfernungen des Mondes von dem Apogeum des Epizykels hervorgeht.

b) Die Nachprüfung ergibt für diese Zwischenzeit $2^0 44' 14''$ in Anomalie, wozu sich nach der Tabelle der einfachen Anomalie, welche bei 6^0 des Epizykels mit der Anomaliedifferenz $-0^0 29'$ beginnt, $0^0 13'$ berechnen lassen.

gewiesenen mittleren Bewegung in Breite einen Überschuß von $160^0 4'$ (genau $32''$ mehr).

Den ermittelten Werten entsprechend sei nun der mittlere Ort des Mondzentrums bei der ersten Finsternis Z, bei der zweiten H. Aus den gegebenen Größen

$$b\,ZBH = 160^0 4',\quad b\,\Delta Z = 0^0 59',\quad b\,EH = 0^0 13',$$

ergibt sich $b\,\Delta E = b\,ZBH + b\,\Delta Z - b\,EH = 160^0 50'$.

Folglich ist $b\,A\Delta + b\,E\Gamma = 19^0 10'$ als Ergänzung zu 180^0.

Da nun diese beiden Bogen einander gleich sind, so beträgt jeder derselben $9^0 35'$. Um diesen Betrag war also der genaue Lauf des Mondes zur Zeit der ersten Finsternis (Δ) bereits über den aufsteigenden Knoten (östlich) hinaus, während er zur Zeit der zweiten Finsternis (E) noch ebensoweit vor (d. i. westwärts von) dem niedersteigenden Knoten verlief. Folglich ist

$$AZ = A\Delta + \Delta Z = 10^0 34',$$
$$\Gamma H = \Gamma E - EH = 9^0 22'.$$

Das heißt: der periodische Lauf des Mondes war zur Zeit der ersten Finsternis (Z) bereits $10^0 34'$ über den aufsteigenden Knoten (östlich) hinaus und vom nördlichen Grenzpunkt B (als dem Ausgangspunkt der Bewegung in Hei 331
Breite $270^0 + 10^0 34' =$) $280^0 34'$ entfernt, während er zur Zeit der zweiten Finsternis (H) noch $9^0 32'$ vor (d. i. westwärts von) dem niedersteigenden Knoten verlief und von demselben nördlichen Grenzpunkt ($90^0 - 9^0 22' =$) $80^0 38'$ entfernt war.

Nun bleibt noch folgende Operation übrig. Für die Zeit Ha 271
vom Beginn der Epoche bis zur Mitte der ersten Finsternis ergibt sich (nach den Tafeln berechnet) ein Überschuß in Breite von $286^0 19'$ (genau $18' 18''$). Wenn wir (um diesen Überschuß nach rückwärts abtragen zu können) zu den oben (Z. 22) für die Epoche der ersten Finsternis gefundenen $280^0 34'$ einen ganzen Kreis addieren und von der Summe obigen Betrag von $286^0 19'$ abziehen (d. i. rückwärts zählen), so erhalten wir für die Mittagstunde des 1. ägyptischen

Thoth des ersten Jahres Nabonassars als Epoche der periodischen Breite, vom nördlichen Grenzpunkt ab gerechnet, 354°15′.

Zur regelrechten Erledigung des rechnerischen Verfahrens, welches sich bei den Konjunktionen und den Vollmonden nötig macht, werden wir, da wir in diesen Positionen der noch nachzuweisenden zweiten Anomalie in keiner Weise bedürfen, wieder eine Tabelle für die einzelnen Abschnitte (des Epizykels) aufstellen. Die praktische Gewinnung dieser Abschnitte haben wir wieder auf dem Wege der geometrischen Konstruktion wie bei der Sonne (S. 175 f., 179 f.) erzielt und hierbei das Verhältnis $60 : 5\frac{1}{4}$[a] (statt wie dort $60 : 2\frac{1}{2}$) in Anwendung gebracht. Wir haben wieder die am Apogeum liegenden Quadranten in Abschnitte von 6 zu 6 Grad zerlegt, die am Perigeum liegenden Quadranten aber in solche von 3 zu 3 Grad, so daß das Äußere der Tabelle wieder ähnlich wie bei der Sonne wird, d. h. sich auf
Hei 336 45 (d. i. 3×15) Zeilen zu 3 Spalten erstreckt. Die ersten zwei Spalten enthalten die Argumentzahlen der Grade der Anomalie (d. i. der Grade vom Apogeum des Epizykels ab), die dritte die zu jedem Abschnitt gesetzten, auf ihn entfallenden Prosthaphäresisbeträge, so genannt, weil bei der (nach dieser Tabelle vorzunehmenden) Berechnung zur Gewinnung der (genauen) Länge und Breite (aus der periodischen) Abzug des Betrags (Aphäresis) eintritt, wenn die Argumentzahl der Anomalie, vom Apogeum des Epizykels ab gerechnet, unter 180° beträgt, Zusatz des Betrags (Prosthesis), wenn sie über 180° hinausgeht.[32]

Die Tabelle gestaltet sich folgendermaßen.

---

a) Dasselbe war S. 233,3 mit $60^p : 5^p 14'$ gewonnen worden.

Zehntes Kapitel.

Tabelle der ersten, d. i. einfachen Anomalie des Mondes. {Ha 273 Hei 331

Gemeinsame Argumentzahlen		Prosthaphäresis	Gemeinsame Argumentzahlen		Prosthaphäresis	Gemeinsame Argumentzahlen		Prosthaphäresis
6°	354°	0°29′	93°	267°	5° 0′	138°	222°	3°35′
12	348	0°57′	96	264	5° 1′	141	219	3°23′
18	342	1°25′	99	261	5° 0′	144	216	3°10′
24	336	1°53′	102	258	4°59′	147	213	2°57′
30	330	2°19′	105	255	4°57′	150	210	2°43′
36	324	2°44	108	252	4°53′	153	207	2°28′
42	318	3° 8′	111	249	4°49′	156	204	2°13′
48	312	3°31′	114	246	4°44′	159	201	1°57′
54	306	3°51′	117	243	4°38′	162	198	1°41′
60	300	4° 8′	120	240	4°31′	165	195	1 25′
66	294	4°24′	123	237	4°24′	168	192	1° 9′
72	288	4°38′	126	234	4°16′	171	189	0°52′
78	282	4°49′	129	231	4° 7′	174	186	0°35′
84	276	4°56′	132	228	3°57′	177	183	0°18′
90	270	4°59′	135	225	3°46′	180	180	0° 0′

Elftes Kapitel.

Nachweis, daß sich nicht wegen Verschiedenheit der Hypothesen, sondern infolge der Berechnungen nach Hipparch eine Differenz im Betrage der Anomalie des Mondes herausstellt.

Im Hinblick auf die vorstehend geführten Nachweise {Ha 274 Hei 338 könnte wohl mit Recht jemand die Frage aufwerfen, wie es kommt, daß sich aus den Mondfinsternissen, die Hipparch zur Feststellung der einfachen Anomalie in Vergleich gestellt hat, weder dasselbe Verhältnis ergibt, wie das von uns (S. 233, 3 mit 60 : 5¼) nachgewiesene, noch Übereinstimmung des ersten Verhältnisses, welches (von Hipparch) mit Hilfe der exzentrischen Hypothese nachgewiesen worden ist, mit dem zweiten, welches mit Hilfe der epizyklischen Hypothese errechnet worden ist. Nämlich bei dem ersten Nachweis erhält er das Verhältnis des Halbmessers des

Exzenters zu der Verbindungslinie der Mittelpunkte des Exzenters und der Ekliptik[a]) mit (ΘΛ) 3144^p : (ΛM) $327^2/_3{}^p = 60^p : 6^p 15'$, während er bei dem zweiten Nachweis das Verhältnis der Verbindungslinie der Mittelpunkte der Ekliptik und des Epizykels[b]) zu dem Halbmesser des Epizykels mit (ΔK) $3122^1/_2{}^p$: (KM) $247^1/_2{}^p = 60^p : 4^p 46'$ findet. Es bewirkt aber das Verhältnis $60^p : 6^1/_4{}^p$ als Maximum der
Hei 339 Anomaliedifferenz $5^0 49'$, das Verhältnis $60^p : 4^p 46'$ nur $4^0 34'$, während nach unserer Berechnung das Verhältnis $60^p : 5^1/_4{}^p$ die (in der Tabelle) mitgeteilte Differenz von rund 5^0 (genau $5^0 1'$) verursacht.

275 Daß nun nicht infolge mangelnder Übereinstimmung der Hypothesen, wie manche meinen, ein so auffallend abweichendes Ergebnis sich herausgestellt hat, das ist uns erstens bei der gelegentlichen Erörterung kurz vorher (S. 213 – 217) daraus ersichtlich geworden, daß nach beiden Hypothesen unterschiedslos dieselben Erscheinungen eintreten, zweitens aber würden wir auch mit Hilfe der Zahlen, wenn wir uns auf die Berechnungen einlassen wollten[c]), nach beiden Hypothesen dasselbe Verhältnis als Ergebnis finden. Allerdings müßten wir uns bei dem Nachweis nach jeder der beiden Hypothesen an dieselben Erscheinungen halten, und nicht an verschiedene, wie dies Hipparch tut. Denn in diesem Fall, d. h. wenn nicht dieselben Finsternisse zugrunde gelegt sind, wird es leicht möglich sein, daß der die Abweichung verursachende Faktor entweder in den Beobachtungen selbst zu suchen ist oder sich bei der Berechnung der Intervalle (der Finsternismitten) eingeschlichen hat. So werden wir denn wirklich bei jenen Finsternissen

a) Es ist das Verhältnis der Exzentrizität, zu welchem man S. 216, 17 vergleiche.

b) Es ist das Verhältnis des Halbmessers des den Epizykel tragenden Konzenters zu dem Halbmesser des Epizykels. Man vergleiche hierzu S. 232, 18.

c) Dieselben müßten wieder auf dem umständlichen Wege geführt werden, für welchen Beispiele (S. 222—27; 229—33) in den Abteilungen A und B des Nachweises der Anomaliedifferenz vorliegen.

finden, daß zwar die Syzygien sachverständig beobachtet und mit den von uns nachgewiesenen Grundwerten der gleichförmigen und ungleichförmigen Bewegung in Übereinstimmung sind[a]), daß aber die Berechnung der Intervalle, auf welcher der Nachweis des zahlenmäßigen Betrags des Verhältnisses beruht, nicht mit der erforderlichen Sorgfalt angestellt worden ist. Wir werden unseren Nachweis auf jeden dieser beiden Punkte erstrecken und machen den Anfang mit den drei ersten Finsternissen.

I. Diese drei Finsternisse versichert er aus der Zahl der Hei 340
von Babylon herübergebrachten als dort beobachtet in Ver- 11
gleich gestellt zu haben.[b]) Die erste habe stattgefunden unter dem athenischen Archonten Phanostratos im Monat Poseideon; vom Monde sei ein kleiner Teil der Scheibe vom Sommeraufgang (d. i. von Nordost) her verfinstert gewesen, als von der Nacht noch eine halbe Stunde übrig war; „und noch verfinstert“, sind seine Worte, „ist er untergegangen.“ Dieser Zeitpunkt fällt demnach in das 366te Jahr seit Ha 276
Nabonassar, und zwar, wie er selbst angibt, auf den 26/27. ägyptischen Thoth (23. Dezember 383 v. Chr.) $5^1/_2$ bürgerliche Stunden nach Mitternacht, da ja „von der Nacht noch eine halbe Stunde übrig war“. Da nun die Sonne am Ende des Schützen stand, so betrug die Nachtstunde in Babylon 18 Zeitgrade (d. s. 72^m) — denn die Nacht ist gleich $14^2/_5$ Äquinoktialstunden — folglich machen die $5^1/_2$ bürgerlichen Stunden $6^3/_5$ Äquinoktialstunden aus.[c]) Der Anfang der Finsternis hat also stattgefunden $(12 + 6^3/_5 =)\ 18^3/_5$

a) D. h. bei Berechnung der Syzygien nach den Sonnen- und den Mondtafeln werden Ergebnisse erzielt, welche mit den Beobachtungen Hipparchs übereinstimmen.

b) Oppolzer (Ginzel, Kanon der Finsternisse S. 233) bezweifelt, daß diese Finsternisse in Babylon beobachtet worden seien; sie sollen vielmehr aus Beobachtungen, die vielleicht aus Athen oder einer ionischen Kolonie herrühren, reduziert sein; ob mit den richtigen Längenunterschieden, bleibe fraglich.

c) Man vergleiche die erste u. dritte Aufgabe Anm. 17:

1. $\frac{15^0 \cdot 14^2/_5 \cdot 4}{12} = 5 \cdot 14^2/_5 = 72^m$. 3. $\frac{5^1/_2{}^{st} \cdot 18}{15} = \frac{5^1/_2 \cdot 6}{5} = 6^3/_5{}^{st}$.

Äquinoktialstunden nach dem Mittag des 26ten (27. Thoth $6^{\text{h}}36^{\text{m}}$ früh); da aber nur ein kleiner Teil in den Schatten trat, so kann die ganze Dauer der Finsternis höchstens $1^1/_2$ Stunde betragen haben; die Mitte muß demnach $(18^3/_5 + {}^3/_4 =)$ $19^1/_3$ Äquinoktialstunden nach dem Mittag (27. Thoth $7^{\text{h}}20^{\text{m}}$ früh) gewesen sein. In Alexandria hat folglich die Mitte der Finsternis $18^1/_2$ Äquinoktialstunden nach dem Mittag des 26ten (27. Thoth $6^{\text{h}}30^{\text{m}}$ früh) stattgefunden.

Nun beträgt die Zeit von der mit dem ersten Jahre
Hei 341 Nabonassars beginnenden Epoche bis zu dem vorliegenden Zeitpunkt 365 ägyptische Jahre, 25 Tage und $18^1/_2$ Äquinoktialstunden schlechthin, $18^1/_4$ nach genauer Rechnung. Für diese Zeit finden wir, wenn wir die Rechnung nach den von uns gegebenen Grundlagen (d. i. den Sonnen- und Mondtafeln) anstellen:

als genauen Ort der Sonne	♐ 28°18′ (27°24′ + 0°54′),
als mittleren Ort des Mondes	♊ 24°20′ (24°18′58″),
als genauen Ort des Mondes	♊ 28°17′ (24°20′ + 3°57′),

weil der Mond in Anomalie 227°43′(2″) von dem Apogeum des Epizykels entfernt war.

Weiter soll die folgende Finsternis stattgefunden haben unter
Ha 277 dem athenischen Archonten Phanostratos im Monat Skirophorion am 24/25. ägyptischen Phamenoth (18. Juni 382 v. Chr.). „Verfinstert war er“, so lautet seine Angabe, „vom Sommeraufgang (d. i. von Nordost) her in der vorgerückten ersten (Nacht-) Stunde“ (d. i. $^1/_2{}^{\text{st}}$ nach Sonnenuntergang). Es fällt demnach auch dieser Zeitpunkt in das 366te Jahr seit Nabonassar auf den 24/25. Phamenoth etwa $5^1/_2$ bürgerliche Stunden vor Mitternacht. Da nun die Sonne im letzten Drittel der Zwillinge stand, so beträgt die Nachtstunde in Babylon 12 Zeitgrade (d. s. 48^{m}); folglich machen die $5^1/_2$ bürgerlichen Stunden $4^2/_5$ Äquinoktialstunden aus. Der Anfang der Finsternis hat also ($4^2/_5{}^{\text{st}}$ vor Mitternacht oder) $7^3/_5$ Äquinoktialstunden nach dem Mittag des 24ten
Hei 342 ($7^{\text{h}}36^{\text{m}}$ abends) stattgefunden; da aber die ganze Dauer

der Finsternis mit 3 Stunden angegeben wird, so ist die Mitte selbstverständlich ($7^3/_5 + 1^1/_2 =$) $9^1/_{10}$ Äquinoktialstunden nach Mittag ($9^h 6^m$ abends) gewesen In Alexandria muß sie also $8^1/_4$ Äquinoktialstunden nach dem Mittag des 24ten ($8^h 15^m$ abends) eingetreten sein.

Nun beträgt wieder die Zeit von den Epochen ab gerechnet 365 ägyptische Jahre, 203 Tage und $8^1/_4$ Äquinoktialstunden schlechthin, $7^5/_6$ nach genauer Rechnung. Für diese Zeit finden wir

als genauen Ort der Sonne ♊ 21°46′ (22°25′ − 0°42′).
als mittleren Ort des Mondes ♐ 23°58′ (23°59′38″),
als genauen Ort des Mondes ♐ 21°48′ (23°58′ − 2°10′),

weil der Mond in Anomalie von dem Apogeum des Epizykels 27°37′(1″) entfernt war.

Es beträgt mithin das Intervall von der ersten Finsternis zur zweiten (vom 27. Thoth $6^h 15^m$ früh[a] bis zum 24. Phamenoth $7^h 50^m$ abends[b]) 177 Tage und $13^3/_5$ Äquinoktialstunden, oder in Graden, welche sich die Sonne weiter bewegt hat, (von ♐ 28°18′ bis ♊ 21°46′) 173°28′, während Hipparch seinen Nachweis mit dem Ergebnis abschließt, daß das Intervall 177 Tage und $13^3/_4$ Äquinoktialstunden, Ha 278 oder in Graden 172°52′30″ betrage.

Die dritte Finsternis soll stattgefunden haben unter dem athenischen Archonten Euandros im Poseideon I am 16/17. ägyptischen Thoth (12. Dezember 382 v. Chr.). „Der Mond Hei 343 war“, so lautet seine Angabe, „total verfinstert, nachdem der Anfang vom Sommeraufgang (d. i. von Nordost) her in der vorgerückten vierten (Nacht-) Stunde[c] (d. i. $3^1/_2$ bürgerliche Stunden nach Sonnenuntergang) eingetreten war. Es fällt also dieser Zeitpunkt in das 367te Jahr seit Nabonassar auf den 16/17. Thoth etwa $2^1/_2$ (bürgerliche) Stunden vor Mitter-

---

a) Weil nach genauer Rechnung (S. 248, 13) $^1/_4$st früher.
b) Weil nach genauer Rechnung (oben Z. 8) 25^m früher.
c) Die Zeitbestimmung δ ὡρῶν παρεληλυθυιῶν ist sicher verderbt; ich vermute τῆς δ′ ὥρας προεληλυθυίας. Man vergleiche die ähnliche Zeitbestimmung zur zweiten Finsternis

nacht. Da nun die Sonne im zweiten Drittel des Schützen stand, so beträgt in Babylon die Nachtstunde 18 Zeitgrade (d. s. 72^{m}); folglich machen die $2^1/_2$ bürgerlichen Stunden 3 Äquinoktialstunden aus. Der Anfang hat also (3st vor Mitternacht oder) 9 Äquinoktialstunden nach dem Mittag des 16ten (9^{h} abends) stattgefunden; da aber die Finsternis total war, so betrug die ganze Dauer ungefähr 4 Äquinoktialstunden[28], und die Mitte ist selbstverständlich $(9 + 2 =)$ 11 Stunden nach Mittag (11^{h} abends) gewesen. In Alexandria muß also die Mitte der Finsternis $10^1/_6$ Äquinoktialstunden nach dem Mittag des 16ten ($10^{h}10^{m}$ abends) stattgefunden haben.

Nun beträgt die Zeit von den Epochen ab 366 ägyptische Jahre, 15 Tage und $10^1/_6$ Äquinoktialstunden schlechthin, $9^5/_6$ nach genauer Rechnung. Für diese Zeit finden wir

als genauen Ort der Sonne ♐ $17°30'$ ($16°57' + 0°28'$),
als mittleren Ort des Mondes ♊ $17°21'$ ($17°18'42''$),
als genauen Ort des Mondes ♊ $17°28'$ ($17°21' + 0°7'$),

weil der Mond in Anomalie von dem Apogeum des Epizykels $181°12'(28'')$ entfernt war.

Ha 279 Hei 344 Es beträgt mithin das Intervall von der zweiten Finsternis zur dritten (vom 24. Phamenoth $7^{h}50^{m}$ abends bis zum 16. Thoth $9^{h}50^{m}$ abends[a]) 177 Tage und 2 Äquinoktialstunden[b], oder in Graden (von ♊ $21°46'$ bis ♐ $17°30'$) $175°44'$, während Hipparch auch dieses Intervall wieder mit 177 Tagen und $1^2/_3$ Stunde, oder in Graden mit $175°8'$ als weitere Unterlage benutzt hat.[c]

---

a) Weil nach genauer Rechnung am 24. Phamenoth (S. 249, 8) 25^{m}, am 16. Thoth (oben Z. 15) 20^{m} früher.

b) Addiert man die beiden Intervalle des Ptolemäus, so erhält man für das Mondjahr $354^{d}15^{h}36^{m}$, während die beiden Intervalle des Hipparch $354^{d}15^{h}25^{m}$ geben.

c) Mit diesen beiden Intervallen ist das Zahlenmaterial gegeben, auf Grund dessen Hipparch den ersten Nachweis nach der exzentrischen Hypothese (S. 245, 10) führte, dessen Ergebnis die Bestimmung des Verhältnisses der Exzentrizität mit $60^{P} : 6^{P}15'$ war.

Offenbar hat demnach Hipparch bei der Berechnung der Intervalle sich verrechnet. Der Fehler beträgt bei den Tagen $^1/_6$ Äquinoktialstunde (genau $^3/_{20}$ oder 9^m im ersten Intervall zu viel) und $^1/_3$ (oder 20^m im zweiten Intervall zu wenig), bei den Graden in beiden Intervallen ungefähr $^3/_5{}^0$ (oder $35^1/_2{}'$ bzw. $36'$ zu wenig). Das sind aber Beträge, welche einen nicht unbeträchtlichen Unterschied in der zahlenmäßigen Bestimmung des Verhältnisses zu bewirken vermögen.

II. Wir werden nunmehr zu den später von ihm mitgeteilten drei Finsternissen übergehen, welche, wie er versichert, in Alexandria beobachtet worden sind. Von diesen hat die erste seiner Angabe nach stattgefunden im 54ten Jahre der zweiten Kallippischen Periode am 16. ägyptischen Mesore (22. September 201 v. Chr.). Bei derselben begann der Mond sich zu verfinstern eine halbe Stunde vor Aufgang (d. i. $5^h 30^m$ nachm.) und trat in die letzte Phase des Austritts um die Mitte der dritten Stunde (d. i. $8^h 30^m$ nach Verlauf von 3 Stunden). Folglich ist die Mitte der Finsternis zu Beginn der zweiten Stunde (d. i. $1^1/_2$ Stunde nach $5^h 30^m$ um 7^h abends) eingetreten, d. i. 5 bürgerliche Stunden oder ebensoviele Äquinoktialstunden vor Mitternacht, weil die Sonne im letzten Drittel der Jungfrau stand.[a)] Somit Hei 345
trat in Alexandria die Mitte der Finsternis 7 Äquinoktialstunden nach dem Mittag des 16ten (7^h abends) ein.

Nun beträgt die Zeit von den Epochen im ersten Jahre Nabonassars ab gerechnet 546 ägyptische Jahre, 345 Tage und 7 Äquinoktialstunden schlechthin, $6^1/_3$ nach genauer Rechnung. Für diese Zeit finden wir Ha 280

als genauen Ort der Sonne	♍ $26^0 6'$ ($28^0 18' - 2^0 16'$),
als mittleren Ort des Mondes	♓ 22^0 ($21^0 59' 54''$),
als genauen Ort des Mondes	♓ $26^0 7'$ ($22^0 + 4^0 7'$),

weil der Mond in Anomalie von dem Apogeum des Epizykels $300^0 13'$ (genau $12' 27''$) entfernt war.

---

a) D. i. kurz vor der Herbstnachtgleiche, womit die Aufgangszeit des verfinsterten Mondes um 6^h nachm., da sie mit Untergang der Sonne zusammenfällt, gut übereinstimmt.

Die folgende Finsternis fand nach seiner Angabe in dem(selben) 54ten Jahre[33] derselben Periode statt am 9. ägyptischen Mechir (19. März 200 v. Chr.). Sie begann nach Verlauf von $5^1/_3$ (bürgerlichen) Stunden der Nacht und war total. Folglich hat der Anfang der Finsternis $(6 + 5^1/_3 =)$ $11^1/_3$ Äquinoktialstunden[a] nach dem Mittag des 9ten ($11^h 20^m$ abends) stattgefunden, weil die Sonne im letzten Drittel der Fische stand, und die Mitte trat $13^1/_3$ Äquinoktialstunden nach dem Mittag ($1^h 20^m$ nachts) ein, weil die Finsternis total war.[b]

Nun beträgt die Zeit von den Epochen bis zu diesem Zeit-
Hei 346 punkt 547 ägyptische Jahre, 158 Tage und $13^1/_3$ Äquinoktialstunden sowohl schlechthin wie nach genauer Rechnung. Für diese Zeit finden wir

als genauen Ort der Sonne	♓ 26°17′ (24°2′ + 2°14′),
als mittleren Ort des Mondes	♎ 1° 7′ (1°8′44″),
als genauen Ort des Mondes	♍ 26°16′ (31°7′ − 4°51′),

weil der Mond in Anomalie von dem Apogeum (des Epizykels) 109°28′ (genau 29′40″) entfernt war.

Es beträgt mithin das Intervall von der ersten Finsternis zur zweiten (vom 16. Mesore $6^h 30^m$ abends[c] bis zum 9. Mechir $1^h 20^m$ nachts) 178 Tage und $6^5/_6$ Äquinoktialstunden, oder in Graden (von ♍ 26°6′ bis ♓ 26°17′) 180°11′, während Hipparch seinen Nachweis mit dem Ergebnis abschließt, daß dieses Intervall 178 Tage und 6 Äquinoktialstunden, oder in Graden 180°20′ betrage.

Ha 281 Die dritte Finsternis fand nach seiner Angabe in dem[selben] 55ten Jahre[33] der zweiten Periode statt am 5. ägyptischen Mesore (12. September 200 v. Chr.). Sie begann nach Verlauf von $6^2/_3$ Stunden der Nacht (d. i. $^2/_3$ Stunde nach Mitternacht) und war total. Die Mitte der Finsternis

---

a) Weil so kurz vor der Nachtgleiche bürgerliche Stunden und Äquinoktialstunden einander gleich sind.

b) D. i. 2 Äquinoktialstunden später, weil die ganze Dauer 4 Äquinoktialstunden beträgt. Vgl. Anm. 28.

c) Weil nach genauer Rechnung (S. 251, 28) $^1/_2{}^{\text{st}}$ früher.

ist nach seiner Angabe nach Verlauf von etwa $8^{1}/_{3}$ Stunden, d. i. (nach Abzug der ersten 6 Nachtstunden) $2^{1}/_{3}$ bürgerliche Stunden nach Mitternacht gewesen. Da nun die Sonne in der Mitte der Jungfrau stand, so beträgt in Alexandria die Nachtstunde $14^{2}/_{5}$ Zeitgrade (d. s. $57^{3}/_{5}{}^{m}$); folglich machen die $2^{1}/_{3}$ bürgerlichen Stunden (nach Mitternacht) $2^{1}/_{4}$ Äquinoktialstunden aus. Somit ist die Mitte $14^{1}/_{4}$ Äquinoktialstunden nach dem Mittag des 5ten ($2^{h}\,15^{m}$ nachts) gewesen. Hei 347

Nun beträgt wieder die Zeit von den Epochen bis zu diesem Zeitpunkt 547 ägyptische Jahre, 334 Tage und $14^{1}/_{4}$ Äquinoktialstunden schlechthin, $13^{3}/_{4}$ nach genauer Rechnung. Für diese Zeit finden wir

als genauen Ort der Sonne ♍ 15°12′ (17°31′ − 2°14′),
als mittleren Ort des Mondes ♓ 10°24′ (10°25′3″),
als genauen Ort der Sonne ♓ 15°13′ (10°24′ + 4°49′),

weil der Mond in Anomalie von dem Apogeum des Epizykels 249°9′ (29″) entfernt war.

Es beträgt mithin das Intervall von der zweiten Finsternis zur dritten (vom 9. Mechir $1^{h}\,20^{m}$ nachts bis zum 5. Mesore $1^{h}\,45^{m}$ nachts[a]) 176 Tage und $^{2}/_{5}$ Äquinoktialstunde[b], oder in Graden (von ♓ 26°17′ bis ♍ 15°12′) 178°55′, während Hipparch wieder auch dieses Intervall mit 176 Tagen und $^{1}/_{8}$ Äquinoktialstunde, oder in Graden mit 178°33′ als weitere Unterlage benutzt hat.

Auch hier also hat Hipparch sich offenbar verrechnet, und zwar beträgt der Fehler bei den Graden $^{1}/_{6}{}^{0}$ (oder 9′ im ersten Intervall zu viel) und $^{1}/_{3}{}^{0}$ (oder 22′ im zweiten Intervall zu wenig), bei den Tagen $^{5}/_{6}$ Äquinoktialstunden (oder 50^{m} zu wenig im ersten Intervall) und $^{1}/_{12}$ (oder 5^{m} zu wenig im zweiten Intervall).[c] Das sind Beträge, welche gleichfalls einen beträchtlichen Unterschied hinsicht- Ha 282

a) Weil nach genauer Rechnung (oben Z. 11) $^{1}/_{2}{}^{h}$ früher.

b) Addiert man die beiden Intervalle des Ptolemäus, so erhält man für das Mondjahr $354^{d}\,7^{h}\,15^{m}$ während die beiden Intervalle des Hipparch $354^{d}\,6^{h}\,20^{m}$ ausmachen.

c) Ich gebe $^{1}/_{12}$ nach Cod. D; δεκατῳ ist sicher falsch.

lich des Verhältnisses, das er seiner Hypothese zugrunde legt[a], zu bewirken vermögen.

Hei 348 So ist uns also einerseits die Ursache des vorliegenden Mangels an Übereinstimmung vor Augen getreten, anderseits aber auch klar geworden, daß wir mit noch verstärkter Zuversicht das auf unseren Grundlagen nachgewiesene Verhältnis der Anomalie ($60 : 5^1/_4$) zur Anwendung bringen können, insofern hinsichtlich der Syzygien des Mondes gerade diese (von Hipparch benutzten) Finsternisse mit unseren Hypothesen ganz besonders in Einklang gefunden wurden.[b]

Fünftes Buch.

Erstes Kapitel.

Konstruktion des Astrolabs.

Ha 283 Hei 350 Für die Syzygien des Mondes mit der Sonne, sowohl bei Konjunktion wie bei Vollmond, und für die gelegentlich derselben eintretenden Finsternisse finden wir die zur Erklärung der ersten einfachen Anomalie mitgeteilte Hypothese vollkommen ausreichend, vorausgesetzt, daß diese Beziehung (zur Sonne in den Syzygien) ganz für sich allein von uns in Betracht gezogen wird. Dagegen dürfte man die Hypothese nicht mehr ausreichend finden für die einzelnen Positionen in den anderen Stellungen zur Sonne, weil sich hier-

---

a) Da es sich bei den letzten drei Finsternissen um den Nachweis auf Grund der epizyklischen Hypothese handelt (s. S. 246, 6), so erzielte Hipparch durch die Rechnung mit dem vorliegend gewonnenen Zahlenmaterial das a. a. O. angegebene Verhältnis $60^p : 4^p 46'$.

b) Insofern bei sämtlichen 6 Finsternissen nach den Ptolemäischen Sonnen- und Mondtafeln die genauen Örter von Sonne und Mond mit nur einer oder höchstens zwei Minuten Unterschied als diametral gegenübergelegen errechnet wurden. Die Nachprüfung, welche sich bis auf die Sekunden erstreckt, hat diese Übereinstimmung nicht allenthalben bestätigen können, so daß Ptolemäus mit recht günstig abgerundeten Minutenzahlen gerechnet zu haben scheint.

bei, wie wir schon (S. 212, 9) andeuteten, noch eine zweite Hei 351
Anomalie des Mondes bemerkbar macht, die im Verhältnis zu seiner Elongation von der Sonne eintritt. Diese zweite Anomalie bewerkstelligt in beiden Syzygien ihre Wiederkehr zur ersten (d. h. wird dort ebenfalls gleich Null) und erreicht ihr Maximum in den beiden Quadraturen. Gebracht wurden wir zu solcher Erwägung, die uns schließlich zur Gewißheit wurde, durch Prüfung einerseits des Mondlaufs, Ha 284
wie ihn Hipparch beobachtet und aufgezeichnet hat, anderseits des Laufs, wie wir selbst ihn mit Hilfe eines für diesen und ähnliche Zwecke von uns konstruierten Instruments festgestellt haben. Mit diesem hat es folgende Bewandtnis.

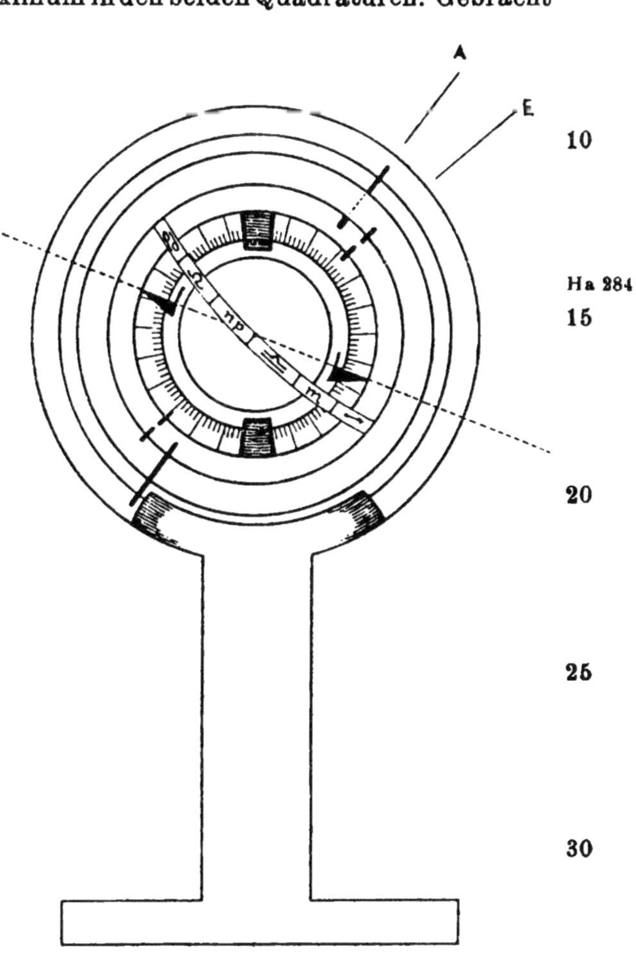

Wir haben zwei an ihren Rundflächen genau vierkantig[a] ab-

a) So daß die Querschnitte der Ringe Quadrate sind. Vgl. Proklus S. 200, Z. 14. Ebendaher ist die beigegebene Figur entnommen. Zur Sache vgl. meine Abhandlung im Weltall. 5. Jahrg. S. 399 ff.: Fixsternbeobachtungen des Altertums.

geschliffene Ringe von angemessener Größe genommen, die allenthalben einander gleich und ähnlich waren. Diese Ringe haben wir an diametral gegenüberliegenden Stellen unter rechten Winkeln derartig zusammengefügt, daß ihre Oberflächen (an den Verbindungsstellen) glatten Verlauf zeigten. Somit hat man sich den einen von ihnen als die *Ekliptik*, den anderen als den durch die Pole dieser und des Äquators gehenden *Meridian* (d. i. Kolur) vorzustellen. Auf letzterem haben wir nach Maßgabe der Seite des (eingeschriebenen) Quadrats[a] die Punkte gewonnen, welche die Ekliptikpole festlegen, und in beiden zylindrische Polstifte angebracht, die sowohl nach außen wie nach innen über die Rundfläche hervorragten. Auf die nach außen ragenden Stifte haben Hei 352 wir einen anderen Ring aufgesetzt, welcher sich allenthalben genau mit seiner *konkaven* Rundfläche an die *konvexe* der beiden zusammengefügten Ringe anschloß und (somit) in *Länge* um die bezeichneten Pole der Ekliptik herumgedreht werden konnte. Desgleichen haben wir an den inneren Polstiften einen anderen Ring eingesetzt, der sich mit seiner *konvexen* Rundfläche an die *konkave* der beiden (zusammengefügten) Ringe gleichfalls allenthalben genau anschloß und ebenfalls in Länge um dieselben Pole wie der außerhalb aufgesetzte (Astrolabring) beweglich war. Nachdem wir sowohl diesen inneren (Astrolabring) als auch den die Stelle der Ekliptik vertretenden Ring in die üblichen Ha 285 360 Grade des Umfangs und, soweit angängig, in deren Unterabteilungen eingeteilt hatten, haben wir einen anderen schmalen kleinen Ring mit diametral gegenüber (seitwärts) abstehenden durchbohrten Platten[b] unter dem inneren der beiden Ringe derartig genau eingefügt, daß er in der Ebene des letzteren (inneren Ringes) in der Richtung nach den beiden bezeichneten Polen hin auf und ab bewegt werden konnte, um die Beobachtung in *Breite* zu ermöglichen.

---

a) Insofern diese Seite einen Bogen von 90° unterspannt (S. 27, 20).

b) Es ist die nämliche Visiervorrichtung, welche Anm. 5 erläutert wird.

Nachdem das Instrument so weit fertig gestellt war, haben wir auf dem durch die beiden Pole (der Ekliptik und des Äquators) gedachten (Kolur-) Kreis von jedem der beiden Ekliptikpole aus den zwischen den zwei Polen der Ekliptik und des Äquators (S. 41, 5) nachgewiesenen Bogen abgetragen[a]) und die hierdurch einander wieder diametral gegenüber gewonnenen Endpunkte gleichfalls als Pole (des Äquators) durch Stifte unter einem entsprechend großen Hei 353
Meridiankreis festgelegt, wie wir solche im ersten Buche unseres Handbuchs (S. 41 f.) für die Beobachtungen des zwischen den Wendepunkten gelegenen Meridianbogens beschrieben haben. Nachdem also dieser Meridiankreis mit jenem (Kolurkreis) in dieselbe Lage gebracht worden war — was der Fall ist, wenn er erstens senkrecht zur Ebene des Horizonts steht, zweitens auf die Polhöhe des betreffenden Beobachtungsortes eingestellt ist, und drittens parallel zur Ebene des natürlichen Meridians verläuft —, war hiermit erreicht, daß sich die Drehung der innerhalb (des Meridiankreises) gelegenen Ringe, dem ersten Umschwung des Weltalls entsprechend, von Osten nach Westen um die Pole des Äquators vollzog.

Hatten wir nun das Instrument auf die beschriebene Weise aufgestellt, so stellten wir, sobald die Sonne und der Mond gleichzeitig über dem Horizont sichtbar waren, den äußeren Astrolabring auf den für diese Stunde ohne merklichen Ha 286
Fehler ermittelten Grad der Sonne ein und versetzten den durch die Pole gehenden (Kolur-) Kreis in Umdrehung, damit, wenn der am Sonnengrad liegende Schnittpunkt der Ringe genau der Sonne zugewendet wäre, diese beiden Ringe, d. h. der Ekliptikring und der durch dessen Pole gehende (Astrolabring), sich selbst (d. i. durch ihre konvexen ihre konkaven Hälften) gleichzeitig in Schatten setzen sollten. Ist aber das anzuvisierende Objekt ein Stern, so ist mit dieser Drehung zu erreichen, daß unter Anlegung des einen

a) Derselbe ist nahezu gleich der Seite des eingeschriebenen Fünfzehnecks, welche einen Bogen von 24° unterspannt. S. Proklus, Hypot. S. 206, 7.

Auges an die eine Seite des äußeren Astrolabringes, welcher an dem für den Stern ermittelten Grad auf den Ekliptikring eingestellt ist, mit Zuhilfenahme der gegenüber parallel ver-
Hei 354 laufenden Ringseite der Stern in der durch diese Seiten gelegten Ebene anvisiert werden könne, als ob er an beide Seitenflächen des Ringes gewissermaßen angeklebt wäre. Den anderen, d. i. den *inneren* Astrolabring, drehten wir aber (nach Einstellung des äußeren, sei es auf die Sonne, sei es auf einen Stern) auf den Mond oder auch auf ein anderes zu bestimmendes Objekt, damit gleichzeitig mit der Anvisierung der Sonne oder eines anderen gegebenen Ausgangspunktes (an dem äußeren Astrolabring) auch der Mond oder ein anderes zu bestimmendes Objekt durch die beiden an dem zu unterst eingefügten kleinen Ring angebrachten Absehöffnungen anvisiert werden könne. Ist dies geschehen, so ist abzulesen

1. der Grad, welchen das zu bestimmende Objekt in *Länge* in der Ekliptik einnimmt, an dem Schnittpunkt, den der innere Astrolabring an der Gradteilung des die Stelle der Ekliptik vertretenden Ringes bildet;

2. die Grade, welche das Objekt nördlich oder südlich von der Ekliptik auf dem durch ihre Pole gehenden Kreise (in *Breite*) absteht, an der Gradeinteilung, welche der innere
Ha 287 Astrolabring selbst trägt; denn diese Grade messen das Intervall, welches zwischen dem Mittelpunkt der über dem Horizont stehenden (d. i. oberen) Absehöffnung[a] des unter dem Astrolabring drehbaren kleinen Ringes und der Mittellinie des Ekliptikringes[b] gefunden wird.

---

a) Durch welche die Visierlinie nach dem zu bestimmenden Objekt verläuft.

b) Welcher durch Umdrehung des Kolurkreises (S. 257, 26) genau in die Ebene der Ekliptik verlegt worden ist.

Zweites Kapitel.

Die Hypothese zur Erklärung der doppelten Anomalie des Mondes.

Wenn das vorstehend beschriebene Beobachtungsverfahren schlechthin nach Vorschrift gehandhabt wurde, so wurden die Elongationen des Mondes von der Sonne sowohl nach den Aufzeichnungen Hipparchs als auch nach unseren eigenen Hei 355 Beobachtungen bald übereinstimmend mit den auf der mitgeteilten Hypothese beruhenden Berechnungen gefunden, bald nicht übereinstimmend, und zwar wichen sie bald um einen geringen, bald um einen bedeutenden Betrag ab. Als wir aber unsere Aufmerksamkeit ununterbrochen in verstärktem Maße diesem Punkte zuwendeten, machten wir hinsichtlich des regelmäßigen Verlaufs der betreffenden Anomalie folgende Wahrnehmung. Bei den Konjunktionen und den Vollmonden tritt stets entweder gar kein merklicher oder nur ein kleiner Fehler ein, und zwar höchstens eine Differenz, wie sie wohl die Parallaxen des Mondes bewirken könnten. Dagegen zeigt sich in den beiden Quadraturen ein Minimum oder gar kein Fehler, wenn der Mond gerade im Apogeum oder Perigeum des Epizykels steht, und ein Maximum, wenn er in den in der Mitte (zwischen Apogeum und Perigeum) liegenden Stellen seines Laufs auch schon infolge der ersten Anomalie das Maximum der Differenz bewirkt. Ist nun die erste Anomalie negativ, so wird in der betreffenden Quadratur, sei es die erste oder die zweite[34], der Ort des Mondes noch weiter zurückliegend gefunden, als er aus der ersten Subtraktion errechnet wird; ist sie aber positiv, so wird er gleichermaßen Ha 288 noch weiter vorausliegend gefunden, und zwar im steten Verhältnis zur Größe der ersten Prosthaphäresis. Infolge dieses regelmäßigen Verlaufs sahen wir uns nachgerade zu der Annahme genötigt, daß der Epizykel des Mondes sich derartig auf einem Exzenter bewege, daß er (der Epizykel) bei den Konjunktionen und den Vollmonden in das

Hei 356 Apogeum und in den beiden Quadraturen in das Perigeum dieses Exzenters gelangt. Diese Forderung ist erfüllbar, wenn die erste Hypothese folgende berichtigte Fassung erhält.

Man stelle sich vor, daß der mit der Ekliptik konzentrische Kreis in der schiefen Ebene des Mondes, wie schon früher (S. 218, 25) erwähnt, wegen der Breite[a] um die Pole der Ekliptik gegen die Richtung der Zeichen nur so weit vorrücke, als der Überschuß der Bewegung in Breite über die Bewegung in Länge beträgt, während der Mond seinen Umlauf auf dem sogenannten Epizykel wieder unter der Annahme macht, daß er seinen Fortschritt auf dem erdfernen Bogen desselben gemäß der Wiederkehr der ersten Anomalie gegen die Richtung der Zeichen bewerkstellige. In dieser schiefen Ebene nehmen wir nun zwei einander entgegengesetzte gleichförmige Bewegungen an, welche beide um den Mittelpunkt der Ekliptik verlaufen: die eine führt den Mittelpunkt des Epizykels in der Richtung der Zeichen der Bewegung in Breite gemäß herum, während die andere
Ha 289 Zentrum und Apogeum des in derselben Ebene anzunehmenden Exzenters herumführt, auf dessen Peripherie jederzeit der Mittelpunkt des Epizykels sich befinden wird, aber herumführt gegen die Richtung der Zeichen und nur so viel, als der Überschuß der doppelten Elongation — unter Elongation ist die Differenz der mittleren Bewegung des Mondes und der Sonne in Länge zu verstehen — über die Bewegung in Breite beträgt.

Wenn sich z. B. in einem Tage einerseits der Mittelpunkt
Hei 357 des Epizykels die 13°14′, welche rund[b] auf die Bewegung in Breite entfallen, in der Richtung der Zeichen bewegt hat, so hat er in der Ekliptik scheinbar nur 13°11′ in Länge zurückgelegt, weil der ganze schiefe Kreis infolge seiner Be-

---

a) D. h. infolge der rückläufigen Bewegung der Knoten der Mondbahn.

b) Bis auf die Sekunden beträgt (S. 203 f.) die tägliche mittlere Bewegung in Länge 13°10′34″, in Breite 13°13′45″, in Elongation 12°11′26″.

wegung gegen die Richtung der Zeichen die 0°3′ des Unterschieds in Abzug bringt; anderseits wird das Apogeum des Exzenters in entgegengesetzter Richtung, d. i. wieder gegen die Richtung der Zeichen, 11°9′ herumgeführt, d. i. 24°23′ — 13°14′, was die Differenz zwischen den verdoppelten Graden der Elongation und den Graden in Breite ist. Auf diese Weise werden nämlich infolge der entgegengesetzten Herumleitung der beiden Bewegungen, welche wie gesagt um den Mittelpunkt der Ekliptik vor sich geht, die beiden Leitlinien, von denen die eine durch den Mittelpunkt des Epizykels, die andere durch das Zentrum des Exzenters geht, einen Abstand voneinander gewinnen, der in Summa einem Bogen von 13°14′ + 11°9′ gleichkommt und somit das Doppelte der Elongation wird, welche ohne merklichen Fehler (d. i. nach oben abgerundet) 12°11′30″ beträgt. Deshalb wird in der Zeit des mittleren synodischen Monats der Epizykel zwei Umläufe auf dem Exzenter machen, womit der (S. 259, 29 gemachten) Annahme entsprochen wird, daß die Wiederkehr, welche man sich an das Apogeum des Exzenters geknüpft zu denken hatte, bei den theoretisch im Mittel betrachteten Konjunktionen und Vollmonden eintrete.[a]

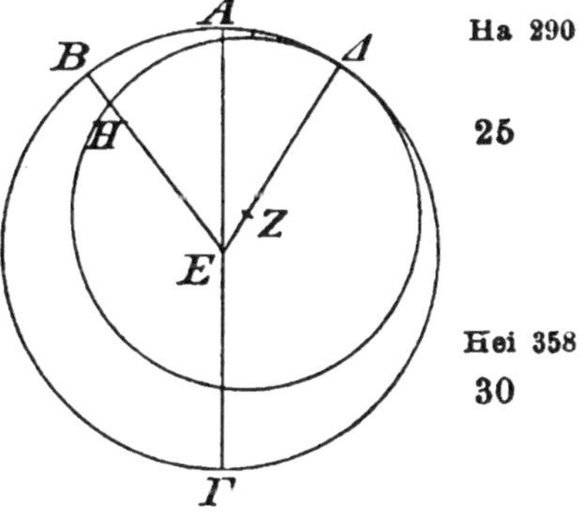

Damit uns die Bewegungsver- Ha 290 hältnisse der Hypothese anschaulicher vor Augen treten, denke man sich ΑΒΓΔ als den in der schiefen Ebene des Mondes mit der Ekliptik konzentrischen Kreis um das Zentrum Ε und den Durchmesser ΑΕΓ. Hei 358 Angenommen soll sein, daß in Punkt Α gleichzeitig sich befinde das Apogeum des Exzenters, der Mittel-

a) Insofern alsdann nach Verlauf eines halben synodischen Monats, z. B. nach dem Neumond, der Epizykel zur Zeit des Vollmonds wieder in dem Apogeum des Exzenters steht, welches nunmehr der Stelle des vorangegangenen Neumonds diametral gegenüberliegt.

punkt des Epizykels, der nördliche Grenzpunkt, der Anfang des Widders und endlich die mittlere Sonne.

Ich behaupte also, daß bei dem Lauf *eines* Tages die ganze Ebene (des schiefen Kreises) sich gegen die Richtung der Zeichen von A bis Δ ungefähr 0°3′ um das Zentrum E bewege, so daß der nördliche Grenzpunkt A nach ♓ 29°57′ zu liegen kommt. Da nun die beiden entgegengesetzten Bewegungen durch die (jeweilig) der Geraden EA entsprechende Leitlinie ebenfalls um das Ekliptikzentrum E gleichförmig vollzogen werden, so behaupte ich weiter, daß bei dem Lauf *eines* Tages einerseits die EA entsprechende Leitlinie, welche durch das Zentrum Z des Exzenters geht, gleichförmig gegen die Richtung der Zeichen bis EΔ herumgeführt, das Apogeum des Exzenters nach Δ verlege, um das Zentrum Z den Exzenter ΔH beschreibe und den Bogen AΔ gleich 11°9′ (S. 261, 4) mache, während anderseits die Leitlinie, welche durch den Mittelpunkt des Epizykels geht, ebenfalls gleichförmig um E, aber in der Richtung der Zeichen bis EB herumgeführt, den Mittelpunkt des Epizykels nach H trage und
Hei 359 den (Ekliptik-) Bogen AB gleich 13°14′ (S. 260, 29) mache. Infolge dieser Bewegungen beträgt die *scheinbare Entfernung*[a)] des Mittelpunktes H des Epizykels:

Ha 291 1. von dem nördlichen Grenzpunkt A 13°14′ in *Breite*;

2. von dem Anfang des Widders 13°11′ in *Länge*, weil der nördliche Grenzpunkt A in der angenommenen Zeit nach ♓ 29°57′ gerückt ist;

3. von dem Apogeum Δ des Exzenters die Summe der beiden Bogen AΔ + AB = 24°23′, was das Doppelte von den Graden der täglichen mittleren Elongation ist.

Da die beiden Bewegungen, von denen die eine durch B, die andere durch Δ verläuft, demnach zusammen in der Zeit des *halben* mittleren synodischen Monats *eine* Wiederkehr zueinander bewirken, so ist klar, daß sie in einem Viertel derselben Zeit, und dann wieder in drei Vierteln, d. h. in

a) D. i. die Entfernung, wie sie dem in E befindlichen Auge auf die Ekliptik bezogen erscheint.

den theoretisch im Mittel betrachteten Quadraturen, einander genau diametral gegenüber verlaufen werden: der auf EB liegende Mittelpunkt (H) des Epizykels wird diametral gegenüber dem auf EΔ liegenden Apogeum des Exzenters im Perigeum des letzteren stehen.

Es leuchtet ein, daß unter diesen Umständen infolge des Exzenters an sich, d. i. infolge der Unähnlichkeit der Bogen ΔB und ΔH, keinerlei Differenz mit der gleichförmigen Bewegung eintreten wird; denn die Leitlinie EB beschreibt bei ihrem gleichförmigen Umlauf nicht den Exzenterbogen Hei 360 ΔH, sondern den Ekliptikbogen ΔB, weil die Herumführung 11 nicht um das Zentrum Z des Exzenters, sondern um E (den Mittelpunkt der Ekliptik) vor sich geht. Vielmehr tritt eine Differenz (mit der gleichförmigen Bewegung) lediglich infolge des Unterschieds ein, der am Epizykel selbst liegt, insofern der Epizykel, sobald er in größere Erdnähe gelangt, die Anomaliedifferenz, mag sie positiv oder negativ sein, stets Ha 292 entsprechend vergrößern muß, weil der am Auge gebildete Winkel, unter welchem der Epizykel erscheint, in den erdnäheren Lagen größer wird.

Ganz und gar keine Differenz gegen die erste (einfache) Hypothese wird demnach eintreten, wenn der Mittelpunkt des Epizykels in dem Apogeum A steht, was bei den theoretisch im Mittel betrachteten Konjunktionen und Vollmonden der Fall ist.[a] Beschreiben wir nämlich um A den Epizykel MN, so ist das Verhältnis AE : AM dasselbe, wie wir es mit Hilfe der Finsternisse nachgewiesen haben. Das Maximum der Differenz wird dagegen eintreten, wenn

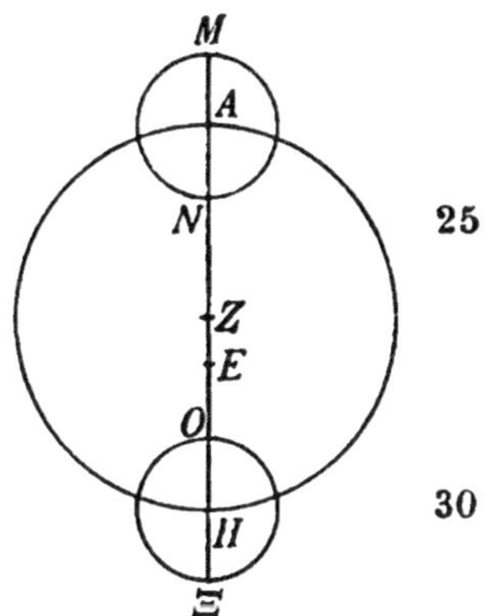

a) Die fehlerhafte Figur des Originals ist dahin abgeändert worden, daß der Exzenter um das Zentrum Z den Epizykel in A in der Erdferne (AE > EH), in H in der Erdnähe zeigt, wo das Verhältnis ΞH : HE = 8 : 60 eintritt (S. 268, 23).

der Epizykel in seinem Lauf im erdnächsten Punkte Η des Ex-
Hei 361 zenters angelangt ist, wie der durch die Punkte Ξ, Ο beschriebene Epizykel, was in den theoretisch im Mittel betrachteten Quadraturen der Fall ist. Das Verhältnis ΞΗ : ΗΕ ist nämlich größer als alle Verhältnisse, welche in den übrigen Lagen (des Epizykels) sich herausstellen; denn während der Halbmesser ΞΗ konstant derselbe bleibt, ist die aus dem Mittelpunkt der Erde gezogene Gerade ΕΗ (nach Eukl. III. 7) kleiner als alle anderen Verbindungslinien, die sich nach dem Exzenter ziehen lassen.

Drittes Kapitel.

Betrag der im Verhältnis zur Sonne eintretenden Anomalie des Mondes.

Ha 293 Um eine Anschauung davon zu erhalten, wie groß das Maximum der Anomaliedifferenz werden kann, wenn sich der Epizykel gerade im Perigeum des Exzenters befindet, haben wir solche durch Anvisieren gewonnene Elongationen des Mondes von der Sonne der vergleichenden Beobachtung unterzogen, bei denen

1. der Lauf des Mondes (auf dem Epizykel) nahezu der mittlere war (d. h. zwischen Apogeum und Perigeum des Epizykels verlief); denn in diesem Fall tritt das Maximum der Anomaliedifferenz ein;
2. seine im Mittel genommene Elongation von der Sonne ungefähr 90° betrug, wo dann auch der Epizykel genau im Perigeum des Exzenters stand;
3. der Mond, wenn diese Bedingungen erfüllt waren, keine Parallaxe in Länge zeigte.

Bei dem Zusammentreffen dieser Umstände, d. h. wenn die bei der Anvisierung gewonnene scheinbare Elongation dieselbe ist wie die genaue[a)], kann nämlich mit Sicherheit
Hei 362 auch die gesuchte Differenz der zweiten Anomalie bestimmt werden.

a) Was durch die dritte Bedingung, das Fehlen einer Parallaxe in Länge, bewirkt wird (vgl. S. 265, 17).

Als wir aus den Beobachtungen der oben bezeichneten Art das Schlußergebnis zogen, fanden wir, daß, wenn der Epizykel im Perigeum steht, das Maximum der Anomaliedifferenz gegen den mittleren Lauf ohne merklichen Fehler 7°40′ beträgt, was gegen die erste Anomalie einen Unterschied von 2°40′ (genau 2°39′) ausmacht.

Damit uns das hierbei angewendete rechnerische Verfahren vor Augen trete, mögen ein oder zwei Beobachtungen als Beispiel dienen. Im zweiten Jahre Antonins am 25. ägyptischen Phamenoth nach Sonnenaufgang, $5\frac{1}{4}$ Äquinoktial- Ha 294
stunden vor Mittag (8. Februar 139 n. Chr. $6^h 45^m$ früh), haben wir die Sonne und den Mond anvisiert. Bei Anvisierung der Sonne in ♒ 18°50′, während ♐ 4° kulminierte, ergab sich als der scheinbare Ort des Mondes ♏ 9°40′, was zugleich der genaue Ort sein mußte, weil der Mond im ersten Drittel des Skorpions, wenn er etwa $1\frac{1}{2}$ Stunde westlich des Meridians steht, in Alexandria keine wahrnehmbare Parallaxe in Länge zeigt.

Nun beträgt die Zeit von den Epochen im ersten Jahr Nabonassars bis zur Beobachtung 885 ägyptische Jahre, 203 Tage und $18\frac{3}{4}$ Äquinoktialstunden sowohl schlechthin Hei 363
wie nach genauer Rechnung. Für diese Zeit fanden wir als mittleren Ort der Sonne ♒ 16°27′, als genauen ♒ 18°50′, wie er auch am Astrolab durch Anvisierung festgestellt war. Als mittlerer Ort des Mondes in Länge wird für jene Stunde nach der ersten Hypothese ♍ 17°20′ gefunden[a], so daß die mittlere Elongation von der Sonne (von ♏ 17°20′ bis ♒ 16°27′) nahezu 90° (genau 89°7′) beträgt, als Entfernung von dem Apogeum des Epizykels in Anomalie 87°19′, bei welchen Graden das Maximum der Anomaliedifferenz eintritt. Folglich lag der genaue Ort (♏ 9°40′) hinter dem Ort der gleichförmigen Bewegung (d. i. dem mittleren in ♏ 17°20′) 7°40′ w e i t e r z u r ü c k, anstatt nur 5° nach der ersten Anomalie.

---

a) Die Nachprüfung ergibt für die Sonne ♒ 16°26′18″ + 2°17′ = 18°43′18″, für den Mond ♏ 17°19′49″ in Länge, 87°18′2″ in Anomalie mit der Anomaliedifferenz − 4°59′.

Damit uns auch nach den von Hipparch beobachteten
Ha 295 Positionen der bezeichneten Art die an den entsprechenden Stellen eintretende Differenz ersichtlich werde, wollen wir auch von diesen Elongationen eine Beobachtung zum Vergleich mitteilen, die er im 50ten Jahre der dritten Kallippischen Periode am 16. ägyptischen Epiphi (5. August 128 v. Chr.), „als $^2/_3$ der ersten (Tag-) Stunde verstrichen waren", angestellt zu haben versichert. „Der Lauf war 259[a)]; als aber die Sonne in ♌ 8° 35′ anvisiert wurde, ergab sich als der scheinbare Ort des Mondes ♉ 12° 20′, was zugleich (bei fehlender Parallaxe in Länge) nahezu der genaue war.[b)] Es beträgt also theoretisch betrachtet die genaue Elongation zwischen Sonne und Mond (von ♉ 12° 20′ bis ♌ 8° 35′) 86° 15′. Da nun die Tagstunde, wenn die Sonne im ersten Drittel des Löwen steht, in Rhodus, wo die Beobachtung stattfand,
Hei 364 $17^1/_3$ Zeitgrade (d. s. $69^1/_3{}^m$) beträgt, so machen die $5^1/_3$ bürgerlichen Stunden vor Mittag $6^1/_6$ Äquinoktialstunden aus. Die Beobachtung hat demnach $6^1/_6$ Äquinoktialstunden vor dem Mittag des 16ten ($5^h 50^m$ früh) stattgefunden, während ♉ 9° im Meridian stand.

Nun beträgt auch hier die Zeit von den Epochen bis zur Beobachtung 619 ägyptische Jahre, 314 Tage und $17^5/_6$ Äquinoktialstunden schlechthin, $17^3/_4$ nach genauer Rechnung. Für diese Zeit finden wir nach unseren Unterlagen (d. i. den Sonnen- und Mondtafeln), da bekanntlich durch Rhodus und Alexandria derselbe Meridian geht[c)],

als mittleren Ort der Sonne	♌ 10° 27′ (10° 28′ 32″),
als genauen Ort der Sonne	♌ 8° 20′ (10° 28′ − 2° 6′),

---

a) Halma vermutet μέσος statt σμα; ich habe dafür σνϑ geändert, wodurch der Lauf mit den 257° 47′ des Ptolemäus einigermaßen in Einklang gesetzt wird.

b) Da der beobachtete genaue Ort der Sonne ein Plus von 15′, und der scheinbare Ort des Mondes ein solches von 3° gegen die Berechnung des Ptolemäus aufweist, so bleibt mir unverständlich, wie Ptolemäus zur Feststellung der zweiten Anomalie (S. 267, 12) auf die beobachtete genaue Elongation von 86° 15′ Bezug nehmen kann, wo doch seine Rechnung zu 88° 55′ führt.

c) Tatsächlich beträgt der Unterschied über $1^1/_2$°.

als mittleren Ort des Mondes in Länge	♉ 4°25′ (4°24′38″),
als mittlere Elongation demnach wieder	c. 90°[a)],
als Entfernung vom Apogeum des Epizykels in Anomalie	257°47′(9″), Ha 296

bei welchen Graden wieder rund (mit + 5°) das Maximum der Differenz der auf dem Epizykel beruhenden (ersten) Anomalie eintritt.

Es beträgt folglich die Elongation von dem mittleren Monde zur genauen Sonne (von ♉ 4°25′ bis ♌ 8°20′) 93°55′. Nun waren aber beobachtungsgemäß von dem genauen Monde zur genauen Sonne nur 86°15′ festgestellt worden. Folglich hatte theoretisch betrachtet der genaue Mond über den gleichförmigen Lauf (d. i. den mittleren Mond) einen Überschuß von wieder (93°55′ — 86°15′ =) 7°40′, anstatt nur 5° nach der ersten Hypothese.

Noch ein Punkt ist hierbei ersichtlich geworden. Obgleich beide mitgeteilte Beobachtungen um die Zeit der zweiten Quadratur gemacht waren[b)], wurde die von uns angestellte hinter der Berechnung nach der ersten Anomalie um 2°40′ Hei 365 zurückliegend gefunden, während die Hipparchische um denselben Betrag darüber hinausging, indem ja in unserem Fall die ganze Anomaliedifferenz negativ, bei Hipparch dagegen positiv war.[c)]

Auch noch aus einer Mehrzahl von anderen Beobachtungen der bezeichneten Art fanden wir das Maximum der Anomaliedifferenz zu 7°40′, wenn der Epizykel genau im Perigeum des Exzenters steht.

---

a) Die mittlere Elongation von ♉ 4°25′ bis ♌ 10°27′ beträgt genau 25°35′ + 60° + 10°27′ = 96°2′, d. h. seit der mittleren Elongation von 90° war bereits ein halber Tag verstrichen.

b) Beide waren nach Sonnenaufgang angestellt.

c) Die Quadratur des Ptolemäus folgte auf einen Vollmond im Apogeum des Epizykels, die Quadratur des Hipparch auf einen Vollmond im Perigeum desselben. Vgl. Anm. 34.

Viertes Kapitel.

Das Verhältnis der Exzentrizität des Mondkreises.

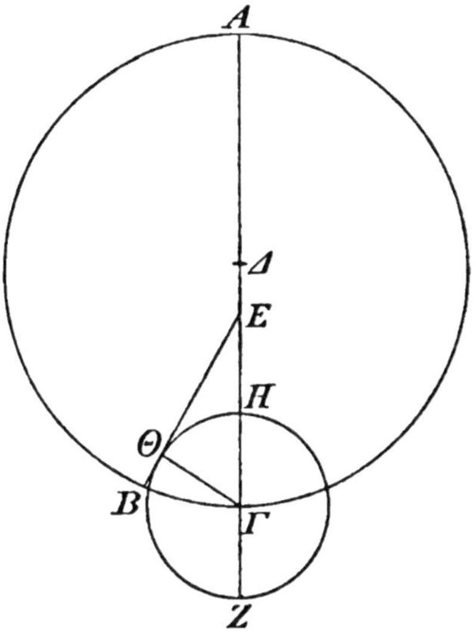

Unter Voraussetzung des vorstehend gefundenen Ergebnisses sei ΑΒΓ der Exzenter des Mondes um das Zentrum Δ und den Durchmesser ΑΔΓ. Auf letzterem sei als Mittelpunkt der Ekliptik der Punkt Ε angenommen, so daß Α das Ha 297 Apogeum und Γ das Perigeum des Exzenters wird. Um Γ als Zentrum beschreibe man den Epizykel ΖΘΗ des Mondes, ziehe die Gerade ΕΘΒ als Tangente an denselben und verbinde Γ mit Θ.

Da nun das Maximum der Anomaliedifferenz eintritt, wenn der Mond an der Tangente des Epizykels steht[a)], und dieses in Summa zu $7^{0}40'$ nachgewiesen wurde, so ist als Zentriwinkel der Ekliptik

$$\angle \Gamma E \Theta = 7^{0}40' \text{ wie } 4R = 360^{0},$$
$$= 15^{0}20' \text{ wie } 2R = 360^{0}.$$

Folglich $b\,\Gamma\Theta = 15^{0}20'$ wie $\ominus\,\Gamma\Theta E = 360^{0}$,

also $s\,\Gamma\Theta = 16^{p}$ wie $h\,E\Gamma = 120^{p}$.

Nun ist (S. 233, 3) der Epizykelhalbmesser ΓΘ in dem Maße, in welchem der von dem Mittelpunkt der Ekliptik bis zum Apogeum des Exzenters gezogene Halbmesser ΕΑ 60^{p} beträgt, mit $5^{p}15'$ nachgewiesen worden. Setzt man also $\Gamma\Theta = 5^{p}15'$, so wird in diesem Maße die von demselben Mittelpunkt bis zum Perigeum des Exzenters gezogene Gerade (nach dem Verhältnis $16 : 120 = 5^{1}/_{4} : x$)

a) Wie für die einfache Anomalie S. 158, 26 nachgewiesen.

$$\mathsf{E\Gamma} = 39^p 22' \text{ wie } \mathsf{EA} = 60^p$$
$$\mathsf{A\Gamma} = \mathsf{E\Gamma} + \mathsf{EA} = 99^p 22'$$
$$\Delta\mathsf{A} = (\tfrac{1}{2}\,\mathsf{A\Gamma} =)\ 49^p 41' \text{ als } \textit{exhm}$$
$$\Delta\mathsf{E} = (\mathsf{EA} - \Delta\mathsf{A} =)\ 10^p 19'.$$

Hiermit ist, da $\Delta\mathsf{E}$ die Verbindungslinie zwischen dem Mittelpunkt der Ekliptik und dem Zentrum des Exzenters ist, das Verhältnis der Exzentrizität nachgewiesen.

Fünftes Kapitel.

Die Neigung des Epizykels des Mondes.

Was die Erscheinungen in den Syzygien und in den Qua- {Ha 298 Hei 367}
draturen des Mondes anbelangt, so dürften hiermit die Zusätze, welche zu den Hypothesen der für den Mond angenommenen Kreise nötig waren, erledigt sein. Nun finden wir aber aus den Teilbeträgen des Laufs, welchen die Theorie in den Elongationen (den sog. Oktanten) feststellt, in denen der Mond (einerseits) die Sichelform und (anderseits) die beiderseits konvexe Rundung zeigt[a)], — es ist der Lauf, bei welchem der Epizykel gerade in die Mitte zwischen Apogeum und Perigeum des Exzenters zu stehen kommt — eine gleichzeitig eintretende Eigentümlichkeit am Monde, welche mit der Neigung des Epizykels[b)] zusammenhängt.

Allgemein muß nämlich ein und derselbe Punkt der Epizyklen als derjenige angenommen werden, mit Bezug auf welchen sich ein für allemal die Wiederkehr der auf ihnen sich bewegenden Planeten vollziehen muß. Wir nennen diesen Punkt das gleichförmige (mittlere) Apogeum, von dem aus wir auch die Zahlen der auf dem Epizykel ver-

---

a) D. i. vor dem ersten und nach dem letzten Viertel die Sichelform, nach dem ersten und vor dem letzten Viertel die Gestalt, welche der Römer mit gibbus (bucklig) bezeichnet.

b) Unter „Neigung des Epizykels“ ist der Positionswinkel zu verstehen, welchen die durch den Mittelpunkt des Epizykels gezogene Gerade mit einem bestimmten Punkte des Durchmessers $\mathsf{A\Gamma}$ bildet, auf dem die Syzygien liegen (s. Fig. S. 261).

laufenden Bewegung beginnen lassen. Dies ist an der oben vorgelegten Figur der Punkt Ζ. Genau bestimmt wird dieser Punkt bei der Stellung des Epizykels in den Apogeen und den Perigeen der Exzenter von der durch alle (drei) Mittelpunkte gehenden Geraden, wie an der Figur von ΔΕΓ. Bei al-
Hei 368 len anderen Hypothesen sehen wir nun aus den Erscheinungen absolut keinen Widerspruch gegen die Annahme hervor-
Ha 299 gehen, daß auch in den übrigen Positionen der Epizyklen der durch das obenbezeichnete (mittlere) Apogeum gehende Epizykelhalbmesser, d. i. ΖΓΗ, immer dieselbe Lage beibehalte, wie die den Mittelpunkt des Epizykels gleichförmig herumführende Leitlinie, wie hier ΕΓ, d. h. daß dieser Epizykeldurchmesser jederzeit, was man auch für das logisch richtige halten möchte, die normale Richtung nach dem Zentrum der Herumführung einhalte, in welchem in den gleichen Zeiten gleiche Winkel der gleichförmigen Bewegung gebildet werden.

Nur bei dem Monde stehen die Erscheinungen der Annahme entgegen, daß auch in den Positionen des Epizykels zwischen Α und Γ der Durchmesser ΖΗ die normale Richtung nach dem Zentrum Ε der Herumführung einhalte, d. h. dieselbe Lage bewahre wie die Leitlinie ΕΓ. Wir finden nämlich, daß die angedeutete Neigung zwar konstant nach einem und demselben Punkte, der auf dem Durchmesser ΑΓ liegt, gerichtet bleibt, aber weder nach Ε, dem Mittelpunkt der Ekliptik, noch nach Δ, dem Zentrum des Exzenters, sondern nach einem Punkte, der von Ε um eine Strecke, die der Verbindungslinie ΔΕ der Mittelpunkte gleichkommt, nach dem Perigeum zu entfernt liegt.

Daß dem so ist, werden wir nachweisen, indem wir wieder aus einer Mehrzahl von Beobachtungen zwei mitteilen, welche ganz besonders geeignet sind, auf den fraglichen Punkt ein helles Licht zu werfen. Das sind solche Beobachtungen, bei denen erstens der Epizykel sich in den mittleren Elongationen (Oktanten) befand, und zweitens der Mond in der Nähe des
Hei 369 Apogeums oder des Perigeums des Epizykels stand, weil an diesen Stellen das Maximum der Differenz der betreffenden Neigungen eintritt.

I. Hipparch versichert, die Sonne und den Mond mit Hilfe der Instrumente in Rhodus beobachtet zu haben im 197ten Jahre nach dem Tode Alexanders (Epoche der Ära 1. Thoth = 12. Nov. 324 v. Chr.) am 11. ägyptischen Pharmuthi Ha 300
(2. Mai 126 v. Chr. $6^h 20^m$ früh) bei Beginn der zweiten Stunde. Sein Bericht lautet: „Während die Sonne in ♉ 7°45′ anvisiert wurde, ergab sich als scheinbarer Ort des Mondzentrums ♓ 21°40′, als genauer[a)] ♓ 21°27′30″.“ Folglich war zu der angegebenen Zeit der genaue Mond von der genauen Sonne in der Richtung der Zeichen (von ♉ 7°45′ bis ♓ 21°27′) ohne merklichen Fehler 313°42′ entfernt.

Nun hatte die Beobachtung bei Beginn der zweiten Stunde stattgefunden, d. i. etwa 5 bürgerliche Stunden vor dem Mittag des 11ten; diese aber machten in Rhodus damals $5^2/_3$ Äquinoktialstunden aus; folglich beträgt die Zeit von unserer Epoche bis zu dem Zeitpunkt der Beobachtung 620 ägyptische Jahre, 219 Tage und $18^1/_3$ Äquinoktialstunden schlechthin, 18 nach genauer Rechnung. Für diese Zeit finden wir

als Ort der gleichförmigen Sonne	♉ 6°41′	
als Ort der genauen Sonne	♉ 7°45′	
als Ort des gleichförmigen Mondes in Länge	♓ 22°13′	
als Entfernung vom mittleren Apogeum des Epizykels in Anomalie	185°30′	Hei 370
mithin die Elongation des gleichförmigen Mondes von der genauen Sonne (von ♉ 7°45′ bis ♓ 22°13′)	314°28′.	

Diese Zahlen sollen als gegeben angenommen sein. Es sei ΑΒΓ der Exzenter des Mondes um das Zentrum Δ und den Durchmesser ΑΔΓ. Auf letzterem sei der Mittelpunkt der Ekliptik der Punkt Ε. Um Β als Zentrum beschreibe man ΖΗΘ als Epizykel des Mondes. Der Epizykel soll in der in der Richtung der Zeichen vor sich gehenden Bewe- Ha 301
gung von Β nach Α, der Mond in der auf dem Epizykel

a) Der genaue Ort ist der um die Anomaliedifferenz 0° 46′ (S. 273, 7) verminderte gleichförmige Ort, der scheinbare der um die Längenparallaxe vermehrte genaue Ort, weil der Mond östlich des Meridians stand.

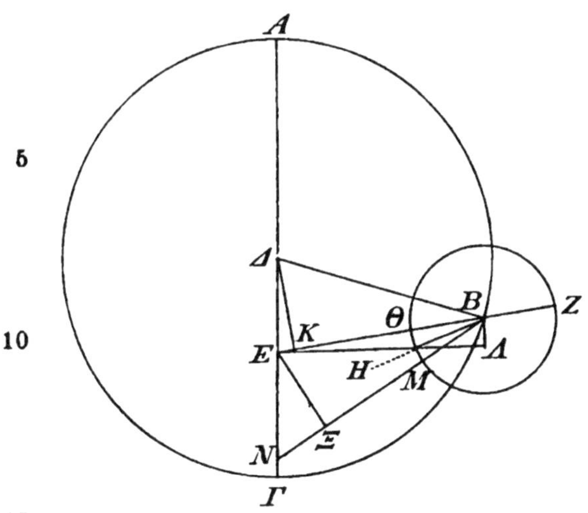

verlaufenden Bewegung von Z über H nach Θ herumgeleitet werden. Als Verbindungslinien ziehe man die Geraden ΔB und EΘBZ.

A. Da, wie (S. 261, 17) gesagt, in der Zeit des mittleren synodischen Monats zwei Umläufe des Epizykels auf dem Exzenter zustandekommen, und da in der gegebenen Position der mittlere Mond von der mittleren Sonne (von ♉ 6°41′ bis ♓ 22°13′) eine Elongation von 315°32′ hatte, so werden wir, wenn wir von dem Doppelten dieses Betrags (S. 262, 27) einen Kreis abziehen, die damalige Entfernung des Epizykels von dem Apogeum des Exzenters
Hei 371 in der Richtung der Zeichen mit 271°4′ erhalten. Demnach wird ∠AEB als Ergänzung zu 360° gleich 88°56′ sein. Nun fälle man auf EB das Lot ΔK. Es ist also

$$\angle \Delta EB = 88^\circ 56' \text{ wie } 4R = 360^\circ,$$
$$= 177^\circ 52' \text{ wie } 2R = 360^\circ,$$

$$\text{folglich } \left\{ \begin{array}{l} b\, \Delta K = 177^\circ 52' \\ {}_{,}b\, EK = \;\;2^\circ\; 8' \end{array} \right\} \text{ wie } \ominus\, \Delta KE = 360^\circ,$$

$$\text{also } \left\{ \begin{array}{l} s\, \Delta K = 119^p 59' \\ {}_{,}s\, EK = \;\;2^p 14' \end{array} \right\} \text{ wie } dm\, \Delta E = 120^p.$$

Setzt man $\Delta E = 10^p 19'$ als *vbl*[a)] wie *exhm* $\Delta B = 49^p 41'$,
so wird $\Delta K = 10^p 19'$ und $EK = 0^p 12'$.

a) So soll fortan die Verbindungslinie zwischen den Mittelpunkten der Ekliptik und des Exzenters bezeichnet werden. Die Größen ΔE und ΔB sind S. 269, 3. 4 gefunden.

Nun ist $\Delta B^2 - \Delta K^2 = BK^2$, Ha 302
mithin $BK = 48^p\,36'$,
folglich $EB = BK + EK = 48^p\,48'$.

B. Es betrug (S. 271,26) die Elongation des gleichförmigen Mondes von der genauen Sonne $314^0 28'$, und (S. 271,11) Hei 372 die Elongation des genauen der Beobachtung gemäß $313^0 42'$; folglich beträgt die Anomaliedifferenz — $0^0 46'$. Da der Ort des gleichförmigen Mondes der Theorie nach auf der Geraden EB liegt, so werde der (genaue) Mond, weil er in der Nähe des Perigeums des Epizykels stand, (um diesen Betrag rückwärts) in Punkt H angenommen. Man ziehe die Verbindungslinien EH und BH und fälle von B auf die Verlängerung von EH das Lot $B\Lambda$. Da $\angle BE\Lambda$ die Anomaliedifferenz des Mondes mißt, so ist

$\angle BE\Lambda = 0^0 46'$ wie $4R = 360^0$,
$= 1^0 32'$ wie $2R = 360^0$,
folglich $b\,B\Lambda = 1^0 32'$ wie $\ominus\, B\Lambda E = 360^0$,
also $s\,B\Lambda = 1^p\,36'$ wie $h\,EB = 120^p$.
Setzt man $EB = 48^p\,48'$ wie *ephm* $BH = 5^p\,15'$,
so wird $B\Lambda = 0^p\,39'$ in diesem Maße.
Setzt man *ephm* $BH = 120^p$,
so wird $s\,B\Lambda = 14^p\,52'$ in diesem Maße,
also $b\,B\Lambda = 14^0 14'$ wie $\ominus\, B\Lambda H = 360^0$, Hei 373
mithin $\angle BH\Lambda = 14^0 14'$ wie $2R = 360^0$.
(Nun war $\angle BE\Lambda = 1^0 32'$ wie $2R = 360^0$,)
mithin $\angle EBH = 12^0 42'$ als Differenz, Ha 303
$= 6^0 21'$ wie $4R = 360^0$,
folglich $b\,\Theta H = 6^0 21'$ wie $4R = 360^0$.

Hiermit ist der Epizykelbogen gefunden, welcher das Intervall vom Monde bis zu dem genauen Perigeum mißt.

C. Da der Mond von dem mittleren Apogeum (S. 271,24) zur Zeit der Beobachtung $185^0 30'$ entfernt war, so liegt offenbar das mittlere Perigeum rückwärts des Mondes (weil er schon $5^1/_2{}^0$ darüber hinaus ist), d. h. rückwärts des Punktes H (nach Z zu). Es sei also der Punkt M. Man ziehe durch M die Gerade BMN und fälle von E auf diese Gerade das Lot $E\Xi$. Nachgewiesen war, daß

	$b\,\Theta H =$	$6^\circ 21'$.	
Nun ist	$b\,HM =$	$5^\circ 30'$	als Entfernung vom Perigeum gegeben;
folglich	$b\,\Theta M =$	$11^\circ 51'$	als Summe,
mithin	$\angle EB\Xi =$	$11^\circ 51'$	wie $4R = 360^\circ$,
	$=$	$23^\circ 42'$	wie $2R = 360^\circ$,
folglich	$b\,E\Xi =$	$23^\circ 42'$	wie ⊖ $E\Xi B = 360^\circ$,
also	$s\,E\Xi =$	$24^p 39'$	wie $h\,EB = 120^p$.
Setzt man	$EB =$	$48^p 48'$,	(S. 273,19)
Hei 374 so wird	$E\Xi =$	$10^p\ 2'$	in diesem Maße.
Nun ist	$\angle AEB =$	$177^\circ 52'$	wie $2R = 360^\circ$ (S. 272,25)
und	$\angle EBN =$	$23^\circ 42'$	wie $2R = 360^\circ$; (s. Z. 9)
folglich	$\angle ENB =$	$154^\circ 10'$	als Differenz,
mithin	$b\,E\Xi =$	$154^\circ 10'$	wie ⊖ $E\Xi N = 360^\circ$,
Ha 304 also	$s\,E\Xi =$	$116^p 58'$	wie $h\,EN = 120^p$.
Setzt man	$E\Xi =$	$10^p\ 2'$	wie *vbl* $\Delta E = 10^p 19'$,
so wird	$EN =$	$10^p 18'$	in diesem Maße.

Folglich ist EN, d. i. die Strecke, welche die Gerade BM abgrenzt, deren Neigung durch das mittlere Perigeum (M) hindurch auf N zu gerichtet ist, ohne merklichen Fehler gleich der Strecke ΔE.

II. Um zu zeigen, daß auch auf den entgegengesetzten Seiten des Exzenters und des Epizykels dieselbe Erscheinung eintritt, haben wir wieder aus den von Hipparch, wie gesagt, in Rhodus beobachteten Elongationen diejenige ausgewählt, welche er in dem nämlichen 197ten Jahre nach dem Tode Alexanders am 17. ägyptischen Payni (7. Juli 126 v. Chr. 4^h nachm.) nach Verlauf von $9^1/_3$ (bürgerlichen) Stunden
Hei 375 (nach Sonnenaufgang) durch Anvisieren festgestellt hat. Sein Bericht lautet: „Als zu dieser Stunde (d. i. $2^2/_3$ bürgerliche Stunden vor Untergang) die Sonne in ♋ $10^\circ 54'$ anvisiert wurde, ergab sich als der scheinbare Ort des Mondes gerade

♌ 29°; das war zugleich der genaue Ort, weil in Rhodus im letzten Drittel des Löwen ungefähr eine Stunde nach der Kulmination der Mond keine Parallaxe in Länge zeigt.“ Folglich war zu dem angegebenen Zeitpunkt der genaue Mond von der genauen Sonne in der Richtung der Zeichen (von ♋ 10°54′ bis ♌ 29°) 48°6′ entfernt.

Nun hatte die Beobachtung $3^1/_3$ bürgerliche (Tag-) Stunden nach dem Mittag des 17. Payni stattgefunden; diese aber machten in Rhodus damals nahezu 4 Äquinoktialstunden aus; folglich beträgt die Zeit von unserer Epoche bis zur Beobachtung wieder 620 ägyptische Jahre, 286 Tage und 4 Äquinoktialstunden schlechthin, $3^2/_3$ nach genauer Rechnung. Für diese Zeit finden wir in gleicher Weise

als Ort der gleichförmigen Sonne ♋ 12° 5′, Ha 303
als Ort der genauen Sonne ♋ 10°40′,
als Ort des gleichförmigen Mondes in Länge ♌ 27°20′,
mithin die Elongation des gleichförmigen Mondes von der genauen Sonne 46°40′,
als Entfernung vom mittleren Apogeum des Epizykels in Anomalie 333°12′.

Diese Zahlen sollen als gegeben angenommen sein. Es sei wieder ΑΒΓ der Exzenter des Mondes um das Zentrum Δ und den Durchmesser ΑΔΓ. Auf letzterem sei der Mittelpunkt der Ekliptik der Punkt Ε. Um den Punkt Β beschreibe man ΖΗΘ als den Epizykel des Mondes und ziehe die Verbindungslinien ΔΒ, ΕΘΒΖ. Hei 376

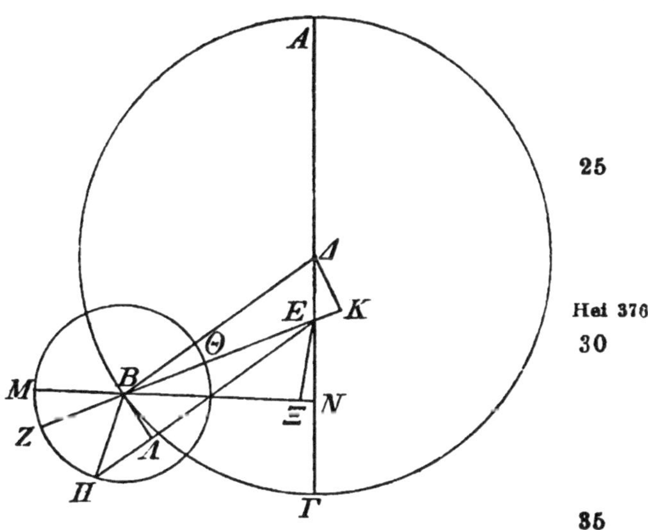

A. Da das Doppelte der mittleren Elongation der Sonne und des Mondes (von ♋ 12°5′ bis ♌ 27°20′) 90°30′ beträgt, so ist aus den früher (S. 272,18) erörterten theoretischen Gründen

$$\angle \mathsf{AEB} = 90^\circ 30' \text{ wie } 4R = 360^\circ,$$
$$= 181^\circ \text{ wie } 2R = 360^\circ.$$

Nun fälle man auf die Verlängerung von BE von Δ das Lot ΔK, so ist

$$\angle \Delta\mathsf{EK} = 179^\circ \text{ als Nebenwinkel,}$$

Hei 377 folglich $\left\{\begin{array}{l} b\,\Delta\mathsf{K} = 179^\circ \\ b\,\mathsf{EK} = 1^\circ \end{array}\right\}$ wie ⊖ ΔKE = 360°,

also $\left\{\begin{array}{l} s\,\Delta\mathsf{K} = 119^p 59' \\ s\,\mathsf{EK} = 1^p\ 3' \end{array}\right\}$ wie $h\,\Delta\mathsf{E} = 120^p$.

Ha 306 Setzt man $\Delta\mathsf{E} = 10^p 19'$ als *vbl* wie *exhm* $\Delta\mathsf{B} = 49^p 41'$,

so wird $\Delta\mathsf{K} = 10^p 19'$ und $\mathsf{EK} = 0^p 5'$.

Nun ist $\Delta\mathsf{B}^2 - \Delta\mathsf{K}^2 = \mathsf{BK}^2$,

mithin $\mathsf{BK} = 48^p 36'$,

folglich $\mathsf{EB} = \mathsf{BK} - \mathsf{EK} = 48^p 31'$.

B. Es betrug (S. 275,17) die Elongation des gleichförmigen Mondes von der genauen Sonne 46°40′, und (S. 275,6) die Elongation des genauen 48°6′; folglich beträgt die Anomaliedifferenz + 1°26′.[a] Der Mond sei demnach, weil er in der Nähe des Apogeums des Epizykels stand, in Punkt H angenommen. Man ziehe die Verbindungslinien EH und BH und fälle von B auf EH das Lot BΛ. Dann ist

$$\angle \mathsf{BE\Lambda} = 1^\circ 26' \text{ wie } 4R = 360^\circ,$$
$$= 2^\circ 52' \text{ wie } 2R = 360^\circ,$$

folglich $b\,\mathsf{B\Lambda} = 2^\circ 52'$ wie ⊖ BΛE = 360°,

Hei 378 also $s\,\mathsf{B\Lambda} = 2^p 59'$ wie $h\,\mathsf{EB} = 120^p$.

---

a) Der genaue Ort des Mondes ist dem mittleren um diesen Betrag voraus, wird also durch Addition dieses Betrags aus dem mittleren gefunden. Der von Ptolemäus berechnete mittlere Ort ♌ 27°20′ bleibt, um 1°26′ vermehrt, mit 28°46′ allerdings noch 14′ hinter dem von Hipparch beobachteten genauen Ort ♌ 29° zurück.

Setzt man EB = $48^p 31'$ wie *ephm* BH = $5^p 15'$,
so wird BΛ = $1^p 12'$ in diesem Maße.

Setzt man *h* BH = 120^p,
so wird *s* BΛ = $27^p 34'$ in diesem Maße,
also *b* BΛ = $26^\circ 34'$ wie ⊖ BΛH = 360°;
mithin ∠ BHΛ = $26^\circ 34'$ wie $2R = 360^\circ$. Ha 307

(Nun war ∠ BEΛ = $2^\circ 52'$ wie $2R = 360^\circ$,)
folglich ∠ ZBH = $29^\circ 26'$ als Summe,
= $14^\circ 43'$ wie $4R = 360^\circ$,
mithin *b* HZ = $14^\circ 43'$ wie $4R = 360^\circ$.

Hiermit ist der Epizykelbogen gefunden, welcher das Intervall vom Monde bis zu dem genauen Apogeum mißt.

C. Da der Mond zur Zeit der Beobachtung vom mittleren Apogeum $333^\circ 12'$ entfernt war, so wird als Ergänzung zum Kreise, nachdem wir das mittlere Apogeum in M angenommen, die Verbindungslinie MBN gezogen und auf dieselbe von E das Lot EΞ gefällt haben,

b HZM = $26^\circ 48'$.
(Nun war *b* HZ = $14^\circ 43'$,)
folglich *b* ZM = $12^\circ 5'$ als Differenz,
mithin ∠ MBZ = $12^\circ 5'$ wie $4R = 360^\circ$.
= $24^\circ 10'$ wie $2R = 360^\circ$.

Es ist aber ∠ EBΞ = ∠ MBZ, (als Scheitelwinkel)
folglich auch ∠ EBΞ = $24^\circ 10'$ wie $2R = 360^\circ$,
mithin *b* EΞ = $24^\circ 10'$ wie ⊖ EΞB = 360°,
also *s* EΞ = $25^p 7'$ wie *h* EB = 120^p. Hei 379

Setzt man EB = $48^p 31'$ wie *vbl* ΔE = $10^p 19'$,
so wird EΞ = $10^p 8'$ in diesem Maße.

Nun ist ∠ AEB = 181° wie $2R = 360^\circ$, (S. 276,6)
und ∠ EBN = $24^\circ 10'$ wie $2R = 360^\circ$, (s. Z. 24)
folglich ∠ ENB = $156^\circ 50'$ als Differenz,
mithin *b* EΞ = $156^\circ 50'$ wie ⊖ EΞN = 360°
also *s* EΞ = $117^p 33'$ wie *h* EN = 120^p. Ha 308

Setzt man $E\Xi = 10^p\ 8'$ wie *vbl* $\Delta E = 10^p 19'$,
so wird $EN = 10^p 20'$ in diesem Maße.

Auch aus dieser Beweisführung geht also hervor, daß die Strecke EN, welche die Gerade MB abgrenzt, deren Neigung durch das mittlere Apogeum M hindurch auf N zu gerichtet ist, ohne merklichen Fehler gleich ist der Strecke ΔE, der Verbindungslinie der Mittelpunkte.

Auch aus einer Mehrzahl von anderen Beobachtungen fanden wir als Ergebnis nahezu dieselben Verhältnisse, so daß hieraus mit Sicherheit folgende Eigentümlichkeit hervorgeht, die sich nur bei der Hypothese des Mondes hinsichtlich der Neigung des Epizykels bemerkbar macht. Die Herumleitung des Mittelpunktes des Epizykels geht zwar um den Mittelpunkt E der Ekliptik vor sich, allein der Epizykeldurchmesser, welcher konstant denselben Punkt als
Hei 380 das mittlere Apogeum des Epizykels bestimmt, hält nicht mehr die Neigung nach E, dem Zentrum der gleichförmigen Herumleitung ein, wie bei den anderen Planeten, sondern ist jederzeit nach Punkt N gerichtet unter Wahrung desselben Intervalls, welches nach der anderen Seite hin die Verbindungslinie ΔE der Mittelpunkte einhält.

Sechstes Kapitel.

Gewinnung des genauen Mondlaufs aus den periodischen Bewegungen auf dem Wege geometrischer Konstruktion.

Nachdem die vorstehenden Beweise geliefert sind, dürfte sich daran folgerichtig die Darstellung der Methode knüpfen, nach welcher wir bei den beliebigen Positionen des Mondes (auf dem Epizykel) unter Feststellung der Epochen seiner mittleren Bewegungen (in Länge und Anomalie), d. i. aus
Ha 309 der Zahl der Elongation (von dem Apogeum des Exzenters) und aus der Zahl (der Anomalie), welche die Stelle des Mondes auf dem Epizykel angibt, die auf den mittleren Lauf in Länge (d. i. auf den Ort des Epizykelmittelpunktes) entfallende positive oder negative Anomaliedifferenz finden

können. Die Berechnung dieses Betrags erfolgt auf dem Wege geometrischer Konstruktion nach ganz ähnlichen theoretischen Beweisgängen, wie sie oben von uns zur Anwendung gebracht worden sind.

Um ein Beispiel zu bieten, wollen wir an der letzten der vorstehenden Figuren dieselben periodischen Bewegungen der Elongation (d. i. der Entfernung in Länge vom Apogeum des Exzenters S. 276,2) und der Anomalie (d. i. der Entfernung von dem mittleren Apogeum des Epizykels S. 275,19) gegeben sein lassen, d. h. für die Elongation (vom Apogeum des Exzenters) die aus der Verdoppelung (der Elongation von der Sonne) gewonnenen $90^0 30'$, und für die Anomalie die von dem mittleren Apogeum des Epizykels ab gezählten Hei 381
$333^0 12'$. Anstatt der Lote ΕΞ und ΒΛ fälle man die Lote ΝΞ und ΗΛ.

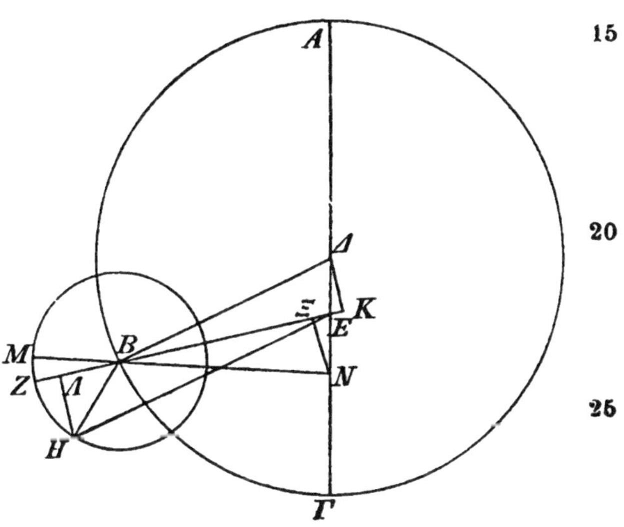

A. Daraus, daß die beiden Winkel am Zentrum Ε (∠ ΑΕΒ und ∠ ΔΕΚ) gegeben und die Hypotenusen ΔΕ und ΕΝ einander gleich sind, wird sich wieder auf demselben Wege (wie S. 276,15) der Nachweis führen lassen, daß

$$\left.\begin{array}{l} \Delta K = N\Xi = 10^p 19' \\ EK = E\Xi = \ \ 0^p \ \ 5' \end{array}\right\} \text{ wie } \left\{\begin{array}{l} exhm\ \Delta B = 49^p 41', \\ ephm\ BH = \ \ 5^p 15'. \end{array}\right.$$

Hieraus folgt weiter, wie wir schon vorher (a. a. O.) nachgewiesen haben (weil $\Delta B^2 - \Delta K^2 = BK^2$), daß

$BK = 48^p 36'$ in diesem Maße,

folglich $EB = BK - EK = 48^p 31'$,

und $B\Xi = EB - E\Xi = 48^p 26'$.

Nun ist auch $B\Xi^2 + N\Xi^2 = BN^2$,

folglich $BN = 49^p 31'$ wie $N\Xi = 10^p 19'$.

Setzt man $h\,BN = 120^p$,

Hei 382 so wird $s\,N\Xi = 25^p$ in diesem Maße;

Ha 310 also $b\,N\Xi = 24^\circ\ 3'$ wie $\ominus\, N\Xi B = 360^\circ$,

mithin $\angle NB\Xi = 24^\circ\ 3'$ wie $2R = 360^\circ$.

Es ist aber $\angle ZBM = \angle NB\Xi$, (als Scheitelwinkel)

folglich auch $\angle ZBM = 24^\circ\ 3'$ wie $2R = 360^\circ$,

$= 12^\circ\ 1'$ wie $4R = 360^\circ$.

Hiermit ist die Größe des Epizykelbogens ZM gefunden.

B. Da der Punkt H, wo der Mond steht, von dem mittleren Apogeum (M) die zu einem Kreise (an $333^\circ 12'$) fehlenden $26^\circ 48'$ entfernt ist, so ist als Differenz (der Bogen HZM und ZM)

$b\,HZ = 14^\circ 47'$ (wie $4R = 360^\circ$);

mithin $\angle HBZ = 14^\circ 47'$ wie $4R = 360^\circ$,

$= 29^\circ 34'$ wie $2R = 360^\circ$;

folglich $\left\{ \begin{array}{l} b\,H\Lambda = 29^\circ 34' \\ b\,\Lambda B = 150^\circ 26' \end{array} \right\}$ wie $\ominus\, H\Lambda B = 360^\circ$,

also $\left\{ \begin{array}{l} s\,H\Lambda = 30^p 37' \\ s\,\Lambda B = 116^p\ 2' \end{array} \right\}$ wie $h\,BH = 120^p$.

Setzt man *ephm* $BH = 5^p 15'$ wie $EB = 48^p 31'$, (s. Z. 2)

so wird $H\Lambda = 1^p 20'$ und $\Lambda B = 5^p 5'$,

Hei 383 folglich $E\Lambda = EB + \Lambda B = 53^p 36'$.

Ha 311 Nun ist $E\Lambda^2 + H\Lambda^2 = EH^2$,

mithin $EH = 53^p 37'$ (wie $H\Lambda = 1^p 20'$).

Setzt man $h\,EH = 120^p$,

so wird $s\,H\Lambda = 2^p 59'$ in diesem Maße,

also $b\,H\Lambda = 2^\circ 52'$ wie $\ominus\, H\Lambda E = 360^\circ$,

mithin $\angle HE\Lambda = 2^{0}52'$ wie $2R = 360^{0}$,
$= 1^{0}26'$ wie $4R = 360^{0}$.

Hiermit ist der Winkel der Anomaliedifferenz gefunden, was das Endziel des Beweises war.

Siebentes Kapitel.

Praktische Anleitung zur Aufstellung einer Tabelle der Gesamtanomalie des Mondes.

Um wieder durch Aufstellung einer Tabelle die sofortige Berechnung der Prosthaphäresisbeträge von Fall zu Fall auf methodischem Wege ausführbar zu machen, haben wir die nach der einfachen Hypothese früher (Buch IV, Kap. 10) von uns aufgestellte Tabelle durch Hinzufügung von Spalten ergänzt, welche durch ein bequemes Korrektionsverfahren auch die Anbringung der zweiten Anomalie ermöglichen. Diese Aufgabe haben wir wieder wie bisher, auf dem Wege der geometrischen Konstruktion gelöst.

Nach den ersten zwei Spalten, welche die Argumentzahlen bieten, haben wir eine dritte Spalte eingeschoben, welche zu der Argumentzahl der Anomalie die Prosthaphäresisbeträge Hei 384
angibt, die dazu dienen sollen, die von dem mittleren Apogeum, d. i. von M ab gezählte, aus dem mittleren Lauf gewonnene (Anomalie-) Zahl auf das genaue Apogeum, d. i. Z, zu reduzieren. So hatten wir (S. 280,12) bei der ge- Ha 312
gebenen Elongation (vom Apogeum des Exzenters) von $90^{0}30'$ den Bogen ZM mit $+12^{0}1'$ nachgewiesen, um bei der $333^{0}12'$ betragenden Entfernung des Mondes von dem mittleren Apogeum M ohne weiteres seine Entfernung von dem genauen Apogeum Z mit $345^{0}13'$ zu finden, weil nach Maßgabe letzterer Zahl die infolge (der Stellung) des Epizykels (auf dem Exzenter) eintretende Prosthaphäresis zur mittleren Bewegung in Länge[a] gewonnen werden muß. So wie hier haben wir auch bei den anderen Argumentzahlen der Elongation

a) D. i. zur gleichförmigen Bewegung des Epizykelmittelpunktes.

(vom Apogeum des Exzenters) in Abschnitten, welche die Symmetrie der Anordnung zu wahren geeignet sind, die auf sie entfallenden Größenbeträge der betreffenden Prosthaphäresis auf demselben Wege, um uns nicht in jedem Einzelfall in lange Erörterungen einzulassen, festgestellt und zu jeder Argumentzahl gehörigen Ortes in der dritten Spalte hinzugesetzt.

Von den folgenden Spalten wird die vierte die früher in der ersten Tabelle (Buch IV, Kap. 10) angesetzten Anomaliedifferenzen enthalten, welche der (Lauf auf dem) Epizykel verursacht, wo wir fanden, daß bei dem Verhältnis $60^p : 5^p 15'$ das Maximum der Prosthaphäresis den Wert $5^0 1'$ erreicht. Die fünfte Spalte wird die Überschüsse der Differenzen enthalten, welche sich infolge der zweiten Anomalie im
Hei 385 Vergleich zur ersten ergeben, wo wir bei dem Verhältnis $(39^p 22' : 5^p 15' =) \; 60 : 8$[a] gleichfalls als das Maximum der Prosthaphäresis $7^0 40'$ feststellten. (Diese Art der Trennung der beiden Anomalien hat den Zweck, daß) die vierte Spalte diene für die Stellung des Epizykels im Apogeum des Exzenters, welche in den Syzygien eintritt, die fünfte für die Überschüsse, welche infolge der im Perigeum des Exzenters in den Quadraturen zustande kommenden (zweiten) Anomalie zu addieren sind.

Ha 313 Damit auch für die zwischen Syzygie und Quadratur liegenden Stellungen des Epizykels die auf sie entfallenden Bruchteile der (in der fünften Spalte) angesetzten Überschüsse entsprechend gewonnen werden, haben wir die sechste Spalte hinzugefügt, welche die Sechzigteile enthält, die für jede Argumentzahl der Elongation (vom Apogeum des Exzenters) von dem (in der fünften Spalte) angesetzten Unterschied genommen und zu dem nach der ersten Anomalie in der vierten Spalte angesetzten Prosthaphäresisbetrag addiert werden müssen. Diese Sechzigteile sind von uns auf folgendem Wege festgestellt worden.

---

a) Nach dem Verhältnis $16 : 120 = 5\,{}^1\!/_4 : x$ (S. 268,30) erhält man die mittlere Entfernung im Perigeum des Exzenters mit $39\,{}^3\!/_8$. Nun ist auf das genaueste $39\,{}^3\!/_8 : 5\,{}^1\!/_4 = 60 : 8$.

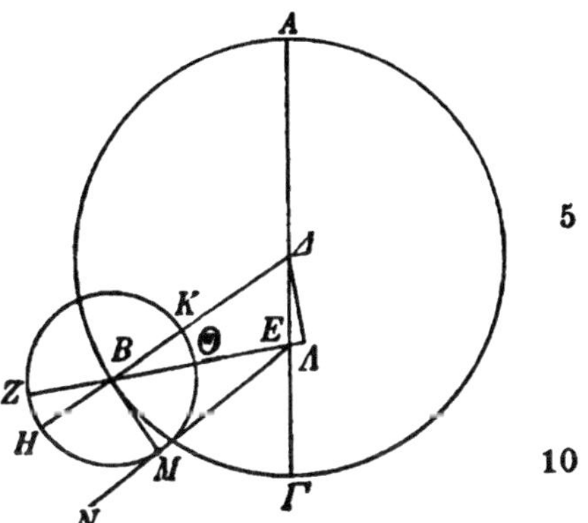

Es sei wieder ABΓ der Exzenter des Mondes um das Zentrum Δ und den Durchmesser AΔΓ. Auf letzterem sei als Mittelpunkt der Ekliptik der Punkt E angenommen. Man trage den Bogen AB ab, beschreibe um B den Epizykel ZHΘK und ziehe durch ihn die Gerade EBZ.

Gegeben sei beispielshalber 60° Elongation (von der mittleren Sonne). Demnach ist wieder aus demselben Grunde wie in den oben geführten Beweisen ∠ AEB gleich 120°, d. i. das Doppelte der gegebenen Elongation. Auf die Ver- Hei 386
längerung der Geraden BE fälle man von Δ das Lot ΔΛ und ziehe (durch den Epizykel) die Gerade HBKΔ. Angenommen sei, daß die vom Mittelpunkt E nach dem Mond gezogene Gerade EMN eine Tangente des Epizykels sei, damit das Maximum der Anomaliedifferenz eintrete. Nun ziehe man noch die Verbindungslinie BM. Es ist also

$$\angle\, \mathrm{AEB} = 120^{\circ} \text{ wie } 4R = 360^{\circ},$$
$$= 240^{\circ} \text{ wie } 2R = 360^{\circ};$$

folglich $\angle\, \Delta\mathrm{E}\Lambda = 120^{\circ}$ wie $2R = 360^{\circ}$ als Nebenwinkel,

mithin $\left\{\begin{array}{l} b\,\Delta\Lambda = 120^{\circ} \\ ,b\,\mathrm{E}\Lambda = 60^{\circ} \end{array}\right\}$ wie $\ominus\, \Delta\Lambda\mathrm{E} = 360^{\circ}$; Ha 314

also $\left\{\begin{array}{l} s\,\Delta\Lambda = 103^{p}\,55' \\ ,s\,\mathrm{E}\Lambda = 60^{p} \end{array}\right\}$ wie $h\,\Delta\mathrm{E} = 120^{p}$.

Setzt man $\Delta\mathrm{E} = 10^{p}\,19'$ wie $\left|\begin{array}{l} \Delta\mathrm{B} = 49^{p}\,41' \\ (\mathrm{BM} = 5^{p}\,15'), \end{array}\right.$ Hei 387

so wird $\Delta\Lambda = 8^{p}\,56'$ und $\mathrm{E}\Lambda = 5^{p}\,10'$.

Nun ist $\Delta\mathrm{B}^2 - \Delta\Lambda^2 = \mathrm{B}\Lambda^2$,

folglich $\mathrm{B}\Lambda = 48^{p}\,53'$;

mithin $EB = B\Lambda - E\Lambda = 43^p 43'$ wie $BM = 5^p 15'$.
Setzt man $h\,EB = 120^p$,
so wird $s\,BM = 14^p 25'$ in diesem Maße;
also $b\,BM = 13^0 48'$ wie $\ominus\,BME = 360^0$,
mithin $\angle\,BEM = 13^0 48'$ wie $2R = 360^0$,
$= 6^0 54'$ wie $4R = 360^0$.

Hiermit ist der Winkel gefunden, welcher bei dem gegebenen Betrag der Elongation (von 60^0 bzw. 120^0) das Maximum der Anomaliedifferenz mißt. Dasselbe zeigt also gegen das Maximum von $5^0 1'$ im Apogeum (des Exzenters) eine Differenz von $1^0 53'$. Nun beträgt (S. 265,6) die ganze Differenz, welche bis zum Perigeum eintritt, $2^0 39'$. Setzen wir dieses Maximum der Differenz gleich $60'$, so werden wir für den Überschuß von $1^0 53'$ den Bruchteil $42' 38''$ erhalten.
Hei 388 Diesen Betrag werden wir zu der Argumentzahl 120 der Elongation (von dem Apogeum des Exzenters) in die sechste Spalte setzen.

Ebenso haben wir auch für die übrigen Gradabschnitte die in diesem Sinne genommenen Bruchteile der Differenz beider Anomalien wieder auf demselben Wege berechnet und
Ha 315 zu der betreffenden Argumentzahl die auf sie entfallenden Sechzigteile des bei ihr (in der fünften Spalte) angegebenen Überschusses hinzugesetzt. Der volle Betrag $60'$ steht natürlich bei der doppelten Argumentzahl der Elongation von 90^0, welche auf den Grad 180, d. h. auf das Perigeum des Exzenters fällt.

Schließlich haben wir eine siebente Spalte hinzugefügt, welche die Örter des Mondes in Breite nördlich und südlich der Ekliptik enthält, gemessen auf dem durch die Pole der Ekliptik gehenden Kreise, d. h. sie bietet, von Ort zu Ort auf dem schiefen Kreise fortschreitend, die Bogen dieses (Breiten-) Kreises, welche zwischen der Ekliptik und dem mit ihr konzentrischen schiefen Kreise des Mondes liegen. Wir haben für diesen Zweck dasselbe Verfahren angewendet, nach welchem wir schon (Buch I, Kap. 14) die zwischen

Äquator und Ekliptik liegenden Bogen des durch die Pole des Äquators gehenden (Deklinations-) Kreises berechnet haben, natürlich mit dem Unterschied, daß im vorliegenden Fall der zwischen der Ekliptik und dem nördlichen oder dem südlichen Grenzpunkt des schiefen Kreises liegende Bogen 5^0 (statt wie dort $23\frac{1}{2}^0$) beträgt. Denn dieses Maximum des Mondlaufs beiderseits der Ekliptik wird nicht nur auf dem Wege der Rechnung von uns, genau wie es schon dem Hipparch geglückt ist, mit Hilfe der in den nördlichsten und den südlichsten Positionen sich zeigenden Erscheinungen[a] ohne merklichen Fehler gewonnen, sondern auch so ziemlich die gesamte Handhabung der Beobachtungen Hei 389 des Mondes, mögen sie nun theoretisch mit Bezug auf die Fixsterne oder mit Hilfe der Instrumente angestellt werden, steht mit diesem Maximum des Laufs in Breite im besten Einklang, wie auch aus den noch weiterhin zu führenden Beweisen zur Genüge hervorgehen wird.

Achtes Kapitel.

Die Tabelle der Gesamtanomalie des Mondes

gestaltet sich demnach folgendermaßen (s. S. 286). {Ha 316 Hei 390

Neuntes Kapitel.

Gesamtberechnung des Mondlaufs nach der Tabelle.

Jedesmal, wenn wir nach dem Ansatz der Tabelle die {Ha 318 Hei 392 Berechnung der Anomalie des Mondes vorzunehmen beabsichtigen, stellen wir zunächst für den in Alexandria zugrunde gelegten Zeitpunkt die mittleren Bewegungen des Mondes in Länge, Elongation, Anomalie und Breite in der dargelegten Weise (nach den Mondtafeln) fest.[35] Alsdann verdoppeln wir jedesmal die zunächst ermittelte Zahl der

a) Gemeint sind die scheinbaren Örter des Mondes bei größter nördlicher oder südlicher Breite.

1	2	3		4		5		6		7		
Gemeinsame Argumentzahlen		Unterschied des genauen Apogeums		Prosthaphäresis der 1. Anomalie		Überschuß der 2. Anomalie		Sechzigstel		Breite		
6°	354°	0°	53′	0°	29′	0°	14′	0′	12″	4°	58′	→ Nö
12	348	1	46	0	57	0	28	0	24	4	54	Gr
18	342	2	39	1	25	0	42	1	20	4	45	pu
24	336	3	31	1	53	0	56	2	16	4	34	
30	330	4	23	2	19	1	10	3	24	4	20	
36	324	5	15	2	44	1	23	4	32	4	3	
42	318	6	7	3	8	1	35	6	25	3	43	
48	312	6	58	3	31	1	45	8	18	3	20	
54	306	7	48	3	51	1	54	10	22	2	56	
60	300	8	36	4	8	2	3	12	26	2	30	
66	294	9	22	4	24	2	11	15	5	2	2	
72	288	10	6	4	38	2	18	17	44	1	33	
78	282	10	48	4	49	2	25	20	34	1	3	
84	276	11	27	4	56	2	31	23	24	0	32	
90	270	12	0	4	59	2	35	26	36	0	0	→
93	267	12	15	5	0	2	37	28	12	0	16	Kn
96	264	12	28	5	1	2	38	29	49	0	32	
99	261	12	39	5	0	2	39	31	25	0	48	
102	258	12	48	4	59	2	39	33	1	1	3	
105	255	12	56	4	57	2	39	34	37	1	17	
108	252	13	3	4	53	2	38	36	14	1	33	
111	249	13	6	4	49	2	38	37	50	1	48	
114	246	13	9	4	44	2	37	39	26	2	2	
117	243	13	7	4	38	2	35	41	2	2	16	
120	240	13	4	4	31	2	32	42	38	2	30	
123	237	12	59	4	24	2	28	44	3	2	43	
126	234	12	50	4	16	2	24	45	28	2	56	
129	231	12	36	4	7	2	20	46	53	3	8	
132	228	12	16	3	57	2	16	48	18	3	20	
135	225	11	54	3	46	2	11	49	32	3	32	
138	222	11	29	3	35	2	5	50	45	3	43	
141	219	11	2	3	23	1	58	51	59	3	53	
144	216	10	33	3	10	1	51	53	12	4	3	
147	213	10	0	2	57	1	43	54	3	4	11	
150	210	9	22	2	43	1	35	54	54	4	20	
153	207	8	38	2	28	1	27	55	45	4	27	
156	204	7	48	2	13	1	19	56	36	4	34	
159	201	6	56	1	57	1	11	57	15	4	40	
162	198	6	3	1	41	1	2	57	55	4	45	
165	195	5	8	1	25	0	52	58	35	4	50	
168	192	4	11	1	9	0	42	59	4	4	54	
171	189	3	12	0	52	0	31	59	26	4	56	Sü
174	186	2	11	0	35	0	21	59	37	4	58	Gre
177	183	1	7	0	18	0	10	59	49	4	59	pu
180	180	0	0	0	0	0	0	60	0	5	0	→

Elongation, ziehen, wenn es geht, einen Kreis ab und
gehen (mit der so gewonnenen Zahl) in die Tabelle der
Anomalie ein. Wenn die verdoppelte Zahl bis 180° geht,
so werden wir die in der dritten Spalte bei ihr stehenden
Grade zu den mittleren Graden[a] der Anomalie *addieren*;
geht sie aber über 180° hinaus, so werden wir diese Grade davon
abziehen. Mit der erhaltenen genauen Zahl[b] der Anomalie
werden wir nun in dieselbe Tabelle eingehen und uns erst
die in der vierten Spalte bei ihr stehende Prosthaphäresis,
alsdann den in der fünften Spalte dabeistehenden Überschuß
getrennt notieren. Hierauf gehen wir wieder mit der verdoppelten Zahl der mittleren Elongation in dieselben Spalten
ein, nehmen so viel Sechzigteile des notierten Überschusses, Ha 319
als in der sechsten Spalte zu der Argumentzahl gesetzt sind,
und addieren dieselben jedesmal zu der in der vierten Spalte Hei 393
angesetzten Prosthaphäresis. Wenn die genaue Zahl der
Anomalie bis 180° geht, werden wir die erhaltene Summe
der Grade von den mittleren Graden der Länge und der Breite[c]
abziehen; geht sie aber über 180° hinaus, so werden wir
sie dazu *addieren*. Von den als Ergebnis gewonnenen
Zahlen zählen wir nun die Zahl der *Länge* von dem für die
Epoche (S. 236,20) festgestellten Gradansatz (♉ 11°22′) aus
weiter und werden sagen, daß dort, wo sie ausgeht, der
genaue Ort des Mondes sei.

Mit der von dem nördlichen Grenzpunkt ab gerechneten Zahl der *Breite* aber werden wir wieder in dieselbe Tabelle eingehen. So viel Grade, als in der siebenten Spalte der Breite bei der betreffenden Argumentzahl stehen, wird das Zentrum des Mondes von der Ekliptik auf dem durch ihre Pole gezogenen größten (Breiten-) Kreis Abstand haben, und zwar, wenn die als Argument gebrauchte Zahl in den

---

a) D. s. die von dem *mittleren* Apogeum des Epizykels gezählten Grade der Anomalie.

b) D. i. die von dem *genauen* oder scheinbaren Apogeum des Epizykels gerechnete Zahl der Anomalie.

c) Wie sie durch die Rechnung nach den Mondtafeln an die Hand gegeben sind.

ersten 15 Zeilen steht, nach Norden, wenn sie in den tieferen Zeilen steht, nach Süden. Denn die erste Spalte der Argumentzahlen betrifft den Lauf des Mondes von Norden nach Süden, die zweite Spalte den Lauf von Süden nach Norden.

Zehntes Kapitel.

Nachweis, daß in den Syzygien infolge des Exzenters des Mondes keine wesentliche Differenz eintritt.

Ha 320 Hei 394 Da man mit Fug und Recht die zweifelnde Frage aufwerfen dürfte, ob nicht auch bei den Konjunktionen und Vollmonden und den bei ihnen eintretenden Finsternissen eine beträchtliche Differenz auch infolge des Exzenters des Mondes als Begleiterscheinung sich einstellen könnte, weil bei ihnen durchaus nicht jedesmal der Mittelpunkt des Epizykels gerade genau im Apogeum (des Exzenters) stehen muß, sondern auch eine ziemliche Bogenstrecke davon entfernt sein kann — nur für die theoretisch im Mittel betrachteten Syzygien sind die Stellungen (des Epizykels) im Apogeum selbst maßgebend, während die genauen Konjunktionen und Vollmonde unter Berücksichtigung der beiden Lichtkörpern eigenen Anomalie bestimmt werden —, so wollen wir versuchen klarzustellen, daß eine derartige Differenz in den Syzygien hinsichtlich der Erscheinungen[a)] keinen beträchtlichen Fehler zu bewirken vermag, auch wenn der infolge der Exzentrizität des Kreises eintretende Unterschied (der Anomaliedifferenz)[b)] bei der Berechnung (des Eintritts der genauen Syzygien) nicht mit in Betracht gezogen wird.

Es sei ABΓ der Exzenter des Mondes um das Zentrum Δ und den Durchmesser AΔΓ. Auf letzterem sei der Mittelpunkt der Ekliptik in Punkt E angenommen, und der auf der
Hei 395

a) D. i. hinsichtlich der scheinbaren Örter von Sonne und Mond, welche bei den genauen Syzygien in Betracht kommen.

b) Die Anomaliedifferenz muß ja mit der größeren Erdnähe, die eintritt, wenn der Epizykel nicht genau im Apogeum des Exzenters steht, größer werden.

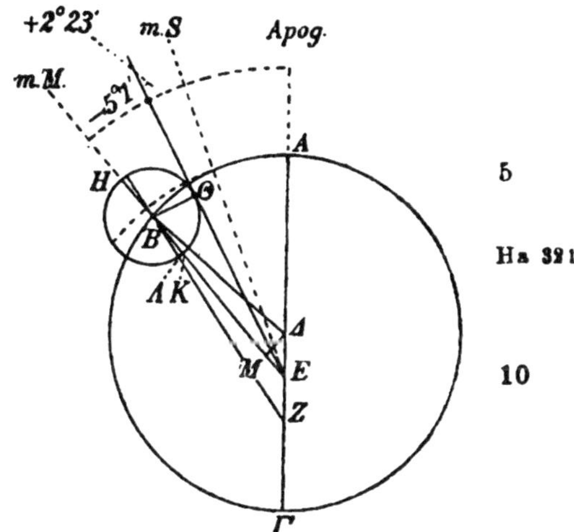

entgegengesetzten Seite von Δ gelegene Punkt der Neigung (des Epizykels) in Punkt Z. Von dem Apogeum A aus trage man den Bogen AB ab, beschreibe um B den Epizykel Ha 321
HΘKΛ und ziehe die Verbindungslinien BΔ, HBKE, BΛZ.

Zwei Punkte sind zu berücksichtigen, weshalb in der Größe der Anomaliedifferenz ein Unterschied gegen die Stellung des Epizykels im Apogeum A eintreten kann:

erstens, weil der Epizykel, wenn er in größere Erdnähe gelangt, einen größeren Winkel[a] bei E bildet;

zweitens, weil die Neigung des (Epizykel-)Durchmessers, auf welchem das mittlere Apogeum und Perigeum liegt, dann nicht mehr nach dem Mittelpunkt E, sondern nach Z gerichtet ist.

Das Maximum des Unterschieds infolge des ersten Grundes tritt ein, wenn auch die Anomaliedifferenz des Mondes ihr Maximum erreicht[b], das Maximum infolge des zweiten Grundes, wenn der Mond in der Nähe des Apogeums oder Perigeums des Epizykels steht.[c] Es ist daher klar, daß zu der Zeit, wo der infolge des ersten Grundes sich geltend machende Unterschied sein Maximum zeigt, der aus dem zweiten Grund eintretende Unterschied ganz unmerklich sein wird, weil der Mond, wenn er an den Tangenten des
Epizykels steht, auf eine ziemliche Strecke hin die Prosth- Hei 396

a) D. h. Gesichtswinkel, der den Epizykel umspannt; s. S. 263, 18.

b) D. h. wenn der Mond an den Tangenten des Epizykels steht.

c) Nur dann kann sich der Unterschied zwischen dem genauen und dem mittleren Apogeum oder Perigeum geltend machen.

aphäresis bei unveränderter Größe beläßt.[a)] Dagegen wird es möglich sein, daß die genaue Syzygie von der mittleren um die S u m m e der beiden Anomaliedifferenzen abweicht, welche die beiden Lichtkörper zeigen, wenn die Differenz des einen Lichtkörpers positiv, die des anderen negativ ist.

Anderseits ist wieder zu der Zeit, wo der aus dem zweiten Grund infolge der Neigung sich geltend machende Unterschied sein Maximum erreicht, der aus dem ersten Grund eintretende Unterschied unmerklich, weil die ganze Anomaliedifferenz gleich Null wird oder wenigstens ganz klein ist, wenn der Mond in der Nähe des Apogeums oder Perigeums
Ha 322 des Epizykels steht. In diesem Falle wird die genaue Syzygie von der theoretisch im Mittel betrachteten lediglich um die Anomaliedifferenz der Sonne abweichen.

I. So sei denn angenommen, daß die Sonne das Maximum von $+\,2^{0}23'$, der Mond dagegen das Maximum von $-\,5^{0}1'$ bewirke, damit $\angle\,\mathsf{AEB}$ das Doppelte der Summe $7^{0}24'$, d. i. $14^{0}48'$ betrage. Man ziehe von E an den Epizykel die Tangente $\mathsf{E\Theta}$, sowie (von B) die zu ihr (nach Eukl. III. 18) senkrechte Verbindungslinie $\mathsf{B\Theta}$ und fälle noch von Δ auf BE das Lot $\Delta\mathsf{M}$. Es ist also

$$\angle\,\mathsf{AEB} = 14^{0}48' \text{ wie } 4R = 360^{0},$$
$$= 29^{0}36' \text{ wie } 2R = 360^{0};$$

Hei 397

$$\text{folglich} \quad \left\{\begin{array}{l} b\,\Delta\mathsf{M} = 29^{0}36' \\ b\,\mathsf{EM} = 150^{0}24' \end{array}\right\} \text{wie } \ominus\,\Delta\mathsf{ME} = 360^{0},$$

$$\text{also} \quad \left\{\begin{array}{l} s\,\Delta\mathsf{M} = 30^{p}39' \\ s\,\mathsf{EM} = 116^{p}\ 1' \end{array}\right\} \text{wie } h\,\Delta\mathsf{E} = 120^{p}.$$

$$\text{Setzt man} \quad vbl\,\Delta\mathsf{E} = 10^{p}19' \text{ wie } exhm\,\mathsf{B}\Delta = 49^{p}41',$$
$$\text{so wird} \quad \Delta\mathsf{M} = 2^{p}38' \text{ und } \mathsf{EM} = 9^{p}59'.$$
$$\text{Nun ist} \quad \mathsf{B}\Delta^{2} - \Delta\mathsf{M}^{2} = \mathsf{BM}^{2},$$
$$\text{folglich} \quad \mathsf{BM} = 49^{p}37',$$
$$\text{mithin} \quad \mathsf{EB} = \mathsf{BM} + \mathsf{EM} = 59^{p}36' \text{ wie } ephm\,\mathsf{B\Theta} = 5^{p}15'.$$

a) So daß sich bei gleichbleibender Prosthaphäresis ein merklicher Unterschied zwischen der Entfernung von dem genauen und dem mittleren Apogeum des Epizykels nicht geltend machen kann.

Setzt man $h\,EB = 120^p$, Ha 323

so wird $s\,B\Theta = 10^p 34'$ in diesem Maße,

folglich $b\,B\Theta = 10^\circ\ 6'$ wie $\ominus\,B\Theta E = 360^\circ$,

mithin $\angle\,BE\Theta = 10^\circ\ 6'$ wie $2R = 360^\circ$,

$= 5^\circ\ 3'$ wie $4R = 360^\circ$.

Somit beträgt der Winkel des Maximums der Anomaliedifferenz $5^0 3'$ anstatt $5^0 1'$, welche eintreten, wenn der Epi- Hei 398 zykel im Apogeum A steht. Es beträgt also aus dem ersten Grund der Unterschied der Anomaliedifferenz nur 2 Sechzigteile eines Grades, die noch nicht einmal einen Fehler von $^1/_{16}$ Stunde (oder $3^3/_4{}^m$) bewirken können.[a)]

II. Der Mond sei in dem mittleren Perigeum Λ angenommen, damit, wie leicht zu begreifen, der $\angle$ AEB lediglich von der Anomalie der Sonne das Doppelte, d. i. $4^0 46'$ betrage. Man ziehe an der ähnlichen Figur die Verbindungslinie EΛ, fälle auf BE von Λ das Lot ΛN und von Δ das Lot ΔM, schließlich von Z auf die Verlängerung von BE das Lot ZΞ. Der Gang des Beweises ist derselbe wie oben. Es ist

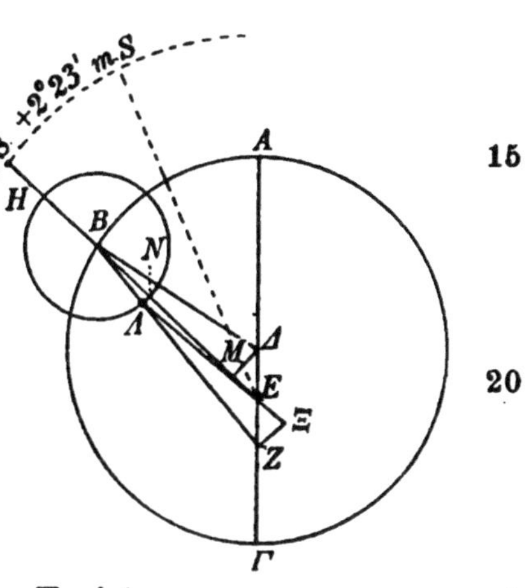

$$\angle\,AEB = 4^\circ 46' \text{ wie } 4R = 360^\circ,$$
$$= 9^\circ 32' \text{ wie } 2R = 360^\circ;$$

$$\text{folglich} \left\{ \begin{array}{l} b\,\Delta M = 9^\circ 32' \\ {}_,b\,EM = 170^\circ 28' \end{array} \right\} \text{wie } \ominus\,\Delta ME = 360^\circ;$$

$$\text{desgleichen} \left\{ \begin{array}{l} b\,Z\Xi = 9^\circ 32' \\ {}_,b\,E\Xi = 170^\circ 28' \end{array} \right\} \text{wie } \ominus\,Z\Xi E = 360^\circ;$$ {Ha 324 Hei 399}

$$\text{also} \left\{ \begin{array}{l} s\,\Delta M = 9^p 58' \\ {}_,s\,EM = 119^p 35' \end{array} \right\} \text{wie } h\,\Delta E = 120^p;$$

a) Weil der mittlere Mond stündlich $32' 56''$ in Länge zurücklegt, also in $^1/_{16}$ Stunde $2' 3'' 30''$, mithin $2'$ in weniger Zeit.

desgleichen $\left\{\begin{array}{l} s\,\mathsf{Z\Xi} = 9^p\,58' \\ {}_{,}s\,\mathsf{E\Xi} = 119^p\,35' \end{array}\right\}$ wie $h\,\mathsf{EZ} = 120^p$.

Setzt man $\Delta\mathsf{E}$ und $\mathsf{EZ} = 10^p\,19'$ wie *exhm* $\mathsf{B\Delta} = 49^p\,41'$,
so wird $\Delta\mathsf{M}$ und $\mathsf{Z\Xi} = 0^p\,51'$,
EM und $\mathsf{E\Xi} = 10^p\,17'$.

Nun ist ferner $\mathsf{B\Delta}^2 - \Delta\mathsf{M}^2 = \mathsf{BM}^2$,
folglich $\mathsf{BM} = 49^p\,41'$,

mithin $\left\{\begin{array}{l} \mathsf{EB} = \mathsf{BM} + \mathsf{EM} = 59^p\,58' \\ \mathsf{B\Xi} = \mathsf{EB} + \mathsf{E\Xi} = 70^p\,15' \end{array}\right\}$ wie $\mathsf{Z\Xi} = 0^p\,51'$,

Nun ist auch $\mathsf{B\Xi}^2 + \mathsf{Z\Xi}^2 = \mathsf{BZ}^2$,
folglich $h\,\mathsf{BZ} = 70^p\,15'$.

Es ist aber $\mathsf{BZ} : \mathsf{Z\Xi} = \mathsf{B\Lambda} : \mathsf{\Lambda N}$, (Eukl. VI. 4)
$(70^p\,15' : 0^p\,51' = \mathsf{B\Lambda} : \mathsf{\Lambda N})$
und $\mathsf{BZ} : \mathsf{B\Xi} = \mathsf{B\Lambda} : \mathsf{BN}$.
$(70^p\,15' : 70^p\,15' = \mathsf{B\Lambda} : \mathsf{BN})$

Setzt man *ephm* $\mathsf{B\Lambda} = 5^p\,15'$ wie $\mathsf{EB} = 59^p\,58'$,
so wird $\mathsf{\Lambda N} = 0^p\,4'$[a] und $\mathsf{BN} = 5^p\,15'$,[b]
Hei 400 mithin $\mathsf{NE} = \mathsf{EB} - \mathsf{BN} = 54^p\,43'$ wie $\mathsf{\Lambda N} = 0^p\,4'$.

Es ist ferner $(\mathsf{NE}^2 + \mathsf{\Lambda N}^2 = \mathsf{E\Lambda}^2$, folglich)
auch $h\,\mathsf{E\Lambda} = 54^p\,43'$ weil von NE unwesentlich [verschieden.
Setzt man $h\,\mathsf{E\Lambda} = 120^p$,
so wird $s\,\mathsf{\Lambda N} = 0^p\,8'$ in diesem Maße,
also $b\,\mathsf{\Lambda N} = 0^\circ\,8'$ wie $\ominus\,\mathsf{\Lambda NE} = 360^\circ$,
Ha 325 mithin $\angle\,\mathsf{BE\Lambda} = 0^\circ\,8'$ wie $2R = 360^\circ$,
$= 0^\circ\,4'$ wie $4R = 360^\circ$.

Das ist der Winkel, welchen der Mond infolge der Neigung (des Epizykels) nach dem Punkte Z als Unterschied (der Anomalie) bewirkt. Es beträgt demnach auch in diesem Falle der Unterschied von der Anomalie des Mondes (die gleich Null war) nur 4 Sechzigteile (eines Grades), welche

a) Aus der ersten Proportion $\mathsf{BZ} : \mathsf{Z\Xi} = \mathsf{B\Lambda} : \mathsf{\Lambda N}$, die dann lautet: $70^p\,15' : 0^p\,51' = 5^p\,15' : 0^p\,4'$.

b) Aus der zweiten Proportion $\mathsf{BZ} : \mathsf{B\Xi} = \mathsf{B\Lambda} : \mathsf{BN}$, die dann lautet: $70^p\,15' : 70^p\,15' = 5^p\,15' : 5^p\,15'$.

gleichfalls keinen beträchtlichen Fehler hinsichtlich der Erscheinungen in den Syzygien bewirken, weil sie noch nicht einmal einen Fehler von $^1/_8$ Stunde (oder $7^m 30^s$) verursachen können[a)], der sich bis zu diesem Betrage auch bei den Beobachtungen selbst in vielen Fällen nicht wider Erwarten einstellen wird.

Die vorstehenden Beweisführungen haben wir nur nebenbei mitgeteilt, nicht als ob es unmöglich wäre, zur Feststellung der Syzygien auch noch diese Unterschiede, und wenn sie noch so klein sind, mit in Rechnung zu ziehen, sondern um zu zeigen, daß von uns bei den Beweisen, die wir mit Hilfe der mitgeteilten Mondfinsternisse geführt haben, kein merkbarer Fehler gemacht worden ist, wenn wir dabei nicht die (komplizierte) Hypothese zur Anwendung gebracht haben, welche mit den Ergänzungen versehen worden ist, die sich weiterhin aus der Einführung des Exzenters ergaben.[b)]

Elftes Kapitel.

Die Parallaxen des Mondes.

Die Mittel und Wege, welche zur Feststellung des genauen Hei 401
Mondlaufs führen, dürften hiermit zur Genüge erörtert sein. Da aber bei dem Monde noch der Umstand hinzutritt, daß
sein scheinbarer Lauf für die sinnliche Wahrnehmung Ha 326
keineswegs mit dem genauen (d. i. geozentrischen) zusammenfällt, weil, wie (S. 192, 18) gesagt, die Erde zur Entfernung seiner Sphäre nicht das Verhältnis eines Punktes hat, so dürfte es dringend geboten und logisch richtig sein, sowohl wegen der übrigen Erscheinungen als auch insbesondere

a) Insofern der Mond in $^1/_8$ Stunde 4′ 7″ in Länge zurücklegt, mithin 4′ in etwas weniger Zeit. Zur Übersetzung nehme ich an, daß hinter δυνάμενα διαψεύσασθαι ausgefallen ist (vgl. Heiberg, S. 398, 4).

b) D. h. wenn wir uns bei diesen Beweisen lediglich auf die einfache Mondhypothese gestützt haben, die zur Erklärung der ersten Anomalie dient.

wegen der theoretischen Behandlung der Sonnenfinsternisse das Kapitel von den Parallaxen des Mondes anzuschließen. Denn nur mit Rücksicht auf diese wird es möglich sein, aus dem genauen Lauf, welcher von der Vorstellung auf den *Mittelpunkt* der Erde und der Ekliptik bezogen wird, auch den vom Auge des Beobachters, d. h. von irgendeinem Punkte der *Erdoberfläche* aus theoretisch betrachteten (scheinbaren) Lauf durch Rechnung zu finden, und dann wieder umgekehrt aus dem scheinbaren den genauen.

Die Behandlung dieses Gegenstandes hat sich mit dem Umstand abzufinden, daß weder die Einzelbeträge der Parallaxen ermittelt werden können, ohne daß das Verhältnis der Entfernung gegeben ist, noch das Verhältnis der Entfernung selbst bestimmt werden kann, ohne daß eine Parallaxe gegeben ist. Man kann daher bei Körpern, welche gar keine wahrnehmbare Parallaxe zeigen, d. h. bei solchen, zu
Hei 402 welchen die Erde das Verhältnis eines Punktes hat, begreiflicherweise auch das Verhältnis der Entfernung nicht bestimmen, während bei solchen Körpern, die eine Parallaxe zeigen, wie bei dem Monde, es füglich erreichbar sein dürfte, mit Hilfe einer *zunächst gegebenen* Parallaxe — eine solche Parallaxenbeobachtung kann nämlich für sich allein erzielt werden — lediglich das *Verhältnis* der Entfernung zu finden, wogegen die Ermittelung des *zahlmäßigen Betrags* der Entfernung vollständig ausgeschlossen ist.

Hipparch ist bei dem Versuch einer Parallaxengewinnung vornehmlich von der Sonne ausgegangen. Da sich nämlich
Ha 327 aus einigen anderen an der Sonne und dem Monde zutage tretenden Verhältnissen[a], von denen in den nächsten Kapiteln (14—16) die Rede sein wird, der Schluß ziehen läßt, daß,

---

a) Gemeint ist das eingangs Kap. 14 mitgeteilte Beobachtungsergebnis, daß der Durchmesser des Mondes bei den Syzygien in seiner größten Entfernung unter dem gleichgroßen Winkel erscheint, wie der konstant nahezu unter demselben Winkel erscheinende Durchmesser der Sonne, und daß dieser Winkel gemessen werden kann, d. h. daß die Größe der Durchmesser von Sonne und Mond gegeben ist.

wenn die Entfernung des einen der beiden Lichtkörper gegeben ist, auch die Entfernung des anderen sich bestimmen läßt, so versucht er durch annähernde Schätzung der Sonnenentfernung auf diesem Wege auch die Entfernung des Mondes nachzuweisen. Zuerst geht er hierbei von der Voraussetzung aus, daß die Sonne nur das Minimum einer gerade noch wahrnehmbaren Parallaxe zeige, um daraus ihre Entfernung zu bestimmen. Später aber, weil angeblich die Sonne bald gar keine wahrnehmbare, bald eine genügend große Parallaxe zeige, sucht er sein Ziel mit Hilfe der von ihm mitgeteilten Sonnenfinsternis[36] zu erreichen. Daher sind ihm auch die Verhältnisse der Mondentfernung je nach der gemachten Voraussetzung verschieden ausgefallen, da die Entfernung der Sonne durchaus zweifelhaft bleibt, nicht nur im Punkte des *Betrags* ihrer Parallaxe, sondern weil es fraglich ist, ob sie *überhaupt eine* zeigt.

Zwölftes Kapitel.
Konstruktion eines parallaktischen Instruments.

Um bei der so wichtigen Untersuchung keinerlei unsichere Hei 403
Faktoren zuzulassen, haben wir ein Instrument konstruiert, mit dessen Hilfe wir durch Beobachtung mit möglichster Genauigkeit festzustellen vermöchten, in welcher Stärke und in welchem Zenitabstand der Mond auf dem durch ihn und die Pole des Horizonts gehenden größten (Höhen-)Kreis eine Parallaxe zeigt.

Wir haben zwei vierseitige Richtscheite[a] angefertigt, Ha 398
beide nicht unter vier Ellen lang, um eine feinere Teilung zu ermöglichen, aber auch von einem angemessenen Umfang, damit sie sich nicht infolge ihrer (überwiegenden) Länge verziehen könnten, sondern allseitig genau wie nach der Schnur glatt und gerade verliefen. Auf beiden haben wir

a) Die Figur ist meiner Abhandlung: „Die Parallaxen des Mondes und seine Entfernung von der Erde nach Ptolemäus", Weltall 10. Jahrg. S. 34, entnommen.

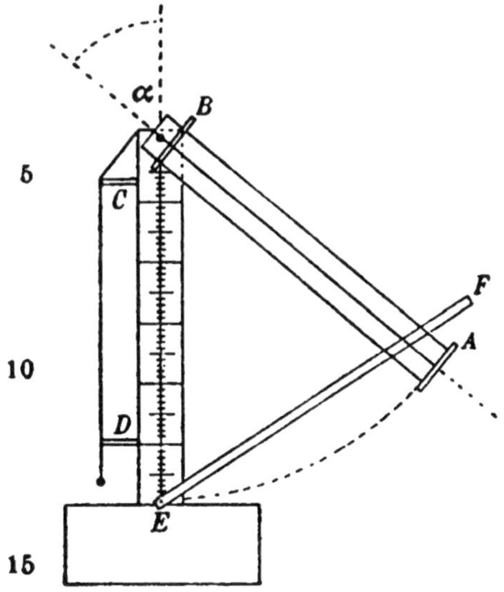

alsdann der Länge nach in der Mitte der breiteren Seite gerade Linien eingeritzt und auf das eine Richtscheit an den beiden äußersten Enden quer über die Mittellinie senkrecht stehende kleine viereckige Platten (A und B) aufgesetzt, beide gleichgroß und zueinander parallel. Beide Platten haben eine genau in der Mitte angebrachte Absehöffnung, die eine Platte, welche (bei dem Gebrauch des Instruments) am Auge sein soll, eine kleine, die andere am Monde eine verhältnismäßig größere, so daß, wenn man das eine Auge an die Platte mit der kleineren Absehöffnung anlegt, durch die in geradliniger Fortsetzung
Hei 404 liegende Absehöffnung der anderen Platte der Mond in seinem ganzen Umfang gesehen werden kann. Nachdem wir nun beide Richtscheite auf den Mittellinien an dem einen Ende, und zwar das eine dicht vor der Platte (B) mit der größeren Absehöffnung, gleichmäßig durchbohrt hatten, haben wir durch beide einen kleinen Achsenstift gesteckt, so daß von ihm die an den Mittellinien der Richtscheite verbundenen Seiten wie von einem Zentrum zusammengehalten werden und das die Platten tragende Richtscheit beliebig, ohne aus der Richtung zu kommen, herumbewegt werden kann. Nachdem wir das andere Richtscheit, welches keine Platten trägt, in einen Standfuß fest eingelassen hatten, haben wir auf den Mittellinien beider an den am Standfuß befindlichen Enden gewisse Punkte festgelegt, welche von dem im Achsen-
Ha 329 stift liegenden Zentrum gleichweit, und zwar so weit als möglich entfernt sind. Hierauf haben wir die so abgegrenzte Linie des mit dem Standfuß versehenen Richtscheits in 60 Teile geteilt und von diesen noch jeden in so viele

Unterabteilungen als angängig. Endlich haben wir auch an der Rückseite des nämlichen Richtscheits an seinen Endpunkten (d. h. oben und unten) kleine Platten (C und D) angebracht, welche ihre nach derselben Seite gerichteten Flächen dicht an derselben eingeritzten Linie in geradliniger Richtung einander zuwenden und von derselben Mittellinie allenthalben gleichweit abstehen. Diese Vorrichtung hat den Zweck, daß vermittels eines an diesen Platten herabhängenden Lotes das Richtscheit senkrecht, d. h. ohne jede Neigung gegen die Ebene des Horizonts, aufgestellt werden könne.

Nachdem wir vorher auf einer mit dem Horizont parallelen Ebene eine Mittagslinie gezogen hatten, haben wir das Instrument an einem schattenfreien Orte senkrecht auf- Hei 405
gestellt, so daß die Seiten der Richtscheite, an denen sie durch den Achsenstift miteinander verbunden sind, zu der danebengezogenen Mittagslinie parallel verlaufend die Richtung nach Süden einhalten. Dann steht das Richtscheit mit dem Standfuß senkrecht ohne Neigung, ohne Verschiebung und unerschütterlich fest, während das andere, dem ausgeübten Druck entsprechend nachgebend, um den Achsenstift in der Ebene des Meridians beweglich ist.

Schließlich haben wir noch ein weiteres Richtscheit in Gestalt eines schmalen geraden Lineals angebracht. Dasselbe ist vermittels eines kleinen Nagels an dem am Standfuß Ha 330
befindlichen Endpunkt (E) der eingeteilten Linie (d. i. der sechzigteiligen Skala) angefügt, damit es gleichfalls herumbewegt werden könne. Es reicht bis zu dem äußersten Punkt, bis an welchen der gleichweit (vom Achsenstift) entfernte Endpunkt der Mittellinie des anderen Richtscheits durch Drehung einen Kreisbogen beschreibt, und vermag daher, mit dem Richtscheit gleichzeitig in Bewegung gesetzt, den zwischen den beiden Endpunkten in der Richtung der Sehne entstehenden Abstand anzuzeigen.

Wir haben nun die Beobachtungen des Mondes auf folgende Weise angestellt. Dabei mußte er gerade im Meridian und in den Wendepunkten der Ekliptik stehen, weil in diesen

Positionen die durch die Pole des Horizonts und das Zentrum des Mondes gezogenen größten (Höhen-)Kreise ohne
Hei 406 merklichen Fehler mit den durch die Pole der Ekliptik gehenden (Breiten-) Kreisen zusammenfallen, auf welche die Örter des Mondes in Breite theoretisch bezogen werden. Deshalb kann der genaue Zenitabstand ohne weiteres bequem bestimmt werden.

Wir richteten also, während der Mond genau im Meridian stand, das die Platten tragende Richtscheit auf ihn, bis sein Zentrum, durch beide Absehöffnungen anvisiert, in die Mitte der größeren Öffnung zu stehen kam. Nun merkten wir auf dem schmalen Lineal den Abstand zwischen den äußersten Endpunkten der auf den Richtscheiten gezogenen geraden Linien durch einen Punkt an und legten es an die sechzigteilige Skala des senkrecht stehenden Richtscheits. Hiermit fanden wir, wieviel Teile die den obenbezeichneten Abstand messende Sehne von solchen Teilen enthielt, deren bekanntlich 60 auf den Halbmesser des von der Drehung
Ha 331 (des Richtscheits) in der Ebene des Meridians beschriebenen Kreises gerechnet werden. Alsdann entnahmen wir (den Sehnentafeln) den die gefundene Sehne überspannenden Bogen und erhielten somit den Bogen, welchen zurzeit der scheinbare Mond auf dem durch sein Zentrum und die Pole des Horizonts gezogenen größten (Höhen-)Kreis, der zurzeit mit dem durch die Pole des Äquators und der Ekliptik gehenden Meridian zusammenfiel, Abstand von dem Zenit hatte.

Um weiter das Maximum der Breite, welches der Mond
Hei 407 erreichen kann, genau in Erfahrung zu bringen, haben wir von der Anvisierung Gebrauch gemacht, als der Mond in möglichster Nähe des Sommerwendepunktes und außerdem genau im nördlichsten Grenzpunkt seines schiefen Kreises stand, weil in der Nähe dieser Punkte erstens der Mondlauf für die sinnliche Wahrnehmung auf eine ziemliche Strecke in Breite unverändert bleibt, und weil zweitens der Mond für den Parallel von Alexandria, auf welchem wir unsere Beobachtungen angestellt haben, in diesem Falle dicht am Zenit steht, wo (vgl. S. 192, 32) sein scheinbarer Ort ohne

merklichen Fehler mit dem *genauen* (d. i. geozentrischen) zusammenfällt. Es wurde aber in den bezeichneten Positionen das Zentrum des Mondes konstant in einem Zenitabstand von $2^1/_8{}^0$ festgestellt, so daß auch aus dieser Art der Prüfung der Nachweis des Maximums der Breite beiderseits der Ekliptik mit 5^0 hervorgeht. Denn zieht man von den in Alexandria vom Zenit bis zum Äquator nachgewiesenen $30^0 58'$ diese $2^1/_8{}^0$ des scheinbaren Zenitabstandes ab, so Ha 332 ergibt der Rest einen Überschuß von 5^0 über die vom Äquator bis zum Sommerwendepunkt nachgewiesenen $23^0 51'$.

Um auch die Aufgabe der Parallaxenbestimmung zu lösen, haben wir wieder auf dieselbe Weise den Mond beobachtet, als er in der Nähe des Winterwendepunktes stand, erstens Hei 408 aus dem obengenannten Grunde[a], und zweitens, weil er in diesem Falle bei dem entsprechend tieferen Stande im Meridian in seinem größten Zenitabstand auch eine größere und deutlicher wahrnehmbare Parallaxe zeigen muß.

Aus einer Mehrzahl von Parallaxenbeobachtungen, welche von uns bei den Positionen dieser Art angestellt worden sind, wollen wir nun wieder eine mitteilen, an der wir sowohl den Gang der Berechnung erläutern, als auch den Nachweis der weiteren Konsequenzen in der gebotenen Reihenfolge erbringen werden.

Dreizehntes Kapitel.

Nachweis der Entfernungen des Mondes.

Im 20ten Jahre Hadrians am 13. ägyptischen Athyr $5^5/_6$ Äquinoktialstunden nach Mittag (1. Oktober 135 n. Chr. $5^h 50^m$ nachmittags) haben wir, als die Sonne gerade unterging, den Mond beobachtet, nachdem er in den Meridian getreten war. Mit dem Instrument stellten wir für sein Zentrum einen scheinbaren Zenitabstand von $50^0 55'$ fest; denn der auf dem schmalen Lineal angemerkte Abstand be-

---

a) Weil dort ebenfalls seine Breite auf eine ziemliche Strecke unverändert bleibt.

trug $51^p 35'$ von den 60^p, in welche der Halbmesser des durch die Drehung beschriebenen Kreises geteilt war. Es
Ha 333 unterspannt aber die Sehne von dieser Größe einen Bogen von 50° 55′, wie der Kreis 360° hat.

I. Nun beträgt die Zeit von den Epochen im ersten Jahr Nabonassars bis zu der vorliegenden Beobachtung 882 ägyp-
Hei 409 tische Jahre, 72 Tage und $5^5/_6$ Äquinoktialstunden schlechthin, $5^1/_3$ nach genauer Rechnung. Für diese Zeit finden wir

als mittleren Ort der Sonne	♎ 7°31′,
als genauen Ort der Sonne	♎ 5°28′,
als mittleren Ort des Mondes	♐ 25°44′,
als Elongation (von ♎ 7°31′ bis ♐ 25°44′)	78°13′,
als Entfernung vom mittleren Apogeum des Epizykels	262°20′,
als Entfernung vom nördlichen Grenzpunkt der Breite	354°40′.

Es betrug mithin die Anomaliedifferenz, in ihrem Gesamtbetrag nach der betreffenden Tabelle berechnet, + 7°26′, so daß der genaue Ort des Mondes in Länge zu jener Stunde (♐ 25°44′ + 7°26′ d. i.) ♑ 3°10′ war, während das Mondzentrum in Breite auf dem schiefen Kreise (354°40′ + 7°26′ d. i.) 2°6′ von dem nördlichen Grenzpunkt entfernt war und auf dem durch die Pole der Ekliptik gehenden (Breiten-) Kreis, der zurzeit ohne merklichen Fehler mit dem Meridian zusammenfiel, von der Ekliptik einen nördlichen Abstand von 4°59′ hatte.[a)]

Nun hat der Punkt ♑ 3°10′ auf dem letztgenannten Kreise (nach der Tabelle der Schiefe zu 87°) vom Äquator eine südliche Deklination von 23°49′, und der Äquator vom Zenit in Alexandria einen gleichfalls südlichen Abstand von
Ha 334 30°58′; mithin hatte das Zentrum des Mondes einen genauen Zenitabstand von 49°48′.[b)] Nun betrug der scheinbare Ab-

a) Vgl. die Tabelle der Gesamtanomalie, 7. Spalte der Breite, erste Zeile, wo zur ersten Argumentzahl 6 die nördliche Breite mit 4°58′ angesetzt ist.

b) Da die nördliche Breite den Mond dem Zenit näher bringt, als der tiefste Punkt der Ekliptik im Meridian steht, so ist der Zenitabstand 23°49′ + 30°58′ um 4°59′ zu verkürzen.

stand $50^0 55'$; folglich zeigte der Mond in der Entfernung, Hei 410 in welcher er zur Zeit der beobachteten Position stand, bei dem genauen Zenitabstand von $49^0 48'$ auf dem durch ihn und die Pole des Horizonts gehenden größten (Höhen-) Kreis eine Parallaxe von $(50^0 55' - 49^0 48' =)\ 1^0 7'$.

II. Dieser Wert mußte fürs erste festgestellt werden. Es seien in der Ebene des durch den Mond und die Pole des Horizonts gehenden größten (Höhen-) Kreises um ein und dasselbe Zentrum gezogen:

1. AB als größter Kreis der Erde;

2. ΓΔ als der zur Zeit der Beobachtung durch das Mondzentrum gehende (Höhen-) Kreis;

3. EZHΘ als der Kreis, zu welchem die Erde das Verhältnis eines Punktes hat.

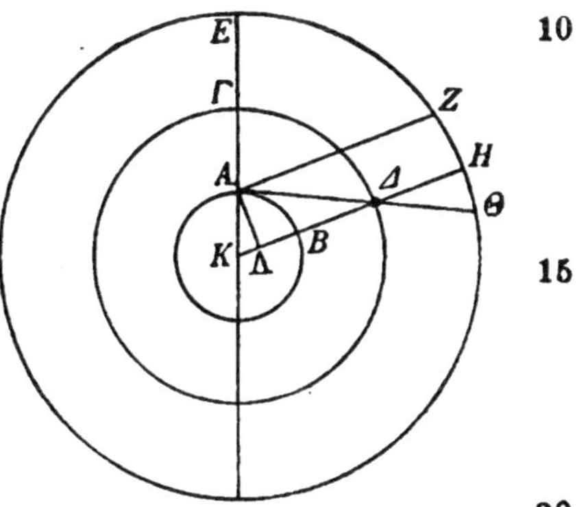

Gemeinsames Zentrum aller drei Kreise sei K, die durch die Scheitelpunkte gehende Gerade sei KAΓE. Der Mond soll bei dem oben festgestellten Zenitabstand von $49^0 48'$ in Punkt Δ angenommen sein. Man ziehe die Verbindungslinien KΔH, AΔΘ, fälle von Punkt A, der das Auge des Beob- Hei 411 achters wird, auf KB das Lot AΛ und ziehe parallel zu KH die Gerade AZ.

1. Daß der Bogen HΘ für den Beobachter in A die Parallaxe des Mondes darstellt, ist klar; er beträgt mithin der Beobachtung gemäß $1^0 7'$. Da aber der Bogen ZΘ nur unbeträchtlich größer ist als der Bogen HΘ, weil die Erde als Ganzes zu dem Kreis EZHΘ das Verhältnis eines Punktes hat, so dürfte auch der Bogen ZHΘ ohne merklichen Fehler $1^0 7'$ Ha 335 betragen. Da nun Punkt A wieder im Verhältnis zu dem Kreis ZΘ nur unwesentlich verschieden von dem Mittelpunkt desselben ist, so ist auch

$$\angle ZA\Theta = 1^0\ 7' \text{ wie } 4R = 360^0,$$
$$= 2^0 14' \text{ wie } 2R = 360^0.$$

Nun ist $\angle \mathrm{A}\Delta\Lambda = \angle \mathrm{Z}\mathrm{A}\Theta$, (Eukl. I. 29)
folglich auch $\angle \mathrm{A}\Delta\Lambda = 2^{0}\,14'$ wie $2R = 360^{0}$;
mithin $b\,\mathrm{A}\Lambda = 2^{0}\,14'$ wie $\ominus\,\mathrm{A}\Lambda\Delta = 360^{0}$,
also $s\,\mathrm{A}\Lambda = 2^{p}\,21'$ wie $h\,\mathrm{A}\Delta = 120^{p}$.

Da nun $\Lambda\Delta$ unbedeutend $< \mathrm{A}\Delta$,
so ist auch $\Lambda\Delta = 120^{p}$ wie $\mathrm{A}\Lambda = 2^{p}\,21'$.

Hei 412 2. Es ist ferner nach der gemachten Voraussetzung der Bogen $\Gamma\Delta$ mit $49^{0}48'$ gegeben; folglich ist als Zentriwinkel des Kreises

$$\angle \Gamma \mathrm{K}\Delta = 49^{0}\,48' \text{ wie } 4R = 360^{0},$$
$$= 99^{0}\,36' \text{ wie } 2R = 360^{0};$$

mithin $\left\{\begin{array}{l} b\,\mathrm{A}\Lambda = 99^{0}\,36' \\ b\,\Lambda\mathrm{K} = 80^{0}\,24' \end{array}\right\}$ wie $\ominus\,\mathrm{A}\Lambda\mathrm{K} = 360^{0}$,

also $\left\{\begin{array}{l} s\,\mathrm{A}\Lambda = 91^{p}\,39' \\ s\,\Lambda\mathrm{K} = 77^{p}\,27' \end{array}\right\}$ wie $h\,\mathrm{A}\mathrm{K} = 120^{p}$.

Setzt man $\mathrm{A}\mathrm{K} = 1^{r}$ als Erdhalbmesser,
so wird $\mathrm{A}\Lambda = 0^{r}\,46'$ und $\Lambda\mathrm{K} = 0^{r}\,39'$.

Nun war $\Lambda\Delta = 120^{p}$ wie $\mathrm{A}\Lambda = 2^{p}\,21'$. (s. Z. 6)
Setzt man $\mathrm{A}\Lambda = 0^{r}\,46'$, so wird $\Lambda\Delta = 39^{r}\,6'$.
Ha 336 Ferner war $\Lambda\mathrm{K} = 0^{r}\,39'$ wie $\mathrm{A}\mathrm{K} = 1^{r}$;
folglich ist $\mathrm{K}\Lambda\Delta = \Lambda\Delta + \Lambda\mathrm{K} = 39^{r}\,45'$.

Hiermit ist (in Erdhalbmessern ausgedrückt) die Entfernung des Mondes gefunden, wie sie zur Zeit der Beobachtung war.

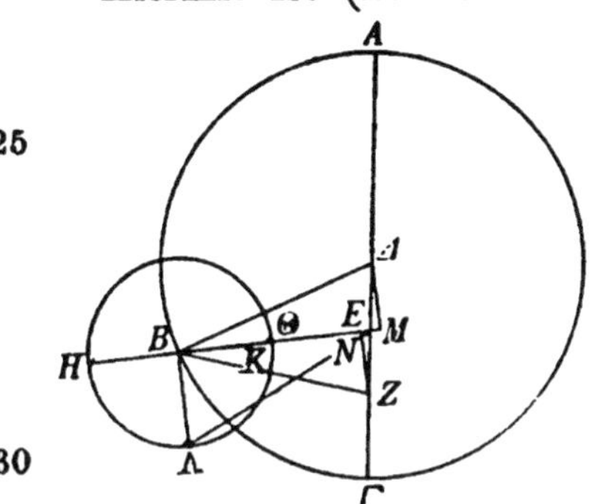

III. Nachdem diese Entfernung nachgewiesen ist, sei $\mathrm{AB}\Gamma$ der Exzenter des Mondes um das Zentrum Δ und den Durchmesser $\mathrm{A}\Delta\Gamma$. Auf letzterem sei als der Mittelpunkt
Hei 413 der Ekliptik der Punkt E angenommen, und als Punkt der Neigung des Epizykels der Punkt Z. Um B beschreibe

man den Epizykel $\mathsf{H\Theta K\Lambda}$ und ziehe die Verbindungslinien $\mathsf{HB\Theta E}$, $\mathsf{B\Delta}$, BKZ. Der Mond soll nach der vorliegenden Beobachtung in Punkt Λ angenommen sein. Man ziehe die Verbindungslinien $\mathsf{\Lambda E}$, $\mathsf{\Lambda B}$ und fälle auf die Verlängerung von BE von Δ das Lot $\mathsf{\Delta M}$, von Z das Lot ZN.

1. Da zur Zeit der Beobachtung (S. 300, 12) die Zahl der Elongation $78^0 13'$ betrug, so ist aus den früher (S. 262, 27) mitgeteilten theoretischen Gründen

$\angle \mathsf{AEB} = 156^0 26'$ wie $4R = 360^0$,

mithin $\angle \mathsf{ZEN} = 23^0 34'$ wie $4R = 360^0$ als Nebenw.,

folglich auch $\angle \mathsf{\Delta EM} = 23^0 34'$ wie $4R = 360^0$, (Eukl. I. 15)

$= 47^0\ 8'$ wie $2R = 360^0$. Hei 414

Weil $\mathsf{\Delta E} = \mathsf{EZ}$, (S. 278, 19)

(mithin $\triangle\ \mathsf{\Delta ME} \cong \triangle\ \mathsf{ZNE}$,[a])

so ist $\left\{\begin{matrix} b\ \mathsf{\Delta M} \\ b\ \mathsf{ZN} \end{matrix}\right\} = 47^0\ 8'$ wie $\ominus\ \mathsf{\Delta ME} = 360^0$;

desgleichen $\left\{\begin{matrix} {,b}\ \mathsf{EM} \\ {,b}\ \mathsf{EN} \end{matrix}\right\} = 132^0 52'$ wie $\ominus\ \mathsf{ZNE} = 360^0$; Ha 337

also $\left\{\begin{matrix} s\ \mathsf{\Delta M} \\ s\ \mathsf{ZN} \end{matrix}\right\} = 47^p 59'$ wie $\left\{\begin{matrix} h\ \mathsf{\Delta E} = 120^p, \\ h\ \mathsf{EZ} = 120^p, \end{matrix}\right.$

desgleichen $\left\{\begin{matrix} {,s}\ \mathsf{EM} \\ {,s}\ \mathsf{EN} \end{matrix}\right\} = 110^p\ 0'$ wie $\left\{\begin{matrix} h\ \mathsf{\Delta E} = 120^p, \\ h\ \mathsf{EZ} = 120^p. \end{matrix}\right.$

Setzt man $\mathsf{\Delta E}$ und $\mathsf{EZ} = 10^p 19'$ wie *exhm* $\mathsf{B\Delta} = 49^p 41'$,

so wird $\mathsf{\Delta M}$ und $\mathsf{ZN} = 4^p\ 8'$, EM und $\mathsf{EN} = 9^p 27'$.

Nun ist $\mathsf{B\Delta}^2 - \mathsf{\Delta M}^2 = \mathsf{BM}^2$,

folglich $\mathsf{BM} = 49^p 31'$,

mithin $\left\{\begin{matrix} \mathsf{BE} = \mathsf{BM} - \mathsf{EM} = 40^p\ 4' \\ \mathsf{BN} = \mathsf{BE} - \mathsf{EN} = 30^p 37' \end{matrix}\right\}$ wie $\mathsf{ZN} = 4^p\ 8'$.

Es ist ferner $\mathsf{BN}^2 + \mathsf{ZN}^2 = \mathsf{BZ}^2$,

folglich $h\ \mathsf{BZ} = 30^p 54'$ wie $\mathsf{ZN} = 4^p\ 8'$.

---

a) Diese rechtwinkligen Dreiecke sind kongruent, weil die Hypotenusen und die beiden spitzen Winkel gleich sind; denn durch den einen ist auch der andere als Komplementwinkel ($132^0 52'$ wie $2R = 360^0$) gegeben.

Setzt man $h\,\mathsf{BZ} = 120^p$,
so wird $s\,\mathsf{ZN} = 16^p\ 2'$ in diesem Maße;
folglich $b\,\mathsf{ZN} = 15^\circ 21'$ wie $\ominus\,\mathsf{ZNB} = 360^\circ$,
Hei 415 mithin $\angle\,\mathsf{ZBN} = 15^\circ 21'$ wie $2R = 360^\circ$,
$= 7^\circ 40'$ wie $4R = 360^\circ$.

Hiermit ist die Größe des Epizykelbogens $\Theta\mathsf{K}$ gefunden.

2. Da ferner der Mond zur Zeit der Beobachtung von dem mittleren Apogeum des Epizykels $262^\circ 20'$ entfernt war, mithin von K, dem mittleren Perigeum, selbstverständlich die über den Halbkreis hinausliegenden $82^\circ 20'$, so ist

Ha 338 $b\,\mathsf{K}\Lambda = 82^\circ 20'$,
mithin $b\,\Theta\mathsf{K}\Lambda = b\,\Theta\mathsf{K} + b\,\mathsf{K}\Lambda = 90^\circ$,
folglich $\angle\,\Theta\mathsf{B}\Lambda = 1R$ (d. i. $\triangle\,\mathsf{EB}\Lambda$ rechtwinklig).

Nun war $\mathsf{BE} = 40^p\ 4'$ wie $\begin{cases} exhm\ \mathsf{B}\Delta = 49^p 41', \\ ephm\ \mathsf{B}\Lambda = \ \ 5^p 15'. \end{cases}$

Da ferner $\mathsf{BE}^2 + \mathsf{B}\Lambda^2 = \mathsf{E}\Lambda^2$,
so ist $\mathsf{E}\Lambda = 40^p 25'$ in demselben Maße.

Folglich beträgt die Entfernung des Mondes zur Zeit der Beobachtung $40^p 25'$ in dem Maße, wie angenommen sind

$\mathsf{B}\Lambda$	als Halbmesser des Epizykels	$= 5^p 15'$,
EA	als Gerade vom Mittelpunkt der Erde bis zum Apogeum des Exzenters	$= 60^p\ 0'$,
$\mathsf{E}\Gamma$	als Gerade vom Mittelpunkt der Erde bis zum Perigeum des Exzenters	$= 39^p 22'$.

IV. Nun wurde, der Halbmesser der Erde gleich 1^r gesetzt, die Entfernung des Mondes zur Zeit der Beobachtung, d. i. die Gerade $\mathsf{E}\Lambda$, (S. 302, 21) mit $39^r 45'$ nachgewiesen.
Hei 416 In diesem Maße von $\mathsf{E}\Lambda$ wird

EA	als mittlere Entfernung in den Syzygien	$= 59^r\ 0'$,
$\mathsf{E}\Gamma$	als mittlere Entfernung in den Quadraturen	$= 38^r 43'$,
$\mathsf{B}\Lambda$	als Halbmesser des Epizykels	$= 5^r 10'$.

Hiermit sind wir bei dem Endergebnis unserer Beweisführung angelangt.

Nachdem von uns auf die dargelegte Weise die Entfernungen des Mondes nachgewiesen worden sind, dürfte es der Reihenfolge nach die nächste Aufgabe sein, auch die Entfernung der Sonne mit nachzuweisen, da auch diese Auf- Ha 339 gabe auf dem Wege der geometrischen Konstruktion bequem zu lösen ist, wenn außer den Entfernungen des Mondes in den Syzygien noch die Größen der Winkel gegeben sind, unter welchen die Durchmesser der Sonne, des Mondes und des (Erd-) Schattens in den Syzygien dem Auge erscheinen.

Vierzehntes Kapitel.

Größenbetrag der scheinbaren Durchmesser der Sonne, des Mondes und des Schattens in den Syzygien.

Von den zur Untersuchung dieses Gegenstandes angewendeten Methoden haben wir alle anderen, welche mit Hilfe von Gefäßen zum Messen von Wassermengen oder nach Maßgabe der Zeiten, die bei den Nachtgleichenaufgängen verstreichen, angeblich zur Messung der Lichtkörper führen sollen, absichtlich außer acht gelassen, weil die vorliegende Aufgabe durch derartige Verfahren nicht mit dem erforderlichen Erfolg gelöst werden kann. Wir haben vielmehr das Hei 417 schon von Hipparch erklärte Instrument[a)], die auf dem vier Ellen langen Richtscheit (verschiebbare) Dioptra konstruiert und sind bei den damit angestellten Beobachtungen zu folgenden Ergebnissen gelangt.

Der Durchmesser der Sonne erscheint konstant nahezu unter dem gleichgroßen Winkel, d. h. ein beträchtlicher Unterschied infolge ihrer (verschiedenen) Entfernungen tritt **nicht** ein. Dagegen erscheint der Durchmesser des Mondes nur dann ebenfalls unter demselben Winkel wie der Durchmesser der Sonne, wenn der Mond zur Zeit des Vollmonds im Apo-

a) Man vergleiche die Gebrauchserklärung in der Hypotyposis des Proklus S. 127 ff. und die von mir dazu gegebenen Erläuterungen, welche die Größenverhältnisse des Instruments und den Unterschied von der Dioptra des Pappus betreffen.

geum des Epizykels in seiner *größten* Entfernung von der Erde steht, nicht in der mittleren, wie die früheren Astronomen auf Grund ihrer Hypothesen annahmen. Außerdem finden wir auch die Winkel an sich um ein beträchtliches
Ha 340 kleiner als die überlieferten. Indessen haben wir dieses Er-
6 gebnis nicht durch das Meßverfahren auf dem Richtscheit errechnet, sondern mit Hilfe gewisser Mondfinsternisse festgestellt. Nämlich die Frage: *wann* erscheinen beide Durchmesser unter den gleichgroßen Winkeln? konnte bequem vermöge der Konstruktion des Richtscheits beantwortet werden, weil hiermit keinerlei Meßarbeit verbunden war; allein die Beantwortung der Frage: *wie groß* ist der Winkel? erschien uns recht zweifelhaft, weil bei den Verschiebungen der Deckplatte die Feststellung (des Verhältnisses) ihrer Breite zur Länge der Strecke auf dem Richtscheit vom Auge bis zu der (beweglichen) Platte auf mühsamer Meßarbeit beruht[a)], wodurch die Genauigkeit des Ergebnisses stark beeinträchtigt werden kann. Da aber ein für allemal der
Hei 418 Mond in seiner größten Entfernung dem Auge unter dem gleichgroßen Winkel wie die Sonne erschien, so haben wir mit Hilfe der Mondfinsternisse, welche bei dieser Entfernung beobachtet worden sind, die Größe des Winkels, unter dem der Mond erschien, durch Rechnung festgestellt, womit wir ohne weiteres gleichzeitig den Winkel der Sonne nachgewiesen hatten. Den Gang des hierbei eingeschlagenen Verfahrens wollen wir wieder an zwei von den zugrunde gelegten Finsternissen verständlich machen.

Im 5ten Jahre Nabopollassars, welches das 127te Jahr seit Nabonassar ist, begann am 27/28. ägyptischen Athyr (22. April 621 v. Chr.) gegen Ende der 11ten (Nacht-) Stunde in Babylon der Mond sich zu verfinstern; das Maximum der Verfinsterung betrug $1/4$ des Durchmessers von Süden. Da also der Anfang der Finsternis 5 bürgerliche Stunden nach Mitternacht stattfand, die Mitte aber ungefähr 6 solche Stunden

---

a) Hultsch, Winkelmessungen durch die Hipparchische Dioptra. Abh. zur Gesch. der Math. 1899.

nach Mitternacht eintrat[a], welche in Babylon damals $5^5/_6$ Äquinoktialstunden ausmachten, weil der genaue Ort der Sonne Ha 341
♈ $27^0 3'$ (♈ $25^0 34' + 1^0 29'$) war, so ist klar, daß die Mitte der Finsternis, d. i. der Zeitpunkt, wo der Eintritt des Durchmessers in den Schatten das (angegebene) Maximum erreichte, in Babylon $5^5/_6$ Äquinoktialstunden nach Mitternacht ($5^h 50^m$ früh), in Alexandria wieder nur 5 Stunden nach Mitternacht (5^h früh) stattgefunden hat.

Nun beträgt die Zeit seit der Epoche 126 ägyptische Jahre, 86 Tage und 17 Äquinoktialstunden schlechthin, aber nur Hei 419
$16^3/_4$ nach der Rechnung mit gleichförmigen Sonnentagen. 11
Folglich war

der mittlere Ort des Mondes in Länge	♎ $25^0 32'$;
der genaue Ort des Mondes in Länge	♎ $27^0\ 5'$;
die Entfernung vom Apogeum des Epizykels	$340^0\ 7'$;
die Entfernung vom nördlichen Grenzpunkt auf dem schiefen Kreise	$80^0 40'$.

Hieraus ist folgendes ersichtlich. Wenn das Zentrum des Mondes, während er in seiner größten Entfernung steht, auf dem schiefen Kreise eine Entfernung von $9^0 20'$ von den Knoten[b] hat, und wenn das Zentrum des Erdschattens auf dem größten Kreise ($A\,C$) liegt, der durch das Zentrum des Mondes senkrecht zu seinem schiefen Kreis gezogen wird, was die Lage ist, in welcher (bei der genannten Entfernung von den Knoten) das Maximum der Verfinsterungen eintritt,

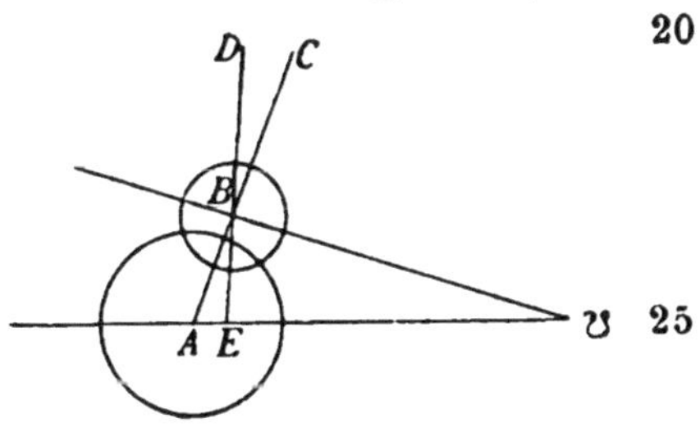

---

a) Die Finsternistabellen geben zu 3 Zoll Verfinsterung bei Erdnähe die halbe Dauer mit 32′20″, bei Erdferne mit 28′41″, was im Mittel 30′30″ gibt, mithin eine Strecke, welche der Mond in weniger als einer Stunde bei mittlerer Bewegung in Länge zurücklegt; bei nahezu kleinster Bewegung, um die es sich hier handelt, erscheint demnach für die Strecke von etwa 29′ die Angabe einer bürgerlichen Stunde von $58^1/_3{}^m$ als angemessen.

b) In dem vorliegenden Fall handelt es sich demnach um die nördliche Seite des niedersteigenden Knotens.

dann fällt der vierte Teil des Monddurchmessers in den Schatten.[a]

Ferner war im 7ten Jahre des Kambyses, welches das 225te Jahr seit Nabonassar ist, am 17/18. ägyptischen Phamenoth (16. Juli 523 v. Chr.) eine (Äquinoktial-)Stunde vor Mitternacht in Babylon eine Mondfinsternis, welche sich auf die Hälfte des Durchmessers von Norden erstreckte. Es hat demnach auch diese Finsternis (d. h. ihre Mitte) in Ale-
Ha 342 xandria $1\,{}^{5}/_{6}$ Äquinoktialstunde vor Mitternacht ($10^{h}\,10^{m}$ abends) stattgefunden.

Nun beträgt die Zeit seit der Epoche 224 ägyptische Jahre, 196 Tage und $10\,{}^{1}/_{6}$ Äquinoktialstunden schlechthin, $9\,{}^{5}/_{6}$ nach genauer Rechnung, weil der genaue Ort der Sonne
Hei 420 ♋ $18^\circ 12'$[b] war. Folglich war

der mittlere Ort des Mondes in Länge	♑ $20^\circ 22'$;
der genaue Ort des Mondes in Länge	♑ $18^\circ 14'$;
die Entfernung vom Apogeum des Epizykels	$28^\circ\ 5'$;
die Entfernung vom nördlichen Grenzpunkt des schiefen Kreises	$262^\circ 12'$.

Hieraus ist wieder folgendes ersichtlich. Wenn das Zentrum des Mondes, während er wieder in seiner größten Entfernung steht, auf dem schiefen Kreise eine Entfernung von $7^\circ 48'$ von den Knoten[c] hat, und wenn das Zentrum des Erdschattens die bezeichnete Lage zu ihm einnimmt, dann fällt die Hälfte des Monddurchmessers in den Schatten.

Nun beträgt, wenn das Mondzentrum auf dem schiefen Kreise eine Entfernung von $9^\circ 20'$ von den Knoten hat, sein Abstand von der Ekliptik auf dem senkrecht zu dem schiefen Kreis (des Mondes) durch dasselbe gezogenen größten Kreise

---

a) Die von mir beigegebene Figur soll auf den erst später (Buch VI, Kap. 5) erörterten Unterschied zwischen einem Breitenkreise (*AC*) des Mondkreises und einem Breitenkreise (*ED*) der Ekliptik aufmerksam machen.

b) Die Nachprüfung ergibt ♋ $19^\circ 52' - 1^\circ 37' =$ ♋ $18^\circ 15'$.

c) Es handelt sich demnach im vorliegenden Fall (s. Z. 19) um die südliche Seite des aufsteigenden Knotens.

$0^{0}48'30''$.[a] Hat es aber auf dem schiefen Kreise eine Entfernung von $7^{0}48'$ von den Knoten, so beträgt sein Abstand von der Ekliptik auf dem senkrecht zu dem schiefen Kreis durch dasselbe gezogenen größten Kreise $0^{0}40'40''$. Da nun der Unterschied der beiden Finsternisse ($\frac{1}{2}dm - \frac{1}{4}dm$) den vierten Teil des Monddurchmessers und der Unterschied der beiden festgestellten Abstände des Mondzentrums von der Hei 421
Ekliptik, d. i. vom Schattenzentrum, ($0^{0}48'30'' - 0^{0}40'40'' =$) Ha 343
$0^{0}7'50''$ beträgt, so leuchtet ein, daß der ganze Durchmesser des Mondes (als das Vierfache davon) den Bogen eines größten Kreises im Betrage von $0^{0}31'20''$ unterspannt.

Ohne weiteres ist ferner verständlich, daß auch der Halbmesser des bei derselben Mondentfernung eintretenden (Durchschnittskreises des) Schattens einen Bogen von $0^{0}40'40''$ unterspannt. Denn als (bei der zweiten Finsternis) das Mondzentrum (b) so viel Sechzigteile Abstand von dem Schattenzentrum (a) hatte, berührte es den Kreis des Schattens, weil die Verfinsterung die Hälfte des Mondhalbmessers betrug.[b] Folglich ist der Halbmesser (ab) des Schattens unbeträchtlich (d. i. $0^{0}0'4''$) kleiner als das $2\frac{3}{5}$fache ($= 0^{0}40'44''$) des Mondhalbmessers, der $0^{0}15'40''$ beträgt.

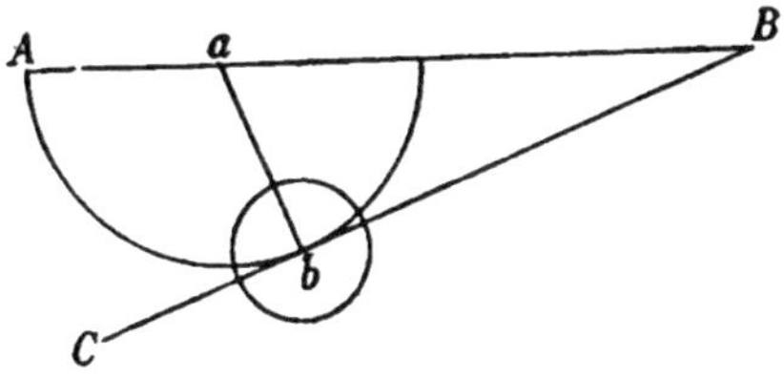

Da wir noch aus einer Mehrzahl von Beobachtungen dieser Art die mitgeteilten Größenbeträge nahezu übereinstimmend erhielten, so haben wir von denselben sowohl bei den anderen

a) Eine Tabelle der Schiefe des Mondkreises, welche die Abstände von der Ekliptik auf den durch die Pole des Mondkreises gezogenen größten Kreisen gemessen gibt, hat Ptolemäus nicht aufgestellt. Über das Verhältnis der Entfernung vom Knoten zum Ekliptikabstand, welcher weiterhin mit $11\frac{1}{2}:1$ angesetzt wird, siehe erl. Anm. 45.

b) Die von mir beigegebene Figur zeigt, daß in der betreffenden Entfernung vom Knoten die schiefe (geradlinige) Mondbahn CB Tangente an den Schattenkreis ist, dessen Halbmesser ab mithin normal zur Mondbahn steht.

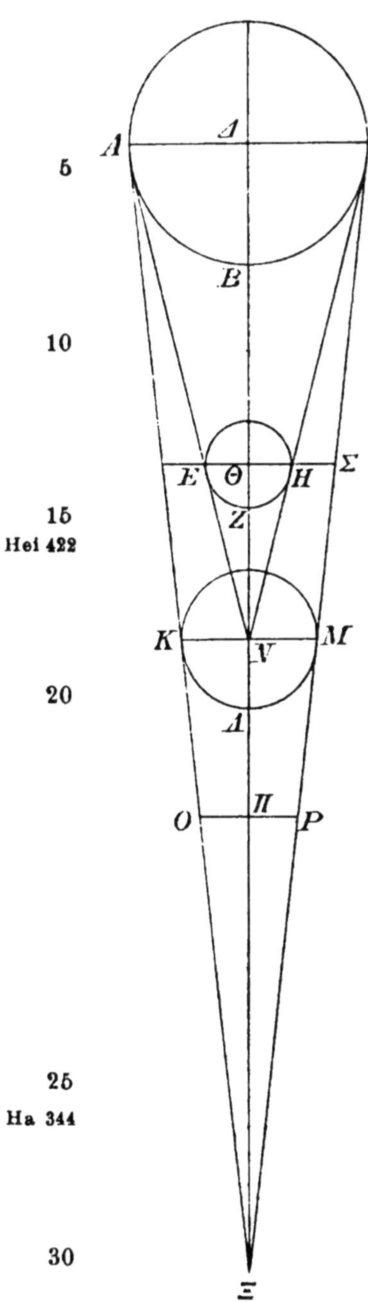

theoretischen Untersuchungen, welche die Finsternisse betreffen, Gebrauch gemacht, als auch jetzt zum Nachweis der Entfernung der Sonne. Derselbe wird auf dem nämlichen Wege geführt werden, den schon Hipparch eingeschlagen hat. Als notwendige Voraussetzung gilt der Satz: Die von den Kegeln umschlossenen Kreise der Sonne, des Mondes und der Erde sind unbeträchtlich kleiner als
Hei 422 die auf ihren Kugeln beschriebenen größten Kreise. Dasselbe gilt von den Durchmessern der betreffenden Kreise ($cd < ab$, d. h. die scheinbaren Durchmesser sind kleiner als die wahren).

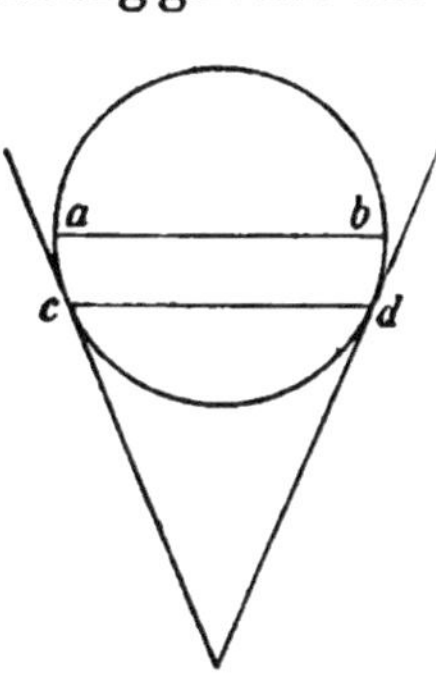

Fünfzehntes Kapitel.

Die Entfernung der Sonne und die aus deren Nachweis sich ergebenden Konsequenzen.

Unter der Voraussetzung, daß die besprochenen Verhältnisse gegeben sind, wozu noch die Annahme kommt,
Ha 344 daß die größte Entfernung des Mondes in den Syzygien, wenn man den Erdhalbmesser gleich 1^r setzt, $64^r 10'$ beträgt — denn die mittlere Entfernung war (S. 304, 28.30) mit 59^r und der Halbmesser des Epizykels

mit $5^r 10'$ nachgewiesen worden —, wollen wir nun sehen, welcher Betrag sich hieraus für die Entfernung der Sonne ergibt.

Es seien die größten in derselben Ebene gelegenen Kreise: der Kreis ABΓ der Sonnenkugel um das Zentrum Δ, der Kreis EZH der Mondkugel in der größten Entfernung um das Zentrum Θ, endlich der Kreis KΛM der Erdkugel um das Zentrum N. Von den durch die Mittelpunkte gelegten Ebenen sei AΞΓ diejenige, welche die Erde und die Sonne umfaßt, ANΓ diejenige, welche die Sonne und den Mond umfaßt. Die gemeinsame Achse sei ΔΘNΞ. Die durch die Berührungspunkte gezogenen Geraden, welche natürlich parallel und für die sinnliche Wahrnehmung den Durchmessern gleich werden, seien in dem Sonnenkreise AΔΓ, in dem Mondkreise EΘH, in dem Erdkreise KNM, endlich in dem Kreise des Schattens, in welchen der Mond bei seiner größten Entfernung tritt, OΠP, so daß ΘN gleich NΠ sei und jede dieser Geraden $64^r 10'$ betrage, wenn man den Erdhalbmesser NΛ gleich 1^r setzt. Hei 423

1. Finden soll man also das Verhältnis der Sonnenentfernung NΔ zu dem Erdhalbmesser NΛ.

Man verlängere die Gerade EH bis Σ. Wir haben (S. 309, 11) nachgewiesen, daß der Monddurchmesser in der angenommenen größten Entfernung in den Syzygien einen Bogen von $0^0 31' 20''$ unterspannt, wie der mit der Mondentfernung um den Mittelpunkt der Erde beschriebene Kreis gleich 360^0 ist. Mithin ist Ha 345

$$\angle \mathrm{ENH} = 0^0 31' 20'' \quad \text{wie } 4R = 360^0. \qquad \text{Hei 424}$$

$$\text{Nun ist } \angle \Theta\mathrm{NH} = \tfrac{1}{2} \angle \mathrm{ENH},$$

$$\text{folglich } \angle \Theta\mathrm{NH} = 0^0 31' 20'' \quad \text{wie } 2R = 360^0;$$

$$\text{mithin } \left\{ \begin{array}{l} b\,\Theta\mathrm{H} = 0^0 31' 20'' \\ ,b\,\Theta\mathrm{N} = 179^0 28' 40'' \end{array} \right\} \text{ wie } \ominus \mathrm{H}\Theta\mathrm{N} = 360^0;$$

$$\text{also } \left\{ \begin{array}{l} s\,\Theta\mathrm{H} = 0^p 32' 48'' \\ ,s\,\Theta\mathrm{N} = 120^p \text{ nahezu} \end{array} \right\} \text{ wie } dm\,\mathrm{NH} = 120^p.$$

$$\text{Setzt man } \Theta\mathrm{N} = 64^r 10', \quad \text{(nach Annahme)}$$

$$\text{so wird } \Theta\mathrm{H} = 0^r 17' 33'' \quad \text{wie } erdhm\ \mathrm{NM} = 1^r.$$

Nun ist $\Pi P : \Theta H = 2^3/_5 : 1$, (s. S. 309, 24)
folglich $\Pi P = 0^r 45' 38''$, (d. i. $17'33'' \times 2^3/_5$)
mithin $\Theta H + \Pi P = 1^r 3' 11''$ wie $NM = 1^r$.

Es ist aber $\Pi P + \Theta\Sigma = 2^r$, weil $= 2NM$; denn
[$\Theta\Sigma \parallel NM \parallel \Pi P$ u. $N\Pi = N\Theta$;[37])
(mithin $\Theta\Sigma = 2^r - \Pi P = 1^r 14' 22''$,)
Hei 425 folglich $H\Sigma = \Theta\Sigma - \Theta H = 0^r 56' 49''$ wie $NM = 1^r$.

Ha 346 Nun verhält sich $NM : H\Sigma = N\Gamma : \Gamma H = N\Delta : \Delta\Theta$.
($1^r : 0^r 56' 49'' = N\Delta : \Delta\Theta$.)

Setzt man $N\Delta = 1^R$, (als Sonnenentfernung)
so wird $\Delta\Theta = 0^R 56' 49''$,
mithin $N\Theta = N\Delta - \Delta\Theta = 0^R 3' 11''$.

Setzt man aber $N\Theta = 64^r 10'$ wie $NM = 1^r$,
so wird $N\Delta = 1210^r$ in diesem Maße.

Hiermit ist ohne wesentlichen Fehler (genau mit $1209^{81}/_{191}$) der Betrag der Sonnenentfernung gefunden.

2. Es war (oben Z. 2) bewiesen, daß
$\Pi P = 0^r 45' 38''$ wie $NM = 1^r$.
Nun ist $NM : \Pi P = N\Xi : \Xi\Pi$. (Eukl. VI. 1)
($1^r : 0^r 45' 38'' = N\Xi : \Xi\Pi$.)

Setzt man $N\Xi = 1^\varrho$, so wird $\Xi\Pi = 0^\varrho 45' 38''$,
mithin $N\Pi = N\Xi - \Xi\Pi = 0^\varrho 14' 22''$.

Setzt man aber $N\Pi = 64^r 10'$, so wird $\Xi\Pi = 203^r 50'$,
mithin $N\Xi = \Xi\Pi + N\Pi = 268^r$.

Wir haben also, wenn man den Erdhalbmesser gleich 1^r setzt, folgende Ergebnisse erzielt:

die mittlere Entfernung des Mondes in den Syzygien $= 59^r$;
die Entfernung der Sonne $= 1210^r$;
die vom Erdmittelpunkt bis zur Spitze des Kegels reichende Länge des Schattens $= 268^r$.

Sechzehntes Kapitel.

Die Größe der Sonne, des Mondes und der Erde.

Ohne weiteres wird aus dem Verhältnis der Durchmesser der Sonne, des Mondes und der Erde auch das Verhältnis der Volumina leicht ersichtlich. Ha 347 Hei 426

Nachgewiesen ist, daß, wenn man den Erdhalbmesser gleich 1^r setzt, der Halbmesser des Mondes

$$\Theta H = 0^r 17' 33'' \text{ und } N\Theta = 64^r 10'.$$

Nun verhält sich $N\Theta : \Theta H = N\Delta : \Delta\Gamma$. (Eukl. VI. 1)
$(64^r 10' : 0^r 17' 33'' = N\Delta : \Delta\Gamma.)$

Setzt man $N\Delta = 1210^r$, wie nachgewiesen,
so wird $\Delta\Gamma = 5^r 30'$ als Halbmesser der Sonne.

Für die Durchmesser werden demnach dieselben Verhältnisse (wie für die Halbmesser) gelten. Setzen wir also

den Durchmesser des Mondes $= 1$, so wird
der Durchmesser der Erde $= 3^2/_5$,[a]
der Durchmesser der Sonne $= 18^4/_5$.[b]

Es ist mithin der Durchmesser der Erde $3^2/_5$ mal so groß wie der des Mondes, der Durchmesser der Sonne aber $18^4/_5$ mal so groß wie der des Mondes, und $5^1/_2$ mal so groß wie der der Erde. Hei 427

Auf demselben Wege sind wir, da der Kubus[c] von $1 = 1$, der von $3^2/_5 = 39^1/_4$, und der von $18^4/_5 = 6644^1/_2$, zu dem Ergebnis gelangt, daß, wenn man das Volumen des Mondes gleich 1 setzt, das der Erde $39^1/_4$ mal und das der Sonne $6644^1/_2$ mal so groß ist. Folglich ist das Volumen der Sonne nahezu 170 mal so groß wie das der Erde.[d] Ha 348

---

a) Nach dem Verhältnis Durchmesser des Mondes zum Durchmesser der Erde, d. i. $0^r 35' 6'' : 2^r = 1 : x$.

b) Nach dem Verhältnis Durchmesser des Mondes zum Durchmesser der Sonne, d. i. $0^r 35' 6'' : 11^r = 1 : x$.

c) Kugeln verhalten sich zueinander wie die dritten Potenzen der Durchmesser nach Eukl. XII. 18.

d) Man vergleiche die Erörterungen des Proklus in der Hypotyposis S. 135 ff.

Siebzehntes Kapitel.

Die Einzelbeträge der Parallaxen der Sonne und des Mondes.

Nachdem wir uns diese Grundlagen geschaffen haben, dürfte es der logischen Reihenfolge nach am Platze sein, wieder in aller Kürze den Nachweis zu liefern, auf welche Weise man aus dem Größenbetrag der Entfernungen der Sonne und des Mondes auch die Einzelbeträge der Parallaxen dieser Körper durch Rechnung gewinnen kann. Wir fassen zuerst nur diejenigen Parallaxen ins Auge, welche auf dem durch den Zenit und diese Körper gezogenen größten (Höhen-) Kreis theoretisch ermittelt werden.

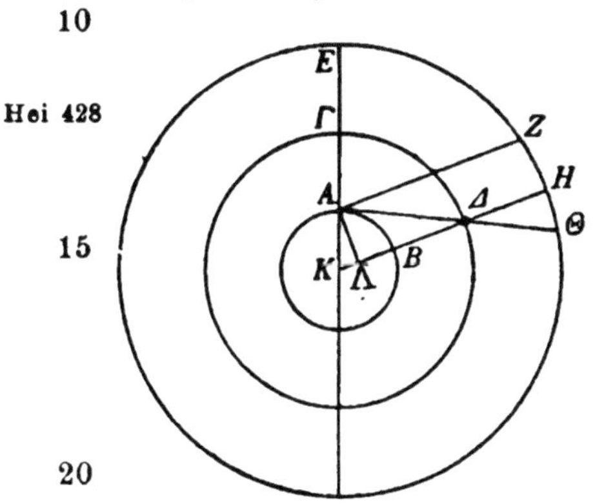

Es seien in der Ebene des bezeichneten größten Kreises
Hei 428 AB wieder der größte Kreis der Erde, ΓΔ der Kreis in der Entfernung der Sonne oder des Mondes, endlich EZHΘ der Kreis, zu welchem die Erde das Verhältnis eines Punktes hat. Gemeinsames Zentrum aller drei Kreise sei K, der durch die Scheitelpunkte gehende Durchmesser sei KAΓE. Man trage von dem Scheitelpunkte Γ aus den Bogen ΓΔ ab, der beispielshalber zu 30^0 angenommen sein soll, wie der Kreis ΓΔ gleich 360^0 ist, und ziehe wieder die Verbindungslinien KΔH, AΔΘ. Schließlich ziehe man von A aus zu KH die Parallele AZ und fälle auf KH das Lot AΛ.

Da infolge nicht konstant gleichbleibender Entfernung der beiden Lichtkörper der an der Sonne deshalb eventuell eintretende Unterschied der Parallaxen ganz klein und un-
Ha 349 merklich sein wird, weil die Exzentrizität ihres Kreises gering und ihre Entfernung groß ist, während dieser Unter-

schied an dem Monde sogar recht wahrnehmbar sein dürfte, sowohl wegen seiner Bewegung auf dem Epizykel, als auch wegen der Bewegung des Epizykels selbst auf dem Exzenter, indem beide Bewegungen keinen geringen Unterschied hinsichtlich der Entfernungen verursachen, so werden wir die Parallaxen der Sonne nur bei dem einen (Entfernungs-) Hei 429
Verhältnis nachweisen, ich meine bei dem Verhältnis von $1210^r : 1^r$, die Parallaxen des Mondes dagegen bei vier Verhältnissen, welche sich zur Durchführung des nächstdem einzuschlagenden Verfahrens als zutreffend gewählt erweisen werden. Wir haben folgende vier Entfernungen herangezogen:

1. Die beiden Entfernungen, welche eintreten, wenn der Epizykel in dem Apogeum des Exzenters steht:

a) die Entfernung bis zum Apogeum des Epizykels im Betrage, wie oben (S. 304, 28. 30) nachgewiesen, von $64^r 10'$;

b) die Entfernung bis zum Perigeum des Epizykels im Betrage von $(64^r 10' - 10^r 20' =)\ 53^r 50'$.

2. Die beiden Entfernungen, welche eintreten, wenn der Epizykel im Perigeum des Exzenters steht:

c) die Entfernung bis zum Apogeum des Epizykels im Betrage, wie oben (S. 304, 29) nachgewiesen, von $(38^r 43' + 5^r 10' =)\ 43^r 53'$.

d) die Entfernung bis zum Perigeum des Epizykels im Betrage von $(43^r 53' - 10^r 20' =)\ 33^r 33'$.

Da der Bogen ΓΔ zu 30° angenommen worden ist, so muß auch sein

$$\angle \Gamma K \Delta = 30^0 \text{ wie } 4R = 360^0,$$ Ha 350

$$= 60^0 \text{ wie } 2R = 360^0;$$

$$\text{folglich} \begin{Bmatrix} b\, A\Lambda = 60^0 \\ ,b\, K\Lambda = 120^0 \end{Bmatrix} \text{ wie } \ominus A\Lambda K = 360^0;$$ Hei 430

$$\text{also} \begin{Bmatrix} s\, A\Lambda = 60^p \\ ,s\, K\Lambda = 103^p 55' \end{Bmatrix} \text{ wie } dm\, AK = 120^p.$$

Setzt man $AK = 1^r$, so wird $A\Lambda = 0^r 30'$ und $K\Lambda = 0^r 52'$.

Nun ist $\mathsf{K\Delta} = 1210^r$ als Entfernung der Sonne,

$= 64^r 10'$ an der Grenze a
$= 53^r 50'$ „ „ „ b } der Entfernung des Mondes;
$= 43^r 53'$ „ „ „ c
$= 33^r 33'$ „ „ „ d

folglich $\mathsf{K\Delta} - \mathsf{K\Lambda} = \mathsf{\Lambda\Delta}$, aber auch
$= \mathsf{A\Delta}$, weil $\mathsf{A\Delta}$ von $\mathsf{\Lambda\Delta}$ unbetr. verschieden.

Mithin ist (unter Abzug von $\mathsf{K\Lambda} = 0^r 52'$)

1. $\mathsf{A\Delta} = 1209^r\ 8'$ als Entfernung der Sonne,
2. $\mathsf{A\Delta} = 63^r 18'$ an der Grenze a
$= 52^r 58'$ „ „ „ b } als Entfernung des Mondes.
$= 43^r\ 1'$ „ „ „ c
$= 32^r 41'$ „ „ „ d

Setzt man nun $\mathsf{A\Delta} = 120^p$, so wird[a)], immer dieselbe Reihenfolge vorausgesetzt, um Wiederholungen zu vermeiden,

	1	2a	2b	
$s\,\mathsf{A\Lambda} =$	$0^p\,2'59''$	$0^p 56'52''$	$1^p\ 7'58''$	
also $b\,\mathsf{A\Lambda} =$	$0^\circ\,2'50''$	$0^\circ 54'18''$	$1^\circ\ 4'54''$	wie $\ominus\,\mathsf{A\Lambda\Delta} = 360^\circ$,
Ha 351, Hei 431 } $\angle\mathsf{A\Delta B} = \angle\mathsf{ZA\Theta} =$	$0^\circ\,2'50''$	$0^\circ 54'18''$	$1^\circ\ 4'54''$	wie $2R = 360^\circ$,
$=$	$0^\circ\,1'25''$	$0^\circ 27'\ 9''$	$0^\circ 32'27''$	wie $4R = 360^\circ$,
schließlich $b\mathsf{H\Theta} =$	$0^\circ\,1'25''$	$0^\circ 27'\ 9''$	$0^\circ 32'27''$	wie $\bigcirc\,\mathsf{EZH\Theta} = 360^\circ$,

	2c	2d	
$s\,\mathsf{A\Lambda} =$	$1^p 23'41''$	$1^p 50'\ 9''$,	
also $b\,\mathsf{A\Lambda} =$	$1^\circ 20'\ 0''$	$1^\circ 45'\ 0''$	wie $\ominus\,\mathsf{A\Lambda\Delta} = 360^\circ$,
$\angle\mathsf{A\Delta B} = \angle\mathsf{ZA\Theta} =$	$1^\circ 20'\ 0''$	$1^\circ 45'\ 0''$	wie $2R = 360^\circ$,
$=$	$0^\circ 40'\ 0''$	$0^\circ 52'30''$	wie $4R = 360^\circ$,
schließlich $b\mathsf{H\Theta} =$	$0^\circ 40'\ 0''$	$0^\circ 52'30''$	wie $\bigcirc\,\mathsf{EZH\Theta} = 360^\circ$,

als der Bogen der Parallaxe (den man dem Bogen $\mathsf{ZH\Theta}$ gleichsetzen kann), weil erstens Punkt A unwesentlich verschieden von dem Mittelpunkt K (des Kreises $\mathsf{EZH\Theta}$), und zweitens der Bogen $\mathsf{ZH\Theta}$ unbeträchtlich größer als der

---

a) Nach dem Verhältnis $\mathsf{A\Lambda} : \mathsf{A\Delta} = 0^r 30' : 1209^r 8' = 0^p 2'59'' : 120^p$ für 1, $0^r 30' : 63^r 18' = 0^r 56'52'' : 120^p$ für $2a$, usw.

Bogen ΗΘ ist, da die Erde als Ganzes zu dem Kreis ΕΖΗΘ das Verhältnis eines Punktes hat.

Hiermit sind wir bei dem Endergebnis unserer Beweisführung angelangt.

Auf dieselbe Weise haben wir auch bei den übrigen Zenitabständen die für jede Grenze eintretenden Parallaxen von 6 zu 6 Grad des Quadranten berechnet und zu der zahlenmäßigen Feststellung der Parallaxen eine Tabelle von wieder 45 Zeilen zu 9 Spalten entworfen.

In die erste Spalte haben wir die 90 Grade des Quadranten
gesetzt, wobei wir selbstverständlich[a] die sukzessive Zu- Hei 432
nahme in Abschnitten von 2 zu 2 Grad vor sich gehen
lassen mußten. In der zweiten Spalte stehen die auf jeden
Abschnitt entfallenden Sechzigteile der Sonnenparallaxen, in der dritten die Parallaxen des Mondes für die
erste Grenze (a), in der vierten die Überschüsse der Parallaxen der zweiten Grenze (b) über die Parallaxen der ersten,
in der fünften die Parallaxen für die dritte Grenze (c), in Ha 352
der sechsten die Überschüsse der Parallaxen der vierten
Grenze (d) über die Parallaxen der dritten. So stehen z. B. in der Zeile für den Ansatz bei 30^0 die $0^0 1' 25'$ der Sonne, dann weiter die $0^0 27' 9''$ der ersten Grenze des Mondes und weiterhin $0^0 5' 18''$, was der Überschuß der zweiten Grenze über die erste ist, dann wieder die $0^0 40'$ der dritten Grenze und weiterhin $0^0 12' 30''$, was der Überschuß der vierten Grenze über die dritte ist.

Um aber auch die Parallaxen für die zwischen den Apogeen und Perigeen (sowohl des Epizykels wie des Exzenters) eintretenden Entfernungen den einzelnen (Grad-) Abschnitten (des Quadranten) entsprechend[b] aus den für die vier angenommenen Grenzen gegebenen Parallaxen durch ein bequemes Verfahren vermittels Ansetzung der Sechzigstel ableiten zu können, haben wir die übrigen drei Spalten zum

a) Um eine Tabelle von 45 Zeilen zu erzielen.

b) D. h. den in der ersten Spalte stehenden Argumentzahlen entsprechend.

Ansatz der (zur Ausführung der Berechnung) erforderlichen Hei 433 Differenzen[38] hinzugefügt. Die Berechnung auch dieser Differenzen haben wir auf folgende Weise angestellt.

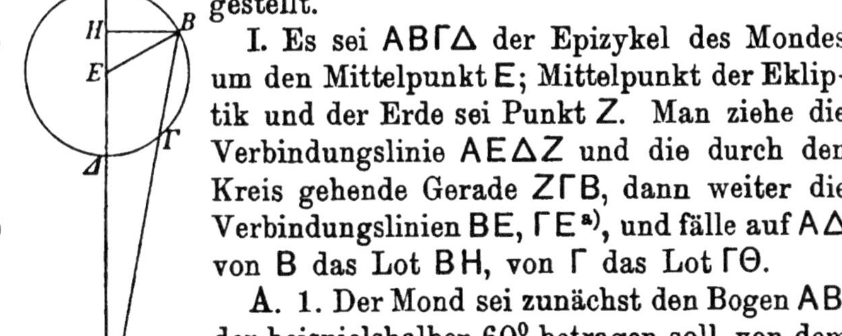

I. Es sei ΑΒΓΔ der Epizykel des Mondes um den Mittelpunkt Ε; Mittelpunkt der Ekliptik und der Erde sei Punkt Ζ. Man ziehe die Verbindungslinie ΑΕΔΖ und die durch den Kreis gehende Gerade ΖΓΒ, dann weiter die Verbindungslinien ΒΕ, ΓΕ[a)], und fälle auf ΑΔ von Β das Lot ΒΗ, von Γ das Lot ΓΘ.

A. 1. Der Mond sei zunächst den Bogen ΑΒ, der beispielshalber 60^0 betragen soll, von dem genauen Apogeum Α entfernt, welches theoretisch auch für den Mittelpunkt Ζ das genaue ist.[b)] Es ist demnach

$$\angle \mathrm{BEH} = 60^0 \text{ wie } 4R = 360^0, \quad = 120^0 \text{ wie } 2R = 360^0;$$

Ha 353 / Hei 434 folglich $\left\{\begin{array}{l} b\,\mathrm{BH} = 120^0 \\ b\,\mathrm{EH} = 60^0 \end{array}\right\}$ wie $\ominus$ ΒΗΕ $= 360^0$,

also $\left\{\begin{array}{l} s\,\mathrm{BH} = 103^p 55' \\ s\,\mathrm{EH} = 60^p \end{array}\right\}$ wie dm ΕΒ $= 120^p$.

Nun gilt, wenn der Mittelpunkt Ε des Epizykels im Apogeum des Exzenters steht, die Proportion

$$\mathrm{ZE} : \mathrm{EB} = 60^p : 5^p 15'.$$

Setzt man $\mathrm{EB} = 5^p 15'$ (als *ephm*),

so wird $\mathrm{BH} = 4^p 33'$ und $\mathrm{EH} = 2^p 38'$;

mithin $\mathrm{ZH} = \mathrm{ZE} + \mathrm{EH} = 62^p 38'$.

Nun ist $\mathrm{ZH}^2 + \mathrm{BH}^2 = \mathrm{ZB}^2$,

---

a) Da ich für jeden Fall die Figur getrennt gebe, so bezieht sich die Angabe der Hilfslinien ΓΕ und ΓΘ auf die Figur für den zweiten Fall.

b) Weil der Epizykel im Apogeum des Exzenters steht, wo ebenso wie im Perigeum die Neigung des Epizykels gleich Null ist. Vgl. S. 270, 2.

folglich $ZB = 62^p 48'$ $\begin{cases} \text{wie } ZA = 65^p 15' \text{ als Grenze } a, \\ \text{wie } Z\Delta = 54^p 45' \text{ als Grenze } b, \\ \text{wie } A\Delta = 10^p 30' \text{ als Differenz,} \end{cases}$

mithin $ZA - ZB = 2^p 27'$.

Das ist also die in Punkt B gegen die erste Grenze eintretende Differenz in dem Maße, in welchem die ganze Differenz ($A\Delta$) $10^p 30'$ beträgt. Wird nun die ganze Differenz gleich $60'$ gesetzt, so beträgt in diesem Verhältnis die im vorliegenden Fall (mit $2^p 27'$) eintretende Differenz ($ZA - ZB$) $14' 0''$. Diesen Betrag werden wir in der siebenten Spalte in die Zeile setzen, welche die Hälfte der Zahl 60 enthält, d. i. zu 30, weil die in der ersten Spalte der Tabelle an- Hei 435
gesetzten 90 Grade in ihrer Gesamtheit (auf den Epizykel 11
bezogen) nur die Hälfte der 180 Grade von A bis Δ umfassen.[a)]

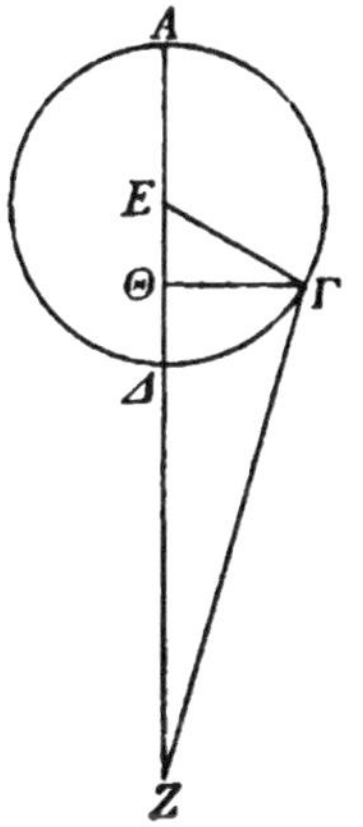

2. Auf demselben Wege wird, wenn wir den Ha 354
Bogen $\Gamma\Delta$ ebenfalls zu 60^0 annehmen, sich beweisen lassen, daß

$\Gamma\Theta = 4^p 33'$ (wie *exhm* $ZE = 60^p$),
$E\Theta = 2^p 38'$ wie *ephm* $E\Gamma = 5^p 15'$,
mithin $Z\Theta = ZE - E\Theta = 57^p 22'$.
(Nun ist $Z\Theta^2 + \Gamma\Theta^2 = Z\Gamma^2$,)
folglich *h* $Z\Gamma = 57^p 33'$.

Ziehen wir diesen Betrag wieder von den $65^p 15'$ der ersten Grenze ab, so erhalten wir als Differenz $7^p 42'$, was in Sechzigsteln der ganzen Differenz ($10^p 30'$) ausgedrückt $44' 0''$ gibt. Auch diesen Betrag werden wir in dieselbe (siebente) Spalte eintragen, und zwar zu der Argumentzahl 60, weil der Bogen $A\Gamma$ 120^0 beträgt.

B. Unter Annahme derselben Bogen denke man sich ferner den Mittelpunkt E in dem Perigeum des Exzenters, für

a) D. h. die 90 Grade der ersten Spalte bedeuten auf einen Halbkreis des Epizykels oder des Exzenters bezogen Doppelgrade.

welche Stellung die dritte und vierte Grenze in Betracht kommt. Da in dieser Stellung das Verhältnis $ZE : EB = 60^\pi : 8^\pi$ (s. S. 282, 15) gilt, so wird man, wenn jeder der beiden Bogen AB und $\Gamma\Delta$ zu 60^0 angenommen wird, zu dem Ergebnis gelangen, daß (nach Analogie von S. 318, 25)

Hei 436

$$BH \text{ und } \Gamma\Theta = 6^\pi 56' \text{ wie } ZE = 60^\pi,$$
$$EH \text{ und } E\Theta = 4^\pi\ 0' \text{ wie } EB = 8^\pi;$$
$$\text{mithin } \begin{cases} ZH = ZE + EH = 64^\pi, \\ Z\Theta = ZE - E\Theta = 56^\pi. \end{cases}$$

(Nun ist $ZH^2 + BH^2 = ZB^2$ und $Z\Theta^2 + \Gamma\Theta^2 = Z\Gamma^2$,)

$$\text{folglich } \left.\begin{matrix} h\,ZB = 64^\pi 23' \\ h\,Z\Gamma = 56^\pi 26' \end{matrix}\right\} \begin{matrix} \text{wie } ZA = 68^\pi \text{ als Grenze } c, \\ \text{(wie } Z\Delta = 52^\pi \text{ als Grenze } d,) \\ \text{wie } A\Delta = 16^\pi \text{ als Differenz.}^{a)} \end{matrix}$$

Ha 355

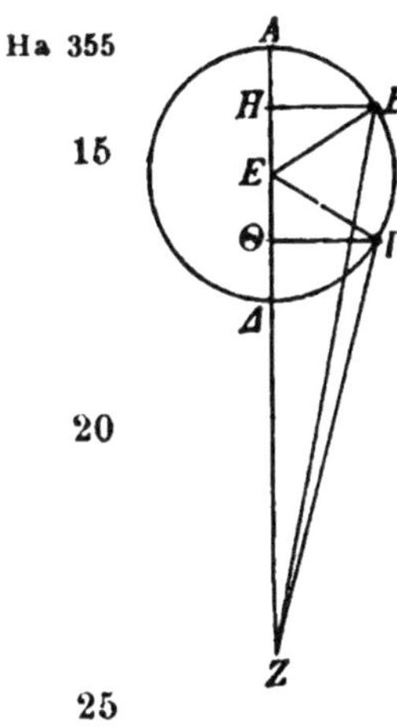

1. Wenn wir also $64^\pi 23'$ von 68^π abziehen, so werden wir als Differenz $3^\pi 37'$ erhalten, was in Sechzigsteln der ganzen Differenz 16^π ausgedrückt $13' 33''$ ergibt. Diesen Betrag werden wir wieder zur Argumentzahl 30 setzen, und zwar in der achten Spalte.

2. Wenn wir ferner $56^\pi 26'$ von 68^π abziehen, so werden wir als Differenz $11^\pi 34'$ erhalten, was gleichfalls in Sechzigsteln der ganzen Differenz 16^π ausgedrückt $43' 24''$ ergibt. Diesen Betrag werden wir wieder zu der Argumentzahl 60 setzen[b)], und zwar in der nämlichen achten Spalte.

Das ist der Weg, auf welchem wir die Differenzen in Ansatz bringen werden, die sich wegen des Fortschritts des Mondes auf dem Epizykel ergeben. Diejenigen Differenzen dagegen, welche eintreten infolge des Laufs des Epizykels

a) Der scheinbare Widerspruch, daß im Perigeum des Exzenters die Grenzen größer seien als im Apogeum, wird dadurch aufgehoben, daß $60^\pi < 60^p$. Zur weiteren Erklärung s. erl. Anm. 38 B.

b) Weil der Bogen $A\Gamma$ wieder wie oben (S. 319, 28) 120^0 beträgt.

selbst auf dem Exzenter, werden wir durch ein methodisches Verfahren folgendermaßen ermitteln.

II. Es sei ABΓΔ der Exzenter des Mondes um das Zentrum E und den Durchmesser AEΓ; auf letzterem denke man Hei 437
sich als den Mittelpunkt der Ekliptik den Punkt Z. Man ziehe durch den Kreis die Gerade BZΔ und nehme jeden der beiden Winkel AZB und ΓZΔ wieder zu 60⁰ an. Das ist der Fall, wenn bei dem Stande des Epizykelmittelpunktes in B die Elongation (von der mittleren Sonne) 30⁰ beträgt, während sie bei dem Stande in Δ 120⁰ (d. i. die Hälfte von 240⁰) betragen muß. Man ziehe die Verbindungslinien BE, EΔ, und fälle von E auf BZΔ das Lot EH. Dann ist

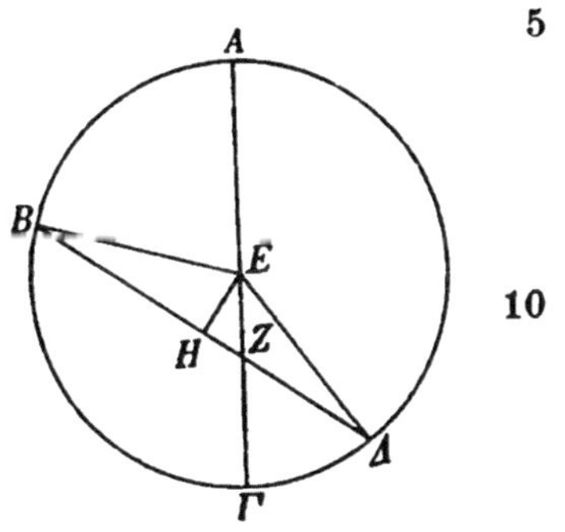

$$\angle\, AZB = 120^0 \text{ wie } 2R = 360^0;$$

$$\text{folglich} \left\{ \begin{array}{l} b\, EH = 120^0 \\ b\, HZ = 60^0 \end{array} \right\} \text{ wie } ⊖\, EHZ = 360^0,$$ Ha 356

$$\text{also} \left\{ \begin{array}{l} s\, EH = 103^p\, 55' \\ s\, HZ = 60^p \end{array} \right\} \text{ wie } h\, EZ = 120^p.$$ Hei 438

Setzt man $vbl\, EZ = \ 10^p\, 19'$ wie $exhm\, EB = 49^p\, 41'$, (S. 269, z. 4)
so wird $EH = \ 8^p\, 56'$ und $HZ = 5^p\, 10'$ in diesem Maße.
Nun ist $EB^2 - EH^2 = BH^2$,
folglich $BH = \Delta H = 48^p\, 53'$, (Eukl. III. 3)

$$\text{mithin} \left\{ \begin{array}{l} ZB = BH + HZ = 54^p\ \ 3' \\ Z\Delta = \Delta H - HZ = 43^p\, 43' \end{array} \right\} \left| \begin{array}{l} \text{wie } ZA = 60^p \text{ für die Grenzen } a \text{ u. } b, \\ \text{wie } Z\Gamma = 39^p\, 22' \text{ für die Grenzen } c \text{ u. } d, \\ \text{wie } ZA - Z\Gamma = 20^p\, 38'. \end{array} \right.$$

Nun gibt $60^p - 54^p\, 3'$ als Differenz $5^p\, 57'$, was in Sechzigsteln der ganzen Differenz $20^p\, 38'$ ausgedrückt $17'\, 18''$ ergibt. Anderseits gibt $60^p - 43^p\, 43'$ als Differenz $16^p\, 17'$, was gleichfalls in Sechzigsteln von $20^p\, 38'$ ausgedrückt $47'\, 21''$ ergibt. Den ersten Betrag von $17'\, 18''$ werden wir selbstverständlich in die neunte Spalte zur Argumentzahl 30, der Zahl der Elongation, setzen, und den zweiten Betrag von 47′21″ zur Elongationszahl 120, d. h. wieder (wie S. 319, 27) zu der Argumentzahl 60; denn weil das Perigeum (des Exzenters) bei 90^0 liegt, so ist die Elongation von 60^0 (d. i. 30^0 vor dem Perigeum) für die Entfernung (vom Ekliptikmittelpunkt) gleichwertig mit der (30^0 über das Perigeum hinausgehenden) Elongation von 120^0.

Hei 439 Auf dieselbe Weise haben wir auch bei den übrigen Bogen die Beträge der Differenzen in Sechzigsteln nach den besprochenen drei Arten (*IAB* und *II*) von Überschüssen berechnet, und zwar in (15) Abschnitten von 12 zu 12 Graden, welche für die in der Tabelle stehenden Argumentzahlen zu (ebensoviel) Abschnitten von 6 zu 6 Graden werden,
Ha 357 weil die (in Betracht gezogenen) 180 Grade von den Apogeen bis zu den Perigeen (des Epizykels und des Exzenters) in den 90 Graden der Tabelle voll zum Ausdruck kommen.[39] Die auf dem Wege geometrischer Konstruktion gewonnenen Sechzigstel haben wir dann zu jeder der erklärten Argumentzahlen gehörigen Ortes hinzugesetzt. Den Ansatz der Zwischenabschnitte (von je 2^0) haben wir jedoch unter Annahme der gleichmäßigen Zunahme der Differenz innerhalb der je 6^0 betragenden Abschnitte (der Tabelle) gemacht, weil in diesen Zwischenabschnitten (von je 2^0) bei den in so kleinen Absätzen fortschreitenden (Entfernungs-)Differenzen kein wesentlicher Unterschied gegen die auf dem Wege geometrischer Konstruktion gewonnenen Werte zum Ausdruck kommen kann, und zwar weder bei den Sechzigsteln noch bei den Parallaxen selbst.

Achtzehntes Kapitel.

Die Parallaxentafel

Ha 358 Hei 442 gestaltet sich folgendermaßen (S. 323).

1	2			3			4			5			6			7		8		9	
Gradzahlen	Sonnen-paral-laxen			Mondparallaxen												Sechzigstel					
				1. Grenze			Überschuß der 2 Grenze			3. Grenze			Überschuß der 4. Grenze			den Epizykel betr. für Syzygie		den Epizykel betr. für Quadratur		den Exzenter betr.	
2°	0°	0′	7″	0°	1′	54″	0°	0′	23″	0°	3′	0″	0°	0′	50″	0′	14′	0′	11″	0′	15″
4	0	0	13	0	3	48	0	0	45	0	6	0	0	1	40	0	28	0	22	0	30
6	0	0	19	0	5	41	0	1	7	0	9	0	0	2	30	0	42	0	33	0	45
8	0	0	25	0	7	34	0	1	29	0	11	40	0	3	20	1	22	1	7	1	33
10	0	0	31	0	9	27	0	1	51	0	14	20	0	4	10	2	2	1	41	2	21
12	0	0	37	0	11	19	0	2	12	0	17	0	0	5	0	2	42	2	15	3	9
14	0	0	42	0	13	10	0	2	33	0	19	40	0	5	50	3	35	3	13	4	22
16	0	0	48	0	15	0	0	2	54	0	22	20	0	6	40	4	28	4	11	5	35
18	0	0	53	0	16	49	0	3	15	0	25	0	0	7	30	5	21	5	9	6	48
20	0	0	58	0	18	36	0	3	36	0	27	40	0	8	20	6	39	6	25	8	25
22	0	1	4	0	20	22	0	3	57	0	30	20	0	9	10	7	57	7	41	10	2
24	0	1	9	0	22	6	0	4	18	0	33	0	0	10	0	9	15	8	57	11	39
26	0	1	14	0	23	49	0	4	39	0	35	20	0	10	50	10	50	10	29	13	32
28	0	1	20	0	25	30	0	4	59	0	37	40	0	11	40	12	25	12	1	15	25
30	0	1	25	0	27	9	0	5	18	0	40	0	0	12	30	14	0	13	33	17	18
32	0	1	30	0	28	46	0	5	37	0	42	20	0	13	20	15	52	15	22	19	23
34	0	1	35	0	30	21	0	5	55	0	44	40	0	14	10	17	44	17	11	21	28
36	0	1	40	0	31	54	0	6	13	0	47	0	0	15	0	19	36	19	0	23	33
38	0	1	44	0	33	24	0	6	30	0	49	0	0	15	40	21	36	20	59	25	40
40	0	1	49	0	34	51	0	6	47	0	51	0	0	16	20	23	36	22	58	27	47
42	0	1	54	0	36	14	0	7	4	0	53	0	0	17	0	25	36	24	57	29	54
44	0	1	58	0	37	37	0	7	20	0	55	0	0	17	40	27	40	27	1	32	0
46	0	2	3	0	38	57	0	7	35	0	57	0	0	18	20	29	44	29	5	34	6
48	0	2	8	0	40	14	0	7	49	0	59	0	0	19	0	31	48	31	9	36	12
50	0	2	12	0	41	28	0	8	3	1	0	40	0	19	40	33	52	33	14	38	9
52	0	2	16	0	42	39	0	8	16	1	2	20	0	20	20	35	56	35	19	40	6
54	0	2	20	0	43	45	0	8	29	1	4	0	0	21	0	38	0	37	24	42	3
56	0	2	23	0	44	48	0	8	42	1	5	20	0	21	20	40	0	39	24	43	49
58	0	2	26	0	45	48	0	8	53	1	6	40	0	21	40	42	0	41	24	45	35
60	0	2	29	0	46	46	0	9	3	1	8	0	0	22	0	44	0	43	24	47	21
62	0	2	32	0	47	40	0	9	13	1	9	20	0	22	20	45	50	45	13	48	49
64	0	2	34	0	48	30	0	9	22	1	10	40	0	22	40	47	40	47	2	50	17
66	0	2	36	0	49	15	0	9	31	1	12	0	0	23	0	49	30	48	51	51	45
68	0	2	38	0	49	57	0	9	39	1	13	0	0	23	10	50	56	50	24	52	57
70	0	2	40	0	50	36	0	9	46	1	14	0	0	23	20	52	22	51	57	54	9
72	0	2	42	0	51	11	0	9	53	1	15	0	0	23	30	53	48	53	30	55	41
74	0	2	44	0	51	44	0	9	59	1	15	40	0	23	40	54	57	54	41	56	12
76	0	2	46	0	52	12	0	10	4	1	16	20	0	23	50	56	6	55	52	57	3
78	0	2	47	0	52	34	0	10	8	1	17	0	0	24	0	57	15	57	3	57	54
80	0	2	48	0	52	53	0	10	11	1	17	20	0	24	10	57	57	57	47	58	26
82	0	2	49	0	53	9	0	10	14	1	17	40	0	24	20	58	39	58	31	58	58
84	0	2	50	0	53	21	0	10	16	1	18	0	0	24	30	59	21	59	15	59	30
86	0	2	50	0	53	29	0	10	16	1	18	20	0	24	40	59	34	59	30	59	40
88	0	2	51	0	53	33	0	10	17	1	18	40	0	24	50	59	47	59	45	59	50
90	0	2	51	0	53	34	0	10	17	1	19	0	0	25	0	60	0	60	0	60	0

Neunzehntes Kapitel.

Berechnung der Parallaxen nach der Tafel.

Ha 360 Hei 444 Wenn wir bestimmen wollen, wie groß in einer beliebigen Position die Parallaxe des Mondes zunächst auf dem durch ihn und den Scheitelpunkt gezogenen größten (Höhen-) Kreis ist, so werden wir feststellen, wieviel Äquinoktialstunden der Mond je nach der zugrunde gelegten geographischen Breite von dem Meridian entfernt steht. Mit der gefundenen Stundenzahl gehen wir dann in die Winkeltabelle (Buch II, Kap. 13) der betreffenden Breite und des in Betracht kommenden Zeichens ein und werden in den bei der (festgestellten) Stunde in der zweiten Spalte stehenden Beträgen entweder die ganzen oder die auf den Teil der Stunde entfallenden Grade erhalten, welche der Mond auf dem durch sein Zentrum und den Scheitelpunkt gehenden größten (Höhen-)Kreis Zenitabstand hat.[39]

Mit diesen Graden gehen wir in die Parallaxentafel ein, d. h. wir sehen nach, in welcher Zeile der ersten Spalte der betreffende Gradbetrag steht, und notieren uns getrennt für sich die bei der Argumentzahl in den vier Spalten, welche auf die Spalte mit den Sonnenparallaxen folgen, d. h. die in der dritten, vierten, fünften und sechsten Spalte stehenden Beträge. Hierauf nehmen wir die für jene Stunde (nach den Mondtafeln) genau berechnete Zahl der auf das genaue Apogeum reduzierten Anomalie, und zwar entweder sie selbst
Hei 445 oder, wenn sie über 180° hinausgeht, ihre Ergänzung zu 360°, und gehen allemal mit der Hälfte der so erhaltenen Grade[a] in die nämlichen Argumentzahlen ein. Nun sehen

---

a) Weil die Argumentzahlen 2—90 der Parallaxentafel als Doppelgrade auf den Epizykel und den Exzenter zu beziehen sind. Da sie demnach nur einen Halbkreis (0°—180°) von Apogeum bis Perigeum umfassen, so können die Hälften von über 180° hinausgehenden Anomalie- oder Elongationszahlen nicht mehr in ihr Bereich fallen.

wir nach, wieviel Sechzigstel bei der Argumentzahl je in Ha 361
der siebenten und der achten Spalte angesetzt sind. Den ganzen Betrag von Sechzigsteln, welcher in der siebenten Spalte gefunden wird, nehmen wir von dem in der vierten Spalte stehenden Überschuß und addieren jedesmal den erhaltenen Bruchteil zu der Parallaxe der dritten Spalte. Den ganzen Betrag von Sechzigsteln aber, welcher in der achten Spalte gefunden wird, nehmen wir von dem in der sechsten Spalte stehenden Überschuß und addieren wieder jedesmal den erhaltenen Bruchteil zu der Parallaxe der fünften Spalte. Hierauf stellen wir die Differenz der so gewonnenen zwei Parallaxen fest.

Nachdem wir weiter festgestellt haben, wieviel Grade der Mond entweder von dem Grade der Sonne oder von dem diesem diametral gegenüberliegenden, je nachdem dieses oder jenes Intervall das nähere ist[a], mittlere Elongation hat, gehen wir auch mit diesen Graden in die Argumentzahlen der ersten Spalte ein. Den ganzen Betrag von Sechzigsteln, der nun wieder in der neunten und letzten Spalte steht, nehmen wir von der festgestellten Differenz der zwei Parallaxen und addieren jedesmal den erhaltenen Bruchteil zu der kleineren Parallaxe, d. i. zu der aus der dritten und vierten Spalte berechneten. In dem schließlichen Ergebnis werden wir den Betrag der Parallaxe erhalten, welche der Mond auf dem durch ihn und den Zenit gezogenen größten (Höhen-)Kreis zeigt.

Die Sonnenparallaxe ergibt sich bei der gleichen Hei 446
Stellung (d. i. auf einem Höhenkreis gemessen), soweit sie für die Sonnenfinsternisse in Betracht kommt, theoretisch schlechthin ohne weiteres aus den Gradbeträgen, welche in der zweiten Spalte bei dem Betrag des Zenitabstandes stehen.

Um nun auch die mit Bezug auf die Ekliptik in dem Ha 362
gegebenen Falle eintretende Parallaxe nach Länge und

a) Um nicht Elongationen über 180° vom Apogeum des Exzenters zu erhalten. Die Elongation von der Sonne braucht nicht verdoppelt zu werden, weil die Argumentzahlen für den Exzenter Doppelgrade bedeuten.

Breite zu berechnen[40], gehen wir wieder mit denselben Äquinoktialstunden, welche der Mond von dem Meridian entfernt ist, in denselben Teil der Winkeltabelle ein und fassen die bei der Argumentzahl der Stunden stehenden Grade ins Auge, und zwar, wenn der Mond östlich des Meridians steht, die in der dritten Spalte, steht er westlich des Meridians, die in der vierten Spalte angesetzten Grade. Sind sie unter 90°, werden wir sie selbst uns notieren, sind sie über 90°, ihre Ergänzungen zu 180°; denn damit werden wir in Graden, wie der Rechte 90 hat, den kleineren[a] der an dem (vorläufig) in Frage kommenden Schnittpunkt (B) liegenden Winkel erhalten. Die notierten Grade verdoppeln wir nun und gehen sowohl mit der gewonnenen Zahl als auch mit ihrer Ergänzung zu 180° in die (erste Spalte der) Sehnentafeln ein. In dem Verhältnis, in welchem die zu dem Bogen der verdoppelten Grade gehörige Sehne (*s* ΔΘ) zu der Sehne des Supplementbogens (,*s* ΘH) steht, wird dann die Breitenparallaxe (*b* ΔΘ) zu der Längenparallaxe (,*b* ΘH) stehen, da ja so kleine

Hei 447 Kreisbogen von den Sehnen ganz unbeträchtlich verschieden sind. Indem wir nun die Zahl der (zu den gegebenen Bogen in der Tafel) angesetzten Sehnen mit der (Höhen-)Parallaxe (*b* ΔH), welche auf dem durch den Zenit gezogenen (Höhen-)Kreis (EZ) gefunden wurde, multiplizieren und in die Produkte getrennt für sich mit 120 dividieren, werden wir in den bei der Division herauskommenden Quotienten die Teilbeträge der Breiten- und der Längenparallaxe erhalten.

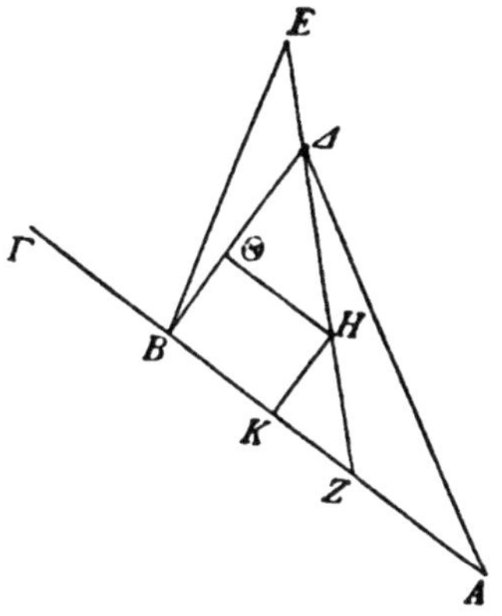

Im allgemeinen gilt

A. für die Breitenparallaxen folgendes.

---

a) D. i. ∠ EBΓ, der dem ∠ ΔHΘ des Parallaxendreiecks ΔΘH nur annähernd gleich ist.

1. Wenn der Zenit auf dem Meridian n ö r d l i c h des zurzeit Ha 36 kulminierenden Punktes der Ekliptik liegt, so wird die parallaktische Verschiebung vom Zenit aus s ü d w ä r t s gerichtet sein.

2. Wenn dagegen der Zenit s ü d l i c h des kulminierenden Punktes liegt, wird die parallaktische Verschiebung in Breite n o r d w ä r t s gerichtet sein.

B. Für die L ä n g e n p a r a l l a x e n gilt, weil die in der Winkeltabelle angesetzten Winkelgrößen den n ö r d l i c h e n von den zwei Winkeln betreffen, deren gemeinsamer Schenkel das östlich liegende Ekliptikstück ist (S. 102,5), folgendes.

1. Ist die parallaktische Verschiebung in Breite n o r d w ä r t s gerichtet, so wird die Längenparallaxe,

a) wenn der maßgebende Winkel $> 90^0$, gegen die Richtung der Zeichen (d. i. w e s t w ä r t s) wirken,

b) wenn $< 90^0$, in der Richtung der Zeichen (d. i. o s t w ä r t s).

2. Ist die parallaktische Verschiebung in Breite s ü d w ä r t s gerichtet, so wird umgekehrt die Längenparallaxe,

a) wenn der maßgebende Winkel $> 90^0$, in der Richtung der Zeichen (d. i. o s t w ä r t s) wirken,

b) wenn $< 90^0$, gegen die Richtung der Zeichen Hei 44 (d. i. w e s t w ä r t s).

Was die Sonne anbelangt, so haben wir die vorstehend erörterten Verhältnisse auf sie unter der Annahme in Anwendung gebracht, daß sie k e i n e s i n n l i c h w a h r n e h m b a r e P a r a l l a x e zeige, nicht als ob wir nicht wüßten, daß die auch an ihr, wie wir weiterhin (Buch VI, Kap. 5) sehen werden, wahrgenommene Parallaxe eine kleine Differenz in den Verhältnissen verursachen würde, sondern weil wir der Meinung waren, daß für die Erscheinungen deshalb kein so beträchtlicher Fehler im Gefolge sein werde, daß es notwendig wäre, an den bisher o h n e Berücksichtigung der Sonnenparallaxe dargelegten Verhältnissen irgend etwas zu ändern, weil sie ja nur ganz gering ist.

Eine ähnliche Vernachlässigung ist es, wenn wir uns auch für die Parallaxen des Mondes mit den Bogen (wie EB) Ha 36 und Winkeln (wie ∠ EBΓ) begnügt haben, welche von dem durch die Pole des Horizonts gezogenen größten (Höhen-) Kreis an der Ekliptik gebildet werden, anstatt diejenigen Bogen (wie EΔ) und Winkel (wie ∠EΔB) zu nehmen, welche theoretisch an dem schiefen Kreise des Mondes gebildet werden.[a)] Denn einmal war die Differenz, welche infolge dieser Vernachlässigung bei den mit Finsternissen verbundenen Syzygien eventuell eintreten kann, ganz unmerklich, dann aber würde die Heranziehung auch dieser Bogen und Winkel komplizierte Beweise und mühsame Berechnungen nötig machen, weil sie nicht bei allen Positionen des Mondes im Tierkreise und in jeder Entfernung vom Knoten bestimmte Grenzen einhalten, sondern (infolge der wechselnden Breite des Mondes) hinsichtlich ihrer Größen und Lagen an sich fortlaufend den mannigfaltigsten Veränderungen unterliegen.

Das eben Gesagte soll durch folgende Erörterung ver-
Hei 449 ständlich gemacht werden. Es sei gegeben das Ekliptikstück ABΓ und das Stück AΔ des schiefen Kreises des Mondes. Als der Knoten soll Punkt A, als das Zentrum des Mondes Punkt Δ angenommen sein. Von Δ ziehe man rechtwinklig zur Ekliptik die Gerade ΔB (als Breite des Mondes). Der Pol des Horizonts sei Punkt E; durch diesen ziehe man einerseits durch das Zentrum des Mondes den Bogen EΔZ eines größten (Höhen-)Kreises, anderseits durch B den Bogen EB (eines ebensolchen). Die (Höhen-)Parallaxe des Mondes betrage den Bogen ΔH; durch H ziehe man rechtwinklig zu BΔ und zu BZ die Geraden HΘ und HK.[b)] Somit wird von den Knotenentfernungen in Länge
Ha 365 die genaue AB, die scheinbare

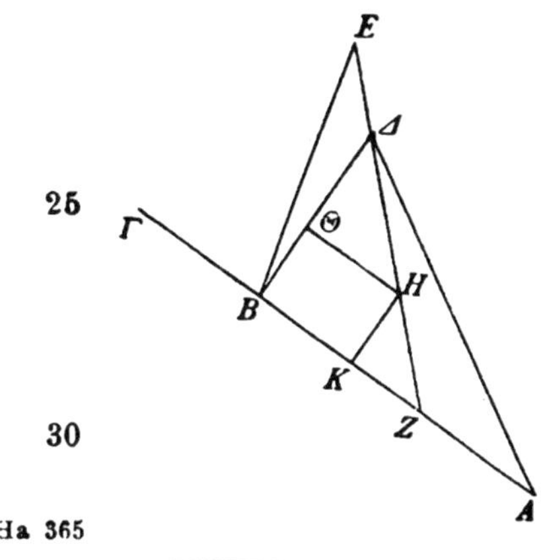

a) Denn EΔ ist der scheinbare Zenitabstand und ∠EΔB ist der Nebenwinkel des einen spitzen Winkels des Parallaxendreiecks.

b) So daß erstere parallel zur Ekliptik, letztere parallel zum Breitenkreise des Mondes verläuft.

AK, von den Ekliptikabständen in Breite der genaue BΔ, der scheinbare KH. Endlich sind, als die theoretisch auf die Ekliptik bezogenen Komponenten der (Höhen-)Parallaxe ΔH, die (ostwärts d. i. in der Richtung der Zeichen wirkende) Längenparallaxe gleich ΘH, und die (südwärts wirkende) Breitenparallaxe gleich ΔΘ.

Aus der oben gegebenen Anleitung (der Parallaxen- Hei 450
berechnung) ist hervorgegangen, daß die Parallaxe ΔH gefunden wird, wenn der Bogen EΔ (d. i. der Zenitabstand des Mondes) gegeben ist, die beiden Parallaxen ΔΘ und ΘH aber, wenn der Winkel ΓZE gegeben ist.[a] In einem früheren Kapitel (Buch II, Kap. 13) haben wir die Bogen und Winkel des durch den Zenit gehenden Kreisbogens nachgewiesen, welche mit gegebenen Punkten der Ekliptik (d. h. den Zeichenanfängen) gebildet werden. So haben wir denn in dem vorliegenden Falle (durch die Winkeltabelle) einzig und allein den Punkt B der Ekliptik als gegeben. Es ist also klar, daß wir (fälschlich) den Bogen EB anstatt des Bogens EΔ benutzen, und den Winkel ΓBE anstatt des Winkels ΓZE.

Hipparch hat nun zwar den Versuch gemacht, die Korrektion dieses fehlerhaften Verfahrens in die Wege zu leiten, hat dieselbe aber offenbar ganz ohne Verständnis und gegen alle Logik in Angriff genommen. Erstens hat er nämlich einzig und allein die Entfernung AΔ in Betracht gezogen, und nicht alle oder wenigstens mehrere Entfernungen, wie es für einen Forscher, der Wert darauf legt auch im Kleinen peinlichste Genauigkeit walten zu lassen, das richtige gewesen wäre, zweitens ist er auch, ohne es gewahr zu werden, in noch mehr und andere Ungereimtheiten verfallen. Nachdem nämlich auch er zuvor gerade nur die theoretisch mit

a) Tatsächlich hat er diesen heiklen Punkt an beiden Stellen (S. 324, 6—14 und S. 326, 1—12) wie absichtlich in mystisches Dunkel gehüllt. Der Mond war an erster Stelle stillschweigend ohne Breite angenommen worden (in Punkt B), an zweiter Stelle war nicht der dem ∠ ΔHΘ genau gleiche ∠ ΓZE, sondern der nur annähernd gleiche ∠ EBΓ verwendet worden.

der Ekliptik gebildeten Bogen und Winkel nachgewiesen und klargestellt hat, daß (die Höhenparallaxe) ΔH gewonnen wird, wenn (der Zenitabstand) EΔ gegeben ist — diesen Nachweis
Ha 366 bringt er im ersten Buche der „Parallaxenberechnungen" —
Hei 451 wendet er zur Gewinnung des Bogens EΔ dennoch den Bogen EZ und den Winkel ΓZE an: nachdem er nämlich im zweiten Buche ZΔ auf diesem Wege berechnet hat, nimmt er (den Zenitabstand) EΔ als Rest an. Irregeführt hat ihn, wohl zu merken, das Übersehen des Umstandes, daß B der gegebene Punkt der Ekliptik ist, und nicht Z, und daß infolgedessen von den Bogen EB, nicht EZ, gegeben ist, und von den Winkeln ΓBE, nicht ΓZE.

Von da ab sind zur Anbringung einer auch nur teilweisen Korrektion vielfache Anstrengungen gemacht worden, da zwischen den Bogen EΔ und EZ sich eine recht beträchtliche Differenz (ZΔ) geltend macht, (was sehr erklärlich ist) weil die Bogen EZ noch viel weniger gegeben sind, als die Bogen EΔ.[a] Demgegenüber wird das Maximum der Differenz zwischen dem tatsächlich gegebenen Bogen EB und dem Bogen EΔ lediglich von der mit der Entfernung vom Knoten sich ändernden Größe des Bogens ΔB (d. i. von der Breite des Mondes) abhängig sein.[b]

Der logisch richtige Weg, welcher zu der einzig sachlich (weil mathematisch) genauen Korrektion führt[c], dürfte von uns folgendermaßen zur Anschauung gebracht werden.

Es sei ABΓ die Ekliptik und rechtwinklig zu ihr ΔBE. Der Mond stehe entweder in Δ oder in E von der Ekliptik
Hei 452 in Breite einen gegebenen Bogen, wie ΔB oder BE, entfernt.

---

a) D. i. als die Zenitabstände des Mondes, die ja gesucht werden.

b) D. h. die Differenz EB − EΔ wird gleich Null sein, wenn der Mond keine Breite hat: dann ist eben sein Zenitabstand gleich EB; dagegen wird sie das Maximum erreichen, wenn der Mond seine größte Breite nördlich oder südlich der Ekliptik hat.

c) Insofern der gesuchte ∠ ΓZE, der von dem durch das Mondzentrum gezogenen Höhenkreis mit der Ekliptik gebildet wird, dem einen spitzen Winkel des Parallaxendreiecks als Gegenwinkel mathematisch genau gleich ist.

Somit sollen gegeben sein die Bogen vom Zenit bis zum Ekliptikpunkt B und die daselbst gebildeten Winkel (als Rechte), gesucht seien die bei Δ oder E entstehenden Bogen und Winkel.[a)] Ha 367

I. Wenn die Ekliptik die Lage einnimmt, daß sie den größten (Höhen-)Kreis unter rechten Winkeln schneidet, welcher, wie ZB, durch den als Pol des Horizonts angenommenen Punkt Z und durch Punkt B geht, so wird dieser Kreis selbstverständlich[b)] mit dem Bogen ΔE zusammenfallen und der theoretisch bei Δ und E (an der Mondbahn) gebildete Winkel unterschiedslos gleich sein dem bei B (als gegeben) angenommenen (Rechten); denn die von diesen Bogen (des Breitenkreises) mit der Ekliptik gebildeten Winkel sind gleichfalls Rechte. Die (bei Δ und E abgeschnittenen) Bogen aber werden, da die Bogen ΔB und BE (als die Breite des Mondes) gleichfalls gegeben sind, betragen:

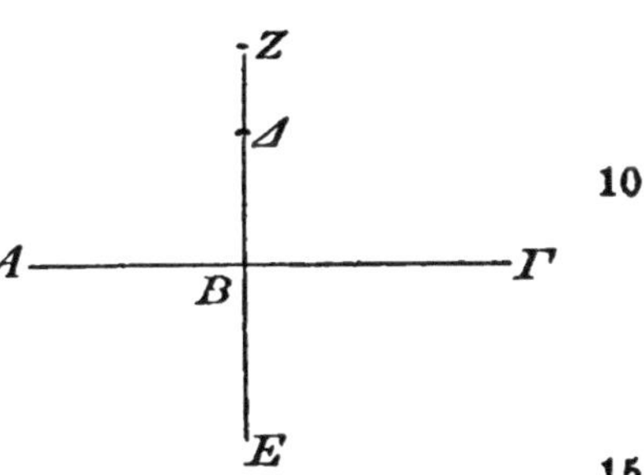

$$b\,Z\Delta = b\,ZB - b\,\Delta B \quad \text{und} \quad b\,ZE = b\,ZB + b\,BE.$$

II. Wenn die Ekliptik ABΓ mit dem durch den Zenit gehenden größten (Höhen-)Kreis zusammenfällt, und wir, A als Pol des Horizonts angenommen, die verbindenden Bogen AΔ und AE ziehen, so werden sowohl diese Bogen von dem Bogen AB verschieden sein, als auch die Winkel BAΔ und BAE verschieden von dem Winkel, der Hei 45

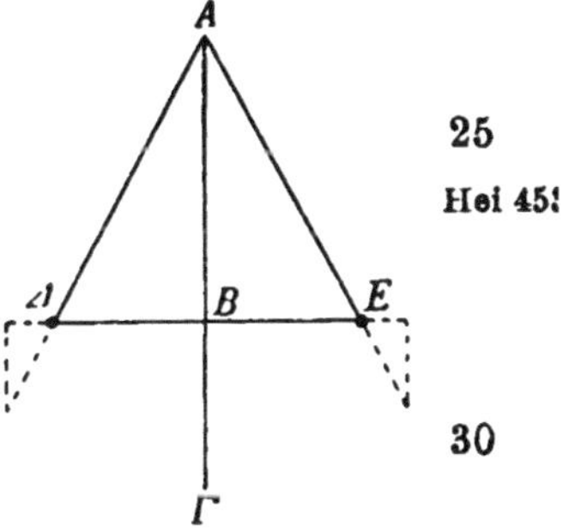

a) D. s. die oben S. 328,3 erwähnten Bogen und Winkel, welche von dem Höhenkreise an dem schiefen Kreise des Mondes gebildet werden.

b) Weil der Breitenkreis des Mondes ebenfalls senkrecht zur Ekliptik steht.

im vorigen Fall (im Zenit) überhaupt nicht vorhanden war. Bestimmen lassen sich aber die Bogen AΔ und AE aus den gegebenen Bogen AB, ΔB und BE, weil wegen des unbeträchtlichen Unterschieds (zwischen den Bogen und den Sehnen) dasselbe Verhältnis gilt wie bei Geraden. Es ist nämlich

$$A\Delta^2 = AB^2 + \Delta B^2 \quad \text{und} \quad AE^2 = AB^2 + BE^2.$$

Sind aber die Bogen AΔ und AE gefunden, so lassen sich auch die Winkel BAΔ und BAE bestimmen.[a)]

III. Wenn wir endlich bei g e n e i g t e r L a g e der Ekliptik von dem Pol Z des Horizonts die verbindenden Bogen ZB, ZHΔ, ZEΘ ziehen, so wird (durch die Winkeltabellen) gegeben sein der Bogen ZB und der Winkel ABZ, und natürlich auch wieder (als die Breite des Mondes) die Bogen ΔB und BE. Bestimmen lassen sollen sich aber die Bogen ZΔ und

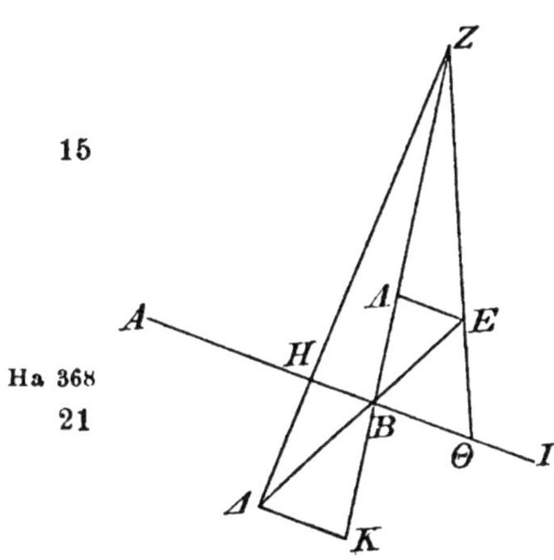

Ha 368 ZE, sowie die Winkel AHZ und AΘZ. Auch diese lassen sich bestimmen, nachdem auf ZB die Lote ΔK und EΛ gefällt worden sind.

Hei 454 Da der ∠ABZ gegeben und der ∠ABE unter allen Umständen[b)] ein Rechter ist, so sind (weil die Winkel ΛBE und KBΔ gleich der Differenz dieser gegebenen Winkel sind) die rechtwinkligen Dreiecke BKΔ und BΛE gegeben, sowie

a) Diesen Winkeln sind als Gegenwinkel gleich die Δ und E gegenüberliegenden spitzen Winkel des an der Figur punktierten Parallaxendreiecks. Bestimmt werden die Winkel durch die Funktionen $\frac{\Delta B}{A\Delta}$ und $\frac{EB}{AE}$, da die Bogen der Breite ΔB und EB als gegeben angenommen werden.

b) Weil die Breitenkreise des Mondes zur Ekliptik senkrecht sind.

das Verhältnis von ZB zu den Seiten (d. i. zu den Katheten dieser Dreiecke), welche um die Rechten liegen, weil es (von vornherein) zu den Hypotenusen ΔB und BE gegeben ist. Daher werden (weil nun in den rechtwinkligen Dreiecken ZΛE und ZKΔ außer den Katheten ΛE und KΔ auch die Katheten ZΛ mit ZB — BΛ und ZK mit ZB + BK gegeben sind, nach Eukl. I. 47) auch die Hypotenusen ZE und ZΔ gegeben sein, und infolgedessen (durch die Funktionen $\frac{K\Delta}{Z\Delta}$ und $\frac{\Lambda E}{ZE}$) auch die Winkel ΔZK und EZΛ, um welche die gesuchten Winkel einerseits größer, anderseits kleiner als der gegebene sind; denn

$$\left.\begin{aligned}\angle AHZ &= \angle ABZ + \angle \Delta ZB,\\ \angle A\Theta Z &= \angle ABZ - \angle EZ\Lambda.\end{aligned}\right\}\ \text{(Eukl. I. 32)}$$

Hieraus ist ersichtlich, daß bei Annahme desselben Abstandes in Breite (d. i. wenn BE = ΔB) das Maximum des Unterschieds (gegen die Bogen ZB und die Winkel bei B) eintreten wird

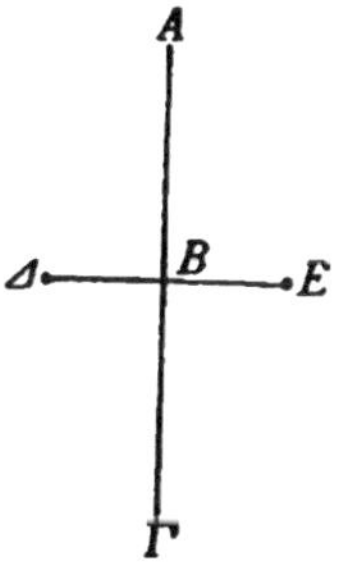

1. bei den Winkeln, wenn der Punkt B der Scheitelpunkt selbst ist. Denn wenn bei B kein Winkel (von einem Höhenkreis) gebildet wird, so bilden die vom Scheitelpunkt nach Δ und E gezogenen Bogen an der Ekliptik rechte Winkel.[a]

2. bei den Bogen,

a) wenn dieselbe Lage (des Punktes B) stattfindet. Denn wenn wieder (vom Scheitelpunkt) kein Bogen nach B gezogen werden kann, so werden die nach Δ und E (von dort) gezogenen Bogen genau so groß sein, wie die Bogen, die den Ort des Mondes in Breite messen. Hei 155

b) wenn der durch den Scheitelpunkt gehende (Höhen-) Kreis die Ekliptik unter rechten Winkeln schneidet (s. Fig. zu I). Denn alsdann werden die Bogen ZΔ und ZE wieder

a) Da die Figur von den vorhergehenden verschieden ist, so habe ich sie hinzugefügt.

um den *ganzen* Betrag in Breite von dem Bogen ZB verschieden sein.

Ha 369 In den anderen Lagen (s. Fig. zu III), in welchen ΔE mit ZB (in Punkt B) einen spitzen oder einen stumpfen Winkel bildet, werden die Unterschiede sowohl der Bogen wie der Winkel geringer ausfallen.

[Daher wird auch, wenn der Mond die (nördliche!) Breite von 5^0 hat, das Maximum des Unterschieds der Parallaxen etwa $0^0 10'$ betragen; denn so viel Sechzigteile der Parallaxe machen bei den größten Überschüssen und den kleinsten Entfernungen die 5^0 des größten Unterschieds der Bogen (des Zenitabstands und der nördlichen Breite!) aus. Hat aber der Mond in seinem Lauf die größte Breite, bei welcher noch Sonnenfinsternisse eintreten können — sie beträgt nahezu $1^1/_2{}^0$ — so wird der Unterschied der Parallaxe den gleichgroßen Betrag von $1^1/_2{}^0$ ausmachen. So etwas trifft aber selten zusammen.][41]

Das methodische Verfahren, welches zu der angedeuteten Korrektion der Winkel und Bogen führt, dürfte auf folgende Weise bequem zu handhaben sein, falls jemand Lust hat, es bei so kleinen Verhältnissen in Anwendung zu bringen. Es sei zunächst der Gang im allgemeinen mitgeteilt.[a]

Hei 156 A. 1. Wir verdoppeln die Gradzahl der Winkel[b] und gehen mit den gewonnenen Zahlen in die (erste Spalte der) Sehnentafeln ein. Die Beträge, welche sowohl bei der Argumentzahl (60^0), als auch bei ihrer Ergänzung (120^0) zu 2 Rechten, d. i. zu 180^0[c] stehen, multiplizieren wir,

---

a) Der Vergleich mit dem folgenden Zahlenbeispiel von Abschnitt zu Abschnitt dient wesentlich zur Erleichterung des Verständnisses. Zu diesem Zweck sind in Parenthese die Zahlen des speziellen Falles hinzugefügt.

b) D. i. des gegebenen Winkels ABZ und seines Komplementwinkels ΛBE, d. i. des einen spitzen Winkels des rechtwinkligen Dreiecks EΛB, dessen anderer spitzer Winkel BEΛ dem gegebenen Winkel ABZ unter allen Umständen gleich ist, weil beide sich mit dem nämlichen Winkel ΛBE zu 90^0 ergänzen.

c) Weil in den Sehnentafeln die Bogen der *doppelten* Winkel, d. i. der Zentriwinkel, zu den zugehörigen Sehnen gesetzt sind.

jeden für sich, mit den (gegebenen) Graden der Breite und notieren uns von beiden Produkten den 120ten Teil (2°30′ und 4°20′).

2. Das aus dem ersten Winkel (ABZ = BΔK und BEΛ) erzielte Ergebnis (*b* BK und *b* BΛ = 2°30′) subtrahieren wir nun von dem vom Zenit ab gegebenen Bogen (ZB), wenn der Mond auf derselben Seite (der Ekliptik) wie der Zenit steht, addieren es aber zu demselben, wenn der Mond auf der anderen Seite (d. i. südlich der Ekliptik) steht.

3. Das Ergebnis (*b* ZΛ und *b* ZK) multiplizieren wir mit sich selbst, addieren es zu dem gleichfalls ins Quadrat Ha 370
erhobenen aus dem Komplementwinkel (ΛBE und KBΔ) gewonnenen Ergebnis (*b* ΛE und *b* KΔ), und werden in der Quadratwurzel den gesuchten Bogen (ZE und ZΔ) erhalten.

4. Hierauf multiplizieren wir das aus dem Komplementwinkel erhaltene Ergebnis (*b* KΔ und *b* ΛE = 4°20′), welches wir uns notiert hatten, mit 120 und dividieren in das Produkt je mit den gefundenen Bogen (ZE und ZΔ).

5. Die Hälften (S. 337, 5) von den Bogen, welche bei den erhaltenen Quotienten in der (ersten Spalte der) Sehnentafel stehen, werden wir nun, wenn der durch das Korrektionsverfahren gewonnene Bogen (ZΔ) größer ist als der erste (gegebene) Bogen (ZB), zu den Graden des ersten (gegebenen) Winkels (ABZ) **addieren**, wenn kleiner (*b* ZE), davon **subtrahieren**, und werden somit den korrekten Winkel (AHZ und AΘZ) erhalten.

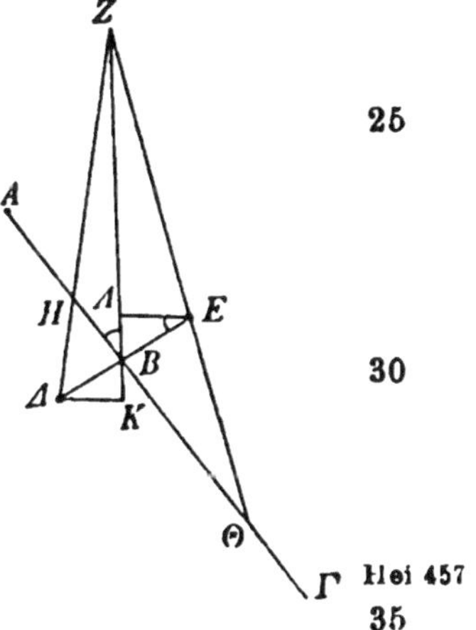

B. Wir lassen ein Beispiel folgen. An der schon oben vorgelegten Figur[a)] sei der Bogen ZB mit 45° gegeben, der ∠ABZ mit 30° wie *1R* = 90°, endlich die Hei 457
beiden Bogen ΔB und BE mit je 5° Breite.

a) Eine Figur mit den genauen Winkeln habe ich diesem Beispiel hinzugefügt.

1. Da bei dem Doppelten von 30^0, d. i. bei 60^0, die Sehne mit 60^p, und bei dem Supplementwinkel[a)], d. i. bei 120^0, die Sehne mit 104^p angegeben steht, so erhalten wir die Verhältnisse

$$b\,\mathsf{B\Lambda} : b\,\mathsf{\Lambda E} = 60^p : 104^p \quad \text{wie} \quad h\,(\mathsf{BE}) = 120^p;$$
$$b\,\mathsf{BK} : b\,\mathsf{K\Delta} = 60^p : 104^p \quad \text{wie} \quad h\,(\mathsf{\Delta B}) = 120^p.$$

Ha 371 Nachdem wir nun beide Zahlen mit den 5^0 der Hypotenuse multipliziert und von dem Produkt den 120ten Teil genommen haben[b)], werden wir erhalten

$$b\,\mathsf{BK} \text{ und } b\,\mathsf{B\Lambda} = 2^0 30'; \quad b\,\mathsf{K\Delta} \text{ und } b\,\mathsf{\Lambda E} = 4^0 20'.$$

2. Nun werden wir zuerst $2^0 30'$, wenn der Mond in Punkt E angenommen ist, von den 45^0 des Bogen ZB subtrahieren, weil der Breitenabstand des Mondes auf derselben Seite wie der Zenit liegt — unter den beiden „Seiten" ist entweder nördlich oder südlich der Ekliptik zu verstehen — und werden den Bogen ZΛ mit ($b\,\mathsf{ZB} - b\,\mathsf{B\Lambda} =$) $42^0 30'$ erhalten. Steht aber der Mond in Punkt Δ, so addieren wir die $2^0 20'$, weil sein Abstand auf der entgegengesetzten

Hei 458 Seite liegt, und werden den Bogen ZK mit ($b\,\mathsf{ZB} + b\,\mathsf{BK} =$) $47^0 30'$ erhalten.

3. Hierauf bilden wir die Summe der Quadrate

$$\mathsf{Z\Lambda}^2 + \mathsf{\Lambda E}^2 = \mathsf{ZE}^2, \quad \text{d. i.} \quad (42^0 30')^2 + (4^0 20')^2 = \mathsf{ZE}^2,$$
$$\mathsf{ZK}^2 + \mathsf{K\Delta}^2 = \mathsf{Z\Delta}^2, \quad \text{d. i.} \quad (47^0 30')^2 + (4^0 20')^2 = \mathsf{Z\Delta}^2,$$

ziehen die Quadratwurzel und werden erhalten

$$b\,\mathsf{ZE} = 42^0 46' \quad \text{und} \quad b\,\mathsf{Z\Delta} = 47^0 44'.$$

4. Nachdem wir schließlich ($b\,\mathsf{K\Delta}$ und $b\,\mathsf{\Lambda E} =$) $4^0 20'$ mit 120 multipliziert und in das Produkt mit ($b\,\mathsf{ZE} =$) $42^0 46'$ und ($b\,\mathsf{Z\Delta} =$) $47^0 44'$ dividiert haben[c)], werden wir erhalten

a) Die verdoppelten Winkel sind Zentriwinkel der Kreise um die Dreiecke EΛB und ΔKB.

b) Aus $60^p : 120^p = x : 5^0$ ergibt sich $x = \frac{5^0 \cdot 60}{120}$, und aus $104^p : 120^p = y : 5^0$ ergibt sich $y = \frac{5^0 \cdot 104}{120}$.

c) Aus $s\,\mathsf{\Lambda E} : 120^p = 4^0 20' : 42^0 46'$ ergibt sich $s\,\mathsf{\Lambda E} = \frac{4^0 20' \cdot 120}{42^0 46'}$, und aus $s\,\mathsf{K\Delta} : 120^p = 4^0 20' : 47^0 44'$ ergibt sich $s\,\mathsf{K\Delta} = \frac{4^0 20' \cdot 120}{47^0 44'}$.

$s\,\Lambda E = 12^p\ 8'$ wie $h\,ZE = 120^p$,
$s\,K\Delta = 10^p 50'$ wie $h\,Z\Delta = 120^p$.

Hierzu ist $\left\{\begin{array}{l} b\,\Lambda E = 11^\circ 36' \\ b\,K\Delta = 10^\circ 20' \end{array}\right\}$ (wie $\ominus\, E\Lambda Z$ und $\Delta KZ = 360^\circ$),

mithin $\left\{\begin{array}{l} b\,\Lambda E = \ \ 5^\circ 48' \\ b\,K\Delta = \ \ 5^\circ 10' \end{array}\right\}$ als Hälften[a]), 5

folglich $\left\{\begin{array}{l} \angle\, EZ\Lambda = \ \ 5^\circ 48' \\ \angle\, KZ\Delta = \ \ 5^\circ 10' \end{array}\right\}$ (wie $4R = 360^\circ$).

5. Nun ist einerseits, weil $b\,ZE < b\,ZB$, Hei 459

$\angle\, ABZ - \angle\, EZ\Lambda = \angle\, A\Theta Z = 24^\circ 12'$, Ha 372

anderseits, weil $b\,Z\Delta > b\,ZB$, 11

$\angle\, ABZ + \angle\, KZ\Delta = \angle\, AHZ = 35^\circ 10'$.

Hiermit sind wir bei dem Endergebnis des methodischen Verfahrens angelangt.

Sechstes Buch.

Erstes Kapitel.

Konjunktionen und Vollmonde.

Wir kommen nunmehr in der gebotenen Reihenfolge {Ha 373 Hei 461
zu der theoretischen Ermittelung der mit Finsternissen ver- 16
bundenen Syzygien der Sonne und des Mondes. Vorausgehen muß dieser Darstellung wieder die Bestimmung der theoretisch genau genommenen Konjunktionen und Vollmonde. Wir sind zwar der Meinung, daß für die erste 20
Feststellung dieser Verhältnisse die für jeden der beiden Lichtkörper nachgewiesenen periodischen und ungleich-

a) Die übliche Umrechnung geschieht unter der Formel: $b\,\Lambda E = 11^\circ 36'$ wie $2R = 360^\circ$, mithin $= 5^\circ 48'$ wie $4R = 360^\circ$. Hiermit ist die Größe des Bogens gefunden, der den bisher als Peripheriewinkel betrachteten Dreieckwinkel als Zentriwinkel überspannt. S. erl. Anm. 9.

förmigen Bewegungen[a] ausreichend sind; denn wenn man die Mühe nicht scheut, die einzelnen Epochen der Lichtkörper von Fall zu Fall zahlenmäßig miteinander zu vergleichen, so können mit Hilfe dieser Bewegungen die Stellen und die Zeiten der kommenden Syzygien sehr wohl durch Rechnung gefunden werden, und zwar sowohl der Syzygien, die nach den mittleren Bewegungen bestimmt werden, als auch der genauen, die unter Anbringung der Anomalie gewonnen werden. Indessen haben wir, um die letzteren durch ein metho-
Ha 374 disches Verfahren bequemer ermitteln zu können, nicht nur die für die periodischen Konjunktionen und Vollmonde geltenden Stellen und Zeiten zum sofortigen Gebrauch im voraus zusammengestellt[b], sondern auch die nach den mittleren Zeiten berechneten Epochen des Mondes in Anomalie und Breite[c], mit deren Hilfe sowohl die Korrektion zu den genauen Syzygien vorgenommen wird, als auch von diesen aus die Korrektion zu den mit Finsternissen verbundenen Syzygien. Für den hier angedeuteten Zweck haben wir Tabellen bearbeitet, über deren Beschaffenheit wir im folgenden Aufschluß erteilen.

Zweites Kapitel.

Praktische Anleitung zur Aufstellung von Tabellen der mittleren Syzygien.

Hei 462 Zuerst müssen wir wieder, wie schon die anderen Epochen, so auch die Epochen der synodischen Monate an das erste Jahr Nabonassars knüpfen. Der Überschuß der Elongation (des Mondes von der Sonne), welcher in diesem Jahre am 1. ägyptischen Thoth[d] für die Mittagstunde galt, war

a) Wie sie mit Hilfe der Sonnen- und der Mondtafeln in Verbindung mit den Anomalietabellen der beiden Lichtkörper berechnet werden können.

b) In der zweiten und dritten Spalte der Tabellen.

c) In der vierten und fünften Spalte der Tabellen.

d) Die Bezeichnung des Monatsersten durch *νουμηνία* kann nur durch irrtümliche Assimilation an den griechischen Kalender durch einen griechischen Abschreiber in den Text geraten sein; denn der ägyptische Monatsanfang kann nicht an den Neumond gebunden sein.

(S. 236, 23) mit $70^{0}37'$ nachgewiesen worden. Indem wir in diese Zahl mit der täglichen mittleren Bewegung der Elongation (d. i. mit $12^{0}11'$) dividierten, fanden wir $5^{d}47'33''$, d. h. vor soviel Tagen hat die vor dem Mittag des 1. Thoth liegende mittlere Konjunktion stattgefunden. Die darauf folgende ist also ($29^{d}31'50'' - 5^{d}47'33'' =$) $23^{d}44'17''$ nach demselben Mittag gewesen, d. i. $0^{d}44'17''$ nach dem Mittag des 24. Thoth. In den $23^{d}44'17''$ legt die Sonne in mittlerer Bewegung $23^{0}23'50''$ zurück, der Mond in Anomalie $310^{0}8'15''$, in Breite $314^{0}2'21''$. Nun war der mittlere Ort der Sonne (S. 185, 7) am 1. Thoth ♓ $0^{0}45'$; ihre Entfernung von dem Apogeum des Ha 37! eigenen Kreises — diese Zählung eignet sich besser[a) — betrug demnach (von ♓ $0^{0}45'$ bis ♊ $5^{0}30'$) $265^{0}15'$, die Entfernung des Mondes von dem Apogeum des Epizykels in Anomalie betrug (S. 236, 22) $268^{0}49'$, die vom nördlichen Grenzpunkt Hei 46 des schiefen Kreises in Breite (S. 244, 3) $354^{0}15'$. Folglich betrug zu dem obengenannten Zeitpunkt der mittleren Konjunktion nach dem Monatsersten (am 24. Thoth) die mittlere Entfernung der Sonne sowohl wie des Mondes[b) von dem Apogeum der Sonne, d. i. von ♊ $5^{0}30'$, ($265^{0}15' + 23^{0}23'50'' =$) $288^{0}38'50''$, die des Mondes von dem Apogeum des Epizykels in Anomalie ($268^{0}49' + 310^{0}8'15'' - 360^{0} =$) $218^{0}57'15''$, die von dem nördlichen Grenzpunkt in Breite ($354^{0}15' + 314^{0}2'21'' - 360^{0} =$) $308^{0}17'21''$.

Wir werden also an erster Stelle eine Tabelle der Konjunktionen wieder in 45 Zeilen, und zwar in 5 Spalten aufstellen. In der ersten Zeile werden wir setzen: in die erste Spalte das erste Jahr Nabonassars, in die zweite die $24^{d}44'17''$ des Thoth — denn die überschießenden Sechzigteile zählen von der Mittagstunde des 24ten ab — in die dritte Spalte die $288^{0}38'50''$ der mittleren Ent-

a) D. h. besser als die Zählung von der Epoche ♓ $0^{0}45'$.

b) Die Konjunktionsstelle ist für beide Lichtkörper vom Apogeum der Sonne in mittlerem Lauf gleichweit entfernt, während in der Opposition der Mondort dem Sonnenort natürlich diametral gegenüber liegt.

fernung der Sonne von ihrem Apogeum, in die vierte die $218^\circ 57' 15''$ der Entfernung des Mondes in Anomalie von dem Apogeum (des Epizykels), in die fünfte die $308^\circ 17' 21''$ der Entfernung in Breite von dem nördlichen Grenzpunkt.

Nun entfallen auf die *halbe Zeit*[a)] des mittleren synodischen Monats: $14^d 45' 55''$, $14^\circ 33' 12''$ Sonnenbewegung, $192^\circ 54' 30''$ Mondbewegung in Anomalie, $195^\circ 20' 6''$ in
Hei 464 Breite. Diese Zahlen werden wir von denen der festgestellten Konjunktion (am 24. Thoth) subtrahieren und die Rest-
Ha 376 zahlen in der zweiten, ähnlich eingerichteten *Tabelle der Vollmonde* gleichfalls voranstellen, ganz in der nämlichen Weise wie in der ersten Tabelle. Die verbleibenden Restzahlen sind: $9^d 58' 22''$, $274^\circ 5' 38''$ der Entfernung der Sonne von ihrem Apogeum, $26^\circ 2' 45''$ der Entfernung des Mondes in Anomalie von dem Apogeum (des Epizykels), $112^\circ 57' 15''$ der Entfernung in Breite von dem nördlichen Grenzpunkt.

Nun gehen ohne merklichen Fehler in 25 ägyptischen Jahren ganze synodische Monate mit dem kleinen Rest von $0^d 2' 47'' 5'''$ auf[b)], die Sonne setzt (in dieser Zeit) in mittlerer Bewegung nach Abzug ganzer Kreise $353^\circ 52' 34'' 13'''$ zu, der Mond in Anomalie $57^\circ 21' 44'' 1'''$, in Breite $117^\circ 12' 49'' 54'''$. Daher werden wir in *beiden* Tabellen die ersten Spalten (von Zeile zu Zeile) um 25 Jahre zunehmen, und die zweiten Spalten um $0^d 2' 47'' 5'''$ abnehmen lassen, von den übrigen aber die dritten um $353^\circ 52' 34'' 13'''$, die vierten um $57^\circ 21' 44'' 1'''$, die fünften um $117^\circ 12' 49'' 54'''$ anwachsen lassen.

Im Anschluß an diese Tabellen werden wir noch eine *Jahrestabelle* in 24 Zeilen und darunter noch eine *Monatstabelle* in 12 Zeilen aufstellen, beide mit der gleichen Anzahl von Spalten wie die ersten.

---

a) Zu welcher Zeit Vollmond gewesen sein muß.

b) 25 ägyptische Jahre enthalten 309 volle synodische Monate: $309 \times 29^d 31' 50'' 8''' 20'''' = 9124^d 57' 12'' 55'''$; es fehlen also an 9125 Tagen $0^d 2' 47'' 5'''$.

In der Monatstabelle setzen wir in der ersten Zeile: in die erste Spalte den ersten synodischen Monat, in die zweite die Tage desselben mit $29^d 31' 50'' 8''' 20''''$, in die Hei 4 dritte die in dieser Zeit sich summierenden Grade der Sonne mit $29^0 6' 23'' 1'''$, in die vierte die (überschießenden) Grade des Mondes in Anomalie mit $25^0 49' 0'' 8'''$, in die fünfte die (überschießenden) Grade der Breite mit $30^0 40'$ Ha 3 $14'' 9'''$. Auch diese Spalten werden wir um dieselben Zahlen anwachsen lassen, wie sie in der ersten Zeile stehen.

In der Jahrestabelle setzen wir in der ersten Zeile: in die erste Spalte das erste Jahr, in die zweite Spalte die in 13 synodischen Monaten (über 365^d) überschießenden Tage mit ($29^d 31' 50'' 8''' - 10^d 37' 58'' 20''' =$) $18^d 53' 51'' 48'''$[a], in die dritte die in ebensolanger Zeit (d. i. in $18^d 21^2/_5{}^h$ über den Jahresbetrag von $359^0 45' 24'' 45'''$) überschießenden Grade der Sonne mit $18^0 22' 59'' 18'''$, in die vierte die (in derselben Zeit über den Jahresüberschuß von $88^0 43' 7'' 28'''$ überschießenden) Grade des Mondes in Anomalie mit $335^0 37' 1'' 51'''$, und in die fünfte die (über den Jahresüberschuß von $148^0 42' 47'' 12'''$ überschießenden) Grade der Breite mit $38^0 43' 3'' 51'''$. Anwachsen lassen wir diese Spalten um die vorstehend aufgeführten, in 13 synodischen Monaten sich ergebenden Überschüsse abwechselnd mit den auf 12 synodische Monate entfallenden Beträgen, welche sind: $354^d 22' 1'' 40'''$, $349^0 16' 36'' 16'''$ der Weiterbewegung[b] der Sonne (in diesen $354^d 8^4/_5{}^h$), $309^0 48' 1'' 42'''$ der Weiterbewegung des Mondes in Anomalie (über ganze Kreise), $8^0 2' 49'' 42'''$ (über ganze Kreise) der Weiterbewegung in Breite.

---

a) Ganz richtig bietet Cod. D in diesem Betrag $51''$ statt $52''$; nur wenn die $48'''$ wegfallen, kann dadurch $51''$ auf $52''$ gehoben werden. Die Differenz beträgt den synodischen Monat weniger der über das mittlere Mondjahr von $354^d 22' 1'' 40'''$ überschießenden Tage des ägyptischen Jahres.

b) Ich vermute statt ἐποχῆς wie einige Zeilen vorher ἐπουσίας. Dasselbe Wort ist wohl statt ἀποχῆς auch über die dritten Spalten der Jahres- und der Monatstabelle zu setzen; denn dort kann nur von Vergrößerung der Entfernung vom Apogeum die Rede sein.

Dieser Wechsel ist mit Rücksicht darauf notwendig, um die Ansetzung der ersten Syzygie (eines jeden Jahres) nach ganzen ägyptischen Jahren durchführen zu können. Was die Ansätze der Beträge anbelangt, so wird es genügen, dieselben bis zu den zweiten Sechzigteilen gehen zu lassen.

Drittes Kapitel.

Ha 378 Hei 466 **Die Tabellen der Konjunktionen und Vollmonde** gestalten sich folgendermaßen (s. S. 343—345).

Viertes Kapitel.

Berechnung der periodischen und der genauen Syzygien nach den Tabellen.

Ha 384 Hei 472 Wenn wir für irgendein in die Untersuchung einbezogenes Jahr die theoretisch im Mittel betrachteten Syzygien feststellen wollen[42], so berechnen wir, das wievielte das betreffende Jahr von dem ersten Jahre Nabonassars ab ist, und sehen nach, welche Zeilen die Gesamtzahl der Jahre enthalten, die sich teils aus den 25jährigen Perioden in einer der beiden ersten Tabellen (d. h. je nachdem es sich um Konjunktionen oder Vollmonde handelt), teils aus den Einzeljahren nach der dritten (d. i. Jahres-) Tabelle zusammensetzt. Die Beträge, welche in den beiden Zeilen in den nächstfolgenden Spalten stehen, werden wir in zugehöriger Weise addieren, d. h. wenn es sich um synodische Syzygien handelt, die Beträge aus der ersten und dritten (der Jahres-) Tabelle, wenn es sich um Vollmondsyzygien handelt, die Beträge aus der zweiten und dritten Tabelle. In der Summe der aus der zweiten Spalte entnommenen Beträge werden wir den Zeitpunkt der von Anfang jenes Jahres ab gerechneten Syzygie erhalten. Kommen z. B. $24^d 44'$ heraus, so fällt der Zeitpunkt der Syzygie $44'$ nach dem Mittag des 24. Thoth; kommen $34^d 44'$ heraus, so fällt der Zeitpunkt ebensoviel Sechzigteile nach dem Mittag des 4. Phaophi. Ferner er-

I. Tabelle der Konjunktionen.

25 jährige Perioden	Tage des Thoth			Entfernung der Sonne und des Mondes vom Apogeum ♊ 5°30′			Entfernung des Mondes von dem Apogeum des Epizykels in Anomalie			Entfernung des Mondes von dem nördl. Grenzpunkt in Breite		
1	24d	44′	17″	288°	38′	50″	218°	57′	15″	308°	17′	21″
26	24	41	30	282	31	24	276	18	59	65	30	11
51	24	38	43	276	23	58	333	40	43	182	43	1
76	24	35	56	270	16	33	31	2	27	299	55	51
101	24	33	9	264	9	7	88	24	11	57	8	41
126	24	30	22	258	1	41	145	45	55	174	21	31
151	24	27	35	251	54	15	203	7	39	291	34	20
176	24	24	47	245	46	50	260	29	23	48	47	10
201	24	22	0	239	39	24	317	51	7	166	0	0
226	24	19	13	233	31	58	15	12	51	283	12	50
251	24	16	26	227	24	32	72	34	35	40	25	40
276	24	13	39	221	17	6	129	56	19	157	38	30
301	24	10	52	215	9	41	187	18	3	274	51	20
326	24	8	5	209	2	15	244	39	47	32	4	10
351	24	5	18	202	54	49	302	1	31	149	17	0
376	24	2	31	196	47	23	359	23	15	266	29	50
401	23	59	44	190	39	57	56	44	59	23	42	39
426	23	56	57	184	32	32	114	6	43	140	55	29
451	23	54	10	178	25	6	171	28	27	258	8	19
476	23	51	23	172	17	40	228	50	11	15	21	9
501	23	48	35	166	10	14	286	11	55	132	33	59
526	23	45	48	160	2	49	343	33	39	249	46	49
551	23	43	1	153	55	23	40	55	23	6	59	39
576	23	40	14	147	47	57	98	17	7	124	12	29
601	23	37	27	141	40	31	155	38	51	241	25	19
626	23	34	40	135	33	5	213	0	35	358	38	9
651	23	31	53	129	25	40	270	22	19	115	50	58
676	23	29	6	123	18	14	327	44	3	233	3	48
701	23	26	19	117	10	48	25	5	47	350	16	38
726	23	23	32	111	3	22	82	27	31	107	29	28
751	23	20	45	104	55	57	139	49	16	224	42	18
776	23	17	57	98	48	31	197	11	0	341	55	8
801	23	15	10	92	41	5	254	32	44	99	7	58
826	23	12	23	86	33	39	311	54	28	216	20	48
851	23	9	36	80	26	13	9	16	12	333	33	38
876	23	6	49	74	18	48	66	37	56	90	46	28
901	23	4	2	68	11	22	123	59	40	207	59	17
926	23	1	15	62	3	56	181	21	24	325	12	7
951	22	58	28	55	56	30	238	43	8	82	24	57
976	22	55	41	49	49	4	296	4	52	199	37	47
1001	22	52	54	43	41	39	353	26	36	316	50	37
1026	22	50	7	37	34	13	50	48	20	74	3	27
1051	22	47	20	31	26	47	108	10	4	191	16	17
1076	22	44	32	25	19	21	165	31	48	308	29	7
1101	22	41	45	19	11	56	222	53	32	65	41	57

II. Tabelle der Vollmonde.

25jährige Perioden	Tage des Thoth			Entfernung der Sonne vom Apogeum ♊ 5° 30′			Entfernung des Mondes von dem Apogeum des Epizykels in Anomalie			Entfernung des Mondes von dem nördl. Grenzpunkt in Breite		
1	9d	58′	22″	274°	5′	38″	26°	2′	45″	112°	57′	15″
26	9	55	35	267	58	12	83	24	29	230	10	5
51	9	52	48	261	50	46	140	46	13	347	22	55
76	9	50	1	255	43	21	198	7	57	104	35	45
101	9	47	14	249	35	55	255	29	41	221	48	35
126	9	44	27	243	28	29	312	51	25	339	1	25
151	9	41	40	237	21	3	10	13	9	96	14	14
176	9	38	52	231	13	38	67	34	53	213	27	4
201	9	36	5	225	6	12	124	56	37	330	39	54
226	9	33	18	218	58	46	182	18	21	87	52	44
251	9	30	31	212	51	20	239	40	5	205	5	34
276	9	27	44	206	43	54	297	1	49	322	18	24
301	9	24	57	200	36	29	354	23	33	79	31	14
326	9	22	10	194	29	3	51	45	17	196	44	4
351	9	19	23	188	21	37	109	7	1	313	56	54
376	9	16	36	182	14	11	166	28	45	71	9	44
401	9	13	49	176	6	45	223	50	29	188	22	33
426	9	11	2	169	59	20	281	12	13	305	35	23
451	9	8	15	163	51	54	338	33	57	62	48	13
476	9	5	27	157	44	28	35	55	41	180	1	3
501	9	2	40	151	37	2	93	17	25	297	13	53
526	8	59	53	145	29	37	150	39	9	54	26	43
551	8	57	6	139	22	11	208	0	53	171	39	33
576	8	54	19	133	14	45	265	22	37	288	52	23
601	8	51	32	127	7	19	322	44	21	46	5	13
626	8	48	45	120	59	53	20	6	5	163	18	3
651	8	45	58	114	52	28	77	27	49	280	30	52
676	8	43	11	108	45	2	134	49	33	37	43	42
701	8	40	24	102	37	36	192	11	17	154	56	32
726	8	37	37	96	30	10	249	33	1	272	9	22
751	8	34	50	90	22	45	306	54	45	29	22	12
776	8	32	2	84	15	19	4	16	29	146	35	2
801	8	29	15	78	7	53	61	38	14	263	47	52
826	8	26	28	72	0	27	118	59	58	21	0	42
851	8	23	41	65	53	1	176	21	42	138	13	32
876	8	20	54	59	45	36	233	43	26	255	26	22
901	8	18	7	53	38	10	291	5	10	12	39	11
926	8	15	20	47	30	44	348	26	54	129	52	1
951	8	12	33	41	23	18	45	48	38	247	4	51
976	8	9	46	35	15	52	103	10	22	4	17	41
1001	8	6	59	29	8	27	160	32	6	121	30	31
1026	8	4	12	23	1	1	217	53	50	238	43	21
1051	8	1	25	16	53	35	275	15	34	355	56	11
1076	7	58	37	10	46	9	312	37	18	113	9	1
1101	7	55	50	4	38	44	29	59	2	230	21	51

III. Jahrestabelle.

Einzel-jahre	Überschießende Tage			Überschuß der Sonnenbewegung			Überschuß der Mondbewegung in Anomalie			Überschuß der Mondbewegung in Breite		
1	18d	53′	52″	18°	22′	59″	335°	37′	2″	38°	43′	4′
2	8	15	53	7	39	36	285	25	4	46	45	54
3	27	9	45	26	2	35	261	2	5	85	28	57
4	16	31	47	15	19	11	210	50	7	93	31	47
5	5	53	49	4	35	47	160	38	9	101	34	37
6	24	47	40	22	58	47	136	15	11	140	17	41
7	14	9	42	12	15	23	86	3	12	148	20	30
8	3	31	44	1	31	59	35	51	14	156	23	20
9	22	25	36	19	54	59	11	28	16	195	6	24
10	11	47	37	9	11	35	321	16	18	203	9	14
11	1	9	39	358	28	11	271	4	19	211	12	3
12	20	3	31	16	51	10	246	41	21	249	55	7
13	9	25	32	6	7	47	196	29	23	257	57	57
14	28	19	24	24	30	46	172	6	25	296	41	1
15	17	41	26	13	47	22	121	54	26	304	43	50
16	7	3	28	3	3	59	71	42	28	312	46	40
17	25	57	19	21	26	58	47	19	30	351	29	44
18	15	19	21	10	43	34	357	7	32	359	32	34
19	4	41	23	0	0	10	306	55	33	7	35	23
20	23	35	14	18	23	10	282	32	35	46	18	27
21	12	57	16	7	39	46	232	20	37	54	21	17
22	2	19	18	356	56	22	182	8	39	62	24	7
23	21	13	10	15	19	22	157	45	41	101	7	10
24	10	35	11	4	35	58	107	33	42	109	10	0

Finsternisgrenzen

der Sonne: 69° 19′ — 101° 22′ und 258° 38′ — 290° 41′ } mittleren Laufs.
des Mondes: 74° 48′ — 105° 12′ und 254° 48′ — 285° 12′ }

IV. Monatstabelle.

Syn. Monate	Tage			Sonnenbewegung			Überschuß der Mondbewegung in Anomalie			Überschuß der Mondbewegung in Breite		
1	29d	31′	50″	29°	6′	23″	25°	49′	0″	30°	40′	14″
2	59	3	40	58	12	46	51	38	0	61	20	28
3	88	35	30	87	19	9	77	27	0	92	0	42
4	118	7	21	116	25	32	103	16	1	122	40	57
5	147	39	11	145	31	55	129	5	1	153	21	11
6	177	11	1	174	38	18	154	54	1	184	1	25
7	206	42	51	203	44	41	180	43	1	214	41	39
8	236	14	41	232	51	4	206	32	1	245	21	53
9	265	46	31	261	57	27	232	21	1	276	2	7
10	295	18	21	291	3	50	258	10	1	306	42	21
11	324	50	12	320	10	13	283	59	2	337	22	36
12	354	22	2	349	16	36	309	48	2	8	2	50

halten wir in der Summe der aus der *dritten* Spalte entnommenen Beträge die Grade (der Sonne und des Mondes) vom Apogeum der Sonne[a)] ab, in der Summe der aus der *vierten* Spalte entnommenen die Grade des Mondes in Anomalie vom Apogeum (des Epizykels) ab, endlich in der Summe
Hei 473 der aus der *fünften* entnommenen die Grade der Breite von dem nördlichen Grenzpunkt ab.

Ha 385 Die weiteren Syzygien (des in Frage stehenden Jahres), mögen wir alle oder nur einige zu erhalten beabsichtigen, werden wir der Reihe nach durch Addition der in der vierten, d. i. der Monatstabelle stehenden Beträge zu den zugehörigen Werten auf bequeme Weise mit dazuberechnen. Hierbei werden wir bei jeder Zeitangabe, weil dies dem praktischen Gebrauch entspricht, die Sechzigteile des Tages in Äquinoktialstunden verwandeln. Freilich wird der aus der Summierung hervorgehende Überschuß an Stunden auf der Annahme beruhen, daß die Sonnentage gleichförmig sind; indessen entspricht dieser Überschuß keineswegs immer dem nach bürgerlicher Zeit festgestellten, sondern muß mit Rücksicht auf die Ungleichförmigkeit der Sonnentage berechnet werden.[b)] Daher werden wir auch den hier sich einstellenden Fehler durch Korrektion beseitigen, indem wir, wie (S. 190, 29) gezeigt ist, die aus diesem Grunde eintretende Differenz bilden und, wenn der nach dem ungleichförmigen Intervall sich ergebende Überschuß der Zeitgrade größer ist, diese Differenz von dem nach der gleichförmigen Sonnenbewegung gegebenen Zeitbetrag abziehen; ist er aber kleiner, so werden wir die Differenz zu letzterem Betrag addieren.

Hat man nun auf diese Weise den theoretisch nach dem *mittleren* Lauf bemessenen Zeitpunkt einer Konjunktion

---

a) Bei Berechnung der Vollmonde natürlich die dem Sonnenorte diametral gegenüberliegenden Grade des Mondes.

b) D. h. die gegebenen gleichförmigen Sonnentage sind in bürgerliche umzurechnen, weil die Beobachtung des Eintritts der Syzygie nach bürgerlicher Zeit angestellt wird. Vgl. S. 191, 10.

oder eines Vollmondes und die für diese Zeit geltenden Anomalien beider Lichtkörper gewonnen, so wird erstens auch Zeitpunkt und Stelle der *genauen* Syzygie und zweitens der Ort des Mondes in *Breite* aus der zahlenmäßigen Vergleichung der beiden Anomalien leicht zu ermitteln sein. Nach Maßgabe einer jeden derselben ist zunächst der genaue Ort der Sonne und der genaue Ort des Mondes in Breite festzustellen, wie er sich zu der ermittelten periodischen Zeit vermittels der gefundenen Prosthaphäresis ergibt. Werden Sonne und Mond *auch dann noch* in demselben Grad oder genau diametral gegenüber gefunden, so werden wir auch Hei 474 für die genaue Syzygie denselben Zeitpunkt erhalten. Wenn Ha 386 dies aber nicht der Fall ist, so nehmen wir die Grade ihrer Elongation, addieren dazu ein Zwölftel der Strecke[a] für das Stück, welches die Sonne durch ihre Weiterbewegung ungefähr zusetzt, und werden (wie S. 348, 3 gezeigt wird) feststellen, in wieviel Äquinoktialstunden der Mond soviel Grade zurzeit in *ungleichförmiger* Bewegung (d. i. in den Entfernungen, welche größer oder kleiner als die mittlere sind) zurücklegen wird. Liegt der genaue Ort des Mondes weiter zurück als der der Sonne, so werden wir die erhaltenen Stunden zu der periodischen Zeit addieren (d. h. die genaue Syzygie tritt um soviel später ein als die mittlere), liegt er weiter vorwärts, davon subtrahieren (d. h. die genaue Syzygie ist um soviel eher eingetreten als die mittlere). Desgleichen werden wir, wenn der zur periodischen Zeit stattfindende genaue Ort des Mondes weiter zurückliegt als der der Sonne, die Grade der Elongation wieder mit Einschluß des Zwölftels der Strecke zu seinem Ort addieren, wenn er aber weiter vorwärts liegt, in Länge und Breite davon abziehen. So werden wir ohne merklichen Fehler erstens (durch die Stundenberechnung) die *Zeit der genauen Syzygie* erhalten, und zweitens (durch die Gradberechnung) den (für ebendiese Zeit gelten-

a) Die ausführliche Erklärung dieses Zwölftels wird S. 335, 28 gegeben.

den) genauen Ort des Mondes auf dem schiefen Kreise erzielen.[a]

Noch bleibt mitzuteilen, wie die in der Nähe der Syzygïen verlaufende stündliche ungleichförmige Bewegung des Mondes von Fall zu Fall gefunden wird. Mit der für den gegebenen Zeitpunkt gefundenen Zahl der Anomaliegrade gehen wir zunächst in die Tabelle der Anomalie (Buch V, Kap. 8) des Mondes ein und stellen aus der Differenz, welche sich aus den bei dieser Argumentzahl (in der 4ten Spalte eine Zeile höher oder tiefer) stehenden Prosthaphäresisbeträgen ergibt, den auf einen Grad der Anomalie entfallenden Be-
Hei 475 trag der Differenz fest. Diesen Betrag multiplizieren wir mit der stündlichen mittleren Bewegung in Anomalie, d. i.
Ha 387 (S. 204, 32) mit $0^{0}32'40''$, und ziehen das Ergebnis, wenn die Argumentzahl der Anomalie in den Zeilen oberhalb des Maximums ($5^{0}1'$) der Prosthaphäresis steht, von der stündlichen mittleren Bewegung in Länge, d. i. (S. 204, 31) von $0^{0}32'56''$ ab, addieren es aber zu diesem Betrage, wenn die Argumentzahl in den Zeilen unterhalb besagten Maximums steht.[b] In dem Endergebnis werden wir den Betrag erhalten, den sich der Mond in dem betreffenden Falle im Verlauf einer Äquinoktialstunde in Länge ungleichförmig bewegt.[43]

Durch das vorstehend mitgeteilte methodische Verfahren wird der für Alexandria geltende Zeitpunkt der genauen Syzygie ermittelt werden, weil für alle Epochen die Feststellung der Zeit nach Stunden für den Meridian von Alexandria gemacht sind. Es ist aber leicht aus der für Alexandria geltenden Zeit auch die zu finden, welche in jeder beliebigen geographischen Breite für dieselbe Syzygie gelten wird, wenn für den Eintritt der Syzygie die Zahl der Äqui-

a) Und somit nach der siebenten Spalte der Tabelle der Gesamtanomalie des Mondes seine Breite, nach welcher es sich entscheidet, ob die Syzygie mit einer Finsternis verbunden ist oder nicht.

b) Weil im ersten Falle der Mond auf dem erdfernen Halbkreise sich mit kleinerer als mittlerer Geschwindigkeit in Länge bewegt, im zweiten Falle auf dem erdnahen mit größerer.

noktialstunden des Meridianabstandes gegeben ist. Denn nachdem wir aus der unterschiedlichen Lage der Wohnorte festgestellt haben, um wieviel *Raumgrade* (des Äquators) der Meridian des in Frage stehenden Landes von dem durch Alexandria gehenden differiert, so wird anzunehmen sein, daß dort die Erscheinung um ebensoviele *Zeitgrade später* beobachtet worden ist, wenn der durch das fragliche Land gehende Meridian *östlich* des Meridians von Alexandria liegt, dagegen um ebensoviele *Zeitgrade früher*, wenn er *westlich* davon liegt, wobei natürlich wieder 15 Zeitgrade auf *eine* Äquinoktialstunde zu rechnen sind.[1)]

Fünftes Kapitel.

Die Grenzen der Sonnen- und Mondfinsternisse.

Nach diesen grundlegenden Erörterungen dürfte es der Ha 388 Hei 476
logischen Reihenfolge nach am Platze sein, die näheren Umstände zu besprechen, von denen die Bestimmung der Grenzen von Sonnen- und Mondfinsternissen abhängig ist. Durch diese Bestimmung erreichen wir, falls wir nicht *alle* periodischen Syzygien zu berechnen beabsichtigen, sondern nur diejenigen, welche *möglicherweise* in das Bereich der charakteristischen Anzeichen von Finsternissen fallen, eine leicht zu handhabende zahlenmäßige Feststellung solcher Fälle aus dem mittleren Ort des Mondes in *Breite*, der für jede periodische Syzygie an die Hand gegeben sein muß.

In dem vorhergehenden Buche haben wir (S. 309, 11) nachgewiesen, daß der Durchmesser des Mondes auf dem größten Kreise, welcher in seiner größten Entfernung um den Mittelpunkt der Ekliptik gezogen ist, als Sehne einen Bogen von $0^0 31' 20''$ unterspannt. Errechnet hatten wir dieses Ergebnis mit Hilfe von zwei Finsternissen, welche in der Nähe des *Apogeums* seines Epizykels stattgefunden hatten. So werden wir denn jetzt, wo wir die *weitesten* Grenzen der mit Finsternissen verbundenen Syzygien zu bestimmen beabsichtigen — es sind die Grenzen, welche sich einstellen, wenn der Mond direkt im Perigeum des Epizykels steht —

wieder mit Hilfe von zwei in der Nähe des Perigeums beobachteten Finsternissen — denn die Sicherheit ist unbedingt größer, wenn man solche Verhältnisse direkt an den
Ha 389 Erscheinungen darlegt — den Nachweis liefern, einen wie
Hei 477 großen Bogen der Durchmesser des Mondes auch in diesem Falle in gleichem Sinne[a)] unterspannt.

Im 7ten Jahre Philometors, welches das 574te seit Nabonassar ist, am 27/28. ägyptischen Phamenoth (30. April 174 v. Chr.), war von Beginn der achten Stunde bis Ende der zehnten in Alexandria eine Mondfinsternis, deren Maximum 7 Zoll von Norden betrug. Demnach hat die Mitte der Finsternis $2^1/_2$ bürgerliche Stunden nach Mitternacht ($2^h 20^m$) stattgefunden, welche $2^1/_3$ Äquinoktialstunden ausmachten[b)], weil der genaue Ort der Sonne ♉ $6^0 15'$ ($5^0 3' 19'' + 1^0 10'$) war.[c)]

Nun beträgt die Zeit von der Epoche bis zur Mitte der Finsternis 573 ägyptische Jahre, 206 Tage und $14^1/_3$ Äquinoktialstunden schlechthin, aber nur 14 nach der Rechnung mit gleichförmigen Sonnentagen. Für diese Zeit war

der mittlere Ort des Zentrums des Mondes ♏ $7^0 49'$,
der genaue Ort " " " " ♏ $6^0 16'$,
die Entfernung von dem Apogeum des Epizykels $163^0 40'$,
die Entfernung vom nördlichen Grenzpunkt des schiefen Kreises $98^0 20'$.

Hieraus ist folgendes ersichtlich. Wenn das Zentrum des Mondes, während er in seiner kleinsten Entfernung steht,

---

a) D. h. auf dem größten Kreise, welcher in der kleinsten Entfernung des Mondes durch sein Zentrum um den Mittelpunkt der Ekliptik gezogen wird.

b) Da hiernach die bürgerliche Nachtstunde 56^m beträgt, so beginnt, weil das Ende der sechsten auf Mitternacht fällt, die achte Stunde $12^h 56^m$; mithin war das Ende der von Beginn der achten bis Ende der zehnten Stunde 3 Stunden zu 56^m (oder 2 Äquinoktialstunden und 48^m) dauernden Finsternis $3^h 44^m$, die Mitte $12^h 56^m + 1$ Äquinoktialstunde $+ 24^m = 2^h 20^m$ nachts.

c) Die Nachprüfung ergibt, daß δ', d. i. $^1/_4$, zu lesen ist.

auf dem schiefen Kreise eine Entfernung von 8°20′ von den Knoten[a] hat, und wenn das Zentrum des Schattens auf dem größten Kreise liegt, der durch das Zentrum des Mondes senkrecht zu seinem schiefen Kreise gezogen wird, was die Lage ist, in welcher (bei der genannten Entfernung von den Knoten) das Maximum der Verfinsterungen eintritt, dann fallen $^{7}/_{12}$ von seinem Durchmesser in den Schatten.

Im 37ten Jahre der dritten Kallippischen Periode, welches Ha 39
das 607te Jahr seit Nabonassar ist, hat am 2/3. ägyptischen Hei 47
Tybi (27. Januar 141 v. Chr.) zu Anfang der fünften Stunde auf Rhodus der Beginn einer Mondfinsternis stattgefunden, deren Maximum drei Zoll von Süden betrug. Demnach fand auch hier wieder der Anfang der Finsternis 2 bürgerliche Stunden vor Mitternacht ($9^h 40^m$) statt, welche in Rhodus und Alexandria ($2 \times 70^m =$) $2^1/_3$ Äquinoktialstunden[44] ausmachten, weil der genaue Ort der Sonne ♒ 5°8′ war. Die Mitte[b], zu welcher das Maximum der Verfinsterung eintrat, fiel $1^5/_6$ Äquinoktialstunde vor Mitternacht ($10^h 10^m$).

Nun beträgt die Zeit von der Epoche bis zur Mitte der Finsternis 606 ägyptische Jahre, 121 Tage und $10^1/_6$ Äquinoktialstunden sowohl schlechthin als auch nach der Rechnung mit gleichförmigen Sonnentagen. Für diese Zeit war

der mittlere Ort des Zentrums des Mondes	♌ 5°16′,
der genaue Ort „ „ „ „	♌ 5° 8′,
die Entfernung von dem Apogeum des Epizykels	178°46′,
die Entfernung von dem nördlichen Grenzpunkt des schiefen Kreises	280°36′.

Hieraus ist wieder folgendes ersichtlich. Wenn das Zentrum des Mondes, während er wieder in seiner kleinsten Entfernung steht, auf dem schiefen Kreise eine Entfernung

---

a) Es handelt sich um die entgegengesetzte (d. i. südliche) Seite des niedersteigenden Knotens wie S. 307, 22.

b) Da die Mitte schon nach 30^m eintritt, so kommt auf die ganze Dauer nur eine Stunde, was ganz unzureichend ist. Vgl. erl. Anm. 44.

von 10°36′ von den Knoten[a] hat, während das Zentrum des (Erd-) Schattens in dem gemeinsamen Schnittpunkt der Ekliptik und des größten Kreises liegt, der durch das Zentrum des Mondes senkrecht zu seinem schiefen Kreise gezogen wird, dann wird der vierte Teil des Monddurchmessers in den Schatten fallen.

Hei 479 Nun beträgt, wenn das Mondzentrum auf dem schiefen Kreise eine Entfernung von 8°20′ von den Knoten hat, sein
Ha 391 Abstand von der Ekliptik auf dem durch die Pole des schiefen Kreises (des Mondes) gezogenen größten Kreis 0°43′3″.[b] Hat es aber auf dem schiefen Kreise von den Knoten eine Entfernung von 10°36′, so beträgt sein Abstand von der Ekliptik auf dem durch die Pole des schiefen Kreises gezogenen größten Kreis 0°54′50″. Da nun der Unterschied der beiden Finsternisse ($^7/_{12}$ dm — $^1/_4$ dm) den dritten Teil des Monddurchmessers und der Unterschied der beiden festgestellten Abstände des Mondzentrums auf demselben größten Kreise von demselben Punkte der Ekliptik, d. i. von dem Schattenzentrum, ohne merklichen Fehler (0°54′50″ — 0°43′3″ =) 0°11′47″ beträgt, so leuchtet ein, daß der ganze Durchmesser des Mondes auf dem in seiner kleinsten Entfernung um den Mittelpunkt der Ekliptik gezogenen größten Kreis (als das Dreifache davon) einen Bogen von 0°35′20″ unterspannt.

Da ferner bei der zweiten Finsternis, bei welcher ein Viertel des Monddurchmessers verfinstert war, das Mondzentrum von dem Schattenzentrum 0°54′50″ und von dem Punkte (c), in welchem die Verbindungslinie der beiden Mittelpunkte die Peripherie des Schattens schneidet,
Hei 480 den vierten Teil des Monddurchmessers, d.i.

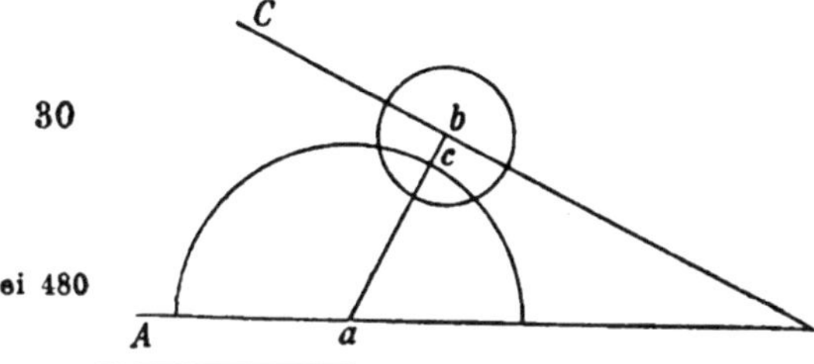

a) Es handelt sich um die entgegengesetzte (d. i. nördliche) Seite des aufsteigenden Knotens wie S. 308, 23.

b) Hierzu vgl. Anm. a) S. 309.

$0^{0}8'50''$ abstand, so leuchtet ohne weiteres ein, daß für den Halbmesser (ac) des Schattens in der kleinsten Entfernung des Mondes der Rest ($0^{0}54'50'' - 0^{0}8'50'' =$) $0^{0}46'$ verbleibt..[a] Folglich ist der Halbmesser des Schattens unbeträchtlich (d.i. $0^{0}0'4''$) größer als das $2^{3}/_{5}$fache ($= 0^{0}45'56''$) des Mondhalbmessers, der $0^{0}17'40''$ beträgt.

I. Grenzen der Sonnenfinsternisse.

Auch der Halbmesser der Sonne unterspannt im gleichen Ha 39
Sinne auf dem in ihrer Entfernung um den Mittelpunkt der Ekliptik gezogenen größten Kreise einen Bogen von $0^{0}15'40''$. Denn es wurde (S. 305, 25) nachgewiesen, daß sowohl die Sonne als auch der Mond bei seiner größten Entfernung in den Syzygien als Maß gleichoft in dem eigenen (Entfernungs-) Kreise aufgeht. Wenn also das scheinbare Zentrum des Mondes[b] von dem Zentrum der Sonne beiderseits der Ekliptik einen Abstand von ($0^{0}17'40'' + 0^{0}15'40'' =$) $0^{0}33'20''$ hat, dann wird erstmalig die Möglichkeit eintreten, daß die scheinbare Lage des Mondes mit der Sonne in Berührung komme.

Denken wir uns z. B. AB als einen Bogen der Ekliptik und ΓΔ als einen Bogen des schiefen Kreises des Mondes. Diese Bogen mögen für die sinnliche Wahrnehmung als parallel gelten, insoweit es sich um die Laufstrecken handelt, welche während der Dauer einer Finsternis zurückgelegt werden. Wenn wir durch die Pole der Ekliptik den Bogen AEΓ ziehen und uns um Punkt A den Halbkreis der Sonne und um Punkt E den scheinbaren Halb-

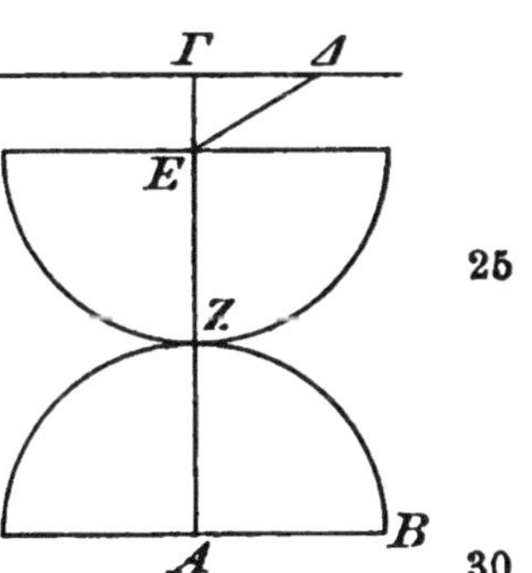

a) Die von mir beigegebene Figur zeigt, daß in der kleinsten Entfernung des Mondes der Schattenhalbmesser die Differenz $ab - bc = ac$ beträgt. Vgl. S. 309, 22.

b) D. h. der infolge der Parallaxe eingenommene Ort des Mondzentrums in der kleinsten Entfernung (d. i. bei dem Mondhalbmesser von $17'40''$).

Hei 481 kreis des Mondes denken, so daß er den der Sonne in Punkt Z erstmalig berührt, so kann der Bogen AE, welchen das scheinbare Mondzentrum E als Abstand von dem Sonnenzentrum A hat, einmal gleich den oben festgestellten $0^{0}33'20''$ werden.

Nun beträgt in dem Gebiete von Meroë, wo der längste Tag 13 Äquinoktialstunden hat, bis zu den Mündungen des Borysthenes, wo der längste Tag 16 Äquinoktialstunden hat, (d. i. von $16^{0}27'$ bis $48^{0}32'$ nördlich des Äquators)
Ha 393 in der kleinsten Entfernung zur Zeit der Syzygien, wenn man die Parallaxe der Sonne in Rechnung bringt, das Maximum der nordwärts wirkenden Parallaxe des Mondes (in Meroë) ohne merklichen Fehler $0^{0}8'$[a]), das Maximum der südwärts wirkenden (am Borysthenes) unter gleicher Voraussetzung[b]) $0^{0}58'$. Es beträgt ferner einerseits bei der nordwärts wirkenden Parallaxe von $0^{0}8'$ das Maximum der Längenparallaxe im Löwen und in den Zwillingen $0^{0}30'$, anderseits bei der südwärts wirkenden Parallaxe von $0^{0}58'$ das Maximum der Längenparallaxe im Skorpion und in den Fischen $0^{0}15'$. Wenn wir demnach das genaue Mondzentrum in Δ annehmen und als Verbindung den Bogen ΔE ziehen, welcher die ganze (Höhen-) Parallaxe darstellt, so wird ΔΓ die Längenparallaxe und ΓE die Breitenparallaxe sein.

Wenn also der Mond nördlich der Sonne steht und das Maximum der südwärts wirkenden Parallaxe zeigt[c]), dann wird ohne merklichen Fehler ΔΓ gleich $0^{0}15'$ und AEΓ

---

a) Der Knoten, in dessen Nähe der Mond steht, muß dann im Sommerwendepunkt liegen, der in Meroë ungefähr 7° nördlich des Zenits kulminiert. Das Maximum der Längenparallaxe tritt dann gleichweit beiderseits von ♋ 0° im Löwen und in den Zwillingen ein.

b) Der Knoten muß dort im Winterwendepunkt liegen, der am Borysthenes mit 72° Zenitabstand kulminiert. Das Maximum der Längenparallaxe tritt dann gleichweit beiderseits von ♑ 0° im Skorpion und in den Fischen ein.

c) Am Borysthenes; denn wenn er dort südlich der Sonne steht, wird er durch die südwärts wirkende Parallaxe von der Sonne abgerückt.

gleich ($0^{0}33'20'' + 0^{0}58' =$) $1^{0}31'$ sein. Da ferner der [Hei 482] Bogen vom Knoten bis Γ zu dem Bogen ΓΑ auf der innerhalb der Finsternisgrenzen liegenden Strecke das Verhältnis von $11^{1}/_{2}:1$ hat[45] — verständlich wird uns dies mit Hilfe der früher (S. 284, 34) bei der Neigung des Mondkreises geführten Nachweise —, so wird der Bogen vom Knoten bis Γ gleich $17^{0}26'$ und mit dem Zusatz von ΔΓ ($0^{0}15'$) im ganzen gleich $17^{0}41'$ sein.

Wenn aber der Mond südlich der Sonne steht und das Maximum der nordwärts wirkenden Parallaxe zeigt[a]), dann wird ΔΓ gleich $0^{0}30'$ und der ganze Bogen ΑΕΓ gleich ($0^{0}33'20'' + 0^{0}8' =$) $0^{0}41'$ sein. Alsdann wird aus denselben Gründen der Bogen vom Knoten bis Γ gleich $7^{0}52'$ und mit dem Zusatz von ΔΓ ($0^{0}30'$) im ganzen gleich $8^{0}22'$ sein.

Wenn also die genaue Entfernung des Mondzentrums von irgendeinem der Knoten auf dem schiefen Kreise nach [Ha 394] Norden $17^{0}41'$, nach Süden aber $8^{0}22'$ beträgt, dann wird erstmalig in dem oben näher bezeichneten Gebiete der zurzeit bewohnten Erde die Möglichkeit eintreten, daß die scheinbare Lage des Mondes mit der Sonne in Berührung kommt.

Nun wurde das Maximum der Anomaliedifferenz bei der Sonne (S. 171, 21) mit $2^{0}23'$ und das Maximum bei dem Monde, welches in den Syzygien eintritt, (S. 246, 11) mit $5^{0}1'$ nachgewiesen. Es kann also einmal der Fall eintreten, daß zur Zeit der periodischen Syzygien die genaue Elongation des Mondes von der Sonne $7^{0}24'$ beträgt (vgl. S. 290, 17). Nun wird in derselben Zeit, in welcher der Mond diese [Hei 48] $7^{0}24'$ durchläuft, die Sonne ungefähr den 13ten Teil davon, d. i. $0^{0}34'$ weiter zurücklegen; in der Zeit aber, in welcher der Mond wieder diese $0^{0}34'$ sich weiterbewegt, wird auch die Sonne wieder den 13ten Teil davon, d. i. $0^{0}3'$ durch ihre Weiterbewegung zusetzen. Ein weiteres Dreizehntel hiervon kann nicht

a) In Meroë; denn wenn er dort bei der oben angedeuteten Lage des Knotens jenseits des Zenits nördlich, d. i. unterhalb der Sonne steht, wird er durch die nordwärts wirkende Parallaxe von der Sonne abgerückt.

mehr in Betracht kommen. Wenn wir also die Summe $(0^0 34' + 0^0 3' =)$ $0^0 37'$, was (genau) der 12te Teil (vgl. S. 347, 14) der anfänglichen $7^0 24'$ ist, zu den $2^0 23'$ der Anomalie der Sonne addieren, so werden wir 3^0 erhalten. Dies wird das Maximum des Unterschieds sein, welcher zwischen den für die periodischen Syzygien maßgebenden mittleren Örtern in Länge und Breite und den genauen Syzygien eintreten kann.[46]

Wenn demnach der mittlere Ort des Mondzentrums auf dem schiefen Kreise von den Knoten nach Norden $(17^0 41' + 3^0 =)$ $20^0 41'$ oder nach Süden $(8^0 22' + 3^0 =)$ $11^0 22'$ entfernt ist, dann wird erstmalig für das oben bezeichnete Gebiet die Möglichkeit eintreten, daß die scheinbare Lage des Mondes mit der Sonne in Berührung kommt; d. h. (auf die Gradzählung des schiefen Kreises bezogen): Nur dann, Ha 395 wenn die zu den periodischen Syzygien (in den 5ten Spalten der betr. Tabellen) gesetzte Zahl der von dem nördlichen Grenzpunkte des schiefen Kreises des Mondes ab gezählten Grade innerhalb der Grenzen $(90^0 - 20^0 41' =)$ $69^0 19'$ bis $(90^0 + 11^0 22' =)$ $101^0 22'$ oder $(270^0 - 11^0 22' =)$ $258^0 38'$ bis $(270^0 + 20^0 41' =)$ $290^0 41'$ liegt, wird für das bezeichnete Gebiet die Möglichkeit des in Frage stehenden Falles (d. i. einer Berührung der Sonne durch den Mond) gegeben sein.

II. Grenzen der Mondfinsternisse.

Hei 484 Was anderseits die Grenzen der Mondfinsternisse anbelangt, so wurde (S. 353, 6) nachgewiesen, daß der Halbmesser des Mondes in der kleinsten Entfernung einen Bogen von $0^0 17' 40''$ unterspannt, während der Halbmesser des Schattens als das $2\,{}^3/_5$ fache des Mondhalbmessers $0^0 45' 56''$ beträgt.

Hieraus ist folgendes ersichtlich. Wenn der genaue Abstand des Mondzentrums von dem Schattenzentrum auf dem durch beide Mittelpunkte und die Pole des schiefen Kreises gezogenen größten Kreis, sei es nördlich, sei es südlich der Ekliptik, $(0^0 17' 40'' + 0^0 45' 56'' =)$ $1^0 3' 36''$ beträgt und das Mondzentrum auf dem schiefen Kreise in dem Verhältnis von $1 : 11^1/_2$ (s. S. 355, 4) von einem der beiden Knoten $12^0 12'$ entfernt ist, dann wird erstmalig die Möglichkeit eintreten, daß der Mond den Schatten berührt.

Mit Rücksicht auf den oben (S. 356, 4) geführten Nachweis hinsichtlich der Anomalie wird es (unter Hinzufügung der betr. 3^0) heißen: Wenn das nach dem mittleren Ort bestimmte Mondzentrum auf dem schiefen Kreise $(12^0 12' + 3^0 =)\ 15^0 12'$ von den Knoten entfernt ist, so daß es nach Maßgabe der vom nördlichen Grenzpunkt ab gerechneten Zahlen zwischen die Grenzen $(90^0 - 15^0 12' =)\ 74^0 48'$ bis $(90^0 + 15^0 12' =)\ 105^0 12'$ oder $(270^0 - 15^0 12' =)\ 254^0 48'$ bis $(270^0 + 15^0 12' =)\ 285^0 12'$ fällt, dann wird erstmalig die Ha 39
Möglichkeit gegeben sein, daß der Mond den Schatten berührt.

Wir werden daher in die oben vorgelegten Tabellen[a] der Syzygien auch noch die (vorstehend gefundenen) Zahlen Hei 48
der Breite des Mondes, welche für die Bestimmung der Grenzen von Sonnen- und Mondfinsternissen maßgebend sind, mit aufnehmen, um die Berechnung derjenigen Syzygien, die möglicherweise in das Bereich einer Finsternis fallen, bequem ausführen zu können.

Sechstes Kapitel.

Das Intervall der mit Finsternissen verbundenen synodischen Monate.

Eine brauchbare Zugabe dürfte noch die Beantwortung der Frage sein, innerhalb welcher Zahl von synodischen Monaten im großen ganzen die Möglichkeit geboten sein wird, daß die Syzygien mit Finsternissen verbunden sind, damit man, nachdem eine Epoche einer Finsternis-Syzygie festgestellt ist, nicht alle weiterhin folgenden Syzygien behufs Prüfung der Grenzen heranzuziehen braucht, sondern nur diejenigen, welche solche Monatsintervalle einschließen, innerhalb welcher eine Finsternis eintreten kann.

Daß nach Verlauf von 6 synodischen Monaten die Möglichkeit sowohl einer (zweiten) Sonnen- wie einer (zweiten)

a) Zwischen Monats- und Jahrestabelle S. 345.

Mondfinsternis geboten ist, dürfte ohne weiteres klar sein. In diesen 6 synodischen Monaten erreicht nämlich der mittlere Lauf des Mondes in Breite (nach der Monatstabelle) einen Überschuß (über 6 ganze Kreise) von 184°1′25″. Demgegenüber belaufen sich sowohl für die Sonne wie für den Mond die zwischen den Finsternisgrenzen liegenden Bogen, einerseits als innerhalb eines Halbkreises liegend (wie *b ABC* und *b C′DA′*), auf weniger Grade als die genannten (184°), anderseits als über den Halbkreis hinausgehend (wie *b A′BC′* und *b CDA*), auf mehr Grade.[a)]

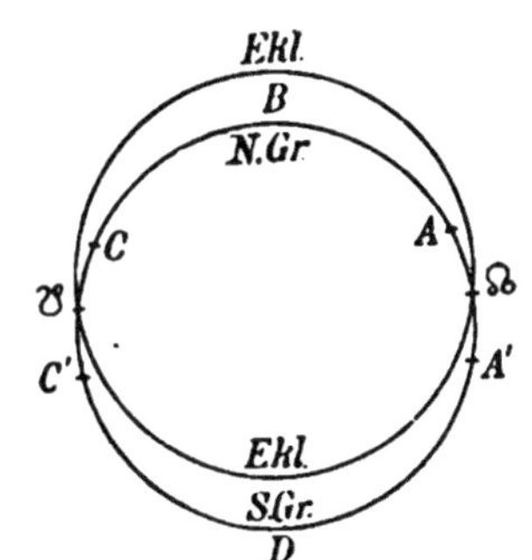

1. Für die Sonne betragen nämlich die Grenzen von beiden Knoten her auf dem schiefen Kreise des Mondes, wie (S. 356, 11) nachgewiesen, nach Norden zu einen Bogen Ha 397 von 20°41′, nach Süden zu einen solchen von 11°22′. Folglich beläuft sich der nördliche Bogen (*ABC*), in welchem keine (Sonnen-) Finsternisse stattfinden können, Hei 486 auf (180° — 41°22′ =) 138°38′, der südliche (*C′DA′*) auf (180° — 22°44′ =) 157°16′.

2. Für den Mond betragen (S. 357, 8) die Grenzen nördlich wie südlich der Ekliptik auf dem schiefen Kreise von den Knoten her einen Bogen von je 15°12′. Folglich beläuft sich jeder der beiden Bogen (*ABC* und *C′DA′*), in welchen keine (Mond-) Finsternisse stattfinden können, auf (180° — 30°24′ =) 149°36′.

I. Mondfinsternisse.

A. Daß schon innerhalb des größten Intervalls von fünf synodischen Monaten, d. h. auf der Strecke (der Ekliptik),

a) Hat der Mond inmitten des Finsternisgebiets *A′A* eine Finsternis erlitten oder verursacht, so tragen ihn seine 184° Überschuß nicht über das gegenüberliegende Finsternisgebiet *CC′* hinaus, ohne daß er mit der Sonne oder dem Schatten innerhalb desselben wieder zusammentrifft.

auf welcher die Sonne den größten und der Mond (zurzeit gerade) den kleinsten Lauf hat, auf Grund obiger Voraussetzungen das Zustandekommen einer (zweiten) Mondfinsternis möglich sein wird, dürfte uns auf folgendem Wege verständlich werden.

Bei dem mittleren Intervall von 5 synodischen Monaten erreicht der mittlere Lauf in Länge beider Lichtkörper einen Zuwachs, wie wir (in der Monatstabelle) finden, von 145°32′[a)], während der Mond in Anomalie auf dem Epizykel als Überschuß (über ganze Kreise) 129°5′ gewinnt. Nun erhalten die 145°32′ der Sonne bei dem größten Lauf (auf je 72°46′) zu beiden Seiten des Perigeums (von ♍ 20° bis ♒ 20°) einen Zusatz von (2 × 2°19′ =) 4°38′, während die 129°5′ des Mondes (in Anomalie) bei dem kleinsten Lauf (auf je 64°32′) zu beiden Seiten des Apogeums des Epizykels einen Abzug von (2 × 4°20′ =) 8°40′ von dem mittleren Lauf (in Länge) verursachen. Folglich wird nach Verlauf der Zeit des größten Intervalls[b)] von 5 synodischen Monaten, wenn die Sonne ihren größten Lauf (von 145°32′ + 4°38′ = 150°10′) und der Mond seinen kleinsten (von 145°32′ — 8°40′ = 136°52′) hat, der letztere um die aus beiden Anomalien sich summierenden 13°18′ noch westlich vor der Sonne stehen. Hiervon nehmen wir wieder aus den oben (S. 356, 2) dargelegten Gründen ein Zwölftel, d. i. ohne merklichen Fehler 1°6′ (genau 1°6′30″), welchen Betrag die Sonne sich weiter- Ha 3
bewegt haben wird, bis sie von dem Monde eingeholt wird. Hei 4
Da sie nun infolge der eigenen Anomalie einen Zusatz von

---

a) D. h. für den Mond Überschuß über ganze Kreise, für die Sonne die Strecke von ♍ 20° bis ♒ 20° (= nahezu 145°32′ + 4°38′). Vgl. S. 364, 15.

b) Der griechische Text bietet τῆς μέσης πενταμήνου, offenbar falsch; die ganze Erörterung dient ja dazu, aus den Laufstrecken des mittleren Intervalls die des größten abzuleiten. Dieser Fehler wiederholt sich Heib. 488, 25, wo die bessere Überlieferung (darunter Cod. D) das Richtige bietet; außerdem Heib. 493,14 ohne Variante. Übrigens vergleiche man Heib. 490,16, wo richtig μεγίστης steht.

4°38′ und infolge der Einholung bis zur genauen Syzygie noch einen weiteren Zusatz von 1°6′ erhalten hat, so wird auch das größte Intervall von 5 synodischen Monaten gegen das mittlere einen Zusatz von (4°38′ + 1°6′ =) 5°44′ in Länge (zu 145°32′) erhalten haben. Einen ohne wesentlichen Fehler gleichgroßen Zusatz wird also auch der Lauf des Mondes in Breite auf dem schiefen Kreise zu dem Überschuß von 153°21′ in Breite erlangt haben, der (nach der Monatstabelle) im Verlauf von 5 mittleren synodischen Monaten erreicht wird. Somit wird der auf theoretischem Wege gewonnene genaue Lauf in Breite bei dem größten Intervall von 5 synodischen Monaten in Summa (153°21′ + 5°44′ =) 159°5′ betragen.

Nun erreichen in der mittleren Entfernung des Mondes[a] seine beiderseits der Ekliptik liegenden Finsternisgrenzen auf dem durch die Pole des schiefen Kreises gezogenen größten Kreis einen Abstand (in Breite) von etwa 1° — weil der Abstand in der kleinsten Entfernung (S. 356, 35) 1°3′36″ und der in der größten (S. 309, 24: 0°40′44″ + 0°15′40″ =) 0°56′24″ beträgt — und auf dem schiefen Kreise von dem Knoten eine Entfernung von 11°30′.[b] Somit wird der zwischen ihnen liegende Bogen ($C'DA'$)[c], auf dem keine Finsternisse eintreten können, zu (180° − 23° =) 157°0′. Dieser Betrag ist um 2°5′ kleiner als der Bogen des schiefen Kreises von 159°5′, der sich (oben Z. 13) als

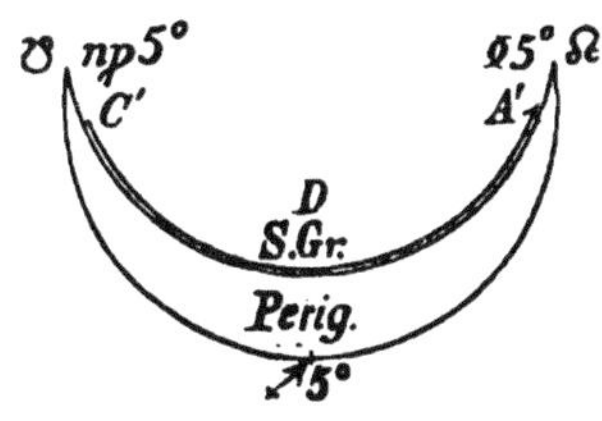

a) Um diese handelt es sich, weil der Mond am Anfang und am Ende des Intervalls (s. S. 359, 15) in der Mitte zwischen Apogeum und Perigeum des Epizykels steht.

b) Über das Verhältnis 1 : 11½ s. erl. Anm. 45 zu S. 355, 4.

c) An der Figur ist angedeutet, daß dieser Bogen des größten Intervalls von 5 synodischen Monaten zu beiden Seiten des Perigeums ♐ 5° verläuft. Ob dort der nördliche oder der südliche Grenzpunkt des schiefen Kreises liegt, ist für Mondfinsternisse gleichgültig, da bei diesen die Wirkung der Parallaxe nicht in Betracht kommt. Vgl. S. 193, 22–27.

Überschuß bei dem größten Intervall von 5 synodischen Monaten ergibt. Hieraus ist ersichtlich, daß es möglich sein wird, Hei 481 daß der Mond bei dem größten Intervall von 5 synodischen Monaten bei dem ersten Vollmond eine Finsternis bei dem Fortrücken von einem der beiden Knoten (d. h. *nach* Passierung desselben) erleidet, und dann wieder eine bei dem letzten Ha 399 Vollmond (des Intervalls) bei der Annäherung an den gegenüberliegenden Knoten (d. h. *vor* Passierung desselben). Somit vollzieht sich bei beiden Finsternissen der Eintritt in den Schatten auf derselben Seite der Ekliptik, niemals auf entgegengesetzten Seiten derselben.

Daß bei dem größten Intervall von 5 synodischen Monaten zwei Mondfinsternisse möglich sind, ist uns auf diese Weise klar geworden.

B. Daß aber im Verlauf von 7 synodischen Monaten diese Möglichkeit ausgeschlossen ist, selbst wenn wir das *kleinste* Intervall von 7 synodischen Monaten zugrunde legen, d. h. die Strecke (der Ekliptik), auf welcher die Sonne ihren *kleinsten* und der Mond (zurzeit gerade) seinen *größten* Lauf hat, dürfte uns verständlich werden, wenn wir denselben Weg einschlagen wie bei der eben gepflogenen Erörterung.

Bei dem *mittleren* Intervall von 7 synodischen Monaten erreicht (nach der Monatstabelle) der *mittlere* Lauf in Länge beider Lichtkörper einen Zuwachs von 203°45′[a], während der Lauf des Mondes auf dem Epizykel einen Überschuß von 180°43′ gewinnt. Nun erleiden die 203°45′ der Sonne bei ihrem *kleinsten* Lauf (auf je 101°52′) zu beiden Seiten des *Apogeums* (von ♒ 26° bis ♍ 15°) einen Abzug von der mittleren Bewegung von (2 × 2°21′ =) 4°42′, während die 180°43′ des Mondes auf dem Epizykel bei dem *größten* Lauf (auf je 90°22′) zu beiden Seiten des *Perigeums* (des Epizykels) der mittleren Bewegung (in Länge) einen Zusatz von (2 × 4°59′ =) 9°58′ (zu 203°45′) einbringen. Folglich

a) Für den Mond wieder Überschuß über ganze Kreise, für die Sonne die Strecke von ♒ 26° bis ♍ 15° (vgl. S. 367, 17), was für den kleinsten Lauf 203°45′ − 4°42′ = 199°3′ ergibt.

wird in der Zeit des kleinsten Intervalls[a] von 7 synodischen Hei 489 Monaten, wenn die Sonne ihren kleinsten Lauf (von 199° 3′) und der Mond seinen größten (von 213° 43′) hat, der letztere die Sonne um die aus beiden Anomalien sich summierenden 14° 40′ überholt haben. Hiervon nehmen wir wieder ein Zwölftel (d. i. genau 1° 13′ 20″), addieren es zu dem infolge der Anomalie der Sonne eingetretenen Abzug von 4° 42′ Ha 400 und werden in der Summe von 5° 55′ ohne merklichen Fehler den Betrag erhalten, um welchen der Lauf in Länge bei dem *kleinsten* Intervall von 7 synodischen Monaten hinter dem Lauf bei dem *mittleren* Intervall zurück sein wird. Ebenso wird auch der Lauf in Breite um den gleichen Betrag kleiner sein als der Überschuß von 214° 42′, welcher (nach der Monatstabelle) bei dem mittleren Intervall von 7 synodischen Monaten eintritt, d. h. bei dem *kleinsten* Intervall von 7 synodischen Monaten wird der Mond in Breite auf dem schiefen Kreise einen Überschuß von nur (214° 42′ — 5° 55′ =) 208° 47′ erlangt haben. Nun beträgt in Summa nur 203° (d. i. 180° + 2 × 11° 30′, vgl. S. 360, 21) der *größte* Bogen des schiefen Kreises ($A'BC'$)[b] zwischen den Finsternisgrenzen des Mondes in seiner *mittleren* Entfernung[c], d. h. der Bogen zwischen der Grenze (A'), die auf der Strecke der Annäherung

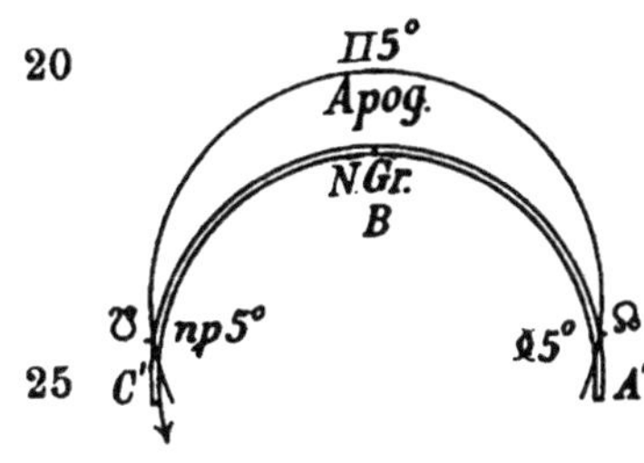

a) Der griechische Text bietet falsch τῆς μέσης ἑπταμήνου, das richtige ἐλαχίστης bietet die bessere Überlieferung (darunter Cod. D); vgl. S. 359, Anm. b).

b) An der Figur ist angedeutet, daß der Bogen des kleinsten Intervalls von 7 synodischen Monaten zu beiden Seiten des *Apogeums* ♊ 5° verläuft. Ob dort der nördliche oder südliche Grenzpunkt des schiefen Kreises liegt, ist für die Mondfinsternisse gleichgültig, da bei diesen die Wirkung der Parallaxe nicht in Betracht kommt.

c) Um diese handelt es sich, weil der Mond am Anfang und am Ende des Intervalls (s. S. 361, 31) in der Mitte zwischen Apogeum und Perigeum des Epizykels steht.

an den einen Knoten (d. i. vor demselben) liegt, und der Grenze (C'), die auf der Strecke des Fortrückens von dem gegenüberliegenden Knoten (d. i. hinter demselben) liegt. Folglich[a] wird es selbst bei dem kleinsten Intervall von 7 synodischen Monaten schlechterdings nicht möglich sein, daß der Mond bei dem ersten Vollmond eine Finsternis erleide und dann bei dem letzten Vollmond abermals eine.

II. Sonnenfinsternisse.

Es ist nun anderseits der Nachweis zu führen, daß es möglich sein wird, daß es bei dem größten Intervall von 5 synodischen Monaten auch zwei Sonnenfinsternisse für denselben Beobachtungsort gebe, und zwar überall in dem zurzeit bewohnten Gebiete der Erde.

A. Bei dem größten Intervall von 5 synodischen Monaten hatten wir (S. 360, 13) den (genauen) Lauf des Mondes in Breite mit 159° 5′ nachgewiesen. Nun beträgt der von Finsternissen freie Bogen ($C'DA'$)[b] für die Sonne bei der mittleren Entfernung des Mondes[c] (180° − 2 × 6° 12′ =) 167° 36′, Hei 4
weil ihre Finsternisgrenzen (vgl. S. 353, 16) von der Ekliptik auf dem durch deren Pole gehenden Kreis einen Abstand von

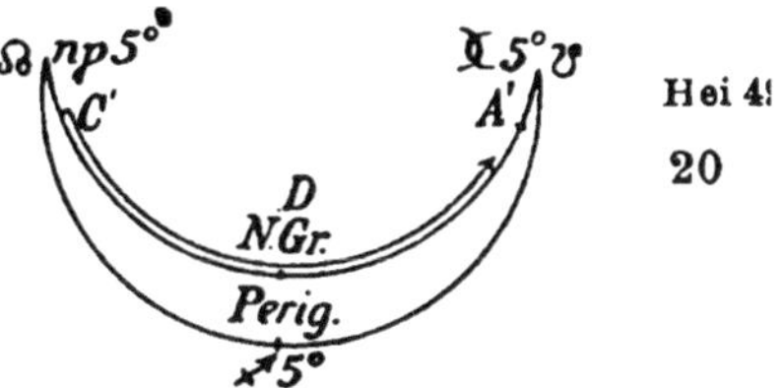

(0° 15′ 40″ + 0° 16′ 40″ =) 0° 32′ 20″ und (in dem Verhältnis von 1 : 11½) auf dem schiefen Kreise des Mondes (von den Knoten) ohne merklichen Fehler eine Entfernung von 6° 12′ haben. Folglich ist klar, daß, wenn der Mond keine Parallaxe zeigt, eine zweite Sonnenfinsternis unmöglich sein wird,

---

a) Weil der Mond nach Zurücklegung des Bogens $A'BC'$ noch über 5° über die Finsternisgrenze C' hinausgeht.

b) Der Bogen des größten Intervalls von 5 Monaten verläuft beiderseits des Perigeums ♐ 5°. Da nördlich des Äquators vorwiegend die südwärts wirkende Parallaxe in Betracht kommt, so ist an der Figur angedeutet, daß dort der nördliche Grenzpunkt des schiefen Kreises liegt.

c) S. Anm. c) zu Seite 362.

Ha 401 weil der finsternisfreie Bogen (von $167^0 36'$) auf dem schiefen Kreise um $8^0 31'$ größer ist als der Lauf (von $159^0 5'$) bei dem größten Intervall von 5 synodischen Monaten und (letzterer) auf dem die Ekliptik rechtwinklig schneidenden Kreis einen um $0^0 45'$ größeren Abstand hat.[47] Wo aber der Mond eine so bedeutende Parallaxe haben kann, daß die bei einer der beiden äußersten Konjunktionen eintretenden Parallaxen, oder auch die Parallaxen beider Konjunktionen zusammen, den Betrag $0^0 45'$ überschreiten, dort wird es möglich sein, daß die äußersten Konjunktionen beide, sowohl die erste wie die letzte, mit einer Finsternis verbunden sind.

Wir hatten (S. 359, 23) nachgewiesen, daß nach Verlauf der Zeit des größten Intervalls von 5 synodischen Monaten, wenn der Mond seinen kleinsten und die Sonne von ♍ 20^0 bis ♒ 20^0 ihren größten Lauf hat, der Mond um die aus beiden Anomalien sich summierenden $13^0 18'$ noch westlich vor der Sonne steht. Da er nun diese Strecke und noch ein Zwölftel darüber (d. i. $13^0 18' + 1^0 6' = 14^0 24'$) in mittlerer Bewegung (in Länge) in einem Tage und $2^1/_4$ Stunden[a] zurücklegt, so ist ersichtlich, daß, da die Dauer des mittleren Intervalls von 5 synodischen Monaten 147 Tage und $15^3/_4$ Stunden beträgt, die Dauer des größten Intervalls von 5 synodischen Monaten 148 Tage und 18 Stunden ausmachen wird. Hei 491 Deshalb wird die letzte in ♒ 20^0 eintretende Konjunktion die an einem ganzen Tage fehlenden 6 Stunden früher eintreten als die erste, welche in ♍ 20^0 stattgefunden hatte.[b] Es muß also untersucht werden, wo und wann der Mond bei seiner Stellung im Wassermann, welche 6 Stunden früher fällt als die, die in der Jungfrau gewesen war, entweder in dem einen der beiden genannten Zeichen

---

a) In einem Tage (S. 203, 26) $13^0 10'$, von den übrig bleibenden $74'$ in 2 Stunden (S. 204, 31) $65' 52''$, den Rest von $8' 8''$ in einer Viertelstunde.

b) Hatte die Konjunktion in ♍ 20^0 im westlichen Horizont bei Untergang stattgefunden, so wird die Konjunktion in ♒ 20^0 im Meridian um Mittag eintreten. S. S. 365, 17.

eine größere Parallaxe als die in Frage stehenden 0°45′ zeigen kann, oder in beiden Zeichen (zusammen) eine größere.

Eine nordwärts wirkende Parallaxe des Mondes von so Ha 40
hohem Betrage wird in dem zurzeit bewohnten Gebiete der Erde, soweit wir es oben (S. 354, 6) bezeichnet haben, nirgends gefunden.[a] Daher ist es unmöglich, daß bei dem größten Intervall von 5 synodischen Monaten zwei Sonnenfinsternisse eintreten, wenn der Mond (in C' und vor A' Fig. S. 360) südlich der Ekliptik steht, d. h. wenn er bei der ersten Konjunktion von dem niedersteigenden Knoten wegrückt und bei der letzten sich dem aufsteigenden Knoten nähert.

Dagegen kann der Mond eine südwärts wirkende Parallaxe von so hohem Betrage in dem bewohnten Gebiete nördlich des Äquators bei der 6 Stunden differierenden Stellung in beiden genannten Zeichen (in Summa) haben, wenn er bei der ersten Konjunktion in ♍ 20° im westlichen Horizont und bei der zweiten Konjunktion in ♒ 20° im Meridian angenommen wird. Wir finden nämlich, daß in den so gewählten Stellungen der Mond bei mittlerer Entfernung (schon) unter dem Äquator mit Berücksichtigung der Sonnenparallaxe Hei 49
in der Stellung der Jungfrau (im Horizont) eine südwärts wirkende Parallaxe von 0°22′ und in der Stellung des Wassermanns (im Meridian) eine solche von 0°14′ zeigt. Dort aber (d. i. im Aualitischen Meerbusen), wo der Tag $12^1/_2$ Stunden hat, zeigt er in der Stellung der Jungfrau eine südwärts wirkende Parallaxe von 0°27′ und in der Stellung des Wassermanns eine solche von 0°22′, so daß von da ab bereits die Summe beider Parallaxen die in Frage stehenden 0°45′ um 0°4′ übersteigt. Da nun die südwärts wirkende Parallaxe desto größer wird, je weiter

---

a) Weil selbst in Meroë, wenn der Grenzpunkt des schiefen Kreises südlich des Perigeums ♐ 5° liegt, sogar der nördlich des Äquators gelegene Knoten ♍ 5° noch etwa 6° südlich des Zenits kulminiert, so daß auch dort der Mond südlich der Ekliptik durch die südwärts wirkende Parallaxe von der Sonne abgerückt werden muß.

Ha 403 nördlich die Beobachtungsorte liegen[a], so leuchtet ein, daß die Möglichkeit immer zunehmen wird, daß die Bewohner dieser Orte bei dem größten Intervall von 5 synodischen Monaten zwei Sonnenfinsternisse zu sehen bekommen, jedoch nur, wenn der Mond (in C' und vor A' Fig. S. 363) nördlich der Ekliptik steht, d. h. wenn er bei der ersten Finsternis (des Intervalls) von dem aufsteigenden Knoten wegrückt und bei der zweiten sich dem niedersteigenden nähert.

B. Nun behaupte ich weiter, daß auch bei dem kleinsten Intervall von 7 synodischen Monaten zwei Sonnenfinsternisse für denselben Beobachtungsort möglich sein werden.

Bei dem kleinsten Intervall von 7 synodischen Monaten hatten wir (S. 362, 18) den (genauen) Lauf des Mondes
Hei 493 in Breite mit $208^0 47'$ nachgewiesen. Nun beträgt für die Sonne bei der mittleren Entfernung des Mondes (vgl. S. 363, 16—27) in Summa[b] (d. i. $180^0 + 2 \times 6^0 12' =$) $192^0 24'$ der größte Bogen $(A' B C')$[c] des schiefen Kreises zwischen den Finsternisgrenzen, d. h. der Bogen zwischen der Grenze (A'), die auf der Strecke der Annäherung an den einen Knoten (d. i. vor demselben) liegt, und der Grenze (C'), die auf der Strecke des Fortrückens von dem gegenüberliegenden Knoten (d. i. hinter demselben) liegt. Folglich ist klar, daß, wenn der Mond wieder keine Parallaxe

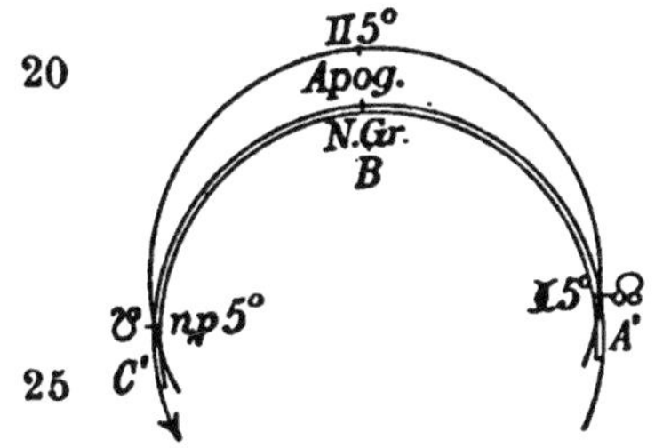

a) Weil die Ekliptik in immer größerem Zenitabstand verläuft.

b) Der Text ist korrupt: statt συνάγεται lese ich συναγομένης und streiche ἡ τοιαύτη διάστασις.

c) Zunächst sei wieder dieselbe Figur wie S. 362 vorgelegt, um zu zeigen, daß, wenn der Grenzpunkt des schiefen Kreises nördlich des Apogeums ♊ 5° liegt, überhaupt keine zweite Sonnenfinsternis in dem Gebiet von Meroë bis zum Borysthenes möglich ist, weil der Endpunkt des Mondlaufs südlich der Ekliptik liegt, wo nur eine nordwärts wirkende Parallaxe eine Sonnenfinsternis zustande bringen könnte.

zeigt, eine zweite Sonnenfinsternis unmöglich sein wird, weil der Bogen des schiefen Kreises (von 208°47′), den der Mond bei dem kleinsten Intervall von 7 synodischen Monaten zurücklegt, auf dem schiefen Kreise um 16°23′ größer ist als der zwischen den Finsternisgrenzen der Sonne liegende Bogen (von 192°24′) und auf dem durch die Pole der Ekliptik gehenden Kreis um 1°25′ größeren Abstand hat.[48)] Wo aber der Mond eine so bedeutende Parallaxe haben kann, daß die bei einer der beiden äußersten Kon- Ha 404
junktionen eintretenden Parallaxen, oder auch die Parallaxen beider Konjunktionen zusammen, den Betrag 1°25′ überschreiten, dort wird es möglich sein, daß die äußersten Konjunktionen beide, sowohl die erste wie die letzte, mit einer Finsternis verbunden sind.

Wir hatten (S. 362, 1) nachgewiesen, daß in der Zeit des kleinsten[a)] Intervalls von 7 synodischen Monaten, wenn der Mond seinen größten und die Sonne von ♒ 26°[b)] bis ♍ 15° ihren kleinsten Lauf hat, der Mond die Sonne im genauen Lauf bereits um 14°40′ überholt haben wird. Da nun der Mond diese Strecke und noch ein Zwölftel darüber (d. i. 14°40′ + 1°13′20″) in mittlerer Bewegung (in Länge) in einem Tage und 5 Stunden[c)] zurücklegt, so ist ersichtlich, daß, da die Dauer des mittleren Intervalls 206 Tage und ziemlich genau 17 Stunden beträgt, die Dauer des kleinsten Intervalls von 7 synodischen Monaten (von genauer Syzygie zu genauer Syzygie $1^d\,5^h$ weniger d. i.) 205 Tage und 12 Stunden ausmachen wird. Deshalb wird die letzte in ♍ 15° eintretende Konjunktion 12 Stunden später eintreten Hei 494
als die erste Konjunktion, welche in ♒ 26° stattgefunden

a) Im griechischen Text falsch μέσης; vgl. S. 359, 18.

b) Von den letzten Graden (τῶν ἐσχάτων) habe ich den 26ten gewählt, weil das Intervall dem kleinsten Lauf der Sonne entsprechend (S. 361, 26) 199° umfaßt, und weil es mit dem Aufgangs- und Untergangsverhältnis in Rhodus (S. 368, 21) gut übereinstimmt.

c) In einem Tage (S. 203, 26) 13°10′, die von 15°53′20″ übrigen 2°43′20″ in 5 Stunden.

hatte. Es muß also untersucht werden, wo und wann der Mond eine größere Parallaxe als 1°25′ entweder in einem der beiden genannten Zeichen haben kann, oder bei der 12 Stunden differierenden Stellung in beiden Zeichen (zusammen), d. h. wenn das eine Zeichen untergeht und das andere aufgeht, weil andernfalls die Finsternisse ganz unmöglich beide über dem Horizont stattfinden können.

Eine nordwärts wirkende Parallaxe des Mondes von so hohem Betrage wird nun wieder (wie S. 365, 3) nirgends in dem zurzeit bewohnten Gebiete der Erde in keiner Stellung (der beiden Zeichen) gefunden. Denn selbst für die Bewohner unter dem Äquator (vgl. S. 365, 21) ist bei der größten[a)]
Ha 405 Entfernung des Mondes die (hier in Betracht kommende) Breitenparallaxe nicht größer als 0°23′. Daher wird es bei dem kleinsten Intervall von 7 synodischen Monaten unmöglich sein, daß zwei Sonnenfinsternisse eintreten, wenn der Mond (in A' und jenseits C') südlich der Ekliptik steht, d. h. wenn er bei der ersten Konjunktion sich dem aufsteigenden Knoten nähert und bei der letzten von dem niedersteigenden Knoten wegrückt (s. Fig. S. 366).

Dagegen finden wir, daß, wenn ♒ 26° aufgeht und ♍ 15° untergeht, ungefähr von dem durch Rhodus gehenden Parallelkreise ab eine südwärts wirkende Parallaxe von so großem Betrage zustande kommt. Denn in Rhodus und den unter demselben Parallelkreis gelegenen Orten hat in jeder
Hei 495 der bezeichneten Stellungen[b)] der Mond in seiner mittleren Entfernung unter Berücksichtigung der Sonnenparallaxe eine südwärts wirkende Parallaxe von nahezu 0°46′, so daß die Parallaxen bei beiden Konjunktionen in Summa von dort ab bereits größer als 1°25′ werden. Da nun die südwärts

---

a) Es handelt sich um die mittlere Entfernung; vgl. außer Z. 26 noch S. 360, 14; 366, 17. Übrigens wird die Parallaxe mit der Entfernung des Mondes kleiner, was mit dem Suchen nach einer möglichst großen Parallaxe in direktem Widerspruch steht. Daher ist wohl μέσον statt μέγιστον zu schreiben.

b) D. i. bei nahezu 88° Zenitabstand, weil in beiden Fällen dicht über dem Horizont.

wirkende Parallaxe desto größer wird, je weiter die Beobachtungsorte nördlich dieses Parallelkreises liegen[a]), so leuchtet ein, daß es für die Bewohner dieser Orte möglich sein wird, bei dem kleinsten Intervall von 7 synodischen Monaten zwei Sonnenfinsternisse zu Gesicht zu bekommen, jedoch wieder nur, wenn der Mond (in A' und hinter C' beiderseits) nördlich der Ekliptik steht, d. h. wenn er bei der ersten Finsternis sich dem niedersteigenden Knoten nähert und bei der zweiten von dem aufsteigenden Knoten wegrückt.

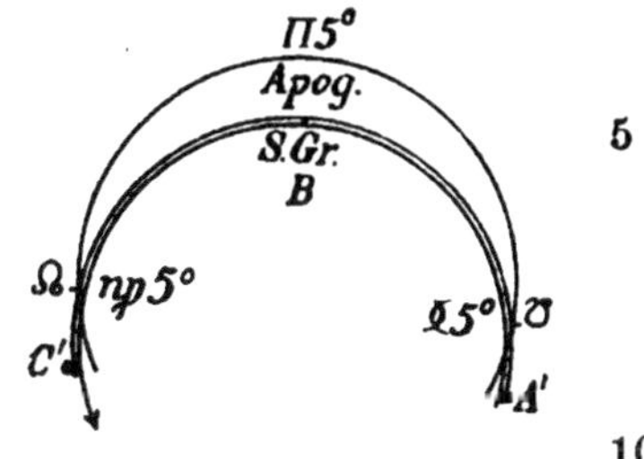

C. Es dürfte schließlich noch der Nachweis zu erbringen sein, daß im Lauf eines synodischen Monats zwei Sonnen- Ha 406 finsternisse in dem zurzeit bewohnten Gebiete der Erde nicht möglich sein werden, und zwar weder in derselben geographischen Breite noch in verschiedenen Breiten, selbst wenn man alle Bedingungen voraussetzt, welche unmöglich zusammen eintreten können, übrigens aber zusammengenommen wohl geeignet wären, die zweite Finsternis möglich zu machen. Die Bedingungen, welche ich meine, sind folgende: erstens müßte der Mond in seiner kleinsten Entfernung stehen, damit er die größere Parallaxe zeigte; zweitens müßte der synodische Monat von der kürzesten Dauer sein, damit die in dieser Zeit zu erreichende Breite möglichst wenig größer (d. i. nördlicher) ausfiele, als die Breite beträgt, in welcher die Finsternisgrenzen der Sonne liegen; drittens müßten wir von den Stunden[b]) und Zeichen[c]), in welchen der scheinbare Hei 496

a) Weil die Ekliptik in immer größerem Zenitabstand verläuft.

b) D. i. von den nach Äquinoktialstunden bemessenen Meridianabständen, in denen die größeren Zenitabstände eintreten und infolgedessen auch die größeren Parallaxen stattfinden.

c) Es sind die Zeichen, in denen beiderseits des Meridians keine Längenparallaxe sich geltend macht und deshalb die Höhenparallaxe die reine Breitenparallaxe darstellt.

Ort des Mondes von der größten Parallaxe beeinflußt wird, unterschiedslos Gebrauch machen.

Bei der mittleren Dauer des synodischen Monats erreicht der Lauf der beiden Lichtkörper in mittlerer Bewegung in Länge (nach der Monatstabelle) einen Zuwachs (oder Überschuß über einen ganzen Kreis) von $29^0 6'$, der Lauf des Mondes auf dem Epizykel einen Überschuß von $25^0 49'$. Hiervon erleiden die $29^0 6'$ der Sonne bei ihrem kleinsten Lauf (von je $14^0 33'$) auf beiden Seiten des Apogeums (in Π $5^0 30'$)[a] einen Abzug von der mittleren Bewegung im Betrage von ($2 \times 0^0 34' =$) $1^0 8'$, während die $25^0 49'$ des Epizykels des Mondes bei dem größten Lauf (von je $12^0 54' 30''$) auf beiden Seiten des Perigeums (des Epizykels) einen Zusatz zur mittleren Bewegung (in Länge) von ($2 \cdot 1^0 14' =$) $2^0 28'$ einbringen. Wenn wir nun genau wie bei den früher (S. 359 u. 362) geführten Beweisen die Summe der aus beiden Anomalien sich ergebenden Beträge bilden, die $3^0 36'$ ausmacht, und ein Zwölftel davon, d. i. $0^0 18'$ zu dem Betrag (von $1^0 8'$), um welchen die Sonne (in Länge) zurückgeblieben war, addieren, so werden wir $1^0 26'$ erhalten. Um so viel werden wir den Lauf bei der kürzesten Dauer des synodischen 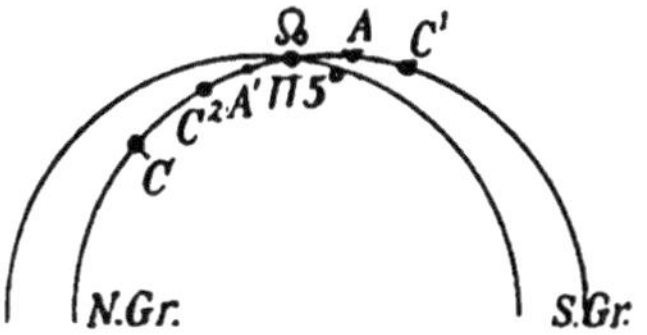
Ha 407 Monats kleiner finden als den im mittleren synodischen Monat erreichten, und zwar sowohl den Lauf in Länge wie den in Breite. Da nun der auf den mittleren synodischen Monat entfallende Lauf in Breite (nach der Monatstabelle) $30^0 40'$ (über den vollen Kreis) beträgt, so wird er folglich bei der kürzesten Dauer des synodischen Monats zu $29^0 14'$, welche auf dem die Ekliptik rechtwinklig schneidenden größten (Breiten-) Kreis (einen Abstand von) $2^0 33'$ aus-

a) Die Knotenlinie der Mondbahn muß demnach mit der Apsidenlinie der Sonnenbahn zusammenfallen. Um bei den zweiten Konjunktionen (C und C^2) nördliche Breite zu erzielen, ist an der Figur der aufsteigende Knoten in das Apogeum der Sonnenbahn verlegt worden.

machen.[a] Nun beläuft sich das Maximum der an den Finsternisgrenzen (A und A′) der Sonne eintretenden Breite, wenn der Mond in der kleinsten Entfernung steht, auf 1°6′ (d. i. beiderseits des Knotens 0°33′)[b], so daß die bei der Hei 497
kürzesten Dauer des synodischen Monats erreichte Breite (von 2°33′) noch um 1°27′ (d. i. beiderseits des Knotens um je 0°43′30″) größer ist.

Es wäre demnach unbedingt notwendig, wenn in einem synodischen Monat zwei Sonnenfinsternisse eintreten sollten, daß der Mond bei der einen Konjunktion gar keine Parallaxe hätte und bei der anderen eine größere als 1°27′. Andernfalls, d. h. wenn er bei jeder der beiden Konjunktionen eine Parallaxe hätte, müßte entweder die Differenz beider Parallaxen größer als 1°27′ sein, falls die Parallaxe (auf jeder Seite des Knotens) wieder nach derselben Seite wirksam wäre, oder ihre Summe müßte den nämlichen Betrag überschreiten, falls die Parallaxe bei der einen Konjunktion nordwärts und bei der anderen südwärts wirkte.

Allein nirgends auf der Erde hat der Mond in den Syzygien selbst in seiner kleinsten Entfernung unter Berücksichtigung der Sonnenparallaxe eine größere Breitenparallaxe als 1°. Bei der kürzesten Dauer des synodischen Monats werden also zwei Sonnenfinsternisse unmöglich sein, mag auch der Mond bei der einen Konjunktion gar keine Parallaxe haben oder bei beiden Konjunktionen eine nach derselben Seite wirkende: denn die Differenz beider Parallaxen wird nicht größer als (günstigsten Falls) 1°, während sie doch mehr betragen müßte als 1°27′.

Die einzige Möglichkeit, daß die zweite Finsternis eintreten könnte, wäre also die, daß, falls jede der beiden Paral- Ha 40[illegible]

---

a) Nämlich in dem Fall, daß die erste Konjunktion direkt im aufsteigenden Knoten stattgefunden hat, so daß die zweite (C) in der vollen Entfernung von 29°14′ jenseits des Knotens, d. i. 60°46′ vor dem nördlichen Grenzpunkt eintreten muß. Für diese Stelle gibt die 7te Spalte der Tabelle der Gesamtanomalie des Mondes die nördliche Breite mit 2°33′ an.

b) Genau 2×[illegible]°33′20″ nach S. 353, 16.

laxen nach der entgegengesetzten Seite (d. h. die eine süd-
Hei 498 wärts, die andere nordwärts) wirkte, aus beiden sich eine größere Summe ergeben könnte als $1^0 27'$. Das wird aber nur für ein (zweites) verschieden gelegenes bewohntes Gebiet der Erde möglich sein, weil für die *nördlich* des Äquators gelegenen Orte des zurzeit bewohnten Gebietes der Erde der Mond eine *südwärts* wirkende Parallaxe hat, die unter Berücksichtigung der Sonnenparallaxe $0^0 25'$ bis 1^0 betragen kann, während er für die *südlich* des Äquators liegenden Orte der sogenannten *Gegenwohner* eine *nordwärts* wirkende Parallaxe zwischen den gleichen Grenzen haben kann. Für *dasselbe* bewohnte Gebiet der Erde kann aber eine *zweite* Finsternis niemals zustande kommen, weil das Maximum der (in Betracht kommenden) Parallaxe (in beiden Gebieten) genau innerhalb derselben Grenzen liegt: einerseits beträgt die Parallaxe für die direkt unter dem Äquator liegenden Orte, sowohl nordwärts wie südwärts wirkend, nicht mehr als $0^0 25'$, anderseits übersteigt sie für die am weitesten (d. i. $48^0 32'$) nördlich oder südlich des Äquators liegenden Orte mit Wirkung nach entgegengesetzter Seite (d. h. südwärts für den nördlichen, nordwärts für den südlichen Grenzpunkt des Gebietes) nicht den Betrag von wie gesagt 1^0. Es kommt also in diesen extremsten Fällen (für dasselbe Gebiet) als *Summe* beider Parallaxen immer noch ein (um $0^0 2'$) kleinerer Betrag als $1^0 27'$ heraus. Da aber für die (in jedem Gebiete) *innerhalb* des Äquators und des betreffenden Grenzpunkts liegenden Orte die Parallaxen, mögen sie hier südwärts oder dort nordwärts wirken, stets noch viel kleiner werden, so dürfte sich für diese Orte die Unmöglichkeit (der zweiten Finsternis) nur noch steigern.

Folglich werden für *denselben* Ort *nirgends* auf der Erde in *einem* synodischen Monat *zwei* Sonnenfinsternisse möglich sein, aber auch für *verschiedene* Orte nirgends in *demselben* bewohnten Gebiete der Erde. Damit ist der Nachweis erbracht, den wir uns als Aufgabe gestellt hatten.

Siebentes Kapitel.

Praktische Anleitung zur Aufstellung von Finsternistabellen.

Die vorstehende Erörterung hat uns darüber belehrt, wie {Ha 40 Hei 49} groß die Intervalle der Syzygien sein müssen, welche wir zur Feststellung der Finsternisse heranzuziehen haben. Um aber nach zahlenmäßiger Festsetzung der für sie geltenden mittleren Zeiten und nach Berechnung der zu diesen Zeiten von dem Monde eingenommenen Örter, d. h. der *scheinbaren* bei den Konjunktionen und der *genauen* bei den Vollmonden[a], nach den Epochen des Mondes in Breite erstens die Syzygien, welche voraussichtlich überhaupt mit Finsternissen verbunden sind, und zweitens Größe und Dauer der Finsternisse bequem feststellen zu können, haben wir zur Erleichterung des erforderlichen Rechengeschäfts Tabellen aufgestellt: zwei für die Sonnenfinsternisse und zwei für die Mondfinsternisse, je für die größte und die kleinste Entfernung des Mondes. Die allmähliche Zunahme der Verfinsterungen haben wir nach Zwölfteln des verdunkelten Durchmessers eines jeden der beiden Lichtkörper vor sich gehen lassen.

I. Die Sonnenfinsternistabellen.

Die erste Tabelle, welche die Finsternisgrenzen bei der *größten* Entfernung des Mondes umfaßt, werden wir in 25 Zeilen zu 4 Spalten aufstellen.

Die ersten beiden Spalten werden für jede Verfinsterung den *scheinbaren* Ort des Mondes in Breite auf dem schiefen Kreise enthalten. Da der Sonnendurchmesser (vgl S. 305, 25) {Ha 41 Hei 50}

a) Weil bei den Konjunktionen oder Sonnenfinsternissen die für den Standpunkt des Beobachters geltenden, von der Parallaxe beeinflußten (daher *scheinbaren*) Örter des Mondes inbetracht kommen, bei den Vollmonden oder zentralen Mondfinsternissen die geozentrischen, d. i dem Sonnenorte *genau* diametral gegenüberliegenden Örter des Mondes. Vgl. S. 194, 5.

$0^0 31' 20''$ beträgt, und der Monddurchmesser in der größten Entfernung (S. 309, 11) ebenfalls zu $0^0 31' 20''$ nachgewiesen wurde, so wird der Mond mit der Sonne erstmalig in Berührung treten, wenn das scheinbare Mondzentrum auf dem durch beide Mittelpunkte gehenden größten Kreis [a] von dem Sonnenzentrum (die Summe der beiden Halbmesser, d. i.) $0^0 31' 20''$ Abstand hat und auf dem schiefen Kreise von dem Knoten in dem früher (S. 355, 4) dargelegten Verhältnis von $11^1/_2 : 1$ 6^0 entfernt ist.[b] Demnach werden wir in der ersten Zeile $(90^0 - 6^0 =)\ 84^0$ in die erste Spalte und $(270^0 + 6^0 =)\ 276^0$ in die zweite Spalte setzen, ferner in der letzten Zeile $(90^0 + 6^0 =)\ 96^0$ in die erste und $(270^0 - 6^0 =)\ 264^0$ in die zweite Spalte. Da auf ein Zwölftel des Sonnendurchmessers ungefähr 30 Sechzigteile von einem (der sechs) Grade des schiefen Kreises entfallen, so werden wir die Zahlen in diesen beiden ersten Spalten auf folgende Weise fortschreiten lassen: in der ersten Spalte werden wir sie von oben abwärts um $0^0 30'$ zunehmen und von unten aufwärts abnehmen lassen bis zur mittelsten Zeile, während wir sie in der zweiten Spalte um denselben Betrag umgekehrt von oben abwärts bis zur mittelsten Zeile abnehmen und von unten aufwärts bis dahin zunehmen lassen; denn in die Mitte werden wir (die Knoten selbst mit) 90^0 und 270^0 setzen.

Die dritte Spalte wird die Größen der Verfinsterungen enthalten, d. h. wir setzen in die erste und in die letzte Zeile dieser Spalte als den Betrag der Berührung 0 und in die nach unten oder nach oben folgende Zeile die Zahl 1, indem wir $^1/_{12}$ des Durchmessers einem Zoll gleichsetzen; dann in die übrigen Zeilen unter Zunahme um je einen Zoll die Zahlen 2, 3, 4 usw. bis zur mittelsten Zeile, in welcher sich
Hei 501 durch Begegnung (von oben und von unten) die Zahl 12 einstellen wird.

---

a) Das ist nach S. 351, 2 und 352, 3 der durch die Pole des schiefen Kreises des Mondes gezogene Kreis. Vgl jedoch S. 353, 22.

b) Bei 6^0 Entfernung findet nur Berührung statt, bei $5^1/_2{}^0$ Entfernung ist $^1/_{12}$ bedeckt, bei 5^0 $^2/_{12}$, bei $4^1/_2{}^0$ $^3/_{12}$ usw., bei 1^0 $^{10}/_{12}$, bei $^1/_2{}^0$ $^{11}/_{12}$, bei 0^0, d. i. im Knoten, $^{12}/_{12}$.

Die vierte Spalte wird die Laufstrecken angeben, die das Zentrum des Mondes in jeder Phase der Bedeckungen (s. S. 377, 3) zurücklegt, wobei jedoch die Weiterbewegung der Hu 411 Sonne und die weiteren Wirkungen der Parallaxen des Mondes noch nicht in Rechnung gezogen werden.

Die zweite Tabelle der Sonnenfinsternisse, welche die Finsternisgrenzen bei der kleinsten Entfernung des Mondes umfaßt, werden wir im übrigen genau so wie die erste, aber zu 27 Zeilen und 4 Spalten einrichten, weil der Halbmesser des Mondes in der kleinsten Entfernung (S. 353, 6) in dem Maße, in welchem der Halbmesser der Sonne 0°15′40″ beträgt, zu 0°17′40″ nachgewiesen wurde.[a] Wenn der Mond mit der Sonne erstmalig in Berührung tritt, hat daher das scheinbare Mondzentrum von dem Sonnenzentrum einen Abstand von (0°17′40″ + 0°15′40″ =) 0°33′20″ und ist von den Knoten auf dem schiefen Kreise 6°24′ entfernt. Somit kommen in die erste Zeile als Argumentzahlen der scheinbaren Breite (90° — 6°24′ =) 83°36′ und (270° + 6°24′ =) 276°24′, in die letzte (90° + 6°24′ =) 96°24′ und (270° — 6°24′ =) 263°36′ usw., als Zahl in die mittelste Zeile der Spalte für die Zolle nach Maßgabe der Differenz (der beiden Durchmesser) $12\frac{4}{5}$.[b] Nach dieser Zahl bestimmt sich auch die Laufstrecke des Verharrens (d. i. die längste Dauer der Totalität).

II. Die Mondfinsternistabellen.

Jede der beiden Mondtabellen werden wir zu 45 Zeilen Hei 50 und 5 Spalten aufstellen. In der ersten Tabelle werden wir die Argumentzahlen der Breite unter der Annahme ansetzen,

---

a) Infolgedessen ergibt sich im Knoten selbst eine fast 13zöllige zentrale Bedeckung und die zwölfzöllige tritt zweimal ein, einmal 24′ vor jedem Knoten und einmal 24′ nachher. Deshalb werden zwei Zeilen mehr erforderlich.

b) Die Differenz der Durchmesser beträgt 2 (17′40″ — 15′40″) = 4′, d. h. bei zentraler Bedeckung überragt allseitig die Mondscheibe um 2′ die Sonnenscheibe. Diese 4′ betragen, wenn man den Sonnendurchmesser gleich 12 Zoll und den Monddurchmesser gleich 60′ setzt, nach dem Verhältnis $4 : 60 = x : 12$, $\frac{48}{60} = \frac{4}{5}$ Zoll.

daß der Mond in seiner größten Entfernung steht. Der Halbmesser des Mondes wurde (S. 309, 24) bei der größten Entfernung mit $0^{0}15'40''$ und der des Schattens mit $0^{0}40'44''$ nachgewiesen. Wenn der Mond den Schatten erstmalig be-
Ha 412 rührt, hat demnach sein Zentrum von dem Schattenzentrum einen Abstand von $0^{0}56'24''$ und ist von den Knoten auf dem schiefen Kreise $10^{0}48'$ entfernt. Daher werden wir in die erste Zeile ($90^{0} - 10^{0}48' =$) $79^{0}12'$ und ($270^{0} + 10^{0}48' =$) $280^{0}48'$, in die letzte ($90^{0} + 10^{0}48' =$) $100^{0}48'$ und ($270^{0} - 10^{0}48' =$) $259^{0}12'$ setzen. Endlich werden wir gerade wie in den ersten Tabellen die Ab- und Zunahme der Argumentzahlen um den auf $^{1}/_{12}$ des zurzeit (mit rund $30'$) angenommenen Monddurchmessers entfallenden Betrag von 30 Sechzigteilen (eines Grades des schiefen Kreises) vor sich gehen lassen.[a)]

In der *zweiten* Tabelle werden wir die Argumentzahlen der Breite unter der Annahme ansetzen, daß der Mond in seiner *kleinsten* Entfernung steht. Bei dieser Entfernung wurde (S. 353, 5) sein Halbmesser zu $0^{0}17'40''$ und der des Schattens zu $0^{0}45'56''$ nachgewiesen. Wenn der Mond den Schatten erstmalig berührt, dann hat sein Zentrum also
Hei 503 von dem Schattenzentrum wieder entsprechend einen Abstand von $1^{0}3'36''$ und ist von den Knoten auf dem schiefen Kreise $12^{0}12'$ entfernt. Daher setzen wir in die erste Zeile ($90^{0} - 12^{0}12' =$) $77^{0}48'$ und ($270^{0} + 12^{0}12' =$) $282^{0}12'$, in die letzte ($90^{0} + 12^{0}12' =$) $102^{0}12'$ und ($270^{0} - 12^{0}12' =$) $257^{0}48'$. Die Ab- und Zunahme der Argumentzahlen werden wir um den auf $^{1}/_{12}$ des nunmehr (mit rund $34'$) angenommenen Monddurchmessers entfallenden Betrag von 34 Sechzigteilen (eines Grades des schiefen Kreises) vor sich gehen lassen.[a)]

Die dritten Spalten (beider Mondtabellen) werden in demselben Sinne wie in den Sonnentabellen die Einträge für

---

a) Je nachdem der Mond um seinen Durchmesser, d. i. im ersten Falle um $30'$, im zweiten um $34'$, dem Knoten näher rückt, wird er je $^{1}/_{12}$ des jeweiligen Durchmessers oder 1 Zoll tiefer in den Schatten eindringen.

die Zolle enthalten. Gleicherweise (für Sonnen- und Mondtabellen geltend) werden die folgenden (vierten) Spalten für jede Phase der Verfinsterungen, d. h. sowohl für die Phase Ha 41 des Eintritts als für die Phase des Wiedervollwerdens (d. i. des Austritts) die Laufstrecke des Mondes angeben, und hierüber noch (eine fünfte Spalte) die Laufstrecke in der halben Zeit des Verharrens (d. i. die halbe Dauer der Totalität).

III. Erklärung der beiden letzten Spalten.

Berechnet haben wir für jede Phase der Verfinsterungen die betreffenden Laufstrecken des Mondes auf dem Wege geometrischer Konstruktion. Dabei haben wir jedoch die Beweisführung derartig gehandhabt, als ob es sich um eine Ebene und um Gerade handelte, weil die Bogen bis zu einer so geringen Größe herab für die sinnliche Wahrnehmung von den sie unterspannenden Sehnen ganz unwesentlich verschieden sind. Ferner haben wir angenommen, daß zwischen dem Lauf des Mondes (in Breite) auf dem schiefen Kreise und dem theoretisch auf die Ekliptik bezogenen Lauf (in Länge) kein beträchtlicher Unterschied sei. Es wird ja wohl niemand annehmen, daß wir nicht gewußt hätten, daß im großen ganzen für den Lauf des Mondes in Länge allerdings ein Unterschied herauskommt, wenn man die Bogen des schiefen Kreises anstatt der Ekliptikbogen verwendet. Ebenso sind wir uns bewußt, daß es nicht richtig ist anzunehmen, daß die Zeiten der Syzygien unterschiedslos dieselben seien Hei 50 wie die Zeiten der Finsternismitten.

Wenn wir nämlich von dem Knoten A aus zwei gleichgroße Bogen AB und AΓ der betreffenden Kreise abtragen und dann die Verbindungslinie BΓ und von B aus unter rechten Winkeln zu AΓ die Gerade BΔ ziehen, so wird ohne weiteres folgendes klar sein. Es sei zunächst in B der Mond angenommen. Verwenden wir den Ekliptikbogen AΓ anstatt des Bogens AΔ, so wird, weil der auf die Ekliptik bezogene Lauf

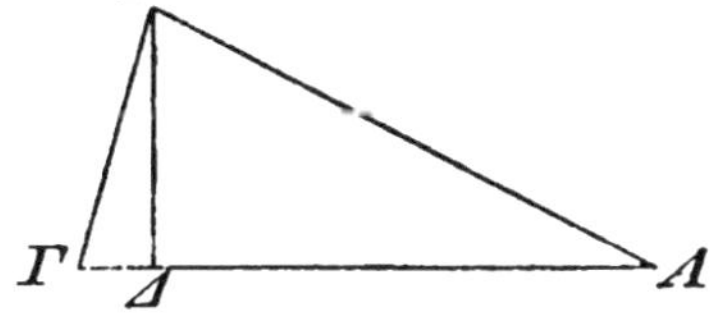

theoretisch nach den durch die Pole der Ekliptik gehenden (Breiten-) Kreisen bemessen wird, der infolge der Neigung des Mondkreises eintretende Unterschied die Strecke ΓΔ aus-
Ha 414 machen. Denkt man sich dagegen die Sonne oder das Schattenzentrum in B, so wird bei dem unbeträchtlichen Unterschied der Kreise die Zeit der Syzygie sein, wenn der Mond nach Punkt Γ gekommen ist, während die Zeit der Finsternismitte sein wird, wenn er nach Punkt Δ gekommen ist, weil die Zeiten der Finsternismitten theoretisch nach den durch die Pole des Mondkreises gehenden Kreisen bemessen werden. Mithin wird die Zeit der Syzygie von der Zeit der Finsternismitte um den Bogen ΓΔ differieren.[49]

Hei 505 Der Grund, welcher uns bestimmt, bei der speziellen Behandlung des Gegenstandes nicht auch diese Bogen mit in Rechnung zu ziehen, ist der, daß ihre Unterschiede klein und kaum bemerkbar sind. Auch meinen wir, daß es zwar unverantwortlich wäre, von solchen Verhältnissen keine Ahnung zu haben, daß aber zur Förderung äußerster Knappheit bei der Kleinarbeit methodischer Beweisführungen das absichtliche Ignorieren eines so minimalen Betrags — wie ja gleichgeringe Differenzen, die sich zwischen den Hypothesen und den Beobachtungen selbst einstellen, von der Theorie ruhig übersehen werden können — zugunsten des Grundsatzes „je einfacher, desto praktischer" ganz bedeutend in die Wagschale fällt, während es für die Größe des Fehlers, der sich hinsichtlich der Erscheinungen etwa einstellt, entweder gar keine oder doch nur ganz geringe Bedeutung hat.

Was nun den der Strecke ΓΔ entsprechenden Bogen anbelangt, so finden wir ihn im allgemeinen nicht größer als 5 Sechzigteile eines Grades. Dieser Nachweis beruht nämlich auf demselben theoretischen Verfahren, mit dessen Hilfe wir die Unterschiede der Äquatorbogen gegen die Ekliptikbogen auf den durch die Pole des Äquators gehenden größten (Deklinations-) Kreisen (d. i. die Tabelle der Ekliptikschiefe) berechnet haben. Bei den Finsternissen aber finden wir diesen Bogen nicht größer als 2 Sechzigteile. Setzt
Ha 415 man nämlich die beiden Bogen AB und AΓ gleich 12^0 —

so weit erstrecken sich ja etwa (S. 376, 24) die Örter des Mondes bei den (Mond-) Finsternissen —, so ist in diesem Maße ΒΔ ohne merklichen Fehler gleich 1^{0}[a)] und deshalb ΑΔ etwa gleich $11^{0}58'$[b)]; als Rest bleibt (für ΓΔ) $0^{0}2'$, ein Betrag, der noch nicht einmal den 16ten Teil einer Äquinoktialstunde (oder $3^{3}/_{4}{}^{m}$) ausmacht.[c)] Mit einem so minimalen Betrag es peinlich genau zu nehmen, das dürfte mehr Sache des pedantischen Tüftlers als des wahrheitsliebenden Hei Forschers sein.

Aus diesen Gründen haben wir die zu bestimmenden Laufstrecken des Mondes bei den Verfinsterungen unter der Annahme behandelt, daß die (beiden) Kreise für die sinnliche Wahrnehmung keinerlei Differenz aufkommen lassen.[d)] Die zum Ziele führende Berechnung ist, wie wir wieder an einem oder zwei Beispielen erläutern wollen, von uns auf folgende Weise ausgeführt worden.

Punkt Α sei das Zentrum der Sonne oder des Schattens, und ΒΓΔ sei die statt des Bogens des Mondkreises genommene Sehne. Punkt Β sei als das Mondzentrum in dem Moment angenommen, wo der Mond im Heranrücken die Sonne oder den Schatten erstmalig berührt, Punkt Δ als das Mondzentrum in dem Moment, wo die Berührung im Wegrücken stattfindet. Man ziehe die Verbindungslinien ΑΒ, ΑΔ und fälle von Α auf ΒΔ das Lot ΑΓ.

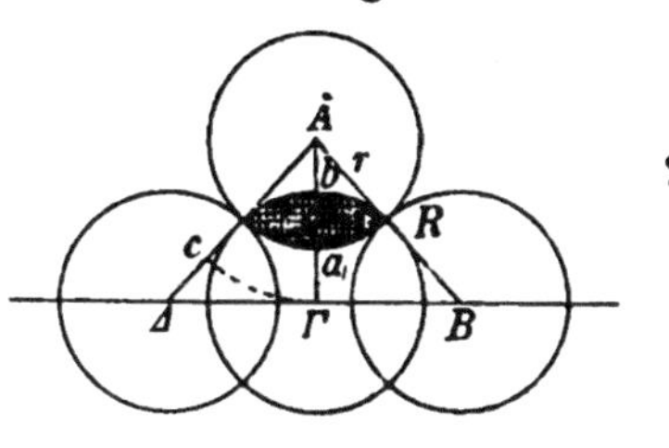

Daß in dem Moment, wo das Mondzentrum nach Γ gelangt, die Zeit der Finsternismitte ist und zugleich das Maximum

a) $1^{0}3'$ bei $(90^{0}-12^{0}=)\,78^{0}$ Entfernung vom nördlichen Grenzpunkt nach der 7ten Spalte der Tabelle der Gesamtanomalie des Mondes S. 286; übrigens ist die Abweichung von dem Verhältnis $1:11^{1}/_{2}$ zu bemerken. Vgl. S. 355, 4.

b) Weil $A\Delta^{2}=AB^{2}-B\Delta^{2}$, d. i. $A\Delta=\sqrt{144^{0}-1^{0}}$.

c) Weil der Mond in der Stunde noch 56″ mehr als $2\times16'$ $=32'$ zurücklegt.

d) Insofern die in Betracht kommenden Strecken ΑΒ und ΑΓ als gleichgroß angenommen werden.

der Verfinsterung eintritt, geht erstens daraus hervor, daß $\mathrm{A}\mathrm{B}$ gleich $\mathrm{A}\Delta$ und deshalb auch die Laufstrecke $\mathrm{B}\Gamma$ gleich der Laufstrecke $\Gamma\Delta$ ist; zweitens daraus, daß $\mathrm{A}\Gamma$ (als Normale) kleiner ist als alle Geraden, welche auf der Strecke $\mathrm{B}\Delta$ als Verbindungslinien der beiden Mittelpunkte gezogen werden können. Ferner ist klar, daß AB sowohl wie $\mathrm{A}\Delta$
Ha 416 gleich der Summe der Halbmesser des Mondes und der Sonne oder des Schattens ist, und daß $\mathrm{A}\Gamma$ um den von der Verfinsterung abgegrenzten Teil des Durchmessers des verfinsterten Körpers kleiner ist als jede dieser beiden Geraden.[a]

Hei 507 A. Unter Voraussetzung dieser Verhältnisse soll beispielshalber die Verfinsterung 3 Zoll betragen, und A sei zunächst als das Zentrum der Sonne angenommen.

1. Wenn der Mond in der größten Entfernung steht, ist

$$\begin{aligned} &\mathrm{AB} = 31'20'', \quad \mathrm{AB}^2 = 981'47'' \\ &\mathrm{A}\Gamma = \mathrm{AB} - \tfrac{1}{4}\,\text{Sonnenbreite} = 31'20'' - 7'50'' \\ &\mathrm{A}\Gamma = 23'30'', \quad \mathrm{A}\Gamma^2 = 552'15'' \\ \hline &\mathrm{B}\Gamma^2 = \mathrm{AB}^2 - \mathrm{A}\Gamma^2 = 429'32'' \\ &\mathrm{B}\Gamma = 20'43''. \end{aligned}$$

Diesen Betrag werden wir in der ersten Tabelle der Sonnenfinsternisse in die vierte Spalte zu „3 Zoll“ setzen.

2. Bei der kleinsten Entfernung des Mondes (S. 375, 15) ist

$$\begin{aligned} &\mathrm{AB} = 33'20'', \quad \mathrm{AB}^2 = 1111'\ 7'' \\ &\mathrm{A}\Gamma = \mathrm{AB} - \tfrac{1}{4}\,\text{Sonnenbreite} = 33'20'' - 7'50'' \\ &\mathrm{A}\Gamma = 25'30'', \quad \mathrm{A}\Gamma^2 = 650'15'' \\ \hline &\mathrm{B}\Gamma^2 = \mathrm{AB}^2 - \mathrm{A}\Gamma^2 = 460'52'' \\ &\mathrm{B}\Gamma = 21'28''. \end{aligned}$$

Diesen Betrag werden wir in der zweiten Tabelle der Sonnenfinsternisse ebenfalls zu „3 Zoll“ in die vierte Spalte setzen.

---

a) Da im vorliegenden Beispiel $\mathrm{AB} = R + r$ und $\mathrm{A}\Gamma = R + \tfrac{1}{2}r$, so ist eben $\mathrm{A}\Gamma$ um $\tfrac{1}{2}r$, d. i. um den verfinsterten Teil ab des Durchmessers der Sonne kleiner.

B. Nun sei weiter Punkt A als das Zentrum des Schattens angenommen, und die Verfinsterung soll auch wieder $^1/_4$ des Monddurchmessers betragen.

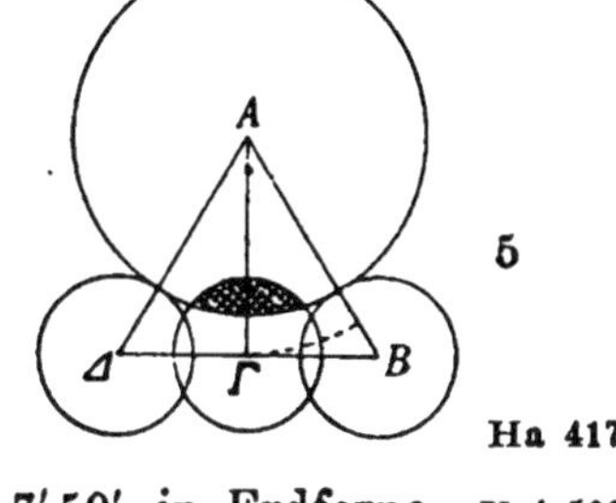

1. Bei der größten Entfernung des Mondes (S. 376, 3) ist

$AB = 56'24''$ $AB^2 = 3180'58''$ Ha 417

$A\Gamma = AB - {}^1/_4$ Mondbreite $= 56'24'' - 7'50'$ in Erdferne Hei 508

$A\Gamma = 48'34''$, $A\Gamma^2 = 2358'43''$

$B\Gamma^2 = AB^2 + A\Gamma^2 = 822'15''$

$B\Gamma = 28'21''$.

Diesen Betrag werden wir in der ersten Tabelle der Mondfinsternisse zu „3 Zoll" in die vierte Spalte setzen. Er gibt die Laufstrecke in der Phase des Eintritts an, der für die sinnliche Wahrnehmung gleich ist der Laufstrecke in der Phase des Austritts.

2. Bei der kleinsten Entfernung (S. 376, 19) ist

$AB = 63'36''$, $AB^2 = 4044'58''$

$A\Gamma = AB - {}^1/_4$ Mondbreite $= 63'36'' - 8'50''$ in Erdnähe

$A\Gamma = 54'46''$, $A\Gamma^2 = 2999'23''$

$B\Gamma^2 = AB^2 - A\Gamma^2 = 1045'35''$

$B\Gamma = 32'20''$.

Diesen Betrag werden wir in der zweiten Tabelle der Mondfinsternisse gleichfalls wieder zu „3 Zoll" in die vierte Spalte setzen.

3. Was nun weiter die Mondfinsternisse anbelangt, welche eine Zeit des Verharrens (im Schatten, d. i. eine gewisse Dauer der Totalität) haben, so sei Punkt A das Schattenzentrum und

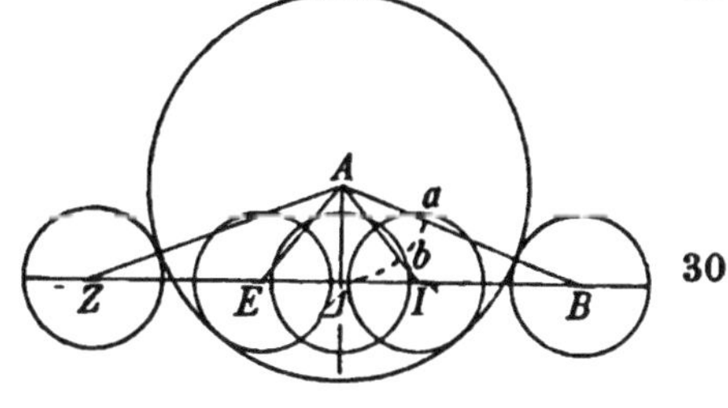

ΒΓΔΕΖ die anstatt des Bogens des schiefen Kreises des Hei 509 Mondes genommene Sehne. B sei als der Punkt angenommen,

in welchem das Mondzentrum in dem Moment sein wird, wo der Mond im Heranrücken begriffen erstmalig von außen
Ha 418 her den Schatten berührt, Γ als der Punkt, in welchem das Mondzentrum in dem Moment sein wird, wo der Mond erstmalig total verfinstert von innen den Kreis des Schattens berührt, E als der Punkt, in welchem das Mondzentrum in dem Moment sein wird, wo der Mond im Weiterrücken begriffen erstmalig von innen den Kreis des Schattens berührt, endlich Z als der Punkt, in welchem das Mondzentrum in dem Moment sein wird, wo der Mond im Austreten begriffen letztmalig von außen den Schatten berührt. Man fälle wieder von A auf BZ das Lot AΔ. Indem nun auch hier die oben (S. 380, 1—8) besprochenen Verhältnisse gültig bleiben[a)], leuchtet außerdem noch der Umstand ein, daß jede der beiden Geraden AΓ und AE die Differenz der Halbmesser von Schatten und Mond darstellt. Somit wird erstens die Laufstrecke ΓΔ gleich der Laufstrecke ΔE, von denen jede die halbe Dauer der Totalität ausdrückt, zweitens wird die (als Rest von BΔ — ΓΔ) übrigbleibende Laufstrecke BΓ in der Phase des Eintritts gleich der (anderseits als Rest von ΔZ — ΔE) übrigbleibenden Laufstrecke EZ in der Phase des Austritts.

Es soll nun eine Finsternis angenommen sein, bei welcher 15 Zoll des Mondes (in der Tabelle) angesetzt stehen, d. i.
Hei 510 eine solche, bei welcher das Mondzentrum Δ noch $1^1/_4$ Monddurchmesser (d. i. 15 Zoll) weiter innerhalb des nach Maßgabe der Finsternisgrenzen bestimmten Grenzpunktes steht, d. h. wenn AΔ um wie gesagt $1^1/_4$ Monddurchmesser (d. i. Ba) kleiner ist als jede der beiden Geraden AB und AZ, aber nur um $^1/_4$ Monddurchmesser (d. i. Γb) kleiner als jede der beiden Geraden AΓ und AE.

a) Wenn der Mond in seiner größten Entfernung steht, so ist, wie oben (S. 381, 7) bekanntgegeben,

$$AB = 56'24'', \quad AB^2 = 3180'58''$$

$$A\Gamma = AB - \text{Mondbreite} = 56'24'' - 31'20'' \text{ in Erdferne}$$

a) 1. $AZ = AB$, folglich $B\Delta = \Delta Z$; 2. $A\Delta < AZ$, AE etc 3. AZ und $AB = R + r$.

$A\Gamma = 25'\ 4''$, $A\Gamma^2 = 628'20''$ Ha 419
$A\Delta = AB - \frac{5}{4}$ Mondbreite $= 56'24'' - 39'10''$
$A\Delta = 17'14''$, $A\Delta^2 = 296'59''$
$B\Delta^2 (= AB^2 - A\Delta^2) = 2883'59''$
$\Gamma\Delta^2 (= A\Gamma^2 - A\Delta^2) = 331'21''$
$B\Delta = 53'42''$ und $\Gamma\Delta = 18'12''$
$B\Gamma = B\Delta - \Gamma\Delta = 35'30''$.

Wir werden demnach zu der Zahl „15 Zoll“ in der ersten Tabelle der Mondfinsternisse in die vierte Spalte als Betrag der Phase des Eintritts, welcher gleich ist dem Betrag der Phase des Austritts, 35′30″ setzen und in die fünfte Spalte als Betrag der halben Dauer der Totalität 18′12″.

b) Wenn der Mond in seiner kleinsten Entfernung steht, Hei 511
so ist, wie oben (S. 381, 18) bekanntgegeben,

$AB = 63'36''$, $AB^2 = 4044'58''$
$A\Gamma = AB -$ Mondbreite $= 63'36'' - 35'20''$ in Erdnähe
$A\Gamma = 28'16''$, $A\Gamma^2 = 799'\ 0''$
$A\Delta = AB - \frac{5}{4}$ Mondbreite $= 63'36'' - 44'10''$
$A\Delta = 19'26''$, $A\Delta^2 = 377'39''$
$B\Delta^2 (= AB^2 - A\Delta^2) = 3667'19''$
$\Gamma\Delta^2 (= A\Gamma^2 - A\Delta^2) = 421'21''$
$B\Delta = 60'34''$ und $\Gamma\Delta = 20'32''$
$B\Gamma = B\Delta - \Gamma\Delta = 40'2''$.

Wir werden also auch in der zweiten Tabelle der Mondfinsternisse zu der Zahl „15 Zoll“ in die vierte Spalte als Betrag der Phase des Eintritts, der wieder dem Betrag der Phase des Austritts gleich ist, 40′2″ setzen und in die Ha 420
fünfte Spalte als Betrag der halben Dauer der Totalität 20′32″.

IV. Erklärung der Korrektionstabelle.

Um auch bei den Stellungen des Mondes auf dem Epizykel, welche zwischen der größten und der kleinsten Entfernung liegen, den auf die jeweiligen Positionen (zwischen Apogeum und Perigeum des Epizykels) entfallenden Bruchteil der ganzen Differenz (zwischen größter und kleinster Entfernung,

vgl. S. 318 1) auf dem methodischen Wege der Rechnung mit Sechzigsteln bequem zu erzielen, so haben wir den vorstehend erklärten Tabellen eine weitere kleine Tabelle beigegeben, welche die Argumentzahlen des Laufs auf dem
Hei 512 Epizykel und die Sechzigstel enthält, welche auf die jeweiligen scheinbaren Differenzen entfallen, die sich aus den ersten und zweiten Finsternistabellen ergeben. Die Berechnung hat uns den Größenbetrag dieser Sechzigstel geliefert, wie er in der Parallaxentafel des Mondes in der siebenten Spalte steht[a], weil der Epizykel, wo es sich um die Syzygien handelt, in dem Apogeum des Exzenters anzunehmen ist.

V. Erklärung der Flächentabelle.

Weil die meisten Astronomen, die sich mit der Beobachtung der Finsternisphasen beschäftigen, als Maß für die Größe der Verfinsterungen nicht die Durchmesser der Kreise angeben, sondern in Bausch und Bogen den ganzen Flächenraum, den die Verfinsterungen einnehmen, indem nach dem bloßen Augenmaße die ganze sichtbare Fläche an sich gegen die nichtsichtbare vergleichsweise abgeschätzt wird, so haben wir diesen Tabellen noch eine kleine Tabelle zu 12 Zeilen und 3 Spalten hinzugefügt. In die erste dieser Spalten haben wir die 12 Zolle gesetzt in dem Sinne, daß jeder Zoll, wie schon in den Finsternistabellen selbst, dem zwölften Teile des Durchmessers eines jeden der beiden Lichtkörper entspreche, in die folgenden Spalten die auf sie entfallenden
Ha 421 Teile der ganzen Flächenräume, was auch wieder Zwölftel sind, und zwar in der zweiten Spalte Zwölftel (der Fläche) der Sonne, in der dritten Zwölftel (der Fläche) des Mondes. Berechnet haben wir diese Teilbeträge nur für die Größen (der Verfinsterungen), welche eintreten, wenn der Mond in seiner mittleren Entfernung steht; denn bei der unbedeutenden Ab- und Zunahme der Durchmesser bleibt das Ver-
Hei 513 hältnis (von Fläche zu Durchmesser) dasselbe wie 3 8′30″ : 1

a) Da die Argumentzahlen der Parallaxentafel für den Epizykel Doppelgrade waren, so stehen hier die gleichen Beträge bei den doppeltgroßen Argumentzahlen.

(oder $3^{17}/_{120} = 3{,}14166\ldots : 1$), was das Verhältnis des Kreisumfangs zum Durchmesser ist. Dieses Verhältnis liegt nämlich ohne beträchtlichen Fehler in der Mitte zwischen den Werten $3^1/_7$ (oder 3,14285) und $3^{10}/_{71}$ (oder 3,14084), welche Archimedes schlechthin[a)] nebeneinander angewendet hat.

A. Sonnenfinsternisse.

Es sei ΑΒΓΔ der Kreis der Sonne um das Zentrum Ε, ΑΖΓΗ der Kreis des Mondes in der mittleren Entfernung um das Zentrum Θ. Letzterer schneide den Kreis der Sonne in den Punkten Α und Γ. Man ziehe die Verbindungslinie ΒΕΘΗ und nehme an, daß der vierte Teil des Sonnendurchmessers verfinstert sei. Demnach kommen auf ΖΔ 3 solche Teile (p) wie ΒΔ 12 enthält (d. i. ΖΔ = $^1/_4$ ΒΔ). Der Durchmesser ΖΗ des Mondes beträgt somit nach dem Verhältnis (ΒΔ : ΖΗ =) $15'40'' : 16'40''$ ohne merklichen Fehler[b)] $12^1/_3{}^p$, und deshalb beläuft sich auch ΕΘ (d. i. $^1/_2$ ΒΔ + $^1/_2$ ΖΗ − ΖΔ) auf $9^1/_6{}^p$ (d. i. $6^p + 6^1/_6{}^p - 3^p$). Hei 51
Von den Kreisumfängen werden folglich unter Zugrundelegung des Verhältnisses $1 : 3\ 8'30''$ der Umfang der Sonne gleich $37^p 42'$, der des Mondes gleich $38^p 46'$.[c)] Desgleichen wird von den ganzen Flächenräumen — der Halbmesser mit Ha 42
dem Kreisumfang multipliziert gibt den doppelten Flächeninhalt des Kreises — der Flächeninhalt des Sonnenkreises gleich $113^{p^2} 6'$, der des Mondkreises gleich $119^{p^2} 32'$.

a) D. h., wie ich vermute: ohne das Mittel (3,14185) zu ziehen und zu verwenden, wie es Ptolemäus (mit 3,14166) anstrebt. Die Ludolfsche Zahl ist 3,14159.

b) Das genaue Verhältnis ist $15^2/_3 : 16^2/_3 = 12 : 12^{36}/_{47}$, also ΖΗ nahezu $12^3/_4$, mithin der Fehler recht merklich.

c) Die Multiplikation $12^1/_3{}^p \times 3^{17}/_{120}$ gibt knapp $38^p 45'$; indessen beruht (Z. 25) das Ergebnis $119^{p^2} 32'$ auf der Multiplikation $19^p 23' \times 6^1/_6{}^p$: es ist nicht der halbe Halbmesser mit dem Umfang, sondern der halbe Umfang mit dem Halbmesser multipliziert worden. Genau stimmt von vornherein für die Sonne die Rechnung: $3^{17}/_{120} \times 12^p = 37^p{,}7$, d. i. $37^p 42'$, und schließlich $\frac{37^p 42' \cdot 6^p}{2} = 113^{p^2} 6'$.

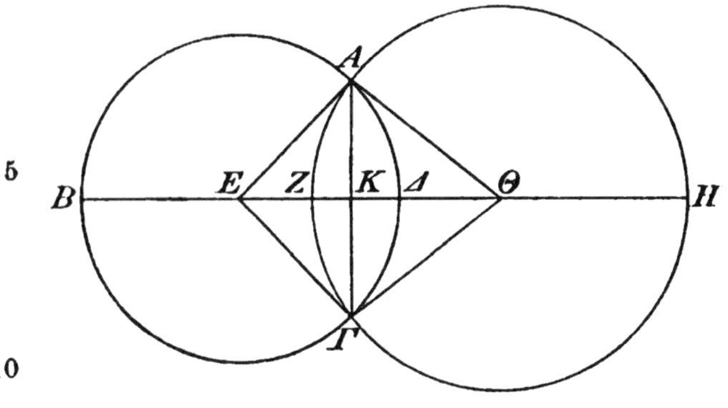

Unter Festhaltung dieser Verhältnisse sei uns demnach die Aufgabe gestellt zu finden: Wie groß ist der von ΑΔΓΖ begrenzte Flächenraum, wenn man den ganzen Flächenraum des Sonnenkreises gleich 12 setzt?

Man ziehe die Verbindungslinien ΑΕ, ΑΘ, ΓΕ, ΓΘ und außerdem die (zu der Verbindungslinie der Mittelpunkte nach Eukl. III. 3) senkrechte Gerade ΑΚΓ.

Da ΕΘ mit $9^p 10'$, ΑΕ und ΕΓ mit 6^p, ΑΘ und ΘΓ mit $6^p 10'$ gegeben und die Winkel bei Κ Rechte sind, so erhalten wir als Endergebnis (folgender Berechnung:

$$\mathrm{A\Theta}^2 - \mathrm{AK}^2 = \mathrm{K\Theta}^2$$
$$\underline{\mathrm{AE}^2 - \mathrm{AK}^2 = \mathrm{EK}^2}$$
$$\mathrm{A\Theta}^2 - \mathrm{AE}^2 = \mathrm{K\Theta}^2 - \mathrm{EK}^2$$
$$= [\mathrm{K\Theta} - \mathrm{EK}]\,[\mathrm{K\Theta} + \mathrm{EK}]$$
$$= [\mathrm{K\Theta} - \mathrm{EK}]\,\mathrm{E\Theta})$$

$$\frac{\mathrm{A\Theta}^2 - \mathrm{AE}^2}{\mathrm{E\Theta}} = \mathrm{K\Theta} - \mathrm{EK} \text{ d. i. } \frac{2^p\ 2'}{9^p\ 10'} = 0^p 13' 3''$$

$$\text{(Nun ist } \mathrm{E\Theta} = \underline{\mathrm{K\Theta} + \mathrm{EK} \qquad = 9^p 10'}$$
$$2\mathrm{K\Theta} = 9^p 23' 3'')$$
$$\mathrm{K\Theta} = 4^p 42'$$
$$\mathrm{EK} = \mathrm{E\Theta} - \mathrm{K\Theta} = 4^p 28'.$$

Demnach werden wir ΑΚ = ΚΓ (aus $\mathrm{AK}^2 = \mathrm{AE}^2 - \mathrm{EK}^2$
Hei 515 oder aus $\mathrm{K\Gamma}^2 = \mathrm{\Theta\Gamma}^2 - \mathrm{K\Theta}^2$) mit 4^p erhalten und somit den Flächeninhalt des △ ΑΕΓ mit (ΑΚ · ΕΚ =) $17^{p^2} 52'$, und den des △ ΑΘΓ mit (ΚΘ · ΚΓ =) $18^{p^2} 48'$.

Vorstehend haben wir (als Summe von ΑΚ + ΚΓ) gewonnen

$$\mathsf{A\Gamma} = \quad 8^{\mathrm{p}} \begin{cases} \text{wie } dm\ \mathsf{B\Delta} = 12^{\mathrm{p}}, \\ \text{wie } dm\ \mathsf{ZH} = 12^{\mathrm{p}}\,20'. \end{cases}$$

Setzt man $\mathsf{B\Delta} = 120^{\mathrm{p}}$, so wird $\mathsf{A\Gamma} = 80^{\mathrm{p}}$.

Setzt man $\mathsf{ZH} = 120^{\mathrm{p}}$, so wird $\mathsf{A\Gamma} = 77^{\mathrm{p}}\,50'$.

$$\text{Mithin} \begin{cases} b\ \mathsf{A\Delta\Gamma} = 83^{0}\,37' \text{ wie } \bigcirc\ \mathsf{AB\Gamma\Delta} = 360^{0}; \\ b\ \mathsf{AZ\Gamma} = 80^{0}\,52' \text{ wie } \bigcirc\ \mathsf{AZ\Gamma H} = 360^{0}. \end{cases}$$ Ha 42

Nun verhalten sich die Kreise zu den Bogen wie die Kreisflächen zu den Flächen der von den Bogen überspannten Sektoren. Wir werden daher erhalten (nach den Verhältnissen $83^{0}\,37' : 360^{0}$ und $80^{0}\,52' : 360^{0}$)

$$skt\ \mathsf{AE\Gamma\Delta} = 26^{\mathrm{p}^2}\,16' \text{ wie } krfl\ \mathsf{AB\Gamma\Delta} = 113^{\mathrm{p}^2}\ 6'$$
$$skt\ \mathsf{A\Theta\Gamma Z} = 26^{\mathrm{p}^2}\,51' \text{ wie } krfl\ \mathsf{AZ\Gamma H} = 119^{\mathrm{p}^2}\,32'$$
$$\left.\begin{matrix} \triangle\ \mathsf{AE\Gamma} = 17^{\mathrm{p}^2}\,52' \\ \triangle\ \mathsf{A\Theta\Gamma} = 18^{\mathrm{p}^2}\,48' \end{matrix}\right\} \text{ in demselben Maße}$$

$$skt\ \mathsf{AE\Gamma\Delta} - \triangle\ \mathsf{AE\Gamma} \text{ d. i. } sgm\ \mathsf{A\Delta\Gamma K} = 8^{\mathrm{p}^2}\,24'.$$
$$skt\ \mathsf{A\Theta\Gamma Z} - \triangle\ \mathsf{A\Theta\Gamma} \text{ d. i. } sgm\ \mathsf{AZ\Gamma K} = 8^{\mathrm{p}^2}\ 3'.$$

Mithin $fl\ \mathsf{AZ\Gamma\Delta} = 16^{\mathrm{p}^2}\,27'$ wie $krfl\ \mathsf{AB\Gamma\Delta} = 113^{\mathrm{p}^2}\ 6'$.

Setzt man $krfl\ \mathsf{AB\Gamma\Delta} = 12$,
so wird $fl\ \mathsf{AZ\Gamma\Delta} = 1\,{}^{3}\!/_{4}$ ohne beträchtlichen Fehler. Hei 51

Diesen Betrag der von der Verfinsterung eingenommenen Fläche werden wir in unserer Flächentabelle zu der Zeile, in welcher „3 Zoll" steht, in die zweite Spalte setzen.

B. Mondfinsternisse.

An derselben Figur sei $\mathsf{AB\Gamma\Delta}$ als der Kreis des Mondes und $\mathsf{AZ\Gamma H}$ als der des Schattens in der mittleren Entfernung angenommen. Die Finsternis soll gleichfalls ein Viertel des Monddurchmessers betragen. Demnach ist $\mathsf{Z\Delta}$, der verfinsterte Teil des Durchmessers, gleich 3^{p}, wie der Durchmesser $\mathsf{B\Delta}$ gleich 12^{p} ist. Der Schattendurchmesser ZH beträgt

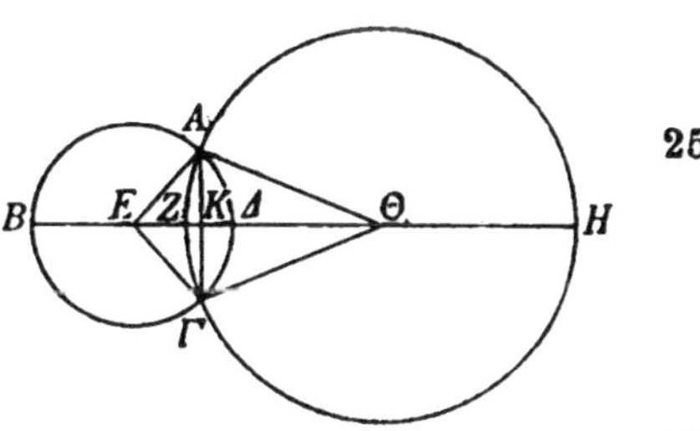

somit $31^p\,12'$, entsprechend dem Verhältnis $1:2^3/_5$ (S. 309,24),
Ha 424 und deshalb beläuft sich auch $\mathsf{EK\Theta}$ (d i. $^1/_2\mathsf{B\Delta} + {}^1/_2\mathsf{ZH} - \mathsf{Z\Delta}$) auf $18^p36'$ (d. i. $6^p + 15^p36' - 3^p$). Von den Kreisumrängen wird folglich wieder (S. 385,21) der des Mondkreises gleich $37^p42'$, der des Schattenkreises gleich $98^p1'$, von den Flächen die des Mondkreises gleich $113^{p^2}6'$, die des Schattenkreises gleich $764^{p^2}32'$.[a)]

Da auch hier $\mathsf{E\Theta}$ mit $18^p36'$, AE und $\mathsf{E\Gamma}$ mit 6^p, $\mathsf{A\Theta}$ und $\mathsf{\Theta\Gamma}$ mit $15^p36'$ gegeben sind, so erhalten wir wieder

$$\frac{\mathsf{A\Theta}^2 - \mathsf{AE}^2}{\mathsf{E\Theta}} = \mathsf{K\Theta} - \mathsf{EK} = 11^p8',$$

Hei 517 folglich $\mathsf{EK} = 3^p44'$ u. $\mathsf{K\Theta} = 14^p52'$, AK u. $\mathsf{K\Gamma} = 4^p42'$.

Demnach $\triangle\,\mathsf{AE\Gamma} = 17^{p^2}33'$, $\triangle\,\mathsf{A\Theta\Gamma} = 69^{p^2}52'$.

Ferner ist $\mathsf{A\Gamma} = 9^p24'$ $\begin{cases}\text{wie } dm\,\mathsf{B\Delta} = 12^p,\\ \text{wie } dm\,\mathsf{ZH} = 31^p12'.\end{cases}$

Setzt man $\mathsf{B\Delta} = 120^p$, so wird $\mathsf{A\Gamma} = 94^p$.

Setzt man $\mathsf{ZH} = 120^p$, so wird $\mathsf{A\Gamma} = 36^p9'$.

Mithin $\begin{cases} b\,\mathsf{A\Delta\Gamma} = 103^\circ 8' \text{ wie } \bigcirc\mathsf{AB\Gamma\Delta} = 360^\circ,\\ b\,\mathsf{AZ\Gamma} = 35^\circ 4' \text{ wie } \bigcirc\mathsf{AZ\Gamma H} = 360^\circ.\end{cases}$

Ha 425

Aus dem (S 387,6) angeführten Grunde erhalten wir ferner

$skt\,\mathsf{AE\Gamma\Delta} = 32^{p^2}24'$ wie $krfl\,\mathsf{AB\Gamma\Delta} = 113^{p^2}\,6'$,
$skt\,\mathsf{A\Theta\Gamma Z} = 74^{p^2}28'$ wie $krfl\,\mathsf{AZ\Gamma H} = 764^{p^2}32'$.

Nun war $\left.\begin{cases}\triangle\,\mathsf{AE\Gamma} = 17^{p^2}33'\\ \triangle\,\mathsf{A\Theta\Gamma} = 69^{p^2}52'\end{cases}\right\}$ in demselben Maße.

Folglich $\begin{cases} skt\,\mathsf{AE\Gamma\Delta} - \triangle\,\mathsf{AE\Gamma} \text{ d. i. } sgm\,\mathsf{A\Delta\Gamma K} = 14^{p^2}51',\\ skt\,\mathsf{A\Theta\Gamma Z} - \triangle\,\mathsf{A\Theta\Gamma} \text{ d. i. } sgm\,\mathsf{AZ\Gamma K} = 4^{p^2}36'.\end{cases}$

Hei 518 Mithin $fl\,\mathsf{AZ\Gamma\Delta} = 19^{p^2}27'$ wie $krfl\,\mathsf{AB\Gamma\Delta} = 113^{p^2}\,6'$.

Setzt man $krfl\,\mathsf{AB\Gamma\Delta} = 12$,
so wird $fl\,\mathsf{AZ\Gamma\Delta} = 2^1/_{15}$ ohne beträchtlichen Fehler.

---

a) Die Multiplikation $31^p12' \times 3\,^{17}/_{120}$ gibt $98^p\,^1/_{50}$; indessen beruht das Ergebnis $764^{p^2}32'$ auf dem Ansatz $\frac{98^p1' \cdot 15^p36'}{2}$, d i. Umfang mal Halbmesser durch 2.

Diesen Betrag der von der Verfinsterung eingenommenen Fläche werden wir in der nämlichen Tabelle zu der Zeile, in welcher „3 Zoll“ steht, in die dritte für den Mond geltende Spalte setzen.

Achtes Kapitel.

Finsternistabellen.

I. Tabellen der Sonnenfinsternisse { Ha 426 Hel 519

bei

größter Entfernung kleinster Entfernung

des Mondes.

1	2	3	4	1	2	3	4
Argumentzahlen der Breite		Zolle	Dauer des Ein- und Austritts	Argumentzahlen der Breite		Zolle	Dauer des Ein- und Austritts
84° 0′	276° 0′	0	0′ 0″	83°36′	276°24′	0	0′ 0″
84 30	275 30	1	12 32	84 6	275 54	1	12 57
85 0	275 0	2	17 19	84 36	275 24	2	17 54
85 30	274 30	3	20 43	85 6	274 54	3	21 28
86 0	274 0	4	23 27	85 36	274 24	4	24 14
86 30	273 30	5	25 38	86 6	273 54	5	26 27
87 0	273 0	6	27 8	86 36	273 24	6	28 16
87 30	272 30	7	28 29	87 6	272 54	7	29 45
88 0	272 0	8	29 32	87 36	272 24	8	30 55
88 30	271 30	9	30 20	88 6	271 54	9	31 51
89 0	271 0	10	30 54	88 36	271 24	10	32 33
89 30	270 30	11	31 13	89 6	270 54	11	33 1
90 0	270 0	12	31 20	89 36	270 24	12	33 16
90 30	269 30	11	31 13	90 0	270 0	12 1/5	33 22
91 0	269 0	10	30 54	90 24	269 36	12	33 16
91 30	268 30	9	30 20	90 54	269 6	11	33 1
92 0	268 0	8	29 32	91 24	268 36	10	32 33
92 30	267 30	7	28 29	91 54	268 6	9	31 51
93 0	267 0	6	27 8	92 24	267 36	8	30 55
93 30	266 30	5	25 38	92 54	267 6	7	29 45
94 0	266 0	4	23 27	93 24	266 36	6	28 16
94 30	265 30	3	20 43	93 54	266 6	5	26 27
95 0	265 0	2	17 19	94 24	265 36	4	24 14
95 30	264 30	1	12 32	94 54	265 6	3	21 28
96 0	264 0	0	0 0	95 24	264 36	2	17 54
				95 54	264 6	1	12 57
				96 24	263 36	0	0 0

II Tabellen der Mondfinsternisse

bei

größter Entfernung					kleinster Entfernung				
1	2	3	4	5	1	2	3	4	5
Argumentzahlen der Breite		Zolle	Dauer d. Aus- u. Eintritts	Halbe Dauer der Totalität	Argumentzahlen der Breite		Zolle	Dauer d. Aus- u. Eintritts	Halbe Dauer der Totalität
79°12′	280°48′	0	0′ 0′		77°48′	282°12′	0	0′ 0″	
79 42	280 18	1	16 59		78 22	281 38	1	19 9	
80 12	279 48	2	23 43		78 56	281 4	2	26 45	
80 42	279 18	3	28 41		79 30	280 30	3	32 20	
81 12	278 48	4	32 42		80 4	279 56	4	36 53	
81 42	278 18	5	36 6		80 38	279 22	5	40 42	
82 12	277 48	6	39 1		81 12	278 48	6	43 59	
82 42	277 18	7	41 34		81 46	278 14	7	46 53	
83 12	276 48	8	43 50		82 20	277 40	8	49 25	
83 42	276 18	9	45 48		82 54	277 6	9	51 40	
84 12	275 48	10	47 35		83 28	276 32	10	53 39	
84 42	275 18	11	49 9		84 2	275 58	11	55 25	
85 12	274 48	12	50 31		84 36	275 24	12	56 59	
85 42	274 18	13	40 35	11′ 9″	85 10	274 50	13	45 47	12′34″
86 12	273 48	14	37 28	15 20	85 44	274 16	14	42 15	17 17
86 42	273 18	15	35 30	18 12	86 18	273 42	15	40 2	20 32
87 12	272 48	16	34 6	20 22	86 52	273 8	16	38 28	22 58
87 42	272 18	17	33 7	22 0	87 26	272 34	17	37 20	24 49
88 12	271 48	18	32 23	23 14	88 0	272 0	18	36 37	26 1
88 42	271 18	19	31 51	24 8	88 34	271 26	19	35 55	27 13
89 12	270 48	20	31 32	24 43	89 8	270 52	20	35 34	27 42
89 42	270 18	21	31 22	25 1	89 42	270 18	21	35 22	28 12
90 0	270 0	zentral	31 20	25 4	90 0	270 0	zentral	35 20	28 6
90 18	269 42	21	31 22	25 1	90 18	269 42	21	35 22	28 12
90 48	269 12	20	31 32	24 43	90 52	269 8	20	35 34	27 42
91 18	268 42	19	31 51	24 8	91 26	268 34	19	35 55	27 13
91 48	268 12	18	32 23	23 14	92 0	268 0	18	36 37	26 1
92 18	267 42	17	33 7	22 0	92 34	267 26	17	37 20	24 49
92 48	267 12	16	34 6	20 22	93 8	266 52	16	38 28	22 58
93 18	266 42	15	35 30	18 12	93 42	266 18	15	40 2	20 32
93 48	266 12	14	37 28	15 20	94 16	265 44	14	42 15	17 17
94 18	265 42	13	40 35	11 9	94 50	265 10	13	45 47	12 34
94 48	265 12	12	50 31		95 24	264 36	12	56 59	
95 18	264 42	11	49 9		95 58	264 2	11	55 25	
95 48	264 12	10	47 35		96 32	263 28	10	53 39	
96 18	263 42	9	45 48		97 6	262 54	9	51 40	
96 48	263 12	8	43 50		97 40	262 20	8	49 25	
97 18	262 42	7	41 34		98 14	261 46	7	46 53	
97 48	262 12	6	39 1		98 48	261 12	6	43 59	
98 18	261 42	5	36 6		99 22	260 38	5	40 42	
98 48	261 12	4	32 42		99 56	260 4	4	36 53	
99 18	260 42	3	28 41		100 30	259 30	3	32 20	
99 48	260 12	2	23 43		101 4	258 56	2	26 45	
100 18	259 42	1	16 59		101 38	258 22	1	19 9	
100 48	259 12	0	0 0		102 12	257 48	0	0 0	

Korrektionstabelle.

Argumentzahlen der Anomalie		Sechzigstel der Unterschiede	Argumentzahlen der Anomalie		Sechzigstel der Unterschiede
6°	354°	0′ 21″	96°	264°	31′ 48″
12	348	0 42	102	258	34 54
18	342	1 42	108	252	38 0
24	336	2 42	114	246	41 0
30	330	4 1	120	240	44 0
36	324	5 21	126	234	46 45
42	318	7 18	132	228	49 30
48	312	9 15	138	222	51 39
54	306	11 37	144	216	53 48
60	300	14 0	150	210	55 32
66	294	16 48	156	204	57 15
72	288	19 36	162	198	58 18
78	282	22 36	168	192	59 21
84	276	25 36	174	186	59 41
90	270	28 42	180	180	60 0

Flächentabelle.

Zolle	Quadratzolle		Zolle	Quadratzolle	
	der Sonne	des Mondes		der Sonne	des Mondes
1	$\frac{1}{3}$	$\frac{1}{2}$	7	$5\frac{5}{6}$	$6\frac{3}{4}$
2	1	$1\frac{1}{6}$	8	7	8
3	$1\frac{3}{4}$	$2\frac{1}{15}$	9	$8\frac{1}{3}$	$9\frac{1}{6}$
4	$2\frac{2}{3}$	$3\frac{1}{6}$	10	$9\frac{2}{3}$	$10\frac{1}{3}$
5	$3\frac{2}{3}$	$4\frac{1}{3}$	11	$10\frac{5}{6}$	$11\frac{1}{3}$
6	$4\frac{2}{3}$	$5\frac{1}{2}$	12	12	12

Neuntes Kapitel.

Berechnung von Mondfinsternissen.

Ha 431 Hei 523 Nachdem vorstehende Erklärungen vorausgeschickt worden sind, werden wir die Berechnung der Mondfinsternisse auf folgende Weise vornehmen. Zunächst stellen wir für den Vollmond, dem die Untersuchung gilt, nach der in Alexandria für die mittlere Syzygie geltenden Stunde erstens die Zahl der Grade der sogenannten Anomalie von dem Apogeum des Epizykels ab fest, zweitens die Zahl der Grade der Breite von dem nördlichen Grenzpunkt ab.[50]

Hierauf gehen wir nach Anbringung der Anomaliedifferenz[a] zuerst mit der Zahl der Breite in die Tabellen der Mondfinsternisse ein. Fällt sie in das Bereich der Argumentzahlen der ersten zwei Spalten, so werden wir uns die Beträge, welche bei der Zahl der Breite nach jeder der beiden Tabellen in den Spalten für die Laufstrecken und in den Spalten für die Zolle stehen, getrennt für sich notieren. Dann gehen wir mit der Zahl der Anomalie in die Korrektionstabelle ein, nehmen soviele Sechzigstel, als bei ihr stehen, von der Differenz der aus beiden Tabellen notierten Zolle (der dritten) und Gradteile (der vierten Spalte) und addieren den erhaltenen Bruchteil zu den aus der ersten Tabelle entnommenen Beträgen. Wenn jedoch der Fall vorliegt, daß die Zahl der Breite nur in das Bereich der zweiten Tabelle fällt[b], so nehmen wir die (in der Korrektionstabelle) ge-
Hei 524 fundenen Sechzigstel von den Zollen und den Gradteilen,

---

a) Weil die Argumentzahlen der Finsternistabellen die scheinbaren Mondörter angeben.

b) Dies wird der Fall sein, wenn die Anomaliezahl genau 180° beträgt, d. h. wenn der Mond im Perigeum des Epizykels, mithin in der kleinsten Entfernung steht, für welche die zweite Tabelle bestimmt ist. Die in der Korrektionstabelle bei 180° stehenden $^{60}/_{60}$ bedeuten, daß die Zahlen für Zolle und Gradteile voll zu nehmen sind, wie sie die zweite Tabelle bietet.

welche nur in dieser Tabelle stehen, und werden sagen: Ha 432 die Verfinsterung wird zur Zeit der Finsternismitte so viele Zwölftel des Monddurchmessers betragen, als wir gefunden haben, daß bei der vorgenommenen Korrektion Zolle herausgekommen sind. Zu den Sechzigsteln (der Gradteile) aber, welche sich bei der nämlichen Korrektion ergeben haben, addieren wir in jedem Falle ein Zwölftel davon für das Stück, welches die Sonne sich weiterbewegt, und dividieren mit der zurzeit geltenden stündlichen ungleichförmigen Bewegung des Mondes (vgl. S. 348, 3). In dem Quotienten erhalten wir den Betrag an Äquinoktialstunden für die Dauer der einzelnen Phasen der Finsternis: aus der vierten Spalte ergibt sich je für sich die Dauer des Eintritts und die Dauer des Austritts, und aus der fünften die halbe Dauer der Totalität. Ohne weiteres ergibt sich ferner die Stundenepoche (d. i. Tageszeit) für den Anfang des Eintritts, wenn wir von der Zeit der Mitte der Totalität, welche ohne beträchtlichen Fehler (vgl. S. 378, 11) die Zeit des genauen Vollmonds ist[a], die für die Dauer des Eintritts und die halbe Totalitätsdauer gefundenen Beträge abziehen, endlich die Stundenepoche für das Ende des Austritts, wenn wir die für die Dauer des Austritts und die halbe Totalitätsdauer gefundenen Beträge zu der Zeit der Mitte der Totalität addieren. Ebenfalls ohne weiteres finden wir dadurch, daß wir mit den Zwölfteln des Durchmessers in die letzte kleine Tabelle eingehen, aus den Ansätzen der dritten Spalte die Zwölftel der ganzen Flächen [wie die für die Sonne aus den Ansätzen der zweiten Spalte].[b]

Es versteht sich von selbst, daß nicht in allen Fällen die Hei 525 Zeit vom Beginn der Finsternis bis zur Mitte gleich ist der Zeit von der Mitte bis zum Zeitpunkt des Endes. Der Grund liegt in der Anomalie der Sonne und des Mondes, infolge welcher die gleichgroßen Strecken in ungleichen Zeiten zurückgelegt werden. Für die sinnliche Wahrnehmung dürfte Ha 433

a) Diese Zeit muß nach der Vollmondstabelle bereits festgestellt sein.

b) Offenbar ein nicht hergehöriger Zusatz.

indessen die Annahme, daß diese Zeiten nicht ungleich sind, keinen beträchtlichen Fehler hinsichtlich der Erscheinungen im Gefolge haben; denn selbst wenn Sonne und Mond sich in den Stellen des mittleren Laufs befinden, wo sich die Differenzen hinsichtlich der Zunahme (ihrer Geschwindigkeiten) stärker geltend machen, verursacht der Lauf, welcher sich auf so wenige Stunden beschränkt, wie auf die Gesamtzeit einer totalen Finsternis entfallen, absolut keine bemerkbare Differenz in dem Unterschied (der beiden vor und nach der Mitte liegenden Zeiten).

Daß wir richtig herausgefunden haben, daß der von Hipparch nachgewiesene Umlauf des Mondes in Breite mit einem Fehler behaftet ist, insofern nach seiner Annahme der in der Zwischenzeit der von ihm behandelten Finsternisse erreichte Überschuß sich als zu klein erwies, während der nach unserer Berechnung (S. 240, 23) festgestellte größer ist, läßt sich aus der Nachprüfung desselben Materials unschwer erkennen.

Hipparch wählte nämlich zu dem Nachweis des Umlaufs in Breite zwei Mondfinsternisse, welche innerhalb 7160 synodischer Monate stattgefunden haben. Bei beiden war in
Hei 526 derselben Position vom aufsteigenden Knoten ab[a] der vierte Teil des Monddurchmessers verfinstert. Die erste Finsternis ist im zweiten Jahre des Mardokempad (S. 241, 20 : 8. März 720 v. Chr.) beobachtet worden, die zweite im 37ten Jahre der dritten Kallippischen Periode (S. 351, 10 : 27. Januar 141 v. Chr.). Bei Verwendung dieser Finsternisse zum Nachweis der Wiederkehr betont er den Umstand, daß bei jeder derselbe Lauf in Breite glatt ausgeglichen vorliege, insofern die erste Finsternis stattgefunden habe, als der Mond genau im Apogeum[b] des Epizykels stand, und die zweite, als er

---

a) Bei der ersten Finsternis lag (S. 243, 19) der mittlere Ort des Mondes in Breite 10°34′ über den aufsteigenden Knoten hinaus, bei der zweiten ergibt die Nachprüfung 280°45′ mittlere Breite. Folglich ist (S. 351, 28) 280° 36′ die genaue Zahl.

b) Nach S 242, 22 betrug die Entfernung 12°24′ über das Apogeum hinaus mit der Anomaliedifferenz 0°59′.

genau im Perigeum stand; aus diesem Grunde sei, wie er wenigstens meinte, keine Differenz infolge der Anomalie Ha 434
eingetreten. Gerade hierin liegen aber die Fehler, die er macht.

Erstens trat infolge der Anomalie eine ziemlich beträchtliche Differenz ein, insofern bei beiden Finsternissen die gleichförmige Bewegung (in Länge und Breite) nicht um den gleichen Betrag größer gefunden wird als die genaue, sondern bei der ersten (im Apogeum) ohne merklichen Fehler um 1^0, bei der zweiten (im Perigeum) um $^1/_8{}^0$ größer[a)], so daß demgemäß an dem Umlauf in Breite zur ganzen Wiederkehr ($1^0 - {}^1/_8{}^0 =$) $^7/_8{}^0$ von solchen Graden fehlen, wie der schiefe Kreis deren 360 hat[b)].

Zweitens hat er auch den infolge der (wechselnden) Entfernungen des Mondes eintretenden Unterschied in der Größe der Verfinsterungen nicht mit in Rechnung gezogen, der bei diesen Finsternissen gerade das Maximum erreicht haben mußte, weil die erste stattgefunden hat, als der Mond in seiner größten Entfernung stand, die zweite, als er in der Hei 527
kleinsten stand; denn die genau wieder ein Viertel betragende Verfinsterung mußte bei der ersten Finsternis in geringerer Entfernung ($9^0 18'$) von dem aufsteigenden Knoten erfolgen, bei der zweiten dagegen in größerer ($10^0 30'$). Den Differenzbetrag dieser Entfernungen haben wir (Tab. 1, Z. 4 u. Tab. 2, Z. 4 bei dreizölliger Finsternis) zu ($280^0 30' - 279^0 18' =$) $1^0 12'$ nachgewiesen. Daher muß, von dieser Seite betrachtet, der Umlauf in Breite nach Abzug ganzer Wiederkehren um diesen ansehnlichen Betrag zu groß sein.

Käme es nur auf den Betrag an, der sich auf Grund der Irrung an sich einstellt, so würde die periodische Wieder-

a) Nach S. 351, 26 betrug die Entfernung vom Apogeum $178^0 46'$; der Mond stand demnach $1^0 14'$ vor dem Perigeum, wozu die Anomaliedifferenz $0^0\,7'\,30''$, d. i. genau $^1/_8{}^0$ beträgt.

b) Von demselben genauen Ort aus liegt der gleichförmige der ersten Finsternis 1^0, der der zweiten $7'\,30''$ weiter vorwärts, was einen Fehlbetrag von $52'\,30''$ ergibt.

kehr in Breite um rund 2°, die sich aus beiden Fehlern summieren, fehlerhaft geworden sein, wenn zufällig *beide* Fehler die Differenz verminderten, oder *beide* sie vermehr-
Ha 435 ten. Da aber der erste Fehler die Wiederkehr *verkürzte*, während der zweite sie *vergrößerte*, so stellte sich nur dank einem günstigen Zufall, von dessen aufhebender Wirkung vielleicht auch Hipparch schon eine Ahnung hatte, das Ergebnis ein, daß der Überschuß der Wiederkehr nur um den dritten Teil eines Grades, d i. um die Differenz der beiden Fehler ($1^0 12' - 0^0 52' = 0^0 20'$) zu groß wurde.

Zehntes Kapitel.

Berechnung von Sonnenfinsternissen.

Die Feststellung der Mondfinsternisse dürfte sich, da sie sich auf die angegebenen Operationen beschränkt, mit gutem Erfolg durchführen lassen, sobald die Berechnungen genau
Hei 528 nach Vorschrift gehandhabt werden. Kompliziertor ist wegen der Parallaxen des Mondes die Berechnung der Sonnenfinsternisse, welche wir jetzt folgen lassen. Wir werden dieselbe auf folgende Weise vornehmen.

Zunächst stellen wir den für Alexandria geltenden Zeitpunkt der *genauen* Konjunktion nach der Zahl der Äquinoktialstunden *vor* oder *nach* Mittag (nach der Tabelle der Konjunktionen) fest. Falls die zugrundegelegte geographische Breite des Wohnortes, auf den die Untersuchung sich bezieht, eine andere ist, d. h. wenn dieser Ort nicht unter demselben Meridian wie Alexandria liegt, so addieren oder subtrahieren wir (vgl. S. 130, 3) den Unterschied in Länge, der sich zwischen den beiden Meridianen in den Äquinoktialstunden ausdrückt, und erfahren dadurch, wie viel Äquinoktialstunden *vor* oder *nach* Mittag auch an jenem Orte der Zeitpunkt der genauen Konjunktion eingetreten ist. Hierauf werden wir zuerst auch den Zeitpunkt der *scheinbaren* Konjunktion für die geographische Breite, der die Untersuchung gilt, zahlenmäßig feststellen, da er ohne beträchtlichen Fehler (vgl. S. 378, 11) mit der Finsternis-

mitte zusammenfallen wird. Wir gehen dabei von dem Verfahren aus, welches von uns in dem Kapitel von den Ha 436
Parallaxen (S. 324 f.) näher erklärt worden ist.

Wir bestimmen teils aus der Winkeltabelle, teils aus der Parallaxentafel, unter gehöriger Berücksichtigung erstens der geographischen Breite, zweitens des Stundenabstandes von dem Meridian, drittens des Teiles der Ekliptik, in welchem die Konjunktion stattfindet, endlich viertens mit Rücksicht auf die Entfernung des Mondes, zunächst diejenige Parallaxe des Mondes, welche auf dem durch Zenit und Mondzentrum gehenden größten (Höhen-) Kreise gemessen wird. Von dieser ziehen wir jedesmal die in derselben Zeile stehende Parallaxe der Sonne ab und berechnen aus dem Rest, wie (S. 325 f.) gezeigt worden ist, mit Hilfe des an Hei 529
dem Schnittpunkt der Ekliptik und des durch den Zenit gehenden größten (Höhen-) Kreises gefundenen Winkels den Betrag der Parallaxe, welche nur auf den Lauf in Länge entfällt. Zu ihr addieren wir jedesmal den Unterschied der weiterhin eintretenden Parallaxe, welcher auf die ihr entsprechenden Zeitgrade entfällt, d. h. die wieder allein auf die Längenparallaxe entfallenden Gradteile des Unterschieds der aus derselben Tafel zu entnehmenden Differenz zwischen den zwei Parallaxen, welche bei dem ersten Zenitabstand und bei dem mit dem Zusatz der Zeitgrade versehenen (d. i. um so viel später eintretenden) Zenitabstand angesetzt sind, wozu, wenn er wahrnehmbar ist, derjenige Teil von Gradteilen kommt, welcher schon von der ersten Parallaxe den Teilbetrag (der Längenparallaxe) ausmachte. Zu den so summierten Gradteilen der *ganzen* Längenparallaxe addieren wir nun wieder $^1/_{12}$ davon für das Stück, welches die Sonne sich weiterbewegt, und verwandeln die Summe dadurch in Äquinoktialstunden, daß wir in dieselbe mit der für die Zeit der Ha 437
Konjunktion geltenden stündlichen *ungleichförmigen* Bewegung des Mondes (vgl. S. 348, 3) dividieren.

Ist die Längenparallaxe in der Richtung der Zeichen wirksam — nach welchem Zahlenverhältnis der sich so äußernde Unterschied bestimmt wird, ist in einem früheren

Kapitel (S. 327, 11) gezeigt worden —, so subtrahieren wir die in Äquinoktialstunden verwandelten Gradteile von den Hei 530 für die genaue Zeit der Konjunktion schon vorher berechneten Graden des Mondes in Länge, Breite und Anomalie, und zwar wird jede Subtraktion für sich getrennt ausgeführt. Dadurch werden wir die *genauen* Örter des Mondes zur Zeit der scheinbaren Konjunktion erhalten und zugleich gefunden haben, um wieviel Stunden die scheinbare Konjunktion *vor* der genauen eintritt.

Ist dagegen die Längenparallaxe *gegen* die Richtung der Zeichen wirksam gefunden worden, so werden wir umgekehrt die betreffenden Gradteile zu den für die genaue Zeit der Konjunktion schon vorher berechneten Örtern in Länge, Breite und Anomalie addieren, und zwar zu jedem für sich, und werden somit die Stunden erhalten, um welche die scheinbare Konjunktion *später* als die genaue eintritt.

Nun stellen wir ferner nach dem für die scheinbare Konjunktion geltenden Stundenabstand von dem Meridian vermittels desselben Verfahrens fest, wie groß die Parallaxe des Mondes zunächst auf dem durch Mond und Zenit gehenden größten (Höhen-) Kreise ist, und ziehen von dem gefundenen Betrag die bei derselben Argumentzahl angegebene Parallaxe der Sonne ab. Aus dem Rest berechnen wir nun wieder nach dem im vorliegenden Fall am Schnittpunkt der Kreise Ha 438 gefundenen Winkel die auf dem zur Ekliptik senkrechten (Breiten-) Kreise eintretende *Breitenparallaxe* und verwandeln die sich ergebenden Gradteile durch Multiplikation mit 12 in die auf den schiefen Kreis entfallenden Grade.[a]

Hei 531 Äußert nun die Breitenparallaxe ihre Wirkung *nördlich* der Ekliptik, so werden wir, wenn der Mond in der Nähe des aufsteigenden Knotens steht (z. B. mit 275⁰ Lauf in Breite), die als Ergebnis erhaltenen Grade (des schiefen Kreises) zu dem für die Zeit der scheinbaren Konjunktion

a) Eine Erklärung dafür, daß die auf den schiefen Kreis entfallenden Grade das Zwölffache der Breitenparallaxe sein sollen, vermag ich nicht zu finden. Die Berechnung scheint mit dem S. 355, 4 erwähnten Verhältnis 1 : 11½ zusammenzuhängen.

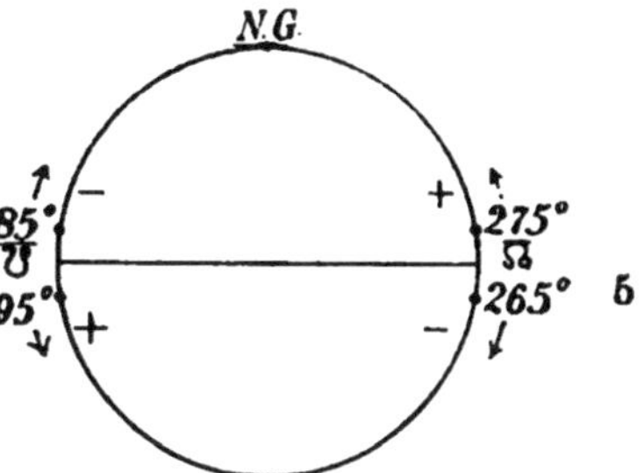

schon vorher berechneten Lauf in Breite addieren; steht er aber in der Nähe des niedersteigenden (z. B. mit 85⁰ Lauf in Breite), so werden wir sie subtrahieren.

Äußert dagegen die Breitenparallaxe ihre Wirkung südlich der Ekliptik, so werden wir umgekehrt, wenn der Mond in der Nähe des aufsteigenden Knotens steht (z. B. mit 265⁰ Lauf in Breite), die aus der Parallaxe erwachsenden Grade (des schiefen Kreises) von den für die Zeit der scheinbaren Konjunktion schon vorher berechneten Graden (des Laufs) der Breite abziehen, während wir sie in der Nähe des niedersteigenden Knotens (z. B. bei 95⁰ Lauf in Breite) addieren werden.

Auf diese Weise werden wir die zur Zeit der scheinbaren Konjunktion geltende Zahl der scheinbaren Breite[a] erhalten, mit welcher wir nunmehr in die Tabellen der Sonnenfinsternisse eingehen. Fällt sie in das Bereich der Argumentzahlen der beiden ersten Spalten, so werden wir sagen: es wird eine Sonnenfinsternis geben, deren Mitte ohne beträchtlichen Fehler mit der Zeit der scheinbaren Konjunktion zusammenfällt. Nachdem wir den Betrag der bei der Argumentzahl der scheinbaren Breite angegebenen Zolle und der Gradteile sowohl des Eintritts wie des Austritts aus jeder der beiden Tabellen getrennt für sich entnommen haben, gehen wir weiter mit der Zahl der Anomalie des Mondes, welche für die Zeit der scheinbaren Konjunktion die Entfernung von dem Apogeum (des Epizykels) angibt, in die Korrektionstabelle ein, nehmen die Ha 439
bei ihr stehenden Sechzigstel, so viele es sind, von der Differenz der für sich notierten Beträge und addieren den Bruchteil jedesmal zu den aus der ersten Tabelle entnommenen Be- Hei 532

a) D. i. die Zahl der Grade, durch welche die Entfernung des scheinbaren, d. i. des von der Parallaxe beeinflußten Mondortes von dem nördlichen Grenzpunkt angegeben wird, wie sie in den ersten Spalten der Tabellen für die Sonnenfinsternisse verzeichnet wird.

trägen. Dadurch werden wir die aus der so vorgenommenen Korrektion sich ergebenden Zolle erhalten, die angeben, bis auf wieviel Zwölftel des Sonnendurchmessers sich die Bedeckung ohne beträchtlichen Fehler zur Zeit der Finsternismitte erstrecken wird. Zu den Gradteilen der beiden Laufstrecken (des Eintritts und Austritts) aber addieren wir wieder das Zwölftel davon für das Stück, welches die Sonne sich weiterbewegt, und verwandeln die Summe nach Maßgabe der (stündlichen) ungleichförmigen Bewegung des Mondes in Äquinoktialstunden. In dem Ergebnis werden wir einerseits die Dauer des Eintritts, anderseits die Dauer des Austritts erhalten, jedoch unter der Voraussetzung, daß hinsichtlich dieser Zeiten keinerlei Differenz infolge der Parallaxen weiter hinzutritt.

Nun gibt es allerdings eine wahrnehmbare Ungleichheit hinsichtlich dieser Zeiten, und zwar infolge der Parallaxen des Mondes, nicht wegen der Anomalie der Lichtkörper. Da infolgedessen jede der beiden Zeiten für sich jedesmal größer ausfällt als die vorläufig angesetzten Beträge und in den meisten Fällen beide einander ungleich werden, so wollen wir auch diese Ungleichheit nicht unerörtert lassen, wenn sie zufälligerweise auch nur gering ist.

Der Eintritt dieser Erscheinung ist eine Folge davon, daß bei dem scheinbaren Lauf des Mondes infolge der Parallaxen jederzeit sozusagen der Schein einer rückläufigen Bewegung entsteht, als ob an ihm keine Eigenbewegung in der Richtung der Zeichen wahrgenommen würde. Wenn der Mond nämlich seinen scheinbaren Lauf vor dem Meridian verfolgt, so macht
Ha 440 er den Eindruck, indem er allmählich höher steigt und nach Osten zu eine immer kleinere (Längen-)Parallaxe bekommt
Hei 533 als die vorhergehende, als ob er den Fortschritt in der Richtung der Zeichen langsamer bewerkstelligte. Verfolgt er aber seinen Lauf jenseits des Meridians, so macht er den Eindruck, indem er allmählich wieder tiefer sinkt und nach Westen zu eine immer größere (Längen-)Parallaxe als die vorhergehende bekommt, als ob er ebenfalls wieder den Fortschritt in der Richtung der Zeichen langsamer bewerk-

stelligte. Deshalb werden also die obengenannten Zeiten jederzeit größer sein als die schlechthin ohne diese Rücksicht gewonnenen. Da aber in den Differenzen der Parallaxen ein immer größerer Unterschied wahrnehmbar wird, je näher am Meridian der Lauf sich vollzieht, so müssen auch die Zeiten der Finsternisse, je näher am Meridian, um so langsamer verlaufen.

Aus diesem Grunde wird nur dann, wenn die Zeit der Finsternismitte genau auf die Mittagstunde fällt, die Zeit des Eintritts der Zeit des Austritts gleich sein, da in diesem Falle auch der infolge der Parallaxe eintretende Schein der Rückläufigkeit (des Mondes) auf beiden Seiten (des Meridians) nahezu die gleiche Größe erreicht. Fällt aber die Zeit der Finsternismitte vor Mittag, so wird die Zeit des Austritts, weil sie dem Meridian näher liegt, größer werden, fällt sie nach Mittag, die Zeit des Eintritts, weil dann diese dem Meridian näher liegt.

Um nun auch die in dieser Beziehung erforderliche Korrektion der Zeiten anzubringen, werden wir erstens auf die (S. 400, 10) mitgeteilte Weise die vor dieser Korrektion Hei 534
sich ergebende Zeit der beiden in Frage stehenden Laufstrecken feststellen, und zweitens den zur Zeit der Finsternismitte Ha 441
stattfindenden Zenitabstand.

Es betrage beispielshalber jede der beiden Zeiten eine Äquinoktialstunde, und der Zenitabstand sei gleich 75°. Demnach werden wir in der Parallaxentafel die bei der Argumentzahl 75 stehenden Sechzigteile der Parallaxe aufsuchen, beispielshalber unter der Annahme, daß der Mond in seiner größten Entfernung stehe, für welche die in der dritten Spalte angesetzten Zahlen zu nehmen sind. Da finden wir, daß auf 75° der Betrag 52′ entfällt. Da nun die Zeit des Eintritts und des Austritts, theoretisch im Mittel genommen, nach Annahme je eine Äquinoktialstunde von 15 Äquatorgraden beträgt, so ziehen wir letztere von 75° Zenitabstand ab und finden für den Rest 60° die in derselben (dritten) Spalte stehenden Sechzigteile der Parallaxe mit 47′. Mithin beträgt das westliche Voraussein infolge der Parallaxe

für den am Meridian gelegenen mittleren Lauf (des Eintritts) (52′ — 47′ =) 5′. Addieren wir aber die (15) Äquatorgrade zu 75⁰, so finden wir für die Summe 90⁰ in derselben Spalte als Betrag der ganzen Parallaxe 53′ 30″. Mithin beträgt auch hier das westliche Voraussein für den am Horizont liegenden Lauf (des Austritts) (53′ 30″ — 52′ =) 1′ 30″. Von den gefundenen Differenzen (5′ und 1′ 30″) nehmen wir nun
Hei 535 die auf die Länge entfallenden Beträge und verwandeln jeden derselben, wie (S. 348, 20) mitgeteilt ist, nach der ungleichförmigen Bewegung des Mondes in einen Bruchteil der Äquinoktialstunde. Den beiderseits sich ergebenden Betrag
Ha 442 addieren wir nun zu jeder der beiden schlechthin im Mittel genommenen Zeiten des Eintritts und des Austritts in zugehöriger Weise, d. h. den größeren Betrag zu der Zeit für die näher am Meridian liegende Laufstrecke, den kleineren zu der Zeit für die näher am Horizont liegende. Wie man sieht, haben sich als Differenz der vorher angesetzten Zeiten (5′ — 1′ 30″ =) 3′ 30″ (Raum-)Minuten herausgestellt, welche etwa dem 9ten Teile einer Äquinoktialstunde (d. i. $6\frac{2}{3}^{m}$) entsprechen, insofern in dieser Zeit der Mond (bei der stündlichen mittleren Bewegung in Länge von 32′ 56″) diese 3′ 30″ in mittlerer Bewegung zurücklegen wird. Es erübrigt nur noch sofort auch die Äquinoktialstunden, wenn wir wollen, auf dem in dem vorbereitenden Teil unseres Handbuches (S. 98, 32) mitgeteilten Wege für jeden Meridianabstand in die entsprechenden bürgerlichen Stunden zu verwandeln.

Elftes Kapitel.

Die bei den Finsternissen gebildeten Positionswinkel.

Unsere weitere Aufgabe ist, die bei den Finsternissen gebildeten Positionswinkel in Betracht zu ziehen. Die Untersuchung dieses Gegenstandes hat ihr Augenmerk erstens auf die von den Verfinsterungen selbst mit der Ekliptik gebildeten Positionswinkel zu richten, zweitens auf die von der Ekliptik ihrerseits mit dem Horizont gebildeten.

Die eingehende Behandlung einer jeden dieser beiden Arten von Positionswinkeln würde für jede einzelne Phase der Finsternis die Rücksichtnahme auf einen überaus großen, ja schier unkontrollierbaren Wechsel hinsichtlich der Lagenveränderungen erheischen, wenn man auf die Positionswinkel, Hei 536 die während der ganzen Dauer eintreten können, eine höchst überflüssige Mühe verwenden wollte; denn eine so weit gehende Voraussage ist durchaus nicht notwendig und hat auch gar keinen praktischen Wert. Da nämlich die Lage der Ekliptik Ha 443 zum Horizont theoretisch nach dem Horizontort ihrer auf- oder untergehenden Punkte betrachtet wird, so müssen, weil während der Dauer der Finsternis die auf- und untergehenden Teile der Ekliptik fortlaufend andere werden, auch die von ihnen mit dem Horizont gebildeten Schnittpunkte einer fortlaufenden Veränderung unterworfen sein. Da ferner die von den Verfinsterungen mit der Ekliptik selbst gebildeten Positionswinkel der Theorie nach auf dem durch die beiden Mittelpunkte des Mondes und des Schattens oder der Sonne gehenden größten Kreis beruhen, so muß wieder, weil das Mondzentrum während der Dauer der Finsternis weiterrückt, auch der durch die beiden Mittelpunkte gehende Kreis immer wieder eine andere Lage zur Ekliptik einnehmen und so die an den Schnittpunkten dieses Kreises mit der Ekliptik gebildeten Winkel fortlaufend ungleich machen.

Da nun die Untersuchung des Gegenstandes genügend ausfallen wird, wenn sie ausschließlich für die besonders charakteristischen Phasen der Verfinsterungen und nur nach allgemeiner Schätzung der theoretisch auf den Horizont bezogenen Bogen[a)] vorgenommen wird, so wird es möglich sein, wenn wir unser Augenmerk auf die betreffende Erscheinung richten, vermöge einer auf beide Arten der Positions- Hei 537 winkel eingehenden theoretischen Betrachtung die besonders

a) Es sind die Horizontbogen, welche vom Ost- und Westpunkt aus die Abstände der Punkte messen, in welchen die Teile der Ekliptik auf- und untergehen. Steht die Sonne in dem auf- oder untergehenden Grad der Ekliptik, so werden diese Abstände die Morgen- und Abendweiten der Sonne genannt.

günstig sich darbietenden Positionswinkel ohne weiteres zu taxieren. Denn eine, wie gesagt, auf allgemeiner Schätzung beruhende Bestimmung ist bei diesem Gegenstand ausreichend. Gleichwohl werden wir versuchen, um das Kapitel nicht übergangen zu haben, auch für die Inangriffnahme dieser Aufgabe einige möglichst leicht durchführbare Methoden mitzuteilen.

I. Als besonders charakteristische Phasen der Verfinsterungen haben auch wir angenommen:

Ha 444 1. Die erste Phase der Verfinsterung ($\angle BAE$), welche mit Beginn der Gesamtzeit der Finsternis eintritt.

2. Die letzte Phase der Verfinsterung ($\angle BA\Delta$), welche mit Beginn der Totalitätsdauer eintritt.

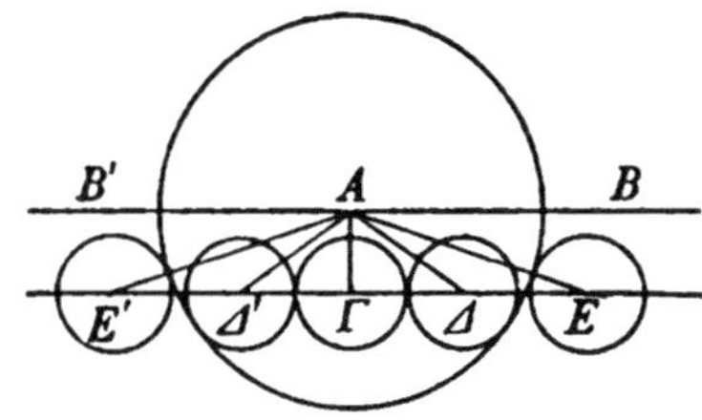

3. Die Phase des Maximums der Verfinsterung ($\angle BA\Gamma$), welche mit der Mitte der Totalitätsdauer eintritt.

4. Die erste Phase des Austritts ($\angle B'A\Delta'$), welche mit dem Ende der ganzen Totalitätsdauer eintritt.

5. Die letzte Phase des Austritts ($\angle B'AE'$), welche am Ende der Gesamtzeit der Finsternis eintritt.

II. Anderseits haben wir von den Positionswinkeln (im Horizont) als die selbstverständlichsten und bedeutsamsten diejenigen herangezogen, welche erstens von dem Meridian und zweitens in den Nachtgleichen-, Sommer- und Winterauf- und -untergängen von der Ekliptik gebildet werden, weil die (Bestimmung nach der) Herkunft der Winde[a] vielfach recht verschieden verstanden werden könnte, obgleich es, wenn man wollte, ganz gut möglich wäre, ihr nach den

a) Die von mir an der Kreisfigur als unwesentlich weggelassenen Namen der Winde sind: am Nachtgleichenaufgang ἀπηλιώτης, südlich davon εὖρος und εὐρόνοτος, nördlich davon καικίας und βορέας; am Nachtgleichenuntergang ζέφυρος, südlich davon λίψ und λιβόνοτος, nördlich davon ἰάπυξ und θρασκίας, an der Nord-Südlinie ἀπαρκτίας und νότος.

im Horizont gebildeten Winkeln einen nicht mißzuverstehenden Ausdruck zu verleihen.

A. Von den Schnittpunkten, welche im Horizont von dem Hei 538
Meridian gebildet werden, nennen wir

1. den nördlichen „Nordpunkt“,
2. den südlichen „Südpunkt“.

B. Von den Auf- und Untergangspunkten nennen wir

1. die von dem Anfang des Widders und dem Anfang der Scheren mit dem Horizont gebildeten Schnittpunkte, welche von den vom Meridian gebildeten Schnittpunkten unter allen Umständen den gleichen Abstand von 90^0 haben, „Nachtgleichenaufgang“ und „Nachtgleichenuntergang“;
2. die von dem Anfang des Krebses gebildeten Schnittpunkte „Sommeraufgang“ und „Sommeruntergang“;
3. die von dem Anfang des Steinbocks gebildeten Schnittpunkte „Winteraufgang“ und „Winteruntergang“.

Die Abstände der (vier) letzteren (von dem Nachtgleichenauf- und -untergang) ändern sich zwar mit der geographischen Breite, aber die Angabe der Positionswinkel fällt genügend aus, wenn sie nach irgend einer der oben bezeichneten Grenzen oder auch nach Zwischenpunkten innerhalb irgend zweier derselben gemacht wird.

Erklärung der Kreisfigur.

Um die jeweilige Lage der Ekliptik zum Horizont bestimmen zu können, haben wir nach dem in den ersten Büchern Ha 445
unseres Handbuchs (Buch II, Kap. 11) mitgeteilten Verfahren für die geographischen Breiten von Meroë bis zum Borysthenes, für welche wir auch die Winkeltabellen (Buch II, Kap. 13) aufgestellt haben, die Abstände berechnet, welche beiderseits der vom Äquator gebildeten Schnittpunkte (d. i. des Ost- und des Westpunktes) bei den Auf- und Untergängen der Anfänge jedes Zeichens im Horizont entstehen.[a]

---

a) Es sind die sog. Morgen- und Abendweiten, wenn die Sonne in den betreffenden Punkten der Ekliptik steht.

Anstatt eine Tabelle zu bieten, haben wir auf eine theoretisch leicht zu begreifende Weise um einen gemeinsamen Mittelpunkt acht Kreise gezogen, welche in der Ebene des
Hei 539 Horizonts zu denken sind und die Abstände der sieben Breitenzonen sowie deren Benennungen enthalten. Dann haben wir durch sämtliche Kreise zwei unter rechten Winkeln sich schneidende Gerade gezogen: die Querlinie stellt die gemeinsame Schnittlinie der Ebene des Horizonts und des Äquators (d. i. die Ostwestlinie) dar, die andere, welche erstere unter rechten Winkeln schneidet, die gemeinsame Schnittlinie der Ebenen des Horizonts und des Meridians (d. i. die Mittagslinie). An die am äußersten Kreise gelegenen Endpunkte der Querlinie haben wir „Nachtgleichenaufgang“ und „Nachtgleichenuntergang“ gesetzt, an die Endpunkte der sie unter rechten Winkeln schneidenden Linie „Nord“ und „Süd“. Desgleichen haben wir beiderseits der Nachtgleichenlinie in gleichem Abstand von derselben wieder durch sämtliche Kreise zwei Gerade gezogen und auch an diese in den sieben Zwischenräumen die auf dem Horizont gemessenen Äquatorabstände der Wendepunkte, wie sie für jede Breitenzone gefunden werden, in dem Maße gesetzt, in welchem der Quadrant gleich 90° ist. An die am inneren Kreise gelegenen Endpunkte dieser Linien haben wir einerseits auf der Süd-
Ha 446 seite „Winteraufgang“ und „Winteruntergang“, anderseits auf der Nordseite „Sommeraufgang“ und „Sommeruntergang“ gesetzt. Um die dazwischenliegenden Zeichen unterzubringen, haben wir innerhalb eines jeden der vier Intervalle noch zwei weitere Linien eingeordnet und auch an diese die auf dem Horizont gemessenen Äquatorabstände der betreffenden Zeichen dazugesetzt, während der Name eines jeden Zeichens an dem äußeren Kreise steht. Endlich haben wir, mit der Beischrift der das nördlichste Breitengebiet betreffenden Angaben an dem größten Kreise, der alle einschließt, beginnend, zu beiden Seiten der Mittagslinie (oben) die Be-
Hei 540 nennungen der Parallelkreise, (unten) die Dauer des längsten Tages in Äquinoktialstunden und die Polhöhen angegeben.

Erklärung der Tabelle.

Um aber auch die von den Verfinsterungen selbst mit der Ekliptik gebildeten scheinbaren[a)] Positionswinkel zur Verfügung zu haben, d. h. die Winkel, welche in jeder der besprochenen Phasen in der Ekliptik am Schnittpunkt mit dem durch die beiden in Betracht kommenden Mittelpunkte (von Mond und Sonne oder Schatten) gelegten größten Kreis gebildet werden, so haben wir auch diese für alle um je einen Zoll der Verfinsterung differierenden Örter des Mondes berechnet, indessen nur für die Örter — denn das genügt —, welche für die mittlere Entfernung gelten, und zwar unter der Annahme, daß die bei den Verfinsterungen in Betracht kommenden Bogen der Ekliptik und des schiefen Kreises des Mondes für die sinnliche Wahrnehmung parallel sind.

Beispielshalber sei wieder AB die anstatt des Ekliptikbogens genommene Gerade, auf welcher der Punkt A als das Zentrum der Sonne oder des Schattens angenommen sei. Die anstatt des Bogens des schiefen Kreises des Mondes genommene Gerade sei ΓΔE, und zwar sei Γ der Punkt, in welchem das
Zentrum des Mondes zur Zeit der Ha 44'
Finsternismitte steht, Δ der Punkt, in welchem sein Zentrum steht, wenn er erstmalig total verfinstert ist oder (Δ′) wieder
erstmalig klar zu werden beginnt, d. h. wenn er den Kreis Hei 54
des Schattens (nach dem Eintritt oder vor dem Austritt) von innen berührt, E endlich der Punkt, in welchem sein Zentrum steht, wenn er oder die Sonne erstmalig verfinstert zu werden beginnt oder (E′) in der letzten Phase des Wiederklarwerdens steht, d. h. wenn sich die Kreise (vor dem Eintritt oder nach dem Austritt) von außen berühren. Man ziehe die Verbindungslinien AΓ, AΔ, AE.

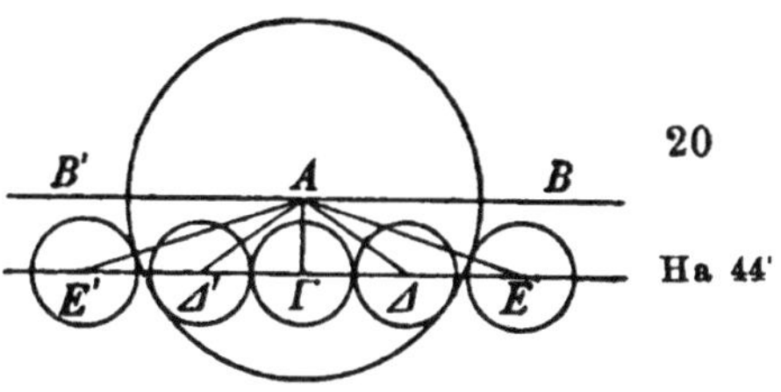

a) Weil es sich bei den Finsternissen um die scheinbaren, d. i. die von der Parallaxe beeinflußten genauen Örter der Lichtkörper handelt, nicht um die mittleren.

Daß die Winkel ΒΑΓ und ΑΓΕ, welche die Zeit der Finsternismitte bestimmen, für die sinnliche Wahrnehmung Rechte sind, daß ferner ∠ ΒΑΕ derjenige Winkel ist, welcher in der ersten Phase der Verfinsterung und auch in der letzten Phase des Austritts gebildet wird, endlich ∠ ΒΑΔ derjenige, welcher in der letzten Phase der Verfinsterung und auch in der ersten Phase des Austritts gebildet wird, bedarf keiner Erklärung. Ohne weiteres ist ferner klar, daß ΑΕ die Summe, ΑΔ die Differenz der Halbmesser der beiden Kreise ist.

A. Sonnenfinsternisse.

Beispielshalber sei eine Finsternis angenommen, bei welcher zur Zeit der Mitte die Hälfte des Sonnendurchmessers verfinstert wird. Punkt Α sei das Zentrum der Sonne, so daß in allen Fällen, weil die mittlere Entfernung des Mondes zugrunde gelegt ist, ΑΕ gleich ($0^p\,15'40'' + 0^p\,16'40'' =$) $0^p\,32'20''$ wird[a)], und als Rest nach Abzug des halben Sonnendurchmessers (d. i. $0^p\,15'40''$) ΑΓ gleich $0^p\,16'40''$.

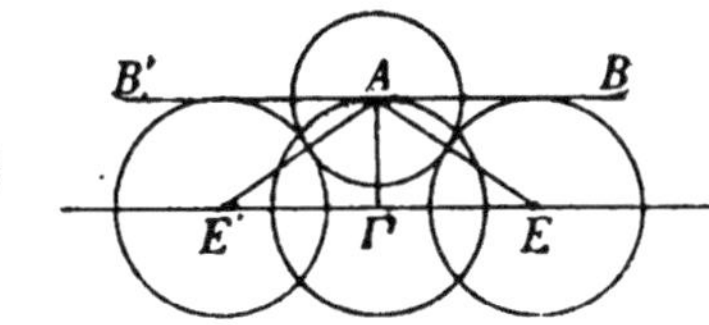

Bei der gegebenen Größe der Verfinsterung ist also

Hei 542 ΑΓ = $0^p\,16'40''$ wie h ΑΕ = $0^p\,32'20''$.

Setzt man h ΑΕ = 120^p, so wird ΑΓ = $61^p\,51'$,

also b ΑΓ = $62°2'$ wie ⊖ ΑΓΕ = $360°$;

Ha 448 mithin ∠ ΑΕΓ = $62°2'$ wie $2R = 360°$.

Da nun ∠ ΑΕΓ = ∠ ΒΑΕ, (Eukl. I. 29)

so ist auch ∠ ΒΑΕ = $62°2'$ wie $2R = 360°$,

= $31°1'$ wie $4R = 360°$.

B. Mondfinsternisse.

Es sei der Punkt Α das Schattenzentrum, so daß, da gleichfalls die mittlere Entfernung des Mondes zugrunde gelegt ist, ΑΕ gleich ($43'\,20'' + 16'\,40'' =$) $60'$ und ΑΔ gleich

a) 0^p ist zu setzen statt $0°$, weil anstatt der Bogen Gerade angenommen werden, d. h. der Sonnenhalbmesser als Sehne gleich dem Bogen $0°15'40''$ gesetzt wird.

(43′20″ — 16′40″ =) 26′40″ wird. Verfinstert sei der Mond in der Position, für welche 18 Zoll ($ac = 3\,a\Gamma$ d. i. $3r$) angesetzt sind. AΓ ist somit nochmals um die Hälfte des Monddurchmessers (d. i um 6 Zoll = 16′40″) kleiner als AΔ[a]; es verbleibt also als Rest

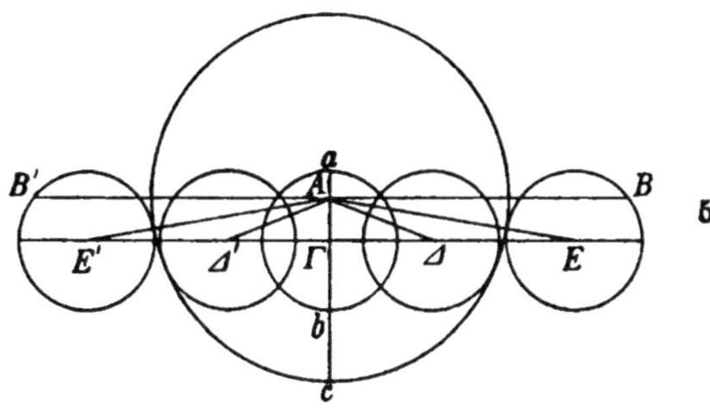

1.	$A\Gamma = 10'$	wie $AE = 60'$.
Setzt man	$h\,AE = 120^p$,	so wird $A\Gamma = 20^p$;
also	$b\,A\Gamma = 19°12'$	wie $\ominus A\Gamma E = 360°$;
mithin	$\angle AE\Gamma = 19°12'$	wie $2R = 360°$.
Da nun	$\angle AE\Gamma = \angle BAE$,	
so ist auch	$\angle BAE = 19°12'$	wie $2R = 360°$,
	$= 9°36'$	wie $4R = 360°$.

Es ist aber auch Hei 543

2.	$A\Gamma = 10'$	wie $A\Delta = 26'40''$.
Setzt man	$h\,A\Delta = 120^p$,	so wird $A\Gamma = 45^p$;
also	$b\,A\Gamma = 44°2'$	wie $\ominus A\Gamma\Delta = 360°$,
mithin	$\angle A\Delta\Gamma = 44°2'$	wie $2R = 360°$.
Da nun	$\angle A\Delta\Gamma = \angle BA\Delta$,	
so ist auch	$\angle BA\Delta = 44°2'$	wie $2R = 360°$,
	$= 22°1'$	wie $4R = 360°$.

Indem wir nun auf dieselbe Weise auch für die anderen Zollangaben die Größenbeträge der Winkel, die kleiner als der Rechte (BAΓ) sind, unter der Annahme bestimmten, daß ein Rechter gleich 90° sei, zu welchem Betrag auch der Quadrant des Horizonts angenommen ist, haben wir eine Tabelle von 22 Zeilen zu 4 Spalten aufgestellt. Die erste Spalte wird die gefundenen Zolle der nach dem Durchmesser Ha 449 bemessenen Verfinsterung an sich zur Zeit der Finsternis-

a) Da $bc = 6$ Zoll $= r$ und $Ac = R$, so ist $Ab = R - r$; nun ist auch $A\Delta = R - r$, folglich $Ab = A\Delta$. Da ferner $\Gamma b = r$, so ist $Ab - \Gamma b$ d. i. $A\Gamma = A\Delta - r$.

mitte enthalten, die zweite Spalte die (gleichgroßen) Winkel, welche bei den Sonnenfinsternissen einerseits ($\angle BAE$) in der ersten Phase der Verfinsterung, anderseits ($\angle B'AE'$) in der letzten Phase des Austritts gebildet werden, die dritte die Winkel, welche bei den Mondfinsternissen einerseits ($\angle BAE$) in der ersten Phase der Verfinsterung, anderseits ($\angle B'AE'$) in der letzten Phase des Austritts gebildet werden, die vierte endlich die Winkel, welche ebenfalls bei den Mondfinsternissen (und zwar den totalen) einerseits ($\angle BA\Delta$) in der letzten Phase der Verfinsterung, anderseits ($\angle B'A\Delta'$) in der ersten Phase des Austritts gebildet werden. Tabelle und Kreisfigur (am Ende des Bandes) gestalten sich folgendermaßen.

Zwölftes Kapitel.

Ha 449 Hei 544

Tabelle der Positionswinkel.

(S. 411.)

Dreizehntes Kapitel.

Bestimmung der (im Horizont gebildeten) Positionswinkel.

Ha 452 Hei 545

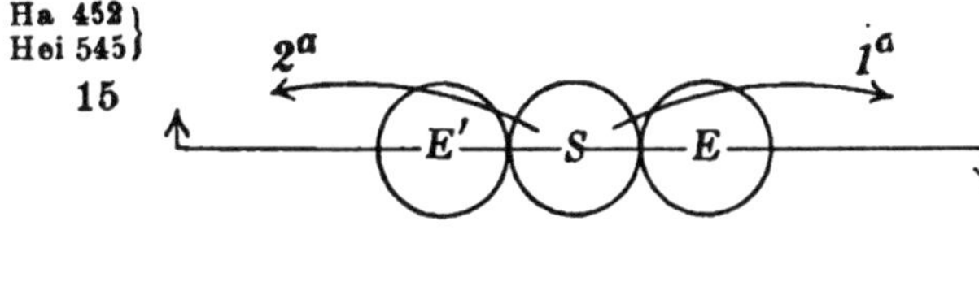

Es stehen also zur Verfügung:

1. auf die (S. 393, 15 u. 400, 10) angegebene Weise im voraus berechnet, die (in Äquinoktial- oder bürgerlichen Stunden des Tages oder der Nacht ausgedrückten) Zeiten einer jeden der hervorgehobenen Phasen;

2. aus den Zeiten begreiflicherweise (S. 99, 3) hervorgehend, die zurzeit auf- und untergehenden Teile der Ekliptik;

1	2	3	4
Zolle	Sonne Erste Phase der Verfinsterung und letzte des Austritts.	Mond Erste Phase der Verfinsterung und letzte des Austritts.	Mond Letzte Phase der Verfinsterung und erste des Austritts.
0	90° 0′	90° 0′	
1	66 50	72 30	
2	56 59	65 10	
3	49 16	59 27	
4	42 36	54 27	
5	36 35	50 14	
6	31 1	46 15	
7	25 46	42 31	
8	20 44	39 2	
9	15 51	35 42	
10	11 6	32 29	
11	6 25	29 23	
12	1 47	26 23	90° 0′
13		23 28	63 37
14		20 36	52 24
15		17 48	43 26
16		15 1	35 41
17		12 18	28 38
18		9 36	22 1
19		6 55	15 43
20		4 15	9 36
21		1 36	3 35

3. aus der Kreisfigur zu entnehmen, die Lage dieser auf- und untergehenden Teile im Horizont.[51]

I. Wenn das Zentrum des Mondes in der Ekliptik selbst steht — das scheinbare[a] bei den Sonnenfinsternissen, das genaue[b] bei den Mondfinsternissen —, so erhalten wir

---

a) Das durch die Parallaxe beeinflußte Zentrum des Mondes.

b) Das der genauen Sonne in der Ekliptik diametral gegenüberliegende Mondzentrum, was der Fall ist bei den zentralen Finsternissen, welche direkt in einem der Knotenpunkte stattfinden. Vgl. S. 194,17.

1. von der Lage des zurzeit untergehenden Ekliptikgrades im Horizont:

a) den Positionswinkel der Sonne in der ersten Phase (E) der Verfinsterung;

b) den Positionswinkel des Mondes sowohl in der letzten Phase der Verfinsterung (Δ), als auch in der letzten Phase des Austritts (E′);

2. von der Lage des aufgehenden Grades:

a) den Positionswinkel der Sonne in der letzten Phase des Austritts (E′);

b) den Positionswinkel des Mondes sowohl in der ersten Phase der Verfinsterung (E), als auch in der ersten Phase des Austritts (Δ′).

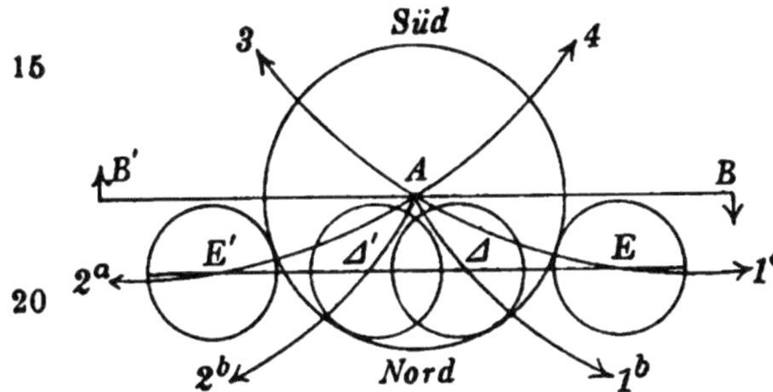

II. Wenn das Zentrum des Mondes nicht in der Ekliptik steht, so nehmen wir aus der Tabelle die zugehörigen bei dem Betrag der Zolle stehenden Winkelzahlen und tragen sie von den gemeinsamen Schnittpunkten des Horizonts und der Ekliptik aus ab:

A. wenn das Mondzentrum nördlich der Ekliptik steht:

1. nach Norden von dem Untergangsschnittpunkt:

a) für die erste Phase der Verfinsterung (E) der Sonne[a];

b) für die letzte Phase der Verfinsterung (Δ) des Mondes;

2. nach Norden von dem Aufgangsschnittpunkt:

Hei 546 a) für die letzte Phase des Austritts (E′) der Sonne;

Ha 453 b) für die erste Phase des Austritts (Δ′) des Mondes;

---

a) An der Figur gilt der Kreis des Schattens unter der nötigen Beschränkung zugleich für die Sonne.

3. nach Süden von dem Aufgangsschnittpunkt:
für die erste Phase der Verfinsterung (E) des Mondes;

4. nach Süden von dem Untergangsschnittpunkt:
für die letzte Phase des Austritts (E′) des Mondes.

B. Wenn das Mondzentrum südlich der Ekliptik steht, so ist die Abtragung vorzunehmen:

1. nach Süden von dem Untergangsschnittpunkt:
a) für die erste Phase der Verfinsterung (E) der Sonne;
b) für die letzte Phase der Verfinsterung (Δ) des Mondes;

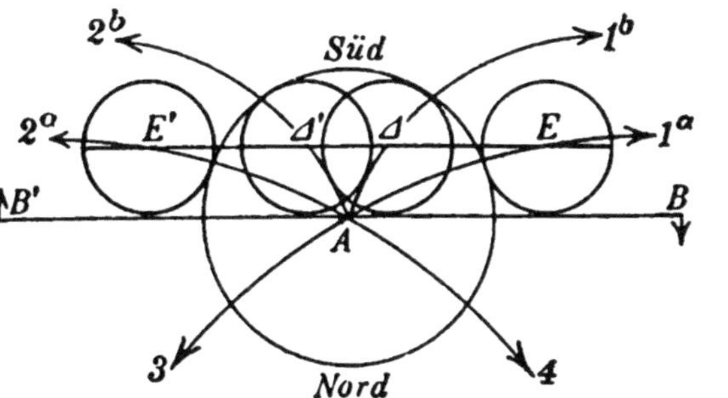

2. nach Süden von dem Aufgangsschnittpunkt:
a) für die letzte Phase des Austritts (E′) der Sonne;
b) für die erste Phase des Austritts (Δ′) des Mondes;

3. nach Norden von dem Aufgangsschnittpunkt:
für die erste Phase der Verfinsterung (E) des Mondes;

4. nach Norden von dem Untergangsschnittpunkt:
für die letzte Phase des Austritts (E′) des Mondes.

Somit erhalten wir aus dem nach Vorschrift durchgeführten Verfahren[52] diejenige Stelle des Horizonts, in welcher, wie gesagt nur nach allgemeiner Schätzung, der Positionswinkel gebildet wird, den die Stellen der Lichtkörper verursachen, in denen die erste und die letzte Phase (E und Δ) der Verfinsterung und die erste und die letzte (Δ′ und E′) des Austritts stattfinden.

Anhang.

Erläuternde Anmerkungen.

1) S. 10. 100. 349. Unter „Stunden, welche gleichweit von der Mittagstunde entfernt liegen“, sind Äquinoktialstunden zu verstehen, welche die **Ortszeit** zum Ausdruck bringen: „zwei Äquinoktialstunden vor der Mittagstunde“ entspricht 10 Uhr vormittags, „vier Äquinoktialstunden vor der Mitternachtstunde“ 8 Uhr abends. Da in einer Äquinoktialstunde 15 Äquatorgrade durch den Meridian gehen, so wird ein Unterschied in der Ortszeit von beispielsweise 4 Stunden einer auf dem Äquator gemessenen **räumlichen** Entfernung der betreffenden Orte von $4 \times 15 =$ 60 Graden entsprechen. Ein um diesen Betrag weiter **östlich** gelegener Ort wird eine 4 Stunden **spätere** Ortszeit haben, ein um denselben Betrag weiter **westlich** gelegener eine 4 Stunden **frühere**. Vgl. Anm. 18.

2) S. 11. Der griechische Text ist teils entstellt, teils lückenhaft. Zunächst muß (Hei. S. 16,4) *ἀλλ' ἢ* in *ἀλλὰ* geändert werden, worauf sich (2 Zeilen weiter) hinter *πᾶσιν* der Einschub *ἀεὶ φανερὰ καὶ* von selbst ergibt. Zur Erläuterung diene folgendes. Daß „die Seiten der ebenen Grundflächen der Walze nach den Weltpolen gerichtet“ sein sollen, kann zunächst nur so verstanden werden, daß die Längsachse der Walze, deren Mitte im Zentrum des Weltalls angenommen werden muß, mit der **Weltachse** zusammenfalle: dann treten für alle Bewohner der gekrümmten Oberfläche die Erscheinungen ein, welche auf der kugelförmigen Erde bei Sphaera recta, d. i. unter dem Äquator, stattfinden: alle Sterne gehen auf und unter, keiner bleibt immer sichtbar oder immer unsichtbar. Sobald aber von immerunsichtbaren Sternen (Hei. S. 16,7) die Rede ist, muß es auch immersichtbare geben, d. h. die Längsachse muß in der durch die Weltpole gehenden Ebene gegen die Weltachse **geneigt** angenommen werden. Steht infolgedessen z. B. der Nordpol **über** dem Horizont der Walze, während der Südpol **unter** ihm liegt, so treten für alle Bewohner der gekrümmten Oberfläche die Erscheinungen ein, welche auf der kugelförmigen Erde bei Sphaera obliqua für die gleiche Polhöhe stattfinden: die Sterne, welche vom Nordpol den gleichen Abstand haben, d. h. den Abstand von diesem Pol bis zum Nordpunkt des

Horizonts, werden von dem immersichtbaren Kreis umschlossen, welchem der immerunsichtbare um den Südpol entspricht. Aber ein wesentlicher Unterschied gegen die kugelförmige Erde wird sich bemerkbar machen: der immersichtbare Kreis wird nie größer werden, für keinen Ort werden weitere Sterne einerseits immer sichtbar, anderseits immer unsichtbar werden, weil die Polhöhe für alle Bewohner der Walze die gleiche ist und stets unveränderlich bleibt. Je weiter man dagegen auf der kugelförmigen Erde nach Norden wandert, um so höher erhebt sich der Pol und um so mehr nördliche Sterne werden immer sichtbar, während von den südlichen immer mehr dauernd unsichtbar werden.

3) S. 27. Der unter rechten Winkeln durch die Sehne AB gezogene Halbmesser ME halbiert (nach Eukl. III. 3) sowohl die Sehne AB als auch den Bogen AEB: folglich ist die Sehne AE als die Seite des eingeschriebenen Sechsecks gleich dem Halbmesser r des umschriebenen Kreises. Demnach ist das Dreieck EAM ein gleichseitiges, in welchem die Höhenlinie AD die Grundlinie $ME = r$ halbiert. Mithin ist

$$AD^2 = r^2 - \tfrac{1}{4}r^2 = \tfrac{3}{4}r^2,$$

also $AD = \tfrac{1}{2}r\sqrt{3}.$

Nun ist $AB = 2AD$, folglich $AB^2 = 3r^2$.

4) S. 41. Der zwischen den Polen des Äquators und der Ekliptik liegende Bogen des Kolurkreises ist gleich dem zwischen Äquator und Wendepunkt gelegenen Bogen.

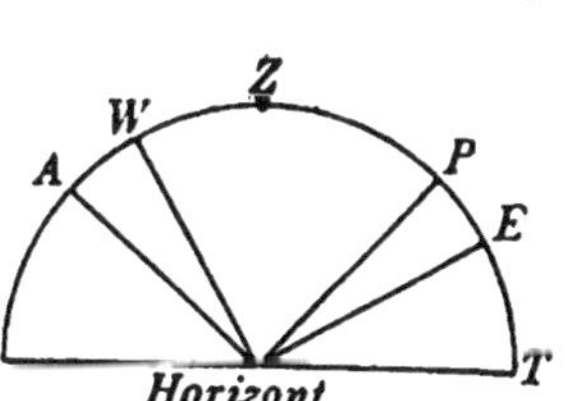

Es sei P der Pol des Äquators. Ist W der Sommerwendepunkt, so ist E der Pol der Ekliptik. Vermindert man die beiden Quadranten $WZPE$ und $AWZP$ um das gemeinsame Stück WZP, so bleiben als gleichgroße Reste dieser Quadranten die Bogen $PE = AW$ übrig.

5) S. 42. Nach der Beschreibung des Proklus (Hypotyp. S 46 f.) hat es mit der Visiervorrichtung folgende Bewandnis. Die beiden gleichgroßen Platten von der Form eines Rechtecks sind mit ihrer kleineren Seite AB auf die Seitenfläche des unteren drehbaren Ringes an diametral gegenüberliegenden Stellen derartig senkrecht aufgesetzt, daß diese Standlinien den Durchmesser des Ringes unter rechten Winkeln schneiden, während die Flächen der

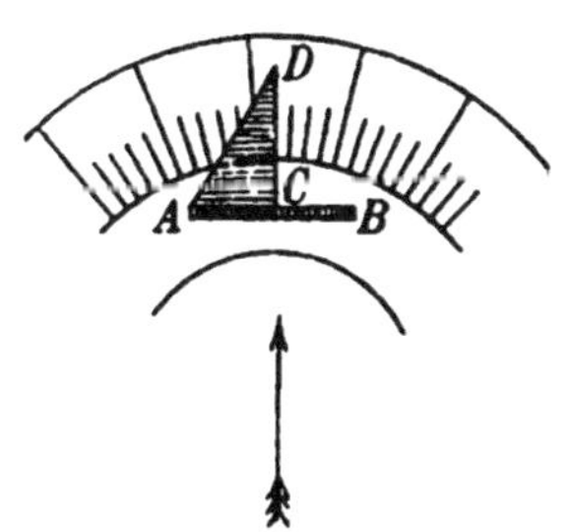

Rechtecke einander zugekehrt sind. An diese zueinander parallel verlaufenden Standlinien sind die Dreiecke mit ihrer halbsogroßen Basis AC ihrerseits senkrecht zur Fläche der Rechtecke derartig angeschlossen, daß die Kathete CD, welche die Höhe des Dreiecks darstellt, mit der Hypotenuse AD einen Zeiger bildet, der genau in der Richtung der Visierlinie in die Gradeinteilung des Meridiankreises hineinragt. Absehöffnungen der Platten werden von Ptolemäus nicht erwähnt, weil es sich hier um die Beobachtung der Sonne handelt, bei welcher die Richtung der Visierlinie mit Hilfe der Beschattung des unteren Rechtecks durch das obere ermittelt wird.

6) S 45. 67. Die Äquatorhöhe ist gleich der Sonnenhöhe am Tage der Sommerwende, vermindert um den Bogen der Schiefe, oder gleich der Sonnenhöhe am Tage der Winterwende, vermehrt um den Bogen der Schiefe.

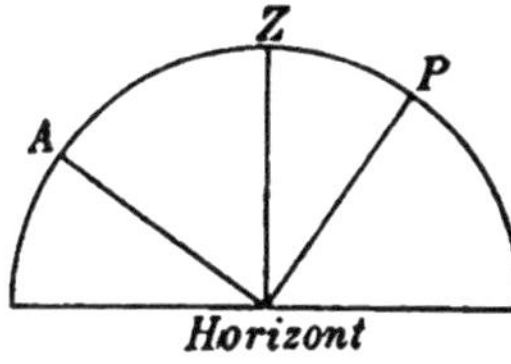

Die Äquatorhöhe ergänzt sich mit der Polhöhe zu 90°, weil der zwischen Äquator und Pol liegende Bogen (AZP) stets ein Quadrant ist. Da sich also auch die Zenitabstände des Äquators (AZ) und des Pols (ZP) stets zu 90° ergänzen, so folgt daraus:

1. Die Äquatorhöhe ist gleich dem Zenitabstand des Pols.
2. Die Polhöhe ist gleich dem Zenitabstand des Äquators.

Unter der geographischen Breite eines Ortes versteht man seine nördliche oder südliche Entfernung vom irdischen Äquator. Sie entspricht dem Abstand des himmlischen Parallelkreises, unter welchem der betreffende Ort liegt, vom himmlischen Äquator. Da der himmlische Parallelkreis stets durch den Zenit des unter ihm liegenden Ortes geht, so ist die geographische Breite identisch mit dem Zenitabstand des Äquators, der, wie oben bewiesen, der Polhöhe gleich ist.

7) S. 57. Die nicht recht klare Auseinandersetzung habe ich so wiedergegeben, wie es dem Sachverhalt entsprechen dürfte. Will man die Aufgangszeit kleinerer Ekliptikbogen, z. B. die der einzelnen Grade des ersten Drittels des Widders berechnen, so entfallen von 9°10′ Aufgangszeit des ganzen Drittels auf den einzelnen Grad durchschnittlich 55′. Es würde also der erste Grad des Widders mit 55′ aufgehen, der zweite mit 1°10′, der dritte mit 2° 5′, der vierte mit 3° usw. Dieser Überschuß des folgenden Grades über den vorhergehenden, welcher unter Annahme gleichmäßigen Anwachsens der Aufgangszeit 55′ beträgt, entspricht aber nicht genau dem Überschuß, welcher in Wirklichkeit von Grad zu Grad eintritt. Denn gerade wie sich (S. 57) in der Aufgangszeit der Zeichendrittel (27°50′ — 29°54′ — 32°16′) ein zuneh-

mender Überschuß (2°4′ — 2°22′) herausstellt, so muß dies auch schon bei den einzelnen Graden eines jeden Drittels stattfinden. Aber das Anwachsen dieses Überschusses der Aufgangszeit ist bei so kleinen Ekliptikabschnitten so unbedeutend, daß man die den Durchschnitt der Aufgangszeit angebenden Zahlen unbedenklich für die genauen nehmen kann.

8) S. 66. 71. Soll z. B. für den Parallelkreis, welcher 4°15′ Abstand vom Äquator hat, bestimmt werden, wann für die unter ihm liegenden Orte die Sonne in den Zenit kommt, so geht man mit dieser Deklination des Parallelkreises in die zweite Spalte der Tabelle der Schiefe ein. Da der Meridianbogen 4°15′ zwischen den Argumentzahlen 4°1′38″ und 4°25′32″ liegt, denen in der ersten Spalte die Ekliptikgrade 10 und 11 entsprechen, so geht aus der Differenz (23′54″) der Argumentzahlen hervor, daß auf einen ganzen Ekliptikgrad der Meridianbogen (rund) 24′, auf einen halben 12′ zunimmt. Der Meridianbogen 4°15′ wird also ohne wesentlichen Fehler in die Mitte zwischen den 10ten und 11ten Ekliptikgrad fallen. Demnach wird die Sonne, wenn sie 10½° vom Frühlingspunkt oder 79½° vom Sommerwendepunkt entfernt ist, für diesen Parallelkreis erstmalig in den Zenit kommen. Zum zweiten Male wird dies geschehen, nachdem sich die Sonne 79½° vom Sommerwendepunkt nach dem Herbstpunkt zu entfernt hat, d. i. wenn sie 10½° vor letzterem steht.

9) S. 67. 170. 173. 174. Die Annahme von Halbgraden, deren 360 auf 2 Rechte gehen, ist ein wichtiges Hilfsmittel bei jeder trigonometrischen Berechnung, welche Peripheriewinkel zu Zentriwinkeln in Beziehung setzt, deren Bogen in den Sehnentafeln natürlich nach ganzen Graden ($360^\circ = 4R$) gerechnet sind. Die zu lösende Aufgabe ist eine zwiefache. Entweder wird, wenn einer von den spitzen Winkeln eines rechtwinkligen Dreiecks gegeben ist, die Größe der diesem gegenüberliegenden Kathete im Verhältnis zur Hypotenuse gesucht, oder, wenn eine Kathete gegeben ist, die Größe des dieser Kathete gegenüberliegenden Winkels. Die Lösung der beiden Aufgaben mögen je zwei Beispiele erläutern. Bei dem einen soll das Endergebnis den Sehnentafeln glatt zu entnehmen sein, bei dem anderen soll die Entnahme mit einer Komplikation der Berechnung verbunden sein.

1a (S. 173,28). In dem rechtwinkligen Dreieck ΘKΔ sei der der Kathete ΔK gegenüberliegende ∠ ΔΘK mit 30° gegeben[a]; gesucht seien die Größen der den spitzen Winkeln gegenüberliegenden Katheten ΔK und KΘ. Beschreibt man um das Dreieck einen

a) In den Figuren ist z. T. auf die Größe der Winkel keine Rücksicht genommen. Wegen der geringen Größe der Winkel mußte in vielen Fällen zugunsten einer klaren Figur von der genauen Entsprechung abgesehen werden.

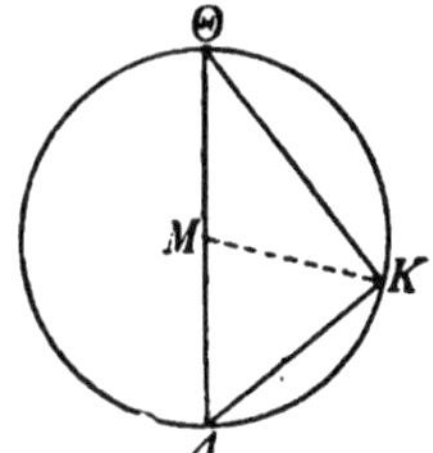

Kreis, so wird die Hypotenuse ΔΘ der Durchmesser dieses Kreises und die Katheten KΘ und ΔK werden Sehnen desselben, überspannt von den Kreisbogen der ihnen gegenüberliegenden Winkel des Dreiecks, welche Peripheriewinkel des umschriebenen Kreises sind. Peripheriewinkel sind bekanntlich halb so groß als die mit ihnen auf demselben Bogen stehenden Zentriwinkel. Die Verdoppelung des gegebenen Peripheriewinkels ΔΘK zu dem zugehörigen Zentriwinkel ΔMK erzielt nun die antike Rechnungsweise durch Annahme von Halbgraden unter der Formel

$$\angle\, \Delta\Theta K = 30^0 \text{ wie } 4R = 360^0$$
$$= 60^0 \text{ wie } 2R = 360^0.$$

Was den Bogen anbelangt, welcher den gegebenen Peripheriewinkel überspannt, so enthält er ebensoviel Grade des umschriebenen Kreises, als der zugehörige Zentriwinkel unterspannt, dessen Bogen man zum Eingehen in die Sehnentafeln braucht. Dieser Bogen wird ausgedrückt durch die Formel

$$b\, \Delta K = 60^0 \text{ wie } \ominus\, \Theta K \Delta = 360^0.$$

Mithin ist $b\, K\Theta = 120^0$ als Supplementbogen.

Zu diesen Argumentzahlen entnimmt man schließlich den Tafeln:

$$s\, \Delta K = 60^p \text{ und } s\, K\Theta = 103^p 55'.$$

1[b] (S. 67, 33). In dem rechtwinkligen Dreieck KΓE sei der ∠ KEΓ mit 12°8′40″ gegeben, gesucht sei die ihm gegenüberliegende Kathete ΓK. Geht man mit dem verdoppelten Winkel 24°17′20″, d. i. mit dem Zentriwinkel ΓMK in die erste Spalte der Sehnentafeln ein, so findet man zur Argumentzahl 24° die Sehne mit 24p56′58″. Den Zusatz zur Sehne bei Anwachsen des Bogens um 0°1′ gibt die dritte Spalte mit 0p1′1″26‴. Es entfallen demnach auf den Mehrbetrag von 0°17′20″:

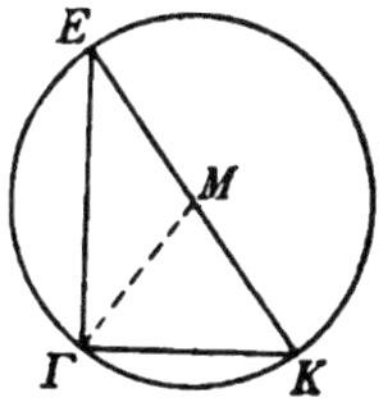

$$\begin{array}{lrl} \text{zunächst:} & 17 \times 0^p 1' 1'' 26''' = & 0^p 17' 24'' 22''' \\ \text{hierüber:} & \tfrac{1}{3} \times 0^p 1' 1'' 26''' = & 0^p\ \ 0' 20'' 29''' \\ \hline & \text{in Summa} & 0^p 17' 44'' 51'''. \end{array}$$

Addiert man 0p17′45″ zu der Sehne 24p56′58″, so erhält man die Kathete ΓK mit 25p14′43″, ein Ergebnis, welches mit S. 68,7 genau übereinstimmt.

2[a] (S. 170, 14). In dem rechtwinkligen Dreieck ZΞE sei die Kathete ZΞ mit 49p46′ in dem Maße gegeben, in welchem die Hypotenuse EZ gleich 120p ist; gesucht sei der dieser Kathete gegenüberliegende Winkel ZEΞ. Geht man mit 49p46′ in die zweite

Spalte der Sehnentafeln ein, so findet man zu der ohne wesentlichen Fehler entsprechenden Argumentzahl $49^p 45' 48''$

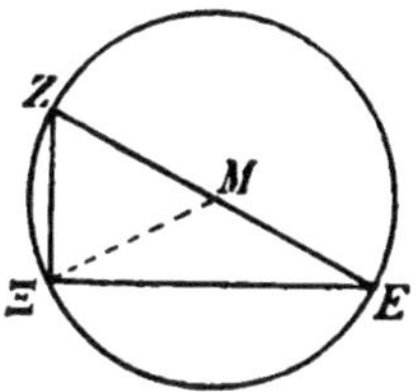

$$b\,Z\Xi = 49^0 \text{ wie } \ominus\, Z\Xi E = 360^0.$$

Das heißt: dieser Bogen überspannt den Zentriwinkel $ZM\Xi$ und mißt denselben in solchen ganzen Graden ($4R = 360^0$), wie der um das Dreieck $Z\Xi E$ beschriebene Kreis deren 360 hat. Gesucht ist aber der auf demselben Bogen stehende Peripheriewinkel $ZE\Xi$, der nur ebensoviel Halbgrade enthält, also

$$\angle\, ZE\Xi = 49^0 \quad \text{wie } 2R = 360^0$$
$$= 24^0 30' \text{ wie } 4R = 360^0.$$

2^b (S. 174,10). In dem rechtwinkligen Dreieck ΔKZ sei die Kathete ΔK mit $2^p 25'$ in dem Maße gegeben, in welchem die Hypotenuse $Z\Delta$ gleich 120^p ist, gesucht sei der dieser Kathete gegenüberliegende Winkel ΔZK. Geht man mit $2^p 25'$ in die zweite Spalte der Sehnentafeln ein, so findet man zu der nächstniedrigen Argumentzahl $2^p 5' 40''$ den zugehörigen Bogen mit 2^0 und entnimmt der dritten Spalte den Zusatzbetrag, welcher bei Anwachsen der Sehne auf $0^0 1'$ des Bogens entfällt, mit rund $0^p 1' 3''$. Da die gegebene Sehne um ($25' - 5' 40'' =$) $0^p 19' 20''$ größer ist als die zunächst gewählte Argumentzahl, so berechnet sich der Zuschlag zu dem Bogen von 2^0 nach dem Verhältnis

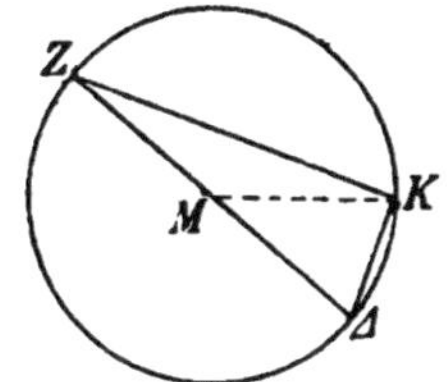

$$0^p 1' 3'' : 0^0 1' = 0^p 19' 20'' : x^0$$
$$63'' : 60'' = \quad 1160'' : x''.$$

Unter Hinzufügung des für x sich ergebenden Betrags von $0^0 18' 25''$ erhält man demnach

$$\angle\, \Delta ZK = 2^0 18' 25'' \text{ wie } 2R = 360^0$$
$$= 1^0 \; 9' 13'' \text{ wie } 4R = 360^0.$$

10) S. 68. Je tiefer die Sonne steht, um so länger wird der über den Kernschatten hinausgehende Halbschatten. Das Ende des Kernschattens (a) liegt da, wo eine vom oberen Sonnenrande durch die Spitze des Gnomon gezogene Gerade die horizontale Ebene trifft, das Ende des Halbschattens (c) da, wo die vom unteren Sonnenrande gezogene Gerade auftrifft. Es liegt mithin der für die Länge des

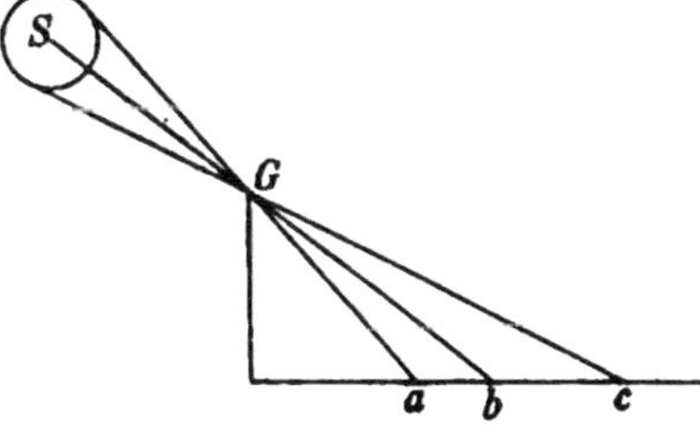

Schattens maßgebende Punkt (b), in welchem die von dem Mittelpunkt der Sonne durch die Spitze des Stabes gezogene Gerade auftrifft, im Halbschatten und wird um so schwieriger zu bestimmen sein, je länger der Schatten ist. Erst die byzantinischen Astronomen des fünften Jahrhunderts n. Chr. suchten dieser Schwierigkeit dadurch abzuhelfen, daß sie an der Spitze des Gnomon eine kleine Scheibe mit einer kreisrunden Öffnung anbrachten, um in dem Mittelpunkt des so erzeugten Sonnenbildchens den maßgebenden Endpunkt der Schattenlänge zu erhalten.

11) S. 70. Von den durch die Pole des Äquators gehenden Deklinationskreisen, so genannt, weil auf ihnen die Abweichung vom Äquator gemessen wird, werden zwei als Kolure bezeichnet: der Kolur der Wenden (Solstitialkolur), welcher durch die Wendepunkte geht und deshalb die Pole der Ekliptik trägt, und der Kolur der Nachtgleichen (Äquinoktialkolur), welcher durch die Nachtgleichenpunkte geht. Diese beiden Kolure zerlegen die Sphäre in vier gleiche Teile und die Ekliptik ebenso wie den Äquator in vier Quadranten, so daß auf jede Jahreszeit ein Quadrant entfällt. Dem Ptolemäus gilt (S. 23, 18) der Solstitialkolur als die Grenze des täglichen Umschwungs, der Äquinoktialkolur wird von ihm nirgends (vgl. Anm. [a] S. 23) ausdrücklich erwähnt. Beide Kolure unterschied bereits Eudoxus (Hipparchi Comment. S. 117 f.). Eine Erklärung der Bezeichnung gibt der Achilles genannte Verfasser einer Isagoge (Kap. 27) mit folgenden Worten: „Kolure heißen sie, weil sie uns verstümmelt erscheinen wie die Schwänze (κεκολοῦσθαι ὥσπερ τὰς οὐράς), indem die von dem arktischen, d. i. dem immerunsichtbaren Kreise (bis zum Südpol) sich erstreckenden Teile für uns unsichtbar sind und an dieser Stelle verstümmelt zu sein scheinen; denn die von dem immersichtbaren, d. i. dem arktischen Kreise ab (bis zum Nordpol) sich erstreckenden Teile sind sichtbar, während die im antarktischen Kreise liegenden Teile der Kolurkreise immer unsichtbar sind.“ Aus dieser Erklärung geht hervor, daß die Kolure dort, wo es keinen immersichtbaren und keinen immerunsichtbaren Kreis gibt, d. i. unter dem Äquator, wo beide Pole im Horizont liegen, nicht verstümmelt werden können. Dort gibt es demnach keinen Kolur. Einwenden läßt sich allerdings gegen diese Erklärung, daß die angebliche Verstümmelung durchaus kein charakteristisches Merkmal gerade dieser beiden Deklinationskreise ist; denn alle Deklinationskreise sind bei Sphaera obliqua gegen ihr südliches Ende hin in demselben Sinne „verstümmelt“.

12) S. 79. Geht man mit der Ergänzung der Polhöhe 67° zu 90°, d. i. mit 23° als dem Zenitabstand des Pols, welcher der Äquatorhöhe (Anm 6) gleich ist, in die zweite Spalte der Tabelle der Schiefe ein, so bietet zu dieser Argumentzahl (in der Tabelle $22^\circ 59' 41''$) die erste Spalte 75°. Mithin wird 15° beiderseits des

Sommerwendepunktes der Parallelkreis mit der nördlichen Deklination von 23° die Ekliptik schneiden. Auf demselben Wege findet man bei der Polhöhe 69°30′ zur Äquatorhöhe 20°30′ den 60ten Grad der Ekliptik und somit die Schnittpunkte des 20°30′ nördlich des Äquators verlaufenden Parallelkreises in der Entfernung von 30″ beiderseits des Sommerwendepunktes, usw. in den übrigen Fällen.

13) S. 79. Über die Frage, welcher Parallelkreis von Polhöhe zu Polhöhe der immersichtbare Kreis wird, orientiert man sich am besten auf folgendem Wege. Wenn die Polhöhe weniger als 45° beträgt, so hat der immersichtbare Kreis (Fig. 1 *CT*) einen Zenitabstand (*ZC*) von 90° weniger der doppelten Polhöhe im nördlichen Meridian. Beträgt die Polhöhe gerade 45°, so ist der Zenitabstand des immersichtbaren Kreises (Fig. 2 *ZT*) gleich Null (90° − 2 × 45°). Beträgt endlich die Polhöhe mehr als 45° (Fig. 3), so beträgt der Zenitabstand (*ZC*) des immersichtbaren Kreises (*CT*) die doppelte Polhöhe weniger 90° im südlichen Meridian oder, da der Zenitabstand (*ZP*) des Pols (Anm. 6) gleich der Äquatorhöhe (*AH*) ist, 90° weniger der doppelten Äquatorhöhe. So erhält man z. B. bei der Polhöhe 67° die Äquatorhöhe (*AH*) mit 23° und hiermit zunächst die südliche Deklination des den Horizont in Punkt *H* berührenden immerunsichtbaren Kreises (*HC′*). Da aber der immersichtbare Kreis dieselbe nördliche Deklination hat, so ergibt sich sein Zenitabstand mit 90° − 2 × 23° = 44°, was gleich ist 2 × 67° − 90°. Die von den arktischen Kreisen *CT* und *HC′* beiderseits der Wendepunkte abgeschnittenen Ekliptikstücke, welche nicht zum Untergang bzw. Aufgang gelangen, sind an der Figur durch Bezeichnung der Wendepunkte mit *s* und *w* kenntlich gemacht.

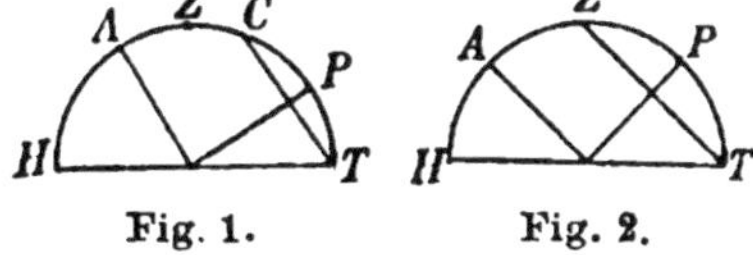

Fig. 1. Fig. 2.

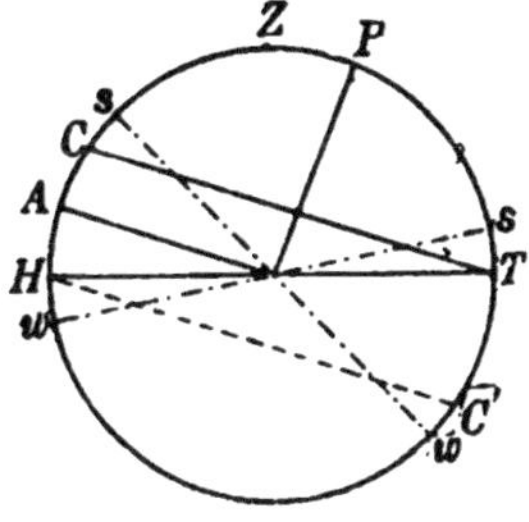

Fig. 3.

14) S. 81. Hipparch (Comment. S. 129 und 133) versichert, fast alle alten Mathematiker hätten die Ekliptik so eingeteilt, daß die Punkte der Wenden und Nachtgleichen die Anfänge von Zeichen waren, während Eudoxus die genannten Punkte in die Mitte von Zeichen gesetzt habe, und zwar die Wendepunkte in die Mitte des Krebses und des Steinbocks, die Nachtgleichenpunkte in die Mitte des Widders und der Scheren. Indessen hat Eudoxus (s. Böckh, Sonnenkreise der Alten, S. 184 f.) diese Neusetzung der Jahrpunkte wohl erst in seinen späteren astrognostischen Schriften, in den Phänomena und in dem Enoptron, durchgeführt; in seiner

Oktaëteris, die in jüngeren Jahren verfaßt war, hat er ohne Zweifel aus kalendarischen Gründen die von Meton überkommene Setzung der Jahrpunkte auf den achten Tag oder Grad der Zeichen angewendet, die auch in der Isagoge des Achilles (cap. 23) und von dem Scholiasten des Arat (schol. 499) erwähnt wird.

15) S 83. Wenn der Solstitialkolur mit dem Meridian zusammenfällt, d. h. wenn die Wendepunkte kulminieren, liegen die Nachtgleichenpunkte sowohl bei Sphaera recta als auch bei Sphaera obliqua im Horizont. Wenn dagegen der Äquinoktialkolur mit dem Meridian zusammenfällt, d. h. wenn die Nachtgleichenpunkte kulminieren, liegen nur bei Sphaera recta die Wendepunkte im Horizont. Denn wenn sich mit zunehmender Polhöhe die Kulmination der Nachtgleichenpunkte, d. i. der Äquator selbst, dem Horizont zuneigt, so erhebt sich der Sommerwendepunkt über den Horizont, während der Winterwendepunkt unter den Horizont sinkt. Nach diesem Verhältnis mußte die falsche Figur des griechischen Textes (Hei 120) abgeändert werden. Da der Winterwendepunkt (H) an der Figur im Horizont liegt, so muß der Herbstpunkt (Z) die obere Kulmination hinter sich haben, ebenso wie der Frühlingspunkt (Θ) die untere.

Wenn der Äquatorbogen ΘE aufgegangen ist, d. i. wenn der Frühlingspunkt Θ im Horizont steht, dann wird der Winterwendepunkt H im oberen Meridian kulminieren. Der Ekliptikbogen ΘH wird demnach gleichzeitig mit dem Äquatorbogen ΘE, d. i. in der halben Zeitdauer des kürzesten Tages aufgehen.

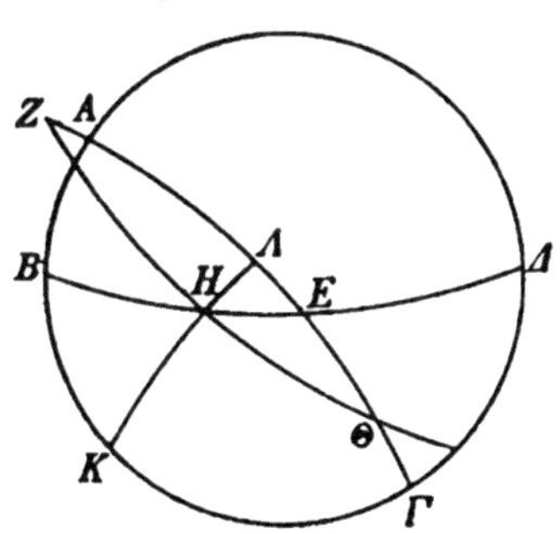

Als der Herbstpunkt Z im Horizont stand, kulminierte der Winterwendepunkt H im unteren Meridian. Der Ekliptikbogen ZH ist demnach mit dem Äquatorbogen ZE, d. i. in der halben Zeitdauer der längsten Nacht aufgegangen.

16) S. 85. 86. In derselben Zeit wie der Widder gehen nach Lehrsatz I (S. 81,16) auch die Fische auf, also mit 19°12′. Nun gehen die Scheren und die Fische bei Sphaera recta (S. 57.13) mit je 27°50′ auf, und ihre Aufgangssumme ist nach Lehrsatz II (S. 82,18) bei Sphaera obliqua dieselbe wie bei Sphaera recta, also

$$♎ + ♓ = 27°50' + 27°50'.$$

Folglich ist $♎ = 55°40' - ♓$ bei Sphaera obliqua,

also $♎ = 55°40' - 19°12' = 36°28'.$

In derselben Zeit wie die Scheren geht aber nach Lehrsatz I auch die Jungfrau auf.

Ebenso (S. 86) geht in derselben Zeit wie der Stier nach Lehrsatz I auch der Wassermann auf, also mit 22°46′. Nun gehen der Löwe und der Wassermann bei Sphaera recta (S. 57,17) mit je 29°54′ auf, und ihre Aufgangssumme ist nach Lehrsatz II bei Sphaera obliqua dieselbe wie bei Sphaera recta, also

♌ + ♒ = 29°54′ + 29°54′.
Folglich ist ♌ = 59°48′ − ♒ bei Sphaera obliqua
also ♌ = 59°48′ − 22°46′ = 37° 2′.

In derselben Zeit wie der Löwe geht aber nach Lehrsatz I auch der Skorpion auf.

17) S. 93. Jede Aufgabe soll durch ein Beispiel für den Parallel von Rhodus unter Zugrundelegung desselben Tages erläutert werden. Es sei zu diesem Zweck der 2. ägyptische Tybi des 607ten Jahres seit Nabonassar (27. Januar 141 v. Chr.) gewählt, an welchem die Sonne (S. 351,16) in ♒ 5° stand.

1. Es soll die Länge des Lichttages am 2. Tybi bestimmt werden.

Wenn der Tagbogen der Sonne auf dem durch ♒ 5° gehenden südlichen Parallelkreis zum Äquator verläuft, passiert der Halbkreis der Ekliptik von ♒ 5° bis ♌ 5° nach der Aufgangstafel für Rhodus (S. 95) die sichtbare Hemisphäre mit 150°32′ des Äquators. Demnach beträgt

die Länge des Lichttages	150°32′ : 15 =	10st 2m 8s
die bürgerliche Tagstunde a)	$\frac{150^\circ 32' \cdot 4}{12}$ =	50m 10s 40t
die bürgerliche Nachtstunde	=	69m 49s 20t.

2. Die bequemere Berechnung der bürgerlichen Stunde beruht darauf, daß man zunächst die Differenz (*b* Ε Λ) zwischen dem halben Tagbogen des zwölfstündigen Tages bei Sphaera recta (d. i. allgemein des Nachtgleichentags) und dem halben Tagbogen des für Rhodus als gegeben vorliegenden Tages feststellt. Die nach der dritten Spalte der Tafel für Sphaera recta (S. 94) auf ♒ 5° entfallende Aufgangssumme beträgt (vom Frühlingspunkt ab gezählt) 307°24′, die aus der Tafel für Rhodus hervorgehende

a) Die vorgeschriebene Teilung durch 12 ergibt zunächst 12°32′40″; da auf den Zeitgrad 4 Minuten entfallen, so hat man noch die Multiplikation mit 4 vorzunehmen. Die bürgerliche Nachtstunde ist natürlich die Ergänzung der bürgerlichen Tagstunde zu 2 Äquinoktialstunden.

322°8′[a]). Indem man diese Summen um drei Quadranten vermindert, erhält man je den halben Tagbogen. Indes bleibt es sich für das Ergebnis gleich, ob man diese 270° vorher abzieht oder nicht. Die Differenz beträgt jedenfalls 14°44′. Man hat sich den Verlauf so vorzustellen, daß bei Sphaera recta (oder am Nachtgleichentag) die Sonne vom Aufgang bis zum Meridian in 90 Zeitgraden gelangt, während für Rhodus diese Strecke (d. i. der halbe Tagbogen des 2. Tybi) nur (90° − 14°44′ =) 75°16′ beträgt. Der 6te Teil der Differenz 14°44′ stellt mit 2°27′20″ den Betrag dar, um welchen die bürgerliche Stunde des 2. Tybi kürzer ist als die Äquinoktialstunde von 15°. Sie beträgt demnach

$$15^0 - 2^0 27' 20'' = 12^0 32' 40'' \text{ oder } 50^m 10^s 40^t.$$

Man kann die bequemere Berechnung der bürgerlichen Stunde auch mit Hilfe der oben gewonnenen halben Tageslänge ausführen, welche $5^{st} 1^m 4^s$ beträgt Die Differenz der halben Tagbogen ist ($6^{st} - 5^{st} 1^m 4^s$ =) $58^m 56^s$. Der 6te Teil davon, d. s. $9^m 49^s 20^t$, gibt von 60^m abgezogen die bürgerliche Tagstunde und zu 60^m addiert die bürgerliche Nachtstunde.

3. Es sollen 3 bürgerliche Tagstunden von $50^m 10^s 40^t$ in Äquinoktialstunden verwandelt werden.

Auf die bürgerliche Tagstunde des 2. Tybi entfallen 12°32′40″. In Befolgung der vorgeschriebenen Berechnung erhält man

$$\frac{3 \cdot 12^0 32' 40''}{15^0} = 2 \text{ Äquinoktialstunden } 30^m 32^s.$$

Sollen umgekehrt 3 Äquinoktialstunden in bürgerliche Tagstunden von der gegebenen Länge verwandelt werden, so erhält man (unter gelegentlicher Abrundung)

$$\frac{3 \cdot 15^0}{12^0 32' 40''} = \frac{15^0}{4^0 11'} = \frac{900'}{250'} = 3\,^3/_5 \text{ bürgerliche Tagstunden.}$$

4. Es sei die bürgerliche Tagstunde des 2. Tybi mit rund 12°30′ zugrunde gelegt.

a) Soll der am 2. Tybi 4 bürgerliche Stunden nach Sonnenaufgang aufgehende Ekliptikgrad gefunden werden, so addiert man das Produkt $4 \times 12^0 30' = 50^0$ zu der nach der Tafel für Rhodus auf ♒ 5° entfallenden Aufgangssumme 322° 8′. Hierauf geht man (nach Abzug eines ganzen Kreises) mit der erhaltenen Zahl (372°8′ −

a) Der vom Widderpunkt ab numerierte Grad des Äquators, welcher mit ♒ 5° gleichzeitig im Horizont steht, ist der 307te, wenn man den Globus auf Sphaera recta, der 322te, wenn man ihn auf die Polhöhe von Rhodus einstellt. Die Handhabung des Globus erleichtert wesentlich die Lösung derartiger Aufgaben, da die Benutzung der Tafeln für innerhalb der Zeichendrittel liegende Ekliptikgrade meist mit mühsamer Rechenarbeit verbunden ist.

360° =) 12°8′ wieder in die Tafel für Rhodus ein und findet zu dieser Aufgangszahl ♈ 19° als den 4 bürgerliche Stunden nach Sonnenaufgang aufgehenden Grad.[a]

b) Soll der 4 bürgerliche Stunden nach dem Mittag des 2. Tybi über dem Horizont kulminierende Ekliptikgrad gefunden werden, so addiert man die oben erhaltenen 50 Zeitgrade zu der nach der Tafel für Sphaera recta auf ♒ 5° entfallenden Summe 307°24′, die jetzt, auf den Meridian bezogen, als Durchgangssumme zu bezeichnen ist. Hierauf geht man mit der erhaltenen Durchgangssumme 357°24′ wieder in die Tafel für Sphaera recta ein und findet zu dieser Zahl, und zwar für alle unter demselben Meridian liegenden Orte geltend, ♓ 27° als den für Rhodus 4 bürgerliche Stunden oder (allgemein geltend $\frac{4 \cdot 12^{0}30'}{15}$ =) $3\frac{1}{3}$ Äquinoktialstunden nach Mittag über dem Horizont kulminierenden Ekliptikgrad.[b]

5. Soll der am 2. Tybi bei Aufgang von ♒ 5° über dem Horizont kulminierende Ekliptikgrad gefunden werden, so zieht man von der nach der Tafel von Rhodus erhaltenen Aufgangssumme 322°8′ die 90 Zeitgrade des Quadranten ab und geht mit der sich ergebenden Differenz 232°8′ in die Tafel für Sphaera recta ein, um aus ihr zu der Durchgangssumme dieses Betrags den für alle unter demselben Meridian liegenden Orte über dem Horizont kulminierenden Grad mit ♏ $24\frac{1}{2}$° zu entnehmen.[c]

Will man umgekehrt aus dem kulminierenden Grad ♏ $24\frac{1}{2}$° den für Rhodus aufgehenden Grad bestimmen, so addiert man die 90 Zeitgrade des Quadranten zu der in der Tafel für Sphaera recta auf ♏ $24\frac{1}{2}$° entfallenden Durchgangssumme 232°8′. Geht man mit der erhaltenen Summe 322°8′ in dieselbe Tafel ein, so findet man als den zurzeit unter dem Äquator aufgehenden Grad ♒ $19\frac{2}{3}$°. Um den für Rhodus aufgehenden Grad zu erhalten, muß man demnach mit 322°8′ in die Tafel für Rhodus eingehen,

---

a) Während bei der Polhöhe von 36° ♒ 5° im Horizont des Globus steht, kulminiert der 232. Äquatorgrad. Dreht man den Globus 50 Äquatorgrade westwärts, so wird man im Meridian den 282. Äquatorgrad und im Horizont zum 12. Äquatorgrad ♈ 19° finden.

b) Es kulminiert ♒ 5° mit dem 308. Äquatorgrad. Dreht man den Globus 50 Äquatorgrade westwärts, so wird man ♓ 27° im Meridian finden. Dreht man dieselbe Anzahl von Äquatorgraden ostwärts, so erhält man als den 4 bürgerliche Stunden vor Mittag mit dem 258. Äquatorgrad kulminierenden Ekliptikgrad ♐ 18°.

c) Steht bei der Polhöhe von Rhodus ♒ 5° im Horizont, so entnimmt man dem Globus als den mit dem 232. Äquatorgrad kulminierenden Ekliptikgrad rund ♏ 24°.

um dort ∞ 5° zu finden, was mit der oben (S. 424) festgestellten Differenz 14°44′ ohne wesentlichen Fehler übereinstimmt.

18) S. 130. 219. Der Sachverhalt ist ganz klar, wenn *ὁ ὑποκεί-μενος* gestrichen wird. Bei der Mondfinsternis am 19. März 721 v. Chr. trat die Mitte für Babylon, wo sie beobachtet wurde, 2½ Äquinoktialstunden vor Mitternacht ($9^h 30^m$ abends) ein. Mithin ist Babylon der „zugrunde gelegte Ort“, d. h. der Ort, dessen Zeit gegeben ist. Der „in die Untersuchung einbezogene Ort“, d. h. der Ort, dessen Zeit gesucht wird, weil nach seinem Meridian die Berechnung durchgeführt werden soll, ist Alexandria, welches (nach antiker Messung) 12½°, auf dem Äquator gemessen, westlich von Babylon liegt. Von der Ortszeit Babylons sind demnach 12½ Zeitgrade $= 50^m$ zu subtrahieren, d. h. die Mitte der Finsternis trat für Alexandria als den weiter westlich gelegenen Ort um so viel früher, also $8^h 40^m$ abends ein. Wäre Alexandria der zugrunde gelegte Ort mit der gegebenen Zeit, so würden für das weiter östlich gelegene Babylon als den in die Untersuchung einbezogenen Ort 50^m zur Ortszeit zu addieren sein.

19) S. 134. Derartige Metallringe zur Beobachtung der Nachtgleichen hat man sich an der Südseite einer Mauer, die sich genau in der Ostwestlinie erstreckt, vermittels eines Halters angebracht zu denken, welcher die Ringebene genau in der Ebene des Äquators schwebend erhält. Stand die Sonne südlich des Äquators, wie vor der Frühlingsnachtgleiche, so belichtete sie die konkave (d. i. innere) Fläche der hinteren Ringhälfte von unten; trat sie in den Äquator, so stellte sich der Moment ein, wo die vordere (d. i. die der Sonne näher liegende) Ringhälfte die hintere konkave derart in Schatten setzte, daß auf letzterer ein beiderseits von einem gleichbreiten Lichtstreifen (s. S. 135,5) umrahmter Kernschatten erschien. Dies mußte der Moment des Eintritts der Nachtgleiche sein. Erhob sich die Sonne nun über den Äquator, d. h. bekam sie nördliche Deklination, so belichtete sie erstmalig die konkave Innenfläche von oben, also von der anderen Seite wie bisher. Umgekehrt fand unmittelbar nach dem Eintritt der Herbstnachtgleiche die erstmalige Belichtung von unten statt, also wieder von der anderen Seite als bisher.

20) S. 134. 135. Um Jahre der zweiten, dritten usw. Kallippischen Periode auf Jahre der christlichen Zeitrechnung zu reduzieren, multipliziert man die Zahl der verflossenen Perioden mit 76, addiert zum Produkt das Jahr der laufenden Periode und zieht die Summe von 331 ab. Die Differenz 331 — 169 ergibt im vorliegenden Fall das Jahr 162 v. Chr. Nun läuft das Kallippische Jahr von Sommerwende zu Sommerwende. Folglich wird das Jahr 17. III Kall. von Ende Juni 162 bis Ende Juni 161 v. Chr. laufen. Der September fällt demnach noch in das Jahr 162. In diesem Jahre liegt der 1. Thoth des ägyptischen Wandeljahres

(s. die Ärentafel im Hdb. d. klass. Altertumsw., hgg. von Iwan Müller, I. Bd. S. 655ff.) auf dem 3. Oktober. Mithin fallen die 5 Zusatztage des vorangehenden Wandeljahres auf den 28 September bis 2. Oktober, der 30. Mesore auf den 27. September.

Für das Jahr 32. III Kall. (S. 135) ergibt die Differenz 331 — 184 als Anfangsjahr 147 v. Chr. Folglich fällt der März in das Jahr 146. Nun ist der 27. Mechir der 177te Tag des mit dem 29. September 147 beginnenden ägyptischen Jahres, fällt also auf den 24. März des Jahres 146 v. Chr.

21) S. 135. 136. Der Grund dieser Erscheinung ist in der emporhebenden Wirkung der Refraktion zu suchen, welche den Alten unbekannt war. Sie beträgt im Horizont 33 Bogenminuten, d. i. einen Sonnendurchmesser, und verschwindet in größerer Höhe völlig. Ging die Sonne unmittelbar vor der Frühlingsnachtgleiche mit einer geringen südlichen Deklination auf, so erschien sie dem Beobachter bei oder kurz nach dem Aufgang bereits im Äquator. Der Ring zeigte demnach den beiderseits von einem gleichbreiten Lichtstreifen umrahmten Kernschatten. Erhob sich die Sonne höher über den Horizont, so machte sich infolge der Abnahme der Refraktion die südliche Deklination bemerklich: die Beschattung verschwand wieder. Bald darauf trat aber die Sonne wirklich in den Äquator: die signifikante Belichtung der konkaven Ringhälfte erschien wieder. So wurde es möglich, daß der Ring an demselben Tage zweimal hintereinander das Äquinoktium anzeigte.

Die Erklärung der zweimaligen Belichtung, welche sich (S. 136,10) Ptolemäus in Ermangelung der einzig richtigen aus der Altersschwäche der Ringe zurechtlegt, ist natürlich unzureichend. Es konnte wohl durch eine geringe Veränderung der Lage eines Ringes die Feststellung eines verfrühten oder verspäteten Eintritts der Nachtgleiche verursacht werden, aber wie aus der fehlerhaften Lage eines Ringes die zweimalige Belichtung der konkaven Fläche zustande gekommen sein soll, ist unerfindlich; denn für die wenigen Stunden, welche am Beobachtungstag in Betracht kommen, dürfte wohl auch ein falsch eingestellter Ring seine Lage dauernd beibehalten haben.

22) S. 135. Liegt der Frühlingspunkt des Instruments infolge fehlerhafter Gradteilung oder Aufstellung um den Betrag von 0°6′ z. B. südlich des himmlischen Äquators, so wird die Sonne auf dem schiefen Kreise, nachdem sie in den Äquator des Instruments getreten ist, noch den letzten Viertelgrad der Fische zurückzulegen haben, ehe sie den wirklichen Frühlingspunkt erreicht. Da nämlich nach der Tabelle der Schiefe am Anfang des 30ten Grades der Fische die südliche Deklination noch 0°24′ beträgt, so entfällt auf den letzten Viertelgrad dieses Zeichens ein südlicher Abstand von 6 Minuten, was genau der Betrag des Fehlers ist. Setzt man die tägliche Bewegung der Sonne in Länge mit rund 1° an,

so wird sie diesen letzten Viertelgrad vor dem Frühlingspunkt in einem Vierteltag zurücklegen und erst hiermit in den himmlischen Äquator treten. Nun muß sich aber der Beobachter den Zeitpunkt notiert haben, zu welchem die Sonne in den Äquator seines Instruments getreten ist; somit hat er die Beobachtung 6 Stunden zu früh für beendigt gehalten und wird bei dem Vergleich mit einer vorjährigen genauen Beobachtung der Gleiche die Wahrnehmung machen, daß ihm der über 365 Tage überschießende Vierteltag fehlt.

23) S. 167 zweimal. Infolge dieser irrtümlichen Annahme des Ptolemäus blieb die Entdeckung der Bewegung der Apsidenlinie der Sonnenbahn 780 Jahre später dem großen Astronomen der Araber Albatenius († 928 n. Chr.) vorbehalten. Er beobachtete das Apogeum in ♊ 22° und schloß aus der Differenz seit Ptolemäus auf eine in der Richtung der Zeichen vor sich gehende langsame Änderung des Apogeums, welche scheinbar vergrößert wird durch die rückläufige Bewegung des Frühlingspunktes. Es ist begreiflich, daß dieses Vorrücken des Apogeums einen Einfluß auf die Dauer der astronomischen Jahreszeiten haben muß. Je näher das Apogeum (im Sinne der Alten) dem Sommerwendepunkt (♋ 0°) kommt, um so mehr muß die Dauer des astronomischen Frühlings (zu Hipparchs Zeit $94\frac{1}{2}^d$) verkürzt und die Dauer des astronomischen Sommers (zu Hipparchs Zeit $92\frac{1}{2}^d$) verlängert werden, bis bei der Lage des Apogeums im Wendepunkt selbst (1250 n. Chr.) die völlige Gleichheit der Dauer beider Jahreszeiten eintrat. Rechnet man mit dem heutzutage feststehenden Werte der säkularen Bewegung des Apogeums von 1°, 71, welcher sich aus 0°, 32 der eigenen Änderung und aus 1°, 39 der rückläufigen Bewegung des Frühlingspunktes zusammensetzt, so war das Apogeum in den rund 2,85 Jahrhunderten (S. 142, 14; 143, 1 handelt es sich um ägyptische Jahre), welche Ptolemäus später als Hipparch beobachtete, $1°,71 \times 2,85 = 4°,87$ oder 4°52′ in der Richtung der Zeichen vorgerückt und lag demgemäß in ♊ 10°22′. Der Veränderung des Verhältnisses $94\frac{1}{2} : 92\frac{1}{2}$ entsprechend mußte Ptolemäus daher den ∠ZEΞ (S. 170,14) mit höchstens 20° statt 24°30′ ableiten. Daß ihm eine so bedeutende Differenz in der Lage des Apogeums unerkannt bleiben konnte, wirft auf sein Beobachtertalent kein sehr günstiges Licht. Zweifelhaft kann allerdings erscheinen, ob er die Sommerwende überhaupt beobachtet hat. Von Beobachtung ist nur einmal (S. 144,12) die Rede, während er an drei anderen Stellen (S. 143,19. 23; 167,22) dieselbe „genau berechnet" zu haben versichert. Nun mußte aber seine Berechnung, er mochte sie anstellen, wie er wollte, sich auf die Anomalietabelle der Sonne stützen, deren Werte auf der Annahme des Apogeums in ♊ 5°30′ beruhen. Es kam also hier lediglich auf eine genaue Beobachtung an. Daß es aber an einer solchen gefehlt hat, scheint auch aus

dem mit Stillschweigen übergangenen Umstand hervorzugehen, daß die Zwischenzeit zwischen Frühlingsnachtgleiche und Sommerwende nicht, wie infolge des Vorrückens des Apogeums zu erwarten steht, um einen merklichen Betrag kürzer als 94½ Tage gefunden wird, sondern (s S. 168 Anm.) um eine volle Stunde länger.

24) S. 182. 185. Zwischen Apogeum und Perigeum muß der scheinbare (*sch*) oder genaue Ort der Sonne hinter dem mittleren Ort (*m*) zurückliegen, weil auf diesem Halbkreis die ungleichförmige oder scheinbare Bewegung der Sonne kleiner ist als die gleichförmige oder mittlere. Will man also aus dem nach den Tafeln errechneten mittleren Ort den scheinbaren finden, so muß Abzug (ἀφαίρεσις) der Anomaliedifferenz vorgenommen werden. Umgekehrt bedarf es zwischen Perigeum und Apogeum, weil auf diesem Halbkreis die scheinbare Bewegung größer ist als die mittlere, zur Gewinnung des scheinbaren Ortes aus dem mittleren des Zusatzes (πρόσϑεσις).

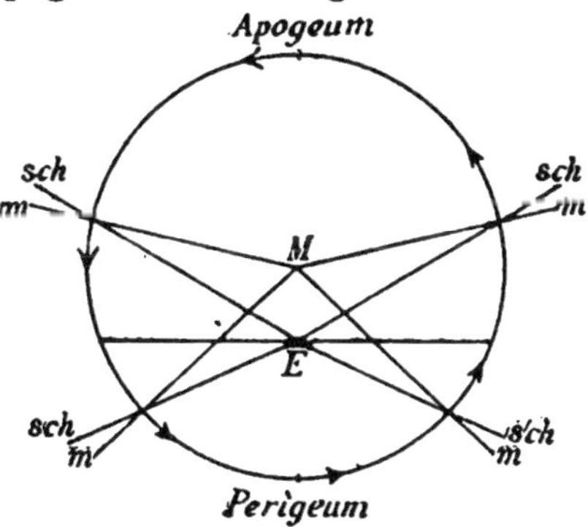

Soll aber der mittlere Ort aus dem durch die Beobachtung gegebenen scheinbaren Orte gewonnen werden, so tritt natürlich umgekehrt zwischen Apogeum und Perigeum der Zusatz, und zwischen Perigeum und Apogeum der Abzug ein.

25) S. 184. Die Zwischenzeit von 879 ägyptischen Jahren, 66 Tagen und 2 Äquinoktialstunden ist in einzelne Abschnitte zu zerlegen, wie sie nach der Einrichtung der Tafeln geboten werden. Hierauf notiert man die den betreffenden Abschnitten beigesetzten Gradbeträge und erhält aus der Summe nach Abzug ganzer Kreise die Anzahl der Grade, welche die Sonne in dem Zeitraum, um welchen es sich handelt, in mittlerer Bewegung zurückgelegt hat. Die einzelnen Posten, welche man im vorliegenden Fall zu summieren hat, sind folgende:

810 ägyptische Jahre:	163°	4′	12″
54 „ „ :	346	52	16
15 „ „ :	356	21	11
60 Tage:	59	8	17
6 „ :	5	54	49
2 Stunden:	0	4	55
	931°	25′	40″
2 volle Kreise	720°	—	—
Überschuß	211°	25′	40″.

26) S. 191. 228. Es sollen in dem Intervall $1^a 137^d 5^h$, welches zwischen der Mondfinsternis am 20. Oktober 134 n. Chr. 11^h abends bis zu der Mondfinsternis am 6. März 136 4^h früh liegt, die über das Jahr überschießenden bürgerlichen Tage in gleichförmige Sonnentage umgerechnet werden, d. h. es soll die Differenz berechnet werden, um welche die in der Ekliptik sich ungleichförmig bewegende wahre Sonne in dieser Zwischenzeit einer im Äquator sich gleichförmig bewegenden mittleren Sonne vorausgeeilt oder hinter ihr zurückgeblieben ist. Die moderne Astronomie bezeichnet diese Aufgabe als die Anbringung der Zeitgleichung.

Nach Verlauf eines Jahres von $365^d 6^h$, d. i. am 20. Oktober 135 n. Chr. nachm. 6^h, war der mittlere Ort der Sonne wieder derselbe, d. i. (s. Anm. 31) ♎ 26°41′. Da nun in weiteren 5st bis 11^h abends selbigen Datums die Sonne 0°12′ zurücklegt, so war zu dieser Stunde

mittlerer Ort der Sonne	♎ 26°53′
Betrag der Anomaliedifferenz	— 1°33′
mithin genauer Ort	♎ 25°20′.

Es war aber von dieser Stunde ab nach 137 Tagen und 5 Stunden, d i. am 6. März 136 (Schaltjahr) 4^h früh (s. Anm. 31)

mittlerer Ort der Sonne	♓ 11°42′
Betrag der Anomaliedifferenz	+ 2°21′
mithin genauer Ort	♓ 14° 3′.

Es beträgt folglich

das gleichförmige Intervall	von ♎ 26°53′ bis ♓ 11°42′	134°49′
das ungleichförmige „	„ ♎ 25°20′ bis ♓ 14° 3′	138°43′.

Mit diesem Intervall von 138°43′ der Ekliptik gehen nach der Tafel für Sphaera recta (S. 94) 143° des Äquators durch den Meridian. Die Differenz zwischen diesen Graden und dem gleichförmigen Intervall von (rund) 135° der Ekliptik beträgt 8° oder 32 Minuten, welche Ptolemäus mit $^1/_2$ Stunde in Rechnung bringt. In dem gegebenen Intervall von 137 Tagen und 5 Stunden, welches in der Erdnähe verläuft, ist also die wahre Sonne der gleichförmigen um eine halbe Stunde vorangeeilt; folglich muß zur Bestimmung der wahren Sonnenzeit am Ende des Intervalls eine halbe Stunde hinzugefügt werden. Dieser Zusatz ist notwendig für die nunmehr (S. 229,1) sich anschließende Berechnung der Laufstrecke, welche der Mond in der gegebenen Zwischenzeit von dem der Sonne diametral gegenübergelegenen Orte bis zu dem wieder diametral gegenüberliegenden, d. h. bis zum Eintritt der genauen Vollmondsyzygie zurückgelegt hat. Er würde ohne diesen Zusatz zu der bürgerlichen Zeit am 6. März 4^h früh in Länge noch 16′28″ zurück sein; denn so viel beträgt seine mittlere Bewegung in einer halben Stunde.

27) S. 219. Daß die Ägypter den Tag mit Sonnenaufgang anfingen, steht allgemein fest (Ideler, Chron. I, S. 100 f.; Lepsius, Chron. der Ägypter I, S. 130; Ginzel, Chron. I, S. 161). Diese Definition des ägyptischen Tages muß vorausgesetzt werden zur richtigen Beurteilung des astronomischen Tages, welcher von Mittag zu Mittag gerechnet wird und deshalb durch ein doppeltägiges Datum zu bezeichnen ist (Θὼϑ κϑ′ εἰς τὴν λ′). Diese doppeltägigen Daten wendet Ptolemäus überall da an, wo es sich auf Grund einer längeren oder kürzeren Zwischenzeit um Berechnungen nach den Sonnen- und den Mondtafeln handelt, weil diesen Tafeln als Epoche, d. i. als Ausgangspunkt der Berechnung, der Mittag des 1. Thoth des ersten Regierungsjahres des Nabonassar zugrunde gelegt ist. Der astronomische Tag umfaßt also vom ersten Datum die 6 bürgerlichen Tagstunden von Mittag bis Sonnenuntergang und die 12 bürgerlichen Nachtstunden bis Sonnenaufgang, vom zweiten Datum dagegen nur die 6 bürgerlichen Tagstunden von Sonnenaufgang bis Mittag. Daß die beiden Daten nicht wie bei dem modernen astronomischen Doppeltag durch die Mitternachtstunde geschieden werden, ist von Böckh (Sonnenkreise der Alten, S. 303 f.) eingehend nachgewiesen worden. Ein besonders deutliches Beispiel hierfür liefert die Setzung der Sommerwende (S. 144,1; 167,30) auf den 11. Mesore ungefähr 2 Stunden „nach der Mitternacht auf den 12ten". Diese ausdrückliche Setzung der Wende auf den 11ten, obgleich sie nach Mitternacht eintrat, läßt keinen Zweifel aufkommen, daß Mitternacht nicht die Grenzscheide zwischen den beiden Daten ist. Die ähnliche Bestimmung mit Beziehung auf die Mitternacht liegt bei einer von Hipparch beobachteten Frühlingsnachtgleiche (S. 135,13) vor. Sonst wird bei reinen Beobachtungen, d. i. bei solchen, mit denen keinerlei Berechnung des Sonnenortes nach den Tafeln verbunden ist, in der Regel das eintägige Datum gesetzt, wie bei Angaben von Nachtgleichen und Wenden oder Mondbeobachtungen (S. 134 f.; 265,9; 266,6). Zweideutig könnte die Ansetzung einer Beobachtung durch das einfache Datum nur dann werden, wenn sie in die Morgendämmerung fällt, weil der ägyptische Tag beiderseits von einer Morgendämmerung begrenzt wird. Somit könnte es für Planetenbeobachtungen, welche kurz vor Sonnenaufgang angestellt werden, bei Anwendung des eintägigen Datums zweifelhaft sein, in welche der beiden Morgendämmerungen sie fallen. Da nun Planetenbeobachtungen stets mit einer Berechnung des jeweiligen Sonnenortes verbunden sind, so wird zur Bestimmung ihrer Zeit in der Regel der astronomische Doppeltag angewendet, welcher keinen Zweifel darüber läßt, daß die Beobachtung in die Morgendämmerung des zweiten Datums fällt. Hieraus ist zu schließen, daß die Zeit der Morgendämmerung grundsätzlich zum Anfang des beginnenden, nicht

zum Ende des verflossenen Tages gerechnet wird. Wird ausnahmsweise das eintägige Datum gebraucht, so kann, wenn es sich um eine Abendbeobachtung handelt (wie Hei I² S. 270,21; 273,17; 274,1), überhaupt kein Zweifel sein, während die Zugehörigkeit einer Morgenbeobachtung so deutlich ausgedrückt wird (wie z. B. Hei I² S. 275,12: *Μεσορὴ εἰς τὴν κδ' ὄρθρου*), daß jede Beziehung auf den vorhergehenden Tag ausgeschlossen ist. Daß aber schon das einfache Datum (Hei I² S. 273,23: 19. Epiphi) unzweideutig die diesen Tag beginnende Morgendämmerung angibt, beweist die anderweitige Bezeichnung derselben Beobachtung (Hei I² S. 262,21: 18/19. Epiphi früh) durch den Doppeltag. Noch deutlicher geht dies aus einer auf den 18/19. Thoth datierten Beobachtung des Merkur (Hei I² S. 288,11) hervor, bei welcher „die mittlere Sonne am 19. Thoth in der Morgendämmerung in ♍ 20°50′ stand".

28) S. 219. 220. 250. Zur Berechnung der Dauer einer Finsternis bietet die vierte Spalte der Mondfinsternistabellen in Gradteilen die Laufstrecke, welche der Mond während der Phase des Eintritts, und die fünfte Spalte die Laufstrecke, welche er bis zur Hälfte der Totalität zurücklegt. Durch Umrechnung dieser Laufstrecken in Zeit, d. h. in die Zeit, welche der Mond bei ungleichförmiger Bewegung braucht, um diese Strecke zurückzulegen, erhält man demnach die halbe Dauer der Finsternis. Für die halbe Dauer einer zentralen Mondfinsternis geben diese Tabellen (S. 390) folgende Laufstrecken:

bei der kleinsten Entfernung	35′20″ + 28′ 6″ = 63′ 26″
bei der größten „	31′20″ + 25′ 4″ = 56′ 24″
die Differenz beträgt	4′ 0″ + 3′ 2″ = 7′ 2″.

A. Dauer der ersten (zentralen) Finsternis (S. 219). Da die Entfernung des Mondes von dem Apogeum des Epizykels bei der zweiten Finsternis (in Punkt B Fig. S. 222) den Bogen ΛB = 12°24′ (S. 227,24) betrug, so hat man zu diesem Bogen, um die Entfernung bei der ersten Finsternis (in Punkt A) zu erhalten, den Bogen BA = 53°35′ (S. 222,17) zu addieren. Mithin stand der Mond 66° vom Apogeum des Epizykels entfernt. Für diese Anomaliezahl gibt die Korrektionstabelle (S. 391) $^{17}/_{60}$ der oben mit 7′2″ festgestellten Differenz. Die für die vorliegende Erdentfernung anzusetzende Finsternislaufstrecke findet man dadurch, daß man diese $\frac{17 \cdot 7'2''}{60} = 2'$ zu der kleineren der oben festgestellten Summen addiert, was 58′24″ gibt, wozu $^1/_{12}$ = 4′52″ für die Weiterbewegung des Schattenzentrums während der halben Dauer zu rechnen ist. Auf die stündliche ungleichförmige Bewegung des Mondes entfallen (Anm. 43 a. E.) bei 66° Anomalie 31′40″. Er legt also in zwei Stunden bei einer Bewegung von 63′20″ über die Strecke 58′24″ + 4′52″ = 63′16″ noch 4″ zurück, so daß er in dieser Zeit die halbe Dauer schon um knapp 8^s überschritten haben wird. Da dies für die ganze Dauer nur ein Minus von etwa 15^s an 4 Stunden ausmacht, so ist der Ansatz der ganzen Dauer dieser zentralen Finsternis in der vorliegenden Entfernung mit 4 Stunden (von 7^h 30^m bis 11^h 30^m) als zutreffend zu bezeichnen.

Eine nahezu zentrale Finsternis in Erdnähe, deren ganze Dauer (S. 250) mit „ungefähr 4 Äquinoktialstunden" angegeben wird, muß natürlich infolge der schnelleren Bewegung des Mondes hinter der Zeit von 4 Stunden etwas zurückbleiben. Bei der stündlichen Bewegung von 36′ 12″ in Erdnähe (s. Anm 43) wird der Mond über die (63′ 26″ + 5′ 17″ =) 68′ 43″ betragende Strecke der halben Dauer bei Zurücklegung von 72′ 24″ in 2 Stunden schon 3′ 41″ hinaus sein, folglich in weiteren 2 Stunden den Rand des Kernschattens 7′ 22″ hinter sich haben, d. h. der Austritt aus dem Schatten wird schon 12^m 28^s vor Ablauf von 4 Stunden erfolgt sein.

Dagegen wird in Erdferne der Mond bei der stündlichen Bewegung von 30′ 12″ (Anm. 43) von der (56′ 24″ + 4′ 44″ =) 61′ 8″ betragenden Strecke der halben Dauer bei Zurücklegung von 60′ 24″ in 2 Stunden noch 44″ bis zur Mitte der Finsternis zu durchlaufen haben, was $1^m 28^s$ ausmacht, folglich nach weiteren 2 Stunden noch $2^m 56^s$ brauchen, um den völligen Austritt aus dem Schatten zu bewerkstelligen.

B. Dauer der (partialen) dritten Finsternis (S. 220). Die Größe mag, weil über die Hälfte, 7 Zoll betragen haben. Für die halbe Dauer einer solchen Finsternis geben die beiden Finsternistabellen des Mondes als Laufstrecken

bei der kleinsten Entfernung	46′ 53″
bei der größten „	41′ 34″
die Differenz beträgt	5′ 19″.

Die Entfernung des Mondes vom Apogeum des Epizykels war bei der dritten Finsternis (in Punkt Γ) um den Bogen AΓ = 96° 51′ (S. 222,20) größer als bei der ersten (in Punkt A), betrug demnach 66° + 96° 51′ = 162° 51′. Für diese Anomaliezahl gibt die Korrektionstabelle $^{58}/_{60}$, so daß für die vorliegende Erdentfernung die Finsternislaufstrecke unter Zuschlag von $\frac{5' 19'' \cdot 58}{60} = 5' 2''$ zu 41′ 34″ mit 46′ 36″ anzusetzen ist, wozu $^1/_{12}$ = 3′ 53″ für die Weiterbewegung des Schattenzentrums zu rechnen ist, während die ungleichförmige Bewegung des Mondes bei dieser Entfernung in Länge 35′ 50″ beträgt. Legt der Mond also von der Strecke (46′ 36″ + 3′ 53″ =) 50′ 30″ in einer Stunde 35′ 50″ zurück, so wird er den Rest von 14′ 40″ in $24^1/_2{}^m$ zurücklegen. Die ganze Dauer einer siebenzölligen Finsternis wird demnach in der vorliegenden Entfernung 2 Stunden und 49 Minuten betragen, so daß die Angabe mit „nahezu 3 Stunden" etwas reichlich bemessen erscheint.

29) S. 220 dreimal. Will man die Örter, welche die Sonne zur Zeit der Mitte der drei Finsternisse eingenommen hat, durch Berechnung nach den Sonnentafeln nachprüfen, so hat man zunächst für jede Finsternis den seit der Epoche bis zur Mitte verflossenen Zeitraum in ägyptischen Jahren, Tagen und Äquinoktialstunden nach der genauen Rechnung mit gleichförmigen Sonnentagen festzustellen. Angegeben wird dieser Zeitraum (S. 236,10; 242,19) nur für die zweite Finsternis nach genauer Rechnung, wonach sich auch für die beiden anderen die seit der Epoche verstrichene Zeit gleichfalls nach genauer Rechnung bestimmen läßt.

Seit dem Mittag des 1. Thoth des ersten Jahres Nabonassars sind verflossen

1. bis zur Mitte der ersten Finsternis, d. i. bis zum 29. Thoth $8^h 40^m$ abends im ersten Jahre des Mardokempad, welches das 27te Jahr seit Nabonassar ist: $26^a 28^d$ und $8^h 40^m$ schlechthin, aber nur $8^h 36^m$ nach genauer Rechnung, wenn man das von da ab bis zur zweiten Finsternis verstrichene Intervall von $354^d 2^h 34^m$ (S. 221) von dem genauen Zeitpunkt der zweiten Finsternis subtrahiert;

2. bis zur Mitte der zweiten Finsternis, d. i. bis zum 18. Thoth $11^h 10^m$ abends im zweiten Jahre des Mardokempad, welches das 28te Jahr seit Nabonassar ist: $27^a 17^d 11^h 10^m$ sowohl schlechthin wie nach genauer Rechnung;

3. bis zur Mitte der dritten Finsternis, d. i. bis zum 15. Phamenoth $7^h 40^m$ abends in demselben Jahre des Mardokempad: $27^a 194^d$ und $7^h 40^m$ schlechthin, aber nur $7^h 22^m$ nach genauer Rechnung, wenn man das seit der zweiten Finsternis verstrichene Intervall von $176^d 20^h 12^m$ (S. 221) zu dem genauen Zeitpunkt der zweiten Finsternis addiert.

Für die nach der Einrichtung der Sonnentafeln gebotenen Zeitabschnitte dieser Zwischenzeiten (vgl. Anm. 25) hat man folgende Gradbeträge den Tafeln zu entnehmen, ihrer Summe (nach S. 185,5) zur Bestimmung der Entfernung der Sonne vom derzeitigen Apogeum 265° 15′ hinzuzufügen und vom Ergebnis ganze Kreise abzuziehen:

18^a	355° 37′ 25″	18^a	355° 37′ 25″	18^a	355° 37′ 25″
8^a	358 3 18	9^a	357 48 42	9^a	357 48 42
28^d	27 35 52	17^d	16 45 20	180^d	177 24 51
8^h	19 42	11^h	27 6	14^d	13 47 56
$\frac{3}{5}^h$	1 27	$\frac{1}{6}^h$	24	$7\frac{11}{30}^h$	18 9
	741° 37′ 44″		730° 38′ 57″		904° 57′ 3″
	265° 15′		265° 15′		265° 15′
	1006° 52′ 44″		995° 53′ 57″		1170° 12′ 3″
	720°		720°		1080°
	286° 52′ 44″		275° 53′ 57″		90° 12′ 3″

Um aus diesen Endzahlen, welche die Entfernung der Sonne von dem Apogeum ♊ 5°30′ angeben, den mittleren Ort der Sonne nach Ekliptikzeichen zu finden, addieren wir zu jeder dieser Entfernungszahlen noch die ersten 5°30′ der Zwillinge, um von der Summe ganze Zeichen zu 30° abziehen zu können, wodurch wir als Rest die Grade des gesuchten Zeichens erhalten. Um dann weiter den genauen Ort zu finden, gehen wir mit der vorstehend festgestellten Entfernung vom Apogeum in die Tabelle der Anomalie der Sonne (S. 182) ein und addieren den gefundenen Betrag (vgl. Anm. 24) in den beiden ersten Fällen, weil der Ort der Sonne zwischen Perigeum und Apogeum liegt, subtrahieren ihn aber im dritten Fall, weil der Ort zwischen Apogeum und Perigeum liegt. Die weitere Rechnung gestaltet sich demnach folgendermaßen:

Entfernung vom Apogeum	286° 52′	275° 54′	90° 12′
Grade der Zwillinge	5° 30′	5° 30′	5° 30′
	292° 22′	281° 24′	95° 42′
Ganze Zeichen	270°	270°	90°
Mittlerer Ort	♓ 22° 22′	♓ 11° 24′	♎ 5° 42′
Anomalie	+ 2° 14′	+ 2° 21′	— 2° 23′
Genauer Ort	♓ 24° 36′	♓ 13° 45′	♍ 3° 19′.

30) S. 228. Zur Nachprüfung der Sonnenörter der drei Finsternisse unter Hadrian ist zunächst wieder für jede die seit der Epoche verflossene Zeit nach der genauen Rechnung mit gleichförmigen Sonnentagen festzustellen.

Seit dem Mittag des 1. Thoth des ersten Jahres Nabonassars sind verflossen

1. bis zur Mitte der ersten Finsternis, d. i. bis zum 20/21. Payni $11^h 15^m$ abends im 17ten Jahre Hadrians, welches das 880te seit Nabonassar ist: $879^a 289^d 11^h 15^m$ schlechthin;

2. bis zur Mitte der zweiten Finsternis, d. i. bis zum 2/3. Choiak 11^h abends im 19ten Jahre Hadrians, welches das 882te seit Nabonassar ist: $881^a 91^d 11^h$ schlechthin;

3. bis zur Mitte der dritten Finsternis, d. i. bis zum 19/20. Pharmuthi 4^h früh im 20ten Jahre Hadrians, welches das 883te seit Nabonassar ist: $882^a 228^d 16^h$ schlechthin.

Zur Bestimmung der nach genauer Rechnung seit der Epoche verflossenen Zeit gibt Ptolemäus (S. 235,4) einen Anhalt durch Angabe des genauen Intervalls von $854^a 73^d 23^h 20^m$ zwischen der Finsternis im zweiten Jahre des Mardokempad und der zweiten Finsternis im 19ten Jahre Hadrians. Addiert man dazu das ebenfalls genaue Intervall von $27^a 17^d 11^h 10^m$ seit der Epoche (s. Anm. 29) so erhält man für die zweite Finsternis $881^a 91^d 10^h 30^m$ nach genauer Rechnung, mithin $^1/_2$ Stunde Differenz.

Indem man die S. 229 gegebenen Intervalle einerseits hiervon subtrahiert, anderseits dazu addiert, erhält man für die erste und die dritte Finsternis

$881^a\ 91^d\,10^h\,30^m$	$881^a\ 91^d\,10^h\,30^m$
$1^a\,166^d\,23^h\,37\tfrac{1}{2}^m$	$1^a\,137^d\ 5^h\,30^m$
$879^a\,289^d\,10^h\,52\tfrac{1}{2}^m$	$882^a\,228^d\,16^h\ 0^m$.

Somit ist die Mitte der ersten Finsternis nach genauer Rechnung $22\tfrac{1}{2}^m$ früher eingetreten, während für die Mitte der dritten der Zeitpunkt derselbe bleibt.

Da das 20te Jahr Hadrians das 883te seit Nabonassar ist, so ergibt sich das 21te als das 884te, mithin das erste als das 863te. Diesen Zahlen genau entsprechend werden in dem Ptolemäischen Kanon der Regenten dem Hadrian 21 Jahre vom 863ten bis zum 884ten Jahre seit Nabonassar zugeschrieben, und dem Antonin weitere 23 bis zum 907ten Jahre. Nach dem ägyptischen Wandeljahre (Ginzel, Chron. I S. 139) regiert diesen Angaben entsprechend

Hadrian: 25. Juli 116—19. Juli 137 n. Chr.,
Antonin: 20. Juli 137—13. Juli 160 n. Chr.

In diesen Ansätzen liegt ein scheinbarer chronologischer Zwiespalt gegen den üblichen Ansatz der Regierungszeit beider Kaiser nach der christlichen Zeitrechnung:

Hadrian: 11. August 117—10. Juli 138 n. Chr.,
Antonin: 11. Juli 138—6. März 161 n. Chr.

Daß Ptolemäus dem Hadrian bereits das Jahr 116 zuschreibt, erklärt Ideler (Chron. I S. 113) damit, daß Hadrian nach Erlangung der *tribunicia potestas* vom Jahre 116 ab als der Mitregent des Trajan angesehen worden sei, und daß nach einer auch sonst befolgten Regel des Kanon die gemeinsamen Regierungsjahre dem späteren Regenten zugeschrieben würden. Nun erwächst aber dem Hadrian über den 19. Juli 137 hinaus bis zu seinem Tode am 10. Juli 138 ein 22tes Regierungsjahr; allein da in dieses Jahr noch 9 Regierungstage des Antonin fallen, so mußte dieses 22te Jahr des Hadrian dem Antonin als erstes Jahr zugeschrieben werden, gerade wie das Wandeljahr vom 14. Juli 160 bis 13. Juli 161, in welchem am 6. März Antonin gestorben ist, als erstes für Mark Aurel zu gelten hat.

Für die Regierungsjahre Hadrians, in welche Finsternisse (25. April 125, 6. Mai 133, 20. Oktober 134, 6. März 136) fallen, läßt sich demnach folgender Kanon aufstellen, der noch bis zum dritten Regierungsjahr Antonins (S. 142,9) weitergeführt sei:

9tes Jahr Hadrians, das 872te seit Nab., vom 23. Juli 124—22. Juli 125;
17tes „ „ „ 880te „ „ „ 21. Juli 132—20. Juli 133;
19tes „ „ „ 882te „ „ „ 21. Juli 134—20. Juli 135;

20tes Jahr Hadrians,	das	883te	seit Nab., vom	21. Juli 135–19. Juli 136;
21tes „ „	„	884te	„ „ „	20. Juli 136–19 Juli 137;
1tes Jahr Antonins,	„	885te	„ „ „	20. Juli 137–19 Juli 138;
2tes „ „	„	886te	„ „ „	20. Juli 138–19. Juli 139;
3tes „ „	„	887te	„ „ „	20. Juli 139–18. Juli 140.

31) S. 228 3mal. Nachdem (Anm. 30) die Zwischenzeiten seit der Epoche bis zu den Finsternissen unter Hadrian nach der Rechnung mit gleichförmigen Sonnentagen festgestellt sind, und zwar

die Zeit bis zur ersten mit $879^a\,289^d\,10\frac{7}{8}{}^h$,
„ „ „ „ zweiten mit $881^a\;91^d\,10\frac{1}{2}{}^h$,
„ „ „ „ dritten mit $882^a\,228^d\,16^h$,

gestaltet sich die Rechnung nach den Sonnentafeln und der Tabelle der Anomalie (vgl Anm 29) folgendermaßen:

	$810^a\,163^0\;4'\,12''$	$810^a\,163^0\;4'\,12''$	$810^a\,163^0\;4'\,12''$
	$54^a\,346\;52\;16$	$54^a\,346\;52\;16$	$72^a\,342\;29\;42$
	$15^a\,356\;21\;11$	$17^a\,355\;52$ —	
	$270^d\,266\;\;7\;17$	$90^d\;\;88\;42\;25$	$210^d\,206\;59$ —
	$19^d\;\;18\;43\;37$	$1^d\;\;\;59\;\;8$	$18^d\;\;17\;44\;29$
	$10\frac{7}{8}{}^h\;\;26\;44$	$10\frac{1}{2}{}^h\;\;25\;52$	$16^h\;\;39\;25$
	$1151^0\,35'\,17''$	$955^0\,55'\,53''$	$730^0\,56'\,48''$
	$265^0\,15'$	$265^0\,15'$	$265^0\,15'$
	$1416^0\,50'\,17''$	$1221^0\,10'\,53''$	$996^0\,11'\,48''$
	1080^0	1080^0	720^0
Entfernung v. Apog.	$336^0\,50'\,17''$	$141^0\,10'\,53''$	$276^0\,11'\,48''$
Grade der Zwillinge	$5^0\,30'$	$5^0\,30'$	$5^0\,30'$
	$342^0\,20'\,17''$	14[illegible]$^0\,40'\,53''$	$281^0\,41'\,48''$
Ganze Zeichen	330^0	120^0	270^0
Mittlerer Ort	♉ $12^0\,20'\,17''$	♎ $26^0\,40'\,53''$	♓ $11^0\,41'\,48''$
Anomalie	$+\,0^0\,53'\,40''$	$-\,1^0\,32'$	$+\,2^0\,21'$
Genauer Ort	♉ $13^0\,13'\,57''$	♎ $25^0\;8'\,53''$	♓ $14^0\;2'\,48''$.

32) S. 244. Da der Mond sich auf dem Epizykel gegen die Richtung der Zeichen bewegt, so liegt auf der Laufstrecke vom Apogeum zum Perigeum (d. i. von 0^0 bis 180^0) der genaue Ort B hinter dem vom Epizykelmittelpunkt M in der Ekliptik eingenommenen mittleren Ort um den $\angle MEB$ zurück. Soll also der genaue Ort B aus dem gegebenen mittleren Ort M gefunden werden, so tritt Abzug des Winkels ein. Dagegen liegt auf der Laufstrecke vom Perigeum zum Apogeum (d. i. von 180^0 bis 360^0) der genaue Ort C dem mittleren Ort M um den $\angle MEC$ voraus. Soll also der genaue Ort C aus dem gegebenen mittleren gefunden werden, so muß Zusatz des Winkels eintreten.

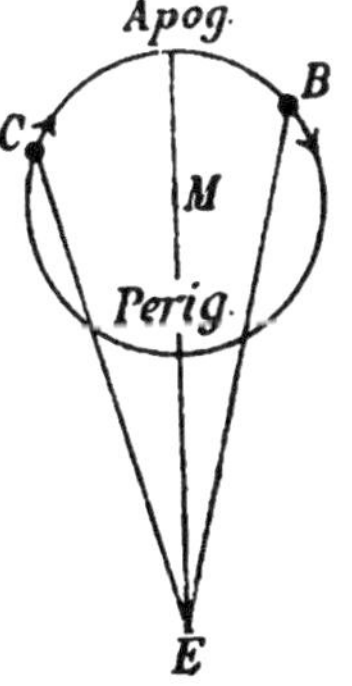

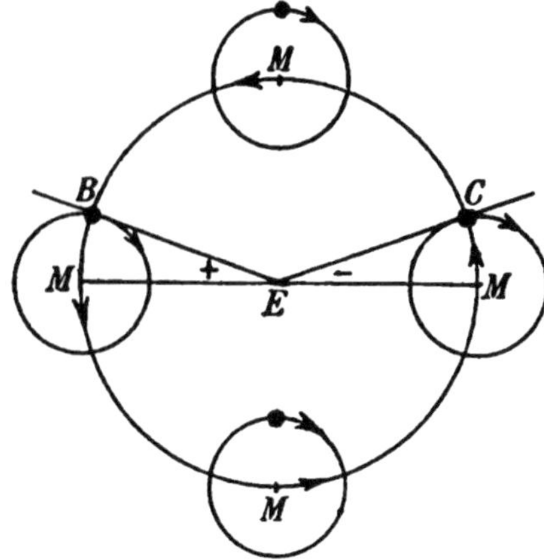

Soll dagegen umgekehrt (S. 227 Anm., 234 Anm.) der mittlere Ort (M) aus dem durch die Beobachtung gegebenen genauen Ort (B oder C) gefunden werden, so wird der Winkel der Anomaliedifferenz zwischen Apogeum und Perigeum addiert, zwischen Perigeum und Apogeum aber subtrahiert.

33) S. 252 zweimal. Zweifellos richtig hat Ideler (Hist. Unters. über die astron. Beob. der Alten S. 216 f.) νδ′ (54) für νε′ (55) korrigiert, eine Verbesserung, welche dadurch bestätigt wird, daß im Codex D νε′ von der Korrektur der zweiten Hand herrührt. Weil nämlich das Kallippische Jahr von Sommerwende zu Sommerwende läuft, müssen die beiden Finsternisse, von welchen die erste (22. Sept. 201 v. Chr.) im Herbst, die zweite (19. März 200 v. Chr.) im Frühling stattfand, in dasselbe Kallippische Jahr (201/200 v. Chr.), also in das für die erste Finsternis angegebene 54te fallen (vgl. Anm. 20). Demnach ist hier nach Änderung von 55 in 54 der Zusatz „in dem(selben)" 54ten Jahre ebenso gerechtfertigt wie bei der dritten Finsternis (S. 252,28) die schon von Ideler vorgenommene Streichung von αὐτῷ; denn die durch die Sommerwende getrennten Daten (19. März 200 v. Chr. und 12. Sept. 200 v. Chr.) der zweiten und der dritten Finsternis können nicht demselben 55ten Kallippischen Jahr angehören. Heiberg schreibt im Index (II p. 277 unter Κάλλιππος) den Fehler dem Ptolemäus selbst zu.

34) S. 259. Wenn der Vollmond im Apogeum des Epizykels, d. i. in Erdferne eintritt, liegt die erste, d. i. die dem Vollmond vorangehende Quadratur oder das erste Viertel in der Mitte der Laufstrecke zwischen Perigeum und Apogeum, auf welcher die erste Anomalie zur Gewinnung des genauen Ortes (s. Anm. 32) positiv ist. Die auf den Vollmond folgende zweite Quadratur oder das letzte Viertel wird dann in der Mitte der Laufstrecke zwischen Apogeum und Perigeum eintreten, auf welchem die erste Anomalie zur Gewinnung des genauen Ortes negativ ist.

Tritt aber der Vollmond in dem Perigeum des Epizykels, d. i. in Erdnähe ein, so liegt die ihm vorangehende erste Quadratur in der Mitte der Laufstrecke zwischen Apogeum und Perigeum mit der negativen Anomaliedifferenz, worauf die dem Vollmond folgende zweite Quadratur auf der entgegengesetzten Laufstrecke mit der positiven Anomaliedifferenz eintritt.

Diese in der zweiten Anomalie sich äußernde Veränderung der Geschwindigkeit des Mondlaufs wird von der modernen Astronomie als die Evektion bezeichnet. Sie ist die Folge der Anziehungskraft der Sonne, welche auf den Mond bald stärker bald schwächer wirkt, je nachdem sich seine Entfernung von der Sonne mit dem Umlauf der Apsidenlinie seiner elliptischen Bahn verändert.

35) S. 285. Einem Beispiel der Berechnung habe ich in der Abhandlung über „Hipparchs Theorie des Mondes nach Ptolemäus (Weltall 8. Jahrg. S. 1,26 und 45 ff.) die (S. 274,32; 279,5) besprochene Beobachtung des Hipparch zugrunde gelegt. Die seit der Epoche bis zur Beobachtung verflossene Zeit hatte Ptolemäns a. a. Orte mit $620^{a}\,286^{d}\,3\,{}^{2}/_{3}{}^{h}$ nach genauer Rechnung festgestellt. Nach den Sonnen- und den Mondtafeln werden für diese Zwischenzeit folgende Grundzahlen zur Berechnung des Mondlaufs an die Hand gegeben:

1. mittlerer Ort der Sonne ♋ 12° 5′
2. mittlerer Ort des Mondes
   a) in Länge von ♈ 0° ab 117° 20 = ♌ 27° 20′
   b) in Anomalie vom mittleren Apogeum 333° 12′
   c) in Breite vom nördlichen Grenzpunkt 200° 0′
   d) in mittlerer Elongation (s S. 276,1) 45° 15′.

Um nun nach der Tabelle der Gesamtanomalie des Mondes (S. 286) die Anomaliedifferenz zu ermitteln, verdoppelt man zunächst die Elongation des mittleren Mondes von der mittleren Sonne, um mit $2 \times 45^{\circ}15' = 90^{\circ}30'$ die Entfernung des Epizykelmittelpunktes von dem Apogeum des Exzenters zu erhalten. Geht man (zur Vereinfachung der Rechnung) mit der Argumentzahl 90 in die Tabelle ein, so bietet die dritte Spalte als Unterschied des genauen Apogeums des Epizykels von dem mittleren $+12^{\circ}$ (S. 280,12). Zu addieren ist diese Zahl zur Gewinnung des genauen Apogeums, weil der Epizykel bei der Elongation 90° auf dem Halbkreis (0° bis 180°) des Exzenters zwischen Apogeum und Perigeum steht, auf welchem das genaue Apogeum (g) des Epizykels dem mittleren (m) vorangeht. Zur Argumentzahl $333^{\circ} + 12^{\circ} = 345^{\circ}$ gibt weiter die vierte Spalte (als Mittel zwischen 0° 57′ und 1° 25′) die Differenz der einfachen Anomalie mit 1° 11′. Gleichzeitig notiert man sich aus der fünften Spalte den dieser Differenz entsprechenden Überschuß der zweiten Anomalie (als Mittel zwischen 0° 28′ und 0° 42′) mit

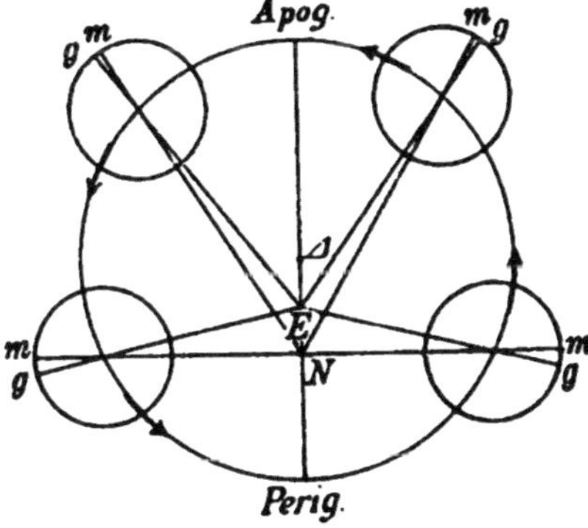

0°35′. Von diesem Überschuß sind jedoch, wie die Sechzigstel der sechsten Spalte zur Argumentzahl 90 an die Hand geben, nur $^{26}/_{60}$ (mit Vernachlässigung von 36″) in Rechnung zu bringen. Es sind demnach nur $0°35' \times {}^{26}/_{60} = 0°15'$ zu 1°11′ zu addieren Hiermit ist die Differenz der Gesamtanomalie mit + 1°26′ (S. 276,22) gefunden. Denn weil die genaue Zahl 345 der Anomalie über 180 hinausgeht, so addiert man diesen Betrag (vgl. Anm. 32) zu den Graden der mittleren Länge des Mondes und erhält den genauen Ort des Mondes mit 117°20′ + 1°26′ = 118°46′, d. i. mit ♌ 28°46′. Somit fehlen 14′ an dem von Hipparch mit ♌ 29° beobachteten scheinbaren Ort, der zugleich der genaue in Länge, d. h. der durch eine Längenparallaxe nicht beeinflußte Ort (S. 275,1) sein soll, worauf bereits (S. 276 Anm.) aufmerksam gemacht worden ist.

Geht man schließlich mit der um die Anomaliedifferenz gleichfalls vermehrten Zahl der Breite, d. i. mit 222° + 1°26′ = 223° 26′ in die siebente Spalte der Tabelle der Gesamtanomalie ein, so findet man den wahren (geozentrischen) Ort des Mondes in Breite (als Mittel zwischen 3°32′ und 3°43′) mit 3°38′ südlich der Ekliptik; denn die Argumentzahl steht in den tieferen Zeilen, welche von 90° bis 270° den vom niedersteigenden bis zum aufsteigenden Knoten verlaufenden Halbkreis der Mondbahn betreffen. Hierzu ist noch zu bemerken, daß, wenn der scheinbare, d. i der von dem Standpunkt des Beobachters erschaute Ort des Mondes gefunden werden soll, die südlich der Ekliptik die Breite vermehrende Breitenparallaxe des Mondes zu berücksichtigen ist, was im vorliegenden Fall eine reine Breitenparallaxe sein würde, weil in Rhodus die Ekliptik im letzten Drittel des Löwen, wenn dasselbe eine Stunde westlich des Meridians steht, von dem durchgezogenen Höhenkreis unter rechten Winkeln geschnitten wird, woraus sich das Fehlen einer Längenparallaxe zur Stunde der Beobachtung (S. 275, 1) erklärt.

36) S. 295. Über die betreffende Sonnenfinsternis unterrichtet uns Pappus in dem zu diesem Kapitel der Syntaxis erhaltenen Teile seines Kommentars (Hultsch, Hipparchos über die Größe und Entfernung der Sonne. Ber. d. phil.-hist Kl. d K S. Ges. d. W. Leipzig 1900 S 195). Er macht aus der verlorenen Schrift Hipparchs über die Größen und Entfernungen der Sonne und des Mondes folgende Mitteilung. „In dem ersten Buche verzeichnet er folgende Erscheinung: in der Gegend des Hellespont ist genau eine totale Sonnenfinsternis eingetreten, während in Alexandria in Ägypten nur nahezu $^4/_5$ des Durchmessers verfinstert wurden. Auf Grund dieser Beobachtungen zeigt er im ersten Buche, daß, wenn man den Erdhalbmesser als Einheit setzt, die kleinste Entfernung des Mondes 71, die größte 83, mithin die mittlere 77 Erdhalbmesser beträgt. Nachdem er nun dies, was ihm zunächst vor-

lag, nachgewiesen hatte, fügt er am Ende desselben Buches hinzu: ‚in dieser Abhandlung habe ich den Beweis bis zu diesen Folgerungen geführt; damit der Leser aber nicht glaube, daß die Erörterung über die Entfernung des Mondes schon zu einem völlig klaren Abschluß gediehen sei, bemerke ich, daß hierzu noch eine weitere Untersuchung zu erledigen ist, nach welcher die Entfernung des Mondes sich kleiner als die soeben berechnete Entfernung erweisen wird,' womit er selbst zugesteht, daß er über die Parallaxen durchaus nichts Zuverlässiges melden kann. Ferner zeigt er ausführlich im zweiten Buche über die Größen und Entfernungen, daß die kleinste Entfernung des Mondes 62, die mittlere $67\frac{1}{3}$ Erdhalbmesser und die Entfernung der Sonne 2490 Erdhalbmesser beträgt. Hieraus ist auch klar, daß auf die größte Entfernung des Mondes $72\frac{2}{3}$ Erdhalbmesser kommen."

Was den Zeitpunkt der erwähnten Sonnenfinsternis anbelangt, so entscheidet sich Hultsch a. a. O. für die Finsternis am 20. November 129 v. Chr., weil erstens die Verfinsterung am nächsten an die von Hipparch mit $\frac{4}{5}$ angegebene Größe herankommt, und weil zweitens die Erwartung zutrifft, daß die Himmelserscheinung von ihm selbst hat beobachtet werden können.

37) S. 312. Es ist zu beweisen, daß $\Pi P + \Theta\Sigma = 2NM$. Zieht man die an der Figur punktierten Hilfslinien, so verhält sich nach Eukl. VI. 4

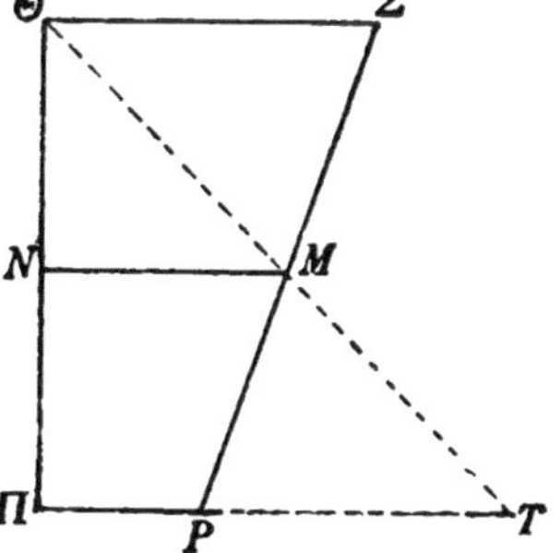

$\Theta\Pi : \Pi T = \Theta N : NM$.

Nun ist $\Theta\Pi = 2\Theta N$ nach Annahme

also $\Pi T = 2NM$ [(S. 311,17),

Es ist aber $\Pi T = \Pi P + PT$ und $PT = \Theta\Sigma$,

mithin $\Pi T = \Pi P + \Theta\Sigma$.

Nun war $\Pi T = 2NM$,

folglich ist $\Pi P + \Theta\Sigma = 2NM$.

38) S. 318. An erster Stelle (I) handelt es sich um die Veränderung der Entfernung von der Erde, welche eintritt, wenn der Mond nicht genau im Apogeum oder Perigeum des Epizykels steht, sondern in den beiderseits vom Apogeum oder beiderseits vom Perigeum gleichweit entfernten Punkten des Epizykels. Hierbei sind zu unterscheiden:

A. Die Zwischenstellungen des Mondes auf dem Epizykel, während der Epizykel selbst im Apogeum des Exzenters steht. Diese sind es, welche die zwischen der Grenze *a* ($65^p 15'$) und der Grenze *b* ($54^p 45'$) liegenden Entfernungen von der Erde verursachen. Die ganze Differenz zwischen größter und kleinster Entfernung beträgt $10^p 30'$. Je kleiner die Entfernung des Mondes von der Erde durch Annäherung an das Perigeum des Epizykels, d. i. an die Grenze *b* wird, um so mehr nähert sich der Unterschied zwischen der Grenze a und der Entfernung der jeweiligen Zwischenstellung der ganzen Differenz $10^p 30'$, bis er im Perigeum selbst gleich der ganzen Differenz wird: somit hat die Entfernung die Grenze b erreicht. Es ist also zunächst von Gradabschnitt zu Gradabschnitt die Entfernung des Mondes in der Zwischenstellung auf dem Epizykel zu berechnen, alsdann der Unterschied der gefundenen Entfernung gegen die größte Entfernung $65^p 15'$ zu bilden und schließlich dieser Unterschied als ein Sexagesimalbruchteil der ganzen Differenz darzustellen. So beträgt bei 60^0 Entfernung vom Apogeum des Epizykels die Entfernung des Mondes von der Erde $62^p 48'$, der Unterschied gegen die größte Entfernung $65^p 15'$ ist demnach $2^p 27'$. Setzt man nun die ganze Differenz $10^p 30'$ gleich $60'$, so ergibt sich als Verhältniszahl für den Unterschied $2^p 27'$ aus der Proportion

$$2^p 27' : 10^p 30' = x : 60'$$

$$x = \frac{60 \cdot 2^p 27'}{10^p 30'} = \frac{8820'}{630} = 14'.$$

D. h.: bei 60^0 Entfernung vom Apogeum des Epizykels beträgt der Unterschied der Entfernung gegen die größte Entfernung $^{14}/_{60}$ der Differenz zwischen der größten und der kleinsten Entfernung.

B. Die Zwischenstellungen des Mondes auf dem Epizykel, während der Epizykel selbst im Perigeum des Exzenters steht. Diese sind es, welche die zwischen der Grenze c (68^π) und der Grenze d (52^π) liegenden Entfernungen verursachen. Die ganze Differenz der Entfernung beträgt 16^π. Während im Apogeum des Exzenters die Entfernung (ΕΑ S. 269,1) des Epizykelmittelpunktes den ganzen Halbmesser des Konzenters, auf welchem sich das Apogeum des Exzenters rückläufig bewegt, (d. i. 60^p) beträgt, macht im Perigeum des Exzenters diese Entfernung (ΕΓ) rund $^2/_3$ (genau $39^3/_8{}^p$) dieses Halbmessers aus, so daß auf die Grenze c ($39^p 22' + 5^p 15' =$) $44^p 37'$ und auf die Grenze d ($39^p 22' - 5^p 15' =$) $34^p 7'$ entfallen. Da aber das im Perigeum des Exzenters geltende Verhältnis ($39^3/_8{}^p : 5^1/_4{}^p$) in das Sexagesimalmaß ($60^\pi : 8^\pi$) umgewandelt wird, so müssen auch die Grenzen der Entfernung des Mondes, wenn er bei Stand des Epizykels im Perigeum des Exzenters im Apogeum oder Perigeum des Epizykels steht, in Sechzigteilen der kleinsten Entfernung (ΕΓ) des Epizykelmittelpunktes, d. i. durch $60^\pi + 8^\pi$ und $60^\pi - 8^\pi$ ausgedrückt werden, so daß sich als ganze Differenz ($68^\pi - 52^\pi =$) 16^π ergibt. Ist nun bei 60^0 Entfernung vom Apogeum des Epizykels die Zwischenentfernung mit $64^\pi 23'$ errechnet, so erhält man den Unterschied gegen die größte Entfernung mit ($68^\pi - 64^\pi 23' =$) $3^\pi 37'$ und, wenn man die ganze Differenz 16^π gleich $60'$ setzt, für $3^\pi 37'$ als Verhältniszahl aus der Proportion

$$3^\pi 37' : 16^\pi = x : 60'$$

$$x = \frac{60 \;\, 3^\pi 37'}{16^\pi} = \frac{13020'}{960} = 13\frac{54'}{96} \quad \text{oder} \quad 13' 33''.$$

An zweiter Stelle (II) handelt es sich um die Veränderung der Entfernung von der Erde, welche eintritt, wenn der Epizykel nicht genau im Apogeum oder im Perigeum des Exzenters steht, sondern zwischen Apogeum und Perigeum des Exzenters, wobei natürlich auf die beiderseits gleichweit entfernten Punkte dieselbe Erdentfernung entfällt. Die größte Entfernung (EA) des Epizykelmittelpunktes beträgt, wie gesagt, im Apogeum des Exzenters 60^p, die kleinste (EΓ) im Perigeum desselben $39^p 22'$. Die ganze Differenz der Entfernung ist demnach $20^p 38'$. Wieder ist zunächst die in jeder Einzellage eintretende Erdentfernung des Epizykelmittelpunktes zu berechnen, hierauf der Unterschied gegen die größte oder die kleinste Entfernung festzustellen und schließlich dieser Unterschied als ein Sexagesimalbruchteil der ganzen Differenz darzustellen. Ist z. B. bei 60^0 Entfernung vom Apogeum des Exzenters die Zwischenentfernung mit $54^p 3'$ gefunden, so beträgt der Unterschied gegen die größte Entfernung ($60^p - 54^p 3' =$) $5^p 57'$. Setzt man nun die ganze Differenz $20^p 38'$ gleich $60'$, so ergibt sich für $5^p 57'$ als Verhältniszahl aus der Proportion

$$5^p 57' : 20^p 38' = x : 60'$$

$$x = \frac{60 \cdot 5^p 57'}{20^p 38'} = \frac{21420'}{1238} = 17\frac{374'}{1238} \quad \text{oder} \quad 17'18''.$$

39) S. 322. 324. Zu den Argumentzahlen der Parallaxentafel ist folgendes zu bemerken. Während sie für die Spalten der Parallaxen die auf dem Quadranten eines Höhenkreises gemessenen scheinbaren Zenitabstände des Mondes angeben, bedeuten sie für die Spalten der Sechzigstel, auf den Epizykel und den Exzenter bezogen, Doppelgrade, insofern die Argumentzahl 90 auf die Perigeen, d. i. auf den 180. Grad dieser Kreise entfällt. Zur Bestimmung der Erdentfernungen reichen die Gradzahlen des einen Halbkreises vom Apogeum bis zum Perigeum aus, weil in den genau entsprechenden Punkten des Halbkreises vom Perigeum bis zum Apogeum die Erdentfernungen und somit auch die Parallaxen gleichgroß sind. Daher genügte es, den einen Halbkreis von Epizykel und Exzenter in 15 Abschnitten von je 12^0 in Rechnung zu ziehen, welche natürlich für die Argumentzahlen, die nur bis 90 gehen, von 6^0 zu 6^0 laufen. Um schließlich die auf je 2^0 dieser Zählung entfallenden Beträge der Sechzigstel zu erhalten, welche für Abschnitte von je 6 Doppelgraden des Exzenters und Epizykels gewonnen worden sind, hat Ptolemäus unter der Annahme, daß die Zunahme in so kleinen Abschnitten gleichmäßig sei, die von 12^0 zu 12^0 berechneten Sechzigstel einfach durch 3 dividiert, wie aus den drei ersten Zeilen der drei letzten Spalten ohne weiteres hervorgeht.

Einem Beispiel der Parallaxenberechnung sei die Annahme zugrunde gelegt, daß der Mond in Rhodus in 48^0 mittlerer Elongation von der Sonne. d. i. ungefähr im ersten Oktanten, 2 Stunden westlich des Meridians im ersten Grad der Fische stehe. In Anomalie mag für diese Stunde nach den Mondtafeln die auf das genaue Apogeum des Epizykels bereits reduzierte Entfernung mit 132° errechnet sein.

Um zunächst den Zenitabstand des Mondes festzustellen, gehen wir mit der Stundenzahl 2 in die Winkeltabelle für Rhodus (S. 125), und zwar in die Tabelle für das Zeichen der Fische ein. Dort finden wir in der zweiten Spalte (rund) 56°. Hierzu ist zu bemerken, daß Ptolemäus stillschweigend voraussetzt, daß der Mond keine Breite habe, d. i. genau in der Ekliptik stehe; denn der in der Tabelle angesetzte Zenitabstand kommt zu diesem Zeitpunkt lediglich dem ersten Grad der Fische zu. Indem wir nun mit der Argumentzahl 56 in die erste Spalte der Parallaxentafel (S. 323) eingehen, notieren wir uns (mit Vernachlässigung der Sekunden) die in der dritten bis sechsten Spalte stehenden Beträge: 44′, 8′, 1°5′, 21′. Hierauf gehen wir, weil es Epizykelgrade sind, mit der Hälfte der Anomaliezahl, also mit 66, wieder in die erste Spalte der Parallaxentafel ein und notieren uns die in der siebenten und achten Spalte stehenden Sechzigstel 49 und 48. Erstere $^{49}/_{60}$ nehmen wir von dem Überschuß 8′ der vierten Spalte und addieren das Ergebnis 6′33″ zu der Parallaxe 44′ der dritten Spalte, was 50′33″ gibt, während wir $^{48}/_{60}$ von dem Überschuß 21′ der sechsten Spalte nehmen und das Ergebnis 16′4″ zu der Parallaxe 1°5′ der fünften Spalte addieren, was 1°21′4″ gibt. Hiermit sind die Höhenparallaxen festgestellt, welche der Mond, wenn er 132° von dem genauen Apogeum des Epizykels entfernt steht, bei 56° Zenitabstand einerseits in der Syzygie (50′33″), d. i. bei dem Stand des Epizykels im Apogeum des Exzenters zeigt, anderseits in der Quadratur (1°21′4″), d. i. bei dem Stand des Epizykels im Perigeum des Exzenters. Hierauf stellen wir mit 30′31″ die Differenz dieser beiden Parallaxen fest.

Nunmehr gehen wir mit der Zahl der mittleren Elongation des Mondes von der Sonne, d. i. mit 48, und zwar mit der einfachen Zahl, weil sie für den Exzenter Doppelgrade vom Apogeum ab bedeutet, wieder in die erste Spalte der Parallaxentafel ein, nehmen die in der neunten Spalte stehenden $^{36}/_{60}$ von der soeben festgestellten Differenz 30′31″ und addieren das Ergebnis 18′18″ zu der Syzygieparallaxe 50′33″. In dem schließlichen Ergebnis 1°8′50″ ist die Höhenparallaxe gefunden, welche der Mond bei dem Stand des Epizykels nahezu in der Mitte zwischen Apogeum und Perigeum des Exzenters bei 132° Entfernung vom genauen Apogeum des Epizykels bei 56° Zenitabstand zeigt.

Will man sich das komplizierte Rechenexempel durch Aufstellung einer Formel übersichtlich machen, so bezeichne man die in den Spalten 3—6 stehenden Parallaxenbeträge für die vier Entfernungsgrenzen mit e^1, $e^2 - e^1$, e^3, $e^4 - e^3$, die in den Spalten 7 und 8 angesetzten Sechzigstel mit s^1 und s^2, endlich die in der 9ten Spalte stehenden Sechzigstel mit s. Alsdann erhält man

die Syzygieparallaxe $S = e^1 + s^1(e^2 - e^1) =$ 50′ 33″
die Quadraturparallaxe $Q = e^3 + s^2(e^4 - e^3) =$ 1° 21′ 4″
die Zwischenparallaxe $Z = S + s\ (Q - S) =$ 1° 8′ 51″.

Das räumliche Verhältnis dieser drei Parallaxen zueinander veranschaulicht die beistehende Figur, welche die in Frage kommenden Mondentfernungen Ea mit der Parallaxe S, Eb mit der Parallaxe Q und Ec mit der Parallaxe Z auf denselben Halbmesser des Konzenters abgetragen zeigt. Die Strecke der ganzen Differenz ab, welche nahezu den doppelten Durchmesser des Epizykels oder das Doppelte der Exzentrizität ($2E\Delta = 20^p 38'$) beträgt, bleibt stets dieselbe, weil nur Positionen des Mondes zueinander in Vergleich gestellt werden, bei denen er dieselbe Entfernung vom Apogeum des Epizykels und denselben Zenitabstand hat. Die Lage des Punktes c rückt auf diesem Halbmesser von a nach b zu in dem Verhältnis, in welchem sich der Epizykelmittelpunkt M dem Perigeum P des Exzenters nähert, liegt demnach bei dem durchgeführten Beispiel der Parallaxenberechnung nahezu in der Mitte zwischen a und b, weil $s = {}^{36}/_{60}$ war. Die Strecke ab ist daher sozusagen die Skala, welche in die Sechzigstel der neunten Spalte eingeteilt zu denken ist, um welche Punkt c von vier zu vier Graden des Exzenters dem Punkte b näherrückt.

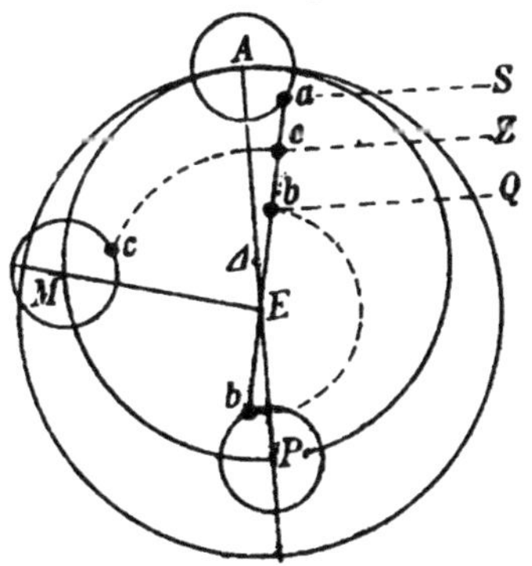

40) S. 326. Die Zerlegung der gefundenen Höhenparallaxe ΔH in ihre Komponenten, d. i. in die Längenparallaxe ΘH und die Breitenparallaxe ΔΘ, wird auf folgendem Wege erzielt. Der Winkeltabelle für das Zeichen der Fische (S. 125) entnehmen wir aus der vierten Spalte den zur 2ten Stunde gesetzten westlichen Winkel EBA, welcher von dem Höhenkreis EB im Anfang der Fische mit der Ekliptik gebildet wird: derselbe beträgt (rund) 40°. Hierzu ist wieder zu bemerken, daß dieser Höhenkreis keineswegs identisch ist mit dem Höhenkreis EZ, auf welchem der Mond steht. Einzig der von letzterem Höhenkreis mit der Ekliptik gebildete Winkel EZB ist als Gegen-

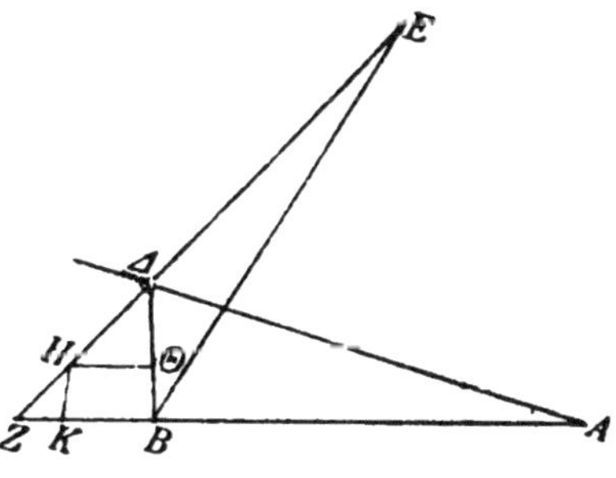

winkel gleich dem $\angle\,\Delta H\Theta$ des rechtwinkligen Parallaxendreiecks $\Delta\Theta H$, während der durch die Tabelle gegebene Winkel EBA demselben nur annähernd gleich sein kann. Daher bedarf das Verfahren der weiterhin (S. 330 ff.) von Ptolemäus dargelegten komplizierten Korrektion.

Von den vier Winkeln, welche um den Schnittpunkt B herumliegen, ist allgemein (S. 102,7) der maßgebende der nördlich der Ekliptik nach Osten zu gelegene Winkel. An der dem Stande des Mondes zwei Stunden westlich des Meridians entsprechend gezeichneten Figur ist es der spitze Winkel EBA der beiden nördlich der Ekliptik liegenden Nebenwinkel. Es ist klar, daß in allen Fällen nur der kleinere Winkel (vgl. S. 326,10) in Frage kommen kann, weil er dem spitzen Winkel eines rechtwinkligen Dreiecks (wenigstens annähernd) gleich sein soll.

Die Berechnung der Katheten $\Delta\Theta$ und ΘH geht nach den Sehnentafeln (vgl. Anm. 9) in der üblichen Weise vor sich. Unter der vorläufigen Annahme, daß $\angle\,EBA = \angle\,\Delta H\Theta$, ist auch

$$\angle\,\Delta H\Theta = 40^\circ \text{ wie } 4R = 360^\circ,$$
$$= 80^\circ \text{ wie } 2R = 360^\circ;$$

$$\text{folglich} \left\{\begin{array}{l} b\,\Delta\Theta = 80^\circ \\ ,b\,\Theta H = 100^\circ \end{array}\right\} \text{ wie } \ominus\,\Delta\Theta H = 360^\circ,$$

$$\text{also} \left\{\begin{array}{l} s\,\Delta\Theta = 77^p\,8' \\ ,s\,\Theta H = 91^p 55' \end{array}\right\} \text{ wie } h\,\Delta H = 120^p.$$

Unter der bei so kleinen Größen gerechtfertigten Voraussetzung, daß die Bogen des um das Parallaxendreieck gezogenen Kreises ganz unbeträchtlich verschieden seien von den sie unterspannenden Sehnen, gelangt man zunächst zu der Annahme, daß die Breitenparallaxe zur Längenparallaxe sich verhalte wie die ersterer entsprechende Sehne zu der letzterer entsprechenden. Um aber ihre Größen aus dem gefundenen Betrag der Höhenparallaxe abzuleiten, bedarf es der von Ptolemäus stillschweigend gemachten weiteren Annahme, daß die beiden Parallaxen sich auch zur Höhenparallaxe verhalten wie die Katheten des Parallaxendreiecks zur Hypotenuse, daß also

$$,b\,\Theta H : b\,\Delta H = k\,\Theta H : h\,\Delta H,$$
$$b\,\Delta\Theta : b\,\Delta H = k\,\Delta\Theta : h\,\Delta H.$$

Setzt man nun den für die Höhenparallaxe ΔH mit (rund) $1^\circ 9'$ gefundenen Wert und für die Dreieckseiten die den Sehnentafeln entnommenen Beträge ein, so erhält man

$$,b\,\Theta H : 1^\circ 9' = 91^p 55' : 120^p,$$
$$,b\,\Theta H = \frac{1^\circ 9' \cdot 91^p 55'}{120^p} = 52'51'';$$
$$b\,\Delta\Theta : 1^\circ 9' = 77^p 8' : 120^p,$$
$$b\,\Delta\Theta = \frac{1^\circ 9' \cdot 77^p 8'}{120^p} = 44'21''.$$

Da ∠ EBA kleiner als 90° ist, so wirkt die Längenparallaxe (BK = ΘH) westwärts (S. 327,21), d. i. gegen die Richtung der Zeichen, so daß der scheinbare Ort des Mondes in Länge nicht identisch ist mit dem genauen Ort in ♓ 0° (B), sondern (53′ rückwärts) in ♒ 29°7′ (K) liegt. Die südwärts wirkende Breitenparallaxe wird die an der Figur nördlich angesetzte wahre Breite des Mondes vermindern, so daß die scheinbare Breite (HK = ΘB) um ¾° kleiner wird als die wahre oder geozentrische (ΔB).

41) S. 334. Die Unklarheit des Ausdrucks spricht ebenso wie der mangelnde Zusammenhang dafür, daß hier ein in den Text eingedrungenes Scholion vorliegt. Der erste Teil wird durch folgende Erörterung einigermaßen verständlich. Wenn der Mond in seiner kleinsten Entfernung eine nördliche Breite von 5° hat, so daß sein Zenitabstand beispielshalber für Alexandria (S. 299,4) rund 2° ausmacht, so beträgt seine Parallaxe bei diesem Zenitabstand für die vierte Entfernungsgrenze, d. i. in Erdnähe, nach der Parallaxentafel 0°3′50″. Hat er aber keine Breite, so beträgt sie bei 7° Zenitabstand gleichfalls in Erdnähe 0°13′15″. Der Unterschied beträgt demnach nur mit Vernachlässigung der Sekunden 10′.

Eine verständliche Interpretation des zweiten Teils kann nur lauten: wenn der Mond in der Konjunktion nördlich eines Knotens eine wahre Breite von 1½° hat, so wird eine Berührung des Sonnenrandes nur dann möglich sein, wenn die Breitenparallaxe des Mondes mindestens ebensoviel beträgt. Die Bemerkung „so etwas trifft aber selten zusammen“ ist so oberflächlich und nichtssagend, daß sie mit der Gründlichkeit, mit welcher Ptolemäus (S. 363-72) diesen Fall erörtert, unvereinbar erscheint.

42) S. 342. Es soll z. B. nach den Syzygietabellen festgestellt werden, an welchem Tage und zu welcher Stunde im 10ten Monat des 17ten Jahres Hadrians, d. i. im Payni (Mai 133 n. Chr.), der genaue Vollmond eingetreten ist (vgl. S. 228,10). Es ist das 880te Jahr seit Nabonassar (s. Anm. 30).

Zur Bestimmung der mittleren Vollmondsyzygie liefert die Tabelle der Vollmonde, die Jahrestabelle und die Monatstabelle folgende zu summierende Posten:

876ª	8ᵈ20′54″	59°45′36″	233°43′26″	255°26′22″
4ª	16ᵈ31′47″	15°19′11″	210°50′ 7″	93°31′47″
9ᵐ	265ᵈ46′31″	261°57′27″	232°21′ 1″	276° 2′ 7″
	290ᵈ39′12″	337° 2′14″	676°54′34″	625° 0′16″
	− 270ᵈ	+ 5°30′	− 360°	− 360°
Payni	20ᵈ39′12″	342°32′14″	316°54′34″	265° 0′16″
		330° — —		
		♉ 12°32′		

Verwandeln wir $0^d 39' 12''$ in Äquinoktialstunden, so erhalten wir den Eintritt der mittleren Vollmondsyzygie mit $15^{st} 41^m$ nach dem Mittag des 20. Payni. Weiter geben obige Zahlen folgende Grundlagen der Berechnung an die Hand. Nach ihnen ist

der mittlere Ort der Sonne	♉ 12° 32′
die Entfernung vom Apogeum	337° 2′
die dort eintretende Anomaliedifferenz	+ 0° 54′
folglich der genaue Ort der Sonne	♉ 13° 26′
der mittlere Ort des Mondes	♏ 12° 32′
die Entfernung vom Apogeum des Epizykels	316° 54′
die dort eintretende Anomaliedifferenz	+ 3° 4′
folglich der genaue Ort des Mondes	♏ 15° 36′
der genaue Ort des Schattenzentrums	♏ 13° 26′
die genaue östliche Elongation vom Schattenzentrum	2° 10′
die Entfernung vom nördlichen Grenzpunkt	265° 0′.

Zunächst ist der Überschuß an Stunden, welcher aus der Summierung gleichförmiger Sonnentage hervorgegangen ist, der erforderlichen Korrektion zu unterziehen, indem man das Intervall der gleichförmigen Sonnentage der zurückliegenden Ekliptikhälfte mit dem entsprechenden Intervall bürgerlicher Tage in Vergleich stellt, d. h. indem man die gleichförmigen Sonnentage in bürgerliche Tage (nach Anm. 26) umrechnet. Das gleichförmige Intervall zwischen den mittleren Sonnenörtern (♏ 12° 32′ bis ♉ 12° 32′) beträgt 180°, das ungleichförmige zwischen den genauen Sonnenörtern (♏ 12° 32′ − 0° 57′ =) ♏ 11° 35′ bis ♉ 13° 26′ beträgt 181° 51′. Letzteres Intervall geht nach der Tabelle für Sphaera recta (S. 94) genau mit ebensoviel Äquatorgraden durch den Meridian, verursacht also gegen das gleichförmige Intervall die kleine Differenz von 1° 51′, d. h. ein Voraussein der ungleichförmigen Sonne vor der mittleren von $7^m 24^s$. Folglich hat nach der wahren Sonnenzeit der Eintritt der mittleren Syzygie $15^{st} 41^m + 7^m 24^s = 15^{st} 48^m 24^s$ nach dem Mittag des 20. Payni stattgefunden.

Um die Stelle der genauen Syzygie aus der oben festgestellten genauen östlichen Elongation von 2° 10′ zu ermitteln, welche der Mond zu diesem Zeitpunkt der mittleren Syzygie, d. i. $3^h 48^m 24^s$ früh hatte, ist zu berücksichtigen, daß auch das Schattenzentrum in der zwischen genauer und mittlerer Syzygie verstrichenen Zeit seinen Ort ostwärts verlegt hatte. Daß die Weiterbewegung der Sonne, bzw. des Schattenzentrums, $^1/_{12}$ der Strecke 2° 10′ des Mondlaufs, also 10′ 50″ (rund 11′) ausmacht, ist ausführlich (S. 355,28) erklärt. Hieraus ergibt sich für die Zeit der genauen Syzygie der genaue Ort der Sonne 0° 11′ rückwärts von ♉ 13° 26′ mit ♉ 13° 15′ (S 228,14), der genaue Ort des Mondes, und somit die Stelle der genauen Syzygie, 2° 21′ rückwärts von ♏ 15° 36′ mit ♏ 13° 15′, also der Sonne diametral gegenüber. Um zweitens die Zeit der genauen Syzygie festzustellen, bedarf es zunächst der Ermittelung der ungleichförmigen stündlichen Bewegung des Mondes. Sie beträgt bei der Entfernung 317° vom Apogeum des Epizykels (s. Anm. 43) 30′45″, so daß auf die Zurücklegung der Strecke 2°21′ $4^{st}35^{m}$ entfallen. Folglich hat der Eintritt der genauen Syzygie $15^{st}48^{m}24^{s} - 4^{st}35^{m} = 11^{h}13^{m}24^{s}$ abends, d. i. nur $1^{m}36^{s}$ vor der $11^{h}15^{m}$ eingetretenen Mitte der Finsternis (S. 228,13) stattgefunden. Daß diese Zwischenzeit genügend bemessen ist, wird in der Anm. 49 a. E erörtert.

Endlich erhält man den genauen Ort des Mondes in Breite mit 265° + 3°4′ − 2°21′ = 265°43′ Entfernung vom nördlichen Grenzpunkt, also mit nur 4°17′ vor dem aufsteigenden Knoten, wozu die 7te Spalte der Gesamtanomalie des Mondes die südliche Breite 0°22′ gibt.

Die Berechnung der Dauer und der Größe der unter diesen Umständen eintretenden Mondfinsternis wird in der Anm. 50 durchgeführt.

43) S. 348. Soll die größte stündliche Bewegung in Länge, d. i. diejenige, welche der Mond in der Erdnähe hat, festgestellt werden, so berechnet man die im Perigeum des Epizykels auf einen Grad entfallende Bewegung in Anomalie. Zwischen 180° und 177° beträgt nach der Tabelle die Anomaliedifferenz (S. 245) 0°18′, so daß auf einen Grad 0°6′ kommen. Da auf dem erdnahen Halbkreis des Epizykels, d. i. in den Graden, die in den Zeilen unterhalb des Maximums 5°1′ stehen, die Bewegung in Anomalie in derselben Richtung vor sich geht wie die Bewegung in Länge, mithin die letztere vergrößert, so sind die auf einen Grad entfallenden 6 Sechzigstel (= $^1/_{10}$) von der mittleren stündlichen Bewegung in Anomalie zu nehmen und zu der mittleren Bewegung in Länge zu addieren. Dadurch, daß man $^1/_{10} \times 32'40'' = 3'16''$ zu 32′56″ hinzufügt, erhält man demnach für die Erdnähe die größte stündliche Bewegung in Länge mit 36′12″.

Weil dagegen auf dem erdfernen Halbkreis des Epizykels, d. i. in den Graden, welche in den Zeilen oberhalb des Maximums 5°1′ stehen, die Bewegung in Anomalie der Bewegung in Länge entgegengesetzt verläuft, mithin letztere vermindert, so sind, wenn der Mond im Apogeum des Epizykels steht, wo auf einen Grad nur 0°5′ Bewegung in Anomalie entfallen, $^5/_{60}$ oder $^1/_{12}$ der stündlichen mittleren Bewegung in Anomalie, d. s. 2′44″ von 32′56″ zu subtrahieren, so daß man die größte stündliche Bewegung in Länge, welche der Mond in der Erdferne hat, mit 30′12″ erhält.

Nach derselben Vorschrift wird sich die stündliche ungleichförmige Bewegung für jede beliebige Entfernung vom Apogeum des Epizykels ermitteln lassen. So beträgt z. B. bei der Entfernung von 66° der Unterschied der auf die Gradzahlen 66 bis 72 entfallenden Anomaliedifferenzen ($4^{0}38' - 4^{0}24'$ =) 14', so daß auf einen Grad $2\frac{1}{3}'$ kommen. Nimmt man diese $2\frac{1}{3}$ Sechzigstel (= $^{140}/_{3600}$ oder $^{7}/_{180}$) von der stündlichen mittleren Bewegung in Anomalie, d. i. von 32′ 40″, und subtrahiert das Produkt 1′ 16″ von der stündlichen mittleren Bewegung in Länge, d. i. von 32′ 56″, so erhält man die stündliche ungleichförmige Bewegung bei 66° Entfernung vom Apogeum mit 31′ 40″.

44) S. 351. Diese Behauptung ist nicht richtig. Zwei auf demselben Meridian liegende Orte haben dieselbe Ortszeit, d. h. die Sonne kulminiert für beide gleichzeitig, aber Aufgang und Untergang findet nicht zu gleichen Zeiten statt; denn die Dauer des Lichttages ist für den nördlicher gelegenen Ort länger. Folglich ist auch die Länge der bürgerlichen Stunde für ein und denselben Tag an beiden Orten verschieden. So beträgt am 27. Januar die bürgerliche Nachtstunde für Rhodus (Anm. 17,1) $69^{m}49^{s}20^{t}$, d. s. rund 70^{m}, während sich für Ägypten (nach Anm. 17,2) die Länge derselben mit $73^{m}36^{s}$ berechnen läßt.

Die Bestimmung von Anfang bis Mitte der Finsternis nach Äquinoktialstunden vor Mitternacht trifft natürlich für beide Orte zu, ist aber mit einer halben Stunde ($9^{h}40^{m}$ bis $10^{h}10^{m}$) ganz unzureichend gegeben. Die halbe Dauer einer dreizölligen Mondfinsternis beträgt bei Erdnähe des Mondes, die (s. S. 351,26) hier vorliegt, nach der vierten Spalte der zweiten Tabelle 32′ 20″; zählt man hierzu $^{1}/_{12}$ = 2′ 41″ für die Weiterbewegung des Schattenzentrums, so legt der Mond die Strecke 35′ mit der stündlichen ungleichförmigen Bewegung von 36′ 12″ (s. Anm. 43) in $^{35}/_{36}{}^{st}$ oder $58\frac{1}{3}{}^{m}$ zurück. Rechnet man rund 60^{m}, d. i. die ganze Dauer 2 Stunden, so mußte die Mitte auf $10^{h}40^{m}$ fallen. An der Richtigkeit der Überlieferung ist jedoch nicht zu zweifeln; denn aus der Stundenzahl $10\frac{1}{6}$, welche (S. 351,20) die Angabe der Zwischenzeit schließt, geht hervor, daß die unzureichende Ansetzung der halben Dauer dem Ptolemäus selbst zuzuschreiben ist.

45) S. 355. Zu dem Verhältnis $11\frac{1}{2} : 1$, welches die Entfernung des Mondes vom Knoten zu seiner Breite hat, führt folgende einfache Berechnung. Es sei AB eine Strecke der Ekliptik, ΓB eine Strecke der die Ekliptik in Punkt B unter einem Winkel von 5° schneidenden Mondbahn, ΓA die Normale zur Ekliptik, d. i. die Breite des in Γ stehenden Mondes.

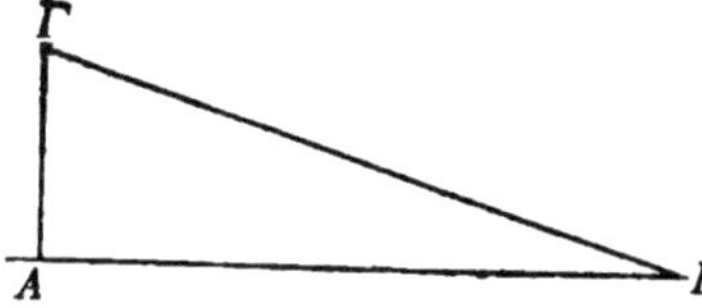

Die Kathete ΓA des rechtwinkligen Dreiecks ΓAB entnimmt man den Sehnentafeln zu dem verdoppelten Winkel ΓBA mit $10^{p}27'32''$. Man erhält demnach zwischen ΓB, d. i. der Entfernung des Mondes vom Knoten, und ΓA, d. i. der Breite, das Verhältnis

$$\Gamma B : \Gamma A = 120^p : 10^p 27' = 7200' : 627'$$
$$= 11\,{}^{303}/_{627} : 1 \text{ oder } 11{,}483 : 1.$$

Es stellt sich demnach $11\,{}^1/_2$ als ein nach oben abgerundeter Wert heraus.

46) S. 356. Es sei auch für die Sonne die Bewegung auf einem Epizykel angenommen. Wenn der genaue Ort der Sonne das Maximum der positiven Anomaliedifferenz ($\angle GES = +2^0 23'$) zeigt, der genaue Ort des Mondes (M^1) dagegen das Maximum der negativen ($\angle GEM^1 = -5^0 1'$), dann werden die beiden Lichtkörper zur Zeit der mittleren Syzygie noch um die Summe der beiden Anomaliedifferenzen, d. i. um den $\angle M^1ES = 7^0 24'$ voneinander entfernt sein, während die mittleren Örter, d. s. die Mittelpunkte der beiden Epizykel, in der Richtung der durch den Mittelpunkt des Mondepizykels gehenden Leitlinie EG liegen, die nördlich des Knotens über, südlich des Knotens unter dem Sonnenepizykel um den Betrag der jeweiligen Breite des Mondes hinweggeht. Die genaue Syzygie, bei welcher die Lichtkörper in der Richtung der in der Einholungszeit um 37′ (s. S. 356,2) weiter vorgerückten Geraden ES stehen, wird erst eintreten, nachdem der Epizykel den Mond um den $\angle M^1EM^2 = 7^0 24' + 37'$ auf dem schiefen Kreise weitergetragen hat. Der Ort der genauen Syzygie wird dann um den $\angle GES = 2^0 23' + 37'$, d. i. um 3^0 Länge in der Ekliptik über den Ort der mittleren Syzygie hinausliegen. Die um denselben Winkel auf dem schiefen Kreise vor sich gegangene Bewegung wird nun auch die nördliche oder südliche Breite des Mondes entsprechend beeinflußt haben.

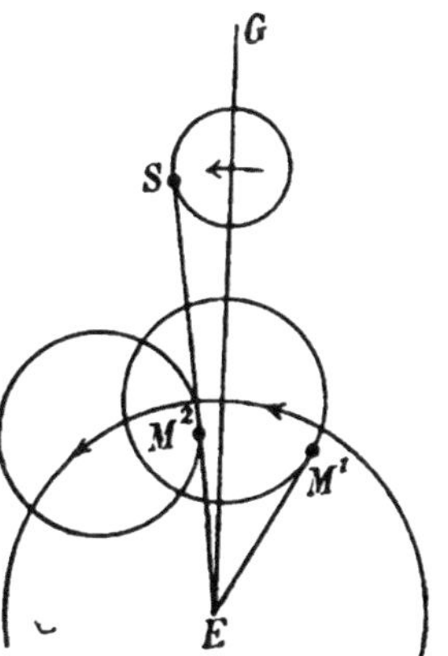

47) S. 364. Eine Erklärung dieser Stelle ist nur möglich, wenn man die Breite $0^0 45'$ auf den Endpunkt des Mondlaufs von $159^0 5'$ bezieht, nicht aber, wie es der Wortlaut des griechischen Textes fordert, auf den Endpunkt (A') des finsternisfreien Bogens ($C'DA'$) von ($180^0 - 12^0 24' =$) $167^0 36'$, dessen Breite ja mit $0^0 32' 20''$ (S. 363,24) feststeht. Daß die Herstellung dieses Bezugs durch Einschiebung von „letzterer" gerechtfertigt ist, lehrt nicht nur der Vergleich mit der Parallelstelle (S. 367,2), die keinen Zweifel hinsichtlich der Zugehörigkeit der Breitenangabe zuläßt, sondern auch folgende Betrachtung. Es habe der Mond an der Finsternisgrenze C', d. i. $270^0 + 6^0 12'$ von dem nördlich des Peri-

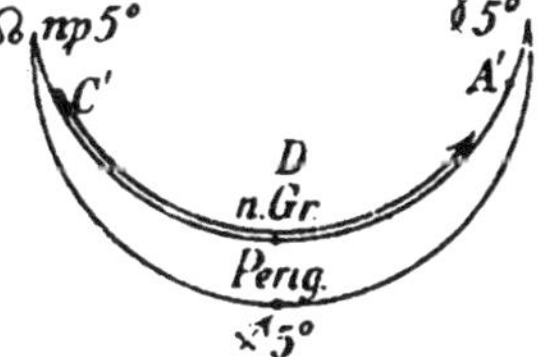

geums ♐ 5° 30′ anzunehmenden Grenzpunkt entfernt, noch eine Sonnenfinsternis verursacht. Zählt man hierzu die 159° 5′ des Mondlaufs, so erhält man nach Abzug eines ganzen Kreises am Ende der vor der Finsternisgrenze *A′* ablaufenden Strecke des Mondlaufs die Entfernung 75° 17′ vom nördlichen Grenzpunkt, für welche die 7te Spalte der Tabelle der Gesamtanomalie des Mondes (S. 286) die nördliche Breite (als Mittel zwischen 1° 33′ und 1° 3′) mit 1° 18′ gibt. Dieser Betrag ist mithin genau um 0° 45′ größer als die Breite des 8° 31′ weiter vorwärts liegenden Endpunktes (*A′*) des finsternisfreien Bogens (*C′ D A′*) von (159° 5′ + 8° 31′ =) 167° 36′, die, wie oben bemerkt, 0° 32′ 20″ oder rund 33′ beträgt.

48) S. 367. Aus der Figur S. 366 war zunächst ersichtlich geworden, daß, wenn der nördliche Grenzpunkt des schiefen Kreises nördlich des Apogeums ♊ 5° liegt, der Mondlauf von 208° 47′ südlich der Knotenlinie beginnend, auch wieder südlich derselben endigen muß, wo eine Parallaxe den Mond von der Sonne abrückt. Die Möglichkeit einer Finsternis ist daher nur geboten, wenn der nördliche Grenzpunkt nördlich des Perigeums ♐ 5° angenommen wird. Die nördliche Breite am Ende des Mondlaufs ergibt sich folgendermaßen. Es habe der Mond an der Finsternisgrenze *A′*, d. i. (90° − 6° 12′ =) 83° 48′ von dem nördlichen Grenzpunkt *D* entfernt, noch eine Sonnenfinsternis verursacht. Zählt man hierzu die 208° 47′ des Mondlaufs, so erhält man 292° 35′ (= 270° + 22° 35′) Entfernung vom nördlichen Grenzpunkt, d. h. der Mond stand am Ende seiner über *C′* hinausfallenden Laufstrecke wieder 22° 35′ nördlich des aufsteigenden Knotens. Nach der 7ten Spalte der Tabelle der Gesamtanomalie erhält man die nördliche Breite zu 292° 35′ mit 1° 57′. Sie beträgt somit 1° 25′ mehr als 32′, was (diesmal nach unten abgerundet) die Breite des Endpunktes (*C′*) des zwischen den Finsternisgrenzen *A′* und *C′* liegenden Bogens (*A′ BC′*) von 192° 24′ ist.

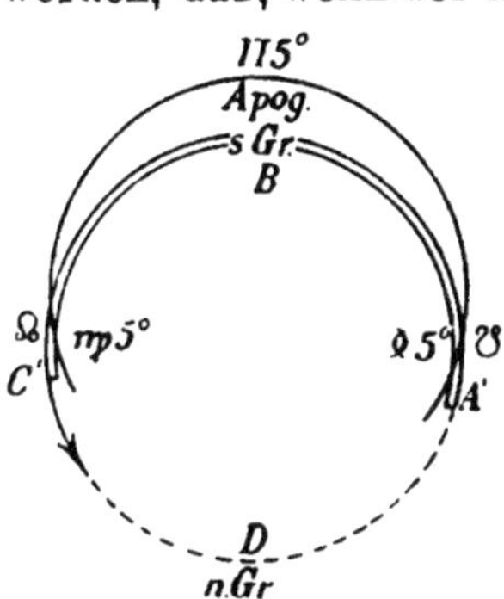

49) S. 378. Aus beistehenden Figuren ist deutlich zu erkennen, daß vor einem Knoten erst die genaue Syzygie (*BC*) und dann die Mitte (*BD*) der Finsternis eintritt, nach Passierung des Knotens aber erst die Mitte (*BD*) und dann die Syzygie (*BC*), nachdem

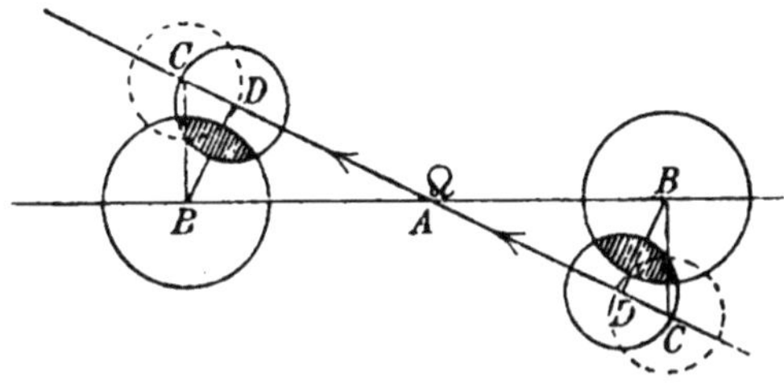

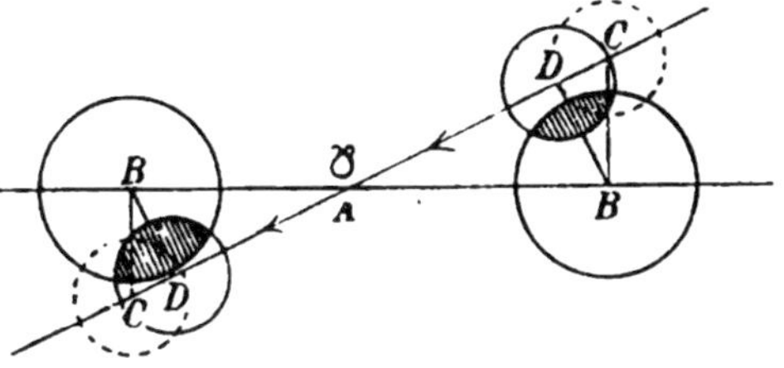

bei der zentralen Finsternis im Knoten selbst Syzygie und Mitte gleichzeitig eingetreten sind. Denn die Strecke CD wird immer kleiner, je mehr sich der Mond dem Knoten nähert, wo sie gleich Null wird, um mit der Entfernung vom Knoten wieder entsprechend größer zu werden.

Da Ptolemäus (S. 378,35) nachweist, daß bei 12° Entfernung vom Knoten und 1° Breite auf die Strecke CD nur 2′ entfallen, so wird man annehmen können, daß, wenn es sich (Anm. 42 a. E.) um wenig mehr als ein Drittel jener Abstände (4° 17′ vor dem aufsteigenden Knoten und 0° 22′ südliche Breite) handelt, die Strecke CD auch nur wenig mehr als $^2/_3{}'$ ausmacht. Daher kann die (Anm. 42 gefundene) Zwischenzeit von $1^m 36^s$ zwischen Syzygie und Finsternismitte zur Zurücklegung einer so kleinen Strecke als ausreichend gelten. Denn bei der dort festgestellten stündlichen ungleichförmigen Bewegung von 30′ 45″ legt der Mond 1′ in $1^m 57^s$, also $^2/_3{}'$ in $1^m 18^s$ zurück.

50) S. 392. Es sei die Größe und die Dauer der Mondfinsternis zu berechnen, deren Mitte am 20. Payni des 17ten Jahres Hadrians $11^h 15^m$ abends (S. 228,13) von Ptolemäus in Alexandria beobachtet worden ist.

Die Zeit der mittleren Syzygie ist (Anm. 42) mit $15^{st} 48^m 25^s$ nach dem Mittag des 20. Payni festgestellt worden. Die für diese Stunde nach den Tabellen festgestellte Zahl der Anomalie betrug 317, die Zahl der Breite vom nördlichen Grenzpunkt ab 265; die bei 317° Entfernung vom Apogeum des Epizykels eintretende Anomaliedifferenz war + 3° 4′. Nun soll zuerst mit der Zahl der Breite „nach Anbringung der Anomaliedifferenz“ in die Finsternistabellen eingegangen werden. Da die Argumentzahlen dieser Tabellen die scheinbaren Örter des Mondes im Moment der genauen Syzygie enthalten, so ist nicht bloß die Hinzufügung von 3° 4′ vorzunehmen, sondern es muß auch die 2° 21′ betragende östliche Elongation des Mondes vom Schattenzentrum auf dem schiefen Kreise des Mondes rückgängig gemacht, d. h. abgezogen werden, wodurch man den genauen Ort des Mondes vom nördlichen Grenzpunkt ab zur Zeit der Finsternismitte mit 265° 43′ (d. i. 265° + 3° 4′ − 2° 21′) erhält.

Die zu dieser Zahl der Breite in der dritten und der vierten Spalte stehenden Zolle und Laufstrecken notiert man sich zur Feststellung der Differenzen sowohl aus der ersten Tabelle für die Erdferne als auch aus der zweiten Tabelle für die Erdnähe des Mondes. Da die gegebene Zahl der Breite ohne wesentlichen Fehler der Argumentzahl 265° 44′ der zweiten und der Argumentzahl 265° 42′ der ersten Tabelle gleichkommt, so entnimmt man aus der

2ten Tabelle:	14 Zoll	42′15″	17′17″
1ten Tabelle:	13 Zoll	40′35″	11′ 9″
Differenzen:	1 Zoll	1′40″	6′ 8″.

Hierauf geht man mit der Zahl 317 der Anomalie in die Korrektionstabelle ein und nimmt die dort sich ergebenden $^7/_{60}$ von diesen Differenzen, um sie zu den aus der ersten Tabelle entnommenen kleineren Beträgen zu addieren. Die Rechnung ergibt

$13^7/_{60}$ Zoll | 40′35″ + 12″ | 11′9″ + 43″.

Als Gesamtsumme der halben Dauer erhält man demnach 52′39″. Addiert man zu diesen Sechzigsteln $^1/_{12}$ davon für die Weiterbewegung des Schattenzentrums, so beträgt die Laufstrecke, welche der Mond in der Zeit der halben Dauer, d. i. von der erstmaligen Berührung des Schattenkreises bis zur Mitte der Totalität zu durchlaufen hat, in Summa (52′39″ + 4′23″ =) 57′2″. Diese Strecke wird er bei der stündlichen ungleichförmigen Bewegung von 30′45″ (Anm. 42 a. E.) in $1^{\text{st}}\,51^{\text{m}}$ zurückgelegt haben.

Setzt man die Mitte der Finsternis, weil sie vor einem Knoten (Anm. 49) stattfindet, mit rund $11^{\text{h}}\,15^{\text{m}}$ an, d. i. um $1^{\text{m}}\,36^{\text{s}}$ später als der Eintritt der genauen Vollmondsyzygie (Anm. 42 a. E.) erfolgt, so ergibt sich für den Anfang der Finsternis ($11^{\text{h}}\,15^{\text{m}}$ — $1^{\text{st}}\,51^{\text{m}}$ =) $9^{\text{h}}\,24^{\text{m}}$ abends, und für das Ende ($11^{\text{h}}\,15^{\text{m}} + 1^{\text{st}}\,51^{\text{m}}$ =) $1^{\text{h}}\,6^{\text{m}}$ nachts.

51) S. 411. Bequemer als aus der Kreisfigur entnimmt man die Auf- und Untergangsweiten der Ekliptikzeichen aus der kleinen dreizeiligen Tabelle, welche in Verbindung mit einem Scholion im Vaticanus 1594 saec. IX enthalten ist. Sie ist sozusagen ein Exzerpt aus der Kreisfigur behufs übersichtlicherer Gruppierung der Auf- und Untergangsweiten.

♎		Meroë	Soëne	U. äg.	Rhodus	Hellesp.	Pontus	Bor.	♈
♏ ♓	30	12° 10′	12° 46′	13° 33′	14° 29′	15° 32′	16° 38′	17° 47′	♉ ♍
♐ ♒	60	21° 26′	22° 32′	23° 53′	25° 39′	27° 38′	29° 42′	31° 56′	♊ ♌
♑	90	24° 57′	26° 15′	27° 57′	30° 0′	32° 22′	34° 53′	37° 38′	♋

Die Spalten der sieben Klimata mit den Auf- und Untergangsweiten werden flankiert von je einer Spalte mit den Ekliptikzeichen. Die über diesen beiden Spalten stehenden Zeichen, einerseits die Scheren, anderseits der Widder, markieren sozusagen den Äquator, indem ihre ersten Grade im Ostpunkt aufund im Westpunkt untergehen. Die linke Spalte enthält die südlich, die rechte Spalte die nördlich des Äquators auf- und untergehenden Zeichen. Daß es sich auch bei diesen Zeichen, wie bei den Scheren und bei dem Widder, um ihre Anfänge, d. i. um die ersten Grade handelt, wird durch die Zahlen der zweiten Spalte angezeigt. Der 30 Ekliptikgrade südlich vom Herbstpunkt entfernte Anfang des Skorpions geht z. B. für Rhodus mit derselben südlichen Weite von 14° 29′ auf, mit welcher der gleichweit südlich vom Frühlingspunkt entfernte Anfang der Fische untergeht, und umgekehrt: der Anfang der Fische geht mit derselben Weite auf, mit welcher der Anfang des Skorpions untergeht. Der 60° vom Herbstpunkt entfernte Anfang des Schützen geht mit 25° 39′ südlicher Weite auf, mit welcher der ebensoweit vom Frühlingspunkt entfernte Anfang des Wassermanns untergeht, und umgekehrt. Das Zeichen des Steinbocks, dessen Anfang sowohl vom Herbstpunkt wie vom Frühlingspunkt 90° entfernt ist, geht mit 30° südlicher Weite auf und auch wieder unter. Entsprechende Bedeutung haben die Zahlen 30, 60 und 90 natürlich auch für die nördlich des Äquators auf- und untergehenden Zeichen der letzten Spalte.

52) S. 413. Es sollen für die Anm. 50 behandelte Mondfinsternis die Punkte des Horizonts bestimmt werden, nach welchen die durch Mond- und Schattenzentrum gehende Linie am Anfang der beiden ersten Phasen der Verfinsterung (E und Δ) und am Ende der beiden letzten (Δ′ und E′) des Austritts gerichtet war. Hierbei genügt die von Ptolemäus empfohlene ganz allgemeine Schätzung, bei welcher mit abgerundeten Zahlen gerechnet werden kann. Zur Vermeidung der Anm. 17 erläuterten umständlichen Berechnungen der kulminierenden und auf- oder untergehenden Ekliptikgrade stelle man den Globus auf die Polhöhe von Unterägypten[a] (30° 22′) ein und erziele die maßgebenden Punkte der Ekliptik durch entsprechende Drehung des Globus.

Setzt man, um runde Zeitangaben für die Dauer der Phasen zu erhalten, die $3^{st}46^{m}$ dauernde 13,1 zöllige Finsternis von $9^{h}25^{m}$ abends bis $1^{h}11^{m}$ nachts an, so fällt die Mitte auf $11^{h}18^{m}$. Bei der stündlichen ungleichförmigen Bewegung des Mondes von 30′45″ (Anm. 50 a. E.) beträgt die ganze Dauer der Totalität $2 \times 11'50'' = 23'40''$, die der Mond in 46^{m} zurücklegt; sie verläuft demnach von $10^{h}55^{m}$ bis $11^{h}41^{m}$. Hiermit ist zugleich die Dauer des Verlaufs der beiden äußeren Phasen (E und E′) mit je $1^{st}30^{m}$, sowie die Uhrzeit von Anfang und Ende der beiden inneren Phasen (Δ und Δ′) festgestellt.

---

a) Die Polhöhe von Alexandria beträgt 30° 58′ (S. 299,8); da aber eine Tafel der Aufgänge nur für das Unterland von Ägypten (S. 95) vorliegt, so ist diese Polhöhe gewählt worden, damit die kulminierenden und auf- oder untergehenden Grade auch nach dieser Tafel berechnet werden können.

Da um Mitternacht der dem genauen Sonnenort ♓ 15° diametral gegenüberliegende 15. Grad des Skorpions kulminieren mußte, so kulminierte bei Beginn der Finsternis um $9^h 25^m$, d. i. $2^{st} 35^m$ vorher (39° des Äquators zurückgedreht) ♎ 4°, während ♐ 20° mit einer südlichen Weite aufging, die man der kleinen Tabelle der Auf- und Untergangsweiten aus der Spalte für Unterägypten (übereinstimmend mit der Horizonteinteilung des Globus) mit rund 26° entnimmt. Da die Finsternis über 13zöllig war, so geht man nun mit 13 in die Tabelle der Positionswinkel ein, um der dritten Spalte für die erste Phase der Verfinsterung diesen Winkel (als Mittel zwischen 23° 28′ und 20° 36′) mit 22° zu entnehmen. Einen Bogen von dieser Größe hat man (nach Fall II B 3 S. 413,21) weil die Finsternis südlich der Ekliptik verlief, von dem Aufgangsschnittpunkt ♐ 20° ab, dessen südliche Weite mit 26° gefunden war, auf dem Horizont nach Norden zu abzutragen. Auf diese Weise gelangt man durch die Differenz 26° — 22° zu dem noch 4° südlich des Ostpunktes liegenden Punkt, in welchem bei Beginn der Finsternis $9^h 25^m$ die vom Zentrum (E) des Mondes durch den Mittelpunkt (A) des Schattens gehende Linie als über den Scheitel (A) verlängerter Schenkel des derzeitigen Positionswinkels (BAE) den Horizont traf. Daß der in diesem Punkt gebildete Winkel — im vorliegenden Fall als innerer Wechselwinkel zum Scheitelwinkel — dem der Tabelle entnommenen Positionswinkel annähernd gleich ist, geht aus der durchgehends zugrunde gelegten Annahme (353,22) hervor, daß bei der höchstens 2° betragenden Strecke, welche bei Finsternissen in Betracht kommt, dieses Stück der Mondbahn sowohl zur Ekliptik als zum Horizont parallel verlaufe.

Bei Eintritt der letzten Phase der Verfinsterung (Δ), d. i. bei Beginn der Totalität um $10^h 55^m$, kulminierte $1^{st} 30^m$ später (22½° des Äquators vorwärts gedreht) ♎ 28°, wozu man ♋ 9° als untergehenden Grad mit der nördlichen Weite 27° erhält. Da für diese Phase der Positionswinkel aus der vierten Spalte der Tabelle (als Mittel zwischen 63° 37′ und 52° 24′) mit 58° entnommen wird, so hat man einen Bogen von dieser Größe (nach Fall II B 1^b S. 413,10) südlich von dem Untergangsschnittpunkt ♋ 9° aus abzutragen, wodurch man auf (58° — 27° =) 31° südlich des Westpunktes stößt, wo die aus dem Mittelpunkt (A) des Schattens durch das Zentrum (Δ) des Mondes gezogene Linie als Schenkel des Positionswinkels (BAΔ) um $10^h 55^m$ den Horizont traf.

Am Ende der ersten Phase des Austritts (Δ′), d. i. am Ende der Totalität um $11^h 41^m$, kulminierte 46^m später (11½° des Äquators vorwärts gedreht) ♏ 11° und war aufgehender Grad ♑ 22° mit der südlichen Weite 26°. Da der Positionswinkel wieder 58° beträgt, so wird ein von dieser Größe (nach Fall II B 2^b S. 413,20) südlich von dem Aufgangsschnittpunkt ♑ 22° aus abgetragener Bogen ($58^0 + 26^0 =$) 84^0 südlich des Ostpunktes enden, wo die aus dem Mittelpunkt (A) des Schattens durch das Zentrum (Δ') des Mondes gehende Linie als Schenkel des Positionswinkels ($B'A\Delta'$) um 11^h41^m den Horizont traf.

Am Ende der letzten Phase des Austritts (E'), d. i. am Ende der ganzen Finsternis um 1^h11^m, kulminierte $1^{st}30^m$ später ($22^1/_2{}^0$ des Äquators vorwärts gedreht) ♐ 2^0, wozu man als untergehenden Grad ♌ 15^0 mit 19^0 nördlicher Weite erhält. Da der Positionswinkel wieder 22^0 beträgt, so endet ein von dieser Größe (nach Fall II B 4 S. 413,23) nach Norden von dem Untergangsschnittpunkt ♌ 15^0 abgetragener Bogen ($19^0 + 22^0 =$) 41^0 nördlich des Westpunktes, wo die aus dem Zentrum (E') des Mondes durch den Mittelpunkt (A) des Schattens gehende Linie als über den Scheitel (A) verlängerter Schenkel des Positionswinkels ($B'AE'$) um 1^h11^m den Horizont schnitt.

Faßt man die Bewegung der Schnittpunkte während des ganzen Verlaufs der Finsternis ins Auge, d. h. während der Zeit von $3^3/_4$ Stunden, in welcher das Phänomen infolge der täglichen Bewegung 57 Äquatorgrade am Himmel von Ost über Süd nach West zurücklegt, so wandert infolge der etwa 2^0 betragenden Rechtläufigkeit des Mondes (von West nach Ost) der bei Eintritt der ersten Phase (E) 4^0 südlich des Ostpunktes[a] von dem Schenkel des Scheitelwinkels erzeugte Schnittpunkt im nördlichen Horizont von Ost über Nord nach West (von 3 bis 4 an der Fig.) bis zu der Stelle, wo 41^0 nördlich des Westpunktes der von demselben Schenkel erzeugte Schnittpunkt das Ende (E') der Finsternis markiert. Dagegen bewegt sich der bei Eintritt der Totalität (Δ) 31^0 südlich des Westpunktes von dem Schenkel des Positionswinkels gebildete Schnittpunkt in 46^m im südlichen Horizont von West über Süd nach Ost (von 1^b bis 2^b an der Fig.) bis zu der Stelle, wo am Ende der Totalität (Δ') der von demselben Schenkel 84^0 südlich des Ostpunktes erzeugte Schnittpunkt eintritt.

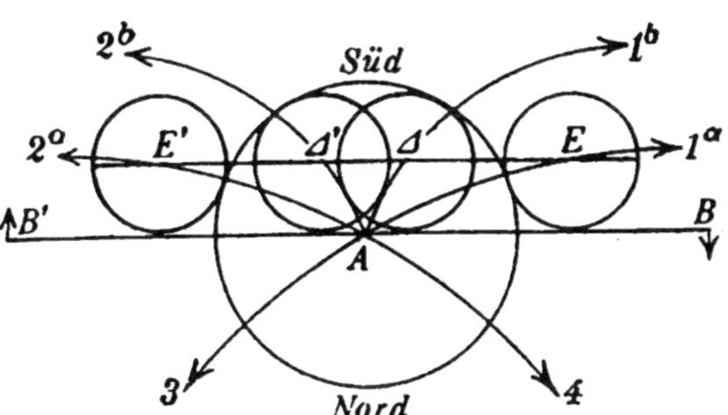

a) An der Figur liegt der zuerst erzeugte Schnittpunkt nördlich des Ostpunktes bei 3, der zuletzt erzeugte, wie bei dem Phänomen, nördlich des Westpunktes in 4.

Bei einer nördlich der Ekliptik verlaufenden Finsternis schlägt die Wanderung der Richtpunkte den entgegengesetzten Weg ein: der am Anfang (E) der Finsternis von dem Schenkel des Scheitelwinkels erzeugte Schnittpunkt wandert im südlichen Horizont von Ost über Süd nach West (von 3 bis 4 an der Fig.), während sich der am Anfang (Δ) der Totalität von dem Schenkel des Positionswinkels gebildete Schnittpunkt im nördlichen Horizont von West über Nord nach Ost (von 1^b bis 2^b an der Fig.) bewegt.

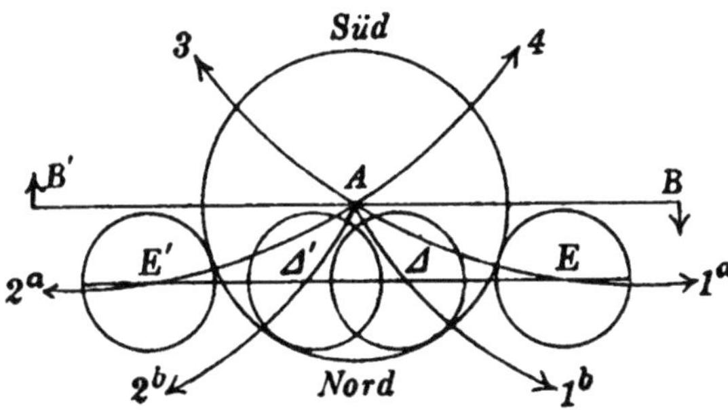

Einen zwingenden Grund gibt es nicht für die Verteilung einer an sich einheitlichen Bewegung auf entgegengesetzte Seiten des Horizonts. Der Richtungswechsel der maßgebenden Linie durch Mond- und Schattenzentrum entspringt dem Bedürfnis zu klassifizieren und ist lediglich eine logische Forderung des auf einer ganzen Reihe von Gegensätzen beruhenden Schematismus, mit welchem Ptolemäus S. 411—13 die Klassifizierung der hauptsächlichsten Richtpunkte durchführt, die um so komplizierter werden muß, als Sonnen- und Mondfinsternisse gleichzeitig in Betracht gezogen werden.

Anmerkungen zur Einleitung.

1) Die Schriften des „Kleinen Astronomen“ sind von mir zusammengestellt worden in der Abhandlung über den Anaphorikus des Hypsikles, Progr. d. Kreuzsch. Dresden 1888.

2) Als Quellen sind zu vorliegendem Überblick benutzt worden: Georg Weber, Allg. Weltgesch. 2. Aufl. 5.—8. Band. Leipzig 1883 bis 1885. — J. H. v. Mädler, Gesch. der Himmelskunde 1. Band. Braunschw. 1873. — Herm. Hankel, Zur Gesch. d. Math. im Altert. u. Mittelalter. Leipzig 1874. — Rud. Wolf, Gesch. d. Astr. München 1877. — Moritz Cantor, Vorl. über Gesch. d. Math. 1. Band. Leipzig 1880. — Io. Geo. Wenrich, De auct. graec. versionibus et comment. syriacis arabicis etc. Lipsiae 1842.

3) Alfragani Rudimenta astronomica. Item Albategnius astronomus peritissimus de motu stellarum, ex observ. tum propriis tum Ptolemaei. Item Ioannis de Regiomonte oratio introductoria in omnes scientias mathem. Item Epistola Philippi Melanchthonis nuncupatoria. Norimb. 1537.

4) Wenrich a. a. O. S. 228 nennt als Übersetzer den Sohn Ishak ben Honain, was von Steinschneider in der Ztschr. für Math. u. Phys. X. S. 469 widerlegt wird.

5) Caussin, Le livre de la grande table Hakémite. Manuscrit appartenant à la bibliothèque de l'université de Leyde et prêté à l'Institut national par le Gouvernement Batave. In: Notices et extraits des manuscrits Tome VII. Paris en XII (1804) p. 16—240. — Mitteilungen über den Verfasser der Tafeln S. 17—19.

6) Geberi filii Afflah Hispalensis de astronomia libri IX sive commentarii in Ptolemaei Almagestum edidit Petrejus. Cum instrumento primi mobilis Petri Apiani. Norimb. 1533. — So bei Weidler, Bibliogr. astron. Vitemb. 1755; demnach nicht von Peter Apian herausgegeben, wie Wolf a. a. O. S. 72 angibt.

7) Baldass. Boncompagni, Della vita e delle opere di Gherardo Cremonese. Roma 1851. — Wüstenfeld, Die Übersetzungen arabischer Werke ins Lateinische. Abh. d. Kgl. Ges. d. W. zu Göttingen. Hist.-phil. Klasse XXII. 1877.

8) Almagestum Cl. Ptolemaei Pheludiensis Alexandrini, astronomorum principis. Opus ingens ac nobile, omnes celorum motus continens. Felicibus astris eat in lucem: Ductu Petri Liechtenstein Coloniensis Germani, anno Virginei Partus 1515. die 10. Jan. Venetiis ex officina eiusdem litteraria. fol.

9) Bibliotheca a Marqu. Gudio congesta, quae publica auctione distrahetur Hamburgi ad d. 4. Augusti 1706. Kiloni. S. 564: No 251. Cod. membr. eleganter scriptus in quarto. Eine zweite in derselben Handschrift enthaltene Übersetzung des Quadripartitum des Ptolemäus ist laut Unterschrift am 29. Aug. 1206 beendet worden. In der Wolfenbüttler Bibl. Cod. lat. 147.

10) Monatl. Corresp. zur Beförd. der Erd- u. Himmelskunde, herausgeg. von Freiherrn von Zach. Band 27. 1813 S. 192.

11) Hermes XLV 1910 S. 57 ff.; XLVI 1911 S. 207 ff.

12) Zu den Mitteilungen über G. Trap. sind außer dem Artikel von Bähr in der Allg. Encycl. Erste Section, Teil 60 S. 219—227 als Quellen herangezogen worden: H. Hody, de Graecis illustribus. Londini 1742 p. 105—120. — Leonis Allatii de Georgiis et eorum scriptis diatriba. Fabr. Bibl. gr. cur. Harless. XII. p. 70—84. — Apostolo Zeno, Dissertazioni Vossiane. Venezia 1753. T. II. p. 2—27. — Francisci Barbari et aliorum Epistolae ad ipsum, nunc primum editae. Brixiae 1743. In Betracht kommen die Briefe 198—210 aus dem Zeitraum vom 5. Dez. 1451 bis 28. Sept. 1453.

13) Ep. 198 p. 290 Non. Dec. (Die fehlende Jahreszahl 1451 ist gesichert durch das Antwortschreiben Barbaros aus Venedig vom 7. März 1452.) Magnitudine laboris et difficultate operis rerumque magnarum pondere perterritus tergiversabar. Tandem recepi promisique invitus et quasi coactus .... Nec Ptolemaeum modo novem mensium spatio traduxi, sed, cum nihil antea scrip-

tum in expositione tantarum rerum invenerim, hanc quoque operam simul laboremque subii commentariosque confeci, quibus ut spero coelestium scientia penitus obtrusa in lucem facile veniet.

14) Leo Allatius a. a. O. S. 79: In commentariis, quos in magnam compositionem Ptolemaei furto a Theone subtractos edidit.... Et mentitur, se Ptolemaeum, quem iam diu non Latinum, sed barbarum et multis in locis mendacem fecerat, nondum edidisse.... una cum Commentariis, quibus sese id opus exposuisse gloriatur, in quibus nihil est alicuius dumtaxat momenti, quod non sit a Theone Ptolemaei expositore subtractum.

15) Zeno a. a. O. S. 13 teilt als Beleg hierfür ein in der Ambrosiana gefundenes Schriftstück von der Hand des Georgius mit, welches lautet: Pontifex Summus Nicolaus V. volumen traducendum mense Martii tradidit et mense Decembris anni eiusdem et librum traductum et Commentarios vidit absolutos, propter quos postea me destruxit.

16) Ep. 210 Neapoli 28. Sept. 1453: Sunt mihi duo filii et quinque filiae, quarum duae iam viro maturae sunt, fortuna vero adeo acerbitatem suam in me exercuit, ut nihil addi posse videatur... nec spes ulla provisionis regiae vel salarii viget.... succurratis fortunis meis. — Dieser Notschrei stimmt nicht recht zu der ehrenvollen Aufnahme, die er bei Alfons V. gefunden haben soll.

17) Cl. Ptolemaei Pheludiensis Alexandrini Almagestum seu magnae constructionis mathematicae opus plane divinum latina donatum lingua ab Georgio Trapezuntio usquequaque doctissimo, per Lucam Gauricum, Neap. divinae matheseos prof. egregium, in alma urbe Veneta orbis regina recognitum 1528. — Zusammen mit lat. Übers. anderer Werke des Ptol. und der Hypotyp. des Proklus von Valla wurde diese Ausgabe zu Basel 1541 von Hieron. Gemusäus wiederholt und ebenda 1551 von Oswald Schreckenfuchs.

18) Anton Reiser, Index manuscr. Bibl. Augustanae 1675 p. 91 nr. 69: Isagoge in magnam syntaxim sive structuram Ptol. Trapezuntii authoritate scripta. — Miller, Cat. des mss. Grecs de l'Escurial. Paris 1848 p. 141: Introduction à la Μεγ. Συντ. de Ptol. par George de Trebizonde.

19) Außer den Werken von Wolf u. Mädler wurden zu den Mitteilungen über Regiomontan als Quellen benutzt: Melchior Adam, Vitae germanorum philosophorum. Heidelb. 1615. — Jo. Gabr. Doppelmayr, Hist. Nachricht von den Nürnbergischen Mathematicis u. Künstlern. Nürnb. 1730 fol. S. 1—23.

20) Ioannis de Monte Regio et Georgii Purbachii Epitome in Cl. Ptolemaei magnam compositionem. Basileae apud Henrichum Petrum 1543. — Das an Jacob von Moersperg gerichtete Widmungsschreiben ist von Hier. Gemusäus verfaßt. In der Epistola Regiomontans an Bessarion heißt es: Quod mihi plane evenisse videtur in praeclarissimo illo Ptolemaei libro, quem Magnam

compositionem vocant, quod apud Graecos mira facilitate facundiaque resplendeat, ita apud Latinos durum ineptumque habetur, ut ne Ptolemaeus quidem ipse, si reviviscat, ipsum sit pro suo recepturus .... Satis enim videbamur eo carere, qui ita barbare atque inepte translatum habebamus .... Coepisti igitur praeclarum illud opus iterum Latinum facere .... Verum onus delegatum tibi tunc apud piissimum imperatorem provinciae a proposito revocavit.

Ob auf dieser Epitome die von Bähr in Paulys Realencycl. Band VI, S. 240 aufgeführte „Deutsche Übersetzung im Auszug. Frankfurt 1545 fol." beruht, muß dahingestellt bleiben. Vielleicht liegt in diesem sonst nirgends erwähnten Buch ein Auszug aus der Kosmographie des Ptolemäus vor. Ein solcher ist unter dem Titel „Der Deutsche Ptolemäus" in Facsimiledruck herausgegeben von Joh. Fischer, Straßburg 1910.

21) Theonis Alexandrini defensio contra Trapezuntium, aus der 573 Seiten umfassenden Handschrift im Auszug mitgeteilt von Chr. Theoph. de Murr, Notitia trium codicum autographorum Ioh. Regiomontani. Norimb. 1801 p. 11—19. — Am Schluß heißt es: Te autem rursum compello, omnium qui in terris sunt impudentissime atque perversissime blatterator, qui versatili commento tuo nescire simulas etc.

22) M. Adam a. a. O. S. 11: Etsi autem aegre patiebatur avelli se Regiomontanus ab officina et Ptolemaei editione et praesagiens suam mortem, ut narrant.

23) Doppelmayr a. a. O. S. 12 ff. teilt das von Regiomontan selbst veröffentlichte Verzeichnis dieser Handschriften mit, die er noch herauszugeben gedachte. An zweiter Stelle steht: *Magna Compositio Ptolemaei, quam vulgo Almagestum vocant, nova traductione.* Die an fünfter Stelle als *„Procli sufformationes astronomicae"* bezeichnete Hypotyposis astronomicarum positionum ist ebenfalls von Grynäus zum erstenmal herausgegeben und in derselben Offizin wie die Syntaxis zu Basel 1540 gedruckt worden. Somit wäre in diesem verschollenen Kodex des Regiomontan die der Editio princeps zugrunde liegende Handschrift gefunden, nach welcher ich für meine Ausgabe (Leipzig, Teubner 1909) vergeblich geforscht hatte.

24) Doppelmayr a. a. O. S. 25 Anm. t).

25) Leopold Prowe, Nicolaus Coppernicus. Erster Band, II. Teil. Berlin 1883. S. 411.

26) Geographi graeci minores ed. J. Hudson vol. IV. Oxon. 1712.

27) Schiaparelli († 1910), Über die homozentrischen Sphären des Eudoxus, des Kallippus und des Aristoteles. Übersetzt von W. Horn. Ztschr. für Math. u. Physik XXII. 1877 Suppl. 1. Heft.

Berichtigungen.

1) S. 115. An der Figur zu Fall b) sind anstatt der Ekliptikzeichen ♈ ♓ ♒ die Zeichen ♌ ♍ ♎ zu setzen wie an der Figur S 116: an das östliche Ekliptikstück ΑΕ die Zeichen ♌ und ♍, an das westliche Stück ΒΗ die Zeichen ♎ und ♍. Die durch die Zeichen ♈ ♓ ♒ angedeutete Lage der Ekliptik setzt Δ als den Südpol voraus, was der Annahme widerspricht: Δ ist für alle Fälle der Nordpol, welcher im vorliegenden Fall, da der Herbstpunkt nördlich des Zenits kulminiert, natürlich unter dem Horizont liegen muß.

2) S. 216. Die zur Erklärung der exzentrischen Hypothese beigegebene Figur erfüllt nicht die Vorschrift, daß ΗΘΚ ein Exzenter um das Zentrum Λ sei. Sie ist daher durch die beistehende Figur zu ersetzen.

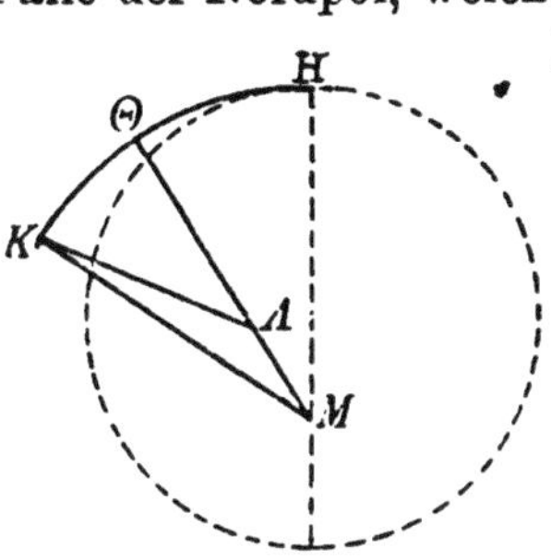

3) S. 235,2 ist statt „von dem“ „bis zum“ zu ändern.

4) S. 253,15 ist statt „der Sonne“ „des Mondes“ zu setzen.

5) S. 323, erste Zeile der Parallaxentafel ist in der 7. Spalte für Syzygie 0′ 14″ statt 0′ 14′ zu setzen.

6) S. 345, erste Zeile der Jahrestabelle ist in der 5. Spalte für Breite die Sekundenzahl 4 mit zwei Strichen zu versehen.

7) S. 347, Anm. ist das Zitat S. 335,28 in S. 355,28 zu ändern.

8) S. 381,10 ist $ΑΒ^2 - ΑΓ^2$ statt $ΑΒ^2 + ΑΓ^2$ zu setzen.

Druck von B. G. Teubner in Dresden.

MIX
Papier aus verantwortungsvollen Quellen
Paper from responsible sources
FSC® C105338